쉽게 배우는

데이터 통신과 컴퓨터 네트워크 3판

지은이 **박기현** kihyun@uu.ac.kr

고려대학교에서 학사 · 석사 · 박사 학위를 받았으며, 1999년부터 현재까지 위덕대학교 경찰정보보안학과 교수로 재직하고 있습니다. 미국 현지 법인인 Samsung Software America를 비롯해 삼성전자에서 8년간 유닉스 운영체제 개발 업무를 수행하였습니다. 컴퓨터 네트워크, 운영체제, 프로그래밍 분야에 다수의 저서가 있으며, 관심 연구 분야는 분산 이동 시스템, Ad-hoc 네트워크입니다.

필드 어드바이저 IT 업계 개발자 및 실무자로서, 강의실에서 접하기 어려운 현장의 생생한 이야기를 들려준 분들

김선인 SK컴즈 싸이월드 기술팀에서 시스템 운영 담당

김정수 소프트웨어 이야기(jamestic.egloos.com)

양대일 삼일회계법인 컨설턴트, IT@COOKBOOK 정보 보안 시리즈 집필

최성열 시스코시스템즈 코리아

쉽게 배우는 데이터 통신과 컴퓨터 네트워크 3판

초판발행 2022년 6월 30일
4쇄발행 2025년 1월 20일

지은이 박기현 / **펴낸이** 전태호
펴낸곳 한빛아카데미(주) / **주소** 서울시 서대문구 연희로2길 62 한빛아카데미(주) 2층
전화 02-336-7112 / **팩스** 02-336-7199
등록 2013년 1월 14일 제2017-000063호 / **ISBN** 979-11-5664-608-2 93000

총괄 박현진 / **책임편집** 유경희 / **기획** 이재욱 / **편집** 이재욱, 박정수 / **진행** 송유림
디자인 표지 이아란 내지 박정화 / **전산편집** 김미경 / **제작** 박성우, 김정우
영업 김태진, 김성삼, 이정훈, 임현기, 이성훈, 김주성 / **마케팅** 김호철, 심지연

이 책에 대한 의견이나 오탈자 및 잘못된 내용은 출판사 홈페이지나 아래 이메일로 알려주십시오.
파본은 구매처에서 교환하실 수 있습니다. 책값은 뒤표지에 표시되어 있습니다.
홈페이지 www.hanbit.co.kr / 이메일 question@hanbit.co.kr

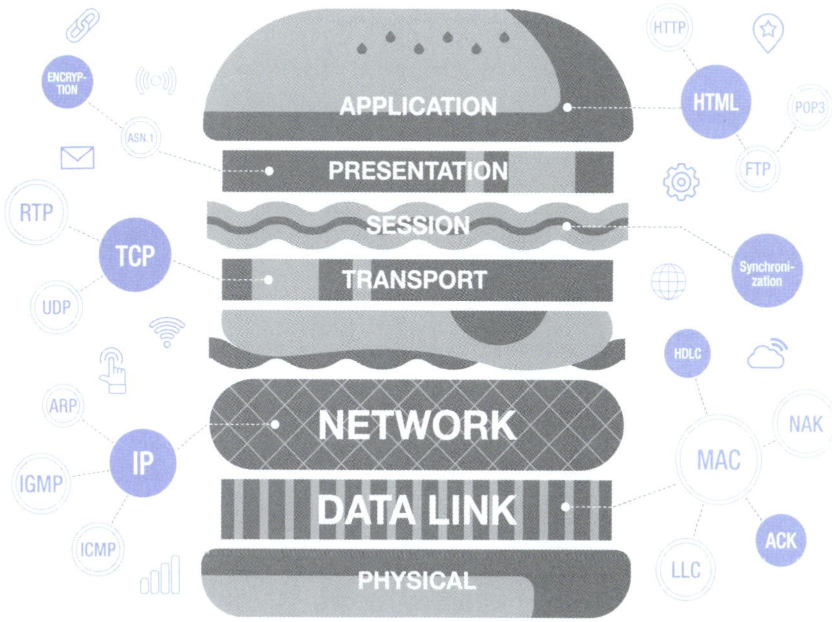

쉽게 배우는

데이터 통신과 컴퓨터 네트워크

박기현 지음

3판

한빛아카데미 Hanbit Academy, Inc.

기본 원리와 개념을 정확히 파악하자

처음 강의를 할 때는 인터넷에서 사용하는 네트워크 프로토콜의 원리가 비슷하여 학생들이 강의 내용을 충분히 이해할 것이라 생각했습니다. 그런데 오랜 강의를 통해, 학생들이 프로토콜을 이해하고 응용하는 것을 어려워한다는 사실을 알게 되었습니다. 그 이유를 살펴보니, 프로토콜의 기본 원리와 개념에 대한 이해가 부족하기 때문이었습니다.

필자는 새로운 지식을 배울 때 다음 두 가지가 필요하다고 생각합니다. 첫 번째는 지식의 원리와 개념을 충분히 이해하고 이해한 내용을 암기하는 것입니다. 이해와 암기는 수레의 양 바퀴와 같아서 함께하지 않으면 지식을 단계별로 차곡차곡 쌓을 수 없으며, 쌓더라도 그 지식은 쉽게 무너질 것입니다. 두 번째는 계층적으로 쌓는 지식의 완성도를 높이기 위해 선행 지식을 확고히 다지고 꾸준히 점검하는 것입니다. 일반적으로 처음 접하는 전공서도 내용의 상당 부분은 다른 책을 통해 이미 학습한 경우가 많습니다. 즉, 새로운 지식 학습은 이미 알고 있는 지식 위에 새로운 지식을 쌓는 과정이라 할 수 있습니다. 알고 있는 기본 지식이 탄탄할수록 새로운 지식을 쉽게 이해할 수 있으며, 잘못된 이해를 줄일 수 있습니다.

눈으로 직접 확인할 수 있는 실습과 달리 이론은 독자 스스로 완전히 이해했다고 확신하기 어렵습니다. "백문(百聞)이 불여일견(不如一見)"이라는 말이 있는데, 이는 눈으로 직접 확인해봐야 완전하게 이해할 수 있다는 뜻입니다. 이 책에서는 이런 부분을 고려하여 풍부한 그림을 통해 실제로 데이터가 오고가는 원리를 보여주고자 했습니다. 그리고 텔넷 시뮬레이션을 통해 메시지를 주고받는 예를 직접 보여주어 독자가 새로운 지식에 좀 더 편안하게 다가갈 수 있도록 했습니다.

이 책은 개정 3판으로, 개인적으로는 다섯 번째 개정판입니다. 매번 새로운 마음으로 새롭게 원고를 작성하지만 어떠한 기록도 완성이라는 단어로 마감할 수 없습니다. 인간의 지성(知性)은 문자로 기록되면서 발전하고, 계속해서 앞으로 나아갈 뿐입니다. 다행스러운 건, 부족한 기록임에도 불구하고 적지 않은 독자들이 선택해주셨다는 점입니다. 그저 고마울 따름입니다.

3판에서는 전체적으로 본문의 설명을 다듬어서 독자들이 더 이해하기 쉽게 수정하고, 본문을 이해하는 데 필요한 그림과 표에 대한 개선도 이루어졌습니다. 연습문제는 기존 틀은 유지하되 내용은 전면적으로 수정했습니다. 부족한 부분에 대한 독자들의 따끔한 충고와 조언을 기다리면서 개정 작업을 마무리합니다.

개정 작업을 함께 해주신 출판사의 도움과 노력에 감사의 말씀을 드립니다. 원고 전체를 꼼꼼하게 읽어주시고, 매끄럽지 못한 문장을 가다듬어 주신 분들이 계십니다. 이재욱 님과 박정수 님을 비롯해 한빛아카데미(주) 관계자 분들의 도움을 통해 이 책이 독자들에게 더 편안하게 다가갈 수 있다고 생각하며, 다시 한번 감사의 말씀을 드립니다.

"이 책은 나에게 쑨냐suñña(공空)를 가르쳐주었다."

저자 **박기현**

이 책의 사용 설명서

| 강의 보조 자료 | 한빛아카데미 홈페이지에서 '교수회원'으로 가입하신 분은 인증 후 교수용 강의 보조 자료를 제공받을 수 있습니다. 한빛아카데미 홈페이지 상단의 〈교수전용공간〉 메뉴를 클릭해주세요.
http://www.hanbit.co.kr/academy

| 연습문제 해답 안내 | 본 도서는 대학 강의용 교재로 개발되었으므로 연습문제 해답은 제공하지 않습니다.

| 실습 자료 | 실습에 필요한 자료는 아래 주소에서 내려받을 수 있습니다.
http://www.hanbit.co.kr/src/4608

| 실습 환경 | 12장의 소켓 프로그래밍 예제는 모토로라 계열인 SUN 마이크로 시스템의 리눅스 운영체제에서 작성되었습니다. 13장의 웹 프로그래밍 예제는 PHP 기능이 지원되는 웹 환경에서 실습할 수 있습니다. 또한 13장, 15장, 16장의 텔넷 시뮬레이션은 텔넷 서버와 텔넷 클라이언트 기능을 지원하는 유닉스/리눅스 시스템에서 실습할 수 있습니다.

| 본문 구성 |

❶ **네트워크 기반 이론의 이해(1~3장)** 컴퓨터 네트워크의 기본 원리와 구조를 이해합니다. 특히, OSI 7계층 모델의 구조를 통해 표준 통신 모델의 원리를 학습합니다.

❷ **하위 계층의 이해(4~6장)** OSI 7계층 모델의 하위 계층인 계층 2 프로토콜을 살펴봅니다. 근거리 통신망과 원거리 통신망의 차이에 따른 MAC 계층과 LLC 계층을 학습합니다.

❸ **네트워크 계층과 전송 계층의 이해(7~10장)** 인터넷의 기본 기능을 제공하는 TCP/IP 프로토콜을 이해하고, 관련 프로토콜을 살펴봅니다.

❹ **상위 계층의 이해(11~12장)** 사용자 응용 환경인 OSI 7계층 모델의 상위 계층 구조를 이해합니다. 특히, 데이터 표현과 관련 있는 네트워크 보안, TCP/IP 프로토콜을 사용하기 위한 소켓 시스템을 학습할 수 있습니다.

❺ **네트워크 서비스의 이해(13~16장)** 인터넷에서 사용되는 각종 통신 프로토콜의 원리를 이해합니다. 특히, 웹, DNS, 전자 메일, 파일 전송 프로토콜의 구조와 동작 방식을 자세히 학습합니다.

❻ **네트워크 보안의 이해(17장)** 암호화 시스템의 기본 구조와 원리를 학습한 후 네트워크 보안과 관련된 다양한 이슈를 살펴봅니다. OSI 7계층 모델과 보안의 관계에 대해서도 간략히 살펴봅니다.

| 구성 요소 |

Preview

'인터넷'은 이미 현대인에게 단순한 정보 취득 도구의 의미를 넘어서서 일상생
리매김하였다. 특히 스마트폰의 발전과 보편적인 보급 확대로 어린아이부터 성
업의 유무나 종류와 상관없이 인터넷은 그 활용 범위가 더욱 늘어 거대한 정보
화 사회를 선도하고 있다. 그러면서 활용 영역의 제한 없이 인터넷 서비스가 확
자와 소비자 사이의 선순환 구조로 이어지면서 관련 산업 발전에도 막대한 영향

주관적 관점으로 세계를 바라볼 수 있는 나만의 독립 공간 역할을 하는 인터
만 아니라 기업의 생태 환경을 새로운 차원으로 발전시키고 있다. 단순히 정
는 기술 체계를 넘어, 인터넷이라는 거대한 광장에 펼쳐진 대화와 공유의 장
러다임으로 이끌고 있다.

인터넷은 이미 기술자 주도가 아닌, 인터넷 소비자들의 끊임없는 요구 조건을
형태로 발전하고 있다. 그렇지만 인터넷을 제대로 이해하고 활용하기 위해서

Preview

각 장을 본격적으로 학습하기 전에 해당 장의 이론이 고안된 동기나 필요성 등을 예를 통해 간단히 소개합니다.

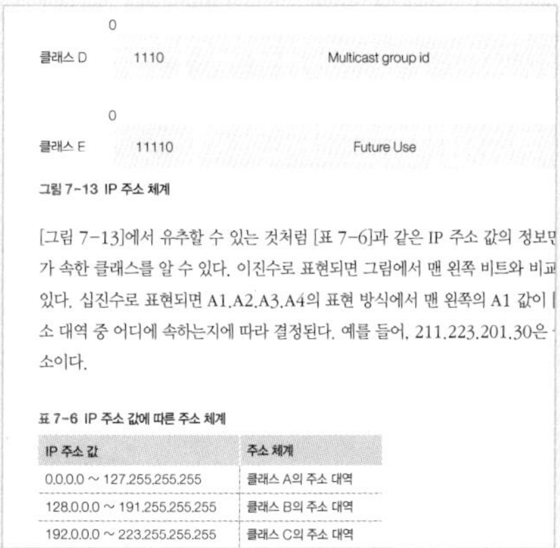
0
클래스 D 1110 Multicast group id
0
클래스 E 11110 Future Use

그림 7-13 IP 주소 체계

[그림 7-13]에서 유추할 수 있는 것처럼 [표 7-6]과 같은 IP 주소 값의 정보만
가 속한 클래스를 알 수 있다. 이진수로 표현되면 그림에서 맨 왼쪽 비트와 비교
있다. 십진수로 표현되면 A1.A2.A3.A4의 표현 방식에서 맨 왼쪽의 A1 값이
소 대역 중 어디에 속하는지에 따라 결정된다. 예를 들어, 211.223.201.30은
소이다.

표 7-6 IP 주소 값에 따른 주소 체계

IP 주소 값	주소 체계
0.0.0.0 ~ 127.255.255.255	클래스 A의 주소 대역
128.0.0.0 ~ 191.255.255.255	클래스 B의 주소 대역
192.0.0.0 ~ 223.255.255.255	클래스 C의 주소 대역

그림과 표

개념 간의 관계를 명확히 보여주고, 핵심 개념을 일목요연하게 정리합니다.

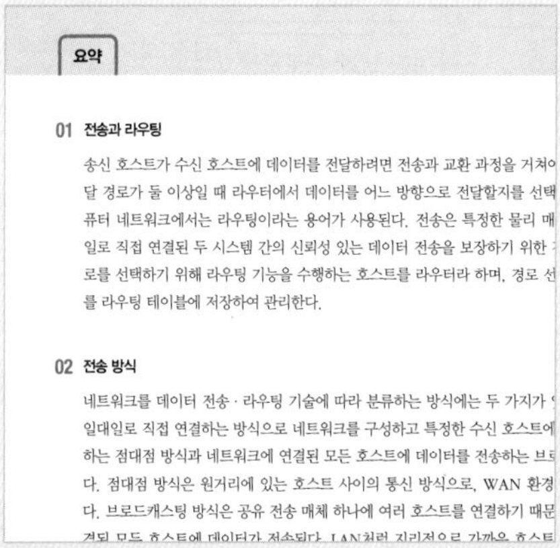
요약

01 전송과 라우팅

송신 호스트가 수신 호스트에 데이터를 전달하려면 전송과 교환 과정을 거쳐야
달 경로가 둘 이상일 때 라우터에서 데이터를 어느 방향으로 전달할지를 선택
퓨터 네트워크에서는 라우팅이라는 용어가 사용된다. 전송은 특정한 물리 매
일로 직접 연결된 두 시스템 간의 신뢰성 있는 데이터 전송을 보장하기 위한
로를 선택하기 위해 라우팅 기능을 수행하는 호스트를 라우터라 하며, 경로 선
를 라우팅 테이블에 저장하여 관리한다.

02 전송 방식

네트워크를 데이터 전송 · 라우팅 기술에 따라 분류하는 방식에는 두 가지가
일대일로 직접 연결하는 방식으로 네트워크를 구성하고 특정한 수신 호스트에
하는 점대점 방식과 네트워크에 연결된 모든 호스트에 데이터를 전송하는 브
다. 점대점 방식은 원거리에 있는 호스트 사이의 통신 방식으로, WAN 환경
다. 브로드캐스팅 방식은 공유 전송 매체 하나에 여러 호스트를 연결하기 때문

요약

본문의 핵심 내용을 요약해서 정리합니다. 본문에서 익힌 세분화된 지식을 다시 조립하여 전체적으로 완성해볼 수 있습니다.

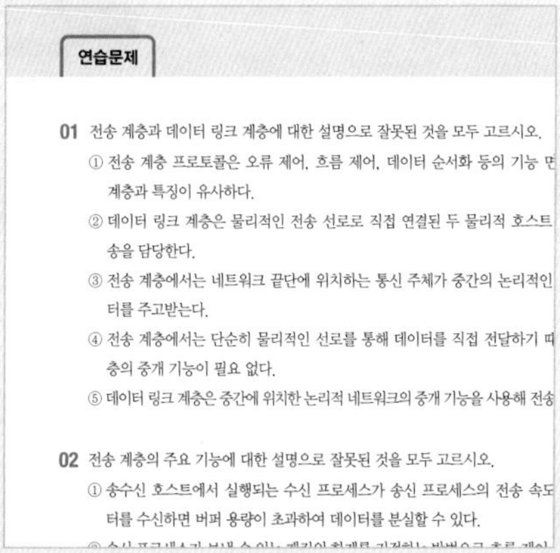
연습문제

01 전송 계층과 데이터 링크 계층에 대한 설명으로 잘못된 것을 모두 고르시오.
① 전송 계층 프로토콜은 오류 제어, 흐름 제어, 데이터 순서화 등의 기능 면
계층과 특징이 유사하다.
② 데이터 링크 계층은 물리적인 전송 선로로 직접 연결된 두 물리적 호스트
송을 담당한다.
③ 전송 계층에서는 네트워크 끝단에 위치하는 통신 주체가 중간의 논리적인
터를 주고받는다.
④ 전송 계층에서는 단순히 물리적인 선로를 통해 데이터를 직접 전달하기 때
층의 중개 기능이 필요 없다.
⑤ 데이터 링크 계층은 중간에 위치한 논리적 네트워크의 중개 기능을 사용해 전송

02 전송 계층의 주요 기능에 대한 설명으로 잘못된 것을 모두 고르시오.
① 송수신 호스트에서 실행되는 수신 프로세스가 송신 프로세스의 전송 속도
터를 수신하면 버퍼 용량이 초과하여 데이터를 분실할 수 있다.

연습문제

본문에서 익힌 내용을 문제 형식으로 정리합니다. 본문 내용을 확인하는 문제뿐 아니라 정보처리기사 등의 자격증 문제 중 해당 장과 관련된 문제를 통합 · 정리하여 출제함으로써 다양한 문제를 경험할 수 있도록 구성했습니다.

학습 로드맵

컴퓨터 네트워크는 서로 연결하기를 원하는 시스템들의 집합체입니다. 독립적으로 실행되는 호스트를 서로 연결하려면 표준화된 연결 방식이 필요합니다. 국제 표준화 단체인 ISO에서 호스트들을 연결하기 위해 제시한 표준 모델이 OSI 7계층 모델입니다. 이 책은 물리 계층을 제외한 6개 계층에 대하여 하위 계층부터 상위 계층까지 전체적인 구조와 이론을 설명하고 있습니다.

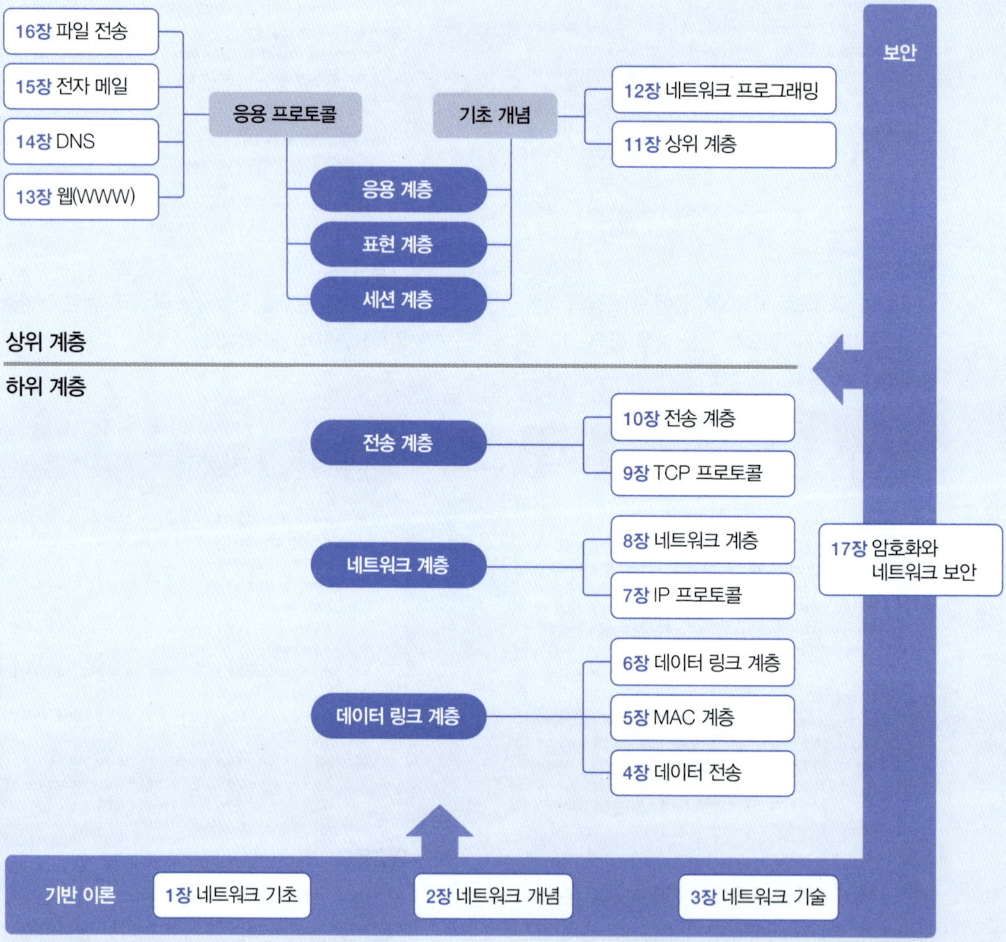

Chapter 01 네트워크 기초

Chapter 02 네트워크 개념

Chapter 03 네트워크 기술

Chapter 04 데이터 전송

Chapter 05 MAC 계층

차례

Chapter 07 IP 프로토콜

Chapter 08 네트워크 계층

Chapter 09 TCP 프로토콜

Chapter 10 전송 계층

차례

Chapter 11 상위 계층

Chapter 12 네트워크 프로그래밍

Chapter 13 웹(WWW)

차례

Chapter 16 파일 전송

Chapter 17 암호화와 네트워크 보안

Chapter

01

네트워크 기초

학습목표

- 네트워크의 구성 요소와 관련된 기초 용어를 이해한다.
- OSI 7계층 모델의 구조를 이해하고 프로토콜의 역할과 기능을 살펴본다.
- 인터넷 계층 모델에서 TCP, UDP, IP 프로토콜의 구조와 역할을 이해한다.
- 인터네트워킹의 개념과 라우터를 이해한다.
- 주소의 개념을 이해하고 IP 주소와 도메인 이름을 살펴본다.
- 인터넷에서 주소와 이름을 변환하는 DNS의 역할을 이해한다.

Preview

'인터넷'은 이미 현대인에게 단순한 정보 취득 도구의 의미를 넘어서서 일상생활의 일부분으로 자리매김하였다. 특히 스마트폰의 발전과 보편적인 보급 확대로 어린아이부터 성인에 이르기까지 직업의 유무나 종류와 상관없이 인터넷은 그 활용 범위가 더욱 늘어 거대한 정보 창고로서 지식 정보화 사회를 선도하고 있다. 그러면서 활용 영역의 제한 없이 인터넷 서비스가 확대되고 서비스 제공자와 소비자 사이의 선순환 구조로 이어지면서 관련 산업 발전에도 막대한 영향을 미치고 있다.

주관적 관점으로 세계를 바라볼 수 있는 나만의 독립 공간 역할을 하는 인터넷은 현대인의 삶뿐만 아니라 기업의 생태 환경을 새로운 차원으로 발전시키고 있다. 단순히 정보 검색과 전달이라는 기술 체계를 넘어, 인터넷이라는 거대한 광장에 펼쳐진 대화와 공유의 장은 인류를 새로운 패러다임으로 이끌고 있다.

인터넷은 이미 기술자 주도가 아닌, 인터넷 소비자들의 끊임없는 요구 조건을 기술이 뒷받침하는 형태로 발전하고 있다. 그렇지만 인터넷을 제대로 이해하고 활용하기 위해서는 인터넷 용어를 제대로 알고, 이를 바탕으로 전체 시스템을 파악하는 일이 선행되어야 한다. 특히 전문적으로 인터넷 기술을 학습하기 위해서는 전문 용어에 대한 정확한 이해가 필수다. 이와 같은 용어들을 기존 단어의 사전적인 의미로 막연히 짐작하면 편견의 우물에 갇히는 오류를 범할 수 있다.

중국의 철학자 노자(老子)는 "도가도비상도(道可道非常道)"라는 유명한 말로 언어의 내재적 한계를 설명했다. 직역하면 '(개념적) 道를 (언어적) 道라 표현하면 이미 (개념적) 道가 아니다'가 된다. 이 말은 복잡한 개념인 道의 실체를 단순히 한 단어로 정확히 표현할 수 없음을 지적한다. 인간의 사고(Semantic: 의미)는 언어로 표현(Syntax: 문법)되는 그 순간부터 의미가 왜곡된다고 할 정도로 언어는 근원적인 한계를 지니고 있다. 결과적으로 단어의 의미에 대한 부분적인 이해 부족과 그에 따른 왜곡이 여러 단어로 표현되는 전체 시스템을 이해하는 데 방해 요인이 될 수도 있다.

1장에서는 네트워크의 구성 요소와 관련된 기초 용어를 살펴보고, 이를 바탕으로 네트워크의 기능에 대하여 설명한다. 컴퓨터 네트워크는 OSI 7계층 모델이라는 표준화된 정책에 따라 계층마다 고유한 독립적 기능을 수행한다. 따라서 7계층 모델의 대강을 살펴보고, 마지막으로 네트워크에 연결된 시스템에 부여되는 주소의 개념에 대해 알아본다.

01 용어의 정의

인터넷이라 불리는 컴퓨터 네트워크는 현대인의 일상생활로 자리매김되고 활용 범위가 폭넓게 확대되면서 역으로 기술 발전을 견인하고 있다. 특히 인공지능과 결합하여 발전되면서 사회 전반의 모든 산업과 서비스에 막대한 파급 효과를 미치고 있다. 더불어 새로운 개념과 이론도 계속 등장하고 있는데, 그 속도와 범위가 너무 빨라서 전문가들조차도 모두 이해하기 버거운 실정이다. 게다가 새로운 용어를 표현할 때는 'Transmission Control Protocol'처럼 전체 단어로 정의하지 않고, 'TCP'와 같이 첫 자만 따는 약어 표기 방식을 선호해 혼란을 더욱 부채질한다.

용어의 의미를 올바르게 이해하려면 단어가 지닌 사전적 의미에 대해 선입견을 가지면 안 된다. 새로운 기술에 용어를 부여할 때는 보통 의미가 가장 유사한 기존 단어를 재활용한다. 그러다 보니 단어의 원래 의미를 토대로 새로운 용어를 이해하는 경향이 나타나는데, 이는 새로운 학문을 접하는 데 커다란 장애 요소가 되기도 한다. 그러므로 이 부분을 경계하며, 네트워크의 기초 용어부터 하나씩 알아보자.

1 네트워크 기초 용어

이미 수많은 사람이 익숙하게 사용하고 있는 인터넷Internet은 연구소, 기업, 학교 등의 소규모 조직에서 사용하기 시작한 작은 단위의 네트워크Network들을 서로 연결하면서 발전하였다. 그 과정에서 자연스럽게 연결 방식의 표준화를 요구하게 되었고, 오늘날 전 세계로 확산되어 거대한 인터넷으로 성장하였다.

네트워크를 이해하려면 시스템, 인터페이스, 전송 매체, 프로토콜, 네트워크, 인터넷과 같은 용어를 먼저 이해해야 한다.

네트워크Network는 하드웨어적인 전송 매체Transmission Media를 매개로 서로 연결되어 데이터를 교환하는 시스템System의 모음이며, 시스템과 전송 매체의 연결 지점에 대한 규격이 인터페이스Interface이다. 시스템이 데이터를 교환할 때는 소프트웨어적으로 동작하는 통신 규칙인 프로토콜Protocol이 필요하다. 인터페이스와 프로토콜은 서로 다른 시스템을 상호 연동해 동작시키기 위함이니 반드시 연동 형식의 통일이 필요하고, 이를 표준화Standardization라 한다.

[그림 1-1]은 여러 시스템이 전송 매체로 연결되어 네트워크를 구성한 예이다. 시스템은 반드시 일반 컴퓨터일 필요는 없으며, 보통 컴퓨팅 기능을 보유한 네트워크 장비들을 의미한다. 그림과 같은 네트워크의 가장 바깥쪽에 스마트폰을 포함한 일반 사용자들의 컴퓨터가 연결되어 데이터 교환 작업을 수행한다. 시스템들은 물리적으로 공유하는 전송 매체에 의하여 서로 연결되지만, 시스템이 전송 매체를 통해 데이터를 교환하려면 반드시 표준화된 프로토콜을 사용해야 한다.

우리가 알고 있는 인터넷은 IPInternet Protocol라는 네트워크 프로토콜이 핵심적인 역할을 하는 네트워크의 집합체이다. 여기서 IP는 프로토콜의 의미가 포함된 약자이지만 보통 IP 프로토콜이라 부른다.

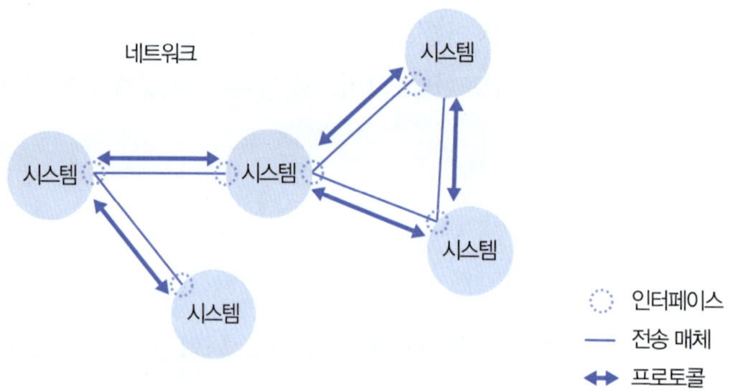

그림 1-1 네트워크의 구성

네트워크 구성 요소의 개념을 좀 더 자세히 알아보자.

시스템

일반적으로 시스템System은 내부 규칙에 따라 자율적으로 동작하는 대상을 가리킨다. 자동차, 커피 자판기, 컴퓨터, 마이크로프로세서, 하드디스크 등과 같은 물리적인 대상뿐 아니라, 신

호등으로 교통을 제어하는 운영 시스템, MS 윈도우즈 등의 운영체제, 프로그램의 실행 상태를 의미하는 프로세스와 같은 소프트웨어적인 대상들도 시스템이다.

TIP 네트워크 환경에서 동작하는 임의의 시스템은 다른 시스템과 데이터를 교환하는 기능이 필수적이다.

시스템의 동작에 필요한 외부 입력이 있을 수 있으며, 내부 정보와 외부 입력의 조합에 따른 출력(시스템 실행의 결과물)이 있을 수 있다. 한편, 작은 시스템이 여러 개 모여 더 큰 시스템을 구성할 수 있으므로 크기를 기준으로 시스템을 나누지는 않는다. 우리가 알고 있는 인터넷은 수많은 소규모 네트워크들이 서로 연동되는 반복적인 과정을 거쳐서 형성된 거대 연합체의 네트워크를 의미한다.

인터페이스

인터페이스Interface는 시스템과 시스템을 연결하기 위한 표준화된 접촉 지점을 의미하며, 하드웨어적인 관점과 소프트웨어적인 관점이 모두 존재한다. 하드웨어적인 예로서, 컴퓨터 본체와 키보드를 연결하여 제대로 동작하게 하려면 키보드의 잭을 본체의 정해진 위치에 꽂아야 한다. 이렇게 하려면 상호 간의 데이터 교환을 위한 RS-232C, USB 등과 같은 논리적인 규격뿐만 아니라, 잭의 크기와 모양 같은 물리적인 규격도 표준화되어야 한다. 소프트웨어적인 예로서, 프로그래밍 언어에서 함수 설계자는 함수 이름과 매개변수를 표준화하여 정의해야 하고, 함수 사용자는 이 정의에 맞게 함수 이름과 인수를 지정하여 사용할 수 있다. 인터페이스를 논리적인 상하 구조의 개념으로 이해할 필요는 없지만, 양방향으로 데이터를 주고받는 경우와 한쪽에서 다른 쪽의 단방향으로 데이터를 보내는 경우로 나눌 수 있다.

전송 매체

시스템끼리 정해진 인터페이스를 연동해 데이터를 전달하려면 물리적인 전송 수단인 전송 매체Transmission Media가 반드시 있어야 한다. 전송 매체는 사람의 눈으로 볼 수 있는 동축 케이블을 포함하여 소리를 전파하는 공기, 무선 신호 등 다양하게 존재한다. 인터페이스는 시스템 간의 물리적인 연동을 위한 논리적인 규격이고 인터페이스로 정해진 규격은 전송 매체를 통해 물리적으로 구현되며, 시스템끼리 데이터 전송을 가능하게 한다.

프로토콜

논리적으로 상호 연동되는 시스템이 전송 매체를 통해 데이터를 교환할 때는 표준화된 대화 규칙을 따르는데, 이 규칙을 프로토콜Protocol이라 한다. 일반적으로 프로토콜은 상하 관계가 아닌 동등한 위치에 있는 시스템 사이의 규칙이라는 측면이 강조되어 인터페이스와 구분된다. 인터페이스는 [그림 1-1]과 같이 두 시스템이 연동하기 위한 특정한 접촉 지점Access Point을 의미하는 경우가 많지만, 프로토콜과 비교하여 인용될 때는 상하 개념이 적용된다. 즉, 나중에 배우게 될 네트워크의 계층 모델 구조에서 인터페이스는 상하 계층 사이의 관계를 다루고, 프로토콜은 동등 계층 사이의 관계를 다룬다. 일반적으로 프로토콜은 주고받는 데이터의 형식과 그 과정에서 발생하는 일련의 절차적 순서에 무게를 둔다.

네트워크

통신용 전송 매체로 연결된 여러 시스템이 프로토콜을 사용하여 데이터를 주고받을 때, 이들을 하나의 단위로 통칭하여 네트워크Network라 부른다. 일반적인 컴퓨터 네트워크에서는 물리적인 전송 매체로 연결된 컴퓨터들이 동일한 프로토콜을 이용해 서로 데이터를 주고받는다. 소규모 네트워크가 모여 더 큰 네트워크를 구성할 수 있는데, 네트워크끼리는 라우터Router라는 중개 장비를 사용해서 연결한다.

인터넷

인터넷Internet은 전 세계의 모든 네트워크가 유기적으로 연결되어 동작하는 통합 네트워크이다. 인터넷에서 사용되는 시스템, 인터페이스, 전송 매체, 프로토콜들은 그 종류가 매우 복잡하고 다양하지만, 데이터 전달 기능에 한해서는 공통으로 IPInternet Protocol 프로토콜을 사용한다. 즉, ISO의 OSI 7계층 모델에서 계층 3인 네트워크 계층의 기능을 IP 프로토콜이 수행하며 인터넷이라는 용어는 IP의 첫 단어인 Internet에서 유래했다.

표준화

서로 다른 시스템이 상호 연동해 동작하려면 표준화Standardization라는 연동 형식의 통일이 필요하다. 예를 들어, 프린트 용지를 생각해보자. 일반적으로 프린터와 프린트 용지를 만드는 회사는 다르다. 하지만 사전에 A4 규격이라는 통일된 틀을 만들어두었기 때문에 서로 다른 회사에서 생산한 프린터와 프린트 용지를 자유롭게 사용할 수 있다.

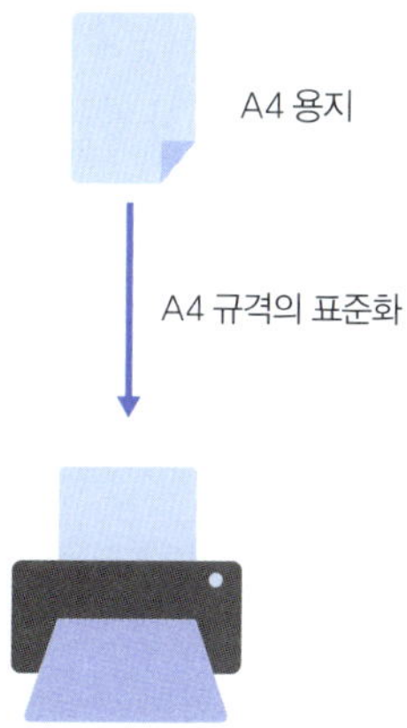

그림 1-2 A4 규격의 표준화

현대 산업사회가 눈부시게 성장한 배경에는 증기기관의 개발에 따른 에너지 동력원의 발전이 있었다. 지금은 인간의 노동력이라는 한계를 넘어 인공지능으로 대표되는 새로운 차원의 사회 발전 단계인 4차 산업혁명이 진행되고 있다. 그러나 이와 다른 관점에서 더 근원적인 발전 배경을 살펴보면, 표준화 원리를 바탕으로 한 레고의 조합 개념이 산업 전반에 존재해왔기 때문임을 알 수 있다.

2 시스템 기초 용어

[그림 1-1]과 같이 네트워크는 외형적으로 시스템과 전송 매체의 조합으로 구성된다. 데이터 통신을 위한 전송 매체는 전송 대역, 전송 속도, 전송 오류율과 같은 물리적인 특성이 주 관심사이므로 논리적인 기능은 비교적 단순하다. 그러므로 여기서는 시스템에 대해서만 자세히 살펴본다. 시스템은 전송 매체를 이용해 다양한 연동 형태로 구성할 수 있으므로 개념의 폭이 넓고 복잡하다.

시스템의 구분

네트워크를 구성하는 시스템이 반드시 일반 컴퓨터처럼 복잡한 기능을 수행해야 하는 것은 아니지만, 데이터 전송 기능을 포함하여 일정 정도의 컴퓨팅 기능을 보유한다. 네트워크 시스템은 수행 기능에 따라 다음과 같이 다양한 명칭으로 부를 수 있다.

■ 노드

노드Node는 컴퓨터 이론 분야에서 특정 시스템을 가리키는 가장 일반적인 용어로 사용된다. 인터넷에서도 상호 연결된 시스템을 표현할 수 있는 가장 포괄적 의미로 사용되므로 데이터를 주고받을 수 있는 모든 시스템을 통칭한다. 노드는 인터넷 내부를 구성하는 라우터와 인터넷 바깥쪽에 연결되어 데이터를 주고받는 호스트로 구분된다.

■ 라우터

라우터Router는 인터넷 내부를 구성하며, 기본으로 데이터 전송 기능을 포함한다. 라우터의 주요 역할은 데이터 중개 기능이며, 인터넷 바깥쪽에 연결된 호스트들 사이의 데이터 전송이 인터넷 내부에서 최적의 경로를 통하여 이루어지도록 한다.

■ 호스트

호스트Host는 인터넷 바깥쪽에 연결되어 일반 사용자들의 네트워크 접속 창구 역할을 한다. 일반적인 컴퓨팅 기능을 갖춘 호스트는 네트워크 응용 프로그램을 실행할 수 있고, 사용자는 이 프로그램을 이용하여 다양한 인터넷 서비스를 제공받는다. 호스트는 호스트 사이에 제공되는 서비스를 기준으로 클라이언트와 서버로 나눌 수 있다.

■ 클라이언트와 서버

클라이언트Client는 임의의 인터넷 서비스를 이용하는 응용 프로그램이고, 서버Server는 서비스를 제공하는 응용 프로그램이다. 클라이언트와 서버의 개념은 서비스 단위로 이루어지므로 임의의 호스트가 클라이언트나 서버로 고정되지는 않는다. 이용하는 서비스의 종류에 따라서 클라이언트가 될 수도 있고, 서버가 될 수도 있다. 그러므로 특정 서비스를 기준으로 상대적인 관점에서 클라이언트와 서버라는 용어를 사용한다.

일반적으로 응용 프로그램 혹은 서비스 단위가 아닌 호스트 단위로도 클라이언트와 서버를 사용하기도 한다. 즉, 다양한 서비스를 제공하는 목적으로 특화된 호스트의 경우 호스트 자체를 서버라 부르기도 한다. 서버는 클라이언트보다 먼저 실행 상태가 되어 클라이언트의 요청에 대기해야 한다. 그리고 영원히 종료하지 않으면서 클라이언트의 요청이 있을 때마다 서비스를 반복해서 제공한다.

클라이언트와 서버

[그림 1-3]은 임의의 응용 서비스를 기준으로 클라이언트와 서버의 상대적인 관계를 설명한다. FTPFile Transfer Protocol는 원격 호스트끼리 파일 송수신 기능을 제공하는 서비스이고, 텔넷Telnet은 원격 호스트에 로그인하는 서비스를 제공한다. 호스트 2는 FTP 서비스를 제공하고, 호스트 3은 텔넷 서비스를 제공한다.

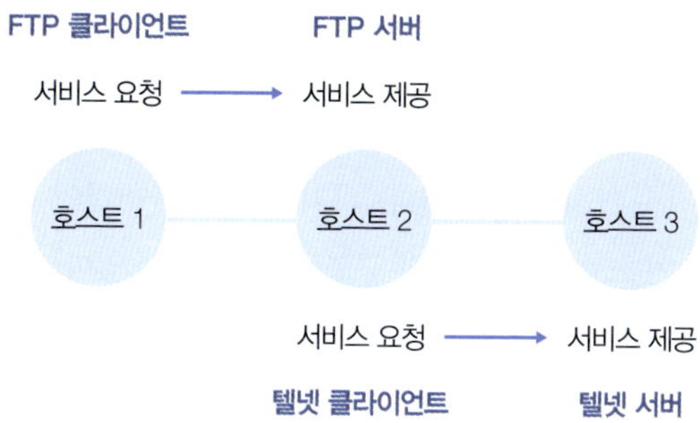

그림 1-3 클라이언트와 서버

먼저, FTP 서비스를 살펴보면 호스트 1은 호스트 2에 FTP 서비스를 요청한다. 따라서 FTP 서비스를 기준으로 하면 호스트 1이 클라이언트가 되고, 호스트 2는 서버가 된다. 반면, 텔넷 서비스는 호스트 2가 호스트 3에 서비스를 요청한다. 텔넷 서비스를 기준으로 하면 호스트 2가 클라이언트이고, 호스트 3은 서버이다. 따라서 호스트 2는 사용하는 응용 서비스의 종류에 따라 클라이언트가 되기도 하고 서버가 되기도 한다. 결론적으로 클라이언트와 서버라는 용어는 서비스 이용의 상대적 위치에 따라 결정됨을 알 수 있다.

서버의 명칭을 특정 호스트에 전용으로 부여해서 사용할 수도 있다. 특히 다양한 서비스 기능을 제공하는 대형 시스템을 서버로 설정해 다수의 클라이언트가 접속해서 서비스를 이용하도록 할 수 있다. 그러나 기능적인 관점에서는 [그림 1-3]처럼 호스트에서 실행되는 응용 서비스별로 구분하는 것이 더 정확하다. 인터넷에서 네트워크 서비스의 기능은 대부분 응용 프로그램으로 구현되므로 보통 클라이언트 프로세스, 서버 프로세스라는 호칭이 더 자연스러울 수 있다.

02 구조적 모델

네트워크는 다수의 시스템을 전송 매체로 연결해 구성한 시스템들의 집합체이다. 소규모의 네트워크들은 전송 매체로 연결되어 더 큰 네트워크로 반복적으로 확장될 수 있다.

컴퓨터 네트워크는 외형상 호스트 시스템과 전송 매체로 구분한다. 하지만 이런 물리적인 형태와는 별도로, 그들이 수행하는 내부 기능을 기초로 하여 다양한 구조로 세분할 수 있다. 특히, 호스트가 제공하는 복잡한 네트워크 기능을 연관된 그룹으로 묶어 계층 모델로 설명할 수 있다.

1 OSI 7계층 모델

다수의 시스템을 서로 연결해서 통신하려면 선행적으로 전체 시스템 구조를 표준화해야 한다. 국제 표준화 단체인 ISO International Standard Organization에서는 OSI Open Systems Interconnection 7계층 모델을 제안하여, 네트워크에 연결된 시스템이 갖추어야 할 기본 구조와 기능을 상세히 정의하고 있다.

계층 구조

OSI 7계층 모델 OSI 7 Layer Model에 따르면, 네트워크에 연결된 호스트들은 [그림 1-4]와 같이 7개 계층으로 모듈화된 전송 기능을 갖추어야 한다. 일반 사용자는 OSI 7계층 맨 위에 있는 응용 계층을 통해 데이터의 송수신을 요청하며, 이 요청은 하위 계층에 순차적으로 전달되어 맨 아래에 있는 물리 계층을 통해 상대 호스트에 전송된다. 그리고 요청이 각 계층으로 하달되는 과정에서 계층별로 자신이 담당하는 기능을 수행하여 데이터를 안전하게 전달해준다. 그 과정에서 송수신 호스트 사이의 라우터들이 중개 기능을 수행한다. 일반적으로 라우터는 하위 3개 계층의 기능만 수행한다.

그림 1-4 OSI 7계층 모델

데이터를 수신하는 호스트에서는 송신 호스트와는 반대 방향으로 처리가 이루어진다. 즉, 물리 계층으로 들어온 데이터는 순차적인 상향 전달 과정을 거쳐 응용 계층으로 올라간다. 수신 호스트에서 처리가 완료된 결과를 회신할 때는 반대 과정을 순차적으로 밟아서 송신 호스트로 되돌아간다.

데이터를 송수신하는 최종 주체는 송수신 호스트 양쪽에 위치한 응용 계층이며, 하부 계층인 표현 계층은 응용 계층을 지원하기 위한 고유 기능을 수행한다. 이와 같은 계층 구조의 원리는 모든 상하 계층에 대하여 상대적으로 적용되며, 각각의 계층들은 데이터 전송에 필요한 기능들을 나누어 처리한다.

계층별 기능

OSI 7계층 모델의 각 계층은 독립적인 고유 기능을 수행하며, 하위 계층이 바로 위 계층에 서비스를 제공하는 형식으로 동작한다. 여기서는 각 계층에서 제공하는 기능에 대하여 간단히 살펴보고 자세한 내용은 2장에서 설명한다.

■ 물리 계층

네트워크에서 호스트들이 데이터를 전송하려면 반드시 물리적인 전송 매체로 연결되어 있어야 한다. 물리 계층Physical Layer은 호스트를 전송 매체와 연결하기 위한 인터페이스 규칙과 전송 매체의 특성을 다루며, 크게 유선 매체와 무선 매체로 구분된다.

■ 데이터 링크 계층

물리 계층으로 데이터를 전송하는 과정에서는 잡음Noise 등과 같은 여러 외부 요인에 의하여 물리적인 오류가 발생할 수 있다. 데이터 링크 계층Data Link Layer은 물리 계층의 오류에 관한 오류 제어Error Control 기능을 수행하며, 이를 위해서는 오류의 발생 사실을 인지하는 기능과 오류 복구 기능이 필요하다. 물리 계층은 물리적 전송 오류를 감지Sense하는 기능을 제공해 상위 계층인 데이터 링크 계층에서 오류를 인지할 수 있도록 해준다. 그렇지 않은 경우는 데이터 링크 계층 스스로 별도의 기능을 수행하여 오류를 인지해야 한다. 대표적인 물리적 오류로는 데이터가 도착하지 못하는 데이터 분실과 내용이 깨져서 도착하는 데이터 변형이 있다. 일반적으로 컴퓨터 네트워크에서 오류 복구는 송신자가 원래의 데이터를 재전송Retransmission하는 방식으로 처리한다.

■ 네트워크 계층

송신 호스트가 전송한 데이터가 수신 호스트까지 안전하게 도착하려면 여러 개의 중개 시스템인 라우터Router를 거쳐야 한다. 이 과정에서 데이터가 올바른 경로를 선택할 수 있도록 지원하는 계층이 네트워크 계층Network Layer이다. 기본적으로 네트워크 내부 구조는 라우터들로 구성되고, 네트워크 바깥쪽에 연결되는 송수신 호스트 사이의 데이터 중개 기능을 수행한다. 데이터 중개 과정에서 오류가 발생할 수 있으므로 네트워크 계층에도 오류 제어 기능이 필요하다. 네트워크 부하가 증가하면 특정 지역에 혼잡Congestion이 발생할 수 있는데, 혼잡 제어Congestion Control도 데이터의 전송 경로와 관계되므로 네트워크 계층이 담당한다.

■ 전송 계층

컴퓨터 네트워크에서 데이터를 교환하는 최종 주체는 호스트가 아니고, 호스트 내부에서 실행되는 응용 네트워크 프로세스이다. 네트워크 계층은 송수신 호스트 사이의 전송을 지원하지만, 응용 프로세스까지 전달하는 기능은 없다. 전송 계층Transport Layer은 송신 프로세스와 수신 프로세스 간의 연결Connection 기능을 제공하기 때문에 프로세스 사이의 안전한 데이터 전송을 지원한다. 전송 계층은 데이터가 전송되는 최종적인 경로상의 양 끝단 사이의 연결이 완성되는 계층이다. 일반적으로 계층 4까지의 기능은 운영체제에서 시스템 콜System Call 형태로 상위 계층에 제공하며, 계층 5~7의 기능은 응용 프로그램으로 작성된다.

■ 세션 계층

세션 계층Session Layer은 전송 계층에서 제공하는 연결의 개념과 유사한 세션 연결을 지원하지만, 이보다는 더 상위의 논리적 연결이다. 즉, 응용 환경에서 사용자 간 대화Dialog 개념의 연결로 사용되기 때문에 전송 계층의 연결과 구분된다. 예를 들어, 인터넷에서 파일 송수신 중에 연결이 끊기면 이는 전송 계층의 연결이 종료된 것이다. 이후 전송 계층의 연결을 다시 설정하여 이전에 데이터 송수신이 멈춘 지점부터 이어서 전송하는 기능을 세션 계층이 지원한다.

■ 표현 계층

표현 계층Presentation Layer은 전송되는 데이터의 의미Semantic를 잃지 않도록 올바르게 표현Syntax하는 방법을 다룬다. 즉, 정보를 교환하는 호스트들이 표준화된 방법으로 데이터를 인식할 수 있게 해준다. 또한 데이터의 표현이라는 본래의 기능에 더해, 현재의 표현 계층은 압축과 암호화라는 기능도 중요하게 다루고 있다. 동영상과 같은 대용량의 멀티미디어 데이터를 압축Compression하면 전송 데이터의 양을 줄일 수 있다. 암호화는 네트워크 보안 기능의 하나이며, 외부의 침입자로부터 데이터를 안전하게 보호하는 기술이다. 인터넷을 통한 개인정보의 처리와 금융 상거래가 증가하면서 인터넷 보안의 중요성이 커지고 있다.

■ 응용 계층

응용 계층Application Layer은 일반 사용자를 위한 다양한 네트워크 응용 서비스를 지원한다. 단순히 정보 검색을 지원하던 시대를 지나서 오늘날의 인터넷 환경은 인공지능과 결합하는 추세로 발전되고 있다. 그에 따라 특정 분야에 한정되지 않고, 사회 전반의 모든 영역으로 네트워크 서비스는 발전하고 있다.

프로토콜과 인터페이스

네트워크 사용자가 통신한다는 것은 데이터를 서로 주고받는다는 것을 의미한다. 최종 사용자가 데이터를 보내고 받으려면 양쪽 호스트에서 실행되는 OSI 7계층의 모듈이 유기적으로 연동되어야 한다. 즉, 호스트끼리 통신하는 과정에서는 각 계층의 모듈이 상대 호스트의 동일 계층과 개별적으로 논리적 통신을 수행해야 한다. 예를 들어, 통신 양단의 한쪽 호스트의 계층 n 모듈은 상대 호스트의 계층 n 모듈과 통신한다. 이와 같이 각각의 계층은 정해진 방식과 절차에 따라 상대 계층과 통신하는데, 이 과정에서 필요한 규칙을 프로토콜Protocol이라 한다.

상하위의 계층 간에는 인터페이스Interface라는 규칙이 존재하고, 하위 계층이 상위 계층에 제공하는 인터페이스를 특별히 서비스Service라 부른다. [그림 1-5]는 계층 n과 계층 n-1의 2개 모듈로 구성된 계층 모델에서 서로 다른 두 호스트의 통신을 지원하기 위한 모듈 간의 관계를 프로토콜, 서비스, 데이터 전송의 관점에서 설명한다. 한 호스트를 기준으로 데이터 전송은 위아래 양방향으로 모두 가능하며, 두 호스트 사이에서는 좌우 양방향으로 모두 가능하다. 다만, 좌우 간의 물리적인 데이터 전송은 반드시 가장 아래의 물리 계층을 통하여 이루어진다.

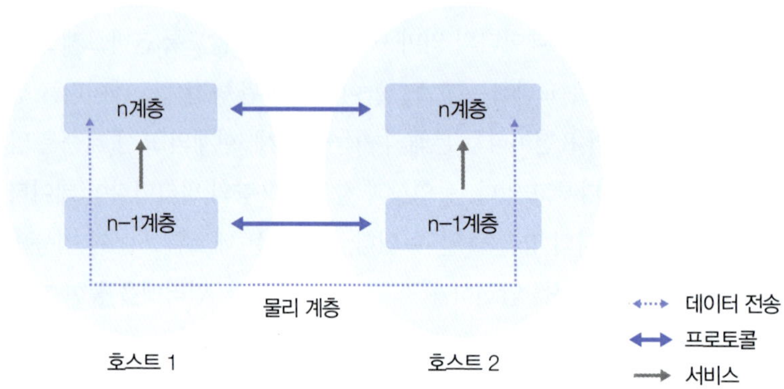

그림 1-5 인터페이스와 프로토콜

호스트 1과 호스트 2의 계층 n 프로토콜이 서로 통신하려면 계층 n-1 프로토콜의 서비스가 필요하다. 즉, 호스트 1의 계층 n이 호스트 2의 계층 n에 데이터를 전송하는 과정은 하위의 계층 n-1을 통해 이루어진다. 먼저, 호스트 1의 계층 n-1에 전송할 데이터를 주어 호스트 2에 전송하도록 부탁한다. 그러면 호스트 1의 계층 n-1은 다시 하위 계층의 도움을 받아 호스트 2의 계층 n-1에 데이터를 보낸다. 마지막으로 호스트 2의 계층 n-1이 수신한 데이터를 계층 n에 올려줌으로써 계층 n 사이의 통신이 완료된다. 이 원리는 ISO 7계층 모델에서 7개 계층에 모두 적용되며, 상대 호스트에 물리적으로 데이터를 전송하는 것은 맨 아래의 물리 계층이다. 물리 계층 위에 있는 계층 프로토콜들은 각자의 정해진 기능을 수행하면서 논리적인 통신을 하는 것이다.

인터넷의 계층 모델

[그림 1-6]은 FTP 프로그램을 이용하는 경우를 예로 들어 인터넷의 계층 구조를 설명하고 있다. 인터넷에서는 IP Internet Protocol가 네트워크 계층의 기능을 수행하며, TCP Transmission Control Protocol와 UDP User Datagram Protocol는 전송 계층의 기능을 수행한다. 이들 3개의 프로토콜은 인터넷 환경에서 사용자 데이터를 전송하는 핵심 역할을 한다. 전송 계층 이하의 프로토콜들은 호스트의 운영체제 내부에서 구현되며 FTP, 텔넷, 전자 메일 등과 같은 응용 프로그램은 사용자 프로그램 환경에서 계층 5~7이 합쳐져 구현된다.

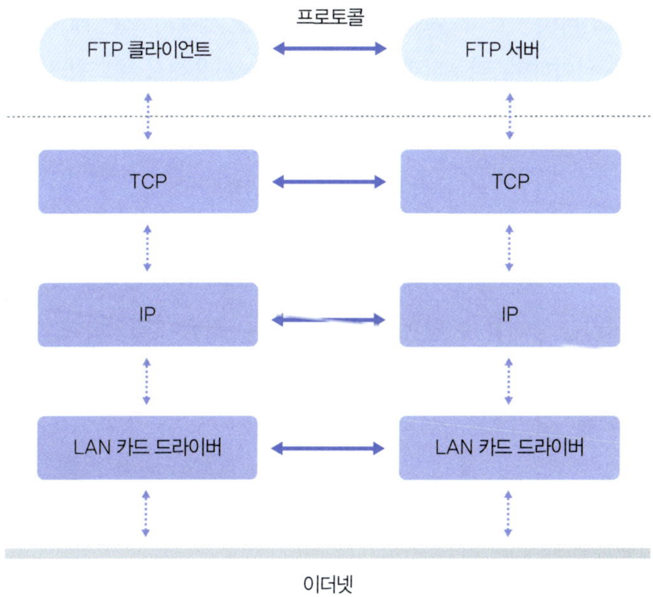

그림 1-6 FTP의 계층 구조

[그림 1-6]과 같이 양쪽 호스트에는 동일한 기능을 수행하는 프로토콜 스택Protocol Stack이 존재한다. 프로토콜 스택은 계층 구조로 이루어진 통신 프로토콜의 집합이다. 각 프로토콜의 동작은 [그림 1-5]에서 설명한 것과 같은 원리로 이루어진다. 그림에 표시되진 않았지만 두 호스트 사이에는 중계 기능을 수행하는 라우터들이 존재할 수 있다. 인터넷에서는 IP 프로토콜이 중계 기능을 수행하므로 라우터에는 계층 3까지의 프로토콜이 구현되어 있다.

FTP 클라이언트가 FTP 서버에 데이터를 전송하는 과정은 다음과 같다. FTP 클라이언트가 FTP 서버에 직접 데이터를 전송하는 것은 불가능하므로 먼저 자신의 하위 TCP에 데이터를 보내야 한다. TCP로 보내진 데이터는 IP 프로토콜과 LAN 카드를 거쳐서 이더넷으로 표현된 전송 매체를 통하여 FTP 서버의 LAN 카드에 전달된다. FTP 서버에 도착한 데이터는 송신 순서의 반대인 LAN 카드, IP 프로토콜, TCP 프로토콜을 거쳐서 FTP 서버 프로그램에 도착한다. FTP 서비스에서 데이터 전송은 양방향 통신을 지원하므로 반대 방향의 전송도 가능하다.

2 인터네트워킹

네트워크와 네트워크의 연결을 인터네트워킹Internetworking이라 하며, 연결되는 네트워크 수가 증가할수록 복잡도가 커진다. 인터넷은 IP 프로토콜을 지원하는 전 세계의 모든 네트워크가 반복 구조로 연결된 시스템을 의미하며, 라우터라는 중개 장비를 사용해서 네트워크들을 연결한다.

네트워크의 연결

[그림 1-7]처럼 서로 독립적으로 운영되는 2개 이상의 네트워크가 연동되어 정보를 교환하려면, 이를 적절히 연결하여 데이터를 중개할 수 있는 인터네트워킹 시스템이 필요하다. 여기에서 네트워크가 연동된다는 의미는 물리적인 연결뿐 아니라, 데이터 중개에 필요한 상위의 네트워크 프로토콜들이 지원됨을 뜻한다.

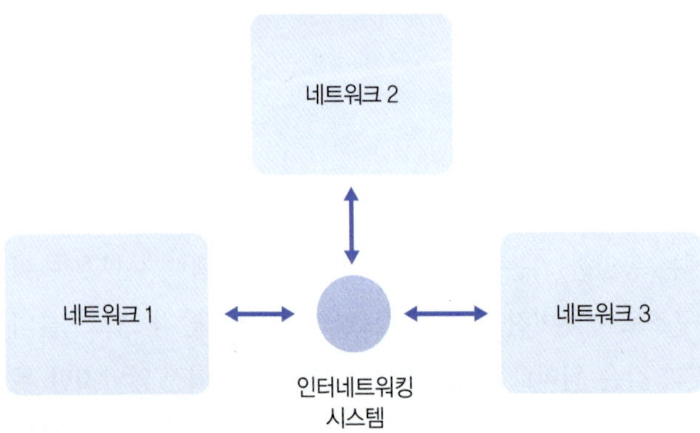

그림 1-7 인터네트워킹

인터넷에서 인터네트워킹 시스템의 주요 기능은 전송 데이터의 경로 선택과 관계가 있다. 예를 들어 [그림 1-7]의 네트워크 1에서 유입된 데이터를 네트워크 2와 네트워크 3의 누구에게 보낼 것인가를 선택해야 한다. 이 기능은 7계층 모델에서 네트워크 계층에 포함되므로 인터네트워킹 시스템은 네트워크 계층을 포함한 하위 3개 계층의 기능을 수행한다. 그림의 예는 일반 도로로 비유하자면 삼거리의 경우와 유사하며, 여기서 자동차 내비게이션 기능이 인터네트워킹 시스템의 주요 기능에 해당한다. 인터넷의 내부 구조는 이와 같은 인터네트워킹 시스템들이 복잡하게 연결되어 상호 유기적인 협조 체제로 동작한다.

인터네트워킹 시스템에 연결된 네트워크들은 물리적으로 같은 종류일 필요가 없으며, 상위 계층 프로토콜들이 지원하는 논리적 기능도 다를 수 있다. 하지만 인터네트워킹 시스템은 연결된 모든 네트워크에 대하여 물리적이고 논리적인 인터페이스를 모두 지원해야 한다. 즉, [그림 1-7]에서 인터네트워킹 시스템은 네트워크 1, 네트워크 2, 네트워크 3과 개별적으로 연동할 수 있어야 한다. 또한 이 과정에서 데이터 표현 방식을 포함해 양쪽 네트워크의 프로토콜이 서로 일치하지 않으면 필요한 변환 작업을 수행해야 한다. 이러한 방식으로 인터네트워킹 시스템은 둘 이상의 네트워크를 유기적으로 연동할 수 있다.

게이트웨이

인터네트워킹 시스템은 용어 자체로 의미를 쉽게 설명하고 이해시키기 위한 개념적인 명칭이며, 인터네트워킹 기능을 수행하는 시스템을 일반적으로 게이트웨이Gateway라 부른다. 게이트웨이의 종류는 다양하지만, 일반적으로 지원할 수 있는 기능의 한계에 따라 리피터, 브리지, 라우터 등으로 나뉜다.

■ 리피터

리피터Repeater는 물리 계층의 기능을 지원한다. 물리적 신호는 전송 거리가 멀수록 감쇄되기 때문에 중간에 이를 보완해주어야 한다. 예를 들어, 사람의 목소리는 멀리 전달될수록 세기가 약해져서 점점 알아들을 수 없게 된다. 이와 같이 네트워크에서도 무선 신호 혹은 유선의 전기적 신호도 거리가 멀어질수록 신호의 크기가 약해진다. 따라서 리피터는 한쪽에서 입력된 신호를 물리적으로 단순히 증폭하여 다른 쪽으로 중개하는 역할을 한다.

■ 브리지

리피터는 단순히 신호를 증폭하는 역할을 하며, 전송 과정에서 발생하는 물리적인 오류 문제는 다루지 않는다. 이를 보완한 브리지Bridge는 리피터 기능에 데이터 링크 계층의 기능이 추가된 것으로 물리 계층에서 발생한 오류를 해결해준다. 예를 들어, 가정에서 사용하는 무선 공유기는 유무선 기능을 모두 지원하는 브리지의 예이다.

■ **라우터**

라우터Router는 물리 계층, 데이터 링크 계층, 네트워크 계층의 기능을 지원한다. 네트워크 계층은 경로 선택 기능을 제공해야 하므로 임의의 네트워크에서 들어온 데이터를 어느 네트워크로 전달할지 판단할 수 있어야 한다. 이를 위하여 라우터는 자신과 연결된 네트워크와 호스트들의 정보를 유지 · 관리함으로써 특정 경로가 이용 가능한지 여부와 다수의 경로 중에서 어느 경로가 빠른 데이터 전송을 지원하는지 판단할 수 있어야 한다. 네트워크와 호스트에 대한 정보는 일반적으로 라우팅 테이블Routing Table에 보관된다.

3 프로토콜

프로토콜Protocol은 통신 시스템이 데이터를 교환하기 위해 사용하는 통신 규칙이다. OSI 7 계층 모델에서는 각 계층에서 수행하는 프로토콜이 서로 역할을 분담하여 독립적으로 동작한다. 따라서 계층 1에는 계층 1끼리 통신할 수 있는 프로토콜이 존재하고, 계층 2에는 계층 2끼리 통신할 수 있는 프로토콜이 존재한다.

프로토콜의 예

[그림 1-8]은 일반인이 스마트폰으로 통화하는 규칙을 보여주고 있는데, 이러한 순서와 절차를 프로토콜이라 정의할 수 있다. 시간은 위에서 아래로 흐르고, 왼쪽의 발신자가 오른쪽의 수신자에게 통화를 시도하고 있다. 연결을 설정할 때는 항상 발신자의 요청에 의하여 시작되며, 수신자는 미리 연결 대기 상태에 있어야 한다. 연결 설정은 상호 간의 합의 아래 이루어지지만, 종료는 한쪽의 일방적인 종결 선언으로도 가능하다.

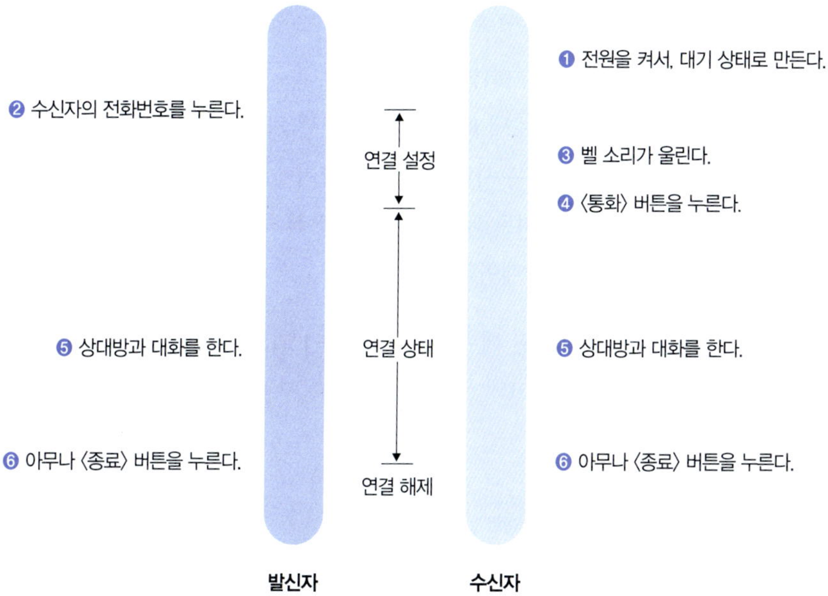

그림 1-8 전화 연결을 위한 규칙

수신자는 스마트폰 전원을 켜서 발신자의 통화 요청보다 먼저 대기 상태에 있어야 한다(❶). 발신자가 수신자의 전화번호를 누르면(또는 번호를 입력한 후 〈통화〉 버튼을 누르면)(❷) 수신자 스마트폰의 벨이 울린다(❸). 수신자가 〈통화〉 버튼을 눌러 전화를 받으면 연결이 설정된다(수신자가 벨 소리를 무시하고 전화를 받지 않으면 연결되지 않으므로 연결 설정은 반드시 양자의 합의가 있어야 한다)(❹).

일단 연결이 설정되면 연결이 해제되기 전까지 데이터를 주고받을 수 있다(❺). 연결 해제는 외형상 한쪽의 일방적인 종료로 이루어지지만(❻) 실제로는 대화 과정에서 쌍방의 합의로 이루어진다. 실제 네트워크 프로토콜에서도 연결 해제를 한쪽의 일방적인 결정과 양자의 합의에 의한 결정으로 구분하여 설계한다.

데이터 단위

네트워크 프로토콜을 사용해 데이터를 교환할 때는 먼저 데이터를 특정 형태로 규격화하는 작업이 필요하다. 예를 들어, 우편물을 보낼 때 정해진 규격 봉투를 사용하는 것과 같은 원리이다. 규격 봉투에 보내는 사람 주소, 받는 사람 주소 등을 규칙에 따라 기입하는 것처럼 네트워크에서도 데이터를 프로토콜에서 정의된 데이터 규격에 맞춰 묶어주어야 한다. 이와 같은 한 단위의 규격으로 묶인 전송 데이터를 데이터 단위라 한다.

OSI 7계층 모델의 각 계층에서 규격화된 데이터에는 [표 1-1]과 같이 고유 명칭이 있다. 계층에 상관없이 사용할 때는 통칭하여 PDU(Protocol Data Unit)라 부른다.

표 1-1 OSI 7계층 모델의 계층별 데이터 단위

데이터 단위	설명
APDU(Application Protocol Data Unit)	응용 계층에서 사용한다.
PPDU(Presentation Protocol Data Unit)	표현 계층에서 사용한다.
SPDU(Session Protocol Data Unit)	세션 계층에서 사용한다.
TPDU(Transport Protocol Data Unit)	전송 계층에서 사용한다. 인터넷에서 사용하는 전송 계층 프로토콜인 TCP에서는 세그먼트(Segment)라 부르고, UDP에서는 데이터그램(Datagram)이라 부른다. 데이터그램은 일반적인 상황에서 계층 4 프로토콜의 전송 데이터를 가리킬 때도 사용된다.
NPDU(Network Protocol Data Unit)	네트워크 계층에서 사용하며, 보통 패킷(Packet)이라 부른다. 패킷은 원래 네트워크 계층의 IP 프로토콜에서 유래했지만, 요즘은 네트워크 계층의 전송 데이터를 의미한다.
DPDU(Data Link Protocol Data Unit)	데이터 링크 계층에서 사용하며, 보통 프레임(Frame)이라 부른다.

데이터 단위의 용어 중에서 네트워크 계층에서 정의된 패킷이 인터넷에서 가장 많이 인용되며, 데이터 링크 계층에서 사용하는 프레임도 중요하다. 전송 계층에서 정의된 데이터그램은 가상 회선이라는 용어와 대비되면서 중요하게 다루어지기 때문에 이들 세 용어에 익숙해질 필요가 있다.

03 주소의 표현

시스템을 설계할 때는 기능이나 목적과 함께 고유의 구분자Identifier를 부여하는 방법에 대해서도 우선하여 고려해야 한다. 일반적으로 주소의 개념은 단순히 서로를 구분한다는 고유 목적을 넘어서 주소가 가리키는 대상의 특징을 표현할 수 있다. 사람들은 문자로 된 이름에 익숙하지만, 0과 1로 디지털화된 환경에서는 구분자를 숫자로 된 주소로 표현할 수밖에 없다.

디지털 환경에서 숫자로 된 주소 표현 방식은 일반 사용자에게 불편하므로 보통은 외우기 쉬운 문자 형식의 이름을 추가로 사용한다. 주소와 이름은 일대일(1:1) 관계가 이루어지며, 이들을 연결하는 기능이 필요하다. 인터넷에서 일반 사용자는 문자로 된 이름을 사용하고, 인터넷 내부는 숫자로 된 주소를 사용하므로 둘 사이의 변환 기능이 필요하다. 대상을 유일하게 구별하는 구분자는 일반적으로 다음의 네 가지 특징이 있다.

- **유일성**

  구분자의 가장 중요한 역할은 대상을 서로 구분하여 지칭하는 것이다. 따라서 서로 다른 대상이 같은 구분자를 갖지 않는 유일성을 보장해야 한다. 그러나 이론적으로 완전한 확장성을 전제로 하는 유일성을 보장하기는 불가능하다. 예를 들어, 주민 번호에서 앞쪽 여섯 글자인 생년월일은 100년 이내에 출생한 사람들만 구분할 수 있다. 현재는 방편적으로 바로 뒤의 남녀 구분 자리(1900년대 출생자는 1, 2를 사용하고, 2000년대 출생자는 3, 4를 사용함)를 활용하여 제한적인 확장성을 확보하고 있을 뿐이다.

- **확장성**

  시스템은 시간이 흐르면서 이용자가 증가하는 보편화 과정이 진행되므로 자연스럽게 규모가 확장된다. 따라서 사용하는 구분자의 양도 증가한다. 시스템의 최대 수용 규모를 예측하여 구분자의 최대 한계를 올바르게 설정하지 않으면, 표현할 수 있는 공간의 크기가 제한되어 시스템의 확장성도 제한받게 된다. 합리적인 기준을 설정하여 확장의 정도를 예측하고, 또한 그 이후에 대한 고려도 함께 이루어져야 한다. 처음 인터넷을 설계했을 때 지금과 같은 규모로 인터넷을 이용하리라고는 예측하지 못했다. 그 결과 인터넷 구분자인 IP 주소의 고갈 문제에 직면해 있다.

■ **편리성**

시스템 설계 과정에서 부여되는 구분자는 시스템의 내부 처리 구조를 효율적으로 운용할 수 있도록 해주어야 한다. 컴퓨터 시스템은 내부적으로 숫자에 기반해 처리되기 때문에 구분자의 체계도 숫자 위주이다. 또한 배치, 검색 등을 원활하게 수행하기 위해 보통 일반인이 의미를 이해할 수 없는 형식을 갖는다. 이처럼 시스템 내부 동작에 종속된 구분자의 주소 체계는 사용자가 쉽게 이해하기 어려우므로 문자로 된 이름을 추가로 부여한다. 따라서 숫자로 된 주소와 문자로 된 이름을 모두 가지므로 이를 매핑Mapping하는 기능이 필요하다.

■ **정보의 함축**

구분자는 응용 환경에 필요한 다양한 정보를 포함하는 경우가 많다. 예를 들어, 주민 번호는 생년월일, 성별 등을 알 수 있는 숫자로 구성되어 있다. 집 주소도 광역시부터 시작해 지역을 소규모로 분할하는 구조로 되어 있어 집의 지리적인 위치를 쉽게 가늠할 수 있다. 이처럼 구분자는 응용 환경에 적절히 대응할 수 있는 부가 정보를 포함해야 한다.

1 주소와 이름

시스템을 지칭하는 구분자는 내부에서 처리되는 숫자 기반의 주소Address와 함께 사용자의 이해와 편리성을 도모하는 문자로 된 이름Name을 제공해야 한다. 일반 사용자는 내부 주소를 몰라도 이름만으로 시스템에 접근할 수 있어야 하며, 이름과 주소를 연결하는 방법은 시스템 내부적으로 처리되어야 한다.

네트워크의 규모가 크지 않아서 관리하는 시스템의 개수가 적은 경우에는 간단한 형식의 주소와 이름을 사용할 수 있으므로 이를 관리하는 시스템도 크게 복잡하지 않다. 그러나 관리 대상이 많아지면 주소와 이름의 공간이 커지고, 이를 관리하는 시스템의 기능도 복잡해진다.

네트워크에는 여러 종류의 주소와 이름이 존재한다. 이는 각 계층의 기능을 담당하는 프로토콜마다 주소를 독립적으로 관리하기 때문이다. 예를 들어, IP 프로토콜은 호스트를 구분하기 위하여 IP 주소를 사용하며, 데이터 링크 계층에서는 LAN 카드별로 MAC 주소를 따로 부여한다. 전송 계층을 수행하는 TCP에서는 호스트에서 수행되는 네트워크 프로세스마다 별도의 포트Port 주소를 할당하고 관리한다.

IP 주소

IP 주소IP Address는 네트워크 계층의 기능을 수행하는 IP 프로토콜이 호스트를 구분하기 위하여 사용하는 주소 체계이다. 임의의 호스트를 인터넷에 연결하려면 반드시 IP 주소를 할당받아야 한다. IP 주소는 32비트의 이진 숫자로 구성되는데, 보통 8비트씩 네 부분으로 나누어 십진수로 표현한다.

[그림 1-9]를 살펴보자. 32비트의 이진수 11010011 11011111 11001001 00011110은 인터넷에서 사용하는 실제 IP 주소이다. 일반 사용자는 이진수에 익숙하지 않고, 그 길이도 길어서 외우기 쉽지 않다. 따라서 이를 4개의 십진수로 변환한 후 각각을 점(.)으로 구분한 211.223.201.30으로 표기한다. 이와 같은 숫자로 된 주소조차 외우기 어려우므로 문자로 된 www.korea.co.kr 등의 도메인 이름을 사용한다.

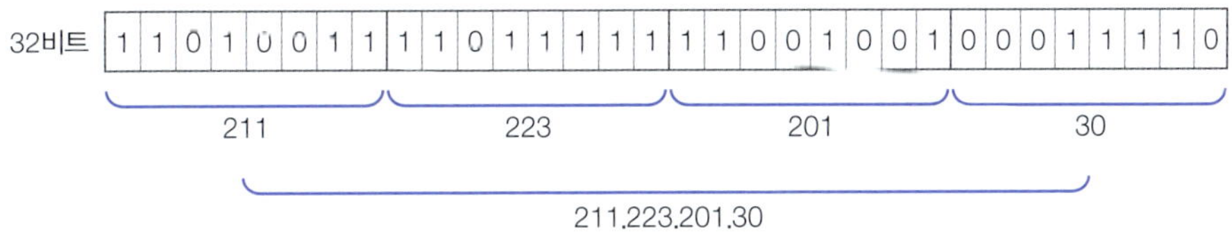

그림 1-9 IP 주소의 표현

IP 주소는 유일성을 보장하기 위해서 국제 표준화 기구가 전체 주소를 관리하고 할당하기 때문에 중복 주소의 사용을 원천적으로 차단한다. IP 프로토콜이 처음 개발될 당시에는 현재처럼 폭넓게 활용되리라 예측하지 못했다. 따라서 IP 주소로 표현할 수 있는 최대 주소 공간의 크기를 32비트로 제한함으로써 확장성에 많은 문제점이 야기되고 있다. 이를 해결하기 위하여 새로운 프로토콜인 IPv6Internet Protocol Version 6에서는 주소 표현 공간을 128비트로 확장했다. 그리고 현재의 IP 프로토콜은 IPv6과 구분하기 위해 IPv4로 표현한다.

IP 주소는 임의로 할당되는 것이 아니라, 특정 규칙에 따라 인접한 주소들을 그룹으로 묶어 관리한다. 따라서 IP 주소는 네트워크 계층에서 경로를 선택할 때 중요한 기준이 된다. [그림 1-10]에서 네트워크 1에는 IP 주소가 211.223.201로 시작하는 호스트들이 있고, 네트워크

2에는 211.223.202로 시작하는 호스트들이 있다. 왼쪽의 인터넷에서 임의의 호스트가 보낸 패킷이 중간의 라우터에 도착한 경우 이 패킷의 목적지 주소가 211.223.201.30이라면 당연히 네트워크 1로 중개해야 한다. 이처럼 인터넷에서 IP 주소는 패킷의 경로를 결정하는 데 중요한 역할을 한다. 그림에 설명된 원리에 의하여, 인터넷에서 네트워크 계층 기능을 수행하는 IP 프로토콜이 전송 패킷의 경로를 결정한다.

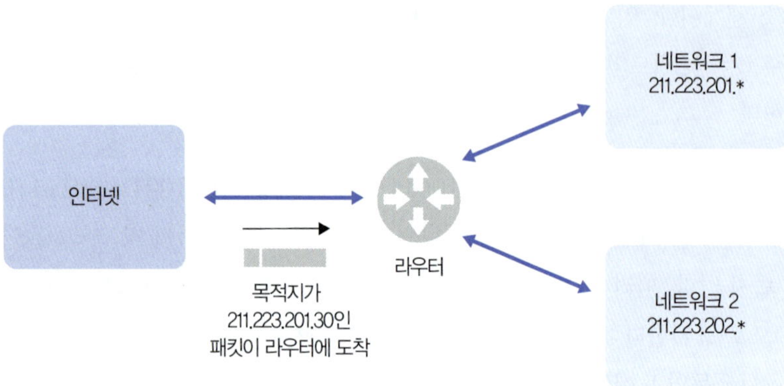

그림 1-10 라우터의 경로 선택

호스트 이름

인터넷에서 특정 호스트와 연결하려면 반드시 해당 호스트의 IP 주소를 알아야 하고, 인터넷 내부의 네트워크 계층은 호스트를 IP 주소로 구분한다. 그런데 일반 사용자는 숫자로 된 IP 주소를 기억하기 힘들다. 그래서 사용자들은 의미 파악이 쉬운 문자로 된 호스트 이름을 사용하는 것이 일반적이다.

[그림 1-11]은 일반 사용자가 문자로 된 호스트 이름을 사용하였을 때 IP 주소로 변환되는 과정을 보여준다. 맨 밑에 있는 네트워크 계층의 IP 프로토콜은 호스트를 구분하는 용도로 IP 주소만 사용한다. 그에 비해 일반 사용자는 IP 주소보다는 문자로 된 호스트 이름을 사용하기 때문에 중간 계층에서 이를 변환하는 기능을 수행해야 한다. 일반적으로 FTP, 텔넷과 같은 네트워크 응용 프로그램은 실행 과정에서 사용자로부터 호스트 이름을 명령어 인수로 입력받는다. 따라서 가장 먼저 수행할 작업은 DNS Domain Name System라는 이름과 주소 변환 기능을 이용해서 IP 주소를 얻는 것이다. 이후 변환된 IP 주소의 호스트에 연결 설정이나 전송 데이터가 포함된 패킷을 전송한다.

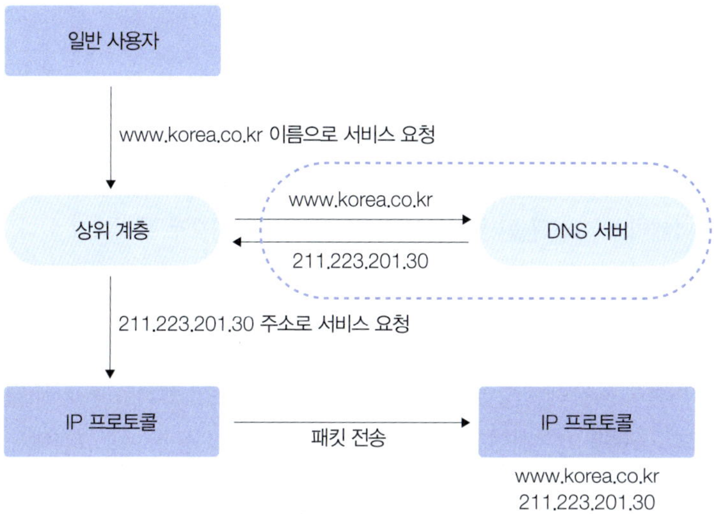

그림 1-11 호스트 이름과 IP 주소의 변환

DNS 서비스는 호스트 이름을 〈국가 도메인〉, 〈단체 종류〉, 〈단체 이름〉, 〈호스트〉라는 네 계층 구조로 나누고, 이들을 점(.)으로 구분해서 표기한다. 예를 들어, www.korea.co.kr과 같은 호스트 이름은 대한민국(kr)에 있는 일반 회사(co) 중에서 korea라는 이름의 회사에 소속된 www라는 호스트를 의미한다.

```
<호스트>.<단체 이름>.<단체 종류>.<국가 도메인>
```

〈국가 도메인〉은 〈호스트〉가 위치한 국가의 이름을 두 글자의 약자로 표시한다. [표 1-2]처럼 나라마다 고유한 〈국가 도메인〉이 존재한다. 〈단체 종류〉는 기관의 성격에 따라 부여하며, 사용 예는 [표 1-3]과 같다. 〈단체 이름〉은 보통 단체를 상징하는 이름을 사용한다. 예를 들어, 회사는 회사명을, 학교는 학교 이름을 사용한다. 마지막으로 〈호스트〉는 소속 단체의 네트워크 관리자가 내부 규칙에 따라 개별 호스트에 부여한 이름을 사용한다.

표 1-2 국가 도메인

국가 도메인	해당 국가명
kr	한국
jp	일본
us	미국

표 1-3 단체 종류

단체 종류	기관 성격
co(company)	회사
ac(academy)	교육기관
go(goverment)	정부 소속 기관

2 주소 정보의 관리

일반 사용자가 호스트를 지칭할 때 사용하는 호스트 이름을 도메인 이름Domain Name이라 하며, 인터넷에서는 www.korea.co.kr과 같은 도메인 이름을 IP 주소로 변환하는 작업이 필요하다. 초기 인터넷에서는 아주 간단한 방법으로 호스트 이름과 IP 주소를 변환하였으나, 지금은 DNS라는 분산 데이터베이스 시스템을 사용해서 보다 체계적인 방법으로 관리하고 있다.

호스트 파일

호스트 이름과 IP 주소를 변환하는 간단한 방법은 특정 파일(예: UNIX 시스템의 /etc/hosts)에 호스트 이름과 IP 주소의 조합을 기록하여 관리하는 것이다. 네트워크 응용 프로그램에서는 사용자가 입력한 호스트 이름을 이 파일에서 검색하여 일대일로 대응된 IP 주소 정보를 쉽게 얻을 수 있다. 호스트 파일은 한 줄에 하나의 호스트 정보가 기록되며, 일반 텍스트 문서 형식으로 보관된다. 즉, [그림 1-12]를 예로 들면 호스트 이름이 white.korea.co.kr인 시스템의 IP 주소는 211.223.201.27이다.

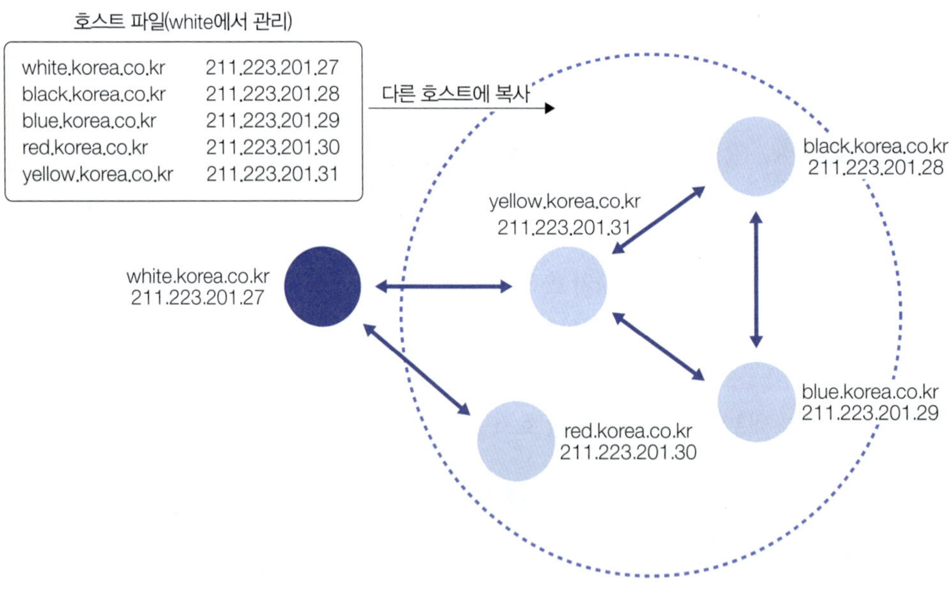

그림 1-12 호스트 파일의 복사

네트워크 관리자는 관리 대상이 되는 모든 호스트의 이름 · 주소 정보를 주기적으로 갱신하고, 이 정보를 네트워크에 연결된 모든 호스트가 복사하도록 함으로써 정보의 일관성을 유지해야 한다. [그림 1-12]는 네트워크 관리자가 white.korea.co.kr에서 호스트 정보를 갱신할 때 갱신된 정보를 다른 4개의 호스트가 복사하여 저장하는 모습을 보여준다. 호스트 파일을 갱신하고 복사하는 작업은 보통 시스템 관리자가 수작업으로 했었다.

호스트가 추가되거나 삭제되면 먼저 네트워크 관리자의 호스트에서 갱신 작업이 이루어진다. 그런데 인터넷이 처음 보급되던 시기에는 호스트 파일 갱신이 생각보다 자주 발생하지 않았기 때문에 호스트 파일을 복사하는 작업도 흔하지 않았다. 또한 시스템 관리자가 잦은 변경을 원하지 않아서 급하지 않은 갱신은 부분적으로 늦추기도 했다. 하지만 지금은 DNS 서비스가 보편적으로 사용되고 있어 이처럼 호스트 파일로 관리하는 방식은 보조적으로만 사용되고 있다.

DNS

호스트 파일로 주소와 이름 정보를 관리하는 것은 간단하지만 대부분 수동으로 작업해야 한다는 단점이 있다. 인터넷이 확산되면서 호스트 수가 증가할수록 네트워크 관리자가 호스트 파일을 갱신하고 복사하는 작업에 많은 시간과 노력을 들여야 한다. 특히 지금과 같이 전 세계 컴퓨터가 연결된 네트워크 환경에서는 호스트 파일로 주소와 이름을 변환하는 작업이 사실상 불가능하다고 볼 수 있다.

DNS Domain Name System는 이러한 문제점을 해결하기 위하여 고안된 것으로, 주소와 이름 정보를 자동으로 유지하고 관리하는 분산 데이터베이스 시스템이다. 호스트 주소와 이름 정보는 네임 서버 Name Server라는 특정한 관리 호스트가 유지하고, 주소 변환 작업이 필요한 클라이언트는 네임 서버에 요청해서 IP 주소를 얻는다.

TIP [그림 1-11]에서 왼쪽의 상위 계층이 클라이언트이고, 오른쪽의 DNS 서버가 네임 서버이다. 네임 서버라는 명칭은 DNS의 이론에서 정의되는 용어로, 보통 DNS 서버라는 명칭이 사용된다. DNS 서비스에 관한 자세한 내용은 14장에서 다룬다.

네트워크가 커지면 네임 서버에 보관되는 정보의 양도 자연스럽게 많아진다. DNS는 하나의 집중화된 네임 서버가 전체 호스트의 정보를 관리하지 않고, 여러 네임 서버에 분산하여 관리하도록 설계되었다. 계층 구조로 연결된 네임 서버는 자신이 관리하는 영역에 위치한 호스트 정보만 관리하며, 정보를 상호 교환하는 협력 관계를 통해서 전체 호스트 정보를 일관성 있게 유지한다.

기타 주소

네트워크에서 사용하는 주소는 이를 사용하는 환경에 따라 다양하다. OSI 7계층 모델의 각 계층에서도 목적에 따라 여러 형태의 주소가 사용된다. 인터넷에서 일반 사용자가 접할 수 있는 대표적인 주소는 다음과 같다.

■ MAC 주소

MAC 주소는 계층 2의 MAC[Medium Access Protocol] 계층에서 사용하며, 일반적으로 LAN 카드에 내장되어 있다. 물리 계층을 통해 데이터를 전송할 때는 MAC 주소를 이용해서 호스트를 구분한다. 따라서 네트워크 계층이 하위의 데이터 링크 계층에 데이터 전송을 요청하면 먼저 IP 주소를 MAC 주소로 변환하는 작업이 이루어지고, 이후 MAC 계층이 상대방 MAC 계층에 데이터를 전송할 수 있다.

■ IP 주소

IP 주소는 인터넷에서 네트워크 계층의 기능을 수행하는 IP 프로토콜에서 사용되며, 송신자 IP 주소와 수신자 IP 주소로 구분된다. 수신자 IP 주소는 IP 패킷이 지나가는 경로를 결정하는 라우팅의 기준이 된다.

■ 포트 주소

포트 주소[Port Address]는 전송 계층에서 사용하며, 호스트에서 실행되는 프로세스를 구분해 준다. 인터넷에서 연결의 완성은 호스트와 호스트 사이가 아닌, 네트워크 응용 프로세스와 네트워크 응용 프로세스 사이이다. 예를 들어, 내 스마트폰의 메신저 앱과 상대방 스마트폰의 메신저 앱 사이의 연결이 필요하다. 이때, 하나의 IP 주소를 갖는 스마트폰에서 실행되는 여러 네트워크 응용 앱들을 구분하는 주소가 포트 주소이다. 인터넷의 전송 계층 프로토콜인 TCP와 UDP가 독립적으로 포트 주소를 관리하며, 포트 번호 또는 소켓 주소라는 용어를 사용하기도 한다.

■ 메일 주소

메일 주소는 응용 계층의 메일 시스템에서 사용자를 구분하려고 사용한다. hong@korea.co.kr처럼 사용자 이름과 호스트 이름을 @ 문자로 구분해 표기한다.

요약

01 네트워크 기초 용어

네트워크는 전송 매체를 매개로 데이터를 교환하는 시스템의 모음이며, 시스템과 전송 매체의 연결 지점에 대한 규격이 인터페이스이다. 시스템이 데이터를 교환할 때는 통신 규칙인 프로토콜이 필요하다. 인터페이스와 프로토콜은 서로 다른 시스템을 상호 연동해 동작시키기 위함이므로 반드시 연동 형식의 통일이 필요하고, 이를 표준화라 한다. 인터넷은 IP라는 네트워크 프로토콜이 핵심적인 역할을 하는 네트워크의 집합체이다.

02 프로토콜

상호 연동되는 시스템이 데이터를 교환할 때 사용하는 표준화된 규칙을 프로토콜이라 한다. 일반적으로 프로토콜은 동등한 위치에 있는 시스템 사이의 규칙이라는 측면이 강조되어 인터페이스와 구분된다. 즉, 7계층 모델에서 프로토콜은 같은 계층 사이의 관계를 다루기 때문에 각각의 계층마다 서로 다른 프로토콜이 존재한다. 일반적으로 프로토콜은 주고받는 데이터의 형식과 그 과정에서 발생하는 일련의 절차적 순서를 규정하고 있다.

03 클라이언트와 서버

클라이언트와 서버의 개념은 인터넷 서비스를 기준으로 구분된다. 그 차이가 서비스 단위로 이루어지므로 임의의 호스트가 클라이언트나 서버로 고정되지는 않는다. 서비스를 제공하면 서버가 되고 이 서비스를 이용하면 클라이언트가 되므로 특정 서비스를 기준으로 상대적인 관점에서 클라이언트와 서버를 사용한다. 다양한 서비스 제공을 목적으로 하는 특화된 호스트인 경우는 호스트 자체를 서버라 부르기도 한다. 서버는 클라이언트보다 먼저 실행 상태가 되어 클라이언트의 요청에 대기해야 한다.

04 OSI 7계층 모델

다수의 시스템을 서로 연결해서 통신하려면 선행적으로 전체 시스템 구조를 표준화해야 한다. 국제 표준화 단체인 ISO에서는 OSI 7계층 모델을 제안하여, 네트워크에 연결된 시스템이 갖추어야 할 기본 구조와 기능을 정의하고 있다. 응용 계층, 표현 계층, 세션 계층, 전송 계층, 네트워크 계층, 데이터 링크 계층, 물리 계층의 계층적인 구조로 기능을 세분화하였다. 일반 사용자는 응용 계층을 통해 데이터 전송을 요청하며, 이 요청은 물리 계층까지 순차적으로 전달되어 상대 호스트에 전송된다. 전송된 데이터는 물리 계층에서 순차적으로 응용 계층까지 전달된다.

요약

05 인터네트워킹

네트워크와 네트워크의 연결을 인터네트워킹이라 하며, 인터네트워킹 기능을 수행하는 시스템을 일반적으로 게이트웨이라 부른다. 게이트웨이는 기능에 따라 종류가 다양하지만 리피터, 브리지, 라우터 등이 가장 일반적인 구분 방식이다. 리피터는 물리 계층의 기능을 지원하며, 브리지는 리피터 기능에 데이터 링크 계층의 기능이 추가된 것으로 물리 계층에서 발생한 오류를 해결해준다. 라우터는 물리 계층, 데이터 링크 계층, 네트워크 계층의 기능을 지원하므로 경로 선택 기능이 존재한다.

06 데이터 단위

네트워크 프로토콜을 사용해 데이터를 교환할 때는 먼저 데이터를 특정 형태로 규격화하는 작업이 필요하다. 이와 같은 한 단위의 규격으로 묶인 전송 데이터를 데이터 단위라 하며, 계층에 상관없이 호칭할 때는 통칭하여 PDU라 부른다. 특별히 네트워크 계층에서는 패킷, 데이터 링크 계층에서는 프레임이라는 용어가 중요하게 사용된다.

07 주소의 표현

주소의 개념은 단순히 서로를 구분한다는 고유 목적을 넘어 주소가 가리키는 대상의 특징을 표현할 수 있다. 사람들은 문자로 된 이름에 익숙하지만, 0과 1로 디지털화된 환경에서는 구분자를 숫자로 된 주소로 표현할 수밖에 없다. 숫자로 된 주소 표현 방식은 일반 사용자에게 불편하므로 외우기 쉬운 문자 형식의 이름을 추가로 사용한다. 인터넷에서 일반 사용자는 문자로 된 이름을 사용하고, 인터넷 내부는 숫자로 된 주소를 사용하므로 둘 사이의 변환 기능이 필요하다. 주소에서 구분자는 유일성, 확장성, 편리성, 정보의 함축이라는 네 가지 특징을 갖는다.

08 IP 주소

IP 주소는 네트워크 계층의 기능을 수행하는 IP 프로토콜이 호스트를 구분하기 위하여 사용하는 주소 체계이다. 임의의 호스트를 인터넷에 연결하려면 반드시 IP 주소를 할당받아야 한다. IP 주소는 32비트의 이진 숫자로 구성되는데, 보통 8비트씩 네 부분으로 나누어 십진수로 표현한다. IP 주소는 유일성을 보장하기 위해서 국제 표준화 기구가 전체 주소를 관리하고 할당하기 때문에 중복 주소의 사용을 원천적으로 차단한다. IP 주소는 임의로 할당되는 것이 아니라, 특정 규칙에 따라 인접한 주소들을 그룹으로 묶어 관리한다. 따라서 IP 주소는 네트워크 계층에서 경로를 선택할 때 중요한 기준이 된다.

09 DNS 서비스

인터넷에서 호스트와 연결하려면 해당 호스트의 IP 주소를 알아야 한다. 그런데 숫자로 된 IP 주소는 기억하기 힘들어서 의미 파악이 쉬운 문자로 된 호스트 이름을 사용하는 것이 일반적이다. 따라서 가장 먼저 수행할 작업은 DNS라는 이름과 주소 변환 기능을 이용해서 IP 주소를 얻는 것이다. DNS는 주소와 이름 정보를 자동으로 유지하고 관리하는 분산 데이터베이스 시스템이다. 호스트 주소와 이름 정보는 네임 서버라는 특정한 관리 호스트가 유지하고, 주소 변환 작업이 필요한 클라이언트는 네임 서버에 요청해서 IP 주소를 얻는다.

10 다양한 주소의 종류

네트워크에서 사용하는 주소는 이를 사용하는 환경에 따라 다양하다. OSI 7계층 모델의 각 계층에서도 목적에 따라 여러 형태의 주소가 사용된다. MAC 주소는 계층 2의 MAC 계층에서 사용하며, 일반적으로 LAN 카드에 내장되어 있다. 물리 계층을 통해 데이터를 전송할 때는 MAC 주소를 이용해서 호스트를 구분한다. IP 주소는 네트워크 계층의 기능을 수행하는 IP 프로토콜에서 사용되며, IP 패킷이 지나가는 경로를 결정하는 라우팅의 기준이 된다. 포트 주소는 전송 계층에서 사용하나, 호스트에서 실행되는 프로세스를 구분해준다. 메일 주소는 응용 계층의 메일 시스템에서 사용자를 구분하려고 사용한다.

연습문제

01 네트워크의 기초 용어에 대한 설명으로 잘못된 것을 모두 고르시오.

① 네트워크는 하드웨어적인 전송 매체를 매개로 서로 연결되어 데이터를 교환하는 시스템의 모음이다.

② 시스템과 전송 매체의 연결 지점에 대한 규격이 프로토콜이다.

③ 시스템이 데이터를 교환할 때는 소프트웨어적으로 동작하는 통신 규칙인 인터페이스가 필요하다.

④ 인터페이스와 프로토콜은 서로 다른 시스템을 상호 연동해 동작시키기 위함이니, 연동 형식의 통일은 필요하지 않다.

02 프로토콜에 대한 설명으로 잘못된 것을 모두 고르시오.

① 논리적으로 상호 연동되는 시스템이 전송 매체를 통해 데이터를 교환할 때는 표준화된 대화 규칙을 따른다.

② 일반적으로 인터페이스는 상하 관계가 아닌 동등한 위치에 있는 시스템 사이의 규칙이다.

③ 프로토콜은 두 시스템이 연동하기 위한 특정한 접촉 지점을 의미하는 경우가 많지만, 인터페이스와 비교하여 인용될 때는 상하 개념이 적용된다.

④ 인터페이스는 주고받는 데이터의 형식과 그 과정에서 발생하는 일련의 절차적 순서에 무게를 둔다.

03 시스템에 대한 설명으로 잘못된 것을 모두 고르시오.

① 노드는 컴퓨터 이론 분야에서 특정 시스템을 가리키는 가장 일반적인 용어로 사용된다.

② 노드는 인터넷 내부를 구성하는 라우터와 인터넷 바깥쪽에 연결되어 데이터를 주고받는 호스트로 구분된다.

③ 라우터는 기본으로 데이터 전송 기능을 포함한다.

④ 라우터의 주요 역할은 데이터 중개 기능이며, 인터넷 바깥쪽에 연결된 호스트들 사이의 데이터 전송이 인터넷 내부에서 최적의 경로를 통하여 이루어지도록 한다.

⑤ 호스트는 인터넷 바깥쪽에 연결되어 일반 사용자들의 네트워크 접속 창구 역할을 한다.

⑥ 호스트는 호스트 사이에 제공되는 서비스를 기준으로 클라이언트와 서버로 나눌 수 있다.

04 OSI 7계층 모델에 대한 설명으로 잘못된 것을 모두 고르시오.

① 다수의 시스템을 서로 연결해서 통신하려면 선행적으로 연결 방식을 표준화해야 한다.

② 국제 표준화 단체인 OSI에서는 OSI 7계층 모델을 제안하여, 네트워크에 연결된 시스템이 갖추어야 할 기본 구조와 기능을 상세히 정의하고 있다.

③ OSI 7계층 모델에 따르면, 네트워크에 연결된 호스트들은 7개 계층으로 모듈화된 전송 기능을 갖추어야 한다.

④ 일반 사용자는 OSI 7계층 맨 아래에 있는 물리 계층을 통해 데이터의 송수신을 요청한다.

⑤ 데이터 전송 과정에서 송수신 호스트 사이의 라우터들이 중개 기능을 수행한다. 일반적으로 라우터는 하위 3개 계층의 기능만 수행한다.

05 OSI 7계층 모델의 각 계층에 대한 설명으로 잘못된 것을 모두 고르시오.

① 물리 계층은 호스트를 전송 매체와 연결하기 위한 프로토콜 규칙과 전송 매체의 특성을 다룬다.

② 데이터 링크 계층은 네트워크 계층의 오류에 관한 오류 제어 기능을 수행하며, 이를 위해서는 오류의 발생 사실을 인지하는 기능과 오류 복구 기능이 필요하다.

③ 송신 호스트가 전송한 데이터가 수신 호스트까지 안전하게 도착하려면 여러 개의 중개 시스템인 라우터를 거쳐야 한다. 이 과정에서 데이터가 올바른 경로를 선택할 수 있도록 지원하는 계층이 네트워크 계층이다.

④ 전송 계층은 송신 프로세스와 수신 프로세스 간의 연결 기능을 제공하기 때문에 프로세스 사이의 안전한 데이터 전송을 지원한다.

⑤ 세션 계층은 표현 계층에서 제공하는 연결의 개념과 유사한 세션 연결을 지원하지만, 이보다는 더 상위의 논리적 연결이다.

⑥ 표현 계층은 전송되는 데이터의 의미를 잃지 않도록 올바르게 표현하는 방법을 다룬다.

06 인터넷 계층 모델에 대한 설명으로 잘못된 것을 모두 고르시오.

① 인터넷에서는 IP 프로토콜이 데이터 링크 계층의 기능을 수행한다.

② TCP와 UDP 프로토콜은 네트워크 계층의 기능을 수행한다.

③ 전송 계층 이하의 프로토콜들은 호스트의 운영체제 내부에서 구현된다.

④ 프로토콜 스택은 계층 구조로 이루어진 통신 프로토콜의 집합이다.

⑤ 통신하는 호스트 사이에는 중개 기능을 수행하는 라우터들이 존재할 수 있다.

⑥ 인터넷에서는 IP 프로토콜이 중개 기능을 수행하므로 라우터에는 계층 4까지의 프로토콜이 구현되어 있다.

07 인터네트워킹 장비에 대한 설명으로 잘못된 것을 모두 고르시오.

① 리피터는 한쪽에서 입력된 신호를 물리적으로 단순히 증폭하여 다른 쪽으로 중개하는 역할을 한다.

② 브리지는 단순히 신호를 증폭하는 역할을 하며, 전송 과정에서 발생하는 물리적인 오류 문제는 다루지 않는다.

③ 브리지는 리피터 기능에 데이터 링크 계층의 기능이 추가된 것으로 물리 계층에서 발생한 오류를 해결해준다.

④ 라우터는 물리 계층, 데이터 링크 계층의 기능을 지원한다.

⑤ 라우터는 자신과 연결된 네트워크와 호스트들의 정보를 유지 · 관리함으로써 특정 경로가 이용 가능한지 여부와 다수의 경로 중에서 어느 경로가 빠른 데이터 전송을 지원하는지 판단할 수 있어야 한다.

08 데이터 단위에 대한 설명으로 잘못된 것을 모두 고르시오.

① 네트워크 프로토콜을 사용해 데이터를 교환할 때는 먼저 데이터를 특정 형태로 규격화하는 작업이 필요하다.

② 네트워크에서는 데이터를 프로토콜에서 정의된 데이터 규격에 맞춰 묶어주어야 한다. 이와 같은 한 단위의 규격으로 묶인 전송 데이터를 데이터 단위라 한다.

③ OSI 7계층 모델의 각 계층에서 규격화된 데이터는 고유 명칭이 있는데, 계층에 상관없이 사용할 때는 통칭하여 PDU라 부른다.

④ 데이터 링크 계층에서는 세그먼트라 부른다.

⑤ 네트워크 계층에서는 데이터그램이라 부른다.

09 주소에 대한 설명으로 잘못된 것을 모두 고르시오.

① 구분자의 가장 중요한 역할은 대상을 서로 구분하여 지칭하는 것이다.

② 처음 인터넷을 설계했을 때는 지금과 같은 규모로 인터넷이 이용될 것을 예측하지 못하여 인터넷 구분자인 IP 주소의 고갈 문제에 직면해 있다.

③ 시스템 설계 과정에서 부여되는 구분자는 시스템의 내부 처리 구조를 효율적으로 운용할 수 있도록 해주어야 한다.

④ 숫자로 된 이름과 문자로 된 주소를 모두 가지므로 이를 매핑하는 기능이 필요하다.

⑤ 구분자는 응용 환경에 필요한 다양한 정보를 포함하는 경우가 많다.

10 IP 주소에 대한 설명으로 잘못된 것을 모두 고르시오.

① IP 주소는 전송 계층의 기능을 수행하는 IP 프로토콜이 호스트를 구분하기 위하여 사용하는 주소 체계이다.

② IP 주소는 32비트의 이진 숫자로 구성되는데, 보통 4비트씩 나누어 십진수로 표현한다.

③ 숫자로 된 주소는 외우기 어려우므로 문자로 된 www.korea.co.kr 등의 도메인 이름을 사용한다.

④ IP 주소는 유일성을 보장하기 위해서 국제 표준화 기구가 전체 주소를 관리하고 할당하기 때문에 중복 주소의 사용을 원천적으로 차단한다.

⑤ IP 주소로 표현할 수 있는 최대 주소 공간의 크기를 32비트로 제한함으로써 확장성에 많은 문제점이 야기되고 있나. 이를 해결하기 위하여 새로운 프로토콜인 IPv6에서는 주소 표현 공간을 64비트로 확장했다.

11 호스트 파일을 이용한 주소 정보의 관리에 대한 설명으로 잘못된 것을 모두 고르시오.

① 호스트 이름과 IP 주소를 변환하는 간단한 방법은 특정 파일에 호스트 이름과 IP 주소의 조합을 기록하여 관리하는 것이다.

② 네트워크 응용 프로그램에서는 사용자가 입력한 호스트 이름을 이 파일에서 검색하여 일대일로 대응된 IP 주소 정보를 쉽게 얻을 수 있다.

③ 호스트 파일은 한 줄에 하나의 호스트 정보가 기록되며, 보안을 위하여 암호 문서 형식으로 보관된다.

④ 네트워크 관리자는 관리 대상이 되는 모든 컴퓨터의 호스트 정보를 주기적으로 갱신해야 한다.

⑤ 호스트 파일을 갱신하고 복사하는 작업은 보통 시스템 관리자가 수작업으로 했었다.

12 DNS에 대한 설명으로 잘못된 것을 모두 고르시오.

① DNS는 주소와 이름 정보를 자동으로 유지하고 관리하는 분산 데이터베이스 시스템이다.

② 호스트 주소와 이름 정보는 네임 클라이언트라는 특정한 관리 호스트가 유지하고, 주소 변환 작업이 필요한 서버는 네임 클라이언트에 요청해서 IP 주소를 얻는다.

③ 네임 서버라는 명칭은 DNS 시스템의 이론에서 정의되는 용어로, 보통 DNS 서버라는 명칭이 사용된다.

④ DNS는 하나의 집중화된 네임 클라이언트가 전체 호스트의 정보를 관리하지 않고, 여러 네임 클라이언트에 분산하여 관리하도록 설계되었다.

⑤ 단일 구조의 네임 클라이언트는 자신이 관리하는 영역에 있는 호스트 정보만 관리하며, 정보를 상호 교환하는 협력 관계를 통해서 전체 호스트 정보를 일관성 있게 유지한다.

13 네트워크 관련 주소에 대한 설명으로 잘못된 것을 모두 고르시오.

① MAC 주소는 계층 2의 LLC 계층에서 사용하며, 일반적으로 LAN 카드에 내장되어 있다.

② 네트워크 계층이 전송 계층에 데이터 전송을 요청하면 먼저 IP 주소를 MAC 주소로 변환하는 작업이 이루어진다.

③ IP 주소는 인터넷에서 네트워크 계층의 기능을 수행하는 IP 프로토콜에서 사용되며, 송신자 IP 주소와 수신자 IP 주소로 구분된다.

④ 송신자 IP 주소는 IP 패킷이 지나가는 경로를 결정하는 라우팅의 기준이 된다.

⑤ 포트 주소는 전송 계층에서 사용하며, 호스트에서 실행되는 프로세스를 구분해준다.

⑥ 인터넷의 전송 계층 프로토콜인 TCP와 UDP가 독립적으로 포트 주소를 관리하며, 포트 번호 또는 소켓 주소라는 용어를 사용하기도 한다.

14 네트워크는 하드웨어적인 (　①　)를 매개로 서로 연결되어 데이터를 교환하는 시스템의 모음이며, 시스템과 전송 매체의 연결 지점에 대한 규격이 (　②　)이다. 시스템이 데이터를 교환할 때는 소프트웨어적으로 동작하는 통신 규칙인 (　③　)이 필요하다.

15 (　①　)은 전 세계의 모든 네트워크가 유기적으로 연결되어 동작하는 통합 네트워크이다. (　①　)은 데이터 전달 기능으로 IP 프로토콜을 사용한다. 즉, ISO의 7계층 모델에서 계층 3인 (　②　) 계층의 기능을 IP 프로토콜이 수행한다.

16 (①)는 인터넷 내부를 구성하며, 기본으로 데이터 전송 기능을 포함한다. (①)의 주요 역할은 데이터 중개 기능이며, 인터넷 바깥쪽에 연결된 호스트들 사이의 데이터 전송이 인터넷 내부에서 최적의 (②)를 통하여 이루어지도록 한다.

17 (①)는 임의의 인터넷 서비스를 이용하는 응용 프로그램이고, (②)는 서비스를 제공하는 응용 프로그램이다. 둘의 개념은 서비스 단위로 이루어지므로 임의의 호스트가 (①)나 (②)로 고정되지는 않는다. 그러므로 특정 서비스를 기준으로 상대적인 관점에서 클라이언트와 서버라는 용어를 사용한다.

18 (①) 계층은 물리 계층의 오류에 관한 오류 제어 기능을 수행하며, 이를 위해서는 오류의 발생 사실을 인지하는 기능과 오류 복구 기능이 필요하다. 대표적인 물리적 오류로는 데이터가 도착하지 못하는 데이터 분실과 내용이 깨져서 도착하는 데이터 변형이 있다. 일반적으로 컴퓨터 네트워크에서 오류 복구는 송신자가 원래의 데이터를 (②)하는 방식으로 처리한다.

19 송신 호스트가 전송한 데이터가 수신 호스트까지 안전하게 도착하려면 여러 개의 중개 시스템인 (①)를 거쳐야 한다. 이 과정에서 데이터가 올바른 경로를 선택할 수 있도록 지원하는 계층이 (②) 계층이다. 네트워크 부하가 증가하면 특정 지역에 (③)이 발생할 수 있는데, (③) 제어도 데이터의 전송 경로와 관계된다.

20 컴퓨터 네트워크에서 데이터를 교환하는 최종 주체는 호스트가 아니고, 호스트 내부에서 실행되는 응용 네트워크 프로세스이다. (①) 계층은 송신 프로세스와 수신 프로세스 간의 연결 기능을 제공하기 때문에 프로세스 사이의 안전한 데이터 전송을 지원한다. 일반적으로 계층 4까지의 기능은 운영체제에서 (②) 형태로 상위 계층에 제공하며, 계층 5~7의 기능은 응용 프로그램으로 작성된다.

21 (①) 계층은 전송되는 데이터의 의미를 잃지 않도록 올바르게 (①)하는 방법을 다룬다. 즉 정보를 교환하는 호스트들이 표준화된 방법으로 데이터를 인식할 수 있게 해준다. 또한 (②)과 (③)라는 기능도 중요하게 다루고 있다. 동영상과 같은 대용량의 멀티미디어 데이터를 (②)하면 전송 데이터의 양을 줄일 수 있다. (③)는 네트워크 보안 기능의 하나이며, 외부의 침입자로부터 데이터를 안전하게 보호하는 기술이다.

22 인터넷에서는 IP 프로토콜이 (①) 계층의 기능을 수행하며, TCP와 UDP 프로토콜은 (②) 계층의 기능을 수행한다. 이들 3개의 프로토콜은 인터넷 환경에서 사용자 데이터를 전송하는 핵심 역할을 한다.

23 네트워크와 네트워크의 연결을 (①)이라 하며, 연결되는 네트워크 수가 증가할수록 복잡도가 커진다. 인터넷은 IP 프로토콜을 지원하는 전 세계의 모든 네트워크가 반복 구조로 연결된 시스템을 의미하며, 계층 3 기능을 수행하는 (②)는 중개 장비를 사용해서 네트워크들을 연결한다.

24 리피터는 단순히 신호를 증폭하는 역할을 하며, 전송 과정에서 발생하는 물리적인 오류 문제는 다루지 않는다. 이를 보완한 (①)는 리피터 기능에 (②) 계층의 기능이 추가된 것으로 물리 계층에서 발생한 오류를 해결해준다.

25 네트워크 프로토콜을 사용해 데이터를 교환할 때는 먼저 데이터를 특정 형태로 규격화하는 작업이 필요하다. 이를 데이터 링크 계층에서는 (①)이라 하고, 네트워크 계층에서는 (②)이라 한다. 전송 계층의 TCP 프로토콜은 (③), UDP 프로토콜은 (④)이라 부른다.

26 디지털 환경에서 숫자로 된 (①) 표현 방식은 일반 사용자에게 불편하므로 보통은 외우기 쉬운 문자 형식의 (②)을 추가로 사용한다. (①)와 (②)은 일대일 관계에 있으며, 이들을 연결하는 기능이 필요하다.

27 네트워크에는 여러 종류의 주소와 이름이 존재한다. 이는 각 계층의 기능을 담당하는 프로토콜마다 주소를 독립적으로 관리하기 때문이다. 예를 들어, IP 프로토콜은 호스트를 구분하기 위하여 (①)를 사용하며, 데이터 링크 계층에서는 LAN 카드별로 (②)를 따로 부여한다. 전송 계층을 수행하는 TCP에서는 호스트에서 수행되는 네트워크 프로세스마다 별도의 (③) 주소를 할당하고 관리한다.

28 IP 주소는 네트워크 계층의 기능을 수행하는 IP 프로토콜이 호스트를 구분하기 위하여 사용하는 주소 체계이다. 임의의 호스트를 인터넷에 연결하려면 반드시 IP 주소를 할당받아야 한다. IP 주소는 (①)비트의 이진 숫자로 구성되는데, 보통 (②)비트씩 나누어 (③)로 표현한다.

29 일반 사용자가 호스트를 지칭할 때 사용하는 호스트 이름을 (①)이라 하며, 인터넷에서는 www.korea.co.kr과 같은 (①)을 IP 주소로 변환하는 작업이 필요하다. 초기 인터넷에서는 아주 간단한 방법으로 변환하였으나, 지금은 (②)라는 분산 데이터베이스 시스템을 사용해서 보다 체계적인 방법으로 관리하고 있다.

30 (①)는 주소와 이름 정보를 자동으로 유지하고 관리하는 분산 데이터베이스 시스템이다. 호스트 주소와 이름 정보는 (②)라는 특정한 관리 호스트가 유지하고, 주소 변환 작업이 필요한 클라이언트는 (②)에 요청해서 IP 주소를 얻는다.

31 다음 용어에 대하여 간단히 설명하시오.

- 표준화
- 프로토콜
- 라우터
- 클라이언트와 서버
- OSI 7계층 모델
- 데이터 링크 계층
- 네트워크 계층
- 전송 계층
- 프로토콜 스택
- 인터네트워킹
- 브리지
- 라우터
- 프레임
- 패킷
- IP 주소
- DNS
- MAC 주소
- 포트 주소

32 OSI 7계층 모델의 각 기능을 설명하시오.

33 계층 구조 모델에서 프로토콜과 인터페이스의 차이를 설명하시오.

34 인터넷 환경에서 계층 구조 프로토콜을 구현하는 모델을 운영체제와 사용자 프로그램 환경으로 구분하여 설명하시오.

35 네트워크 연동을 위한 인터네트워킹 기능을 수행하는 장비의 종류를 나열하고, 각각에 대해 설명하시오.

36 호스트를 구분하는 구분자의 특징을 나열하시오.

37 32비트의 IP 주소를 4개의 십진수로 축약하여 표현하는 방법을 설명하시오.

38 호스트 이름의 필요성과 이름의 구조를 설명하시오.

39 호스트 이름을 IP 주소로 변환하는 DNS 시스템의 필요성을 설명하시오.

40 네트워크에서 사용하는 MAC 주소, IP 주소, 호스트 주소, 포트 주소의 고유한 특징을 설명하시오.

현장의 목소리 01

어려운 것과 익숙하지 않은 것

글 김정수_소프트웨어 이야기(jamestic.egloos.com)

대학교에서 수업을 받을 때, 네트워크Network, 프로토콜Protocol 같은 것은 참으로 어려운 주제 중 하나였죠. 책을 볼 때는 이해한 것 같은데, 조금 지나서 떠올려보면 머릿속에 아무것도 남지 않은, 그런 구름 같은 과목이었습니다. 이론과 실제가 따로 노는 과목이었다고나 할까요. 그래서인지 대학 생활 내내 이런 생각이 굳어지고 있었습니다.

'프로토콜은 어려운 거야.'

대학교를 졸업하고, 직장에 첫발을 내디딜 때였습니다. 공교롭게도 저에게 주어진 첫 일은 다름 아닌 '프로토콜'이었습니다. 이름만 들어보았던 OSI 프로토콜 포팅Porting과 CMIP 에이전트를 구축하라는 것이었습니다. 게다가 주변에 관련 업무를 도와줄 분이 없었기 때문에, 스스로 해내야 하는 상황이었습니다. 처음에는 이런 상황이 이해되지 않았는데 나중에 알고 보니, 제가 X 윈도우즈 쪽을 하고 싶다고 이야기한 것을 X.25 프로토콜로 헷갈리신 실장님이 계셨더군요. 어쨌든 실장님의 오해 덕분에 프로토콜을 시작하게 되었습니다.

주어진 업무를 해결하기 위해 CCITT 규격을 열심히 읽고, OSI 프로토콜 매뉴얼을 정독하고, 소스 코드도 보면서 1년이라는 시간을 보냈습니다. 운이 좋았는지, 다행스럽게도 첫 번째 일을 잘 끝낼 수 있었습니다. 프로토콜에 대한 두려움 때문에 처음에는 긴장했는데, 조금 공부하다 보니 각 프로토콜이 세부적으로는 달라도 근본 원리는 다 비슷하다는 생각이 들었습니다. 그리고 대학 시절 굳어졌던 생각이 조금씩 바뀌기 시작했습니다.

'생각보다 프로토콜은 어렵지 않은 것 같아.'

그 이후로도 프로토콜을 포팅하거나 구현하였으며, 가끔 프로토콜 자체를 설계하기도 했습니다. 실장님의 오해로 시작한 프로토콜 업무가 이제는 제가 하는 일의 상당 부분이 되어버렸죠. 지금은 '프로토콜' 하면 이런 생각이 떠오릅니다.

'프로토콜은 쉬운 거야.'

물론 프로토콜이 간단하지는 않습니다. 프로토콜에 따라서는 규격만 몇백 쪽에 이르는 복잡한 것도 있죠. 하지만 이해할 수 없을 정도로 어려운 것은 아닙니다. 컴퓨터 사이언스 자체가 사람이 쉽게 이해할 수 있도록 만든 것이기 때문입니다. 기본 원리와 프로토콜 설계 의도를 이해하면 상상했던 것보다 어렵지 않은 것 같아요.

그런데 대학 시절에는 왜 프로토콜을 어렵게 여겼을까요? 아마 익숙하지 않았기 때문인 것 같습니다. 프로토콜을 공부하려면 컴퓨터가 여러 대 있어야 하고, 네트워크 인터페이스Network Interface도 많아야 하며, 엔디안 컴퓨터Endian Computer도 필요합니다. 저만의 생각일지 모르지만, 학생 때는 이런 교육 환경을 쉽게 접할 수 없었을 것입니다.

프로토콜은 아직 익숙하지 않을 뿐, 어려운 것이 아니며, 누구나 도전하여 노력한다면 친숙해질 수 있습니다. 제가 가졌던 막연한 두려움은 떨쳐버리고, 즐겁게 공부하길 바랍니다. 마지막으로, 제가 프로토콜을 공부하면서 도움이 되었던 두 가지 팁을 알려드릴게요.

실체 체험하기

프로토콜은 개념적인 공부가 되기 쉽습니다. 이를 보완하려면 실체를 보는 것이 큰 도움이 됩니다. 방법은 아주 간단합니다. 주로 로우 프로토콜Lower Protocol에 해당하는 것으로, Ethereal이나 Tcpdump를 사용하여 실제 전송되는 PDU 혹은 패킷Packet의 내용을 직접 확인해봅니다. 한 옥텟Octec씩 규격 내용과 어떻게 일치하는지 꼼꼼히 살펴보면, 머릿속에서 이해한 내용과 실체의 차이점을 쉽게 이해할 수 있을 겁니다.

Completeness

프로토콜은 모든 상황에서 동작하도록 설계되어 있습니다. 따라서 모든 상황에서 어떻게 동작하는지 이해해야 비로소 완벽하게 소화하는 거죠. 마치 퍼즐을 맞추는 느낌인데, 마지막 퍼즐까지 맞추려면 상당한 인내가 필요합니다. 그래서 상당수의 사람들이 도중에 멈추고 말죠. 처음에는 별 차이가 없어 보이지만, 시간이 흐르면 상당히 큰 차이를 만들어냅니다. 그래서 처음부터 연습해보라고 권해드립니다. 방법은 쉽습니다. 작은, 아주 작은 프로토콜을 골라서 생각할 수 있는 모든 경우에 대해 동작을 이해하는 것입니다. 더 이상 질문이 없을 때, complete하다고 말할 수 있죠. 그러면 비로소 프로토콜을 시작할 준비가 되었다고 생각합니다.

Chapter

02

네트워크 개념

학습목표

- 모듈화의 개념과 계층적 모듈 구조를 이해한다.
- 프로토콜을 설계할 때 고려할 사항을 알아본다.
- 서비스 프리미티브의 개념과 동작 원리를 이해한다.
- OSI 7계층 모델의 구조와 각 계층의 역할을 이해한다.
- 인터넷 모델의 계층 구조와 관련 프로토콜을 알아본다.

Preview

데이터 통신의 개념과 프로토콜의 동작 원리를 이해하는 데 스마트폰은 많은 도움을 준다. 스마트폰으로 전화를 거는 사람(송신자)과 받는 사람(수신자)은 서로 합의하여 통화 연결을 설정한다. 데이터 전송 단계인 통화 과정에서는 묵시적인 규칙에 따라 대화를 주고받는 일련의 절차가 진행된다. 스마트폰은 양쪽이 동시에 말할 수 있는 양방향 통신 기능을 지원하지만, 실제로 두 사람이 동시에 말하는 경우는 거의 없고, 느낌이나 말의 내용 등에 따라 번갈아가며 대화한다. 상대방이 한 말을 이해하지 못했거나 제대로 듣지 못한 경우에는 다시 묻는 방식을 통하여 오류를 바로잡기도 한다. 이와 같은 대화 과정의 절차나 대화 내용을 올바르게 이해하는 과정이 모두 프로토콜의 기능에 포함된다.

네트워크에서 데이터 전송 원리도 이와 비슷하다. 통신 프로토콜에서 중점적으로 다루는 내용은 주소 개념을 포함하여 데이터 전송 오류에 관한 오류 복구 기능, 전송 속도 조절에 관한 흐름 제어 기능, 데이터의 전달 경로에 관한 라우팅 기능이다. 스마트폰을 사용한 대화 과정에서 사람들이 무의식적으로 행하는 통화 기법이 통신 프로토콜의 설계 과정에 그대로 반영되어 있다. 그러나 통화 과정은 간단해 보여도 이를 통신 프로토콜로 작성하는 일은 생각보다 쉽지 않다.

인터넷의 동작 원리를 이해하려면 계층 구조로 설계된 OSI 7계층 모델에 대한 학습이 선행되어야 한다. 특히, 모듈화 설계 개념의 원리와 상하 계층의 역할 분담에 대한 학습을 통하여 계층별 프로토콜의 역할을 이해해야 한다. 인터넷에서 사용되는 데이터 전송 프로토콜인 TCP, UDP, IP 프로토콜은 계층 구조 모델의 원리에 따라 설계되었으며, 기타 제어 프로토콜의 동작도 계층 구조의 원리에 따라 이루어진다.

2장에서는 OSI 7계층 모델의 기본 원리인 계층 구조의 개념에 대하여 설명한다. 상하 계층의 역할 분담에 따른 모듈화 설계는 복잡한 시스템을 단순하게 해준다. 7계층 모델은 이러한 원리에 따라 네트워크의 기능을 7개의 계층으로 나누어 설계한 표준안이다. 인터넷의 구조가 7계층 모델의 계층 구조와 어떤 관계가 있는지, 주요 프로토콜인 TCP/IP는 어떻게 구성되어 동작하는지 살펴본다.

01 프로토콜의 이해

네트워크에 연결된 시스템이 통신하려면 정해진 규칙에 따라 순차적으로 데이터를 주고받아야 하는데, 이러한 일련의 규칙을 프로토콜Protocol이라 한다. 프로토콜의 동작 과정은 전송 오류 여부, 데이터 전달 경로, 전송 속도 등 다양한 외부 요인의 영향을 받는다. 따라서 적절한 대응 방안을 마련해 효율적으로 관리해야 하는데, 프로토콜의 설계 과정은 모듈Module화를 통하여 이루어진다. 이렇게 함으로써 시스템의 복잡성을 단순화하고, 사용자에게 더 편리하고 간편한 통신 기능을 제공할 수 있다.

1 계층적 모듈 구조

일반적으로 복잡하고 큰 시스템의 기능은 특정 단위의 모듈로 나누어 설계한다. 각각의 모듈은 독립적으로 동작하면서도 상호 유기적으로 통합될 수 있어야 한다. 그러므로 모듈과 모듈을 서로 연동해 동작시키는 적절한 인터페이스가 필요하다.

모듈화

컴퓨터를 하드웨어 측면에서 보면 CPU, 메모리, 하드디스크, LAN 카드 등과 같은 작은 부품들이 모여 하나의 시스템을 구성한다. 복잡한 시스템을 기능별로 모듈화하면 시스템 구조가 단순해져서 전체 시스템을 이해하기 쉽다. 또한 각 단위 모듈이 독립적인 기능을 수행하기 때문에 고장이나 업그레이드 등의 상황에 손쉽게 대처할 수 있다.

소프트웨어 측면에서 보면, 일반 프로그래밍 언어에서는 함수 개념을 사용해 전체 프로그램을 모듈화할 수 있다. 함수별로 특정 기능을 독립적으로 수행하도록 함으로써, 각 함수가 개별적으로 설계되고 구현된다는 장점이 있다. 함수 사이의 인터페이스는 함수의 매개변수에 의해서만 이루어지므로 전체 시스템을 이해하기가 훨씬 쉽다. 즉, 각 함수의 역할이 매개변수로 추상화되므로 내부 구조를 이해하지 않고도 함수들을 이해할 수 있고, 이들의 모임인 전체 시스템도 쉽게 이해할 수 있다.

[그림 2-1]은 시스템 모듈화의 장점을 보여준다. (a)처럼 전체 시스템을 기능에 따라 세 부분으로 나누어 설계할 수 있는데, 이때 각 모듈은 정해진 인터페이스에 맞게 유기적으로 연결되어야 한다. B 모듈은 A 모듈과 곡선 모양의 인터페이스로 연결되고, C 모듈과는 톱니 모양의 인터페이스로 연결된다. A와 C 모듈은 직접 연결되는 인터페이스가 없으며, B 모듈을 통해 간접적인 관계를 유지한다.

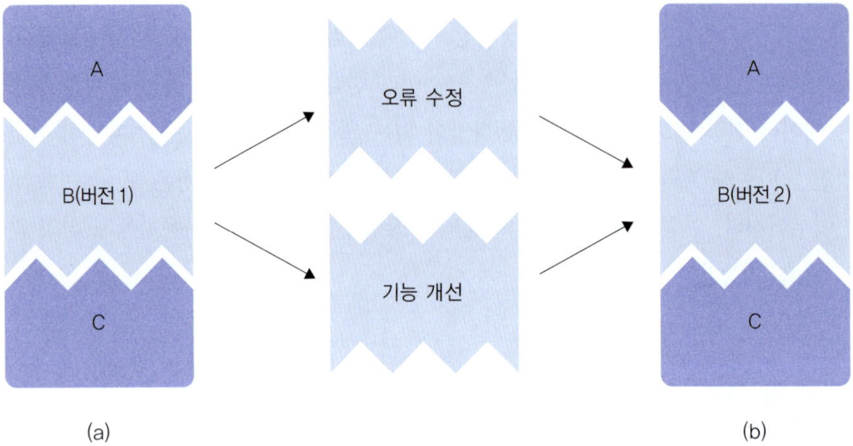

그림 2-1 모듈화

[그림 2-1]의 시스템을 모듈화하지 않았다면 한 부분만 고장 나도 전체 시스템을 교체해야 한다. 반면 모듈화하여 설계하면 B 모듈에 대하여 (a)의 버전 1을 (b)의 버전 2로 교체하면 된다. 그림에서 설명한 것과 같이 B 모듈의 동작에 오류가 확인되었거나 기능이 개선된 경우 A 모듈이나 B 모듈과 관계없이 B 모듈만 수정하는 방식이다. 이때 모듈 내부의 처리 과정은 임의로 개선할 수 있으나, A와 C 모듈 간 인터페이스는 동일하게 유지해야 전체 시스템 동작에 영향을 주지 않는다.

계층 구조

분할된 모듈들은 협력 관계를 유지하면서 유기적으로 동작한다. 모듈 구조는 서로 동등한 위치에서 서비스를 주고받을 수도 있고 특정 모듈이 다른 모듈에 서비스를 제공하는 형식의 계층 구조를 이루기도 한다. 네트워크에서는 독립적인 고유 기능을 수행하는 모듈들이 상하 계층 구조로 연결되어 동작한다.

계층 구조에서는 [그림 2-2]처럼 상위 계층이 하위 계층에 특정 서비스를 요청하는 방식으로 동작한다(❶). 요청을 받은 하위 계층은 해당 서비스를 실행하여 그 결과를 상위 계층에 돌려준다(❷). 하위 계층의 실행 결과는 상위 계층에 결과 값을 직접 전달하는 방식이 될 수도 있고, 주변 환경 값을 변경하는 부수 효과Side Effect 방식일 수도 있다.

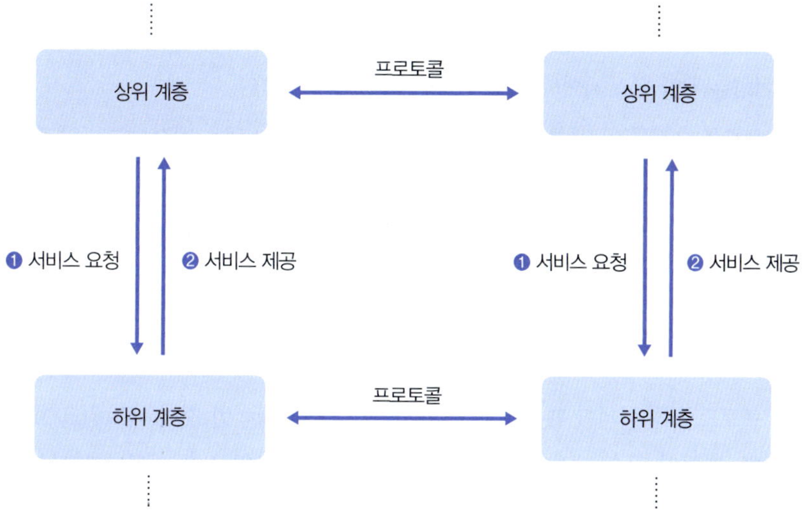

그림 2-2 계층 구조

자동차의 경우를 예로 들어보자. 운전자가 자동차의 속도를 줄이려면 브레이크를 밟아야 하고 브레이크를 누르는 정도에 따라 속도가 줄어든다. 이 구조에서 운전자는 상위 계층에 해당되며, 자동차 내부에서 속도를 줄이는 기능은 하위 계층의 모듈이 된다. 운전자와 감속 모듈 사이에는 브레이크라는 인터페이스가 존재한다. 브레이크 인터페이스가 정의되면 상위 계층의 운전자가 바뀌거나 하위 계층의 자동차가 바뀌어도 둘 사이의 서비스 개념을 유지할 수 있다.

네트워크에서 통신하는 시스템들은 계층 구조로 모듈화된 기능이 각각 동작하며, 둘 사이의 같은 계층끼리 데이터를 전달한다. 이때 데이터를 전달하는 규칙을 프로토콜이라 한다. 모듈화된 계층 구조 프로토콜에는 다양한 장점이 있지만, 대표적인 장점 몇 가지를 정리하면 다음과 같다.

- 복잡하고 큰 시스템을 기능별로 작게 분류해서 간단하고 작은 시스템으로 재구성할 수 있다. 따라서 전체 시스템을 이해하기 쉽고, 시스템을 설계하고 구현하기도 편리하다.
- 상하 계층에 인접한 모듈 사이의 인터페이스를 포함하여 분할된 모듈이 연동할 수 있는 표준 인터페이스를 제공한다. 모듈 인터페이스는 가능하면 단순하게 구현하여 모듈들이 최대한 독립적으로 동작하도록 해야 한다. 모듈의 독립성은 전체 시스템의 구조를 단순하게 만들어준다.
- 전송 매체 양단에 있는 호스트가 수행하는 프로토콜들은 좌우 대칭 구조이다. 대칭 구조에서는 통신 양단에 위치하는 동일 계층 사이의 프로토콜을 단순화할 수 있다.
- 각 계층의 기능 오류를 수정하거나 향상시켜야 하는 경우에 전체 시스템을 재작성하지 않고 해당 계층의 모듈만 교체하면 된다. 즉, 상하 혹은 좌우 계층 간의 인터페이스를 유지하면 특정 계층의 내부 변경이 다른 모듈의 동작에 영향을 미치지 않는다.

2 프로토콜 설계 시 고려 사항

계층 구조의 통신 프로토콜을 설계할 때는 고려할 요소가 많다. 대표적인 것이 네트워크 호스트의 주소 표현 방법, 데이터 전송 과정의 오류 제어, 통신 양단 사이의 전송 속도를 제어하는 흐름 제어이다.

주소 표현은 스마트폰 번호나 IP 주소와 같이 호스트를 유일하게 구분하는 용도로 사용한다. 오류 제어는 전송 과정에서 데이터 분실, 데이터 변형 등의 오류가 발생했을 때 데이터를 복구하는 데 사용한다. 흐름 제어는 송신자가 데이터를 너무 빨리 보내어 수신자가 미처 처리하지 못하는 문제를 해결하기 위한 목적으로 사용한다.

주소 표현

여러 호스트가 연결된 환경에서 특정 호스트끼리 통신하려면 상대방을 구분할 수 있는 방법이 필요하다. 시스템을 구분하여 지칭하기 위해서 이름을 부여하는 것을 주소Address 체계라 한다. 주소 체계는 시스템의 설계 과정에서 맨 먼저 고려해야 하는 중요한 개념이다.

예를 들어, 유선 전화 시스템의 주소 표기 방법을 살펴보면 전화번호 체계는 '국가 코드–지역 코드–번호' 형식으로 부여된다. 번호 체계가 국가라는 최상위 광역 코드에서 시작해 영역을 점점 축소하는 방식으로 계층 구조에 따라 관리된다. 따라서 국가 코드와 지역 코드로 해당 전화기의 지리적 위치를 판단할 수 있다. 또 다른 주소 표현의 예로는 주민등록번호가 있다. 주민등록번호에는 다양한 정보가 포함되는데, yymmdd-abcdefg 형식에서 앞쪽의 yymmdd는 태어난 해의 연도, 월, 일을 의미한다. 뒤쪽의 a는 성별을 구분하는 용도로 사용되는데, 1이면 남자, 2이면 여자를 의미한다. Y2K 문제로 인해 2000년 이후 출생자는 3이 남자, 4는 여자를 의미하도록 확장되었다. 즉, 1901년과 2001년에 태어난 사람은 yy로 구분하지 못하므로 a 값으로 구분해야 한다. 주소 체계를 결정할 때는 이와 같은 확장성을 반드시 고려해야 한다.

보통 호스트마다 주소를 하나씩 부여하지만, 다수의 호스트를 묶어 하나의 그룹 주소로 표기하기도 한다. 이는 전통적인 통신 환경이면서 현재도 가장 많이 사용하는 일대일(1:1) 통신과 더불어, 화상 회의 등을 지원하기 위한 일대다(1: n) 통신 환경도 필요하기 때문이다. 일대다 통신의 대표적인 유형으로는 네트워크에 연결된 모든 호스트에 데이터를 전송할 수 있는 브로드캐스팅Broadcasting 표기 방법과 특정 사용자를 그룹으로 묶어서 지칭하는 멀티캐스팅Multicasting 표기 방법이 있다. 예를 들어 카카오톡 앱에서 단체 전송을 하는 기능이나 줌에서 온라인 화상 회의를 진행하는 기능이 멀티캐스팅 표기 방법에 해당한다.

오류 제어

네트워크에서는 데이터 송수신 과정에서 오류가 발생할 수 있다. 전송 오류에는 데이터가 깨져서 도착하는 데이터 변형 오류와 데이터가 도착하지 못하는 데이터 분실 오류가 있다. 전송 오류 문제를 해결하는 오류 제어Error Control 기능은 통신 프로토콜의 가장 기본적인 기능에 속한다. 데이터 변형 오류는 물리 계층의 전송 매체에 의한 물리적인 오류이므로 전송 과정에서 데이터의 내용이 바뀌는 경우이다. 이를 해결하기 위해서 데이터 링크 계층이 물리적인 전송 오류를 해결한다. 물리적인 오류가 발생하지 않아도 프로토콜의 수행 과정에서 데이터를 분실하는 논리적인 전송 오류가 발생할 수 있다. 네트워크의 오류 제어 기능은 오류의 발생 사실을 인지하는 것이 먼저이고, 이후에 재전송 기능을 이용한 오류 복구 절차가 이어진다.

[그림 2-3]은 송신 호스트에서 보낸 데이터가 수신 호스트에 도착했을 때 발생할 수 있는 현상을 세 가지 유형으로 설명한다. (a)는 데이터가 오류 없이 도착하는 정상적인 경우이고, (b)는 데이터가 수신 호스트에 도착하지 못하는 데이터 분실 오류이며, (c)는 데이터의 내용이 변경되어 도착하는 데이터 변형 오류이다.

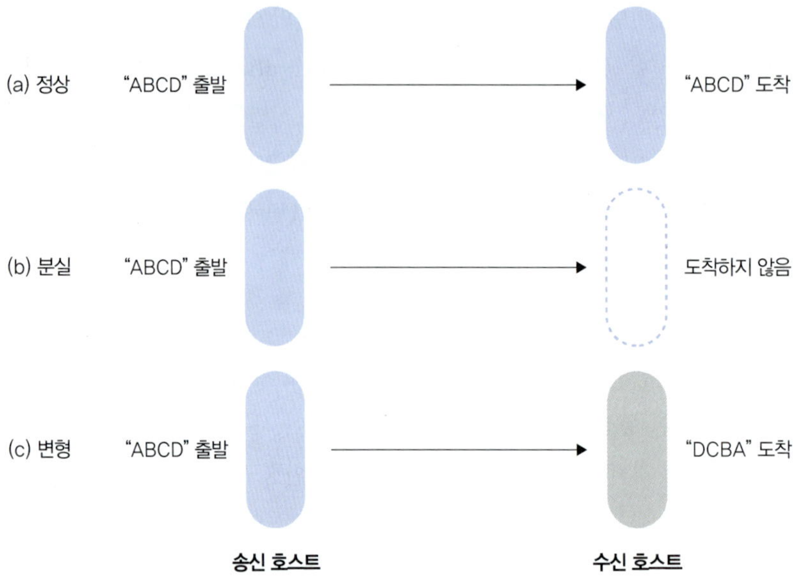

그림 2-3 전송 결과 유형

(b)처럼 데이터가 분실되는 원인은 매우 다양하다. 전송 경로가 잘못되어 데이터가 엉뚱한 방향으로 전달되거나, 상위 계층의 논리적 처리 과정에서 데이터를 분실할 수도 있다. 데이터가 변형되거나 분실되는 오류가 발생되어 이를 해결하려면 먼저 오류가 발생한 사실을 인지해야 한다. (b)의 경우는 수신 호스트가 자신에게 데이터가 보내졌다는 사실을 인지하는 것이 쉽지 않다. 그래서 보통은 송신 호스트에서 타임아웃 등의 기능으로 오류를 감지하는 방법을 사용한다. (c)의 데이터 변형 오류는 수신 호스트가 CRC 방식 등의 오류 검출 기법을 이용해 오류를 검출할 수 있다. 즉, 데이터 분실 오류는 송신 호스트 주도로 이루어지고, 데이터 변형 오류는 수신 호스트 주도로 이루어진다. 네트워크에서 전송 오류를 해결하는 일반적인 방법은 송신 호스트가 원래 데이터를 재전송Retransmission하는 것이다.

물리적인 오류 외에도 통신 프로토콜에서 사용하는 알고리즘의 성격에 의해 오류가 발생하기도 한다. 예를 들어, 송신 호스트가 순차적으로 전송한 데이터의 순서가 뒤바뀌어 도착하는 경우이다. 수신 호스트에서 도착 순서를 바로잡으려면 데이터의 논리적인 순서를 의미하는 순서 번호 기능이 필요하다.

흐름 제어

전송 매체에서 물리적인 오류가 없었는데도 데이터를 분실하는 경우가 있는데, 이는 송수신 호스트 사이의 데이터 전송/처리 속도 차이 때문에 발생한다. 수신 호스트에 데이터가 도착하면 일단 내부 버퍼에 보관했다가 처리한다. 그런데 내부 버퍼에 보관할 공간을 확보하지 못하면 데이터를 논리적으로 분실하는 결과가 초래된다.

일반적으로 수신 호스트의 버퍼 처리 속도보다 송신 호스트가 데이터를 전송하는 속도가 빠르면 논리적인 데이터 분실 오류가 발생한다. 수신 호스트가 버퍼에 저장된 데이터를 미처 처리하지 못한 상태에서 새로운 데이터가 수신되어 일시적으로 저장할 공간이 없기 때문이다. 이 문제를 해결하려면 송신 호스트의 전송 속도를 조절하는 흐름 제어Flow Control 기능이 필요하다.

[그림 2-4]는 가장 단순한 형태의 흐름 제어 기법을 보여준다. 송신 호스트가 데이터를 전송하려면 반드시 수신 호스트로부터 명시적인 전송 허가를 받아야 한다. 그림을 보면 (a)에서 송신 호스트가 i번째 데이터를 보내고 수신 호스트가 이를 제대로 받는다. 이후에 송신 호스트가 i+1번째 데이터를 보내려면 수신 호스트의 전송 허가가 필요하다. 수신 호스트는 데이터를 수신할 여력이 있을 경우에만 (b)와 같이 전송 허가를 보낸다. (c)에서 전송 허가를 수신한 후에 송신 호스트가 다음 데이터인 i+1을 전송하고 있다.

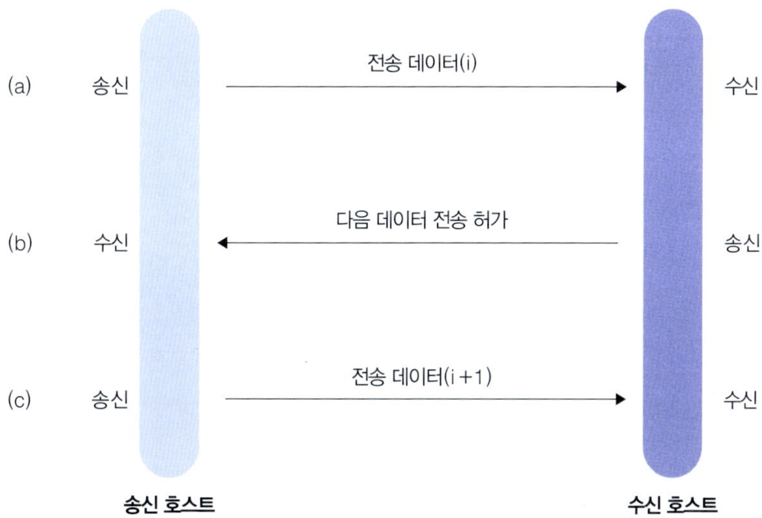

그림 2-4 흐름 제어

보통 수신 호스트의 흐름 제어에 의해 데이터 전송이 이루어진다. [그림 2-4]는 흐름 제어의 이해를 돕기 위한 설명이며, 실제 통신 환경에서는 전송 속도가 너무 느리므로 이 방식이 사용되지 않는다. 일반적으로 송신 호스트는 속도를 높이기 위하여 동시에 여러 개의 전송 데이터를 송신할 수 있으며, 수신 호스트가 데이터 개수를 통제한다.

데이터 전달 방식

프로토콜 설계 시 고려할 마지막 사항은 데이터 전달 방식이다. [그림 2-5]의 (c)에서 데이터를 오른쪽이나 왼쪽의 한 방향으로만 전송하는 것을 단방향Simplex 방식이라 하고, (a)처럼 양쪽에서 데이터를 동시에 전송하는 것을 전이중Full Duplex 방식이라 한다. 일반 도로 환경에 비유하자면 일방통행 도로가 단방향 방식이고, 중앙에 노란 실선이 그려진 도로는 전이중 방식이다.

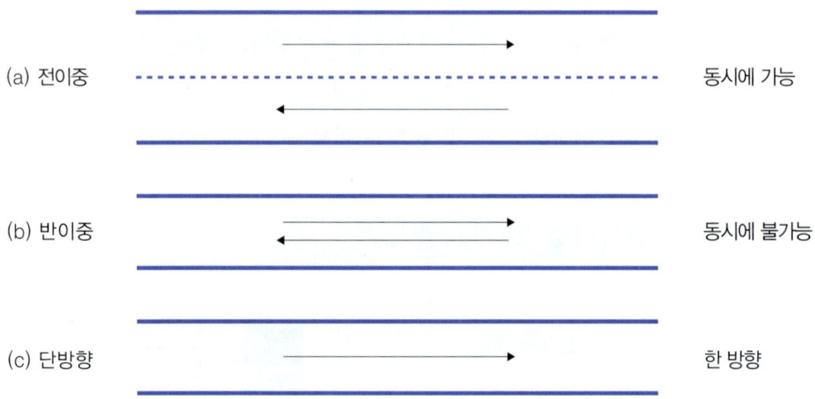

그림 2-5 데이터 전달 방식

일반적인 통신 프로토콜들은 모두 전이중 방식을 지원한다. 이외에도 데이터가 양방향으로 전송되지만, 특정 시점에는 한 방향으로만 전송할 수 있는 반이중Half Duplex 방식이 있다. [그림 2-5]에서 (b)의 반이중 방식은 양쪽에서 데이터를 동시에 전송할 수 없으므로, 데이터 전송 시점을 제어할 수 있어야 한다. 데이터 전달 방식에서는 데이터 사이의 전송 우선순위를 설정하는 방법이나 긴급 데이터를 처리하는 방법 등도 고려해야 한다.

3 서비스 프리미티브

프로토콜은 계층 구조로 이루어져 있고, 하위 계층이 상위 계층에 서비스를 제공하는 방식으로 동작한다. 이러한 서비스는 다음에 살펴볼 프리미티브Primitive 형태로 구현된다. 계층 구조 프로토콜에서 하위 계층이 상위 계층에 제공하는 서비스의 종류에는 연결형과 비연결형이 있다.

■ 연결형 서비스

연결형Connection-oriented 서비스를 이용하는 절차는 크게 3단계이다. 먼저 데이터 전달 경로를 설정하는 연결 설정 단계가 필요하다. 이 단계가 성공적으로 수행되어 연결이 설정되어야 다음 단계인 데이터 전송이 가능하다. 모든 데이터의 전송이 완료되어 데이터 전송 단계를 끝내려면 연결을 끊는 연결 해제 단계가 필요하다. 연결형 서비스의 동작 원리는 전화 시스템을 이용한 통화 절차와 매우 유사하다.

■ 비연결형 서비스

비연결형Connectionless 서비스는 우편 시스템의 동작 원리와 비슷하다. 연결을 설정하고 해제하는 단계가 필요 없다. 즉, 전송할 데이터가 있으면 각 데이터를 독립적으로 목적지 호스트로 전송하면 된다. 데이터는 독립적인 경로 선택 과정에 의해 전달되므로 도착하는 순서가 보낸 순서와 일치하지 않을 수 있다.

하위 계층이 상위 계층에 제공하는 서비스는 프리미티브Primitive 형태로 구현된다. 따라서 프리미티브는 하위 계층을 사용하는 방법을 정형화한 것이다. 연결형 서비스에서 추상화될 수 있는 기본 서비스 프리미티브의 종류에는 [표 2–1]처럼 CONNECT, DATA, DISCONNECT가 있다.

표 2–1 연결형 서비스의 프리미티브 종류

프리미티브	용도
CONNECT	연결 설정
DATA	데이터 전송
DISCONNECT	연결 해제

통신 프로토콜에서 프리미티브를 올바르게 수행하려면 각 프리미티브가 [표 2–2]의 네 가지 기능을 포함하도록 설계해야 한다. 표에서는 설명의 편리함을 위하여 클라이언트와 서버라는 용어를 사용했으며, [그림 2–6]에서는 왼쪽 호스트를 클라이언트, 오른쪽 호스트를 서버로 가정했다. 클라이언트에서 서버로 전달되는 요청은 Request와 Indication으로 구현되고, 서버의 응답은 Response와 Confirm으로 구현된다.

표 2-2 서비스 프리미티브의 기능

기능	설명
Request	클라이언트가 서버에 서비스를 요청함
Indication	서버에 서비스 요청이 도착했음을 통지함
Response	서버가 클라이언트에 서비스 응답을 회신함
Confirm	클라이언트에 응답이 도착했음을 통지함

[그림 2-6]은 클라이언트와 서버 사이에서 서비스 프리미티브가 처리되는 원리를 설명하고 있다. 클라이언트의 상위 계층이 하위 계층에 Request를 요청하면 이 요청은 하위 계층 아래에 있는 차하위 계층의 도움을 받아 서버의 하위 계층에 전달된다. 그러면 이 요청은 서버의 상위 계층에 Indication 형태로 전달되어 서버가 클라이언트 요청을 인지한다. 서버에서는 해당 프리미티브를 올바르게 수신하였음을 클라이언트에 통보하기 위하여 Response를 응답으로 보내고, 반대의 과정을 거쳐서 클라이언트에 Confirm 형태로 도착한다. 이와 같은 4단계 절차를 통해 하나의 서비스 프리미티브가 처리된다.

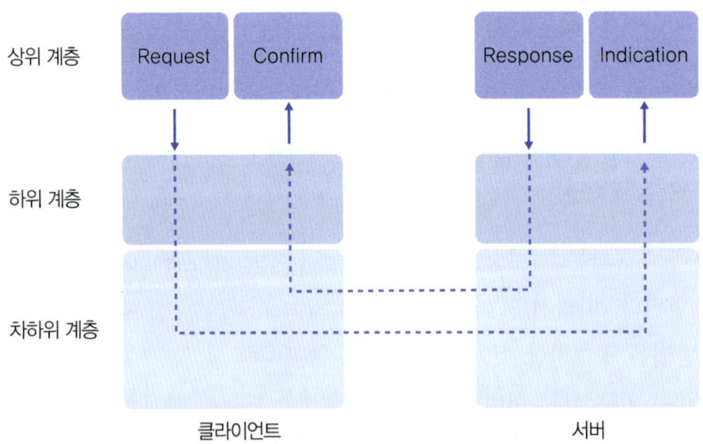

그림 2-6 서비스 프리미티브의 동작 원리

[그림 2-6]의 4단계 절차를 전화 시스템의 연결 설정인 CONNECT에 적용하여 설명하면 다음과 같다. 전화 거는 사람을 클라이언트, 전화 받는 사람을 서버로 가정하면, 통신 회사의 전화망은 클라이언트와 서버 기능을 모두 수행하는 하위 계층이 된다. 발신자가 전화번호를 누르면(Request) 전화망은 이 전화번호에 해당하는 전화기의 위치를 찾아 수신자의 전화벨(Indication)이 울리게 한다. 수신자가 전화를 받기 위해 통화 버튼을 누르면(Response) 전

화망은 이 사실을 바로 인지할 수 있다. 수신자가 통화 버튼을 누름과 동시에 발신자 전화기의 발신음이 끊기면서(Confirm) 통화 연결 상태가 되었음을 확인할 수 있다.

네 가지 서비스 프리미티브의 기능을 요약하여 설명하면 다음과 같다. 여기서 상위 계층과 하위 계층을 프로토콜이라는 용어로 설명한다.

■ **Request**

Request는 클라이언트가 서버에 프리미티브의 기능을 수행하도록 요청하는 것이다. 클라이언트에서는 상위 프로토콜이 하위 프로토콜에 요청을 전달하고, 이 요청이 가장 아래의 물리 계층을 통하여 서버에 전달된다. 연결 설정 요청CONNECT.Request, 데이터 전송 요청DATA.Request, 연결 해제 요청DISCONNECT.Request 등이 있다.

■ **Indication**

물리 계층을 통하여 Request 요청을 수신한 서버는 이 요청을 물리 계층 위에 있는 하위 프로토콜에 전달한다. 이후, Indication을 사용해서 상위 프로토콜에 프리미티브 요청이 발생했음을 알린다. 연결 설정, 데이터 전송, 연결 해제에 대해 CONNECT.Indication, DATA.Indication, DISCONNECT.Indication 순으로 사용한다.

■ **Response**

클라이언트로부터 프리미티브를 받은 서버에서는 Response를 이용해 클라이언트에 응답한다. 응답의 전달 과정은 Request, indication과 반대의 순서로 진행되며, 연결 설정 요청에 대해서는 CONNECT.Response를 사용해 연결 허용이나 거부로 응답하고, 데이터는 DATA.Response, 연결 해제는 DISCONNECT.Response로 전달한다.

■ **Confirm**

서버에서 보낸 응답은 Confirm 형태로 클라이언트에 회신된다. 연결 설정은 CONNECT.Confirm, 데이터는 DATA.Confirm, 연결 해제는 DISCONNECT.Confirm로 전달된다.

02 OSI 7계층 모델

네트워크에 연결된 컴퓨터들이 데이터를 주고받으려면 서로 연동할 수 있게 표준화된 인터페이스를 지원해야 한다. 일반적으로 컴퓨터 네트워크에서는 계층 구조로 모듈화된 프로토콜 스택Protocol Stack을 사용한다.

국제 표준화 기구인 ISO가 확립한 OSIOpen Systems Interconnection 7계층 모델은 개방화된Open 데이터 통신 환경에 적합한 계층적 구현 모델의 표준이다.

1 OSI 7계층 모델

[그림 2-7]은 ISOInternational Standard Organization에서 제시한 OSI 7계층 모델OSI 7 Layer Model이다. 연결된 두 호스트가 각각 7개 계층으로 구성된 모듈을 수행함으로써 데이터 송수신이 가능하다. 전송 데이터는 송신 호스트의 응용 계층에서 시작해 하위 계층으로 순차적으로 전달되어, 최종적으로 물리 계층에서 수신 호스트에 전달된다. 수신 호스트에서는 데이터를 상위 계층으로 순차적으로 이동시켜 응용 계층까지 보내준다.

데이터가 하위 계층으로 내려갈 때는 각 계층의 프로토콜에서 정의한 헤더 정보가 추가된다. 물리 계층을 제외한 모든 계층에서 헤더 정보가 추가되고, 물리 계층은 단순히 데이터 링크 계층에서 수신한 데이터를 수신 호스트의 물리 계층에 전달한다. 데이터를 수신하는 호스트에서는 반대로 상위 계층으로 올라가며 순차적으로 헤더 정보를 제거하고 해석하면서 프로토콜 기능을 수행한다. [그림 2-7]에 표시하지는 않았지만, 송신 호스트와 수신 호스트 사이에는 다수의 라우터 등이 존재하여 중계 기능을 한다.

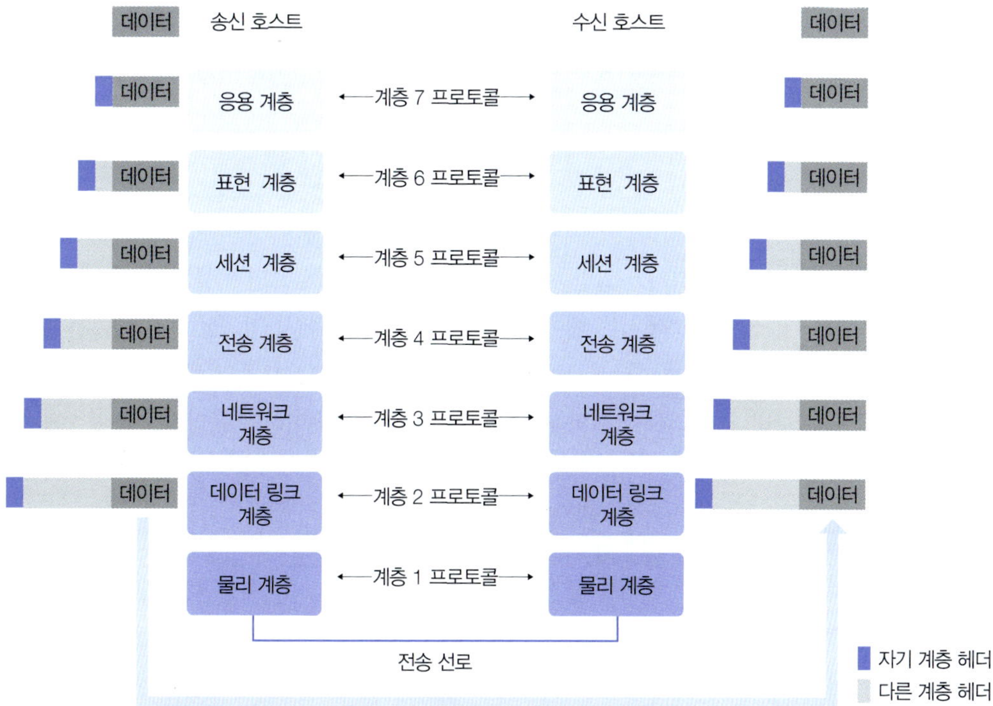

그림 2-7 OSI 7계층 모델의 동작

용어 정의

임의의 호스트에서 실행되는 계층 n 모듈은 상대 호스트의 계층 n 모듈과 논리적으로 통신하는데, 이들이 사용하는 규칙을 계층 n 프로토콜Protocol이라 한다. 프로토콜의 역할은 프로토콜에서 정의된 기능을 수행하면서 필요한 정보를 서로 교환하는 것이다. 프로토콜 기능을 원활하게 수행하려면 앞 절에서 언급한 주소 표현 방법, 오류 제어, 흐름 제어 등의 기능이 설계와 구현 과정에서 반영되어야 한다.

동일 계층에 위치한 통신 양단은 같은 프로토콜을 사용하여 통신하기 때문에 동료 프로세스Peer Process라 한다. 한 호스트에서 상하로 이웃하는 계층에 위치한 모듈 사이에는 인터페이스Interface가 정의되어 둘 사이의 접근 방법을 제한한다. 상위 계층에서는 하위 계층의 인터페이스를 통해 하위 계층의 서비스Service를 이용할 수 있다.

송신 호스트에서 데이터를 전달할 때는 동료 프로세스에 직접 전달하는 것이 아니라, 하위 계층을 통하여 간접적으로 서비스를 요청한다. 이 요청은 최하위에 있는 물리 계층까지 반복된다.

수신 호스트에서는 반대로 상위 계층으로 데이터가 전달되면서 프로토콜 기능이 동작한다. 각 계층의 동료 프로세스가 직접 통신하는 형태를 보이지만, 실제로는 항상 물리 계층을 통해 데이터가 전송되는 것이다.

헤더 정보

프로토콜 스택의 맨 위에 위치한 일반 사용자는 전송 데이터가 있으면 이를 응용 계층에 보내 전송을 요청한다. 응용 계층에서는 데이터에 자신의 프로토콜에서 정의한 헤더 정보를 추가해 표현 계층에 보낸다. 표현 계층도 표현 계층에서 사용하는 프로토콜의 헤더 정보를 추가해 하위 계층으로 보낸다. 이러한 일련의 과정은 물리 계층에서 데이터가 물리적으로 전송될 때까지 반복된다.

물리 계층에서는 수신 호스트에 데이터를 물리적으로 전송하고, 이를 수신한 호스트에서는 송신 절차와 반대 방향으로 헤더를 제거하는 과정이 반복된다. 즉, 계층별로 해당 계층의 헤더 정보를 해석하여 적절히 처리한 후에 상위 계층으로 올려준다. 따라서 송신 호스트에서 계층별로 추가된 헤더 정보가 수신 호스트에서 해석 및 삭제되어 최상위 수신자는 원래의 전송 데이터만 받는다. 이때 각 계층의 프로토콜은 정해진 기능을 수행하여 데이터 송신 과정에서 발생하는 문제점을 해결해준다.

헤더 정보는 프로토콜마다 다르게 정의되며, 앞에서 설명한 주소, 오류 제어, 흐름 제어를 위한 정보들을 포함한다. 프로토콜을 이해한다는 말은 프로토콜의 헤더 정보를 이해한다는 의미로 읽을 수 있을 정도로 헤더는 중요한 정보를 담고 있다. 특히, 인터넷의 기본 프로토콜인 TCP, UDP, IP의 헤더는 인터넷을 이해하는 데 많은 도움을 준다.

중개 기능

[그림 2-7]에서 헤더 설명을 제외하고 중개 기능 설명을 추가하면 [그림 2-8]이 된다. 그림과 같이 송신 호스트에서 수신 호스트로 데이터를 전달하려면 중개 역할을 수행하는 중개 노드를 거쳐야 한다. 중개 시스템은 데이터가 목적지까지 올바르게 전달되도록 경로 배정 기능을 수행한다. 중개 시스템에서는 경로 배정 기능을 수행하는 네트워크 계층의 프로토콜이 동작하는데, 이와 같은 경로 배정 기능을 라우팅Routing이라 한다.

그림 2-8 라우터의 기능

중개 노드인 라우터Router는 자신에게 도착한 데이터의 헤더 정보를 해석해서 적절한 경로를 선택해야 하며, 다음 라우터로 보내기 전에 헤더 정보를 수정하는 작업도 진행한다. 라우터 좌우에 위치한 네트워크는 종류가 다를 수도 있다. 네트워크가 다르면 물리적인 특성뿐 아니라, 하위 계층의 헤더 정보도 다를 수 있다. 따라서 헤더 정보의 값을 해석하여 변환하는 작업은 라우터의 주요 기능에 해당한다.

2 계층별 기능

OSI 7계층 모델의 모든 계층이 중요하지만, 특히 전송 계층이 중요하다. 전송 계층은 통신 양단에 있는 전송 연결의 주체(프로세스) 사이에 종단 연결을 제공한다. 호스트에서 실행되는 프로세스와 프로세스 사이에 연결을 설정하여 데이터를 주고받을 수 있게 해주는 것이 전송 계층이다. 전화 시스템을 예로 들면, 통화자 사이에 통화 연결을 설정하는 것이 바로 전송 계층이다.

전송 계층의 하위에 있는 물리 계층, 데이터 링크 계층, 네트워크 계층은 전송 계층의 연결을 설정하고 지원하는 역할을 수행한다. 상위에 있는 세션 계층, 표현 계층, 응용 계층은 전송 계층의 연결을 어떻게 활용할지에 대하여 다룬다. 따라서 OSI 7계층 모델은 전송 계층을 기준으로 두 부분으로 나뉜다고 볼 수 있다. 실제로 인터넷 모델인 TCP/IP 프로토콜은 운영체제 내부에 계층 4까지의 기능을 구현하고, 상위 계층의 기능은 사용자 프로그램으로 구현한다.

물리 계층

OSI 7계층 모델의 맨 밑에 위치하는 물리 계층Physical Layer은 전송 매체의 물리적 인터페이스에 관한 사항을 기술한다. 즉, 전송 매체에서는 개별 정보의 비트Bit 교환 문제를 다룬다. 물리 계층은 하드웨어 시스템으로 구현되고, 계층 2 이상의 프로토콜들은 소프트웨어적으로 구현된다.

물리 계층에서 다루는 전송 매체의 특성에는 데이터의 전송 속도, 송수신 호스트 사이의 클록 동기화 방법, 물리적 연결 형태 등이 있다.

데이터 링크 계층

데이터 링크 계층Data Link Layer은 물리 계층을 통해 전송되는 데이터의 물리적 전송 오류를 해결한다. 결과적으로 상위의 네트워크 계층에 신뢰성 있는 패킷 전송을 보장해주어 물리적 전송 오류에 대한 부담을 없애준다. 데이터 링크 계층은 갈림길에서 전송 경로를 선택할 수 없으므로 두 호스트가 일대일로 직접 연결된 환경에서만 데이터 전송을 지원한다.

데이터 링크 계층을 이용해 전송되는 데이터를 프레임Frame이라 부른다. 프레임 헤더에 표시되는 송수신 호스트 정보에는 LAN 카드에 내장된 송수신 호스트의 MAC 주소가 기록된다. 데이터 링크 계층은 다른 상위 계층처럼 송신 호스트와 수신 호스트 사이의 전송 속도 차이를 고려한 흐름 제어 기능도 지원할 수 있다.

네트워크 계층

네트워크 계층Network Layer은 송신 호스트가 전송한 데이터가 어떤 경로를 통해 수신 호스트에 전달되는지를 결정하는 라우팅 문제를 처리한다. 전달 경로 선택은 미리 정해지는 정적인Static 방식과 네트워크의 현재 부하 상태에 따라 결정되는 동적인Dynamic 방식으로 구분한다.

네트워크 계층에서는 전송 데이터를 패킷Packet이라 부르며, 중개 과정에서 경로 선택의 기준이 되는 호스트 주소가 필요하다. 인터넷에서는 IP 프로토콜이 네트워크 계층의 기능을 수행하므로 호스트의 IP 주소가 경로 선택에 중요한 기준이 된다. 인터넷에 연결된 호스트는 네트워크 계층의 주소와 데이터 링크 계층의 주소를 모두 가진다.

컴퓨터 네트워크를 이용해 전송되는 패킷이 지나치게 많으면 네트워크의 전송 속도가 떨어진다. 네트워크의 전송 속도가 감소하면 프로토콜 동작에 많은 영향을 미칠 수 있는데, 네트워크의 트래픽이 과도하게 증가하는 문제를 조절하는 혼잡 제어Congestion Control 기능도 네트워크 계층에서 담당한다.

전송 계층

전송 계층Transport Layer은 송신 프로세스와 수신 프로세스를 직접 연결하는 단대단End-to-End 통신 기능을 제공한다. 전송 계층 아래에 있는 하위 계층은 호스트와 호스트 사이의 데이터 전송 과정에서 발생하는 문제들만 반영한다. 반면 전송 계층은 호스트 내부에서 논리적으로 구축되는 연결 주체인 프로세스 사이의 통신 문제를 다룬다.

전송 계층에서는 전송 오류율, 전송 속도 등과 같은 일반 사용자의 서비스 요구 유형에 대한 고려와 흐름 제어 기능도 제공한다.

세션 계층

세션 계층Session Layer의 기능은 전송 계층과 거의 유사하다. 그러나 사용자에게 원격 파일 전송이나 원격 로그인 등과 같은 상위적 연결 개념인 세션 기능을 제공한다는 점이 다르다. 특히 전송 계층의 연결이 일시적으로 끊어졌을 때 이를 복구하여 세션이 유지될 수 있도록 한다.

세션 계층에서는 송수신 호스트 사이의 대화 제어를 비롯해 상호 배타적인 동작을 제어하기 위한 토큰 제어, 일시적인 전송 장애를 해결하기 위한 동기Synchronization 기능 등을 제공한다.

표현 계층

계층 5까지는 주로 데이터의 전송에 관한 내용을 다루지만 표현 계층Presentation Layer은 데이터의 의미Semantic와 표현 방법Syntax을 처리한다. 즉, 통신 양단에서 서로 이해할 수 있는 표준 방식으로 데이터를 코딩Coding하는 문제를 다룬다.

호스트의 데이터 표현 방법이 서로 다르면 상대방의 데이터를 이해할 수 있도록 적절하게 변환하는 과정이 필요하다. 인터넷상에서 개인 정보의 유통과 상거래가 활발해지면서 보안의 중요성이 강조되고 있는데, 데이터를 암호화하는 기술도 표현 계층에서 다룬다. 또한 영상 정보 같은 대용량 데이터의 크기를 줄여주는 압축도 표현 계층의 주요 기능이다.

응용 계층

최상위의 응용 계층Application Layer에서는 다양하게 존재하는 응용 환경에서 필요한 기능을 다룬다. 응용 환경은 매우 다양해 범위가 방대하지만, 초기 인터넷에서는 FTP, 텔넷, 전자 메일 서비스가 보급되었다. FTPFile Transfer Protocol는 파일 공유 서비스이며, 이 기능이 발전되어 지금은 클라우드 서비스가 보편적으로 사용되고 있다. 네트워크 파일을 이용할 때는 파일을 공유할 뿐 아니라 허가된 사용자가 적절한 접근 권한에 따라 사용할 수 있게 해야 한다. 텔넷Telnet이 제공하는 가상 터미널, 전자 메일 등도 대표적인 초기 인터넷 서비스였다.

FTP와 Telnet은 최근 일반 사용자들 사이에서는 많이 사용되지 않고 있다. 그에 비하여 메일 서비스는 현재까지도 가장 많이 사용되는 인터넷 서비스 중 하나이다. 현재의 인터넷 환경을 보면 스마트폰의 보급과 인공지능 기술의 발전으로 응용 계층의 범위가 폭넓게 확산되는 추세이다.

03 인터넷 모델

인터넷은 데이터의 중개 기능을 담당하는 네트워크 계층으로 IP^Internet Protocol^ 프로토콜을 사용하는 네트워크이다. 따라서 인터넷에 연결하고자 하는 호스트는 반드시 IP 프로토콜을 지원해야 하며, 전송 계층은 TCP^Transmission Control Protocol^나 UDP^User Datagram Protocol^를 사용한다. 현재 인터넷에서 주로 사용하는 IP 프로토콜은 버전 4(IPv4)이다.

1 구현 환경

인터넷에 연결된 호스트들의 네트워크 구현 모델에서는 [그림 2-9]와 같이 전송 계층까지의 기능을 시스템 공간인 운영체제 내부에 구현한다. 즉, 인터넷 환경에서 사용하는 TCP/IP와 하위 계층의 기능을 담당하는 LAN 카드 드라이버 루틴^Driver Routine^은 운영체제 영역에 속한다. TCP/IP를 이용하려면 12장에서 설명할 소켓 기능이 필요하며, 사용자 공간에서 네트워크 응용 기능을 지원하는 프로그램을 작성해야 한다. 예를 들어, 스마트폰에서 실행되는 네트워크 관련 앱들이 네트워크 프로세스에 해당한다.

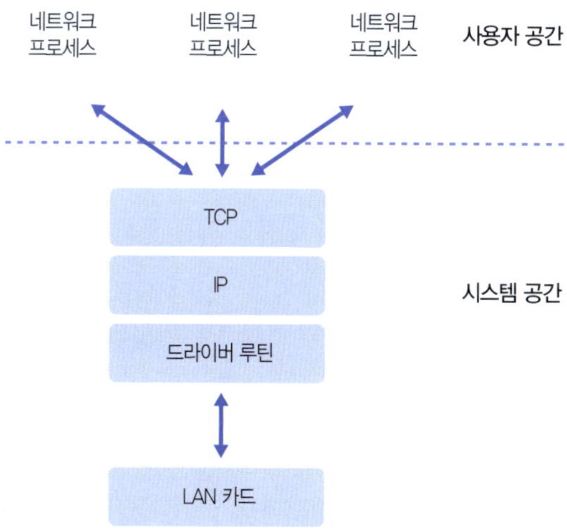

그림 2-9 TCP/IP 구현 환경

시스템 공간

TCP와 UDP 프로토콜은 시스템 운영체제인 커널Kernel 내부에 구현되므로 일반 사용자가 이 기능을 직접 이용할 수는 없다. 대신 소켓Socket 인터페이스라는 전송 계층의 프리미티브를 이용해야 하는데, 소켓은 운영체제에서 시스템 콜 기능으로 구현되므로 사용자 프로그램에서 이를 함수 호출 방식으로 사용한다. TCP는 연결형 서비스를 제공하고, UDP는 비연결형 서비스를 제공한다.

인터넷에서 네트워크 계층은 IPInternet Protocol로 구현되며 전송 패킷의 올바른 경로 선택 기능을 제공한다. 네트워크 프로세스를 실행하는 호스트 사이에는 다수의 라우터가 존재하며, 이 라우터들은 IP 프로토콜을 이용하여 패킷 중개 기능을 수행한다. 인터넷은 라우터들의 집합이며, 스마트폰을 포함한 일반 호스트들은 인터넷의 끝단에 연결되는 종단 장치에 해당한다. 네트워크 계층 아래의 계층들은 LAN 카드와 LAN 카드를 구동하는 드라이버 루틴에 의해 구현된다.

사용자 공간

세션 계층부터 응용 계층까지의 기능은 사용자 응용 프로그램으로 구현된다. 프로그래밍 환경에서 전송 계층의 기능을 제공하는 소켓 시스템 콜을 호출해 TCP와 UDP 기능을 사용할 수 있다. 소켓 시스템은 유닉스Unix, 리눅스Linux, 윈도우즈 운영체제 등 인터넷에 접속 가능한 모든 호스트에서 제공한다.

프로그램에서 소켓을 사용할 때는 소켓마다 부여되는 고유 주소인 포트 번호를 관리해야 한다. IP 주소는 호스트를 구분하는 주소 역할을 하지만, 포트 번호는 특정 호스트에서 실행되는 네트워크 프로세스를 구분하는 주소이다. 일반 네트워크 프로세스는 포트 하나를 할당해 사용하므로 포트 번호와 네트워크 프로세스가 일대일로 대응된다. 응용 환경에 따라서는 포트 번호를 여러 개 할당할 수도 있다. 응용 네트워크 프로그램을 설계할 때는 포트 할당에 주의해야 하지만, 일반 사용자는 프로그램 하나에 포트 하나를 사용한다고 가정해도 큰 문제가 없다. 인터넷 응용 프로세스의 고유 주소는 IP 주소와 포트 번호의 조합으로 완성된다.

상위 계층은 [그림 2-9]처럼 사용자 프로그램 공간에서 구현된다. 네트워크 응용 프로그램으로는 전통적인 텔넷Telnet, FTP, 웹 브라우저 등을 포함하여 스마트폰과 일반 PC에서 실행되는 수많은 앱이 있는데, 모두 TCP와 UDP를 사용해 네트워크에 연결한다.

2 프로토콜

앞서 설명한 것처럼 인터넷에서 데이터 전송은 계층 4의 TCP와 UDP 프로토콜, 계층 3의 IP 프로토콜에 의해 이루어진다. 인터넷 모델에서는 사용자 데이터의 전송이 TCP, UDP, IP 프로토콜에 의해 이루어지지만, 이들이 올바르게 동작하려면 더 많은 제어용 프로토콜이 필요하다. 특히, 주소 문제를 해결하기 위한 ARP/RARP 프로토콜과 오류 문제를 해결하기 위한 ICMP 프로토콜은 인터넷 모델의 동작에서 매우 중요한 역할을 한다.

프로토콜 계층 구조

[그림 2-10]은 TCP/IP를 사용하는 인터넷 환경에서 관련 프로토콜들의 계층 구조를 설명한다. 맨 위의 응용 프로세스는 TCP와 UDP를 사용해 데이터 송수신 기능을 수행하지만, 특별한 환경에서 네트워크 계층의 IP 프로토콜을 직접 사용하기도 한다. ICMP와 ARP/RARP는 사용자 데이터를 전송하지 않기 때문에 특정 계층으로 설명하기 애매하지만, 일반적으로 네트워크 계층으로 분류한다. ICMP와 ARP/RARP가 전송하는 제어용 데이터들은 같은 계층에 속하는 IP 프로토콜의 도움을 받는다는 점이 특별하다. 그림에 표시하지 않았지만 인터넷의 제어용 프로토콜은 그 종류가 매우 다양하다.

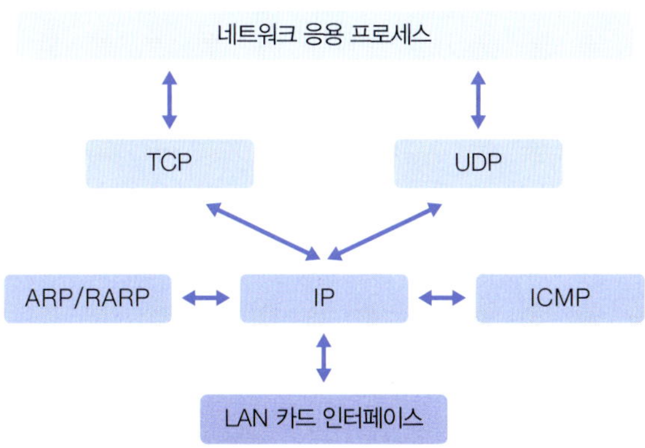

그림 2-10 TCP/IP 계층 구조

네트워크 계층의 IP는 사용자 데이터를 전송하는 프로토콜이다. IP의 동작 과정에서 전송 오류가 발생하는 경우에 대비해 오류 정보를 전송하는 목적으로 ICMP Internet Control Message Protocol를 사용한다. ICMP는 IP 프로토콜과 같은 계층으로 간주할 수 있지만, ICMP에서 발생하는 ICMP 메시지는 IP 패킷에 캡슐화되어 전송된다.

ARP와 RARP

인터넷 모델에서 사용하는 주소는 데이터 링크 계층의 MAC 주소, 네트워크 계층의 IP 주소, 전송 계층의 포트 번호이다. 인터넷에서 통신하기 위해서는 송신 호스트가 자신의 세 가지 주소뿐만 아니라, 수신 호스트의 세 가지 주소도 모두 알아야 한다. 편지를 보내기 위해서는 자신의 집 주소와 수신자의 집 주소를 모두 알아야 하는 것과 같다. 먼저, 포트 번호는 사용자 프로그램 환경에서 사용되므로, 번호 할당과 관리가 다른 계층 프로토콜의 동작에 크게 영향을 미치지 않는다.

IP 주소와 MAC 주소는 프로토콜의 동작 특성상 몇 가지 고려할 사항이 있다. 예를 들어, 계층 2 프로토콜을 이용해 데이터를 전송하려면 수신 호스트의 MAC 주소가 필요하다. 일반 적으로 송신 호스트는 자신의 IP 주소와 MAC 주소는 쉽게 얻을 수 있다. 즉, 자신의 IP 주소는 호스트의 네트워크 설정 과정에서 하드디스크에 저장되며, MAC 주소는 LAN 카드 내에 기록되어 있다. 그렇지만 수신 호스트의 주소를 얻으려면 몇 단계의 처리 과정이 필요하다. 먼저, 수신 호스트의 IP 주소는 응용 프로그램의 사용자로부터 입력된 호스트 이름을 IP 주소로 변환하여 얻을 수 있다. 이에 대한 자세한 과정은 14장에서 설명한다. 하지만 수신 호스트의 MAC 주소 정보는 어디에서도 얻을 수 없다. 따라서 사용자로부터 입력된 수신 호스트의 IP 주소를 이용해 MAC 주소를 구하는 기능이 필요한데, ARP^Address Resolution Protocol^가 이 기능을 담당한다.

호스트의 IP 주소는 컴퓨터 설정 작업의 초기화 과정에서 특정 파일에 보관된다. 그러나 파일 시스템이 존재하지 않는 특수 목적의 시스템은 LAN 카드에 내장된 자신의 MAC 주소는 알지만, 자신의 IP 주소는 모르는 경우가 있다. 이 문제를 해결하기 위하여 MAC 주소를 IP 주소로 변환하는 RARP^Reverse Address Resolution Protocol^가 필요하다.

ICMP

데이터 전송 프로토콜인 IP가 동작하는 과정에서는 전송 오류가 발생할 수 있다. 오류가 발생하면 반드시 송신자에게 회신해 복구 작업을 하게 해야 하는데, 이 작업은 ICMP^Internet Control Message Protocol^가 담당한다. ICMP 프로토콜은 오류 메시지를 전송하기 위한 별도의 헤더 구조를 가지며, IP 패킷에 캡슐화되어 전송되지만 IP와 같은 계층으로 취급된다.

ARP, RARP, ICMP의 특징을 요약하여 설명하면 [표 2-3]과 같다.

표 2-3 ARP, RARP, ICMP의 비교

프로토콜	특징
ARP	인터넷에서 통신하려면 자신의 로컬 IP 주소와 MAC 주소, 수신 호스트의 IP 주소와 MAC 주소가 필요하다. ARP(Address Resolution Protocol)는 수신 호스트의 주소 변환 기능을 제공하는데, 사용자가 입력한 원격 IP 주소를 이용해 원격 MAC 주소를 제공하는 프로토콜이다.
RARP	RARP(Reverse Address Resolution Protocol)는 로컬 호스트의 주소 변환 기능을 제공하는데, LAN 카드에 보관된 MAC 주소를 이용해 자신의 IP 주소를 얻어내는 프로토콜이다. 일반 컴퓨터 시스템은 로컬 호스트의 IP 주소가 파일 시스템에 보관되므로 RARP를 사용하지 않지만, 파일 시스템이 존재하지 않는 시스템에서는 RARP를 반드시 사용해야 한다.
ICMP	사용자 데이터의 전송 과정에서 오류가 발생하면 오류 메시지가 생성된다. ICMP(Internet Control Message Protocol)는 이 오류 메시지를 송신 호스트에 전송하는 기능을 담당하는 프로토콜이다.

요약

01 모듈화

일반적으로 복잡하고 큰 시스템의 기능은 특정 단위의 모듈로 나누어 설계한다. 시스템을 기능별로 모듈화하면 시스템 구조가 단순해져서 전체 시스템을 이해하기 쉽다. 또한 각 단위 모듈이 독립적인 기능을 수행하기 때문에 고장이나 업그레이드 등의 상황에 손쉽게 대처할 수 있다.

02 계층 구조

분할된 모듈들은 협력 관계를 유지하면서 유기적으로 동작한다. 네트워크에서는 독립적인 고유 기능을 수행하는 모듈들이 상하 계층 구조로 연결되어 동작한다. 계층 구조에서는 상위 계층이 하위 계층에 특정 서비스를 요청하는 방식으로 동작한다. 요청을 받은 하위 계층은 해당 서비스를 실행하여 그 결과를 상위 계층에 돌려준다.

03 주소의 표현

여러 호스트가 연결된 환경에서 특정 호스트끼리 통신하려면 상대방을 구분할 수 있는 방법이 필요하다. 시스템을 구분하여 지칭하기 위해서 이름을 부여하는 것을 주소 체계라 한다. 일반적으로 호스트에 주소를 하나씩 부여하지만, 다수의 호스트를 묶어 그룹 주소로 표기하기도 한다. 일대다 통신의 대표적인 표기 방법에는 네트워크에 연결된 모든 호스트에 데이터를 전송할 수 있는 브로드캐스팅과 특정 사용자를 그룹으로 묶어서 지칭하는 멀티캐스팅이 있다.

04 오류 제어

네트워크에서는 데이터 송수신 과정에서 오류가 발생할 수 있다. 전송 오류에는 데이터가 깨져서 도착하는 데이터 변형 오류와 데이터가 도착하지 못하는 데이터 분실 오류가 있다. 오류가 발생하는 1차 원인은 물리 계층의 전송 매체에 의한 물리적인 오류이다. 데이터가 변형되거나 분실되는 오류를 해결하려면 먼저 오류가 발생한 사실을 인지해야 한다. 네트워크에서 전송 오류를 해결하는 방법은 송신 호스트가 원래 데이터를 재전송하는 것이다.

05 흐름 제어

전송 매체에서 물리적인 오류가 없었는데도 데이터를 분실하는 경우가 있는데, 이는 송수신 호스트 사이의 데이터 전송/처리 속도 차이 때문에 발생하기도 한다. 수신 호스트의 버퍼 처리 속도보다 송신 호스트가 데이터를 전송하는 속도가 빠르면 논리적인 데이터 분실 오류가 발생할 수 있다. 이 문제를 해결하려면 송신 호스트의 전송 속도를 조절하는 흐름 제어 기능이 필요하다.

06 서비스 프리미티브

프로토콜은 계층 구조로 이루어져 있고, 하위 계층이 상위 계층에 서비스를 제공하는 방식으로 동작한다. 이러한 서비스는 프리미티브 형태로 구현되며, 연결형 서비스에서 자주 사용하는 프리미티브의 종류에는 CONNECT, DATA, DISCONNECT가 있다. 통신 프로토콜에서 서 비스 프리미티브를 올바르게 수행하려면 각 프리미티브가 Request, Indication, Response, Confirm이라는 네 가지 기능을 포함하도록 설계해야 한다. 클라이언트가 서버에 전달하는 요청은 Request와 Indication으로 구현되고, 서버의 응답은 Response와 Confirm으로 구현된다.

07 OSI 7계층 모델

네트워크에 연결된 컴퓨터들이 데이터를 주고받으려면 서로 연동할 수 있게 표준화된 인터페이스를 지원해야 한다. 국제 표준화 기구인 ISO가 확립한 OSI 7계층 모델은 개방화된 데이터 통신 환경에 적합한 계층적 구현 모델의 표준이다. 연결된 두 호스트가 각각 7개 계층으로 구성된 모듈을 수행함으로써 데이터 송수신이 가능하다. 전송 데이터는 송신 호스트의 응용 계층에서 시작해 하위 계층으로 순차적으로 전달되어, 최종적으로 물리 계층에서 수신 호스트에 전달된다. 수신 호스트에서는 데이터를 상위 계층으로 순차적으로 이동시켜 응용 계층까지 보내준다.

08 인터넷 모델

인터넷은 데이터의 중개 기능을 담당하는 네트워크 계층으로 IP 프로토콜을 사용하는 네트워크이다. 인터넷에 연결된 컴퓨터의 네트워크 구현 모델에서는 전송 계층까지의 기능을 시스템 공간인 운영체제 내부에 구현한다. TCP와 UDP는 시스템 운영체제인 커널 내부에 구현되므로, 소켓 인터페이스라는 전송 계층의 프리미티브를 사용자 프로그램에서 호출하는 방식으로 사용한다. 세션 계층부터 응용 계층까지의 기능은 사용자 프로그램으로 구현된다.

09 ARP/RARP

인터넷 모델에서 사용하는 주소는 데이터 링크 계층의 MAC 주소, 네트워크 계층의 IP 주소, 전송 계층의 포트 번호이다. 계층 2 프로토콜을 이용해 데이터를 전송하려면 수신 호스트의 MAC 주소가 필요하다. 일반적으로 송신 호스트는 자신의 IP 주소와 MAC 주소는 쉽게 얻을 수 있지만, 수신 호스트의 MAC 주소를 얻으려면 몇 단계의 처리 과정이 필요하다. 사용자로부터 입력된 수신 호스트의 IP 주소를 이용해 MAC 주소를 구하는 기능이 필요한데, ARP가 이 기능을 담당한다.

파일 시스템이 없는 호스트는 LAN 카드에 내장된 자신의 MAC 주소는 알지만 파일 시스템이 존재하지 않으므로 자신의 IP 주소를 알 수 없다. 이 문제를 해결하기 위하여 MAC 주소를 IP 주소로 변환하는 RARP가 필요하다.

10 ICMP

데이터 전송 프로토콜인 IP가 동작하는 과정에서는 전송 오류가 발생할 수 있다. 오류가 발생하면 반드시 송신 호스트에 회신하여 복구 작업을 할 수 있게 해야 하는데, 이 작업은 ICMP가 담당한다. ICMP 프로토콜은 오류 메시지를 전송하기 위한 별도의 헤더 구조를 가지며, IP 패킷에 캡슐화되어 전송되지만 IP 프로토콜과 같은 계층으로 취급된다.

01 모듈화에 대한 설명으로 올바른 것을 모두 고르시오.

① 복잡한 시스템을 기능별로 모듈화하면 시스템 구조가 단순해져서 전체 시스템을 이해하기 쉽다.

② 일반 프로그래밍 언어에서는 함수 개념을 사용해 전체 프로그램을 모듈화할 수 있다.

③ 함수 사이의 인터페이스는 함수의 매개변수에 의해서만 이루어지므로 전체 시스템을 이해하기가 훨씬 쉽다.

④ 각 모듈은 정해진 인터페이스에 맞게 유기적으로 연결되어야 한다.

⑤ 모듈 구조는 서로 동등한 위치에서 서비스를 주고받을 수도 있고, 특정 모듈이 다른 모듈에 서비스를 제공하는 형식의 계층 구조를 이루기도 한다.

02 계층 구조에 대한 설명으로 올바른 것을 모두 고르시오.

① 네트워크에서는 독립적인 고유 기능을 수행하는 모듈들이 상하 계층 구조로 연결되어 동작한다.

② 계층 구조에서는 상위 계층이 하위 계층에 특정 서비스를 요청하는 방식으로 동작한다.

③ 네트워크에서 통신하는 시스템들은 계층 구조로 모듈화된 기능이 각각 동작한다. 이때 둘 사이의 같은 계층끼리 데이터를 전달하는데, 이러한 전달 규칙을 인터페이스라 한다.

④ 상하 계층에 인접한 모듈 사이의 프로토콜을 포함하여 분할된 모듈이 연동할 수 있는 표준 프로토콜을 제공한다.

⑤ 전송 매체 양단에 있는 호스트가 수행하는 인터페이스들은 좌우 비대칭 구조이다.

⑥ 개별 계층의 기능 오류를 수정하거나 향상시켜야 하는 경우에 전체 시스템을 재작성하지 않고 해당 계층의 모듈만 교체하면 된다.

03 프로토콜 설계 시 주소 표현에 대한 설명으로 올바른 것을 모두 고르시오.

① 여러 호스트가 연결된 환경에서 특정 호스트끼리 통신하려면 상대방을 구분할 수 있는 방법이 필요하다.

② 보통 호스트마다 주소를 하나씩 부여하지만, 다수의 호스트를 묶어 하나의 그룹 주소로 표기하기도 한다.

③ 일대다 통신의 대표적인 유형은 네트워크에 연결된 모든 호스트에 데이터를 전송할 수 있는 멀티캐스팅 표기 방법이다.

④ 특정 사용자를 그룹으로 묶어서 지칭하는 브로드캐스팅 표기 방법이 있다.

04 오류 제어 기능에 대한 설명으로 올바른 것을 모두 고르시오.

① 전송 오류에는 데이터가 깨져서 도착하는 데이터 변형 오류와 데이터가 도착하지 못하는 데이터 분실 오류가 있다.

② 네트워크의 오류 제어 기능은 오류의 발생 사실을 인지하는 것이 먼저이고, 이후에 재전송 기능을 이용하여 오류 복구 절차가 이어진다.

③ 데이터가 분실되는 원인은 매우 다양하다. 전송 경로가 잘못되어 데이터가 엉뚱한 방향으로 전달되거나, 상위 계층의 논리적 처리 과정에서 데이터를 분실할 수도 있다.

④ 데이터 분실 오류가 발생하면 수신 호스트가 CRC 방식 등의 오류 검출 기법을 이용해 오류를 검출할 수 있다.

⑤ 데이터 변형 오류는 송신 호스트 주도로 이루어지고, 데이터 분실 오류는 수신 호스트 주도로 이루어진다.

⑥ 수신 호스트에서 도착 순서를 바로잡으려면 데이터의 논리적인 순서를 의미하는 CRC 기능이 필요하다.

05 흐름 제어 기능에 대한 설명으로 올바른 것을 모두 고르시오.

① 전송 매체에서 물리적인 오류가 없었는데도 데이터가 변형되는 경우가 있는데, 이는 송수신 호스트 사이의 데이터 전송/처리 속도 차이 때문에 발생한다.

② 일반적으로 수신 호스트의 버퍼 처리 속도보다 송신 호스트가 데이터를 전송하는 속도가 빠르면 논리적인 데이터 분실 오류가 발생한다.

③ 흐름 제어에서 송신 호스트가 데이터를 전송하려면 반드시 수신 호스트로부터 명시적인 전송 허가를 받아야 한다.

④ 일반적으로 송신 호스트는 속도를 높이기 위하여 동시에 여러 개의 전송 데이터를 송신할 수 있으며, 송신 호스트가 데이터 개수를 통제한다.

06 데이터 전달 방식에 대한 설명으로 올바른 것을 모두 고르시오.

① 데이터를 오른쪽이나 왼쪽의 한 방향으로만 전송하는 것을 전이중 방식이라 한다.

② 양쪽에서 데이터를 동시에 전송하는 것을 단방향 방식이라 한다.

③ 일반 도로 환경에 비유하면 일방통행 도로가 단방향 방식이고, 중앙에 노란 실선이 그려진 도로는 전이중 방식이다.

④ 일반적인 통신 프로토콜들은 모두 반이중 방식을 지원한다.

⑤ 데이터가 양방향으로 전송되지만, 특정 시점에는 한 방향으로만 전송할 수 있는 반이중 방식이 있다.

07 서비스 프리미티브에 대한 설명으로 올바른 것을 모두 고르시오.

① 연결형 서비스에는 데이터 전달 경로를 설정하는 연결 설정 단계, 데이터 전송 단계, 연결을 끊는 연결 해제 단계가 필요하다.

② 비연결형 서비스는 전화 시스템의 동작 원리와 비슷하며, 연결을 설정하고 해제하는 단계가 필요 없다.

③ 클라이언트에서 서버로 전달되는 요청은 Request와 Indication으로 구현되고, 서버의 응답은 Response와 Confirm으로 구현된다.

④ 클라이언트의 상위 계층이 하위 계층에 Request를 요청하면 이 요청은 하위 계층 아래에 있는 차하위 계층의 도움을 받아 서버의 하위 계층에 전달된다.

08 OSI 7계층 모델에 대한 설명으로 올바른 것을 모두 고르시오.

① 국제 표준화 기구인 ISO가 확립한 OSI 7계층 모델은 개방화된 데이터 통신 환경에 적합한 계층적 구현 모델의 표준이다.

② 전송 데이터는 송신 호스트의 응용 계층에서 시작해 하위 계층으로 순차적으로 전달되어, 최종적으로 물리 계층에서 수신 호스트에 전달된다.

③ 데이터가 하위 계층으로 내려갈 때는 각 계층의 프로토콜에서 정의한 헤더 정보가 제거된다.

④ 송신 호스트와 수신 호스트 사이에는 다수의 라우터 등이 존재하여 중개 기능을 한다.

⑤ 임의의 호스트에서 실행되는 계층 n 모듈은 상대 호스트의 계층 n 모듈과 논리적으로 통신하는데, 이들이 사용하는 규칙을 계층 n 프로토콜이라 한다.

⑥ 동일 계층에 위치한 통신 양단은 같은 프로토콜을 사용하여 통신하기 때문에 인터페이스라 한다.

09 OSI 7계층 모델의 각 계층에 대한 설명으로 올바른 것을 모두 고르시오.

① 물리 계층은 전송 매체의 물리적 인터페이스에 관한 사항을 기술한다.

② 데이터 링크 계층은 물리 계층을 통해 전송되는 데이터의 물리적 전송 오류를 해결한다.

③ 네트워크 계층은 송신 호스트가 전송한 데이터가 어떤 경로를 통해 수신 호스트에 전달되는지를 결정하는 라우팅 문제를 처리한다.

④ 전송 계층은 송신 프로세스와 수신 프로세스를 직접 연결하는 단대단 통신 기능을 제공한다.

⑤ 세션 계층의 기능은 전송 계층과 거의 유사하다. 그러나 사용자에게 원격 파일 전송이나 원격 로그인 등과 같은 상위적 연결 개념인 세션 기능을 제공한다는 점이 다르다.

⑥ 표현 계층은 데이터의 의미와 표현 방법을 처리한다. 즉, 통신 양단에서 서로 이해할 수 있는 표준 방식으로 데이터를 코딩하는 문제를 다룬다.

10 인터넷 모델의 구현 환경에 대한 설명으로 올바른 것을 모두 고르시오.

① TCP와 UDP 프로토콜은 시스템 운영체제인 커널 내부에 구현되므로 소켓 인터페이스라는 전송 계층의 프리미티브를 이용해야 한다.

② 인터넷에서 네트워크 계층은 TCP 프로토콜로 구현되며, 네트워크 계층은 전송 패킷의 올바른 경로 선택 기능을 제공한다.

③ 세션 계층부터 응용 계층까지의 기능은 사용자 응용 프로그램으로 구현된다.

④ 프로그램에서 소켓을 사용할 때는 소켓마다 부여되는 고유 주소인 IP 주소를 관리해야 한다.

⑤ IP 주소는 호스트를 구분하는 주소 역할을 하지만, 포트 번호는 특정 호스트에서 실행되는 네트워크 프로세스를 구분하는 주소이다.

11 ARP와 RARP에 대한 설명으로 올바른 것을 모두 고르시오.

① 인터넷 모델에서 사용하는 주소는 데이터 링크 계층의 MAC 주소, 네트워크 계층의 IP 주소, 전송 계층의 포트 번호이다.

② 계층 2 프로토콜을 이용해 데이터를 전송하려면 수신 호스트의 IP 주소가 필요하다.

③ 송신 호스트의 MAC 주소는 호스트의 네트워크 설정 과정에서 하드디스크에 저장된다.

④ 수신 호스트의 IP 주소는 응용 프로그램의 사용자로부터 입력된 호스트 이름을 IP 주소로 변환하여 얻을 수 있다.

⑤ 사용자로부터 입력된 수신 호스트의 IP 주소를 이용해 MAC 주소를 구하는 기능이 필요한데, RARP가 이 기능을 담당한다.

12 일반적으로 복잡하고 큰 시스템의 기능은 특정 단위의 (①)로 나누어 설계한다. 각각의 (①)들은 독립적으로 동작하면서도 상호 유기적으로 통합될 수 있어야 한다. 그러므로 (①) 사이에는 서로 연동되어 동작시키는 적절한 (②)가 필요하다.

13 호스트마다 주소를 하나씩 부여하지만, 다수의 호스트를 묶어 하나의 (①) 주소로 표기하기도 한다. 이는 전통적인 통신 환경이면서 현재도 가장 많이 사용하는 일대일 통신과 더불어, 화상 회의 등을 지원하기 위한 일대다 통신 환경도 필요하기 때문이다. 일대다 통신의 대표적인 유형으로는 네트워크에 연결된 모든 호스트에 데이터를 전송할 수 있는 (②) 표기 방법과 특정 사용자를 묶어서 지칭하는 (③) 표기 방법이 있다.

14 네트워크에서는 데이터 송수신 과정에서 오류가 발생할 수 있다. 전송 오류에는 데이터가 깨져서 도착하는 (①) 오류와 데이터가 도착하지 못하는 (②) 오류가 있다. 네트워크의 오류 제어 기능은 오류의 발생 사실을 인지하는 것이 먼저이고, 이후에 (③) 기능을 이용하여 오류 복구 절차가 이어진다.

15 일반적으로 수신 호스트의 버퍼 처리 속도보다 송신 호스트가 데이터를 전송하는 속도가 빠르면 논리적인 (①) 오류가 발생한다. 수신 호스트가 버퍼에 저장된 데이터를 미처 처리하지 못한 상태에서 새로운 데이터가 수신되어 일시적으로 저장할 공간이 없기 때문이다. 이 문제를 해결하려면 송신 호스트의 전송 속도를 조절하는 (②) 기능이 필요하다.

16 데이터를 오른쪽이나 왼쪽의 한 방향으로만 전송하는 것을 (①) 방식이라 하고, 양쪽에서 데이터를 동시에 전송하는 것을 (②) 방식이라 한다. 이외에도 데이터가 양방향으로 전송되지만, 특정 시점에는 한 방향으로만 전송할 수 있는 (③) 방식이 있다.

17 (①) 서비스에는 데이터 전달 경로를 설정하는 연결 설정 단계, 데이터 전송 단계, 연결을 끊는 연결 해제 단계가 필요하다. 연결형 서비스의 동작 원리는 전화 시스템을 이용한 통화 절차와 매우 유사하다. (②) 서비스는 우편 시스템의 동작 원리와 비슷하다. 연결을 설정하고 해제하는 단계가 필요 없다. 데이터는 독립적인 경로 선택 과정에 의해 전달되므로 도착하는 순서가 보낸 순서와 (일치한다, 일치하지 않을 수 있다).

18 클라이언트와 서버 사이에서 서비스 프리미티브의 기능은 Request, Indication, Response, Confirm으로 구성된다. 클라이언트의 상위 계층이 하위 계층에 (①)를 요청하면 이 요청은 하위 계층 아래에 있는 차하위 계층의 도움을 받아 서버의 하위 계층에 전달된다. 이어서 이를 서버의 상위 계층에 (②) 형태로 전달하여 서버가 클라이언트 요청을 인지한다. 서버에서는 해당 프리미티브를 올바르게 수신하였음을 클라이언트에 통보하기 위하여 (③)를 응답으로 보내고, 반대의 과정을 거쳐서 클라이언트에 (④) 형태로 도착한다. 이와 같은 4단계 절차를 통해 하나의 서비스 프리미티브가 처리된다.

19 OSI 7계층 모델에서 서로 연결된 두 호스트는 각각 (①)개 계층으로 구성된 모듈을 수행함으로써 데이터 송수신이 가능하다. 전송 데이터는 송신 호스트의 (②) 계층에서 시작해 하위 계층으로 순차적으로 전달되어, 최종적으로 (③) 계층에서 수신 호스트에 전달된다. 수신 호스트에서는 데이터를 상위 계층으로 순차적으로 이동시켜 (②) 계층까지 보내준다.

20 임의의 호스트에서 실행되는 계층 n 모듈은 상대 호스트의 계층 n 모듈과 논리적으로 통신하는데, 이들이 사용하는 규칙을 계층 n (①)이라 한다. 동일 계층에 위치한 통신 양단은 (②)라 한다. 한 호스트에서 상하로 이웃하는 계층에 위치한 모듈 사이에는 (③)가 정의되어 둘 사이의 접근 방법을 제한한다.

21 (①) 계층은 물리 계층을 통해 전송되는 데이터의 물리적 전송 오류를 해결한다. 결과적으로 상위의 네트워크 계층에 신뢰성 있는 패킷 전송을 보장해주어 물리적 전송 오류에 대한 부담을 없애준다. (①) 계층을 이용해 전송되는 데이터를 (②)이라 부른다. (②) 헤더에 표시되는 송수신 호스트 정보에는 LAN 카드에 내장된 송수신 호스트의 MAC 주소가 기록된다.

22 네트워크 계층은 송신 호스트가 전송한 데이터가 어떤 경로를 통해 수신 호스트에 전달되는지를 결정하는 (①) 문제를 처리한다. 네트워크 계층에서는 전송 데이터를 (②)이라 부르며, 중개 과정에서 경로 선택의 기준이 되는 호스트 주소가 필요하다. 전송되는 (②)이 지나치게 많으면 네트워크의 전송 속도가 떨어진다. 네트워크의 트래픽이 과도하게 증가하는 문제를 조절하는 (③) 기능도 네트워크 계층에서 담당한다.

23 전송 계층은 송신 프로세스와 수신 프로세스를 직접 연결하는 단대단 통신 기능을 제공한다. (①) 계층의 기능은 전송 계층과 거의 유사하다. 그러나 사용자에게 원격 파일 전송이나 원격 로그인 등과 같은 상위적 연결 개념을 제공한다는 점이 다르다. 특히 전송 계층의 연결이 일시적으로 끊겼을 때 이를 복구하여 유지될 수 있도록 한다.

24 인터넷은 데이터의 중개 기능을 담당하는 네트워크 계층으로 (①) 프로토콜을 사용하는 네트워크이다. 따라서 인터넷에 연결하고자 하는 호스트는 반드시 (①) 프로토콜을 지원해야 하며, 전송 계층은 (②)나 (③)를 사용한다.

25 인터넷 모델에서 전송 계층 프로토콜은 시스템 운영체제인 커널 내부에 구현되므로 일반 사용자가 이 기능을 직접 이용할 수는 없다. 대신 (①) 인터페이스라는 전송 계층의 프리미티브를 이용해야 한다. (②)는 연결형 서비스를 제공하고, (③)는 비연결형 서비스를 제공한다.

26 계층 2 프로토콜을 이용해 데이터를 전송하려면 수신 호스트의 (①)가 필요하다. 일반적으로 송신 호스트는 자신의 IP 주소와 MAC 주소는 쉽게 얻을 수 있다. 하지만 수신 호스트의 (①) 정보는 어디에서도 얻을 수 없다. 따라서 사용자로부터 입력된 수신 호스트의 정보를 이용해 (①)를 구하는 기능이 필요한데, (②)가 이 기능을 담당한다.

27 데이터 전송 프로토콜인 IP가 동작하는 과정에서는 전송 오류가 발생할 수 있다. 오류가 발생하면 반드시 송신자에게 회신해 복구 작업을 하게 해야 하는데, 이 작업은 (①)가 담당한다. (①) 프로토콜은 오류 메시지를 전송하기 위한 별도의 헤더 구조를 가지며, (②)에 캡슐화되어 전송되지만 네트워크 계층으로 취급된다.

28 다음 용어에 대하여 간단히 설명하시오.

- 모듈화
- 오류 제어
- 흐름 제어
- OSI 7 계층 모델
- 데이터 링크 계층

- 네트워크 계층
- 전송 계층
- 인터넷 모델
- ARP
- ICMP

29 모듈화된 계층 구조 프로토콜의 장점을 설명하시오.

30 계층 구조의 프로토콜을 설계할 때 고려할 사항을 설명하시오.

31 오류 제어에 대하여 정상, 분실, 변형의 세 가지로 구분하여 설명하시오.

32 흐름 제어 기능을 설명하시오.

33 데이터 전달 방식에 대하여 설명하시오.

34 서비스 프리미티브에서 Request, Indication, Response, Confirm의 기능을 설명하시오.

35 OSI 7계층 모델의 구조와 각 계층의 역할을 설명하시오.

36 인터넷 모델을 시스템 공간과 사용자 공간으로 구분하여 구현 환경을 설명하시오.

37 ARP, RARP의 필요성을 설명하시오.

38 ICMP의 역할에 대하여 설명하시오.

Chapter

03

네트워크 기술

학습목표

- 라우팅의 개념을 학습하고 회선 교환과 패킷 교환 방식의 차이를 이해한다.
- 패킷 교환 네트워크의 가상 회선과 데이터그램의 차이와 원리를 이해한다.
- 네트워크 거리에 따른 LAN과 WAN의 구조를 이해한다.
- 네트워크 연동을 위한 인터네트워킹 기술과 브리지, 라우터에 대하여 이해한다.
- 인터넷 라우팅 원리에 대하여 이해한다.
- 네트워크 서비스의 품질에 대하여 이해한다.

Preview

전화 교환기가 중개하는 아날로그 환경의 음성 통신 서비스 시대가 인터넷으로 대표되는 디지털 환경으로 전환되면서 네트워크 기술에 많은 발전이 있었다. 고정 대역의 연속 전송 서비스를 지원하는 회선 교환 시스템은 음성 서비스에 적합하지만 컴퓨터 네트워크 환경과는 어울리지 않는다. 전통적으로 교환이라는 용어는 전화망에서 통용되었지만, 컴퓨터 네트워크 환경에서는 라우팅이라는 용어로 대체되었다.

컴퓨터 네트워크와 같은 비실시간적인 가변 대역 통신을 지원하기 위해 패킷 중개 시스템이 개발되었다. 그리고 인터넷으로 영상, 음성 등의 실시간 멀티미디어 서비스가 지원되면서 네 트워크 서비스 품질에 대한 요구가 더욱 커지고 있다. 사용자의 네트워크 서비스 요구 조건을 특성별로 분석하고, 이를 네트워크에서 적절하게 지원하는 차등화된 네트워크 서비스가 인터넷에 활발히 도입되고 있다.

컴퓨터 네트워크는 가변적인 대역을 전제로 통신 서비스를 제공하기 때문에 인터넷을 사용하면 데이터의 전송 속도가 일정하지 않다. 이러한 가변적인 환경을 이해하려면 통신망 내부에서 데이터의 라우팅이 어떻게 이루어지는지를 알아야 한다. 이것이 인터넷에서 사용하는 주요 데이터 중개 기능인 가상 회선과 데이터그램 전송 방식에 대해 학습해야 하는 이유이다.

3장에서는 라우팅의 기본 원리인 패킷 교환 시스템의 구조와 동작 원리에 대하여 설명한다. 이어서 인터넷이 어떻게 구성되는지, 인터네트워킹이라는 네트워크 연결의 확장이 어떤 원리에 의해 이루어지는지 학습한다. 가변 대역의 인터넷 환경에서 서비스 품질을 보장하기 위한 기본 개념에 대해서도 알아본다.

01 라우팅 기능

네트워크 양단에 연결된 호스트들이 전송하는 데이터는 전송 경로 중간에 위치한 라우팅 시스템을 거친다. 라우팅 시스템은 데이터를 최종 목적지까지 올바른 경로로 중계하는 교환Switching 기능을 제공한다. 네트워크의 발전이 전화망에서 시작된 까닭에 데이터의 중개 기능을 의미하는 일부 용어에 교환이라는 표현이 굳어지게 되었다. 이 장에서는 교환과 라우팅이라는 두 용어를 혼용하지만, 라우팅을 주된 용어로 사용할 예정이다.

[그림 3-1]은 데이터 통신망에서 제공하는 다양한 라우팅 시스템의 종류를 설명한다. 연결형 서비스를 제공하는 회선 교환 시스템은 아날로그 환경의 음성 전화 서비스를 통해 발전했으며, 고정 대역폭의 전송률을 지원하므로 네트워크의 구조가 상대적으로 단순하다. 반면에 비연결형 서비스를 제공하는 패킷 교환 시스템은 디지털 환경의 컴퓨터 네트워크를 통해 발전했으며, 가변 대역의 전송률을 지원해 네트워크 구조가 복잡하다. 이외에도 프레임 릴레이 방식이 있는데, 이는 데이터의 전송 속도를 향상시키는 기술이다.

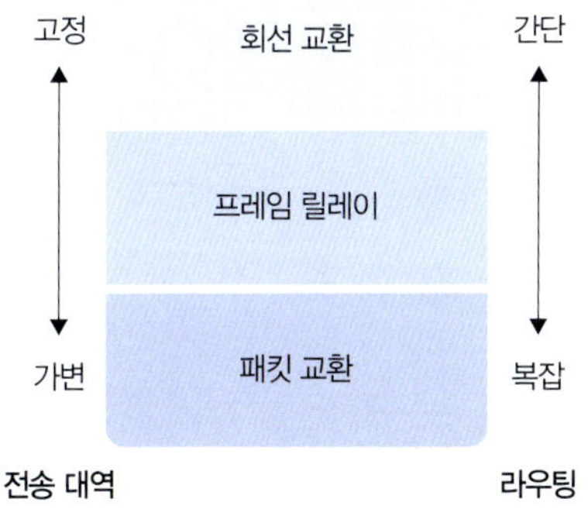

그림 3-1 라우팅 시스템의 구분

회선 교환Circuit Switching 시스템은 고정 대역으로 할당된 연결을 설정하여 데이터 전송을 시작한다. 따라서 회선에 할당된 고정 크기의 안정적인 전송률로 데이터를 전송할 수 있으며, 연결이 유지되는 동안에는 다른 연결에서 이 대역을 사용할 수 없다. 데이터의 전송 경로가 연결 설정 과정에서 확정되므로 라우팅 등의 작업이 상대적으로 쉽다. 대표적인 회선 교환 방식인 전화망에서 음성 전송은 안정적인 속도로 일정하게 상대방에게 전달될 수 있지만, 전송 대역이 낭비된다는 단점이 있다. 회선 교환 시스템에서는 하나의 연결에 대하여 전송되는 모든 데이터가 동일한 경로로 라우팅된다.

패킷 교환Packet Switching 시스템은 컴퓨터 네트워크 환경에서 주로 이용한다. 데이터를 미리 패킷 단위로 나누어 전송하므로 패킷을 기준으로 라우팅이 이루어진다. 패킷 교환 시스템은 데이터 전송을 위한 전용 대역을 따로 할당하지 않기 때문에 가변 크기의 전송률을 지원한다. 패킷 교환에는 모든 패킷의 경로를 일정하게 유지시키는 가상 회선Virtual Circuit 방식과 패킷들이 각각의 경로로 전송되는 데이터그램Datagram 방식이 있다.

TIP 인터넷을 사용할 때 네트워크의 부하 정도에 따라 전송 속도가 일정하지 않은 이유는 고정적인 전송 대역이 확보되지 않기 때문이다. 따라서 네트워크의 사용량이 많아지면 전송 속도가 느려진다.

1 라우팅 시스템

전송 선로를 이용해 데이터를 전송할 때는 전용 회선을 이용하거나 교환 회선을 이용할 수 있다. 전용 회선 방식에서는 송신 호스트와 수신 호스트가 전용으로 할당된 통신 선로로 데이터를 전송하지만, 교환 회선 방식에서는 전송 선로 하나를 다수의 호스트가 공유한다.

일반적으로 전화 서비스와 같은 아날로그 환경의 공중 전화망은 교환 회선 방식을 사용한다. [그림 3-2]는 교환 회선 방식을 이용하여 네트워크를 구성한 예이다. 교환 회선 방식을 이용해 데이터를 주고받으려면 중간에 위치한 교환 시스템의 중개가 필요하다. 그림에서 뭉게구름으로 표현된 네트워크 안에 있는 교환기와 전송 선로들은 바깥에 있는 호스트들이 데이터를 송수신하기 위해 공유하는 자원이다. 전송 선로는 광케이블 기술 등의 발전으로 물리적인 전송 대역 용량에 비례하여 논리적인 다수의 연결 회선을 지원한다.

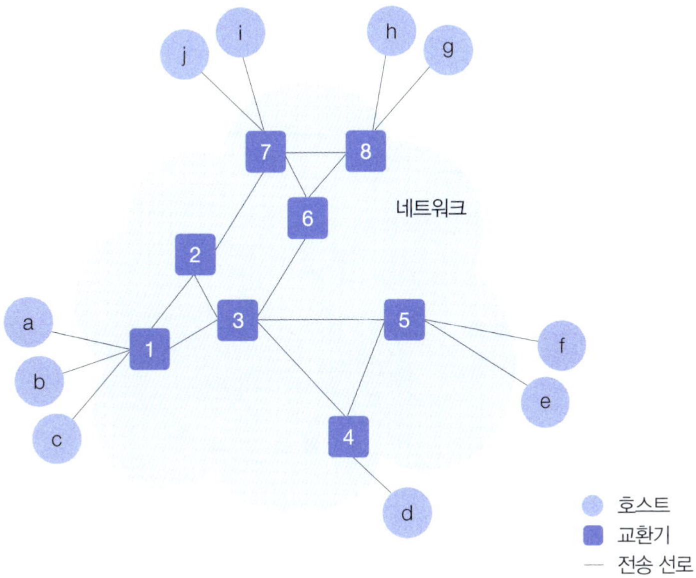

그림 3-2 교환 회선 방식의 네트워크 구성

호스트 a에서 호스트 f로 데이터를 보내려면 먼저 연결 설정을 통해 전송 경로를 결정해야 한다. 외형상 가장 합리적인 경로는 교환기 1→교환기 3→교환기 5이다. 만약 교환기 1과 3 사이에 트래픽이 많은 경우라면 교환기 1→교환기 2→교환기 3→교환기 5가 대안이 될 수도 있다. 어떤 경로가 더 나을지는 전송 시점의 네트워크 혼잡도 등 여러 요인에 따라 달라진다. 특정 전송 선로에 데이터가 집중되지 않으면서 효율적인 경로를 선택할 수 있도록 하는 것이 교환기의 중요한 역할이다.

교환 회선을 이용하는 방식은 데이터의 전송 경로와 관련하여 크게 두 가지로 구분된다. 하나는 [그림 3-3]의 (a)처럼 데이터를 전송하기 전에 통신 양단 사이에 고정된 연결 경로를 설정하는 회선 교환 방식이고, 다른 하나는 (b)처럼 미리 연결을 설정하지 않고, 데이터를 패킷 단위로 나누어 전송하는 패킷 교환 방식이다. 이외에 메시지 교환이라는 중간 형태도 있다. (b)의 큰 사각형은 [그림 3-2]의 교환기에 해당하며, 디지털 통신 환경을 지원하는 인터넷은 패킷 교환 방식의 네트워크에 해당한다.

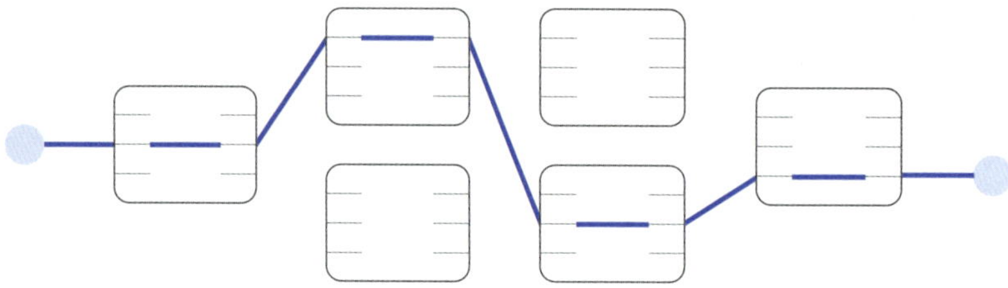

(a) 회선 교환

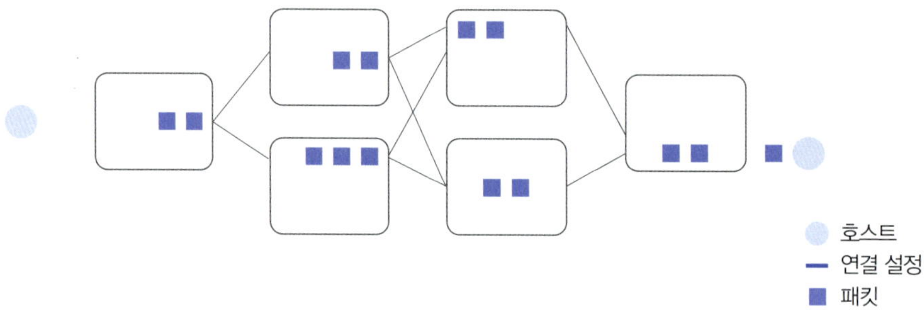

(b) 패킷 교환

그림 3-3 회선 교환과 패킷 교환

회선 교환

회선 교환Circuit Switching 방식은 [그림 3-3]의 (a)처럼 통신하고자 하는 호스트가 데이터를 전송하기 전에 연결 경로를 미리 설정하는 방식이다. 연결 설정 과정에서 송수신 호스트 간의 경로가 결정되기 때문에 모든 데이터가 같은 경로로 전달된다. 회선 교환 방식에서는 고정 대역의 논리적인 전송 선로를 전용으로 할당받으므로, 안정적인 데이터 전송률을 지원한다. 회선 교환 방식에서는 데이터를 패킷 단위로 나누어 전송하지 않기 때문에 패킷이라는 용어를 사용하지 않는다.

메시지 교환

메시지 교환Message Switching 방식은 데이터를 전송하기 전에 경로를 설정하지 않고, 대신 전송하는 메시지의 헤더마다 목적지 주소를 표시하는 방식이다. 중간의 교환 시스템은 이전 교환 시스템에서 보낸 전체 메시지가 도착할 때까지 받은 메시지를 일시적으로 버퍼에 저장한다. 이후 모든 메시지가 도착하면 다음 교환 시스템으로 전달하는 방식을 사용하므로 데이터 전송이 교환기 단위로 이어진다. 따라서 메시지 교환 방식은 송신 호스트가 전송하는 전체 데이터가 하나의 단위로 교환 처리된다고 볼 수 있다.

패킷 교환

[그림 3-3]의 (b)와 같은 패킷 교환Packet Switching 방식은 회선 교환과 메시지 교환의 장점을 모두 이용한다. 송신 호스트는 전송할 데이터를 패킷Packet이라는 일정 크기로 나누어 전송하며, 원칙적으로 송수신 호스트 사이의 연결이 존재하지 않으므로 각 패킷은 독립적인 라우팅 과정을 거쳐 수신 호스트에 도착한다. 다만, 패킷 교환 방식에서도 회선 교환 방식과 같은 논리적인 연결 설정 개념을 도입한 가상 회선 방식이 존재한다.

인터넷에서 사용하는 패킷 교환 시스템의 장점은 전송 대역의 효율적 이용, 호스트의 무제한 수용, 패킷에 우선순위 부여라는 세 가지로 요약할 수 있다.

■ 전송 대역의 효율적 이용

여러 호스트에서 전송한 패킷들이 동적인 방식으로 전송 대역을 공유하기 때문에 전송 선로의 이용 효율을 극대화할 수 있다. 이를 반대의 관점으로도 설명할 수 있다. 즉, 회선 교환 시스템에서는 호스트 간 연결 시 전송 대역을 전용으로 할당하기 때문에 해당 호스트들이 데이터를 전송하지 않더라도 다른 호스트는 이 전송 대역을 이용할 수 없다. 결과적으로 회선 교환 시스템은 전송 선로 이용 면에서 비효율적이다.

■ 호스트의 무제한 수용

회선 교환 방식에서는 개별 연결 요청에 대해 고정 대역을 할당하므로 전송 대역이 부족하면 새로운 연결 설정 요청을 수용할 수 없다. 즉, 모든 회선 연결에 할당된 대역의 합이 전체 네트워크의 전송 용량을 초과할 수 없다. 그러나 패킷 교환 방식에서는 전송 대역이 부족해 연결 설정 요청을 수용하지 못하는 경우란 없다. 임의의 연결 요청에 고정 대역을 할당하지 않으므로 이론상 호스트를 무한히 수용할 수 있다. 전송 대역을 사용하는 호스트의 수가 늘면 네트워크 혼잡도가 높아져 패킷의 전송 지연이 심화될 뿐이다.

■ 패킷에 우선순위 부여

패킷 교환 방식을 이용하면 데이터의 전송 작업이 패킷 단위로 이루어져 패킷에 우선순위를 부여하기 편리하다. 즉, 특정 호스트가 전송하는 패킷들을 먼저 전송할 패킷과 나중에 전송해도 되는 패킷으로 구분하여 선택적으로 우선순위를 부여할 수 있다.

패킷 교환 방식에도 단점은 있다. 패킷을 전송하는 과정에서 회선 교환 방식에 비해 더 많은 지연이 발생한다. 예를 들어, 전송 패킷을 라우터의 내부 버퍼에 보관하는 과정에서 지연이 생기고, 기타 여러 종류의 대기 큐를 거치는 과정에서 가변 지연이 생길 수 있다. 또한 각각의 전송 패킷이 독립적인 경로로 전달되므로, 패킷마다 전송에 걸리는 시간이 일정하지 않을 수 있다. 따라서 전체 데이터의 전송 지연 시간은 가장 늦게 도착한 패킷의 전송 지연에 영향을 받는다. 패킷별로 지연되는 정도를 나타내는 지연 분포의 형태도 가변적일 수밖에 없는데, 이런 가변적인 전송 지연의 분포를 지터Jitter라 한다. 지터 분포는 멀티미디어 데이터와 같이 실시간으로 처리되는 응용 환경에서 중요하다.

교환기에서 패킷 경로를 선택하는 방식은 두 가지이다. 호스트 사이의 전송 경로를 미리 고정하는 정적 경로Static Routing와 네트워크 혼잡도를 비롯한 주변 상황에 따라 전송 경로를 지속적으로 조정하는 동적 경로Dynamic Routing가 있다.

그러면 컴퓨터 네트워크 환경에서 주로 이용하는 패킷 교환 방식에 대해 좀 더 알아보자.

2 패킷 교환

네트워크 계층의 가장 중요한 역할은 앞에서 언급한 것처럼 패킷의 전송 경로를 결정하는 것이다. 데이터를 패킷 교환 방식으로 전송하는 네트워크는 가상 회선과 데이터그램이라는 두 가지 전송 방식을 지원한다. 가상 회선 방식에서는 데이터를 패킷 단위로 나누어 전송하지만 송수신 호스트 사이에 가상 연결을 지원하므로 모든 패킷의 전달 경로가 동일하다. 반면 데이터그램 방식에서는 패킷의 경로 선택이 독립적으로 이루어진다. 가상 회선 방식은 연결형 서비스를 지원하며, 데이터그램은 비연결형 서비스를 지원한다.

가상 회선

일반적으로 가상 회선Virtual Circuit 방식은 연결형 서비스를 지원하기 위한 기능으로, 미리 설정된 논리적인 연결을 통해 전송되는 모든 패킷의 경로가 동일하다. 송수신 호스트 사이에 설정된 가상의 단일 파이프를 통해 송신 호스트가 입력단으로 패킷을 송신하고, 수신 호스트가 출력단에서 패킷을 수신한다. 따라서 모든 패킷이 하나의 파이프로 표현되는 동일 경로로 전송되므로 패킷이 도착하는 순서가 보낸 순서와 같다. 여기서 파이프의 개념은 한 프로세스의 출력을 다른 프로세스의 입력으로 사용할 수 있도록 프로세스를 연결하는 논리적 통신 매체이다.

[그림 3-4]는 가상 회선 방식에서 패킷을 전송하는 방식을 시간의 흐름에 따라 보여준다. 연결 설정 과정에서 만들어진 가상 회선을 통해 모든 패킷이 동일한 경로로 전송되는 것을 볼 수 있다. 따라서 이러한 방식에서는 패킷의 도착 순서가 뒤바뀔 수 없다.

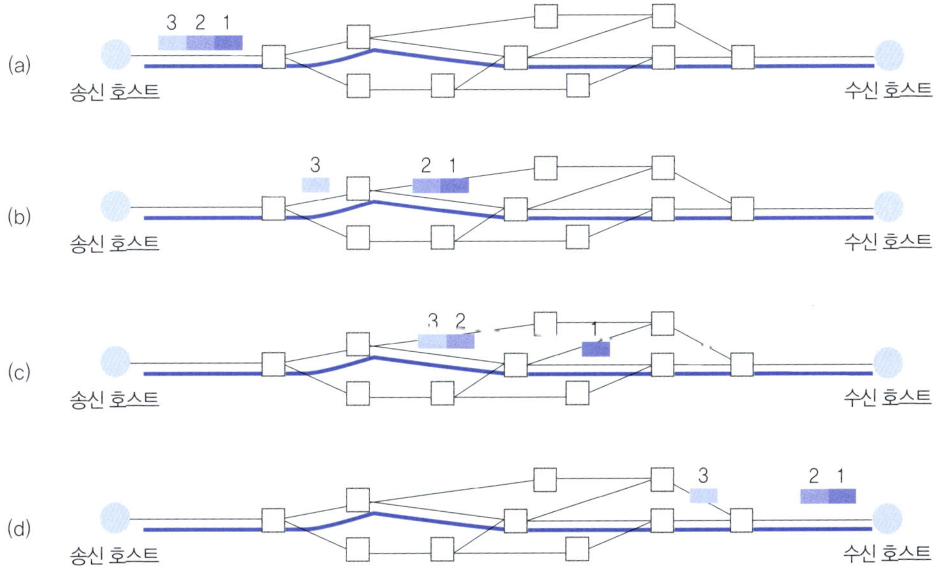

그림 3-4 가상 회선 방식의 패킷 경로

가상 회선 방식으로 패킷을 전송하는 원리는 용어에서 유추할 수 있듯이 회선 교환 방식과 같은 연결형 서비스를 지원한다. 그러나 가상 회선 방식은 패킷 교환 방식을 기반으로 하므로 데이터의 전송 단위가 패킷 단위로 이루어지는 반면, 회선 교환 방식은 패킷 기능을 지원하지 않는다. 이는 두 교환 방식을 구분하는 중요한 차이점이다.

데이터그램

패킷 교환 방식에서 비연결형 서비스를 이용해 패킷을 독립적으로 전송하는 것을 데이터그램 Datagram 방식이라 한다. 데이터그램 방식은 패킷을 송신하기 전에 연결을 설정하는 과정이 없으므로, 미리 경로를 할당하지 않는다. 따라서 전송되는 패킷들이 독립적인 경로로 전달된다. 일반적으로 데이터그램 방식은 전송할 정보의 양이 적거나 상대적으로 신뢰성이 중요하지 않은 환경에서 사용된다.

[그림 3-5]는 데이터그램 방식에서 패킷을 전송하는 과정을 시간의 흐름에 따라 보여준다. 가상 회선 방식과 달리 데이터를 전송하기 전에 연결을 설정하지 않으므로, 송신 호스트가 전송한 패킷이 독립적으로 라우팅되는 것을 알 수 있다. 송신 호스트가 전송한 패킷은 출발한 순서와 무관하게 수신 호스트에 도착할 수 있다. 예를 들어, (b)처럼 3번 패킷은 1, 2번 패킷과 다른 경로를 선택할 수 있으며, 각 전송 경로의 속도는 네트워크 혼잡도에 따라 가변적이다. 따라서 목적지에 도착하는 순서를 예측할 수 없고, (d)처럼 송신 호스트에서 늦게 출발한 3번 패킷이 2번 패킷보다 먼저 도착할 수도 있다. 데이터그램 방식에서 데이터의 도착 순서가 바뀌는 것은 흔하게 벌어지는 현상이므로 수신 호스트에서 데이터의 순서를 바로잡는 기능이 필요하다.

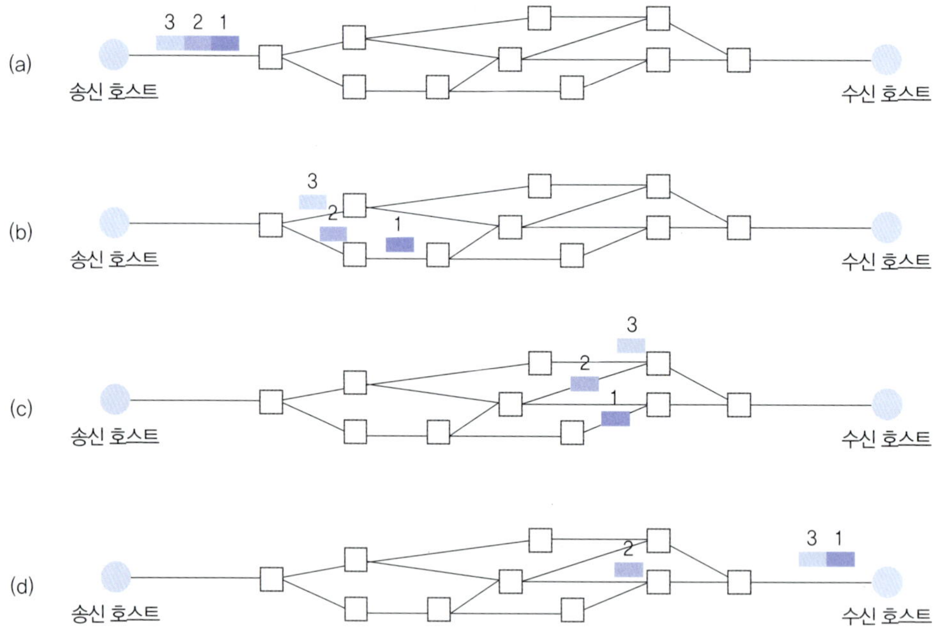

그림 3-5 데이터그램 방식의 패킷 경로

3 프레임 릴레이

패킷 교환 방식이 개발된 시점에는 원거리 디지털 통신 과정에서 지금보다 더 많은 전송 오류가 발생했다. 그래서 전송 패킷에 물리적인 전송 오류를 처리하기 위한 오버헤드 비트를 많이 추가했는데, 이런 패킷들을 처리하는 송수신 시스템의 오류 처리 과정이 상당히 복잡했다. 또한 중간에 위치한 교환 시스템에서 오류를 검색하고 복구하는 기능도 필요했다.

이와 달리 현대의 네트워크는 물리적인 전송 오류가 발생할 확률이 매우 낮다. 과거의 과도한 오류 제어 기능이 현재의 통신 환경에서는 낭비 요소가 된 것이다. 여러 계층에서 수행되는 복잡한 오류 제어 기능 중 중복되는 부분을 제거하면 패킷의 전송 속도를 높일 수 있다. 이처럼 낭비 요소를 제거해 데이터 전송 속도를 향상시키기 위해 프레임 릴레이 방식이 고안되었다.

신뢰도가 높은 새로운 네트워크 환경이 갖춰짐에 따라 전송 오류 제어 기능을 더 효율적으로 처리하는 네트워크 프로토콜을 작성할 필요가 생겼다. 그 결과, 동일한 속도의 전송 매체로 고속 데이터 전송을 지원할 수 있도록 고안된 기술이 프레임 릴레이Frame Relay이다.

[그림 3-6]은 송신 호스트가 데이터 패킷을 보내고, 수신 호스트가 긍정 응답 패킷으로 회신하는 과정을 패킷 교환 방식과 프레임 릴레이 방식에 각각 적용한 예이다. (a)의 패킷 교환 방식에서는 중간 라우터를 거치는 과정에서 데이터 링크 계층의 기능이 개별적으로 수행된다. 따라서 개별 링크에서 긍정 응답 프레임을 반복 교환한다. (b)의 프레임 릴레이 방식보다 오류 제어가 과도하게 이루어짐을 알 수 있다.

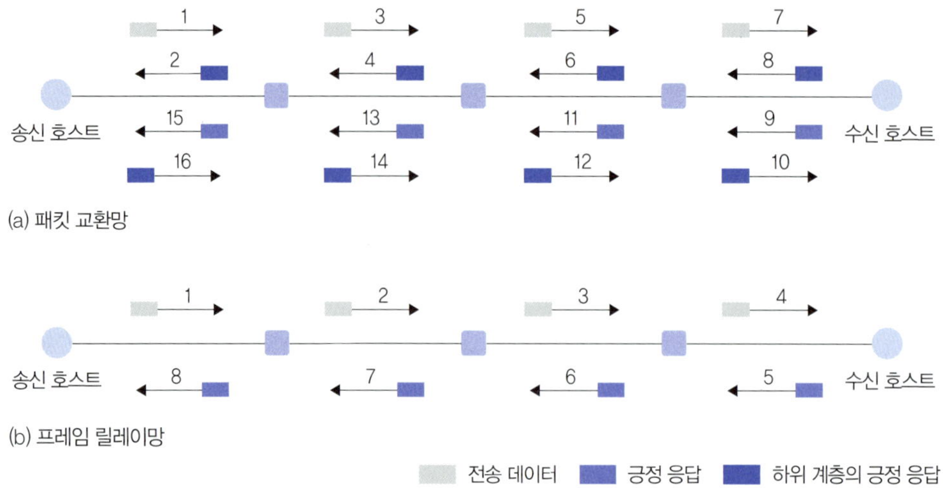

그림 3-6 프레임 릴레이 방식의 장점

(b)의 프레임 릴레이 방식에서는 각 라우터의 개별 연결을 의미하는 홉Hop 단위의 흐름 제어와 오류 제어 기능을 수행하지 않는다. 따라서 데이터의 전송과 긍정 응답의 처리가 큰 흐름으로 이루어져, 전송 패킷의 양이 반으로 줄어든다. 이처럼 오류 제어 기능을 단순화하는 작업만으로도 데이터 전송 효율을 크게 향상시킬 수 있다.

프레임 릴레이는 한 호스트에서 수신한 프레임을 다른 호스트로 중개Relay하는 역할만 한다. 중복되는 오류 복구나 흐름 제어 기능은 수행하지 않으므로 데이터 링크 계층의 기능을 단순하게 설계할 수 있다.

02 네트워크의 분류

컴퓨터 네트워크를 다양한 기준으로 분류할 수 있지만, 가장 간단한 기준은 네트워크의 크기이다. 가장 작은 네트워크의 구성 예는 컴퓨터 시스템 내부에서 볼 수 있다. 매우 빠른 전송 속도를 지원하는 시스템 버스를 이용해 다수의 프로세서Processor를 연결하는 다중 처리 시스템Multiprocessor system이 이에 해당한다.

컴퓨터 시스템의 내부와 컴퓨터 네트워크의 차이는 전송 매체의 성능에 있다. 시스템 버스는 매우 빠른 속도와 높은 전송 대역을 지원하기 때문에 버스에 연결되는 CPU, 메모리, I/O 장치 등이 낮은 전송 지연으로 데이터를 전송할 수 있는 밀접한 연결Tightly Coupled 관계를 갖는다. 그에 비해 네트워크는 전송 매체의 속도가 상대적으로 느려 느슨한 연결Loosely Coupled 관계를 지원한다.

일반적으로 네트워크는 물리적으로 일정 거리 이상 떨어진 위치에서 독립적으로 실행할 수 있는 호스트 간의 데이터 송수신 기능 지원한다. 호스트 사이의 연결 거리를 기준으로 네트워크를 LAN, MAN, WAN으로 구분할 수 있다. 이 연결 거리는 데이터의 전송 지연에 많은 영향을 미치므로 네트워크를 설계할 때 중요한 고려 사항이 된다.

1 LAN

LANLocal Area Network은 단일 건물이나 학교 같은 가까운 거리에 위치하는 호스트로 구성된 네트워크이다. 규모가 아주 작을 때는 단일 전송 케이블로 모든 호스트를 연결할 수 있다. LAN은 MAN이나 WAN 환경보다 호스트 간의 간격이 가깝기 때문에 데이터를 브로드캐스팅Broadcasting 방식으로 전송한다.

호스트 사이의 물리적 거리는 데이터 전송 과정에 영향을 많이 미친다. 가까울수록 데이터 전송 지연이 적으며, 전송 오류가 발생할 가능성도 낮아진다. LAN에서는 보통 수십 Mbps~수

Gbps의 전송 속도를 지원한다. LAN 환경에서 호스트를 연결하는 방식을 구성 형태Topology에 따라 버스형, 링형으로 구분한다.

버스형

LAN 환경에서 가장 많이 사용하는 네트워크 연결 형태는 버스형과 링형이다. 버스Bus형은 [그림 3-7]처럼 공유 버스 하나에 여러 호스트를 직접 연결한다. 물리적으로 전송 매체를 공유하기 때문에 임의의 호스트가 전송한 데이터를 네트워크에 연결된 모든 호스트에 전송하는 브로드캐스팅 방식으로 동작한다.

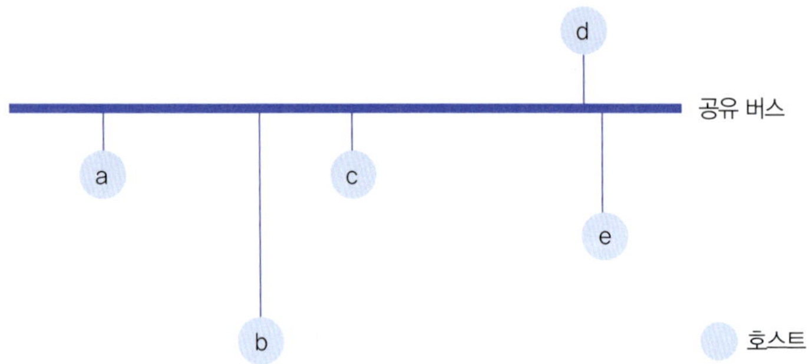

그림 3-7 버스형

버스형에서는 전송 데이터가 모든 호스트에 브로드캐스팅되므로 라우팅 기능이 따로 필요 없다. 헤더 정보에 포함된 수신 호스트 정보를 이용하여 수신 호스트만 데이터를 내부 버퍼에 보관하고 나머지 호스트들은 데이터를 버림으로써 특정 호스트만 데이터를 수신한다. 이를 위해 각 호스트를 구분하는 호스트 주소가 필요하고, 전송 데이터의 헤더에는 송수신 호스트의 주소를 포함하여 오류 제어, 흐름 제어에 필요한 정보를 표기한다.

둘 이상의 호스트에서 데이터를 동시에 전송하려고 하면 공유 버스에서 데이터 충돌Collision이 발생할 수 있다. 충돌 문제를 해결하는 방법에는 충돌이 발생할 가능성 자체를 차단하는 사전 방지 방식과 충돌을 허용하고 나중에 해결하는 사후 해결 방식이 있다. 대표적인 버스형 연결 형태인 이더넷Ethernet은 충돌이 발생하는 것을 허용하는 대신, 충돌 후에 문제를 해결하는 사후 해결 방식에 해당한다.

이더넷 방식의 LAN은 원래 1~10Mbps의 전송 속도를 지원했지만, 100Mbps, Gbps 단위의 고속 이더넷이 등장하면서 영상 데이터처럼 높은 전송률이 필요한 응용 환경에서도 사용할 수 있게 되었다.

링형

링Ring형은 [그림 3-8]처럼 전송 호스트의 연결이 순환 구조인 링 형태이다. 데이터는 시계나 반시계 방향으로 전송될 수 있지만, 미리 정해진 한쪽 방향으로만 전송된다. 또한 특정 호스트에서 전송한 데이터는 반드시 링을 한 바퀴 돌아 송신 호스트로 되돌아오도록 설계되었다. 따라서 네트워크에 연결된 모든 호스트가 전송 데이터를 수신하는 브로드캐스팅 방식을 지원한다. 데이터를 송신한 호스트는 자신에게 되돌아온 데이터를 네트워크에서 회수할 책임이 있다.

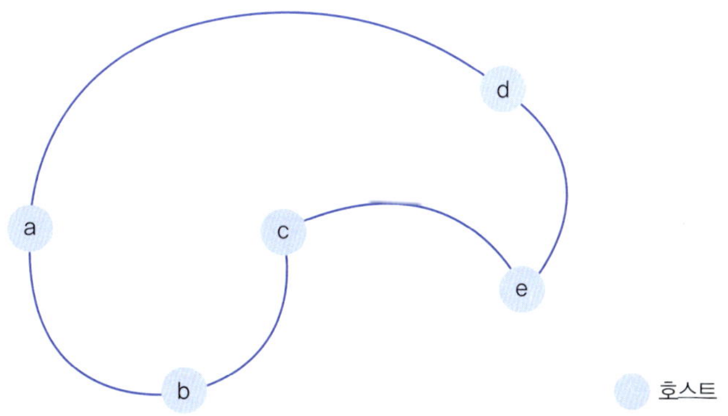

그림 3-8 링형

링형도 둘 이상의 호스트에서 데이터를 동시에 전송하면 충돌이 발생할 수 있으므로 이 문제를 고려해야 한다. 일반적으로 링형에서는 토큰Token이라는 제어 프레임을 사용해 충돌 가능성을 원천적으로 차단한다. 데이터를 전송할 호스트는 사전에 전송용 토큰을 확보해야 한다. 네트워크에는 토큰이 하나만 존재하도록 설계되므로 특정 시간에 데이터를 전송할 수 있는 호스트는 하나뿐이다. 따라서 호스트 사이에 충돌이 발생할 가능성을 미리 차단할 수 있다. 토큰은 네트워크에 연결된 호스트를 모두 순환하도록 설계되었기 때문에 모든 호스트가 동등한 전송 기회를 갖는다.

2 MAN

MAN Metropolitan Area Network은 LAN보다 큰 지역을 지원한다. 사용하는 하드웨어와 소프트웨어는 LAN과 비슷하지만, 연결 규모가 더 크다. MAN은 근처에 위치한 여러 건물이나 한 도시에서의 네트워크 연결로 구성할 수 있다.

MAN을 위한 국제 표준안은 DQDB Distributed Queue Dual Bus이다. 이 규격은 전송 방향이 다른 두 버스로 모든 호스트를 연결하는 구조를 지원한다. DQDB는 비디오와 그래픽 응용 환경을 위한 광 LAN을 위해 개발되었지만 MAN 환경에 적합하여 MAN의 표준안으로 채택되었다. 그 후 케이블 TV 산업에 의해 개발이 촉진되었다.

DQDB의 특징은 세 가지로 요약할 수 있다. 첫째, 분산 데이터 큐를 유지한다. 둘째, 데이터를 전송할 때 발생할 수 있는 충돌 문제를 해결하기 위해 슬롯 링 개념을 변형한 FIFO First In First Out 기반의 공유 슬롯 방식을 사용한다. 마지막으로, ATM Asynchronous Transfer Mode과 호환이 가능하도록 53바이트의 프레임을 지원한다.

DQDB에는 [그림 3-9]의 화살표처럼 2개의 단방향 선로가 존재하며, 이 전송 선로를 통해 모든 호스트가 연결된다. 버스 1은 데이터를 왼쪽에서 오른쪽으로, 버스 2는 오른쪽에서 왼쪽으로 전송한다. 버스 1에서는 헤드 역할을 하는 호스트 a가 일정 주기로 슬롯 Slot을 내보내고, 이 슬롯은 호스트 e에서 처리를 완료할 때까지 오른쪽으로 계속 이동한다. 이 과정에서 중간 호스트는 슬롯을 프레임으로 변형해 데이터를 전송할 수 있다. 버스 2에도 같은 원리가 적용되며, 데이터를 반대 방향으로 전송할 때 이용한다.

호스트 a에서 호스트 e까지의 물리적인 거리가 짧으면 [그림 3-9]의 점선처럼 새로운 연결을 구성할 수 있다. 즉, 호스트 a와 호스트 e를 직접 연결하는 추가 전송 매체를 사용함으로써, 신뢰도를 높일 수 있다.

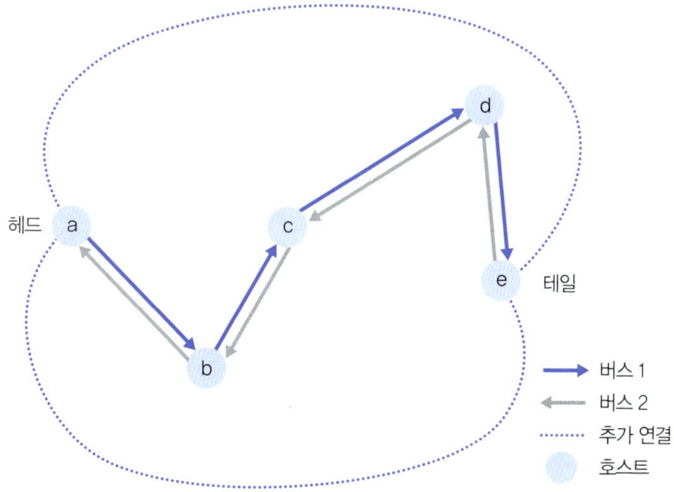

그림 3-9 DQDB 구조에서의 호스트 연결

3 WAN

WAN Wide Area Network은 국가 이상의 넓은 지역을 지원하는 네트워크 구조이다. LAN과 MAN의 구성에서는 전송 호스트가 공유 버스를 이용한 브로드캐스팅을 지원하기 때문에 라우팅의 개념이 필요 없다. 그러나 거리가 먼 WAN에서는 브로드캐스팅 방식을 지원하기 어렵고, 또한 전송 매체의 길이가 길어지는 환경을 고려해야 한다. 점대점Point-to-Point으로 연결된 WAN 환경에서는 전송과 더불어 라우팅 기능이 반드시 필요하다.

WAN에서는 [그림 3-10]처럼 전송 매체를 이용해 호스트를 일대일(1:1)로 연결하는 방식으로 네트워크를 확장한다. 그리고 어떤 호스트가 어떻게 연결되는지에 따라 다양한 종류로 나뉜다. WAN에서는 데이터가 전달되는 과정에 라우팅 기능이 필요하다. 예를 들어, 호스트 a에서 호스트 e로 전송되는 데이터는 중간의 호스트 c에서 라우팅 과정을 거친다.

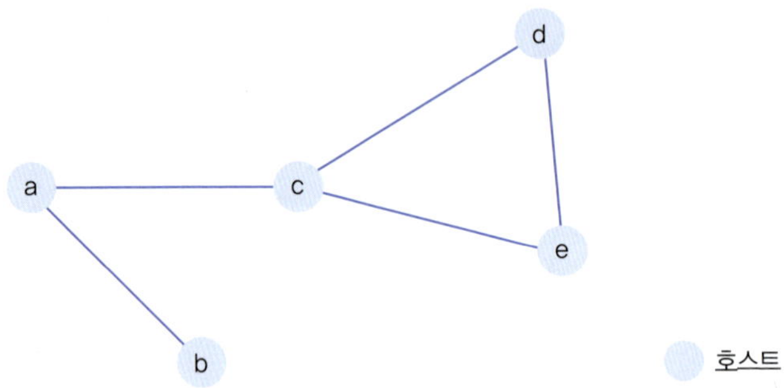

그림 3-10 WAN 구조

WAN에서는 호스트 사이의 거리가 멀기 때문에 연결의 수가 증가할수록 전송 매체를 많이 사용하므로 비용이 많이 든다. 따라서 총 연결 거리를 줄이면서 전체 호스트를 효율적으로 연결하도록 설계해야 한다. WAN에서는 호스트를 스타형, 트리형, 완전형, 불규칙형 등 다양한 구조로 연결할 수 있다.

03 인터네트워킹

라우팅 장비는 네트워크 내부에서 경로 선택 기능을 수행하는데, 둘 이상의 서로 다른 네트워크를 연결하는 기능을 인터네트워킹Internetworking이라 한다. 예를 들어 인터넷은 IP 주소를 기반으로 최적의 경로를 선택한다. 인터네트워킹을 지원하려면 연결되는 네트워크의 차이를 분석해, 전송 데이터를 적절히 중개할 수 있어야 한다. 헤더 정보 등의 프로토콜이 상이하거나 물리 계층에서 전송 매체의 특성이 다르면 이를 변환하는 기능이 필요하다.

2개의 네트워크를 연결하는 장비는 역할이 어느 계층에 속하느냐에 따라 종류가 달라진다. 일반적으로 하위 3개 계층인 물리 계층, 데이터 링크 계층, 네트워크 계층의 기능을 수행하며, 특별히 네트워크 계층까지의 기능을 수행하는 장비는 라우터Router이다.

네트워크 간의 차이는 다양한 방법으로 기술할 수 있다. 예를 들어, 연결형 · 비연결형 서비스, 데이터 전송에 사용되는 프로토콜의 종류, 호스트를 구분하기 위한 주소 표현 방법, 전송 패킷의 크기, 멀티캐스팅 · 브로드캐스팅의 지원 여부 등이 고려 대상이다.

[그림 3-11]은 네트워크 연결을 위한 라우터의 역할을 보여준다. 그림처럼 두 LAN을 연결하려면 중간에 있는 네트워크 장비가 데이터를 중개해야 한다. 네트워크 장비의 기능에 따라(네트워크 장비의 네트워크 계층, 데이터 링크 계층, 물리 계층의 기능에 따라) 양쪽 LAN은 특성이 다를 수 있으며, 네트워크 장비 하나에 여러 종류의 LAN을 연결할 수도 있다.

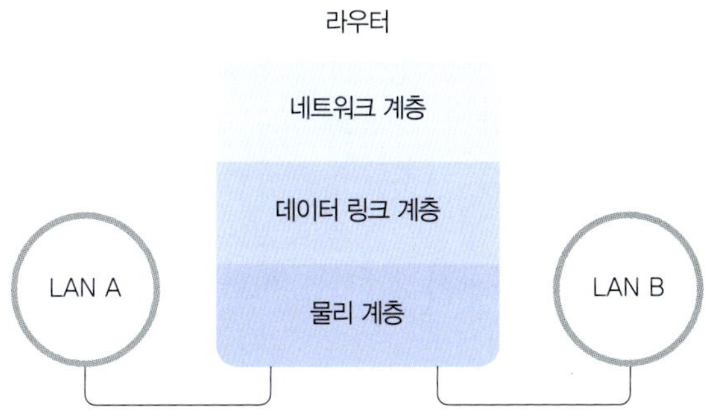

그림 3-11 라우터의 역할

네트워크 장비는 수행 기능에 따라 리피터, 브리지, 라우터로 구분한다. 참고로 데이터 링크 계층은 MAC 계층과 LLC 계층으로 나뉘며, MAC 계층이 하위에 위치하고 LLC 계층은 상위에 위치한다. 이에 대한 자세한 내용은 5장에서 다룬다.

■ **리피터**

리피터Repeater는 물리 계층의 기능을 지원한다. 양쪽 단의 물리적인 특성이 같으면 한쪽 단에서 들어온 비트 신호를 증폭하여 다른 단으로 단순히 전달하는 역할을 한다. 한쪽이 유선 환경이고 다른 쪽이 무선 환경인 경우도 있고, 유무선의 특성도 다양하다. 따라서 단순한 신호 증폭뿐만 아니라, 필요한 경우에 신호 변환 작업도 이루어진다.

■ **브리지**

브리지Bridge는 물리 계층을 포함하여 데이터 링크 계층의 기능을 지원한다. 한쪽 단에서 들어온 프레임의 MAC 계층 헤더를 다른 단의 MAC 계층 헤더로 변형해 전송할 수 있어 종류가 다른 LAN을 연결할 수 있다. 브리지가 수신한 프레임의 수신 호스트 주소와 송신 호스트의 주소가 같은 LAN에 소속되어 있으면 브리지는 아무 행동도 하지 않는다. 그러나 송수신 호스트의 위치가 서로 다른 LAN에 속하면 중개 기능을 수행한다. 따라서 브리지는 리피터보다 LAN과 LAN 사이의 불필요한 트래픽 발생을 억제할 수 있다. 예를 들어 [그림 3-11]에서 LAN A에서 출발한 프레임의 수신 호스트가 LAN A에 위치하면 브리지는 중개 기능을 수행하지 않고, 수신 호스트가 LAN B에 위치하면 LAN B로 중개 기능을 수행한다.

■ **라우터**

라우터Router는 물리 계층, 데이터 링크 계층, 네트워크 계층의 기능을 지원한다. 네트워크 계층의 라우팅 기능을 수행할 수 있으므로 여러 포트를 사용해 다수의 LAN을 연결하는 구조를 지원한다. 수신한 패킷을 해석해 적절한 경로로 전송하도록 경로를 배정하는 기능을 하며, 인터넷은 IP 주소를 기반으로 경로 선택을 한다. 브리지는 제한된 형태로 중개 기능을 수행하지만, 라우터는 네트워크 전체 구조를 고려한 일반적인 라우팅 기능을 수행한다.

일반적으로 상위 계층의 개념인 게이트웨이Gateway는 서로 다른 응용 환경을 지원하기 위해 사용할 수 있으므로, 네트워크 양단의 특성이 다른 환경에서 중개하는 역할을 수행한다.

1 브리지

브리지의 좌우에 위치하는 LAN은 종류가 같을 수도 있고, 다를 수도 있다. 예를 들어, 양쪽 LAN이 모두 이더넷을 사용하면 프레임 헤더를 해석하는 간단한 작업을 통해 쉽게 중개할 수 있다. 하지만 종류가 다르면 프레임 변환 등의 복잡한 과정이 필요하다.

[그림 3-12]는 데이터 링크 계층의 기능을 수행하는 일반 브리지의 역할을 보여준다. 브리지는 MAC 계층(계층 2)을 지원하므로 물리 계층과 MAC 계층의 기능을 수행하고, 이를 관리하기 위해 상위에 자체 관리 소프트웨어가 존재한다. 그림은 양쪽 LAN의 종류가 달라 한쪽 LAN의 헤더를 제거하고 다른 쪽 LAN의 헤더를 붙여주는 과정을 나타낸다.

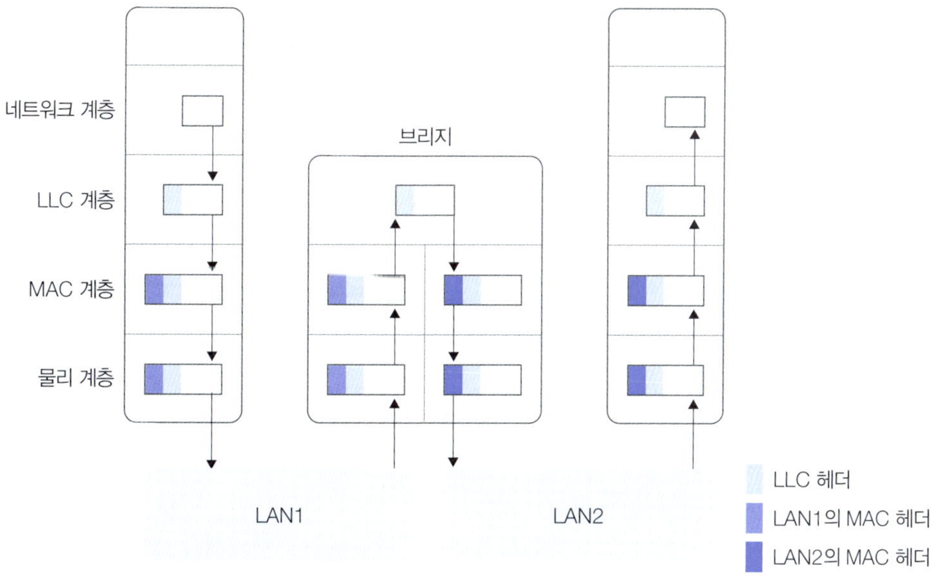

그림 3-12 브리지의 역할

브리지Bridge를 이용해 LAN과 LAN 사이에서 데이터를 중개할 때 각 LAN에서 사용하는 MAC 계층이 다를 수 있다. 예를 들어, [그림 3-12]에서 LAN1은 이더넷, LAN2는 토큰링을 사용한다고 가정할 수 있다. 이때는 브리지에 MAC 헤더를 해석해 변환하는 기능이 필요하다. 즉, LAN1로부터 데이터를 수신할 때는 해당 MAC 계층 헤더를 해석하고 제거해야 한다. 그러면 그림처럼 브리지의 최상위 계층에서는 MAC 헤더가 제거되고 LLC 헤더까지 포함된 데이터만 남는다. 반대로 LAN2로 전송할 때는 해당 LAN의 MAC 계층에 맞도록 헤더 정보를 적절히 추가해야 한다.

위 예는 브리지에 연결된 LAN이 2개인 경우지만, 브리지는 더 많은 LAN을 동시에 연결할 수 있다. 따라서 브리지는 연결된 LAN의 종류만큼 MAC 계층과 물리 계층을 해석할 수 있어야 한다. 브리지는 동작 방식에 따라 트랜스페런트 브리지와 소스 라우팅 브리지로 나뉜다.

트랜스페런트 브리지

트랜스페런트 브리지Transparent Bridge는 이름처럼 라우팅 기능이 투명하게 보이기 때문에 라우팅 작업이 사용자의 부담 없이 이루어진다. 브리지 사용자는 전송하는 프레임 헤더에 라우팅 정보를 추가하지 않아도 되며, 필요한 라우팅 과정은 브리지가 자동으로 수행한다. 설치 과정에서 하드웨어의 조정이나 소프트웨어의 변경, 주소, 라우팅 테이블 관련 사항을 고려할 필요가 없다.

브리지에 연결된 임의의 LAN으로부터 프레임이 도착했을 때, 브리지가 수행하는 동작은 다음 두 가지 중 하나이다. 첫째, 해당 프레임의 수신 호스트가 송신 호스트와 동일한 방향에 위치한 경우에는 프레임을 중개하는 과정이 필요 없기 때문에 무시해도 된다. 둘째, 프레임의 수신 호스트가 송신 호스트와 다른 방향에 위치한 경우에는 수신 호스트가 있는 방향으로 프레임을 중개해야 한다. 이 과정에서 브리지 내부에는 송수신 호스트가 동일한 방향에 있는지와 수신 호스트가 브리지의 어느 방향에 위치하는지에 대한 정보가 있어야 한다.

[그림 3-13]은 브리지 B1과 B2를 사용하는 환경에서 브리지 B1에는 LAN을 3개(LAN1, LAN2, LAN3) 연결하고, 브리지 B2에는 LAN을 2개(LAN3, LAN4) 연결한 예이다. LAN1에서 전송한 프레임의 목적지 호스트가 LAN1에 위치하면 브리지 B1의 중개 기능이 필요 없다. 그러나 LAN2에 위치한 호스트가 목적지이면 2번 포트로 중개해야 하며, LAN3이나 LAN4에 위치한 호스트이면 3번 포트로 중개해야 한다. 그리고 LAN4로 가는 경우에는 브리지 B2의 중개가 추가로 필요하다. 이때 브리지의 중개 기능이 올바르게 동작하려면 그림 상단의 라우팅 테이블과 같은 라우팅 정보가 꼭 필요하다.

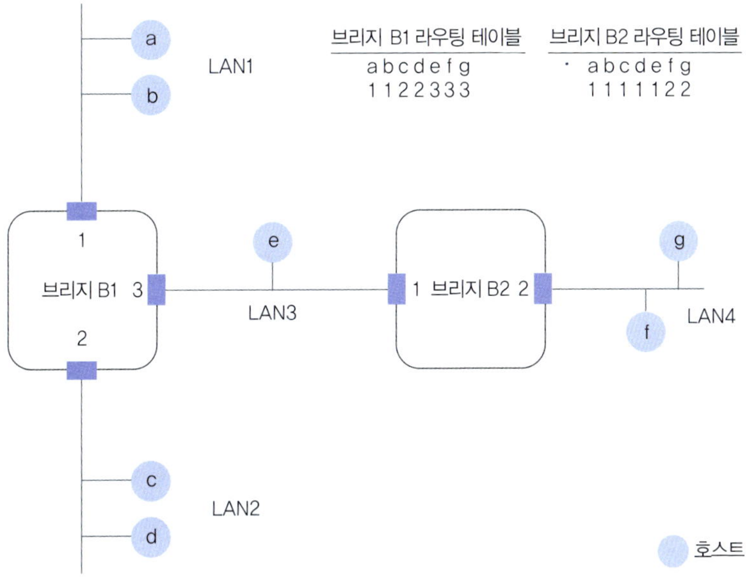

그림 3-13 브리지를 이용한 LAN의 연결

또 다른 예로, LAN4에서 브리지 B2로 들어온 프레임의 수신 호스트가 g로 표기된 경우에는 송신 호스트와 수신 호스트가 같은 방향(송신 호스트와 수신 호스트: 2번 포트)이므로 브리지 B2는 이 프레임을 무시해도 된다. 그러나 수신 호스트의 주소가 e이면 송수신 호스트의 방향이 다르므로(송신 호스트: 2번 포트, 수신 호스트: 1번 포트) 포트 1을 통해서 LAN3으로 중개해주어야 프레임이 목적지로 올바르게 전달된다.

수신한 프레임을 무시할지, 다른 LAN으로 전달할지는 전적으로 브리지의 라우팅 테이블을 근거로 판단한다. 라우팅 테이블의 정보는 각 호스트가 어느 포트에 연결되어 있는지를 나타낸다. 예를 들어, 브리지 B2의 라우팅 정보를 살펴보면 호스트 a, b, c, d, e는 1번 포트에 연결되고, f와 g는 2번 포트에 연결되어 있음을 알 수 있다. 이는 그림의 LAN 구성도에서도 쉽게 확인할 수 있다.

■ 라우팅 테이블

트랜스페런트 브리지가 제대로 동작하려면 라우팅 테이블Routing Table 정보가 정확해야 한다. 라우팅 테이블은 LAN이 동작하면서 자동으로 생성되는데, 이 과정을 요약하면 다음과 같다. 먼저 브리지에 전원이 들어오면 라우팅 테이블의 내용이 비어, 초기에는 프레임의 수신 호스트가 어느 쪽 포트에 위치하는지 판단할 수 없다. 그러므로 이 경우에는 플러딩Flooding 알고리즘을 사용해 입력된 프레임을 브리지의 모든 포트 방향으로 전달한다. 물론, 프레임이 들어온 방향으로는 전달하지 않는다.

플러딩 알고리즘의 동작 과정에서 브리지에 입력된 프레임의 송신 호스트 주소를 근거로 송신 호스트가 몇 번 포트에 연결되었는지 알 수 있다. 예를 들어, [그림 3-13]의 브리지 B1의 경우에 2번 포트로 받은 프레임의 송신 호스트 주소가 c이면 호스트 c는 2번 포트에 연결되어 있다고 판단할 수 있다. 이와 같이 데이터 전달 과정에서 얻은 프레임의 송신 호스트 주소와 포트 번호의 정보를 라우팅 테이블에 반영한다.

위 방법을 사용하면 시간이 경과함에 따라 라우팅 테이블의 정보가 계속 누적되므로 라우팅 정보를 효과적으로 수집할 수 있다. 또 호스트의 연결 위치를 변경해도 라우팅 정보를 자동으로 갱신할 수 있다. 이처럼 네트워크의 동작 과정에서 라우팅 정보를 얻는 방식을 역방향 학습Backward Learning 알고리즘이라 한다.

호스트의 위치가 바뀌어 라우팅 정보가 변경되면 가장 최근 정보로 수정해주어야 한다. [그림 3-13]에서 LAN2에 연결된 호스트 c가 LAN4로 이동하면 수신된 프레임의 송신 호스트 정보를 근거로 라우팅 테이블의 내용을 새로 수정해야 한다. 브리지 B1과 B2의 라우팅 테이블에 호스트 c의 이동을 반영하면 [그림 3-14]와 같다.

(a) 브리지 B1

a	b	c	d	e	f	g
1	1	3	2	3	3	3

(b) 브리지 B2

a	b	c	d	e	f	g
1	1	2	1	1	2	2

그림 3-14 호스트 c가 LAN4로 이동한 경우의 라우팅 테이블

■ 스패닝 트리

앞서 소개한 역방향 학습 알고리즘을 이용하면 라우팅 정보를 효과적으로 얻을 수 있다. 그러나 [그림 3-15]처럼 네트워크에 이중 경로가 존재하면 잘못된 라우팅 정보를 얻게 된다.

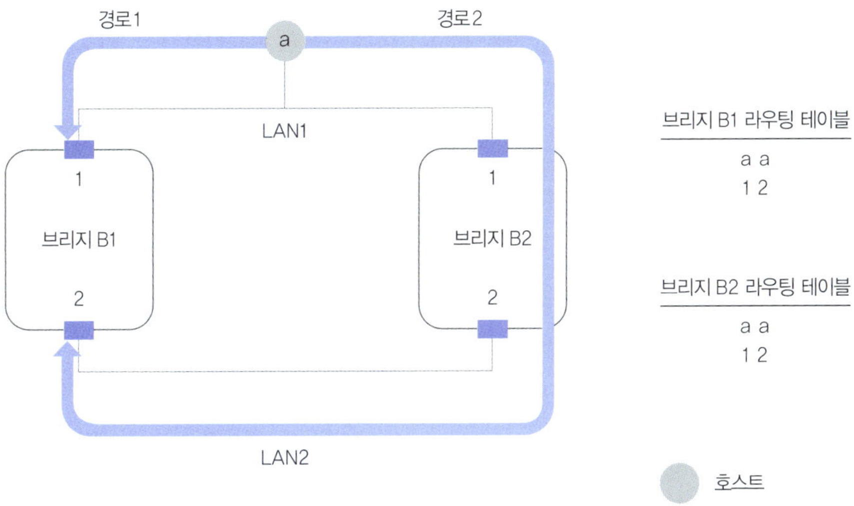

그림 3-15 이중 경로에 의한 잘못된 라우팅 정보

예를 들어, [그림 3-15]에 소개한 네트워크의 초기 동작에서 브리지 B1과 B2는 플러딩 알고리즘을 사용해 프레임을 전달한다. 먼저 호스트 a가 임의의 수신 호스트에 프레임을 전달한다고 가정해보자. 호스트 a가 보낸 프레임은 브리지 B1의 1번 포트로 전달되므로 브리지 B1의 라우팅 테이블에는 호스트 a가 1번 포트에 연결된 것으로 등록된다. 동시에 호스트 a가 보낸 프레임은 브리지 B2를 통해 브리지 B1의 2번 포트로도 들어온다. 결과적으로 브리지 B1에서는 호스트 a가 보낸 프레임이 1번과 2번 포트 두 군데에서 다 들어오므로 모순된 라우팅 테이블이 만들어진다. 브리지 B2에도 동일한 원리가 적용되고, 호스트 a가 두 포트에 모두 연결된 것처럼 라우팅 정보가 만들어진다.

이후, 수신 호스트 주소가 호스트 a로 지정된 프레임이 전송되면 두 브리지는 데이터를 양쪽 포트로 전달하기 때문에 전송 프레임이 네트워크를 계속 순환하는 결과를 초래한다.

이런 문제점을 해결하려면 이중 경로가 존재하지 않도록 네트워크를 설계해야 한다. 네트워크의 설계 과정에서 순환 구조가 불가피하게 만들어지면 네트워크의 논리적인 연결 상태를 비순환 형태로 간주함으로써, 역방향 학습 알고리즘이 올바르게 동작하도록 해야 한다. 네트워크의 비순환 구조를 스패닝 트리Spanning Tree라 하고, 이를 지원하는 알고리즘을 스패닝 트리 알고리즘이라 한다.

스패닝 트리를 구성하려면 먼저 임의의 브리지를 트리 구조의 최상위 브리지인 루트Root로 지정해야 한다. 이를 위해 브리지가 자신의 고유 번호를 서로 공개함으로써, 번호가 가장 낮은 브리지를 루트로 선정할 수 있다. 그런 다음, 루트 브리지에서 다른 모든 브리지까지의 최단 경로 트리를 구성하는 방식으로 LAN을 구축하는 과정을 밟는다.

소스 라우팅 브리지

트랜스페런트 브리지는 공유 버스에서 구현되는 CSMA/CDCarrier Sense Multiple Access/Collision Detection 방식과 토큰 버스 방식에서 사용한다. 사용자 입장에서 보면 간편하지만, 효율적이지 못하다는 단점도 있다.

일반적으로 소스 라우팅 브리지Source Routing Bridge는 링 구조의 네트워크에서 사용한다. 이 방식은 이름처럼 프레임이 수신 호스트까지 도달하기 위한 라우팅 정보를 송신 호스트가 제공한다. 즉, 송신 프레임 내부에 수신 호스트까지 도달하기 위한 모든 경로를 기술함으로써, 중간 브리지에 필요한 라우팅 정보가 프레임 자체에 포함된다. 프레임을 수신한 브리지는 이 정보를 이용해 프레임을 적절한 경로로 전달한다.

2 IP 인터네트워킹

인터넷 환경에서 IP 프로토콜을 사용해 IP 인터네트워킹IP Internetworking을 지원하려면 [그림 3-16]처럼 송수신 호스트 간의 여러 네트워크 인터페이스를 거쳐 패킷을 전달할 수 있어야 한다. 인터넷에서 라우팅 기능을 수행하는 네트워크 계층은 IP 프로토콜이다. 따라서 인터넷에 연결된 모든 시스템은 공통으로 IP 프로토콜을 지원해야 하며, 하위의 데이터 링크 계층에는 다양한 종류가 존재한다.

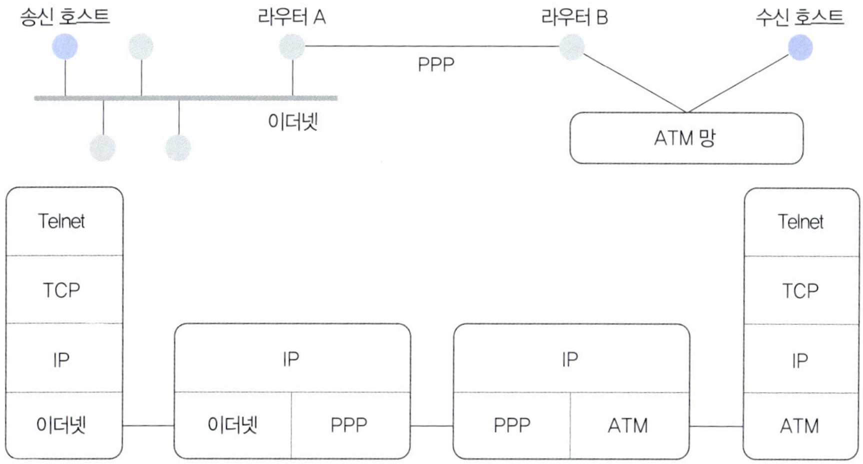

그림 3-16 IP 인터네트워킹의 구조

[그림 3-16]에서는 라우터 A가 이더넷 인터페이스와 PPP 인터페이스를 지원하고, 라우터 B는 PPP와 ATM 인터페이스를 지원한다고 가정하였다. 이들을 이용해 이더넷과 ATM이라는 상이한 네트워크 인터페이스를 지원하는 사용자 간의 연결 구조가 가능함을 알 수 있다. 하위의 데이터 링크 계층이 다르기 때문에 라우터는 라우팅 과정에서 경로 선택뿐만 아니라, 이더넷과 PPP, 혹은 PPP와 ATM 프로토콜의 프레임 구조를 변환하는 기능도 수행해야 한다.

패킷을 올바르게 중개하기 위해 라우터들은 IP 프로토콜 기능을 지원하고, 양 끝단의 송수신 호스트는 TCP/IP 응용 프로그램을 이용해 통신한다. [그림 3-16]에는 2개의 라우터만 표시되었지만 실제 인터넷은 수많은 라우터가 복잡하게 연결된 구조를 갖고 있으며, IP 주소를 기반으로 라우팅 처리가 이루어진다.

라우터에는 양쪽 MAC 계층의 프레임 구조에 차이가 있을 때 이를 변환하는 기능이 필요하다. [그림 3-17]처럼 라우터 A는 입력된 이더넷 헤더를 PPP 헤더로 변환하고, 라우터 B는 PPP 헤더를 ATM 헤더로 변환해주어야 한다. 데이터가 반대 방향으로 전달되는 경우에는 헤더 변환 과정이 반대로 이루어진다. 라우터에 연결된 네트워크가 동일한 종류의 MAC 계층을 사용하면 MAC 헤더의 변환 과정은 이루어지지 않는다.

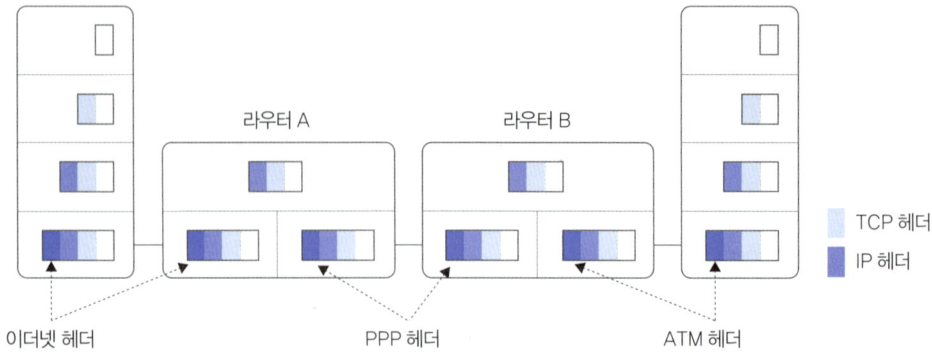

그림 3-17 IP 인터네트워킹에서의 헤더 변환

헤더 변환 과정과 별도로, 라우터를 거치는 동안에 전송되는 데이터가 특정 MAC 계층에서 전송하기에 너무 크면 전송 데이터의 분할과 병합 과정이 이루어진다. 즉, 각각의 MAC 계층은 한 번에 전송할 수 있는 프레임 데이터의 최대 크기가 정해져 있으며, 이 크기는 MAC 계층마다 다르게 정의된다. 따라서 MAC 계층과 네트워크 계층의 전송 데이터에 대한 분할과 병합은 네트워크의 중요한 주제 중 하나이다.

3 인터넷 라우팅

라우터의 역할은 수신된 IP 패킷을 최적의 경로로 전달하는 것이다. 그러려면 인터넷의 전체 구성과 현재 상태에 대한 정보를 활용해 경로를 선택해야 한다. 대표적인 라우팅 방식으로 고정 경로 배정과 적응 경로 배정이 있다.

고정 경로 배정

고정 경로 배정Fixed Routing은 간단한 구현만으로도 효과적인 라우팅이 가능한 방법으로, 송수신 호스트 사이에 고정불변의 경로를 배정한다. 단점은 전송 경로가 고정되므로 트래픽 변화에 따른 동적 경로 배정이 불가능하다는 점이다. 그러나 송수신 호스트 사이의 트래픽을 미리 측정하여 고정 경로를 적절히 배정하면 간단하고 효율적인 라우팅이 가능하다.

예를 들어 [그림 3-18]과 같은 네트워크를 가정해보자. Net.1~Net.5라는 5개의 서브 네트워크가 있고, 각각의 서브 네트워크 내부에는 다수의 송수신 호스트들이 존재한다. 이 네트워크들은 R1~R8의 라우터 8개로 연결되어 하나의 커다란 네트워크를 구성한다. 라우터 주위의 숫자는 연결하는 라우터의 포트 번호로, 임의로 지정한 것이다. 예를 들어 라우터 R1은 Net.1과 포트 1로 연결되며, Net.1이 사용하는 물리 계층과 MAC 계층 인터페이스를 지원한다. Net.2의 포트 3으로 연결될 때는 Net.2의 물리 계층과 MAC 계층 인터페이스를 지원한다. 라우터의 포트 번호는 임의로 지정하였다.

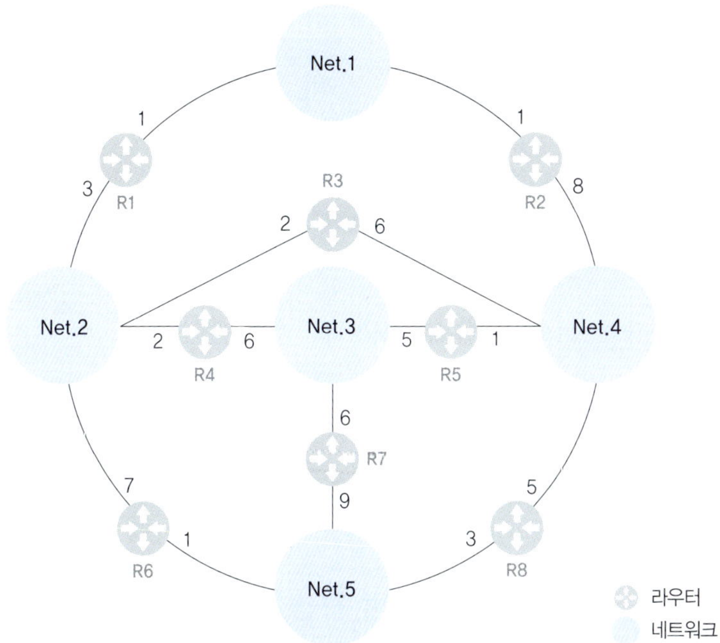

그림 3-18 라우터로 네트워크를 구성한 예

각 라우터가 관리하는 라우팅 정보는 [그림 3-19]처럼 결정되는데, 경로 배정은 네트워크를 연결하는 선로의 전송 용량이나 네트워크 간의 데이터 전송량을 측정해 이루어진다. [그림 3-18]에서 라우터 R3과 R7로 연결한 선로가 다른 선로보다 고속 통신을 지원하며, 라우터 R1, R4, R6이 연결된 네트워크 Net.2가 라우터 R2, R5, R8이 연결된 네트워크 Net.4보다 덜 붐빈다고 가정하였다.

(a) R1의 정보

네트워크	라우터
Net.1	
Net.2	
Net.3	R4
Net.4	R3
Net.5	R6

(b) R2의 정보

네트워크	라우터
Net.1	
Net.2	R3
Net.3	R5
Net.4	
Net.5	R8

(c) R3의 정보

네트워크	라우터
Net.1	R1
Net.2	
Net.3	R4
Net.4	
Net.5	R6

(d) R4의 정보

네트워크	라우터
Net.1	R1
Net.2	
Net.3	
Net.4	R3
Net.5	R7

(e) R5의 정보

네트워크	라우터
Net.1	R2
Net.2	R3
Net.3	
Net.4	
Net.5	R7

(f) R6의 정보

네트워크	라우터
Net.1	R1
Net.2	
Net.3	R7
Net.4	R3
Net.5	

(g) R7의 정보

네트워크	라우터
Net.1	R6
Net.2	R4
Net.3	
Net.4	R5
Net.5	

(h) R8의 정보

네트워크	라우터
Net.1	R2
Net.2	R6
Net.3	R7
Net.4	
Net.5	

그림 3-19 라우팅 테이블

라우팅 테이블의 값은 목적지 네트워크의 주소와 해당 목적지로 향하는 경로 위에 있는 다음 라우터의 주소이다. 일반적으로 라우팅 경로를 결정할 때는 거쳐야 하는 라우터의 수를 최소화하는 경우와 실제 목적지까지 도착하는 데 걸리는 시간이 가장 짧은 경우가 가능하다. 각 네트워크 내부에 존재하는 호스트에도 아주 제한적이긴 하지만 [그림 3-19]와 같은 형태의 라우팅 테이블이 존재한다.

예를 들어, Net.1에 존재하는 호스트가 Net.5에 존재하는 호스트에 데이터를 전송한다고 가정하자. 먼저 Net.1에 존재하는 호스트의 라우팅 테이블에 목적지가 Net.5인 데이터는 라우터 R1로 전송하라고 되어 있다면 해당 데이터는 R1로 간다. 라우터 R1의 라우팅 테이블을 보면 Net.5로 가는 데이터는 라우터 R6으로 중개하도록 되어 있으므로 데이터는 라우터 R6으로 전달된다. 최종 경로는 R1→Net.2→R6→Net.5 순서이다.

적응 경로 배정

고정 경로 배정 방식에서 라우팅 테이블의 경로 정보 변경은 네트워크 구성이 변경된 경우에만 가능하다. 인터넷에서 사용되는 라우터는 적응 경로 배정Adaptive Routing 방식을 채택한다.

적응 경로 배정에서는 네트워크 연결 상태가 변하면 이를 패킷의 전달 경로에 반영한다. 이때 결정에 영향을 주는 요소는 크게 두 가지이다. 하나는 특정 네트워크나 라우터가 정상적으로 동작하지 않는 경우이고, 다른 하나는 네트워크의 특정 위치에서 혼잡이 발생하는 경우이다.

네트워크 현재 상태가 경로 배정에 영향을 주는 적응 경로 배정에서 현재 상태가 반드시 실시간을 의미하는 것은 아니다. 실제 인터넷에서 실시간으로 네트워크의 현재 상태를 모두 파악하는 것은 사실상 불가능하다.

적응 경로 배정은 이론적인 타당성에도 불구하고, 가볍게 넘길 수 없는 단점이 있다. 경로를 결정하는 과정이 복잡해지면 이를 처리하는 라우터의 부담이 증가하는데, 인터넷처럼 복잡하고 거대한 네트워크에서 이것은 인터넷 자체의 트래픽 증가에 많은 영향을 준다. 따라서 인터넷에서 라우팅 정보의 수집은 비실시간적으로 제한된 형태로 적용된다.

네트워크에서의 변화는 내부적으로 상태 정보에 대한 처리를 수반한다. 그러나 특정 위치에서 어떤 변화가 발생했을 때 네트워크의 모든 라우터에 동시에 반영하는 것은 현실적으로 불가능하므로, 라우터들끼리 정보의 불일치성Inconsistency 현상이 발생할 수 있다. 이러한 불일치성을 해소하려면 라우터 사이의 정보 교환이 빠르게 자주 이루어져야 한다. 하지만 이는 네트워크의 트래픽을 높이는 요인이 되어, 결과적으로 라우터의 처리 부담을 증가시킨다.

자율 시스템

라우팅 프로토콜과 관련해 자율 시스템Autonomous System이라는 개념이 존재한다. 자율 시스템은 다수의 라우터로 구성할 수 있으며, 라우터들은 서로 공통의 라우팅 프로토콜을 사용해 정보를 교환한다. 자율 시스템은 동일한 라우팅 특성에 의해 동작하는 논리적인 단일 구성체라고 볼 수 있다.

자율 시스템 내부에서 사용하는 공통 프로토콜을 내부 라우팅 프로토콜IRP, Interior Routing Protocol이라 하며, 라우터들끼리 라우팅 정보를 교환하는 용도로 사용한다. 예를 들어 특정 대학교 내부에서 운영하는 네트워크를 하나의 자율 시스템이라 할 수 있으며, 그 안에 존재하는 라우터들은 내부 라우팅 프로토콜에 의해 동작한다.

학교 같은 인터넷 환경에서는 각 건물을 라우터로 연결해 하나의 자율 시스템을 구성할 수 있고, [그림 3-20]과 같이 외부의 자율 시스템과도 연결한다. 이러한 구조에서는 서로 다른 자율 시스템끼리 사용하는 알고리즘과 라우팅 테이블 정보의 구조가 서로 다를 수 있으므로, 자율 시스템 사이의 연동을 위한 방안을 고려해야 한다. 자율 시스템들 간에 사용하는 라우팅 프로토콜을 일반적으로 외부 라우팅 프로토콜ERP, Exterior Routing Protocol이라 한다.

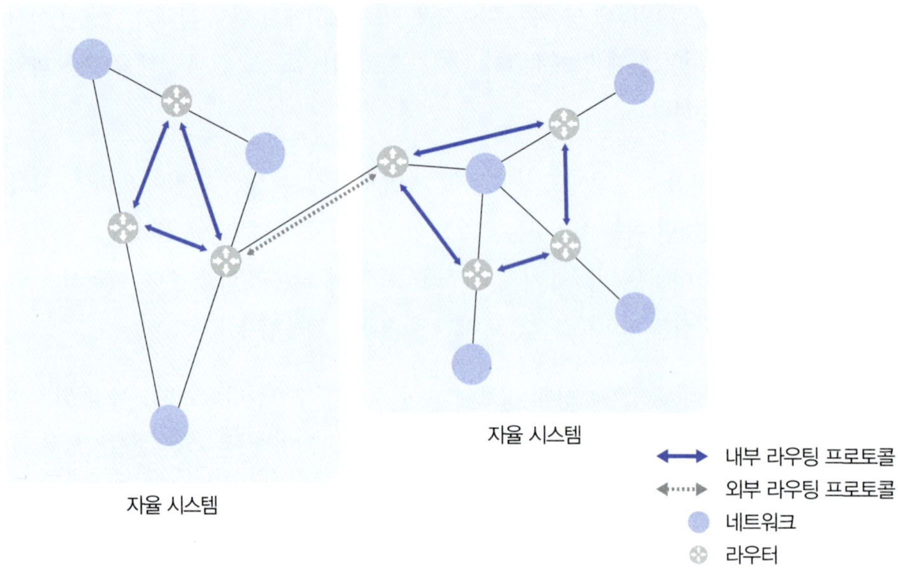

그림 3-20 자율 시스템

[그림 3-20]에서 동일한 자율 시스템에 위치한 라우터 사이에는 내부 라우팅 프로토콜을 사용하고, 서로 다른 자율 시스템을 연결하는 라우터 사이에는 외부 라우팅 프로토콜을 사용한다. 인터넷에서 사용되는 내부 라우팅 프로토콜에는 RIP, OSPF 등이 있고, 외부 라우팅 프로토콜에는 BGP 등이 있다.

04 서비스 품질

네트워크에서 서비스 품질이라는 용어를 다양하게 해석할 수 있지만, 보통 데이터를 어느 정도로 신뢰성 있게 전송하는지를 의미한다. 즉, 전송 과정에서의 데이터 변형, 데이터 분실, 전송 지연, 지연 값의 일관성(지터) 등을 기준으로 전송 품질을 판단할 수 있다.

네트워크가 사용자에게 제공하는 서비스는 매우 다양하기 때문에 네트워크 서비스 품질을 한마디로 규정하기는 어렵다. 하지만 네트워크 서비스 제공자와 사용자 사이의 기본 서비스 품질은 특정 네트워크 서비스를 사용자에게 제공하는지 여부에서 출발한다. 그리고 이를 바탕으로 서비스를 이용하는 데 있어서, 네트워크가 서비스의 특성에 부합하도록 어느 수준까지 올바르게 동작하는지를 판단해야 한다.

사용자에게 제공되는 네트워크 서비스를 등급에 따라 분류할 수 있는데, 이를 서비스 클래스라 한다. 서비스 클래스와 서비스 품질은 비슷한 의미로 해석할 수 있지만, 서비스 클래스가 서비스를 좀 더 세부적으로 분류하는 기준이라면, 서비스 품질은 각각의 서비스가 실제 실현되는 환경에 따른 포괄적인 기준이다.

1 QoS 개요

인터넷 환경에서 전송 서비스의 품질 문제를 다루는 QoS^Quality of Service^는 네트워크 설계 과정의 중요한 고려 대상 중 하나이다. 전송 서비스의 좋고 나쁨을 판단하는 기준은 사용자의 관점에 따라 다양하지만 대부분 QoS로 정의할 수 있다. QoS 기준은 보통 연결형 서비스를 위한 것이지만, 비연결형 서비스에도 부분적으로 적용된다.

네트워크의 서비스 품질을 만족시키기 위해서는 물리 계층을 포함하여 데이터 전송에 관여하는 모든 계층의 유기적인 협조가 필요하다. QoS는 주로 전송 계층 사용자가 요청하므로 전송 계층 연결을 설정할 때 필요한 서비스의 정도를 매개변수로 표시한다. QoS 서비스를 지원할 때 전송 계층에 필요한 기능이 구현되며, 하위의 네트워크 계층이 기능의 일부를 수행할 수 있으면 전송 계층의 역할이 그만큼 줄어든다.

자주 언급되는 QoS 매개변수는 다음과 같다. 모든 네트워크 사용자가 보다 좋은 서비스 품질을 원하기 때문에 공정성과 형평성, 비용의 문제가 상호 보완적으로 다루어진다.

■ 연결 설정 지연

연결 설정 지연Connection Establishment Delay은 연결 설정을 위한 request 프리미티브 발생과 confirm 프리미티브 도착 사이의 경과 시간이다. 일반적으로 경과 시간이 짧을수록 서비스 품질이 좋으며, 네트워크 혼잡도 등의 영향을 많이 받는다. 연결 해제 요구에도 동일한 기준을 적용할 수 있다.

■ 연결 설정 실패 확률

연결 설정 실패 확률Connection Establishment Failure Probability은 임의의 최대 연결 설정 지연 시간을 기준으로 연결 설정이 이루어지지 않을 확률이다. 연결 해제 요구에도 동일한 기준을 적용할 수 있다.

■ 전송률

전송률Throughput은 임의의 시간 구간에서 초당 전송할 수 있는 바이트 수이다. 전송률은 양방향 값이 다를 수 있으므로 별개로 다루어져야 하며, 연결 설정 구간의 네트워크 트래픽에 많은 영향을 받는다.

■ 전송 지연

전송 지연Transit Delay은 송신 호스트가 전송한 데이터가 수신 호스트에 도착할 때까지 경과한 시간이다. 전송률처럼 양방향이 따로 다루어지며, 개별 패킷별로 전송 지연 값이 다를 수 있다.

■ 전송 오류율

전송 오류율Residual Error Rate은 임의의 시간 구간에서 전송된 총 데이터 수와 오류 발생 데이터 수의 비율이다. 네트워크 서비스 품질과 관련된 기본적인 요소이며, 전송 오류율이 낮을수록 더 좋은 서비스 품질을 지원한다.

■ 우선순위

우선순위Priority는 다른 데이터 전송보다 먼저 처리함을 의미한다. 우선순위가 높은 연결이 우선순위가 낮은 연결보다 좋은 서비스를 제공받는다. 우선순위는 연결 설정 단위로 이루어질 수도 있고, 패킷 단위로 이루어질 수도 있다.

2 인터넷에서의 QoS

IP 프로토콜은 원칙적으로 모든 패킷에 대해 동일한 기준을 적용해 목적지까지 데이터를 라우팅한다. 특히 데이터의 도착 순서나 데이터의 100% 수신 등을 보장하지 않기 때문에 버퍼를 사용해 이 문제를 해결한 후에 응용 계층으로 데이터를 전달해야 한다. IP 프로토콜을 이용해 대용량 실시간 서비스를 제공하려면 약간의 시간을 미리 확보해 데이터를 버퍼에 저장하는 작업이 선행되어야 한다. 따라서 첫 번째 데이터가 응용 환경에 전달되는 시점은 전송 지연 시간보다 더 늦어진다.

QoS에서는 전송 데이터를 특징에 따라 여러 종류로 분류한다. 예를 들어, 영상 데이터 등은 대용량의 실시간 전송이 필요하지만, 전송 오류 문제에는 상대적으로 관대하다. 그에 비해 일반 컴퓨터 데이터는 실시간 기능은 필요 없지만, 전송 오류에 매우 민감하다. IP 프로토콜에는 특정 패킷의 우선순위를 조절하는 기능이 존재하지 않으므로 모든 패킷을 동일한 기준으로 처리한다는 단점이 있다.

IP 프로토콜에서 QoS를 지원하려면 각 패킷을 서로 다른 QoS 기준으로 구분할 수 있어야 하고, 라우터에서 이를 처리해야 한다. 또 사용하는 대역의 요구 조건에 따라 패킷을 구분하고, 네트워크 자원의 할당도 그에 부합해야 한다.

요약

01 라우팅

네트워크 양단에 연결된 호스트들이 전송하는 데이터는 전송 경로 중간에 위치한 라우팅 시스템을 거친다. 라우팅 시스템은 데이터를 최종 목적지까지 올바른 경로로 중개하는 교환 기능을 제공한다. 연결형 서비스를 제공하는 회선 교환 시스템은 아날로그 환경의 음성 전화 서비스를 통해 발전했으며, 고정 대역폭의 전송률을 지원하므로 네트워크의 구조가 상대적으로 단순하다. 반면에 비연결형 서비스를 제공하는 패킷 교환 시스템은 디지털 환경의 컴퓨터 네트워크를 통해 발전했으며, 가변 대역의 전송률을 지원해 네트워크 구조가 복잡하다.

02 패킷 교환

송신 호스트는 전송할 데이터를 패킷이라는 일정 크기로 나누어 전송하며, 원칙적으로 송수신 호스트 사이에 연결이 존재하지 않으므로 각 패킷은 독립적인 라우팅 과정을 거쳐 수신 호스트에 도착한다. 인터넷에서 사용하는 패킷 교환 시스템의 장점은 전송 대역의 효율적 이용, 호스트의 무제한 수용, 패킷에 우선순위 부여라는 세 가지로 요약할 수 있다. 패킷을 전송하는 과정에서 회선 교환 방식에 비해 더 많은 지연이 발생한다. 패킷별로 지연되는 정도를 나타내는 지연 분포의 형태도 가변적일 수밖에 없는데, 이런 가변적인 전송 지연의 분포를 지터라 한다.

03 가상 회선

데이터를 패킷 교환 방식으로 전송하는 네트워크는 가상 회선과 데이터그램이라는 두 가지 전송 방식을 지원한다. 가상 회선 방식은 연결형 서비스를 지원하기 위한 기능으로, 미리 설정된 논리적인 연결을 통해 전송되는 모든 패킷의 경로가 동일하다. 따라서 모든 패킷이 하나의 동일 경로로 전송되므로 패킷이 도착하는 순서가 보낸 순서와 같다. 가상 회선 방식은 용어에서 유추할 수 있듯이 회선 교환 방식과 같은 연결형 서비스를 지원한다. 그러나 가상 회선 방식은 패킷 교환 방식을 기반으로 하므로 데이터의 전송 단위가 패킷 단위로 이루어지는 반면, 회선 교환 방식은 패킷 기능을 지원하지 않는다.

04 데이터그램

패킷 교환 방식에서 비연결형 서비스를 이용해 패킷을 독립적으로 전송하는 것을 데이터그램 방식이라 한다. 데이터그램 방식은 패킷을 송신하기 전에 연결을 설정하는 과정이 없으므로, 미리 경로를 할당하지 않는다. 따라서 전송되는 패킷들이 독립적인 경로로 전달된다. 데이터그램 방식에서 데이터의 도착 순서가 바뀌는 것은 흔하게 벌어지는 현상이므로 수신 호스트에서 데이터의 순서를 바로잡는 기능이 필요하다.

05 프레임 릴레이

패킷 교환 방식이 개발된 시점에는 원거리 디지털 통신 과정에서 지금보다 더 많은 전송 오류가 발생했다. 이와 달리 현대의 네트워크는 물리적인 전송 오류가 발생할 확률이 매우 낮다. 과거의 과도한 오류 제어 기능이 현재의 통신 환경에서는 낭비 요소가 된 것이다. 복잡한 오류 제어 기능 중 중복되는 부분을 제거하면 패킷의 전송 속도를 높일 수 있다. 이처럼 낭비 요소를 제거해 데이터 전송 속도를 향상시키기 위해 프레임 릴레이 방식이 고안되었다. 프레임 릴레이 방식에서는 각 라우터의 개별 연결을 의미하는 홉 단위의 흐름 제어와 오류 제어 기능을 수행하지 않는다. 따라서 데이터의 전송과 긍정 응답의 처리가 큰 흐름으로 이루어져, 데이터 전송 효율을 크게 향상시킬 수 있다.

06 LAN

LAN은 단일 건물이나 학교 같은 가까운 거리에 위치하는 호스트로 구성된 네트워크이다. 규모가 아주 작을 때는 단일 전송 케이블로 모든 호스트를 연결할 수 있다. LAN은 WAN 환경보다 호스트 간의 간격이 가깝기 때문에 데이터를 브로드캐스팅 방식으로 전송한다. 호스트 사이의 물리적 거리는 데이터 전송 과정에 영향을 많이 미친다. 가까울수록 데이터 전송 지연이 적으며, 전송 오류가 발생할 가능성도 낮아진다. LAN 환경에서 가장 많이 사용하는 네트워크 연결 형태는 버스형과 링형이다. 버스형은 공유 버스 하나에 여러 호스트를 직접 연결한다. 물리적으로 전송 매체를 공유하기 때문에 임의의 호스트가 전송한 데이터를 네트워크에 연결된 모든 호스트에 전송하는 브로드캐스팅 방식으로 동작한다. 버스형에서는 전송 데이터가 모든 호스트에 브로드캐스팅되므로 라우팅 기능이 따로 필요 없다.

07 WAN

WAN은 국가 이상의 넓은 지역을 지원하는 네트워크 구조이다. LAN에서는 전송 호스트가 공유 버스를 이용한 브로드캐스팅을 지원하기 때문에 라우팅의 개념이 필요 없다. 점대점으로 연결된 WAN 환경에서는 전송과 더불어 라우팅 기능이 반드시 필요하다. WAN에서는 전송 매체를 이용해 호스트를 일대일로 연결하는 방식으로 네트워크를 확장한다. 호스트 사이의 거리가 멀기 때문에 연결의 수가 증가할수록 전송 매체를 많이 사용하므로 비용도 많이 든다. WAN에서는 호스트를 스타형, 트리형, 완전형, 불규칙형 등 다양한 구조로 연결할 수 있다.

08 인터네트워킹

라우팅 장비는 네트워크 내부에서 경로 선택 기능을 수행하는데, 둘 이상의 서로 다른 네트워크를 연결하는 기능을 인터네트워킹이라 한다. 2개의 네트워크를 연결하는 장비는 역할이 어느 계층에 속하느냐에 따라 종류가 달라진다. 일반적으로 하위 3개 계층인 물리 계층, 데이터 링크 계층, 네트워크 계층의 기능을 수행하며, 특별히 네트워크 계층까지의 기능을 수행하는 장비는 라우터이다. 네트워크 간의 차이는 다양한 방법으로 기술할 수 있다. 예를 들어, 연결형 · 비연결형 서비스, 데이터 전송에 사용되는 프로토콜의 종류, 호스트를 구분하기 위한 주소 표현 방법, 전송 패킷의 크기, 멀티캐스팅 · 브로드캐스팅의 지원 여부 등이 고려 대상이다.

09 트랜스페런트 브리지

브리지는 물리 계층을 포함하여 데이터 링크 계층의 기능을 지원하며, 트랜스페런트 브리지는 라우팅 작업이 사용자의 부담 없이 이루어진다. 브리지 사용자는 전송하는 프레임 헤더에 라우팅 정보를 추가하지 않아도 되며, 필요한 라우팅 과정은 브리지가 자동으로 수행한다. 설치 과정에서 하드웨어의 조정이나 소프트웨어의 변경, 주소, 라우팅 테이블 관련 사항을 고려할 필요가 없다. 트랜스페런트 브리지가 제대로 동작하려면 라우팅 테이블 정보가 정확해야 한다.

10 역방향 학습

트랜스패런트 브리지의 초기 환경에서 라우팅 테이블이 비어 있을 때, 프레임의 수신자가 어느 쪽 포트에 위치하는지 판단할 수 없다. 그러므로 이 경우에는 플러딩 알고리즘을 사용해 입력된 프레임을 브리지의 모든 포트 방향으로 전달한다. 이 과정에서 브리지에 입력된 프레임의 송신 호스트 주소를 근거로 송신 호스트가 몇 번 포트에 연결되었는지 알 수 있다. 이와 같이 데이터 전달 과정에서 얻은 프레임의 송신 호스트 주소와 포트 번호의 정보를 라우팅 테이블에 반영한다. 이 방법을 사용하면 시간이 경과함에 따라 라우팅 테이블의 정보가 계속 누적되므로 라우팅 정보를 효과적으로 수집할 수 있다. 이처럼 네트워크의 동작 과정에서 라우팅 정보를 얻는 방식을 역방향 학습 알고리즘이라 한다.

11 스패닝 트리

역방향 학습 알고리즘을 이용하면 라우팅 정보를 효과적으로 얻을 수 있다. 그러나 네트워크에 이중 경로가 존재하면 잘못된 라우팅 정보를 얻게 된다. 이런 문제점을 해결하려면 이중 경로가 존재하지 않도록 네트워크를 설계해야 한다. 네트워크의 설계 과정에서 순환 구조가 불가피하게 만들어지면 네트워크의 논리적인 연결 상태를 비순환 형태로 간주함으로써, 역방향 학습 알고리즘이 올바르게 동작하도록 해야 한다. 네트워크의 비순환 구조를 스패닝 트리라 하고, 이를 지원하는 알고리즘을 스패닝 트리 알고리즘이라 한다.

12 IP 인터네트워킹

인터넷 환경에서 IP 프로토콜을 사용해 IP 인터네트워킹을 지원하려면 송수신 호스트 간의 여러 네트워크 인터페이스를 거쳐 패킷을 전달할 수 있어야 한다. 라우팅 기능을 수행하는 네트워크 계층은 IP 프로토콜이므로 인터넷에 연결된 모든 시스템은 공통으로 IP 프로토콜을 지원해야 한다. 라우터에는 양쪽 MAC 계층의 프레임 구조에 차이가 있을 때 이를 변환하는 기능이 필요하다. 라우터에 연결된 네트워크가 동일한 종류의 MAC 계층을 사용하면 변환 과정은 이루어지지 않는다.

13 인터넷 라우팅

라우터의 역할은 수신된 IP 패킷을 최적의 경로로 전달하는 것이다. 그러려면 인터넷의 전체 구성과 현재 상태에 대한 정보를 활용해 경로를 선택해야 한다. 고정 경로 배정은 간단한 구현만으로도 효과적인 라우팅이 가능한 방법으로, 송수신 호스트 사이에 고정불변의 경로를 배정한다. 인터넷에서 사용되는 라우터는 적응 경로 배정 방식을 채택한다. 적응 경로 배정에서는 네트워크 연결 상태가 변하면 이를 패킷의 전달 경로에 반영한다. 적응 경로 배정은 경로를 결정하는 과정이 복잡해지면 이를 처리하는 라우터의 부담이 증가하는데, 인터넷처럼 복잡하고 거대한 네트워크에서 이것은 인터넷 자체의 트래픽 증가에 많은 영향을 준다.

14 자율 시스템

라우팅 프로토콜과 관련해 자율 시스템이라는 개념이 존재한다. 자율 시스템은 동일한 라우팅 특성에 의해 동작하는 논리적인 단일 구성체라고 볼 수 있다. 자율 시스템 내부에서 사용하는 공통 프로토콜을 내부 라우팅 프로토콜이라 하며, 라우터들끼리 라우팅 정보를 교환하는 용도로 사용한다. 자율 시스템들 간에 사용하는 라우팅 프로토콜은 외부 라우팅 프로토콜이라 한다. 즉, 동일한 자율 시스템에 위치한 라우터 사이에는 내부 라우팅 프로토콜을 사용하고, 서로 다른 자율 시스템을 연결하는 라우터 사이에는 외부 라우팅 프로토콜을 사용한다. 인터넷에서 사용되는 내부 라우팅 프로토콜에는 RIP, OSPF 등이 있고, 외부 라우팅 프로토콜에는 BGP 등이 있다.

15 서비스 품질

네트워크에서 서비스 품질이라는 용어를 다양하게 해석할 수 있지만, 보통 데이터를 어느 정도로 신뢰성 있게 전송하는지를 의미한다. 즉, 전송 과정에서의 데이터 변형, 데이터 분실, 전송 지연, 지연 값의 일관성 등을 기준으로 전송 품질을 판단할 수 있다. 인터넷 환경에서 전송 서비스의 품질 문제를 다루는 QoS는 네트워크 설계 과정의 중요한 고려 대상 중 하나이다. 전송 서비스의 좋고 나쁨을 판단하는 기준은 사용자의 관점에 따라 다양하지만 대부분 QoS로 정의할 수 있다. 네트워크의 서비스 품질을 만족시키기 위해서는 물리 계층을 포함하여 데이터 전송에 관여하는 모든 계층의 유기적인 협조가 필요하다. QoS는 주로 전송 계층 사용자가 요청하므로 전송 계층 연결을 설정할 때 필요한 서비스의 정도를 매개변수로 표시한다.

연습문제

01 라우팅 기능에 대한 설명으로 잘못된 것을 모두 고르시오.

① 네트워크 양단에 연결된 호스트들이 전송하는 데이터는 전송 경로 중간에 위치한 라우팅 시스템을 거친다.

② 라우팅 시스템은 데이터를 최종 목적지까지 올바른 경로로 중개하는 교환 기능을 제공한다.

③ 회선 교환 시스템은 고정 대역으로 할당된 연결을 설정하여 데이터 전송을 시작한다. 따라서 회선에 할당된 고정 크기의 안정적인 전송률로 데이터를 전송할 수 있다.

④ 패킷 교환 시스템은 컴퓨터 네트워크 환경에서 주로 이용한다. 데이터를 미리 패킷 단위로 나누어 전송하므로 패킷을 기준으로 라우팅이 이루어진다.

⑤ 회선 교환에는 모든 패킷의 경로를 일정하게 유지시키는 가상 회선 방식과 패킷들이 각각의 경로로 전송되는 데이터그램 방식이 있다.

02 패킷 교환 방식의 장점에 대한 설명으로 잘못된 것을 모두 고르시오.

① 인터넷에서 사용하는 패킷 교환 시스템의 장점은 전송 대역의 효율적 이용, 호스트의 무제한 수용, 패킷에 우선순위 부여라는 세 가지로 요약할 수 있다.

② 여러 호스트에서 전송한 패킷들이 농석인 빙식으로 전송 대역을 공유하기 때문에 전송 선로의 이용 효율을 극대화할 수 있다.

③ 패킷 교환 방식에서는 전송 대역이 부족해 연결 설정 요청을 수용하지 못하는 경우란 없다. 임의의 연결 요청에 고정 대역을 할당하지 않으므로 이론상 호스트를 무한히 수용할 수 있다.

④ 데이터의 전송 작업이 패킷 단위로 이루어져 패킷에 우선순위를 부여하기 편리하다. 즉, 특정 호스트가 전송하는 패킷들을 먼저 전송할 패킷과 나중에 전송해도 되는 패킷으로 구분하여 선택적으로 우선순위를 부여할 수 있다.

03 가상 회선 방식에 대한 설명으로 잘못된 것을 모두 고르시오.

① 데이터를 회선 교환 방식으로 전송하는 네트워크는 가상 회선과 데이터그램이라는 두 가지 전송 방식을 지원한다.

② 가상 회선 방식은 데이터를 패킷 단위로 나누어 전송하며 송수신 호스트 사이에 가상 연결을 지원하므로 모든 패킷의 전달 경로가 다를 수 있다.

③ 가상 회선 방식은 연결형 서비스를 지원하기 위한 기능으로, 미리 설정된 논리적인 연결을 통해 데이터를 전송한다.

④ 패킷의 도착 순서는 반드시 송신 순서와 일치하는 것은 아니다.

04 데이터그램에 대한 설명으로 잘못된 것을 모두 고르시오.

① 패킷 교환 방식에서 연결형 서비스를 이용해 패킷을 독립적으로 전송하는 것을 데이터그램 방식이라 한다.

② 데이터그램 방식에는 패킷을 송신하기 전에 연결을 설정하는 과정이 없으므로, 미리 경로를 할당하지 않는다. 따라서 전송되는 패킷들이 동일한 경로로 전달된다.

③ 송신 호스트가 전송한 패킷이 독립적으로 라우팅된다.

④ 데이터그램 방식에서 데이터의 도착 순서가 바뀌는 것은 흔하게 벌어지는 현상이므로 수신 호스트에서 데이터의 순서를 바로잡는 기능이 필요하다.

05 프레임 릴레이에 대한 설명으로 잘못된 것을 모두 고르시오.

① 패킷 교환 방식이 개발된 시점에는 원거리 디지털 통신 과정에서 지금보다 더 많은 전송 오류가 발생했다.

② 여러 계층에서 수행되는 복잡한 오류 제어 기능 중 중복되는 부분을 제거하면 패킷의 전송 속도를 높일 수 있다. 이처럼 낭비 요소를 제거해 데이터 전송 속도를 향상시키기 위해 프레임 릴레이 방식이 고안되었다.

③ 동일한 속도의 전송 매체로 고속 데이터 전송을 지원할 수 있도록 고안된 기술이 프레임 릴레이이다.

④ 프레임 릴레이 방식에서는 각 라우터의 개별 연결을 의미하는 홉 단위의 흐름 제어와 오류 제어 기능을 수행하지 않는다.

⑤ 중복되는 오류 복구나 흐름 제어 기능은 수행하지 않으므로 데이터 링크 계층의 기능을 단순하게 설계할 수 있다.

06 버스형 LAN 구조에 대한 설명으로 잘못된 것을 모두 고르시오.

① 버스형은 공유 버스 하나에 여러 호스트를 직접 연결한다.

② 물리적으로 전송 매체를 공유하기 때문에 임의의 호스트가 전송한 데이터를 네트워크에 연결된 모든 호스트에 전송하는 멀티캐스팅 방식으로 동작한다.

③ 버스형에서는 전송 데이터에 대한 라우팅 기능이 중요하게 다루어진다.

④ 둘 이상의 호스트에서 데이터를 동시에 전송하려고 하면 공유 버스에서 데이터 충돌이 발생할 수 있다.

⑤ 대표적인 버스형 연결 형태인 이더넷은 충돌이 발생하는 것을 허용하지 않는다.

07 링형 LAN 구조에 대한 설명으로 잘못된 것을 모두 고르시오.

① 링형은 전송 호스트의 연결이 순환 구조인 링 형태이다.

② 데이터는 시계나 반시계 방향으로 전송될 수 있으므로 적절히 통제되어야 한다.

③ 특정 호스트에서 전송한 데이터는 반드시 링을 한 바퀴 돌아 송신 호스트로 되돌아오도록 설계되었다. 데이터를 송신한 호스트는 자신에게 되돌아온 데이터를 네트워크에서 회수할 책임이 있다.

④ 링형에서는 토큰이라는 제어 프레임을 사용해 충돌 가능성을 원천적으로 차단한다.

⑤ 토큰은 네트워크에 연결된 호스트를 모두 순환하도록 설계되었기 때문에 모든 호스트가 동등한 전송 기회를 갖는다.

08 WAN에 대한 설명으로 잘못된 것을 모두 고르시오.

① WAN은 국가 이상의 넓은 지역을 지원하는 네트워크 구조이다.

② 브로드캐스팅으로 연결된 WAN 환경에서는 전송과 더불어 라우팅 기능이 반드시 필요하다.

③ WAN에서는 전송 매체를 이용해 호스트를 일대일로 연결하는 방식으로 네트워크를 확장한다.

④ WAN에서는 호스트 사이의 거리가 멀기 때문에 연결의 수가 증가할수록 전송 매체를 많이 사용하므로 비용도 많이 든다.

⑤ WAN에서는 호스트를 스타형, 트리형, 완전형, 불규칙형 등 다양한 구조로 연결할 수 있다.

09 인터네트워킹 장비에 대한 설명으로 잘못된 것을 모두 고르시오.

① 라우팅 장비는 네트워크 내부에서 경로 선택 기능을 수행하는데, 둘 이상의 서로 다른 네트워크를 연결하는 기능을 인터네트워킹이라 한다.

② 2개의 네트워크를 연결하는 장비는 역할이 어느 계층에 속하느냐에 따라 종류가 달라진다. 특별히 네트워크 계층까지의 기능을 수행하는 장비는 게이트웨이이다.

③ 리피터는 물리 계층의 기능을 지원한다. 양쪽 단의 물리적인 특성이 같으면 한쪽 단에서 들어온 비트 신호를 증폭하여 다른 단으로 단순히 전달하는 역할을 한다.

④ 브리지는 물리 계층을 포함하여 데이터 링크 계층의 기능을 지원한다. 한쪽 단에서 들어온 프레임의 MAC 계층 헤더를 다른 단의 MAC 계층 헤더로 전송할 수 있어 종류가 같은 LAN을 연결할 수 있다.

⑤ 라우터는 물리 계층, 데이터 링크 계층, 네트워크 계층의 기능을 지원한다. 네트워크 계층의 라우팅 기능을 수행할 수 있으므로 여러 포트를 사용해 다수의 LAN 연결 구조를 지원한다.

10 트랜스페런트 브리지에 대한 설명으로 잘못된 것을 모두 고르시오.

① 트랜스페런트 브리지는 라우팅 기능이 투명하게 보이기 때문에 라우팅 작업이 사용자의 부담 없이 이루어진다.

② 설치 과정에서 하드웨어의 조정이나 소프트웨어의 변경, 주소, 라우팅 테이블 관련 사항을 고려할 필요가 없다.

③ 트랜스페런트 브리지가 제대로 동작하려면 라우팅 테이블 정보가 정확해야 한다.

④ 라우팅 테이블의 내용이 비어 있으면 플러딩 알고리즘을 사용해 입력된 프레임의 전송을 중단한다.

⑤ 데이터 전달 과정에서 얻은 프레임의 수신 호스트 주소와 포트 번호의 정보를 라우팅 테이블에 반영한다.

⑥ 네트워크의 동작 과정에서 라우팅 정보를 얻는 방식을 역방향 학습 알고리즘이라 한다.

11 스패닝 트리 알고리즘에 대한 설명으로 잘못된 것을 모두 고르시오.

① 역방향 학습 알고리즘을 이용하면 라우팅 정보를 효과적으로 얻을 수 있다. 그러나 네트워크에 이중 경로가 존재하지 않으면 잘못된 라우팅 정보를 얻을 수 있다.

② 이런 문제점을 해결하려면 이중 경로가 존재하도록 네트워크를 설계해야 한다.

③ 네트워크의 설계 과정에서 순환 구조가 불가피하게 만들어지면 네트워크의 논리적인 연결 상태를 비순환 형태로 처리한다.

④ 스패닝 트리를 구성하려면 먼저 임의의 브리지를 트리 구조의 최상위 브리지인 루트로 지정해야 한다. 그런 다음, 루트 브리지에서 다른 모든 브리지까지의 최단 경로 트리를 구성하는 방식으로 LAN을 구축하는 과정을 밟는다.

12 IP 인터네트워킹에 대한 설명으로 잘못된 것을 모두 고르시오.

① 인터넷 환경에서 IP 프로토콜을 사용해 IP 인터네트워킹을 지원하려면 송수신 호스트 간의 여러 네트워크 인터페이스를 거쳐 패킷을 전달할 수 있어야 한다.

② 인터넷에 연결된 모든 시스템은 공통으로 TCP/IP 프로토콜을 지원해야 하며, 하위의 데이터 링크 계층에는 다양한 종류가 존재한다.

③ 패킷을 올바르게 중개하기 위해 라우터들은 TCP/IP 프로토콜 기능을 지원하고, 양 끝단의 송수신 호스트는 TCP/IP 응용 프로그램을 이용해 통신한다.

④ 라우터에는 양쪽 MAC 계층의 프레임 구조에 차이가 있을 때 이를 변환하는 기능이 필요하다.

⑤ 헤더 변환 과정과는 별도로, 라우터를 거치는 동안에 전송되는 데이터가 특정 MAC 계층에서 전송하기에 너무 크면 전송 데이터의 분할과 병합 과정이 이루어진다.

13 인터넷 라우팅 방식에 대한 설명으로 잘못된 것을 모두 고르시오.

① 라우터의 역할은 수신된 IP 패킷을 최적의 경로로 전달하는 것이다. 대표적인 라우팅 방식으로 고정 경로 배정과 적응 경로 배정이 있다.

② 고정 경로 배정은 간단한 구현만으로도 효과적인 라우팅이 가능한 방법으로, 송수신 호스트 사이에 고정불변의 경로를 배정한다.

③ 인터넷에서 사용되는 라우터는 고정 경로 배정 방식을 채택한다.

④ 적응 경로 배정에서는 네트워크 연결 상태가 변하면 이를 패킷의 전달 경로에 반영한다.

⑤ 경로를 결정하는 과정이 복잡해지면 이를 처리하는 라우터의 부담이 증가하는데, 인터넷처럼 복잡하고 거대한 네트워크에서 이것은 인터넷 자체의 트래픽 증가에 많은 영향을 준다.

14 자율 시스템에 대한 설명으로 잘못된 것을 모두 고르시오.

① 자율 시스템은 다수의 라우터로 구성할 수 있으며, 라우터들은 서로 공통의 라우팅 프로토콜을 사용해 정보를 교환한다. 자율 시스템은 동일한 라우팅 특성에 의해 동작하는 논리적인 단일 구성체라고 볼 수 있다.

② 자율 시스템 내부에서 사용하는 공통 프로토콜을 내부 라우팅 프로토콜이라 하며, 라우터들끼리 사용자 데이터를 전송하는 용도로 사용한다.

③ 자율 시스템들 간에 사용하는 라우팅 프로토콜을 일반적으로 외부 라우팅 프로토콜이라 한다.

④ 동일한 자율 시스템에 위치한 라우터 사이에는 내부 라우팅 프로토콜을 사용하고, 서로 다른 자율 시스템을 연결하는 라우터 사이에는 외부 라우팅 프로토콜을 사용한다.

⑤ 인터넷에서 사용되는 외부 라우팅 프로토콜에는 RIP, OSPF 등이 있고, 내부 라우팅 프로토콜에는 BGP 등이 있다.

15 서비스 품질에 대한 설명으로 잘못된 것을 모두 고르시오.

① 네트워크에서 서비스 품질이라는 용어를 다양하게 해석할 수 있지만, 보통 데이터를 어느 정도로 신뢰성 있게 전송하는지를 의미한다.

② 네트워크의 서비스 품질을 만족시키기 위해서는 물리 계층을 포함하여 데이터 전송에 관여하는 모든 계층의 유기적인 협조가 필요하다.

③ 연결 설정 지연은 연결 설정을 위한 request 프리미티브 발생과 indication 프리미티브 도착 사이의 경과 시간이다.

④ 전송률은 임의의 시간 구간에서 초당 전송할 수 있는 바이트 수이다.

⑤ 전송 지연은 송신 호스트가 전송한 데이터가 수신 호스트에 도착할 때까지 경과한 시간이다.

⑥ 전송 오류율은 임의의 시간 구간에서 전송된 총 데이터 수와 오류 발생 데이터 수의 비율이다.

16 연결형 서비스를 제공하는 (①) 시스템은 아날로그 환경의 음성 전화 서비스를 통해 발전했으며, 고정 대역폭의 전송률을 지원하므로 네트워크의 구조가 상대적으로 단순하다. 반면에 비연결형 서비스를 제공하는 (②) 시스템은 디지털 환경의 컴퓨터 네트워크를 통해 발전했으며, 가변 대역의 전송률을 지원해 네트워크 구조가 복잡하다.

17 패킷 교환 방식에서 송신 호스트는 전송할 데이터를 (①)이라는 일정 크기로 나누어 전송하며, 원칙적으로 송수신 호스트 사이에 연결이 존재하지 않으므로 각 (①)은 독립적인 라우팅 과정을 거쳐 수신 호스트에 도착한다. 다만, 패킷 교환 방식에서도 회선 교환 방식과 같은 논리적인 연결 설정 개념을 도입한 (②) 방식이 존재한다.

18 가상 회선 방식으로 데이터를 전송하는 원리는 용어에서 유추할 수 있듯이 회선 교환 방식과 같은 (①) 서비스를 지원한다. 그러나 가상 회선 방식은 (②) 방식을 기반으로 하므로 데이터의 전송 단위가 (③) 단위로 이루어지는 반면, 회선 교환 방식은 (③) 기능을 지원하지 않는다. 이는 두 교환 방식을 구분하는 중요한 차이점이다.

19 패킷 교환 방식에서 비연결형 서비스를 이용해 패킷을 (독립적으로, 종속적으로) 전송하는 것을 (①) 방식이라 한다. (①) 방식은 패킷을 송신하기 전에 연결을 설정하는 과정이 없으므로, 미리 경로를 할당하지 않는다. 따라서 전송되는 패킷들이 (독립적인, 종속적인) 경로로 전

달된다. 일반적으로 (①) 방식은 전송할 정보의 양이 적거나 상대적으로 신뢰성이 중요하지 않은 환경에서 사용된다.

20 신뢰도가 높은 새로운 네트워크 환경을 고려해 전송 오류 제어 기능을 더 효율적으로 처리하는 네트워크 프로토콜을 작성할 필요가 생겼으며, 이를 위해 동일한 속도의 전송 매체로 고속 데이터 전송을 지원할 수 있도록 고안된 기술이 (①)이다.

21 버스형에서는 전송 데이터가 모든 호스트에 (①)되므로 라우팅 기능이 따로 필요 없다. 헤더 정보에 포함된 수신 호스트 정보를 이용하여 수신 호스트만 데이터를 내부 버퍼에 보관하고 나머지 호스트들은 데이터를 버림으로써 특정 호스트만 데이터를 수신한다. 이를 위해 각 호스트를 구분하는 (②)가 필요하고, 전송 데이터의 헤더에는 오류 제어, 흐름 제어에 필요한 정보도 표기한다. 둘 이상의 호스트에서 데이터를 동시에 전송하려고 하면 공유 버스에서 데이터 (③)이 발생할 수 있다.

22 링형에서는 (①)이라는 제어 프레임을 사용해 (②) 가능성을 원천적으로 차단한다. 데이터를 전송할 호스트는 사전에 전송용 (①)을 확보해야 한다. 네트워크에는 (①)이 하나만 존재하도록 설계되므로 특정 시간에 데이터를 전송할 수 있는 호스트는 하나뿐이다. 따라서 호스트 사이에 (②)이 발생할 가능성을 미리 차단할 수 있다.

23 WAN은 국가 이상의 넓은 지역을 지원하는 네트워크 구조이다. LAN과 MAN의 구성에서는 전송 호스트가 공유 버스를 이용한 브로드캐스팅을 지원하기 때문에 (①)의 개념이 필요 없다. 그러나 거리가 먼 WAN에서는 브로드캐스팅 방식을 지원하기 어렵고, 또한 전송 매체의 길이가 길어지는 환경을 고려해야 한다. (②)으로 연결된 WAN 환경에서는 전송과 더불어 (①) 기능이 반드시 필요하다.

24 라우팅 장비는 네트워크 내부에서 경로 선택 기능을 수행하는데, 둘 이상의 서로 다른 네트워크를 연결하는 기능을 (①)이라 한다. 2개의 네트워크를 연결하는 장비는 역할이 어느 계층에 속하느냐에 따라 종류가 달라진다. 일반적으로 하위 3개 계층인 물리 계층, 데이터 링크 계층, 네트워크 계층의 기능을 수행하며, 특별히 네트워크 계층까지의 기능을 수행하는 장비는 (②)이다.

25 라우팅 장비 중에서 (①)는 물리 계층의 기능을 지원한다. 양쪽 단의 물리적인 특성이 같으면 한쪽 단에서 들어온 비트 신호를 증폭하여 다른 단으로 단순히 전달하는 역할을 한다. (②)는 물리 계층을 포함하여 데이터 링크 계층의 기능을 지원한다. 라우터는 물리 계층, 데이터 링크 계층, (③)의 기능을 지원한다.

26 트랜스페런트 브리지가 제대로 동작하려면 라우팅 테이블 정보가 정확해야 한다. 라우팅 테이블의 내용이 비어, 프레임의 수신자가 어느 쪽 포트에 위치하는지 판단할 수 없으면 (①) 알고리즘을 사용해 입력된 프레임을 브리지의 모든 포트 방향으로 전달한다. 네트워크의 동작 과정에서 라우팅 정보를 얻는 방식을 (②) 알고리즘이라 한다.

27 역방향 학습 알고리즘을 이용하면 라우팅 정보를 효과적으로 얻을 수 있다. 그러나 네트워크에 (①)가 존재하면 잘못된 라우팅 정보를 얻게 된다. 이런 문제점을 해결하려면 (①)가 존재하지 않도록 네트워크를 설계해야 한다. 네트워크의 설계 과정에서 순환 구조가 불가피하게 만들어지면 네트워크의 논리적인 연결 상태를 비순환 형태로 간주함으로써, 역방향 학습 알고리즘이 올바르게 동작하도록 해야 한다. 네트워크의 비순환 구조를 (②)라 하고, 이를 지원하는 알고리즘을 (②) 알고리즘이라 한다.

28 라우터의 역할은 수신된 IP 패킷을 최적의 경로로 전달하는 것이다. 그러려면 인터넷의 전체 구성과 현재 상태에 대한 정보를 활용해 경로를 선택해야 한다. (①) 배정은 간단한 구현만으로도 효과적인 라우팅이 가능한 방법으로, 송수신 호스트 사이에 불변의 경로를 배정한다. 인터넷에서 사용되는 라우터는 (②) 배정 방식을 채택한다.

29 자율 시스템은 다수의 라우터로 구성할 수 있으며, 라우터들은 서로 공통의 라우팅 프로토콜을 사용해 정보를 교환한다. 자율 시스템은 동일한 라우팅 특성에 의해 동작하는 논리적인 단일 구성체라고 볼 수 있다. 자율 시스템 내부에서 사용하는 공통 프로토콜을 (①)이라 하며, 라우터들끼리 라우팅 정보를 교환하는 용도로 사용한다. 자율 시스템들 간에 사용하는 라우팅 프로토콜을 (②)이라 한다.

30 QoS 매개변수 중에서 (　①　)은 연결 설정을 위한 request 프리미티브 발생과 confirm 프리미티브 도착 사이의 경과 시간이고, (　②　)은 임의의 시간 구간에서 초당 전송할 수 있는 바이트 수이고, (　③　)은 송신 호스트가 전송한 데이터가 수신 호스트에 도착할 때까지 경과한 시간이고, (　④　)은 임의의 시간 구간에서 전송된 총 데이터 수와 오류 발생 데이터 수의 비율이다.

31 다음 용어에 대하여 간단히 설명하시오.

- 회선 교환
- 패킷 교환
- 가상 회선
- 데이터그램
- 프레임 릴레이
- 버스형 LAN
- 링형 LAN
- WAN
- 인터네트워킹
- 라우터
- 브리지
- 리피터
- 트랜스페런트 브리지
- 역방향 학습 알고리즘
- 스패닝 트리 알고리즘
- 고정 경로 배정
- 적응 경로 배정
- 자율 시스템
- 내부 라우팅 프로토콜
- 외부 라우팅 프로토콜
- QoS

32 회선 교환 방식과 패킷 교환 방식을 차이점 위주로 설명하시오.

33 패킷 교환 방식의 장점에 대하여 설명하시오.

34 가상 회선 방식과 데이터그램 방식을 비교하여 설명하시오.

35 프레임 릴레이에서 전송 효율을 높이는 원리를 설명하시오.

36 버스형과 링형의 구조를 설명하고, 충돌 문제를 해결하는 방안을 비교하시오.

37 네트워크 연동을 위한 네트워크 장비에 대하여 설명하시오.

38 브리지의 역할을 헤더 정보를 중심으로 설명하시오.

39 트랜스페런트 브리지에서 데이터를 중계하는 방식을 설명하시오.

40 역방향 학습 알고리즘을 설명하고, 이 방식의 문제점과 해결 방안을 제시하시오.

41 IP 인터네트워킹에 대하여 설명하시오.

42 인터넷 라우팅의 원리를 예를 들어 설명하시오.

43 자율 시스템이 연동하는 원리를 간단히 설명하시오.

44 대표적인 QoS 매개변수를 나열하고, 각각을 설명하시오.

Chapter

04

데이터 전송

학습목표

- 전송과 라우팅의 개념을 이해한다.
- 점대점 방식과 브로드캐스팅 방식의 차이를 이해한다.
- 멀티포인트 통신의 종류와 동작 원리를 이해한다.
- 프레임 전송 과정에서 오류 제어 기능을 살펴본다.
- 흐름 제어 기능을 살펴본다.
- 프레임 구조를 이해하고, 문자 프레임과 비트 프레임을 살펴본다.
- 오류 검출 기법의 종류와 원리를 이해한다.
- 생성 다항식을 이용한 오류 검출 방식을 알아본다.

Preview

물리 계층을 이용해 전송되는 데이터는 전송 매체의 물리적인 특성으로 인해 오류가 발생할 수 있다. 오류의 종류에는 데이터가 수신 호스트에 전달되지 않는 데이터 분실과 데이터 일부가 깨져서 도착하는 데이터 변형이 있다. 오류 문제를 해결하려면 일차적으로 오류가 발생했다는 사실을 인지해야 한다. 데이터 분실 오류는 송신 호스트 주도의 타임아웃 방식으로 검출하며, 데이터 변형 오류는 수신 호스트가 송신 데이터에 포함된 오류 검출 코드를 활용해 검출한다.

물리적인 전송 오류를 해결하는 것은 데이터 링크 계층의 가장 중요한 역할이다. 오류를 해결하려면 먼저 오류의 발생 여부를 확인해야 하는데, 생성 다항식을 포함한 다양한 기법으로 오류를 검출해낼 수 있다. 컴퓨터 네트워크에서는 오류 데이터를 복구하기 위하여 재전송 기법을 사용한다. 데이터 분실 오류는 타임아웃 과정을 거쳐 송신 호스트가 원래의 데이터를 재전송함으로써 해결하고, 데이터 변형 오류는 수신 호스트의 오류 발생 통지에 따라 송신 호스트가 원래 데이터를 재전송하여 해결한다.

4장에서는 데이터 링크 계층을 포함한 여러 계층에서 활용되는 데이터 전송의 기본 원리를 학습한다. 이를 위하여 전송과 교환의 개념, 데이터 전송의 기본 단위인 프레임의 구조에 대하여 설명한다. 데이터를 전송하는 과정에서는 오류가 발생할 수 있다. 따라서 다양한 오류의 유형을 분석하고 발생 원인에 따른 해결 방안과 필요한 개념 및 기술들을 살펴본다. 한편, 재전송을 통해 오류를 제어하려면 선행적으로 오류 발생을 인지해야 한다. 이때 필요한 오류 검출 코드에 대하여 살펴보고 인터넷에서 실제 활용되는 생성 다항식에 대해서도 자세히 살펴본다.

01 전송 방식

컴퓨터 네트워크는 독립적으로 실행되는 호스트들을 연결해 하나의 통신망을 구성한 것이다. 컴퓨터 네트워크를 통해 정보 공유, 병렬 처리에 의한 성능 향상, 중복 저장에 따른 신뢰성 향상 등의 효과를 얻을 수 있다.

■ 정보 공유

정보 공유Information Sharing는 컴퓨터 하드웨어뿐 아니라 각 호스트에서 제공하는 논리적인 정보를 공유하는 것이다. 인터넷 자원을 더 효율적으로 활용할 수 있게 해주어 네트워크를 발전시킨 1차 요인이기도 하다. 과거의 물리적인 자원 공유와 정보 접근의 편리성을 넘어, 네트워크의 응용 환경은 활용 영역의 제한을 받지 않고 발전하고 있다. 스마트폰의 보급으로 인터넷 활용은 일상화되어 있으며, 인공지능과 결합된 4차 산업의 성패는 넘치는 공유 정보들을 어떻게 효율적으로 활용할 수 있는지에 달려 있다고 할 수 있다.

■ 병렬 처리에 의한 성능 향상

병렬 처리는 원래 컴퓨터 시스템 내부에서 구현되고 발전되어 왔다. 하나의 공유 시스템 버스에 다수의 메인 프로세서Processor를 장착하거나, I/O 장치의 처리 속도를 향상시키기 위해 I/O 전용 프로세서를 설치하는 것이 그 예이다. 시스템이 수행할 작업을 분할해 동시에 처리함으로써 처리 시간을 단축시키는 효과를 얻는다. 네트워크가 시스템 버스 역할을 수행하는 방식의 분산 병렬 처리 시스템은 네트워크 속도가 지속적으로 향상됨에 따라 분산 병렬 처리의 효과도 크게 향상되고 있다. 3차원 가상 세계를 실현하는 메타버스Metaverse의 발전은 정보 공유, 네트워크 속도, 분산 병렬 처리, 인공지능 기술의 총체적인 집합체라 할 수 있다.

■ 중복 저장에 따른 신뢰성 향상

중복 저장은 네트워크에 연결된 시스템이 보관하는 정보의 신뢰성을 향상시키기 위해 사용한다. 중요한 정보를 여러 시스템에 중복 저장하여 정보의 접근성과 신뢰성을 향상시킬 수 있다. 중복에 따른 일관성의 처리는 사용자 부담이 아니며, 컴퓨터 시스템이 자동으로 해결해줌으로써 하드디스크 손상과 같은 특정 시스템에서 발생한 데이터 손실을 복구할 수 있다. 클라우드Cloud 서비스는 각종 정보를 서버에 저장한 뒤 언제 어디서든 손쉽게 접근할 수 있게 한 것이다. 클라우드 서버는 중복, 백업 등의 다양한 기술을 통하여 저장된 정보의 신뢰성을 확보한다.

1 전송과 라우팅

컴퓨터 네트워크에는 전송 매체로 연결된 호스트들이 존재한다. 송신 호스트가 수신 호스트에 데이터를 전달Transfer하려면 전송과 교환 과정을 거쳐야 한다. 교환Switching은 전달 경로가 둘 이상일 때 라우터에서 데이터를 어느 방향으로 전달할지를 선택하는 기능으로, 다양한 기준에 따라 데이터를 올바른 경로로 전달할 수 있도록 해준다. 유선 전화망에서 교환이라는 표현이 사용되기 시작하였으며, 컴퓨터 네트워크에서는 라우팅Routing이라는 용어가 보편적으로 사용된다. 전송Transmission은 특정한 물리 매체에 의하여 일대일(1:1)로 직접 연결된 두 시스템 간의 신뢰성 있는 데이터 전송을 보장하기 위한 것이다. 전송에는 라우팅 개념이 포함되지 않는다.

라우팅 개요

[그림 4-1]은 호스트 a와 호스트 d가 통신한다고 가정하고, 둘 사이의 데이터 전달 과정을 통해 전송과 라우팅의 차이점을 설명한다. 호스트 a에서 호스트 d로 데이터를 전달하려면 다음 세 과정을 순차적으로 진행해야 한다.

① 호스트 a와 호스트 c 간의 직접 연결에 의한 전송
② 호스트 c에서의 올바른 경로 선택을 의미하는 라우팅
③ 호스트 c와 호스트 d 간의 직접 연결에 의한 전송

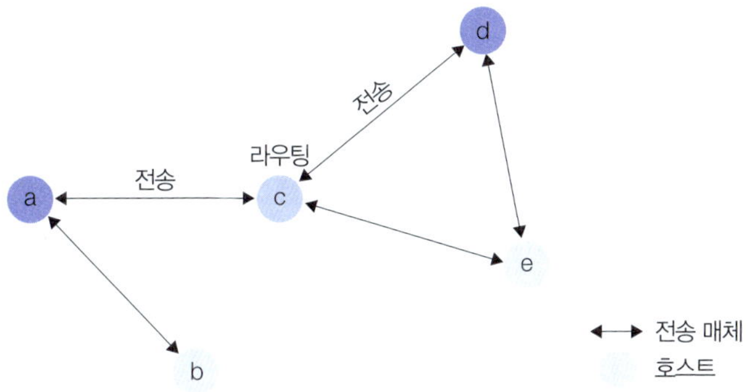

그림 4-1 라우팅

[그림 4-1]에서 짐작할 수 있듯이 전송 개념에는 라우팅 개념이 배제되어야 한다. 이를 위해서는 두 호스트를 전송 매체로 직접 연결해 송신 호스트가 전송한 데이터가 수신 호스트에 라우팅 없이 직접 도착하도록 해야 한다.

호스트 c에서의 라우팅 과정은 수신 데이터를 어느 경로로 전달할지를 결정한다. 호스트 c는 호스트 a, 호스트 d, 호스트 e라는 세 경로로 데이터를 전송할 수 있다. 호스트 a 방향은 데이터가 출발지로 되돌아가므로 잘못된 선택이고, 호스트 e 방향은 직관적으로 볼 때 데이터가 먼 거리로 우회하여 전달되기 때문에 잘못된 선택이다. 호스트 d 방향으로 직접 보내주는 것이 가장 올바른 경로 선택이다. 올바른 경로를 선택하기 위해 라우팅 기능을 수행하는 호스트를 라우터Router라 하며, 경로 선택과 관련된 정보를 라우팅 테이블에 저장하여 관리한다.

전송 방식의 종류

네트워크를 다양한 기준으로 분류할 수 있지만, 네트워크에 연결된 호스트의 지리적 분포에 따라 구분하는 방식과 데이터 전송 · 라우팅 기술로 분류하는 방식이 대표적이다. 지리적 분포에 따른 분류 방식에는 LANLocal Area Network(근거리 통신망), MANMetropolitan Area Network(도시 규모의 통신망), WANWide Area Network(원거리 통신망) 등이 있다.

데이터 전송 · 라우팅 기술에 따라 네트워크를 분류하는 방식에는 두 가지가 있다. 각 호스트를 일대일로 직접 연결하는 방식으로 네트워크를 구성하고 특정한 수신 호스트에만 데이터를 전송하는 점대점Point-to-Point 방식과 네트워크에 연결된 모든 호스트에 데이터를 전송하는 브로드캐스팅Broadcasting 방식이 있다.

■ **점대점 방식**

점대점 방식에서는 호스트 간의 데이터 전달 과정에서 송신 호스트가 중개 호스트와 일대일로 연결되므로 다른 호스트에는 데이터가 전달되지 않는다. 따라서 데이터를 최종 수신 호스트까지 올바르게 전달하는 과정에서 인접한 중개 호스트에 전송하는 과정을 단계적으로 반복한다. 이때 각 호스트는 데이터를 송수신하는 호스트일 수도 있고, 중간에 있는 라우터일 수도 있다. 원거리에 있는 호스트 사이의 통신 방식으로, WAN 환경에서 주로 사용한다.

■ **브로드캐스팅 방식**

브로드캐스팅 방식에서는 공유 전송 매체 하나에 여러 호스트를 연결하기 때문에 네트워크에 연결된 모든 호스트에 데이터가 전송된다. 데이터 전달 과정에는 별도의 라우팅 기능이 필요 없다. 대신, 자신을 목적지로 하지 않은 데이터를 받은 호스트는 받은 데이터를 버려 결국 하나의 수신 호스트만 데이터를 수신하도록 설계해야 한다. LAN처럼 지리적으로 가까운 호스트 사이의 통신에서 주로 사용한다.

2 점대점 방식

점대점Point-to-Point 방식 네트워크에서는 라우팅 호스트가 송수신 호스트의 중간에 위치한다. 라우터들을 연결하는 방식은 그 구성 형태에 따라 기술적으로 영향을 많이 받는다. [그림 4-2]는 대표적인 점대점 방식으로 스타형, 링형, 완전형, 불규칙형이 있다.

[그림 4-2]에서 볼 수 있듯이, 호스트는 전송 매체를 이용해 일대일로 직접 연결되므로 모든 호스트가 점대점 연결을 통해 네트워크를 확장한다. 통신하고자 하는 두 호스트가 직접 연결되어 있으면 별도의 라우팅 과정 없이 직접 데이터를 전송할 수 있다. 그렇지 않은 경우에는 중간에 위치한 호스트들의 라우팅 기능으로 최적의 경로를 선택하여 데이터를 전송해야 한다.

점대점 방식은 WAN 환경과 같은 원거리 호스트를 연결할 때 사용한다. 따라서 전체 연결 개수가 많아지면 성능 면에서 유리하지만, 전송 매체의 길이가 증가해 비용이 많이 든다. 반대로 연결 개수가 적어지면 전송 매체를 더 많이 공유해 특정 구간에서 네트워크 혼잡도가 증가한다. 네트워크 트래픽이 많이 발생하는 구간에서는 전송 매체의 수를 늘리고, 그렇지 않은 구간에서는 줄이는 방식으로 네트워크가 확장되기 때문에 불규칙형의 구조가 일반적이다.

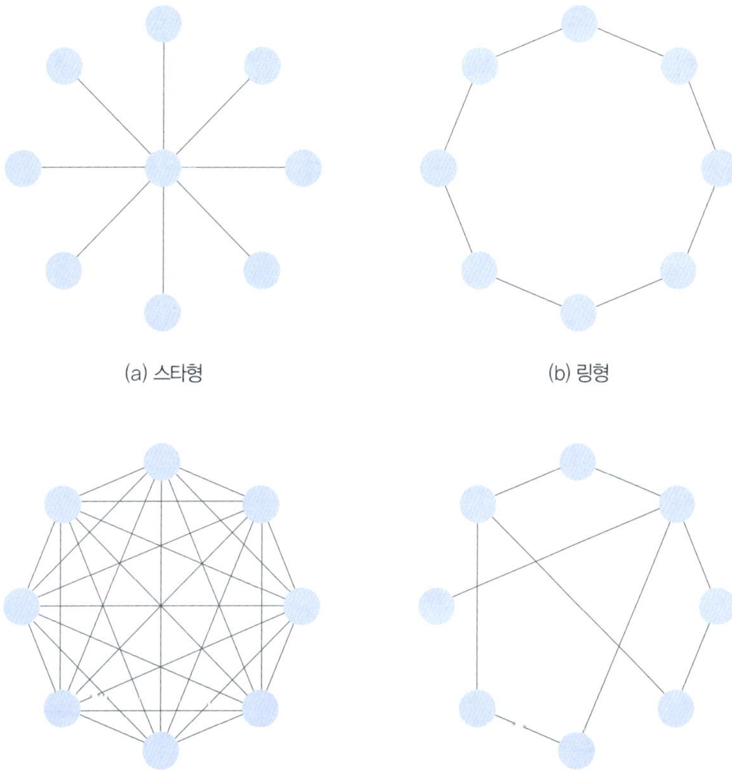

(a) 스타형　(b) 링형

(c) 완전형　(d) 불규칙형

그림 4-2 점대점 방식

스타형

[그림 4-2]의 (a)와 같은 스타Star형은 중앙에 있는 하나의 중개 호스트 주위로 여러 호스트를 일대일로 연결하는 형태이다. 주변 호스트가 데이터를 송수신하려면 반드시 중앙의 중개 호스트를 거쳐야 한다. 따라서 중앙 호스트의 신뢰성과 성능이 전체 네트워크의 성능과 신뢰성에 영향을 많이 준다. 또 데이터를 적절한 목적지로 전송하는 중개 기능도 중앙 호스트가 독점적으로 담당한다.

스타형은 [그림 4-3]처럼 다단계로 확장될 수 있는데, 중앙에 있는 스타 구조 주변에 위치한 호스트들을 중심으로 새로운 스타 구조가 확장되는 형태이다. 이를 트리Tree형 구조라 하는데, 이 구조에서는 주변 호스트가 중개 호스트로 확장되는 과정을 반복해 네트워크를 무한대로 펼칠 수 있다. 트리형의 장점은 모든 데이터가 중앙 호스트를 중심으로 라우팅되므로 중개 과정이 간단하다는 점이다. 반대로 중앙 호스트에 문제가 발생하면 전체 네트워크의 동작에 영향을 많이 준다는 단점이 있다.

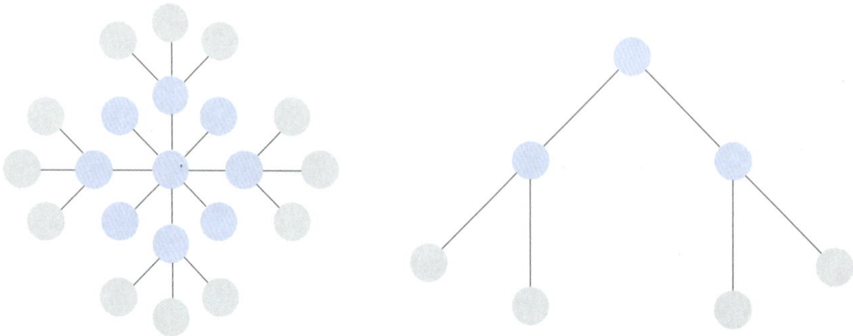

그림 4-3 트리 구조

링형

[그림 4-2]의 (b)와 같은 링Ring형은 호스트의 연결이 순환 고리 구조이며, 모든 전송 데이터는 반드시 링을 한 바퀴 순환하도록 설계되기 때문에 브로드캐스팅 방식을 지원한다. 그러나 호스트가 일대일로 직접 연결되기 때문에 점대점 방식에도 포함된다. 송신 호스트와 수신 호스트의 거리가 멀수록 데이터 전달 과정에 개입하는 중개 호스트의 개수도 자연히 증가한다.

링형에서는 네트워크에 연결된 모든 호스트가 데이터 전송과 라우팅 기능을 동시에 수행할 수 있어야 한다. 이론적으로는 송수신 호스트 사이의 중개 거리를 판단해 데이터를 시계 방향이나 반시계 방향으로 전달하는 것이 효율적이다. 그러나 실제 환경에서 링형은 데이터를 한 방향으로만 전달하도록 설계된다. 데이터 전달 방향을 고정하면 복잡한 처리 과정이 단순해져 중개되는 호스트의 개수를 줄이는 것보다 유리하기 때문이다.

링형에서는 연결된 여러 호스트가 데이터를 동시에 전송하면 데이터 충돌이 발생할 수 있다. 따라서 호스트 사이의 데이터 송신 시점을 제어하는 기능이 필요한데, 토큰Token이라는 특수한 제어 프레임이 이 기능을 수행한다. 토큰은 데이터의 전송 권한을 의미하기 때문에 호스트가 데이터를 전송하려면 토큰을 꼭 확보해야 한다. 평소에는 링 네트워크에 하나의 토큰이 순환하는데, 데이터를 전송하려는 호스트는 토큰이 도착하면 이를 내부에 보관한 후 데이터 전송을 시작한다. 그리고 데이터가 네트워크를 한 바퀴 순환하여 되돌아오면 데이터 전송이 완료된 것이므로 전송 데이터를 회수하고 토큰을 다시 링 네트워크에 돌려주어야 한다. 그 과정에서 중간의 특정 수신 호스트가 전송 데이터를 수신하게 된다. 이러한 과정이 반복적으로 이루어지면서 링에 연결된 모든 호스트가 토큰을 확보하게 되어 데이터 전송 기회가 동등하게 부여된다.

링형의 단점은 한 호스트가 고장 나면 전체 네트워크가 동작하지 않을 수 있다는 것이다. 따라서 정전이나 기타 원인에 의해 오동작하는 호스트는 네트워크에서 논리적으로 분리하여 고립시킬 수 있어야 한다. 링형 네트워크에서는 특정 호스트를 관리 호스트로 지정하여 네트워크가 정상적으로 동작하는지 점검한다.

완전형

[그림 4-2]의 (c)와 같은 완전형은 네트워크에 존재하는 모든 호스트가 다른 모든 호스트와 일대일로 직접 연결하는 방식이다. 호스트끼리 서로 공유하지 않는 전용 전송 매체로 직접 연결하기 때문에 라우팅 기능이 필요 없다.

완전형의 단점은 사용하는 전송 매체의 개수가 증가하면 비용 측면에서 극단적으로 비효율적이라는 것이다. 예를 들어 네트워크에 존재하는 전체 호스트의 개수가 N개라고 가정하면 연결에 필요한 전송 매체의 수는 $N \times (N-1)/2$개가 된다. 특별한 목적을 위해 제한적으로 연결하는 경우를 제외하면 완전형을 사용하는 경우는 거의 없다고 볼 수 있다.

불규칙형

[그림 4-2]의 (d)와 같은 불규칙형은 말 그대로 전송 매체에 의한 연결 구조를 특정 패턴으로 분류할 수 없다는 뜻이다. 일반 네트워크의 연결 형태는 불규칙형이며, 네트워크에서 고려해야 하는 여러 환경 요인에 의해 연결 구조가 결정된다. 예를 들어, 특정한 두 호스트 사이에 통신 트래픽이 많으면 이들을 직접 연결하고, 적으면 다른 호스트의 중개 과정을 거쳐서 데이터를 주고받도록 설계한다. WAN 환경의 점대점 연결은 고속도로를 건설하는 것과 비슷한 면이 있다. 차량 통행량이 많으면 고속도로를 건설하는 것처럼 데이터 전송이 빈번한 호스트 사이에 연결을 만드는 식으로 네트워크가 확장된다.

3 브로드캐스팅 방식

점대점 방식은 전송 매체를 사용해 각 호스트를 일대일로 직접 연결한다는 전제하에, 호스트를 어떤 구조로 연결하는지를 다룬다. 반면, 브로드캐스팅Broadcasting 방식은 특정 호스트가 전송한 데이터가 네트워크에 연결된 모든 호스트에 전달된다는 특징이 있다. 따라서 호스트의 연결 구조는 링형과 같은 점대점 방식도 포함하여 다룬다.

WAN 같은 원거리 통신망에서는 특정 호스트 사이를 직접 연결한 전송 매체가 있는지, 아니면 어떤 우회 경로로 몇 단계를 거쳐서 연결할 수 있는지에 대한 판단이 중요하다. 그러나 LAN에서는 연결의 존재 여부보다는 데이터를 수신 호스트까지 얼마나 효율적으로 전달할 수 있는지가 중요한 잣대가 된다. 이를 지원하는 브로드캐스팅 방식은 네트워크의 모든 호스트에 데이터를 전송하므로, 중개 기능만 전용으로 수행하는 라우터가 필요 없다.

브로드캐스팅 방식을 사용하는 대표적인 예인 버스형은 네트워크의 모든 호스트가 하나의 전송 매체를 공유하므로 임의의 송신 호스트에서 보낸 데이터가 네트워크의 모든 호스트에 전달된다. 따라서 데이터를 수신하도록 지정된 호스트는 해당 데이터를 수신하고 보관하지만, 다른 호스트들은 수신 데이터를 버린다.

[그림 4-4]는 브로드캐스팅 방식을 지원하는 버스형과 링형이다. 버스형은 공유 전송 매체인 버스에 모든 호스트를 연결하므로 공유 버스에 연결된 모든 호스트가 전송 데이터를 수신할 수 있다. 링형은 특정 송신 호스트가 전송한 데이터가 링을 한 바퀴 돈 후에, 다시 송신 호스트로 되돌아오는 방식이다. 따라서 링에 연결된 모든 호스트에 데이터가 전달되므로 브로드캐스팅 방식에 포함된다. 두 방식 모두 물리적으로 모든 호스트에 데이터가 전송되지만, 주소 기능이 있어 원하는 수신 호스트를 지정하므로 해당 호스트만 데이터를 보관한다.

링형은 점대점 방식과 브로드캐스팅 방식의 기준에 모두 부합하는 구조이다. 네트워크의 호스트가 일대일 연결 구조를 지원한다는 측면에서 점대점 방식을 지원하고, 전송 데이터가 모든 호스트에 전달된다는 측면에서는 브로드캐스팅 방식을 지원한다. LAN 환경의 네트워크는 링형보다 버스형 구조가 주로 사용된다.

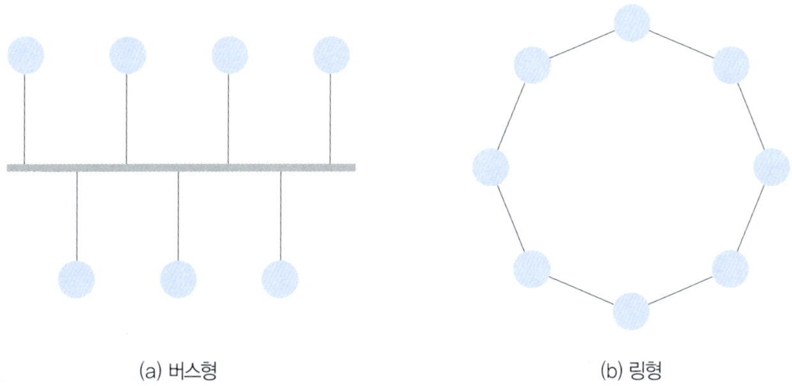

그림 4-4 브로드캐스팅 방식

버스형

[그림 4-4]의 (a) 버스Bus형 구조에서는 모든 호스트가 하나의 전송 매체를 공유하므로 전송 데이터를 모든 호스트에서 수신할 수 있다. 따라서 전송되는 데이터 내에 송수신 호스트의 주소를 표시하는 기능이 필요하다. 데이터를 수신한 호스트는 수신 호스트 주소를 보고 데이터 수신 여부를 결정할 수 있으며, 송신 호스트 주소로 누가 자신에게 데이터를 보냈는지 확인할 수 있다.

둘 이상의 호스트에서 데이터를 동시에 전송하면 데이터 충돌Collision이 발생할 수 있으므로 충돌에 따른 오류 문제를 해결해야 한다. 충돌 문제는 크게 두 가지 방법으로 해결할 수 있다. 첫째, 호스트의 전송 권한을 제한함으로써 사전에 충돌을 예방하는 방식이다. 이 방식에서 호스트가 데이터를 전송하려면 사전에 전송 권한을 확보해야 한다. 전송 권한을 확보하는 방법에는 전송 시간대를 분할하여 호스트별로 데이터를 전송할 수 있는 시간대Time Slice를 다르게 지정하는 방법과 토큰Token으로 전송 권한을 순환적으로 이용하는 방법이 있다.

충돌을 해결하는 두 번째 방식은 충돌을 허용하고 충돌이 발생했을 때 이를 해결하는 방식이다. 둘 이상의 호스트가 데이터를 동시에 전송하여 충돌에 의한 오류가 발생할 가능성이 있으므로, 이를 감지하고 재전송하는 오류 복구 과정이 필요하다. 대표적인 공유 버스 방식인 이더넷Ethernet에서 채택하는 방식이 충돌 허용이다. 충돌 허용 방식은 충돌이 자주 발생하면 전송 효율이 떨어지기 때문에 충돌 발생 가능성을 줄이는 기능이 필요하다.

링형

[그림 4-4]의 (b) 링Ring형에서는 전송 데이터가 링 주위를 특정 방향으로 순환하면서 전달된다. 자신이 수신 호스트가 아닌 호스트는 데이터를 수신하지 않고 그냥 통과시켜야 한다. 수신 호스트로 지정된 호스트는 전송 데이터를 자신의 내부 버퍼에 보관하고, 데이터는 계속해서 링으로 순환시켜야 한다. 이를 위해서는 버스형 방식과 마찬가지로 전송 데이터 내부에 송수신 호스트의 주소 정보가 필요하다.

데이터를 송신하기 위해서는 전송 토큰이 필요하며, 전송 토큰은 링을 순환하기 때문에 모든 호스트가 동등한 전송 권리를 보장받는다. 토큰을 확보한 송신 호스트는 데이터를 전송할 수 있고, 링을 한 바퀴 순환한 데이터는 원래의 송신 호스트로 되돌아온다. 송신 호스트는 자신이 전송한 데이터를 링에서 회수함으로써 전송 과정을 종료하고, 이전에 확보한 토큰을 링에 돌려주어 다른 호스트가 데이터를 전송할 수 있게 한다.

링형에서는 여러 호스트가 데이터를 동시에 전송함으로써 발생할 수 있는 충돌 문제가 전송 토큰 기능으로 해결된다. 호스트들이 데이터를 전송하지 않을 때는 오직 1개의 토큰만 링 주위를 순환하게 된다. 따라서 임의의 순간에 데이터를 전송할 수 있는 호스트는 하나뿐이므로 링형 방식에서는 원천적으로 충돌이 발생할 수 없다.

4 멀티포인트 통신

컴퓨터 통신의 가장 기본적인 형식은 두 호스트 사이의 데이터 전송을 의미하는 유니캐스팅Unicasting 방식이다. 인터넷에서 제공되는 텔넷, FTP, 웹 검색과 같은 대부분의 서비스는 유니 캐스팅 방식을 사용한다.

최근의 인터넷 통신 환경은 통신 주체 하나가 다수의 상대방과 통신하는 일대다(1:n) 형식뿐 아니라, 다수와 다수가 통신하는 다대다(n:n) 형식의 다양한 멀티포인트Multipoint 서비스를 요구한다. 화상 회의, 원격 교육, 인터넷 채팅, 메타버스 등이 대표적인 예에 속한다.

하나의 송신 호스트를 기준으로, 수신 호스트 하나와 연결되면 유니포인트Unipoint가 되고, 다수의 수신 호스트와 연결되면 멀티포인트Multipoint가 된다. 송신 호스트가 한 번의 전송으로 수신 호스트 하나에만 데이터를 전송할 수 있으면 유니캐스팅Unicasting이고, 다수의 수신 호스트에 전송할 수 있으면 멀티캐스팅Multicasting이다.

멀티포인트 유니캐스팅

유니캐스팅 방식의 프로토콜은 두 호스트 사이의 일대일 통신만 지원한다. 따라서 유니캐스팅 방식을 이용해 일대다 통신을 하려면 [그림 4-5]와 같은 멀티포인트 유니캐스팅Multipoint Unicasting 방식을 사용해야 한다. 예를 들어, 문자 전송 앱에서 여러 사람에게 문자 메시지를 전송하려면 수신자의 수만큼 전송을 반복해야 한다.

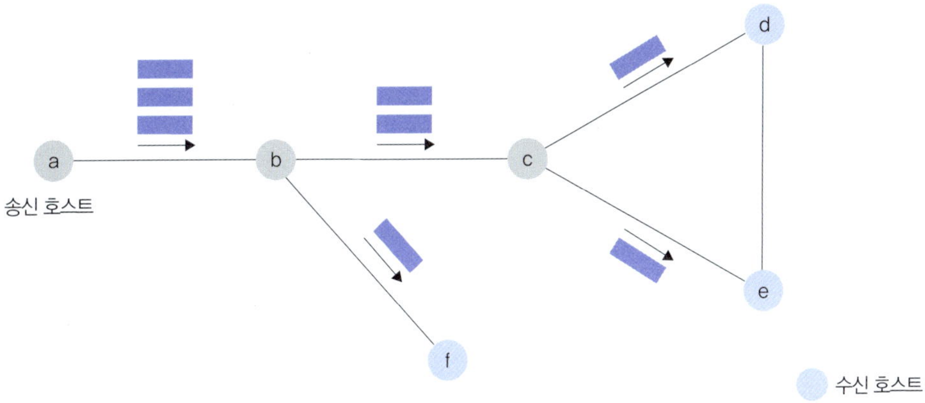

그림 4-5 멀티포인트 유니캐스팅

[그림 4-5]처럼 맨 왼쪽의 송신 호스트 a가 다수의 수신 호스트(d, e, f)에 데이터를 전송하려면 먼저 각 수신 호스트와 개별적으로 연결을 설정해야 한다. 그림에는 수신 호스트가 세 개이므로 연결 설정이 3개 필요하다. 데이터 전송 과정에서도 연결 설정처럼 개별 수신 호스트에 별도로 세 번 데이터를 전송해야 한다.

유니캐스팅과 멀티포인트 유니캐스팅 방식은 송수신 호스트 사이의 흐름 제어와 수신 호스트의 응답 기능 및 재전송 기능 등을 구현하기 좋다. 그러나 멀티포인트 유니캐스팅의 경우, 수신 호스트 수가 적을 때는 문제없지만, 그 수가 많아지면 성능 면에서 여러 문제가 나타날 수 있다.

브로드캐스팅

송신 호스트가 전송한 데이터가 네트워크에 연결된 모든 호스트에 전송되는 방식을 브로드캐스팅Broadcasting이라 한다. 수신된 데이터에 대한 처리는 전적으로 수신 호스트의 몫으로 남는다. 즉 수신 데이터를 받아들일지, 폐기할지는 수신 호스트가 목적지 주소를 근거로 결정한다.

브로드캐스팅 방식에서는 호스트 수가 많을수록 네트워크 트래픽이 급격히 증가한다는 단점이 있다. 따라서 이 방식을 사용해야 한다면 네트워크 전체에 대해 데이터를 전송하기보다 특정 서브넷Subnet 내에서 이용해야 한다.

[그림 4-6]은 브로드캐스팅 방식에서 데이터 전송 과정을 보여준다. 왼쪽의 송신 호스트 a가 전송한 데이터는 네트워크에 연결된 모든 호스트(b, c, d, e)에 전달되고, 이 데이터의 수신 여부는 각 수신 호스트가 판단한다. 즉, 전송 데이터의 내부에 기술된 수신 호스트 주소가 자신과 일치하지 않는 호스트는 데이터를 받아들이지 않는다.

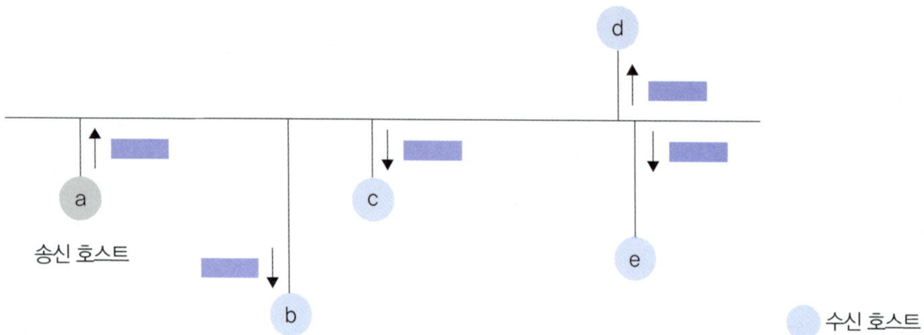

그림 4-6 브로드캐스팅

브로드캐스팅 방식에서는 모든 호스트가 데이터를 수신할 수 있도록 송신 호스트가 다수의 복사본을 개별 수신 호스트들에 전송하지 않고, 특정한 브로드캐스팅 주소로 전송한다. 네트워크에 연결된 라우터나 스위치 등의 네트워크 장비에서는 브로드캐스트 주소로 전달된 패킷을 복사하여 네트워크 전체로 전송해준다.

멀티캐스팅

멀티캐스팅Multicasting 방식은 프로토콜 자체에서 일대다 전송 기능을 구현하기 때문에 [그림 4-7]과 같은 통신 환경을 연결 설정 요구 한 번으로 지원할 수 있다. 이는 [그림 4-5]에서 연결 설정 요구가 세 번 필요한 것과 비교된다. 데이터 전송 과정에서도, 멀티포인트 유니캐스팅에서는 수신 호스트의 수만큼 데이터를 반복 전송해야 하지만, 멀티캐스팅에서는 송신 호스트의 전송 요구 한 번으로 모든 수신 호스트에 데이터를 전달할 수 있다.

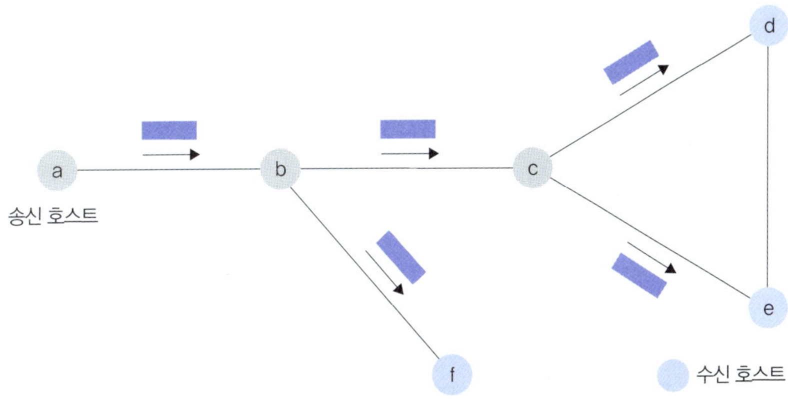

그림 4-7 멀티캐스팅

멀티캐스팅의 응용 예는 매우 다양하다. 인터넷 멀티미디어 환경에서 제공하는 비디오 · 오디오 서비스, 화상 회의 서비스 등을 비롯해 자사에 등록된 다수 고객을 대상으로 하는 모든 형태의 데이터 서비스(예: 인터넷 뉴스, 인터넷 주식)가 멀티캐스팅 서비스이다.

멀티캐스팅을 구현하려면 멀티캐스트 그룹을 생성하고 관리하는 기능이 필요하다. 예를 들어, 임의의 호스트가 특정 멀티캐스트 그룹에 가입하고 탈퇴하는 기능이 이에 해당한다. 또 멀티캐스트 데이터를 중개하는 라우터에서 멀티캐스트 그룹 주소를 인식하고, 다수의 수신 호스트에 중개하는 등의 멀티캐스트 트래픽에 대한 처리 기능도 구현되어야 한다.

02 오류 제어

데이터 링크 계층 프로토콜이 물리 계층의 전송 오류 문제를 해결하려면 우선 오류 발생 여부를 인지할 수 있어야 한다. 오류 종류에는 데이터가 깨져서 도착하는 프레임 변형과 데이터가 목적지에 도착하지 못하는 프레임 분실이 있다. 오류를 감지하면 오류를 복구하는 과정이 진행되는데, 컴퓨터 네트워크에서는 일반적으로 송신 호스트가 원래의 데이터를 재전송하는 기법을 사용한다. 전송 오류 문제는 물리 계층에서만 발생하지 않고 다른 계층에서도 발생할 수 있다. 따라서 하위 계층에서 전송 오류가 발생하면 상위 계층에서 이를 바로 잡아야 한다.

1 전송 오류의 유형

전송 프레임의 오류를 극복하고, 상위 계층에 신뢰성 있는 전송 서비스를 제공하려면 다음과 같은 기본 기능을 이용해 오류 복구 기능을 제공해야 한다.

■ 수신 호스트의 응답 프레임

송신 호스트가 전송한 데이터 프레임의 일부가 깨지는 프레임 변형 오류를 확인한 수신 호스트는 송신 호스트에 응답 프레임을 전송해 원래의 데이터 프레임을 재전송하도록 요구할 수 있다. 수신 호스트가 전송하는 응답 프레임의 종류에는 데이터 프레임이 정상적으로 도착했을 때 회신하는 긍정 응답 프레임과 데이터 프레임이 깨졌을 때 회신하는 부정 응답 프레임이 있다. 송신 호스트의 재전송 기능은 수신 호스트의 부정 응답 프레임 회신에 의해 이루어진다. 부정 응답 프레임을 지원하지 않는 프로토콜에서는 프레임 변형 오류가 프레임 분실 오류와 통합되어 송신 호스트의 타이머 기능으로 처리되기도 한다.

■ 송신 호스트의 타이머 기능

송신 호스트가 전송한 데이터 프레임이 수신 호스트에 도착하지 못하는 프레임 분실 오류가 발생하면 수신 호스트는 오류 발생 사실을 인지할 수 없다. 따라서 오류 복구 과정이 송신 호스트 주도로 이루어져야 한다. 송신 호스트는 데이터 프레임을 전송한 후에 일정 시간 이내에 수신 호스트로부터 긍정 응답 프레임 회신이 없으면 타임아웃Timeout 기능을 동작시켜 데이터 프레임을 재전송한다. 이때, 타임아웃이 작동하는 시간을 어느 정도로 설정하느냐도 프로토콜 설계에서 중요하다.

■ **순서 번호 기능**

수신 호스트가 보낸 긍정 응답 프레임을 분실하면 데이터 프레임이 제대로 도착해도 송신 호스트가 이를 인지할 수 없다. 따라서 송신 호스트가 타임아웃 기능에 의해 원래 프레임을 재전송함으로써 수신 호스트가 데이터 프레임을 중복 수신하는 결과를 초래한다. 이럴 때 수신 호스트가 중복 데이터 프레임을 가려내려면 각 프레임 내부에 프레임 구분자인 순서 번호Sequence Number를 기록해야 한다.

■ **오류 검출 코드**

데이터 프레임은 원래의 전송 데이터 외에 오류 제어를 위한 코드 정보도 함께 제공한다. 오류 제어 정보에는 수신 호스트에서 오류를 감지하는 기능만 하는 코드와 오류가 발생한 프레임을 복구하는 기능을 하는 코드가 있다.

오류를 감지만 하는 방법을 사용할 때는 송신 호스트의 도움을 받아 오류 복구 기능을 수행해야 한다. 즉, 수신 호스트가 데이터 프레임을 올바로 수신하면 송신 호스트에 긍정 응답Positive Acknowledgement 프레임을 보냄으로써, 송수신 호스트 사이의 전송이 완결된다. 그러나 프레임 변형 오류가 발생하면 부정 응답Negative Acknowledgement 프레임을 회신해 송신 호스트의 재전송 기능에 따라 오류 복구 과정을 진행한다. 일반적으로 컴퓨터 네트워크에서는 오류를 복구하는 코드 기능은 사용하지 않는다.

송신 호스트가 데이터 프레임을 전송하는 과정에서 발생 가능한 현상은 세 가지이다. 즉 수신 호스트까지 프레임이 정상적으로 도착하는 경우, 프레임이 변형되어 도착하는 경우, 프레임이 분실되어 도착하지 못하는 경우이다. 송수신 호스트는 서로 협력하여 오류 제어 기능을 수행하며, 이때 긍정 응답 프레임과 부정 응답 프레임을 전송하게 되는데 그 과정에서도 동일한 오류 현상이 발생할 수 있다.

정상적인 전송

[그림 4-8]은 송신 호스트가 전송한 프레임이 오류 없이 수신 호스트에 전송된 경우이다. 수신 호스트가 데이터 프레임을 제대로 수신했다는 의미의 긍정 응답 프레임을 회신하면 하나의 데이터 프레임에 대한 전송 과정이 완료된다. 만일 모든 데이터가 오류 없이 전송되는 환경을 가정하면 긍정 응답 프레임, 부정 응답 프레임, 타이머, 순서 번호, 오류 검출 코드가 필요 없다. 데이터 오류가 발생하는 환경을 가정하면 긍정 응답 프레임의 오류 가능성도 프로토콜 설계에 반영해야 한다.

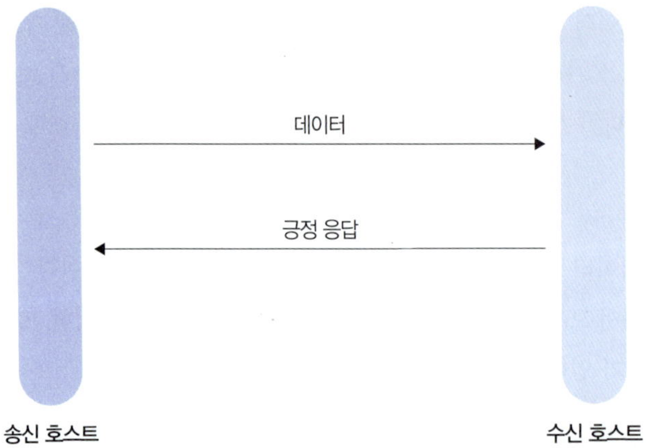

그림 4-8 정상적인 데이터 전송

송신 호스트가 긍정 응답 프레임을 회신받지 못하면 데이터 프레임에 오류가 발생했다는 의미이다. 일반적으로 변형된 프레임을 수신한 수신 호스트는 부정 응답 프레임을 전송할 수 있지만, 프로토콜 종류에 따라 부정 응답 프레임을 지원하지 않을 수도 있다. 이때는 수신 호스트가 오류 발생 사실을 회신할 방법이 없으므로 송신 호스트의 타임아웃 기능에 따라 오류 복구 기능을 시작한다. 데이터 프레임이 정상적으로 전송되었지만 수신 호스트의 긍정 응답 프레임이 송신 호스트에 도착하지 못해도 송신 호스트의 타임아웃 기능에 따라 오류를 복구한다.

프레임 변형 오류

[그림 4-9]는 데이터 프레임이 수신 호스트에 도착했으나, 전송 과정에서 프레임의 내용이 변형되는 오류가 발생한 경우이다. 프레임 변형 오류를 인지한 수신 호스트가 송신 호스트에 부정 응답 프레임을 전송함으로써, 원래의 데이터 프레임을 재전송하는 오류 복구 과정이 진

행된다. 앞서 언급한 것처럼 부정 응답 프레임을 사용하지 않는 프로토콜에서는 송신 호스트의 타임아웃 기능에 따라 복구 기능을 시작한다. 수신 호스트에서 프레임 변형 오류의 판단은 오류 검출 코드를 근거로 한다.

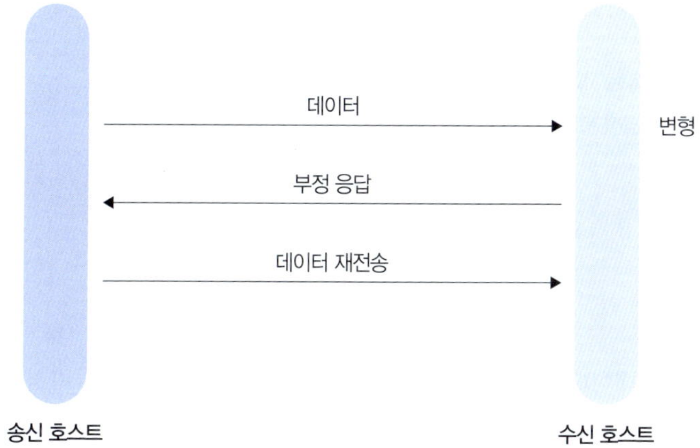

그림 4-9 프레임 변형 오류

한편, 재전송된 데이터 프레임은 [그림 4-8]과 같이 올바르게 전송될 수도 있지만, [그림 4-9]처럼 다시 변형 오류가 발생할 수도 있다. 또한 긍정 응답 프레임이나 부정 응답 프레임도 전송 과정에서 변형이나 분실과 같은 오류가 발생할 수 있다. 따라서 데이터 링크 계층 프로토콜에서 다루는 전송 오류 제어의 원리는 매우 단순하지만, 프로토콜 설계 시 세심한 주의가 필요하다.

프레임 분실 오류

데이터 링크 계층의 주요 기능 중 하나는 프레임을 전송한 송신 호스트에서 동작하는 타임아웃 기능이다. [그림 4-10]은 송신 호스트가 전송한 데이터 프레임이 전송 과정에서 사라지는 프레임 분실 오류를 보여준다. 수신 호스트는 송신 호스트로부터 어떠한 데이터 프레임도 전달받지 못했기 때문에 긍정 응답이나 부정 응답 프레임을 회신할 수 없다. 결과적으로 송신 호스트도 응답 프레임을 회신받을 수 없어 응답 프레임을 무한정 기다리게 되고, 데이터 전송이 중단되는 현상이 발생한다.

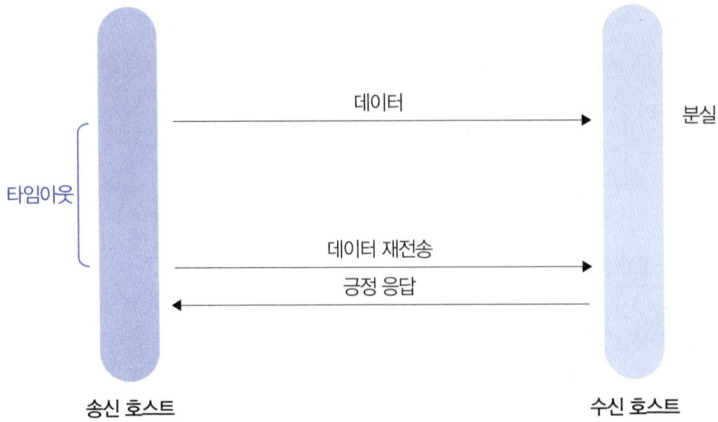

그림 4-10 프레임 분실 오류

[그림 4-10]에서 수신 호스트가 데이터 프레임의 분실 여부를 인지할 방법은 없다. 따라서 오류 복구는 송신 호스트 주도로 타임아웃Timeout 기능에 따라 처리된다. 즉, 송신 호스트는 데이터 프레임을 전송한 후에 특정 시간까지 수신 호스트의 긍정/부정 응답 프레임이 도착하지 않으면 타임아웃 기능에 따라 원래의 프레임을 스스로 재전송한다.

2 순서 번호

데이터 링크 계층의 오류 복구 기능이 수행되는 과정에서 동일한 데이터 프레임이 수신 호스트에 중복해 도착할 수 있다. 따라서 오류 없이 수신된 중복 데이터 프레임을 가려내기 위해 프레임 내부에 각 프레임의 고유 번호인 순서 번호Sequence Number를 기록한다. 일반적으로 순서 번호는 0부터 순차적으로 증가하는 일련번호의 성격을 띠며, 프레임 단위나 전송 데이터의 바이트 단위로 번호가 부여된다. 임의의 값을 넘어가면 다시 0으로 순환하기 때문에 흐름 제어 기능을 고려하여 최댓값으로 설계해야 한다.

순서 번호의 필요성

[그림 4-11]의 (a)처럼 올바르게 수신한 데이터 프레임에 대한 긍정 응답 프레임이 사라지는 오류가 발생하면 송신 호스트의 타임아웃 기능에 따라 재전송 과정이 진행된다. 재전송된 데이터 프레임이 제대로 수신되면 수신 호스트 입장에서는 동일한 프레임을 중복해 수신하는

결과가 초래된다. (b)는 긍정 응답 프레임이 올바르게 회신되고, 송신 호스트가 다음 데이터 프레임을 송신한 경우이다. 이때는 모든 프레임이 정상적으로 전송되고, 수신 호스트는 서로 다른 2개의 데이터 프레임을 수신하게 된다.

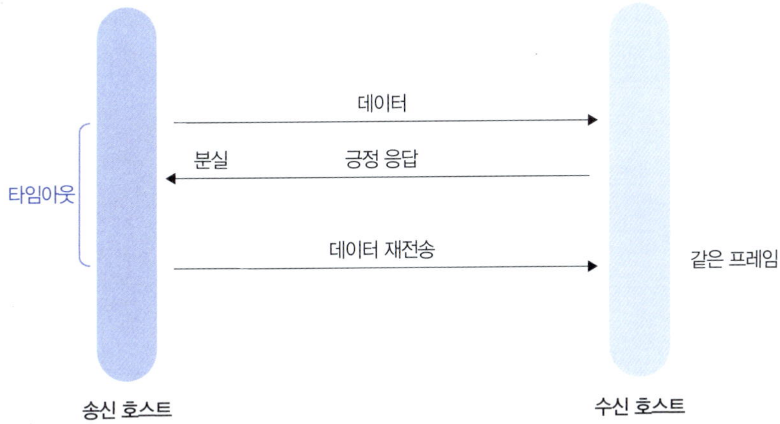

(a) 긍정 응답 분실

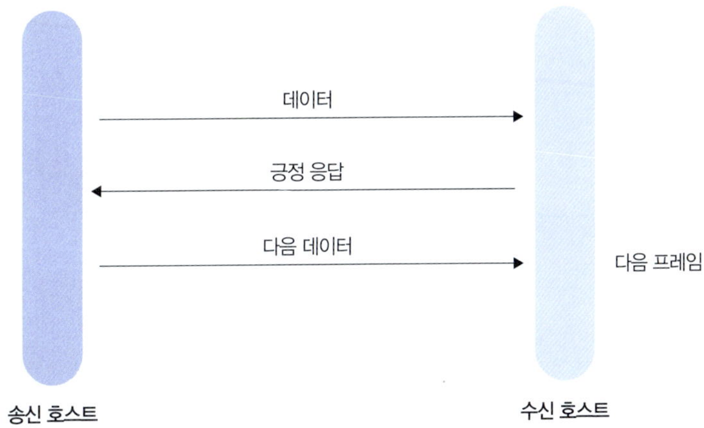

(b) 긍정 응답 도착

그림 4-11 순서 번호가 없는 경우

송신 호스트 입장에서 보면 자신이 동일한 데이터 프레임을 두 번 전송했는지([그림 4-11]의 (a)), 아니면 서로 다른 2개의 데이터 프레임을 연속 전송했는지([그림 4-11]의 (b)) 구분할 수 있다. 그러나 수신 호스트는 두 경우를 구분할 방법이 없다. 따라서 수신 호스트가 두 경우를 구분할 수 있도록 데이터 프레임별로 고유의 순서 번호를 부여하는 방식이 필요하다.

순서 번호 기능

[그림 4-12]는 데이터 프레임에 순서 번호를 부여해 긍정 응답의 분실 문제를 해결하는 원리를 설명한다. [그림 4-11]에서 데이터 프레임에 순서 번호만 추가했다. 수신 호스트는 (a)처럼 순서 번호에 근거하여 동일한 데이터 프레임이 중복 도착했는지, 아니면 (b)처럼 서로 다른 데이터 프레임이 도착했는지를 구분할 수 있다.

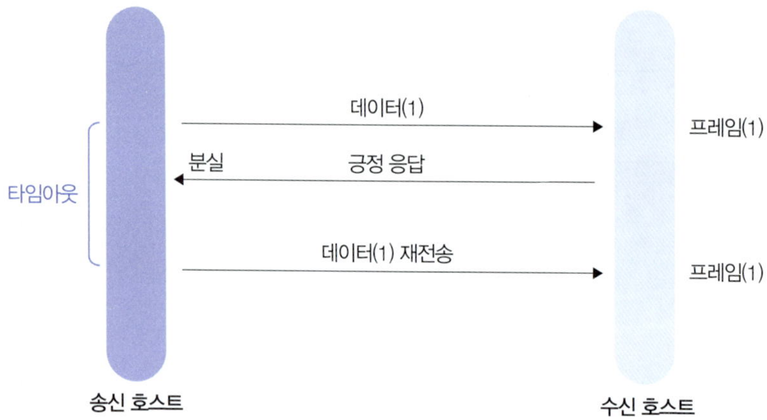

(a) 긍정 응답 분실

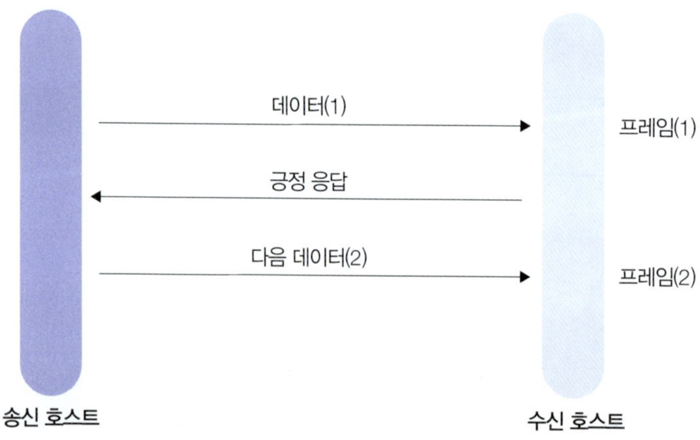

(b) 긍정 응답 도착

그림 4-12 순서 번호가 있는 경우

[그림 4-12]의 (a)와 (b)에서 수신 호스트는 첫 번째 데이터 프레임을 모두 정상적으로 수신하였고, 이 프레임에 대한 긍정 응답 프레임도 올바르게 회신했다. (a)처럼 긍정 응답 프레임

이 전송 과정에서 사라져 데이터를 재전송해도 수신 호스트는 순서 번호에 근거하여 재전송된 프레임인지를 쉽게 확인할 수 있다.

[그림 4-12]에 표시하지는 않았지만, 긍정 응답이나 부정 응답 프레임에도 순서 번호 기능이 있다. 얼핏 데이터 프레임 단위로 응답 프레임 기능이 동작하는 것처럼 보이지만, 실제 프로토콜에서는 송신 호스트가 여러 데이터 프레임을 동시에 전송하고, 수신 호스트는 순서 번호를 활용하여 동시에 여러 프레임에 대한 긍정 응답 기능을 수행한다. 이에 관한 자세한 내용은 슬라이딩 윈도우 프로토콜에서 설명한다.

3 흐름 제어

오류 제어와 함께 데이터 링크 계층에서 제공하는 주요 기능은 데이터 프레임의 전송량을 조절하는 것이다. 송신 호스트는 수신 호스트가 감당할 수 있을 정도의 전송 속도를 유지하면서 데이터 프레임을 전송해야 하는데, 이러한 기능을 흐름 제어Flow Control라 한다. 흐름 제어는 송신 호스트가 수신 호스트보다 아주 빨리 데이터를 전송하는 경우에 필요하다.

흐름 제어 기능을 제공하지 않으면 수신 호스트는 자신에게 도착한 데이터 프레임을 내부 버퍼에 보관할 여유를 갖지 못한다. 따라서 전송 매체를 통해 올바르게 도착한 프레임이 분실되는 결과를 초래할 수 있다. 흐름 제어 기능의 부재에 따른 프레임 분실은 앞서 설명한 전송 오류의 프레임 분실과 동일한 결과를 가져오기 때문에 이것도 데이터를 재전송하는 방법으로 복구해야 한다.

[그림 4-13]은 수신 호스트의 수신 버퍼를 이용한 흐름 제어의 원리를 설명한다. 수신 호스트는 동시에 최대로 수신할 수 있는 데이터 프레임의 개수가 버퍼 크기로 제한된다. (a)는 수신된 데이터 프레임이 보관된 영역이며, (b)는 비어 있는 영역이다. (a) 프레임에 대한 긍정 응답이 완료되면 '현재'로 표시된 기준점이 올라가면서 (a) 영역은 감소하고 (b) 영역은 증가한다. 그에 따라 송신 호스트가 전송할 수 있는 데이터 프레임의 개수가 늘어난다. 반대로 송신 호스트로부터 데이터 프레임이 도착하면 (b) 영역이 채워지면서 '현재'의 기준점이 내려간다. 이처럼 '현재'의 기준점이 바뀌면서 송수신 호스트 사이의 흐름 제어 기능이 이루어진다.

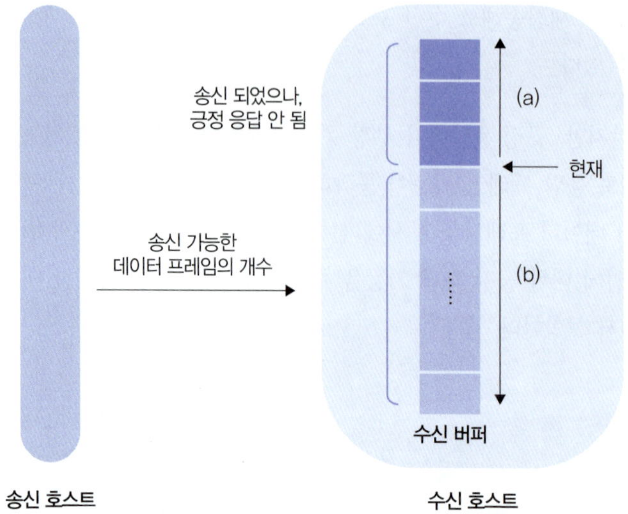

그림 4-13 흐름 제어의 원리

흐름 제어의 기본 원리는 수신 호스트가 다음에 수신할 데이터 프레임의 개수를 송신 호스트에 통지하는 방식이다. 송신 호스트는 이 숫자에 근거하여 연속해서 여러 데이터 프레임을 전송할 수 있으며, 수신 호스트의 긍정 응답 프레임의 순서 번호에 근거하여 다음에 전송할 수 있는 데이터 프레임의 개수를 결정한다. 흐름 제어에서 이러한 숫자들은 수신 호스트의 버퍼 수에 직접적인 영향을 받는다.

03 프레임 구조

데이터 링크 계층에서는 전송 데이터를 프레임Frame이라는 작은 단위로 나누어 처리한다. 전송 프레임에는 데이터 프레임 · 긍정 응답 프레임 · 부정 응답 프레임의 구분, 순서 번호, 송수신 과정에서 전송 데이터의 오류를 확인하기 위한 체크섬Checksum, 송수신 호스트의 주소, 기타 프로토콜에서 사용하는 제어 코드 같은 정보가 포함된다.

프레임을 전송받은 수신 호스트는 제일 먼저 체크섬을 확인해 전송 중에 프레임 변형 오류가 발생했는지 확인해야 한다. 오류가 발생하면 부정 응답 프레임을 회신하여, 송신 호스트가 원래의 데이터를 재전송하도록 요구함으로써 복구 과정을 시작해야 한다.

프레임 내용에 포함되는 정보는 프로토콜의 용도에 따라 다르다. 일반적으로 프레임은 내부 정보를 표현하는 방식에 따라 문자 프레임과 비트 프레임으로 구분된다. 문자 프레임은 ASCII 코드를 기반으로 구성되며, 비트 프레임은 그와 같은 제한을 받지 않는다.

1 문자 프레임

문자 프레임Character Frame은 프레임 내용이 문자로 구성되므로 문자 데이터를 전송할 때 사용하며, 8비트 단위(또는 ASCII 문자 코드)로 동작한다. 그림이나 영상과 같은 멀티미디어 데이터는 전송이 불가능하다.

프레임의 구조

하나의 프레임 단위를 구분하기 위해 프레임의 앞뒤에 ASCII 코드의 특수 문자를 이용한다. 즉, 각 프레임의 시작 위치에 DLE · STX 문자를 추가하고, 끝나는 위치에는 DLE · ETX를 추가해 프레임의 한 단위를 구분할 수 있도록 한다. [그림 4-14]의 (a)는 문자 프레임 방식의 프레임 구조이다. 프레임의 시작과 끝 위치에 프레임 구분용 특수 문자를 사용하며, 그 사이의 FRAME DATA에는 프로토콜에서 정의한 제어 정보와 전송 데이터를 포함한다.

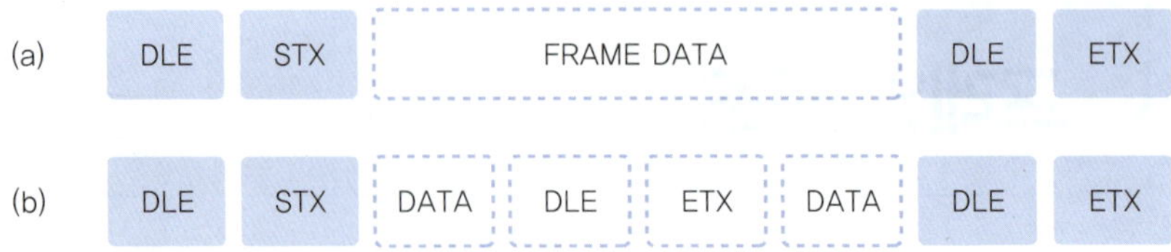

그림 4-14 문자 프레임의 구조

이 방식에서 발생 가능한 문제점은 [그림 4-14]의 (b)처럼 FRAME DATA의 내용 중에 DLE · STX나 DLE · ETX 문자가 포함될 수 있다는 것이다. 결과적으로 프레임을 수신하는 호스트가 프레임의 시작과 끝 위치를 결정하는 데 혼선을 준다. 이러한 현상은 문자 프레임 방식을 사용해 그림, 영상과 같은 이진 코드 데이터를 전송하는 경우에 발생할 확률이 높다.

문자 스터핑

문자 스터핑Character Stuffing은 문자 프레임 내부의 전송 데이터에 DLE 문자가 포함되면서 발생하는 혼란을 예방하는 방법이다. [그림 4-15]의 (a)처럼 송신 호스트가 전송하는 데이터를 미리 조작함으로써 혼선의 여지를 없앨 수 있다. 즉, FRAME DATA 내부에 DLE 문자가 있으면 DLE 문자 다음에 DLE 문자 하나를 강제로 추가한다.

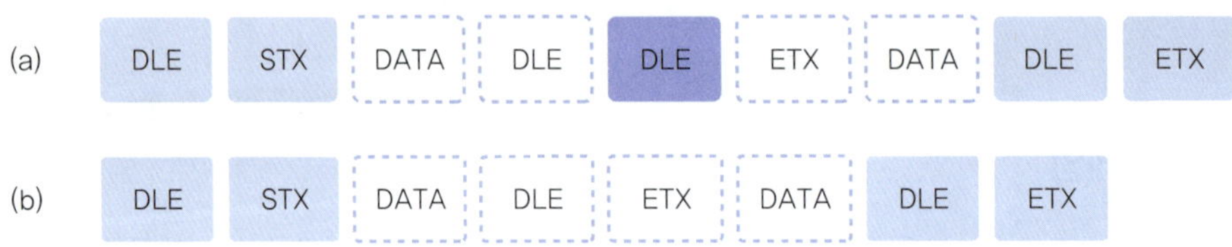

그림 4-15 문자 스터핑

수신 호스트는 프레임을 수신하면서 FRAME DATA에 DLE 문자가 연속해서 두 번 나타나면 두 번째 DLE는 송신 호스트가 강제로 추가한 문자라고 판단할 수 있다. 따라서 상위 계층인 네트워크 계층에 데이터를 전달하기 전에 둘 중 하나를 제거해야 한다. [그림 4-15]의 (b)는 이를 설명하고 있으며, 송신 호스트가 최초에 전송한 프레임인 [그림 4-14]의 (b)와 동일한 결과가 된다. 이와 같이 문자 프레임의 전송 과정에서 제어 문자를 추가하는 기능을 문자 스터핑이라 한다. 프레임의 시작과 끝을 나타내는 제어 코드에는 어떤 경우에도 DLE 문자가 연속해서 두 번 발생하지 않는다.

2 비트 프레임

비트 프레임Bit Frame 방식에서는 문자 단위의 가정을 없애고, 임의의 비트 패턴 데이터를 전송할 수 있다. 프레임의 시작과 끝 위치에 플래그Flag라는 특수하게 정의된 비트 패턴(01111110)을 사용해 프레임 단위를 구분한다.

문자 프레임 방식에서 DLE 패턴이 프레임의 내용에 나타날 가능성이 있는 것처럼, 비트 프레임 방식에서도 플래그와 동일한 비트 패턴이 포함될 수 있다. 따라서 데이터의 내용에 이 패턴이 나타나면 전송하기 전에 이를 적당히 조작하는 과정이 필요하다.

프레임의 구조

[그림 4-16]은 비트 프레임의 구조이다. 데이터를 전송하기 전에 프레임의 좌우에 플래그를 추가하고, 수신 호스트는 이 플래그를 제거한 후에 필요한 제어 정보를 처리하고 전송 데이터를 상위 계층에 전달한다.

그림 4-16 비트 프레임의 구조

비트 스터핑

비트 프레임 방식에서는 송신 호스트가 전송하고자 하는 데이터의 내용 중에 값이 1인 패턴이 연속해서 5번 발생하면 강제로 0을 추가해 전송한다. 플래그는 1이 연속해서 6개 나오는 패턴이므로 원천적으로 데이터 내용에 플래그 패턴이 발생하는 것을 차단하기 위함이다. [그림 4-17]에서 프레임의 내용에 밑줄로 표시된 0은 송신 호스트가 강제로 추가한 비트이다.

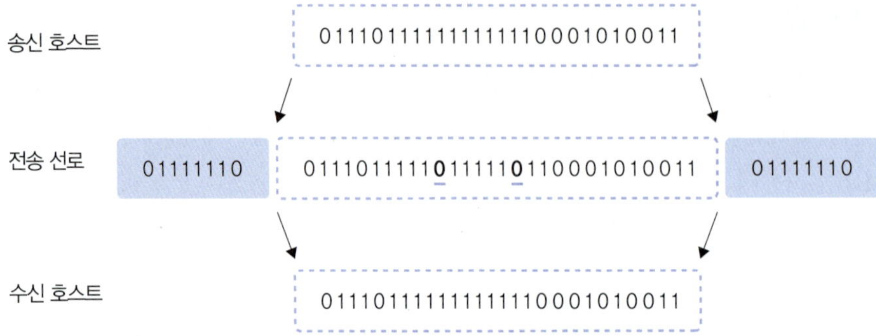

그림 4-17 비트 스터핑

수신 호스트가 수신한 데이터의 내용에서 플래그 패턴 외에는 어떤 경우에도 1이 연속해서 5개를 넘지 않는다. 다시 말해서 플래그 패턴과 동일한 형태의 패턴이 데이터 링크 계층의 전송 데이터에는 발생할 수 없다. 이와 같은 기능을 비트 스터핑Bit Stuffing이라 하며, 수신 호스트는 송신 과정에서 강제로 추가된 0을 제거하여 원래의 데이터를 상위 계층에 전달한다.

04 오류 검출 기법

프레임 전송 과정에서 발생하는 오류를 극복하는 방법은 크게 두 가지이다. 첫 번째 방법은 전송 프레임에 오류 검출 코드를 넣어 수신 호스트가 전송 과정의 오류를 검출하도록 하는 것이다. 이 방법의 오류 복구는 주로 재전송으로 이루어진다. 가장 간단한 오류 검출 코드 방법은 패리티 비트를 추가하는 것이고, 컴퓨터 네트워크에서는 일반적으로 다항 코드 방식을 사용한다.

오류를 극복하는 두 번째 방법은 전송 프레임에 오류 복구 코드를 넣어 수신 호스트가 오류 검출과 복구 기능을 모두 수행하도록 하는 것이다. 예를 들어, 해밍 코드Hamming Code에는 1비트 오류를 검출하고 복구하는 기능이 있다. 오류 복구 코드를 사용해 수신 호스트가 오류 복구 기능을 수행하는 방식을 순방향 오류 복구FEC, Forward Error Correction라 한다.

1 오류 검출

네트워크에서는 일반적으로 오류 복구 코드를 이용한 순방향 오류 복구 방식은 사용하지 않고, 재전송Retransmission 방식을 이용해 오류를 복구한다. 이를 역방향 오류 복구BEC, Backward Error Correction 또는 ARQAutomatic Repeat reQuest 방식이라 한다.

역방향 오류 복구 기능을 수행하려면 수신한 프레임에 오류가 있는지 판단할 수 있어야 한다. 이를 위해서는 송신 호스트가 오류를 검출하기 위한 코드를 전송 데이터와 함께 송신해야 한다. 오류 검출 코드는 패리티 비트, 블록 검사, 다항 코드 등을 이용해 생성할 수 있다.

패리티 비트

1바이트 구조에서 패리티Parity 비트는 7비트의 ASCII 코드를 제외한 나머지 1비트이다. 패리티 비트는 전송 과정에서 1비트 오류를 검출하기 위한 것으로, 패리티 비트를 포함해 1의 개수가 짝수나 홀수 개가 되도록 한다.

[그림 4-18]에서 (a)는 문자를 표현하는 ASCII 코드로 7비트이다. 1바이트는 8비트에 해당하므로 1비트가 남는 것을 알 수 있다. 이 비트를 오류 검출용의 패리티 비트로 사용한다. 즉, (b)와 같이 송신 호스트가 전송하려는 7비트의 원래 데이터에 1비트의 패리티 비트가 추가되어 8비트가 수신 호스트에 전송된다.

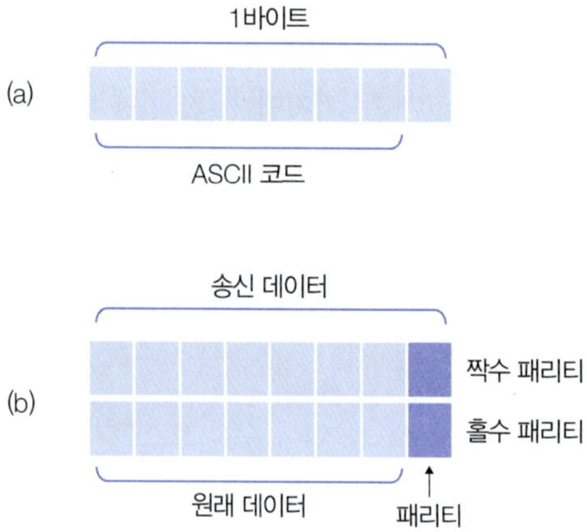

그림 4-18 패리티 비트

예를 들어, [그림 4-18]과 같이 1101001이라는 데이터를 짝수 패리티Even Parity 방식을 사용해 전송하려면 11010010의 형태로 만들어 전송한다. 즉, 짝수 패리티 방식에서는 데이터 끝에 패리티 비트를 추가해 전체 1의 개수를 짝수로 만들어준다. 수신 호스트는 1의 개수가 짝수인지를 판단하여 홀수이면 전송 오류로 판단해서 송신 호스트에게 재전송을 요구한다.

데이터 전송 과정에서 1비트 오류가 발생하면 1의 개수가 홀수 개로 바뀐다. 위의 데이터 전송 과정에서 세 번째 비트가 0에서 1로 바뀌면 수신 호스트는 11110010을 받는다. 수신 호스트는 패리티 검사를 통해 1의 개수가 홀수로 변경된 사실을 알게 되어 데이터 전송 과정에서 1비트 오류가 발생했음을 확인할 수 있다.

홀수 패리티Odd Parity 방식은 짝수 패리티와 반대로, 1의 개수를 홀수로 만드는 것이다. 따라서 수신 호스트도 1이 홀수 개인지 판단해야 한다. 송신 호스트와 수신 호스트는 짝수 패리티나 홀수 패리티 중 동일한 한 가지 방식을 사용해야 한다.

블록 검사

패리티 방식을 이용한 오류 검출 기법은 1비트 오류에 간단히 적용할 수 있다. 그러나 짝수 개의 비트에서 오류가 발생하면 오류가 검출되지 않는다는 문제점이 있다. 예를 들어, 2비트의 데이터가 깨지면 1의 개수는 원래의 데이터와 같은 짝수나 홀수를 유지한다. 즉, 전송 오류가 발생했음에도 불구하고, 짝 · 홀수의 구분만으로 수신 호스트가 오류 발생을 인지할 수 없다.

다수의 비트에서 오류가 발생할 때 오류를 검출하는 방법으로는 패리티 방식을 개선한 블록 검사Block Sum Check가 있다. 이 방식에서는 [그림 4-19]와 같이 여러 개의 바이트를 하나의 블록으로 구성한 후 교차 검사를 한다. 즉, 블록 데이터의 수평과 수직 방향에 모두 패리티 비트를 둠으로써 짝수 개의 오류 검출이 가능해진다.

0	1	0	0	1	1	0	1	
1	1	0	1	0	0	1	0	
0	0	1	1	0	0	1	1	
1	1	0	1	1	1	1	0	
1	1	1	0	1	0	1	1	
0	1	1	1	0	0	1	0	
1	1	1	0	1	0	1	1	블록 검사

그림 4-19 블록 검사

[그림 4-19]에서 오른쪽에 표시한 패리티 비트는 수평 방향으로 짝수 패리티를, 아래쪽에 블록 검사 비트로 표시한 데이터는 수직 방향으로 짝수 패리티를 적용한 것이다. 따라서 수평 방향으로 짝수 개의 비트가 깨지면 수직 방향의 블록 검사 비트로 오류를 검출하고, 수직 방향으로 짝수 개의 비트가 깨지면 수평 방향의 패리티 비트로 오류를 검출한다.

이 방식의 문제점은 전송되는 데이터의 양과 비교해 오류 검출을 위한 오버헤드가 크다는 점이다. 또 [그림 4-20]과 같이 수평과 수직 방향에서 모두 사각형 형태로 짝수 개의 데이터 오류가 발생하면 이를 검출하지 못한다.

0	1	0	0	1	1	0	1	
1	1	1	0	0	0	1	0	
0	0	0	0	0	0	1	1	
1	1	0	1	1	1	1	0	
1	1	1	0	1	0	1	1	
0	1	1	1	0	0	1	0	
1	1	1	0	1	0	1	1	블록 검사

그림 4-20 블록 검사의 한계

2 다항 코드

CRCCyclic Redundancy Code라고도 알려진 다항 코드Polynomial Code 방식은 네트워크 프로토콜에서 가장 많이 사용하는 오류 검출 기법이다. 특히 일반 네트워크에서 발생하는 오류는 특정 위치에서 집중적으로 발생하는 버스트 에러Burst Error 형태인 경우가 많은데, 다항 코드 방식은 이런 오류를 검출하는 확률이 높은 것으로 알려져 있다.

생성 다항식

다항 코드 방식은 계수가 0과 1인 다항식 형태를 기반으로 한다. 예를 들어, 100101의 다항 코드를 다항식으로 표시하면 $1 \times x^5 + 0 \times x^4 + 0 \times x^3 + 1 \times x^2 + 0 \times x^1 + 1 \times x^0$이 되므로, 줄여서 생성 다항식 $x^5 + x^2 + 1$로 표현할 수 있다.

- 다항 코드: 100101
- 다항식: $1 \times x^5 + 0 \times x^4 + 0 \times x^3 + 1 \times x^2 + 0 \times x^1 + 1 \times x^0$

송신 호스트가 전송할 데이터가 m비트의 M(x)라면 데이터 전송 과정에서 n+1비트의 생성 다항식 G(x)를 사용해 오류 검출 코드인 n비트의 체크섬을 생성함으로써 오류 제어 기능을 수행한다. [그림 4-21]은 체크섬을 이용한 오류 검출 원리를 설명하고 있다. 송신 호스트는 생성 다항식과 원래 데이터를 가공하여 체크섬을 생성한 후에 전송 프레임에 추가하여 수신 호스트에 전송한다.

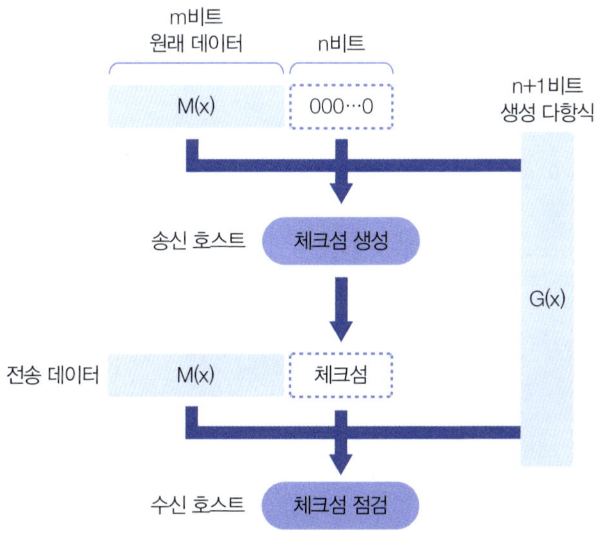

그림 4-21 생성 다항식과 체크섬

수신 호스트는 수신된 정보의 체크섬을 점검하여 오류 발생 여부를 확인한다. 즉, 수신한 m+n비트의 데이터를 생성 다항식 G(x)로 나누는 연산을 수행한다. 연산 결과로 얻은 나머지가 0이면 전송 오류가 없다고 판단하고, 0이 아니면 오류가 발생했다고 판단한다.

다음은 현재 국제 표준으로 널리 이용되는 생성 다항식의 일부이다.

- CRC-12 : $x^{12} + x^{11} + x^5 + x^2 + x^1 + 1$
- CRC-16 : $x^{16} + x^{15} + x^2 + 1$
- CRC-CCITT : $x^{16} + x^{12} + x^5 + 1$

체크섬

다항 코드 방식을 이용한 세부적인 체크섬의 계산 방식은 [그림 4-22]와 같다. 먼저 송신 호스트는 원래 데이터 M(x)를 생성 다항식 G(x)로 나누어 체크섬Checksum 정보를 얻는다. 그림처럼 나누기 연산 과정에서는 원래 데이터 뒤에 나머지를 보관할 n비트의 공간을 미리 확보하고, 이 자리를 모두 0으로 채운 후에 나누기 연산을 수행한다. 연산에서 얻은 나머지 값을 체크섬이라 정의하며, 체크섬을 원래 데이터의 뒤에 추가해 수신 호스트에 전송해야 한다.

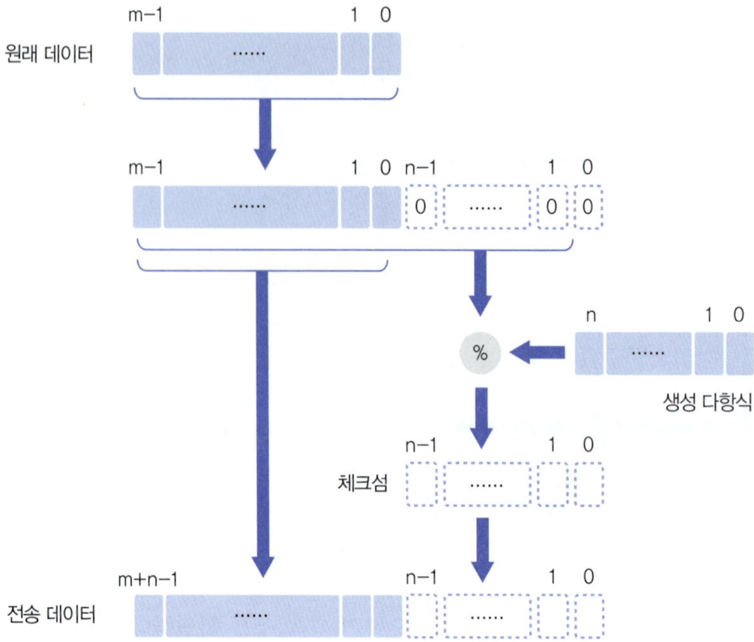

그림 4-22 체크섬 계산

체크섬 계산인 나누기 과정에서 발생하는 다항 연산은 모듈로-2 방식으로 이루어진다. 따라서 덧셈의 자리 올림이나 뺄셈의 자리 빌림 과정이 이루어지지 않으므로 덧셈과 뺄셈은 배타적 논리합Exclusive OR 연산과 동일하다. 다음 예와 같이 모듈로-2의 덧셈과 뺄셈 연산의 결과는 같다. 비트별로 연산 대상의 값이 다르면 1이 되고, 같으면 0이 된다.

$$\begin{array}{r} 100111101101 \\ -\ 110001110110 \\ \hline 010110011011 \end{array} \qquad \begin{array}{r} 100111101101 \\ +\ 110001110110 \\ \hline 010110011011 \end{array}$$

예를 들어, 생성 다항식 $G(x)= x^5 + x^2 + 1$이 주어지고, 원래 데이터가 101101001인 경우의 체크섬 계산 과정은 [그림 4-23]과 같다. 계산을 통해 얻은 나머지는 00010이므로, 전송 데이터는 101101001<u>00010</u>이 된다.

```
                        1 0 1 0 0 1 0 1 0
1 0 0 1 0 1 ) 1 0 1 1 0 1 0 0 1 0 0 0 0 0
              1 0 0 1 0 1
              -----------
                0 1 0 0 0 0
                0 0 0 0 0 0
                -----------
                  1 0 0 0 0 0
                  1 0 0 1 0 1
                  -----------
                    0 0 1 0 1 1
                    0 0 0 0 0 0
                    -----------
                      0 1 0 1 1 0
                      0 0 0 0 0 0
                      -----------
                        1 0 1 1 0 0
                        1 0 0 1 0 1
                        -----------
                          0 1 0 0 1 0
                          0 0 0 0 0 0
                          -----------
                            1 0 0 1 0 0
                            1 0 0 1 0 1
                            -----------
                              0 0 0 0 1 0
                              0 0 0 0 0 0
                              -----------
                                0 0 0 1 0
```

1 0 1 1 0 1 0 0 1 0 0 0 1 0

그림 4-23 체크섬 계산의 예

수신 호스트는 수신된 데이터 101101001<u>00010</u>을 생성 다항식 100101로 모듈로-2 나누기 연산을 수행한다. 이때 나머지가 0이면 전송 오류가 없고, 0이 아니면 오류가 발생한 것으로 판단할 수 있다. 오류가 없으면 체크섬을 제외한 데이터 101101001을 상위 계층에 올려주고, 오류가 있으면 부정 응답 프레임을 전송하여 오류 복구 절차를 진행한다.

요약

01 전송과 라우팅

송신 호스트가 수신 호스트에 데이터를 전달하려면 전송과 교환 과정을 거쳐야 한다. 교환은 전달 경로가 둘 이상일 때 라우터에서 데이터를 어느 방향으로 전달할지를 선택하는 기능으로 컴퓨터 네트워크에서는 라우팅이라는 용어가 사용된다. 전송은 특정한 물리 매체에 의하여 일대일로 직접 연결된 두 시스템 간의 신뢰성 있는 데이터 전송을 보장하기 위한 것이다. 올바른 경로를 선택하기 위해 라우팅 기능을 수행하는 호스트를 라우터라 하며, 경로 선택과 관련된 정보를 라우팅 테이블에 저장하여 관리한다.

02 전송 방식

네트워크를 데이터 전송 · 라우팅 기술에 따라 분류하는 방식에는 두 가지가 있다. 각 호스트를 일대일로 직접 연결하는 방식으로 네트워크를 구성하고 특정한 수신 호스트에만 데이터를 전송하는 점대점 방식과 네트워크에 연결된 모든 호스트에 데이터를 전송하는 브로드캐스팅 방식이다. 점대점 방식은 원거리에 있는 호스트 사이의 통신 방식으로, WAN 환경에서 주로 사용한다. 브로드캐스팅 방식은 공유 전송 매체 하나에 여러 호스트를 연결하기 때문에 네트워크에 연결된 모든 호스트에 데이터가 전송된다. LAN처럼 지리적으로 가까운 호스트 사이의 통신에서 주로 사용한다.

03 점대점 방식

점대점 방식 네트워크에서는 라우팅 호스트가 송수신 호스트의 중간에 위치한다. 라우터들을 연결하는 방식은 구성 형태에 따라 스타형, 링형, 완전형, 불규칙형으로 나뉜다. 점대점 방식은 전체 연결 개수가 많아지면 성능 면에서 유리하지만, 전송 매체의 길이가 증가해 비용이 많이 든다. 반대로 연결 개수가 적어지면 전송 매체를 더 많이 공유해 특정 구간에서 네트워크 혼잡도가 증가한다. 네트워크 트래픽이 많이 발생하는 구간에서는 전송 매체의 수를 늘리고, 그렇지 않은 구간에서는 줄이는 방식으로 네트워크가 확장되기 때문에 불규칙형의 구조가 일반적이다.

04 링형

점대점 방식인 링형은 호스트의 연결이 순환 고리 구조이며, 모든 전송 데이터는 반드시 링을 한 바퀴 순환하도록 설계되기 때문에 브로드캐스팅 방식을 지원한다. 그러나 호스트가 일대일로 직접 연결되기 때문에 점대점 방식에도 포함된다. 링형에서는 네트워크에 연결된 모든 호스트가 데이터 전송과 라우팅 기능을 동시에 수행할 수 있어야 한다. 링형에서는 연결된 여러 호스트가 데이터를 동시에 전송하면 데이터 충돌이 발생할 수 있다. 따라서 호스트 사이의 데이터 송신 시점을 제어하는 기능이 필요한데, 토큰이라는 특수한 제어 프레임이 이 기능을 수행한다.

05 브로드캐스팅 방식

브로드캐스팅 방식은 특정 호스트가 전송한 데이터가 네트워크에 연결된 모든 호스트에 전달된다는 특징이 있다. 따라서 데이터를 수신하도록 지정된 호스트는 해당 데이터를 수신하고 보관하지만, 다른 호스트들은 수신 데이터를 버린다. 버스형은 공유 전송 매체인 버스에 모든 호스트를 연결하므로 공유 버스에 연결된 모든 호스트가 전송 데이터를 수신할 수 있다. 링형은 특정 송신 호스트에서 전송한 데이터가 링을 한 바퀴 돈 후에, 다시 송신 호스트로 되돌아오는 방식이다. 두 방식 모두 물리적으로 모든 호스트에 데이터가 전송되지만, 주소 기능으로 원하는 수신 호스트를 지정하여 해당 호스트만 데이터를 보관한다.

06 버스형

버스형 구조에서는 모든 호스트가 하나의 전송 매체를 공유하므로 전송 데이터를 모든 호스트에서 수신할 수 있다. 둘 이상의 호스트에서 데이터를 동시에 전송하면 데이터 충돌이 발생할 수 있으므로 충돌에 따른 오류 문제를 해결해야 한다. 충돌을 허용하는 방식에서는 충돌이 발생하면 이를 감지하고 재전송하는 오류 복구 과정이 필요하다. 대표적인 공유 버스 방식인 이더넷에서 채택하는 방식이 충돌 허용이다. 충돌 허용 방식은 충돌이 자주 발생하면 전송 효율이 떨어지기 때문에 충돌 발생 가능성을 줄이는 기능이 필요하다.

07 멀티포인트 통신

컴퓨터 통신의 가장 기본적인 형식은 두 호스트 사이의 데이터 전송을 의미하는 유니캐스팅 방식이다. 하나의 송신 호스트를 기준으로, 수신 호스트 하나와 연결되면 유니포인트가 되고, 다수의 수신 호스트와 연결되면 멀티포인트가 된다. 송신 호스트가 한 번의 전송으로 수신 호스트 하나에만 데이터를 전송할 수 있으면 유니캐스팅이고, 다수의 수신 호스트에 전송할 수 있으면 멀티캐스팅이다. 멀티캐스팅을 구현하려면 멀티캐스트 그룹을 생성하고 관리하는 기능이 필요하다.

08 오류 복구 기능

데이터 링크 계층 프로토콜이 물리 계층의 전송 오류 문제를 해결하려면 오류 발생 여부를 인지할 수 있어야 한다. 오류의 종류에는 데이터가 깨져서 도착하는 프레임 변형과 데이터가 목적지에 도착하지 못하는 프레임 분실이 있다. 오류를 감지하면 오류를 복구하는 과정이 진행되는데, 컴퓨터 네트워크에서는 송신 호스트가 원래의 데이터를 재전송하는 기법을 사용한다. 전송 프레임의 오류를 극복하고, 신뢰성 있는 전송 서비스를 제공하려면 네 가지의 오류 복구 기능을 제공해야 한다. 프레임 변형 오류를 복구하는 수신 호스트의 응답 프레임 기능, 프레임 분실 오류를 복구하는 송신 호스트의 타이머 기능, 중복 프레임의 처리를 위한 순서 번호 기능, 프레임 변형 여부를 판단하는 오류 검출 코드 기능이 여기에 해당한다.

09 프레임 변형 오류

프레임 변형 오류를 인지한 수신 호스트는 송신 호스트에 부정 응답 프레임을 전송함으로써, 원래의 데이터 프레임을 재전송하는 오류 복구 과정을 진행한다. 수신 호스트에서 프레임 변형 오류에 관한 판단은 오류 검출 코드를 근거로 한다. 재전송된 데이터 프레임은 올바르게 전송될 수도 있지만, 다시 변형 오류가 발생할 수도 있다. 긍정 응답 프레임이나 부정 응답 프레임도 전송 과정에서 변형이나 분실과 같은 오류가 발생할 수 있다.

10 프레임 분실 오류

송신 호스트가 전송한 데이터 프레임이 전송 과정에서 사라지는 프레임 분실 오류가 발생하면 수신 호스트는 송신 호스트로부터 어떠한 데이터 프레임도 전달받지 못했기 때문에 긍정 응답이나 부정 응답 프레임을 회신할 수 없다. 결과적으로 송신 호스트도 응답 프레임을 회신받을 수 없어 응답 프레임을 무한정 기다리게 되고, 데이터 전송이 중단되는 현상이 발생한다. 따라서 오류 복구는 송신 호스트 주도로 타임아웃 기능에 따라 처리된다. 즉, 송신 호스트는 데이터 프레임을 전송한 후에 특정 시간까지 수신 호스트의 긍정/부정 응답 프레임이 도착하지 않으면 타임아웃 기능에 따라 원래의 프레임을 스스로 재전송한다.

11 순서 번호

데이터 링크 계층의 오류 복구 기능이 수행되는 과정에서 동일한 데이터 프레임이 수신 호스트에 중복해 도착할 수 있다. 따라서 오류 없이 수신된 중복 데이터 프레임을 가려내기 위해 프레임 내부에 각 프레임의 고유 번호인 순서 번호를 기록한다. 일반적으로 순서 번호는 0부터 순차적으로 증가하는 일련번호의 성격을 띠며, 임의의 최댓값을 넘어가면 다시 0으로 순환한다. 긍정 응답이나 부정 응답 프레임에도 순서 번호 기능이 있다. 실제 프로토콜에서는 송신 호스트가 여러 데이터 프레임을 동시에 전송하고, 수신 호스트는 순서 번호를 활용하여 동시에 여러 프레임에 대한 긍정 응답 기능을 수행한다.

12 흐름 제어

송신 호스트는 수신 호스트가 감당할 수 있을 정도의 전송 속도를 유지하면서 데이터 프레임을 전송해야 하는데, 이러한 기능을 흐름 제어라 한다. 흐름 제어 기능을 제공하지 않으면 수신 호스트는 자신에게 도착한 데이터 프레임을 내부 버퍼에 보관할 여유를 갖지 못한다. 따라서 전송 매체를 통해 올바르게 도착한 프레임이 분실되는 결과를 초래할 수 있다. 수신 호스트는 동시에 최대로 수신할 수 있는 데이터 프레임의 개수가 버퍼 크기로 제한된다. 흐름 제어의 기본 원리는 수신 호스트가 다음에 수신할 데이터 프레임의 개수를 송신 호스트에 통지하는 방식이다.

13 프레임

데이터 링크 계층에서는 전송 데이터를 프레임이라는 작은 단위로 나누어 처리한다. 전송 프레임에는 데이터 프레임 · 긍정 응답 프레임 · 부정 응답 프레임의 구분, 순서 번호, 송수신 과정에서 전송 데이터의 오류를 확인하기 위한 체크섬, 송수신 호스트의 주소, 기타 프로토콜에서 사용하는 제어 코드 같은 정보가 포함된다. 프레임을 전송받은 수신 호스트는 제일 먼저 체크섬을 확인해 전송 중에 프레임 변형 오류가 발생했는지 확인해야 한다. 문자 프레임은 ASCII 코드를 기반으로 구성되며, 비트 프레임은 그와 같은 제한을 받지 않는다.

14 문자 프레임

문자 프레임은 프레임 내용이 문자로 구성되므로 문자 데이터를 전송할 때 사용하며, 8비트 단위로 동작한다. 그림이나 영상과 같은 멀티미디어 데이터는 전송이 불가능하다. 하나의 프레임 단위를 구분하기 위해 프레임 앞뒤에 ASCII 코드의 특수 문자를 이용한다. 즉, 각 프레임의 시작 위치에 DLE · STX 문자를 추가하고, 끝나는 위치에는 DLE · ETX를 추가해 프레임의 한 단위를 구분할 수 있도록 한다. 문자 스터핑은 문자 프레임 내부의 전송 데이터에 DLE 문자가 포함되면서 발생하는 혼란을 예방하는 방법이다. 송신 호스트가 전송하는 데이터를 미리 조작함으로써 혼선의 여지를 없앨 수 있다.

15 비트 프레임

비트 프레임 방식에서는 문자 단위의 가정을 없애고, 임의의 비트 패턴 데이터를 전송할 수 있다. 프레임의 시작과 끝 위치에 플래그라는 특수하게 정의된 비트 패턴을 사용해 프레임 단위를 구분한다. 문자 프레임 방식에서 DLE 패턴이 프레임의 내용에 나타날 가능성이 있는 것처럼, 비트 프레임 방식에서도 플래그와 동일한 비트 패턴이 포함될 수 있다. 따라서 데이터의 내용에 이 패턴이 나타나면 전송하기 전에 이를 적당히 조작하는 과정이 필요하다. 이와 같은 기능을 비트 스터핑이라 하며, 수신 호스트는 송신 과정에서 강제로 추가된 0을 제거하여 원래의 데이터를 상위 계층에 전달한다.

16 오류 검출 기법

프레임 전송 과정에서 발생하는 오류를 극복하기 위해서는 수신 호스트가 전송 과정의 오류를 인식할 수 있어야 한다. 네트워크에서는 오류 검출 기법을 사용한 재전송 방식으로 오류를 복구한다. 이를 위해서는 송신 호스트가 오류를 검출하기 위한 코드를 전송 데이터와 함께 송신해야 한다. 오류 검출 코드는 패리티 비트, 블록 검사, 다항 코드 등을 이용해 생성할 수 있다. 가장 간단한 오류 검출 코드 방법은 패리티 비트를 추가하는 것이고, 컴퓨터 네트워크에서는 일반적으로 다항 코드 방식을 사용한다.

17 패리티 비트

1바이트 구조에서 패리티 비트는 7비트의 ASCII 코드를 제외한 나머지 1비트이다. 패리티 비트는 전송 과정에서 1비트 오류를 검출하기 위한 것으로, 패리티 비트를 포함해 1의 개수가 짝수나 홀수 개가 되도록 한다. 짝수 패리티 방식에서는 전체 1의 개수를 짝수로 만들어준다. 수신 호스트는 1의 개수가 짝수인지를 판단하여 홀수가 되면 전송 오류로 판단하여 송신 호스트에 재전송을 요구한다. 홀수 패리티 방식은 1의 개수를 홀수로 만드는 것이며, 수신 호스트도 홀수 개인지를 판단해야 한다. 송신 호스트와 수신 호스트는 짝수 패리티나 홀수 패리티 중 동일한 한 가지 방식을 사용해야 한다.

18 다항 코드

CRC로 알려진 다항 코드 방식은 네트워크 프로토콜에서 가장 많이 사용하는 오류 검출 기법이다. 네트워크에서 발생하는 오류는 특정 위치에서 집중적으로 발생하는 버스트 에러 형태인 경우가 많은데, 다항 코드 방식은 이런 오류를 검출하는 확률이 높은 것으로 알려져 있다. 송신 호스트는 생성 다항식과 원래 데이터를 가공하여 체크섬을 생성한 후에 전송 프레임에 추가하여 수신 호스트에 전송한다. 수신 호스트는 수신된 정보의 체크섬을 점검하여 오류 발생 여부를 확인한다. 즉, 수신한 데이터를 생성 다항식으로 나누는 연산을 수행한다. 연결 결과로 얻은 나머지가 0이면 전송 오류가 없다고 판단하고, 0이 아니면 오류가 발생했다고 판단한다.

연습문제

01 전송과 라우팅에 대한 설명으로 올바른 것을 모두 고르시오.

① 송신 호스트가 수신 호스트에 데이터를 전달하려면 전송과 교환 과정을 거쳐야 한다.

② 교환은 전달 경로가 둘 이상일 때 라우터에서 데이터를 어느 방향으로 전달할지를 선택하는 기능이다.

③ 컴퓨터 네트워크에서는 교환 대신 라우팅이라는 용어가 보편적으로 사용된다.

④ 전송은 특정한 물리 매체에 의하여 일대일로 직접 연결된 두 시스템 간의 신뢰성 있는 데이터 전송을 보장하기 위한 것이다. 전송에는 라우팅 개념이 포함된다.

⑤ 올바른 경로를 선택하기 위해 라우팅 기능을 수행하는 호스트를 라우터라 하며, 경로 선택과 관련된 정보를 라우팅 테이블에 저장하여 관리한다.

02 전송 방식에 대한 설명으로 올바른 것을 모두 고르시오.

① 각 호스트를 일대일로 직접 연결하는 방식으로 네트워크를 구성하고 특정한 수신 호스트에만 데이터를 전송하는 방식을 점대점 방식이라 한다.

② 네트워크에 연결된 모든 호스트에 데이터를 전송하는 방식을 브로드캐스팅이라 한다.

③ 점대점 방식은 근거리에 있는 호스트 사이의 통신 방식으로, LAN 환경에서 주로 사용한다.

④ 점대점 방식에서는 공유 전송 매체 하나에 여러 호스트를 연결하기 때문에 네트워크에 연결된 모든 호스트에 데이터가 전송된다.

⑤ 브로드캐스팅 방식에서 자신을 목적지로 하지 않는 데이터를 받은 호스트는 받은 데이터를 버려 결국 하나의 수신 호스트만 데이터를 수신하도록 설계해야 한다.

03 점대점 방식에 대한 설명으로 올바른 것을 모두 고르시오.

① 점대점 방식 네트워크에서는 라우팅 호스트가 송수신 호스트의 중간에 위치한다.

② 대표적인 점대점 방식으로 스타형, 링형, 완전형, 불규칙형이 있다.

③ 통신하고자 하는 두 호스트가 직접 연결되어 있으면 별도의 라우팅 과정 없이 직접 데이터를 전송할 수 있다.

④ 점대점 방식은 LAN 환경과 같은 근거리 호스트를 연결할 때 사용한다.

⑤ 네트워크 트래픽이 많이 발생하는 구간에서는 전송 매체의 수를 늘리고, 그렇지 않은 구간에서는 줄이는 방식으로 네트워크가 확장되기 때문에 스타형의 구조가 일반적이다.

04 링형 네트워크에 대한 설명으로 올바른 것을 모두 고르시오.

① 링형은 호스트의 연결이 순환 고리 구조이며, 모든 전송 데이터는 반드시 링을 한 바퀴 순환하도록 설계되기 때문에 브로드캐스팅 방식을 지원하지 않는다.

② 호스트가 일대일로 직접 연결되기 때문에 점대점 방식에 포함된다.

③ 실제 환경에서 링형은 데이터를 가까운 방향으로만 전달하도록 설계된다.

④ 호스트 사이의 데이터 송신 시점을 제어하는 기능이 필요한데, 토큰이라는 특수한 제어 프레임이 이 기능을 수행한다.

⑤ 데이터를 전송하려는 호스트는 토큰이 도착하면 이를 내부에 보관한 후 데이터 전송을 시작한다.

⑥ 링형 네트워크는 특정 호스트를 관리 호스트로 지정하여 네트워크가 정상적으로 동작하는지 점검한다.

05 브로드캐스팅 방식에 대한 설명으로 올바른 것을 모두 고르시오.

① 브로드캐스팅 방식은 특정 호스트가 전송한 데이터가 네트워크에 연결된 모든 호스트에 전달된다는 특징이 있다.

② 브로드캐스팅 방식은 네트워크의 모든 호스트에 데이터를 전송하므로, 중개 기능만 전용으로 수행하는 라우터가 다수 존재한다.

③ 데이터를 수신하도록 지정된 호스트는 해당 데이터를 수신하고 보관하지만, 다른 호스트들은 수신 데이터를 버린다.

④ 버스형은 공유 전송 매체인 버스에 모든 호스트를 연결하므로 공유 버스에 연결된 모든 호스트가 전송 데이터를 수신할 수 없다.

⑤ 링형은 특정 송신 호스트에서 전송한 데이터가 링을 한 바퀴 돈 후에, 다시 수신 호스트로 되돌아오는 방식이다.

06 버스형 네트워크에 대한 설명으로 올바른 것을 모두 고르시오.

① 전송되는 데이터 내에 송수신 호스트의 주소를 표시하는 기능은 필요 없다.

② 둘 이상의 호스트에서 데이터를 동시에 전송하면 데이터 충돌이 발생할 수 있으므로 충돌에 따른 오류 문제를 해결해야 한다.

③ 둘 이상의 호스트가 데이터를 동시에 전송하여 충돌에 의한 오류가 발생할 가능성이 있으므로, 이를 감지하고 재전송하는 오류 복구 과정이 필요하다.

④ 대표적인 공유 버스 방식인 토큰 버스에서 채택하는 방식이 충돌 허용의 예이다.

07 멀티포인트 통신에 대한 설명으로 올바른 것을 모두 고르시오.

① 컴퓨터 통신의 가장 기본적인 형식은 두 호스트 사이의 데이터 전송을 의미하는 유니캐스팅 방식이다.

② 하나의 송신 호스트를 기준으로, 수신 호스트 하나와 연결되면 유니캐스팅이 되고, 다수의 수신 호스트와 연결되면 멀티캐스팅이 된다.

③ 송신 호스트가 한 번의 전송으로 수신 호스트 하나에만 데이터를 전송할 수 있으면 유니포인트이고, 다수의 수신 호스트에 전송할 수 있으면 멀티포인트이다.

④ 멀티캐스팅 방식은 프로토콜 자체에서 일대다 전송 기능을 구현하기 때문에 연결 설정 요구 한 번으로 지원할 수 있다.

08 전송 오류의 기능에 대한 설명으로 올바른 것을 모두 고르시오.

① 응답 프레임의 종류에는 데이터 프레임이 정상적으로 도착했을 때 회신하는 긍정 응답 프레임과 데이터 프레임이 분실되었을 때 회신하는 부정 응답 프레임이 있다.

② 송신 호스트의 재전송 기능은 수신 호스트의 긍정 응답 프레임 회신에 의해 이루어진다.

③ 송신 호스트는 데이터 프레임을 전송한 후에 일정 시간 이내에 수신 호스트로부터 부정 응답 프레임 회신이 없으면 타임아웃 기능을 동작시켜 데이터 프레임을 재전송한다.

④ 수신 호스트가 프레임 변형 오류를 가려내려면 각 프레임 내부에 프레임 구분자인 순서 번호를 기록해야 한다.

⑤ 데이터 프레임은 원래의 전송 데이터 외에 오류 제어를 위한 코드 정보도 함께 제공한다.

⑥ 일반적으로 컴퓨터 네트워크에서는 오류를 복구하는 코드 기능을 사용한다.

09 프레임 변형 오류에 대한 설명으로 올바른 것을 모두 고르시오.

① 프레임 변형 오류를 인지한 수신 호스트는 송신 호스트에 부정 응답 프레임을 전송함으로써, 원래의 데이터 프레임을 재전송하는 오류 복구 과정을 진행한다.

② 부정 응답 프레임을 사용하지 않는 프로토콜에서는 수신 호스트의 타임아웃 기능에 따라 복구 과정을 시작한다.

③ 수신 호스트에서 프레임 변형 오류에 관한 판단은 오류 검출 코드를 근거로 한다.

④ 긍정 응답 프레임이나 부정 응답 프레임도 전송 과정에서 변형이나 분실과 같은 오류가 발생할 수 있다.

10 순서 번호 기능에 대한 설명으로 올바른 것을 모두 고르시오.

① 데이터 링크 계층의 오류 복구 기능이 수행되는 과정에서 동일한 데이터 프레임이 수신 호스트에 중복해 도착할 수 있다.

② 오류 없이 수신된 중복 데이터 프레임을 가려내기 위해 프레임 내부에 각 프레임의 고유 번호인 순서 번호를 기록한다.

③ 순서 번호는 0부터 순차적으로 증가하는 일련번호의 성격을 띠며, 프레임 단위나 전송 데이터의 바이트 단위로 번호가 부여된다.

④ 긍정 응답이나 부정 응답 프레임에는 순서 번호 기능이 없다.

⑤ 실제 프로토콜에서는 송신 호스트가 여러 데이터 프레임을 동시에 전송하고, 수신 호스트는 순서 번호를 활용하여 개별적으로 각각의 프레임에 대한 긍정 응답 기능을 수행한다.

11 흐름 제어에 대한 설명으로 올바른 것을 모두 고르시오.

① 송신 호스트는 수신 호스트가 감당할 수 있을 정도의 전송 속도를 유지하면서 데이터 프레임을 전송해야 한다.

② 흐름 제어 기능이 제공되지 않으면 전송 매체를 통해 올바르게 도착한 프레임이 변형되는 결과를 초래할 수 있다.

③ 흐름 제어의 기본 원리는 수신 호스트가 다음에 수신할 데이터 프레임의 개수를 송신 호스트에 통지하는 방식이다.

④ 송신 호스트가 전송할 수 있는 프레임의 개수는 송신 호스트의 버퍼 수에 직접적인 영향을 받는다.

12 문자 프레임에 대한 설명으로 올바른 것을 모두 고르시오.

① 데이터 링크 계층에서는 전송 데이터를 프레임이라는 작은 단위로 나누어 처리한다.

② 문자 프레임은 프레임 내용이 문자로 구성되므로 영상이나 그림 데이터를 전송할 때 사용한다.

③ 하나의 프레임 단위를 구분하기 위해 프레임의 앞뒤에 플래그라는 특수 코드를 이용한다.

④ 각 프레임의 시작 위치에 STX 문자를 추가하고, 끝나는 위치에는 ETX를 추가해 프레임의 한 단위를 구분할 수 있도록 한다.

13 비트 프레임에 대한 설명으로 올바른 것을 모두 고르시오.

① 비트 프레임 방식에서는 문자 단위의 가정을 없애고, 임의의 비트 패턴 데이터를 전송할 수 있다.

② 프레임의 시작과 끝 위치에 특수하게 정의된 비트 패턴(01111100)을 사용해 프레임 단위를 구분한다.

③ 비트 프레임 방식에서는 송신 호스트가 전송하고자 하는 데이터의 내용 중에 값이 1인 패턴이 연속해서 5번 발생하면 강제로 0을 추가해 전송한다.

④ 수신 호스트는 송신 과정에서 강제로 추가된 0을 제거하여 원래의 데이터를 상위 계층에 전달한다.

14 패리티 비트에 대한 설명으로 올바른 것을 모두 고르시오.

① 패리티 비트는 전송 과정에서 1비트 오류를 검출하기 위한 것으로, 패리티 비트를 포함해 1의 개수가 짝수나 홀수 개가 되도록 한다.

② 홀수 패리티 방식은 짝수 패리티와 반대로 0의 개수를 홀수로 만드는 것이며, 수신 호스트도 0의 개수가 홀수 개인지를 판단해야 한다.

③ 송신 호스트와 수신 호스트는 짝수 패리티나 홀수 패리티를 적절히 조합하여 사용해야 한다.

④ 패리티 비트 방식은 짝수 개의 비트에서 오류가 발생하면 오류가 검출되지 않는다는 문제점이 있다.

⑤ 다수의 비트에서 오류가 발생할 때 오류를 검출하는 방법으로는 패리티 방식을 개선한 블록 검사가 있다.

15 다항 코드에 대한 설명으로 올바른 것을 모두 고르시오.

① CRC라고도 알려진 다항 코드 방식은 특정 위치에서 집중적으로 발생하는 버스트 에러를 검출하는 확률이 높은 것으로 알려져 있다.

② 생성 다항식을 사용해 오류 검출 코드인 체크섬을 생성함으로써 오류 제어 기능을 수행한다.

③ 송신 호스트는 원래 데이터와 함께 체크섬을 전송 프레임에 추가하여 수신 호스트에 전송한다.

④ 수신 호스트는 수신된 정보의 체크섬을 점검하여 오류 발생 여부를 확인한다.

16 체크섬에 대한 설명으로 올바른 것을 모두 고르시오.

① 송신 호스트는 원래 데이터를 생성 다항식으로 나누어 체크섬 정보를 얻는다.

② 나누기 연산 과정에서는 원래 데이터 뒤에 나머지를 보관할 공간을 미리 확보하고, 이 자리를 모두 1로 채운 후에 나누기 연산을 수행한다.

③ 체크섬 계산인 나누기 과정에서 발생하는 다항 연산은 모듈로-2 방식으로 이루어진다.

④ 덧셈의 자리 올림이나 뺄셈의 자리 빌림 과정이 이루어지지 않으므로 덧셈과 뺄셈은 배타적 논리곱 연산과 동일하다.

⑤ 수신 호스트는 수신된 데이터를 생성 다항식으로 모듈로-2 나누기 연산을 수행한다. 이때 나머지가 1이면 전송 오류가 없고, 1이 아니면 오류가 발생한 것으로 판단할 수 있다.

17 송신 호스트가 수신 호스트에 데이터를 전달하려면 (　①　)과 교환 과정을 거쳐야 한다. 교환은 전달 경로가 둘 이상일 때 라우터에서 데이터를 어느 방향으로 전달할지를 선택하는 기능으로, 컴퓨터 네트워크에서는 (　②　)이라는 용어가 보편적으로 사용된다. (　①　)은 특정한 물리 매체에 의하여 일대일로 직접 연결된 두 시스템 간의 신뢰성 있는 데이터 전송을 보장하기 위한 것이나.

18 데이터 전송 · 라우팅 기술에 따라 네트워크를 분류하는 방식에는 두 가지가 있다. 각 호스트를 일대일로 직접 연결하는 방식으로 네트워크를 구성하고 특정한 수신 호스트에만 데이터를 전송하는 (　①　) 방식과 네트워크에 연결된 모든 호스트에 데이터를 전송하는 (　②　) 방식이 있다.

19 링형은 호스트의 연결이 순환 고리 구조이며, 모든 전송 데이터는 반드시 링을 한 바퀴 순환하도록 설계되기 때문에 (　①　) 방식을 지원한다. 그러나 호스트가 일대일로 직접 연결되기 때문에 (　②　) 방식에도 포함된다. 연결된 여러 호스트가 데이터를 동시에 전송하면 데이터 충돌이 발생할 수 있다. 따라서 호스트 사이의 데이터 송신 시점을 제어하는 기능이 필요한데, (　③　)이라는 특수한 제어 프레임이 이 기능을 수행한다.

20 브로드캐스팅 방식을 사용하는 대표적인 예인 (①)은 네트워크의 모든 호스트가 하나의 전송 매체를 공유하므로 임의의 송신 호스트에서 보낸 데이터가 네트워크의 모든 호스트에 전달된다. (②)은 특정 송신 호스트에서 전송한 데이터가 한 바퀴 돈 후에, 다시 송신 호스트로 되돌아오는 방식이다. 따라서 연결된 모든 호스트에 데이터가 전달되므로 브로드캐스팅 방식에 포함시킬 수 있다.

21 하나의 송신 호스트를 기준으로, 수신 호스트 하나와 연결되면 (①)가 되고, 다수의 수신 호스트와 연결되면 (②)가 된다. 송신 호스트가 한 번의 전송으로 수신 호스트 하나에만 데이터를 전송할 수 있으면 (③)이고, 다수의 수신 호스트에 전송할 수 있으면 (④)이다.

22 송신 호스트가 전송한 데이터 프레임의 일부가 깨지는 (①) 오류를 확인한 수신 호스트는 송신 호스트에 응답 프레임을 전송해 원래의 데이터 프레임을 (②)하도록 요구할 수 있다. 수신 호스트가 전송하는 응답 프레임의 종류에는 데이터 프레임이 정상적으로 도착했을 때 회신하는 (③) 프레임과 데이터 프레임이 깨졌을 때 회신하는 (④) 프레임이 있다. 송신 호스트의 (②) 기능은 수신 호스트의 부정 응답 프레임 회신에 의해 이루어진다.

23 송신 호스트가 전송한 데이터 프레임이 수신 호스트에 도착하지 못하는 (①) 오류가 발생하면 수신 호스트는 오류의 발생 사실을 인지할 수 없다. 따라서 오류 복구 과정이 (송신, 수신) 호스트 주도로 이루어져야 한다. (송신, 수신) 호스트는 데이터 프레임을 전송한 후에 일정 시간 이내에 (송신, 수신) 호스트로부터 긍정 응답 프레임 회신이 없으면 (②) 기능을 동작시켜 데이터 프레임을 재전송한다.

24 수신 호스트가 보낸 긍정 응답 프레임을 분실하면 데이터 프레임이 제대로 도착해도 (송신, 수신) 호스트가 이를 인지할 수 없다. 따라서 (송신, 수신) 호스트가 타임아웃 기능에 의해 원래 프레임을 재전송함으로써 수신 호스트가 데이터 프레임을 중복 수신하는 결과를 초래한다. 이럴 때 수신 호스트가 중복 데이터 프레임을 가려내려면 각 프레임 내부에 프레임 구분자인 (①)를 기록해야 한다.

25 프레임 변형 오류를 인지한 수신 호스트는 송신 호스트에 (①) 프레임을 전송함으로써, 원래의 데이터 프레임을 재전송하는 오류 복구 과정을 진행한다. (①) 프레임을 사용하지 않는 프로토콜에서는 송신 호스트의 (②) 기능에 따라 복구 과정을 시작한다. 수신 호스트에서 프레임 변형 오류에 관한 판단은 (③) 코드를 근거로 한다.

26 송신 호스트는 수신 호스트가 감당할 수 있을 정도의 전송 속도를 유지하면서 데이터 프레임을 전송해야 하는데, 이러한 기능을 (①)라 한다. 이 기능의 부재에 따른 프레임 분실은 앞서 설명한 전송 오류의 프레임 분실과 동일한 결과를 가져오기 때문에 이것도 데이터를 (②) 하는 방법으로 복구해야 한다.

27 프레임을 전송받은 수신 호스트는 제일 먼저 (①)을 확인해 전송 중에 프레임 변형 오류가 발생했는지 확인해야 한다. 오류가 발생하면 부정 응답 프레임을 회신하여, 송신 호스트가 원래의 데이터를 재전송하도록 요구함으로써 복구 과정을 시작해야 한다. (②) 프레임은 ASCII 코드를 기반으로 구성되며, (③) 프레임은 그와 같은 제한을 받지 않는다.

28 문자 프레임은 프레임 내용이 문자로 구성되므로 문자 데이터를 전송할 때 사용한다. 하나의 프레임 단위를 구분하기 위해 프레임의 앞뒤에 ASCII 코드의 특수 문자를 이용한다. 즉, 각 프레임의 시작 위치에 (①) 문자를 추가하고, 끝나는 위치에는 (②)를 추가해 프레임의 한 단위를 구분할 수 있도록 한다.

29 (①)은 문자 프레임 내부의 전송 데이터에 DLE 문자가 포함되면서 발생하는 혼란을 예방하는 방법이다. 송신 호스트가 전송하는 데이터를 미리 조작함으로써 혼선의 여지를 없앨 수 있다. 즉, 내부에 DLE 문자가 있으면 (②) 문자 하나를 강제로 추가한다.

30 비트 프레임 방식에서는 문자 단위의 가정을 없애고, 임의의 비트 패턴 데이터를 전송할 수 있다. 프레임의 시작과 끝 위치에 (①)라는 특수하게 정의된 비트 패턴을 사용해 프레임 단위를 구분한다. 비트 프레임 방식에서는 송신 호스트가 전송하고자 하는 데이터의 내용 중에 값이 1인 패턴이 연속해서 (②)번 발생하면 강제로 0을 추가해 전송한다.

31 1바이트 구조에서 (①) 비트는 7비트의 ASCII 코드를 제외한 나머지 1비트이다. (①) 비트는 전송 과정에서 (②)비트 오류를 검출하기 위한 것으로, 패리티 비트를 포함해 1의 개수가 짝수나 홀수 개가 되도록 한다.

32 다수의 비트에서 오류가 발생할 때 오류를 검출하는 방법으로는 패리티 방식을 개선한 (①) 검사가 있다. 이 방식은 여러 개의 바이트를 하나의 (①)으로 구성한 후 교차 검사를 한다. 즉, 수평과 수직 방향에 모두 패리티 비트를 둠으로써 짝수 개의 오류 검출이 가능하다. 이 방식의 문제점은 수평과 수직 방향에서 모두 (②) 형태로 짝수 개의 데이터 오류가 발생하면 이를 검출하지 못한다는 점이다.

33 (①)로 알려진 다항 코드 방식은 네트워크 프로토콜에서 가장 많이 사용하는 오류 검출 기법이다. 특히 일반 네트워크에서 발생하는 오류는 특정 위치에서 집중적으로 발생하는 (②) 형태인 경우가 많은데, 다항 코드 방식은 이런 오류를 검출하는 확률이 높은 것으로 알려져 있다.

34 다항 코드 방식은 계수가 0과 1인 다항식 형태를 기반으로 한다. 데이터 전송 과정에서 생성 다항식을 사용해 오류 검출 코드인 (①)을 생성함으로써 오류 제어 기능을 수행한다. 나누기 과정에서 발생하는 다항 연산은 (②) 방식으로 이루어진다. 따라서 덧셈의 자리 올림이나 뺄셈의 자리 빌림 과정이 이루어지지 않으므로 덧셈과 뺄셈은 배타적 (③) 연산과 동일하다.

35 다음 용어에 대하여 간단히 설명하시오.

- 전달, 라우팅, 전송
- 점대점 방식
- 브로드캐스팅 방식
- 스타형 구조
- 링형 구조
- 토큰
- 버스형 구조
- 충돌
- 멀티포인트 유니캐스팅
- 멀티캐스팅
- 응답 프레임

- 타임아웃
- 순서 번호
- 오류 검출 코드
- 프레임 변형 오류
- 프레임 분실 오류
- 흐름 제어
- 문자 프레임
- 문자 스터핑
- 비트 프레임
- 비트 스터핑
- 패리티 비트
- 짝수 패리티, 홀수 패리티
- 블록 검사
- 생성 다항식
- 체크섬

36 전송과 라우팅의 개념을 설명하시오.

37 점대점 방식과 브로드캐스팅 방식을 차이점 위주로 비교하여 설명하시오.

38 멀티포인트 유니캐스팅 방식과 멀티캐스팅 방식을 비교하여 설명하시오.

39 데이터 링크 계층에서 전송 오류 문제를 해결하는 데 필요한 응답 프레임, 타임아웃, 순서 번호, 오류 검출 코드 등의 기능을 설명하시오.

40 데이터 프레임이 전송되었을 때 발생 가능한 오류의 종류와 이를 해결하기 위한 방안을 설명하시오.

41 데이터 프레임의 정보 중에서 순서 번호가 제공되지 않았을 때의 문제점을 순서 번호가 있는 경우와 비교해 설명하시오.

42 수신 버퍼의 관점으로 흐름 제어 기능을 설명하시오.

43 문자 프레임에서 문자 스터핑의 필요성과 원리를 설명하시오.

44 비트 프레임에서 비트 스터핑의 필요성과 원리를 설명하시오.

45 패리티 비트의 목적과 사용 방법을 설명하시오.

46 생성 다항식과 체크섬에 대하여 설명하시오.

47 다항 코드 1001011을 사용하는 프로토콜에서 데이터 101101001을 전송할 때의 체크섬 값을 구하고, 송수신 호스트가 오류 제어 기능을 수행하는 방법을 설명하시오.

현장의 목소리 02

네트워크 엔지니어의 황당한 이야기 모음

글 최성열_시스코시스템즈 코리아

난 날밤을 새웠는데…

어제도 졸린 눈을 비비며 밤을 꼬박 새웠다. 네트워크 엔지니어인 필자는 밤을 새워서 일할 때가 많다. 문제는 아파도, 피곤해도 필자 얼굴이 흰 편이라 웬만해서는 '티'가 나지 않는다는 것이다. 회사에서 밤을 새우고도, 아침에 출근한 동료들에게서 이런 이야기를 참 많이 듣는다.

"일찍 출근했네?"

네트워크 엔지니어는 보험에도 못 든다(?)

결혼 전 누나와 함께 살고 있을 때, 누나가 필자를 위해 보험을 들러 갔다.

누나 : 네트워크 엔지니어라고 하던데요. (지금도 그렇지만 많은 사람들이 무슨 직업인지 모른다.)

보험사 직원 : (표정이 어두워지며) 그거 위험한 직업 아닌가요? 저희는 위험한 직업군은 보험 가입이 안 되는데….

누나 : 그게, 잘은 모르겠는데요. 동생이 늦게 들어오기는 하는데 위험한 일은 아닌 것 같은데요.

보험사 직원 : (뒤돌아보며) 팀장님, 가입자 직업이 네트워크 엔지니어라는데 가입 받아도 되나요?

누나 : …….

가입은 했지만 보험사 직원은 가입 설계서를 전달하며 찜찜해했단다. 본사 심사에서 탈락할까봐.

전화기에 IP를?

네트워크 엔지니어들은 대부분 수 개 또는 수십 개의 IP 주소를 기억한다. 그리고 어떤 문제를 한창 처리할 때는 그 IP 주소가 머릿속에 맴돈다. 한 번은 풀리지 않는 문제 때문에 210.150.x.x라는 IP 주소를 계속 입력하여 접속하던 중 사무실 전화기를 사용하게 됐다.

그때 필자가 누른 전화번호는 '210.150…'이었다. 중간에 점(.)을 찍은 기억은 안 나지만 IP를 다 눌러가다가 순간 알아채고는 기가 막혀 쓰러질 뻔했다. 주소 체계가 복잡한 IPv6가 실용화되면 어쩌지….

제발 Ping이여~

몇 날 며칠을 고생하고, 밤을 지새우고, 가족과 생이별하며 일할 때 수많은 네트워크 엔지니어들이 딱 이거 하나 보고 일할 때가 있다. Ping이다.

Ping은 연결된 수없이 다양한 장비가 완벽히 구성되어야 통신이 이루어진다. 수백, 수천, 수억짜리 장비가 있어도 제대로 설정되지 않으면 아무리 기도를 해도 'Request Timeout'밖에 볼 수 없다. 그래서 가끔 'Reply From~' 메시지를 보고 속으로 눈물을 흘리며 기뻐한다.

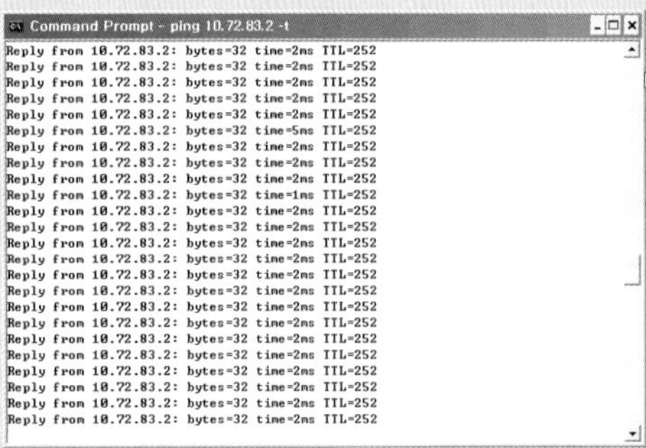

기쁨/환희/퇴근(?)

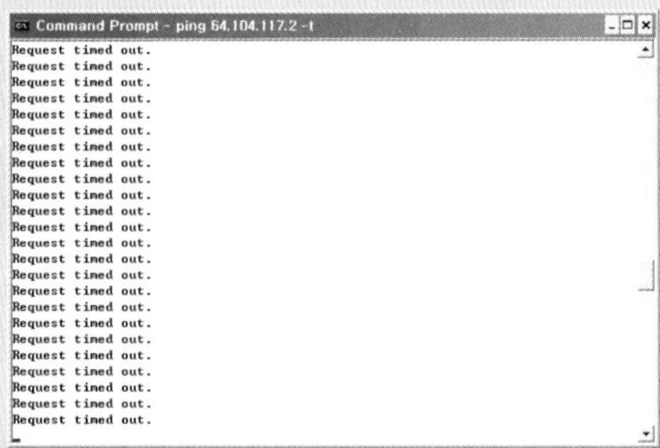

슬픔/괴로움/밤샘(?)

Chapter

05

MAC 계층

학습목표

- LAN 환경에서 MAC 계층과 LLC 계층의 차이와 역할을 이해한다.
- IEEE 802 시리즈의 구조와 관련 표준안에 대하여 이해한다.
- 프레임 전송 과정에서 신호 감지 기능과 충돌 오류 문제에 대하여 이해한다.
- LLC, MAC 계층 간 프레임 캡슐화의 개념에 대하여 이해한다.
- CSMA/CD의 동작 원리와 프레임 구조를 이해한다.
- 토큰 버스에서 토큰의 역할과 프레임 구조를 이해한다.
- 토큰 링의 프레임 구조와 제어 필드를 이해한다.

Preview

전송 매체에는 트위스티드 페어Twisted Pair, 동축케이블, 광케이블 등의 유선 매체와 적외선, 레이저, 마이크로파, 라디오 등의 무선 매체가 있다. 전화망은 아날로그 방식을 이용하는 음성 데이터 전송망으로, 통신 시스템 중 가장 먼저 개발되어 사용되고 있다. 스마트폰의 무선 전화망은 기지국을 통하여 유선망에 연결되므로 음성을 포함한 대부분의 데이터 통신은 유선망으로 이루어진다.

무선 휴대 통신 기기와 인터넷이 폭넓게 보급되면서 디지털 통신 환경이 보편화되고 있다. 디지털 통신 방식은 아날로그 방식보다 오류율은 낮고 전송률은 높다. 또 음성, 영상, 컴퓨터 데이터 등 멀티미디어 데이터 처리에 효과적이다.

네트워크 표준 모델을 설명할 때는 LAN 환경에 한하여 특별히 계층 2의 역할을 LLC와 MAC 계층으로 구분하여 설명한다. 이와 같은 구분을 이해하려면 WAN과 LAN 환경에서 데이터링크 계층의 역할에 어떤 차이가 있는지 알아야 한다. 한편, LAN의 네트워크 연결 구조가 다양하기 때문에 MAC 계층 역시 이들을 개별적으로 지원해야 한다. 주요 MAC 프로토콜의 구조를 이해함으로써 WAN과 LAN 환경의 차이와 네트워크 동작 원리를 이해할 수 있다.

5장과 6장에서는 OSI 7계층 모델의 계층 2에 해당하는 데이터 링크 계층에 대하여 설명한다. LAN 환경에서 데이터 링크 계층은 LLC 계층과 MAC 계층으로 역할이 구분된다. 5장에서 설명되는 MAC 계층은 WAN과 직접적인 연관이 없으며, LAN 환경에 특화된 계층이므로 LAN의 구조에 따라 여러 종류로 나뉜다. 따라서 이처럼 다양한 프로토콜이 표준안에서 서로 어떻게 구조적 연관성을 지니는지 이해할 필요가 있다. 마지막으로 LAN 환경에서 다루어지는 주요 MAC 프로토콜인 CSMA/CD, 토큰 버스, 토큰 링의 구조와 동작 원리에 대하여 상세하게 설명한다.

01 IEEE 802 시리즈

원거리에 있는 호스트를 연결하는 WAN과 달리 LAN 환경은 근거리에 분포된 호스트를 연결한다. 따라서 LAN 환경에서는 WAN 환경보다 효율적인 전송 관리를 통해 네트워크의 전송 효율을 극대화해야 한다. 네트워크의 전송 속도는 주로 전송 매체의 성능에 좌우되지만, 연결 방식이나 전송 방법 등에도 많은 영향을 받는다. 이 절에서는 LAN 환경의 데이터 링크 계층에 대한 표준안을 다루는 IEEE 802 시리즈를 알아본다. IEEE 802 시리즈는 공통 기능인 LLC 계층뿐 아니라 다양한 MAC 계층에 대한 표준안을 정의하고 있다.

1 MAC과 LLC 계층

LAN 환경에서는 네트워크 자원을 효율적으로 활용하려고 [그림 5-1]의 (a)와 같이 데이터 링크 계층의 기능을 LLC 계층과 MAC 계층으로 나누어 처리한다. 즉, OSI 7계층 모델에서 정의한 데이터 링크 계층의 기본 기능은 주로 LLC 계층에서 다루고, 물리적인 전송 선로의 특징과 매체 간의 연결 방식에 따른 제어 부분은 MAC 계층에서 처리한다. (b)의 WAN 환경과 비교해서 보면, LAN의 LLC 계층이 WAN의 데이터 링크 계층과 역할이 비슷하기 때문에 LAN 환경에 MAC 계층이 추가된 것으로 볼 수 있다.

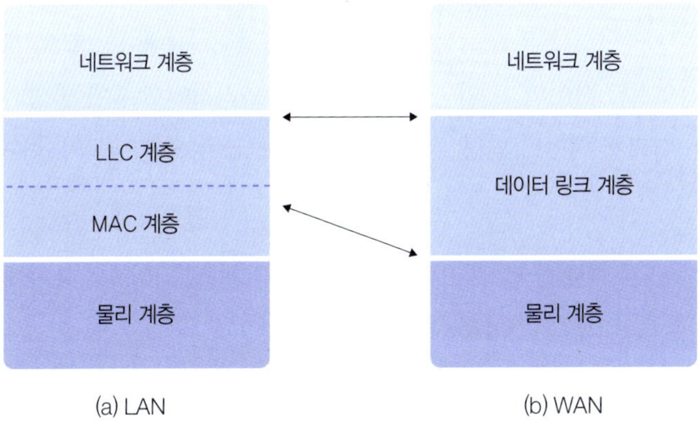

그림 5-1 MAC과 LLC 계층의 관계

MAC 계층

MAC^Medium Access Control 계층은 전송 선로의 물리적인 특성을 반영하므로 LAN의 종류에 따라 특성이 구분된다. 전송 방식이 점대점 혹은 브로드캐스팅인지의 여부, 호스트의 연결 구조, 유무선 환경 등의 차이점을 MAC 계층에서 처리하여 전송 효율을 높여준다. LAN 환경을 위한 MAC 계층은 종류가 다양한데, 공유 버스 방식을 지원하는 CSMA/CD 방식과 링 구조를 지원하는 토큰 링 방식이 대표적인 예이다.

컴퓨터 네트워크에서 가장 많이 사용하는 이더넷^Ethernet은 공유 버스를 이용해 호스트를 연결하는 CSMA/CD 방식을 지원한다. 이더넷에서는 데이터를 전송하기 전에 전송 선로를 먼저 확인해 다른 호스트의 데이터 전송 여부를 파악해야 한다. 다른 호스트가 전송 선로를 사용하지 않으면 데이터 프레임을 전송할 수 있지만, 사용하고 있다면 정해진 정책에 따라 나중에 다시 시도해야 한다. 둘 이상의 호스트에서 동시에 데이터 프레임 전송을 시도하면 충돌^Collision이 발생한다. 충돌이 생기면 호스트는 이를 감지하여 복구 기능을 진행하고, 일정 시점이 지난 후에 재전송해야 한다.

토큰 링^Token Ring 방식은 점대점 연결의 순환 구조를 지원하며, 토큰^Token이라는 특정 패턴의 제어 프레임이 링을 순환한다. 토큰 프레임은 1개만 사용되기 때문에 토큰 링 방식에서 충돌 현상은 발생하지 않는다. 데이터 프레임을 전송하려면 먼저 토큰을 확보해야 하며, 전송을 완료하면 토큰을 링에 내놓아야 한다. 전송된 프레임은 링을 한 바퀴 순환하여 송신 호스트로 되돌아오기 때문에 브로드캐스팅 방식을 지원한다.

LLC 계층

LAN 환경에서 LLC^Logical Link Control 계층은 6장에서 소개할 WAN 환경의 데이터 링크 계층과 기능이 유사하다. 송수신 호스트 사이의 프레임 전송 과정에서 물리적인 오류가 발생하면 이를 복구하는 작업을 한다. 따라서 데이터 변형, 데이터 분실 등에 관한 오류 제어와 송수신 호스트 사이의 속도 차이에 관한 흐름 제어 등의 기능이 필요하다.

LAN 종류에 따라 MAC 계층의 설계 형태가 영향을 받는 것처럼, LLC 계층도 LAN의 특성에 부분적으로 영향을 받을 수 있다. 그러므로 CSMA/CD에서 사용하는 LLC와 토큰 링에서 사용하는 LLC는 약간 다를 수 있다. 예를 들어, CSMA/CD 방식의 LLC 계층은 프레임을 전송하는 과정에서 슬라이딩 윈도우 프로토콜을 사용한다. 반면 토큰 링이나 토큰 버스 구조에서는 송신 호스트가 수신 호스트의 도움 없이, 보낸 프레임의 전송 오류를 검출하고 재전송하는 기능을 수행할 수 있어 슬라이딩 윈도우 프로토콜이 불필요하다. 슬라이딩 윈도우 프로토콜에 대한 자세한 내용은 6장에서 다룬다.

2 LAN 표준안

국제 표준화 단체인 IEEE에서 데이터 링크 계층과 관련된 다양한 LAN 표준안 연구 결과를 IEEE 802 시리즈로 발표하였다. IEEE 802.1은 관련 표준안 전체를 소개하고 인터페이스 프리미티브에 대한 정의를 다루며, IEEE 802.2는 데이터 링크 계층의 상위 부분인 LLC 프로토콜의 정의를 다룬다.

IEEE 802.3 표준안부터는 물리 계층과 MAC 계층에 대한 내용을 주로 다루는데, IEEE 802.3은 이더넷으로 알려진 CSMA/CD 방식, IEEE 802.4는 토큰 버스 방식, IEEE 802.5는 토큰 링 방식에 관한 내용을 규정한다. [그림 5-2]는 계층 구조 모델에서 LLC 계층과 MAC 계층의 관계를 설명하며, IEEE 표준안에 정의된 계층의 역할을 보여준다.

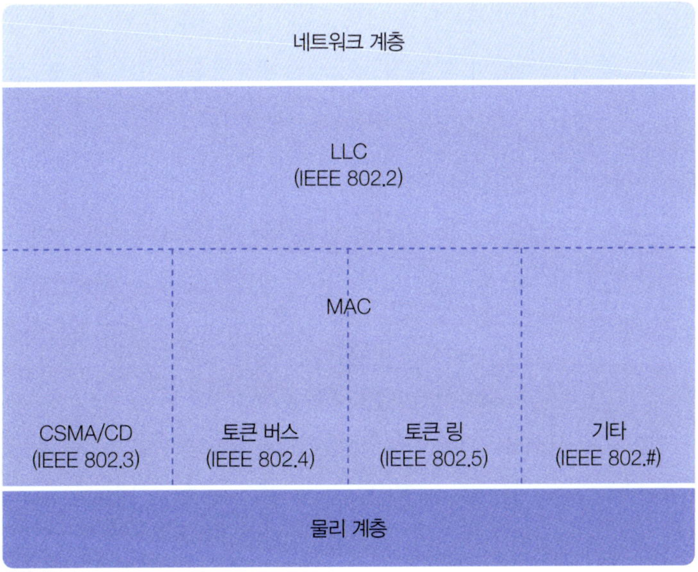

그림 5-2 IEEE 802 시리즈의 계층 구조

LLC 계층의 기능은 LAN 종류에 큰 영향을 받지 않으므로 공통의 프로토콜인 IEEE 802.2 표준안을 사용한다. 그러나 MAC 계층은 물리 계층의 연결 방식과 구조에 따라 종류가 다양하므로 각각에 대하여 별도의 표준안이 정의되어 있다. [그림 5-2]에 소개된 CSMA/CD, 토큰 버스, 토큰 링의 IEEE 시리즈는 모두 유선 환경에 대한 표준안이다.

CSMA/CD

다중 접근 채널Multiple Access Channel 방식을 이용하여 공유 매체에 프레임을 전송하는 방식에서는 데이터 충돌 가능성이 항상 존재한다. 충돌 문제를 해결하는 방법은 크게 두 가지이다. 하나는 다수의 호스트가 송신한 프레임이 공유 매체에서 충돌하는 현상을 허용하는 방식으로, 충돌이 발생한 후에 문제를 해결한다. 다른 하나는 충돌이 발생할 가능성을 원천적으로 차단하는 방식으로 토큰 링이 이에 해당한다.

충돌을 허용하는 방식의 대표적인 예는 이더넷으로 더 많이 알려진 CSMA/CDCarrier Sense Multiple Access/Collision Detection이다. 충돌 허용 방식에서는 충돌로 깨진 프레임을 복구해야 하므로 프레임을 송신한 호스트에서 충돌을 감지하는 기능이 반드시 필요하다. CSMA/CD 방식에서 충돌이 자주 발생하면 오류 복구 과정에 따라 재전송도 많이 이루어진다. 따라서 동일한 프레임을 여러 번 재전송하는 과정을 반복하므로 네트워크의 전체 성능이 떨어진다. 일반적으로 공유 매체의 길이가 길수록 프레임의 전송 지연이 증가하여 충돌이 발생할 가능성도 높아진다.

충돌 문제를 해결하는 다른 방법인 충돌 회피 방식은 종류가 다양하다. 가장 간단한 방법은 각 송신 호스트에 서로 다른 전송 시간대를 지정하는 타임 슬롯Time Slot을 배정하는 방법이다. 토큰에 의한 송신 제어 기능인 토큰 버스와 토큰 링 방식은 논리적으로 타임 슬롯 방식에서 변형된 형태이다.

[그림 5-3]은 하나의 공유 버스에 호스트 5개가 연결된 LAN 환경을 가정하여 CSMA/CD 방식에서 데이터를 전송하는 원리를 보여준다. (a)와 같이 호스트 5가 호스트 1에 프레임을 전송한다고 가정하면 프레임을 전송하기 전에 먼저 다른 호스트가 공유 버스를 사용하고 있는지 확인해야 한다. 버스를 사용하고 있지 않으면 전송 프레임을 공유 버스에 보냄으로써, (b)와 같이 브로드캐스팅 방식으로 모든 호스트에 프레임을 전송할 수 있다. 호스트 5의 프레임

전송 과정에서 다른 호스트가 동시에 프레임 전송을 시도하면 충돌이 발생하므로 이 부분을 처리하는 기능이 필요하다.

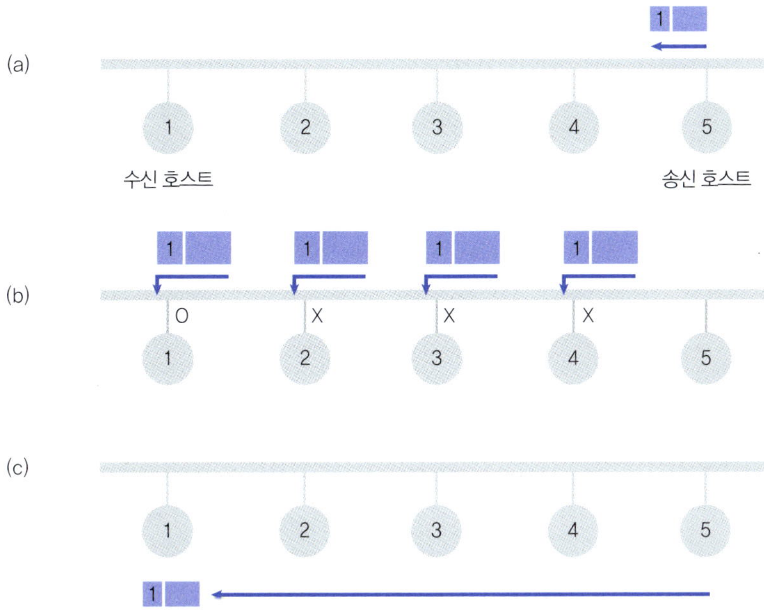

그림 5-3 공유 버스에서의 데이터 전송

전송 프레임은 버스 구조에 연결된 모든 호스트에 전송되기 때문에 [그림 5-3]의 (b)와 같이 프레임의 목적지가 아닌 호스트 2, 3, 4에도 도착한다. 호스트 1을 제외한 나머지 호스트는 이 프레임을 수신할 이유가 없으므로 버려야 한다. 이 기능을 지원하려고 각 호스트에는 고유 주소가 할당되며, 전송 프레임 내부에는 수신 호스트 주소를 호스트 1로 지정한 후 프레임을 전송해야 한다. 호스트 1을 제외한 호스트에서는 프레임의 목적지 주소가 자신의 주소와 일치하지 않으므로 프레임을 무시할 수 있다. 호스트 1은 목적지 주소가 자신이므로 프레임을 수신한다. 결과적으로 (c)와 같이 호스트 5에서 호스트 1까지 프레임을 올바르게 전송할 수 있다.

송신 호스트는 충돌이 생기지 않도록 프레임을 전송하기 전에 공유 버스가 사용 중인지 확인해야 하는데, 전송 과정에서도 충돌이 발생할 수 있다. 충돌이 발생하면 공유 버스의 물리적인 기능으로 이를 인지할 수 있어야 하며, 각 호스트에 충돌을 통지하는 기능도 필요하다. 충돌을 감지한 송신 호스트는 프레임 전송을 중단하고 오류 복구 절차를 진행한다.

토큰 버스

토큰 버스Token Bus 방식은 [그림 5-4]와 같이 물리적으로 보면 공유 버스 구조(점선)로 연결되지만, 논리적인 프레임 전달은 링 구조(실선)이다. 이 방식은 프레임을 전송하기 전에 버스 신호를 감지하는 CSMA/CD 방식과 다른 형식의 전송 메커니즘을 사용한다. 즉, 데이터 프레임 전송이 호스트 사이에 순차적으로 이루어지도록 토큰Token이라는 제어 프레임을 사용한다.

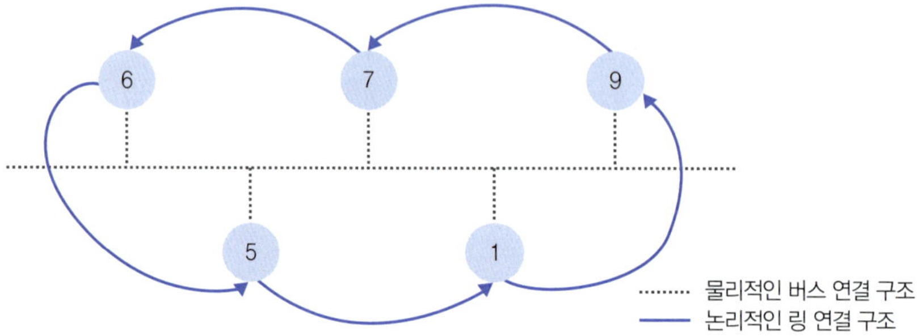

그림 5-4 토큰 버스

데이터 프레임을 전송하려면 반드시 전송 권한을 의미하는 토큰을 확보해야 한다. 데이터 전송을 원하는 호스트는 토큰이 도착할 때까지 기다려서 도착한 토큰을 획득한 뒤 데이터를 전송한다. 데이터 전송을 완료하면 이웃 호스트에 토큰을 넘겨준다. 호스트가 이웃하는 순서는 물리적인 순서가 아닌 각 호스트의 고유 번호와 관련 있다. 높은 번호부터 네트워크에 연결되고, 토큰 전달도 먼저 이루어진다.

네트워크 내부에는 토큰 프레임이 1개만 존재하기 때문에 동시에 여러 호스트가 데이터 프레임을 전송할 수 없고, 충돌 발생도 원천적으로 차단된다. 평소에 토큰은 논리적인 링 구조를 순환하고, 데이터 전송을 원하는 호스트는 토큰을 확보하여 데이터 프레임을 전송한다. 데이터 전송이 완료되면 다시 토큰을 순환시켜야 한다. 모든 전송 과정은 논리적인 링의 순환 구조로 이루어지며, 공유 버스는 토큰 프레임과 데이터 프레임을 물리적으로 전송하는 수단만 제공한다.

토큰 링

[그림 5-5]와 같은 순환 구조의 전송 매체와 점대점 방식으로 연결되는 링 인터페이스의 동작은 대기 모드와 전송 모드로 구분된다. 대기 모드에서는 입력단으로 들어온 비트를 출력단

으로 즉시 내보낸다. 따라서 호스트가 다운되거나 기타 장애가 발생하면 대기 모드가 되어 네트워크의 동작에 영향을 주지 않는다. 대기 모드에서 인터페이스는 링 네트워크를 유지하는 역할만 수행한다.

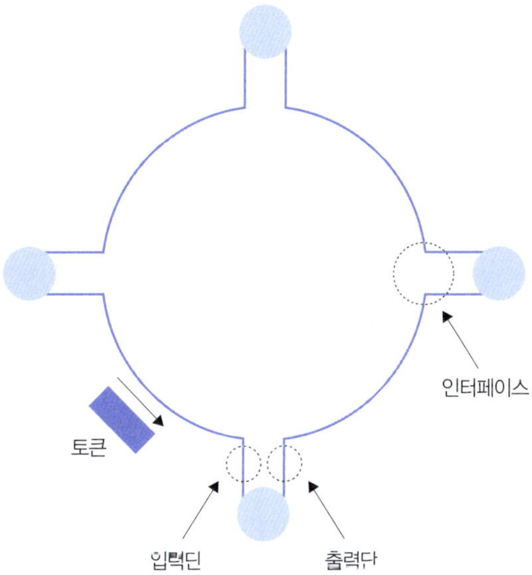

그림 5-5 토큰 링

전송 모드는 호스트가 토큰을 획득해 데이터 프레임을 전송할 수 있는 권한을 보유한 상태이다. 이때는 네트워크의 입력단과 출력단의 논리적인 연결이 끊어지는 대신 네트워크가 송신 호스트의 중개를 거쳐서 연결된다. 송신 호스트는 전송하고자 하는 데이터 프레임을 출력단을 통해 링으로 내보낼 수 있다. 이렇게 전송된 데이터는 링을 한 바퀴 순환하기 때문에 브로드캐스팅 전송을 지원한다.

토큰 링Token Ring 방식에서는 송신 호스트가 전송한 프레임이 링을 한 바퀴 돈 후 송신 호스트에 되돌아오도록 설계된다. 이 과정에서 데이터 프레임의 수신 호스트 주소가 자신의 주소와 동일한 호스트는 해당 프레임을 수신하고, 프레임 내부의 특정 위치에 올바로 수신했다고 표시한다. 송신 호스트는 자신에게 되돌아온 프레임의 특정 위치에 있는 값을 확인하여 프레임이 올바로 전송되었음을 확인한 뒤, 데이터 프레임을 회수하고 토큰 프레임을 링에 반환한다.

02 CSMA/CD

IEEE 802.3은 1-persistent CSMA/CD 방식의 LAN 환경에 관해 규정한 표준안이며, 공유 버스로 연결한 호스트 간의 데이터 전송에 관한 사항을 다룬다. 이더넷Ethernet은 원래 IEEE 802.3 표준안을 실제로 구현한 제품이지만, 현재는 더 일반화된 용어로 사용한다.

1 신호 감지 기능

공유 버스 구조에서 호스트 간의 프레임 충돌을 방지하려면 프레임을 전송하기 전에 다른 호스트가 공유 버스를 사용하고 있는지 확인해야 한다. 이는 전송 선로에 흐르는 신호를 감지하는 기능으로 구현할 수 있다. 전송 매체의 신호를 감지해 프레임의 전송 여부를 결정하는 프로토콜을 신호 감지Carrier Sense 프로토콜이라 한다. 신호 감지 프로토콜에서는 선로의 전달 지연이 성능에 영향을 많이 준다. 신호를 감지하여 공유 버스를 다른 호스트가 사용하고 있으면 아래의 정책에 따라 신호 감지를 다시 시도해야 하며, 사용하고 있지 않으면 프레임 전송을 시작할 수 있다.

1-persistent CSMA

신호 감지 프로토콜 중에서 가장 간단한 형태는 1-persistent CSMA 방식이다. 이 방식은 일반 신호 감지 프로토콜처럼 프레임을 전송하기 전에 전송 채널이 사용 중인지 확인한다. 다른 호스트에서 채널을 사용 중이라고 판단하면 유휴 상태가 될 때까지 대기한다. 그러다가 임의의 순간에 채널이 유휴 상태로 변경되면 확률 1의 조건으로 프레임을 무조건 전송하기 때문에 1-persistent CSMA라 한다.

이 방식은 둘 이상의 호스트에서 동시에 전송 채널을 유휴 상태로 판단하면 프레임 전송 과정에서 충돌이 발생할 수 있다. 충돌이 발생하면 임의의 시간 동안 대기한 후에 전송 채널을 감지하는 과정을 다시 반복한다.

Non-persistent CSMA

Non-persistent CSMA 방식에서는 전송 채널의 신호를 감지해 채널이 사용 중이라고 판단하면 더는 채널의 유휴 상태를 확인하지 않는다. 대신 임의의 시간 동안 기다린 후에 다시 채널 감지를 시작하기 때문에 1-persistent 방식보다 충돌이 발생할 확률을 줄일 수 있다. 1-persistent CSMA 방식에서는 여러 호스트가 채널이 유휴 상태가 되기를 기다리다가 동시에 프레임을 전송할 수 있기 때문에 충돌이 발생할 가능성이 높다.

p-persistent CSMA

p-persistent CSMA 방식은 슬롯 채널 방식에서 많이 사용한다. 채널이 유휴 상태이면 p의 확률로 프레임을 전송하고, 채널이 사용 중이면 다음 슬롯을 기다린 후 앞의 과정을 반복한다.

충돌 감지

CSMA 방식은 기본적으로 둘 이상의 호스트에서 동시에 채널의 유휴 상태를 확인할 가능성이 있다. 따라서 여러 호스트가 동시에 채널을 사용할 수 있다고 판단할 수 있으며, 이런 상황이 자주 발생하면 프레임 전송 과정에서 충돌이 발생할 가능성도 커진다.

공유 버스에서 충돌이 발생하면 해당 프레임의 내용이 깨지고, 각 호스트에서 전송한 프레임의 내용이 변형되므로 프레임을 더 전송하는 것이 의미가 없다. 따라서 향상된 방식인 CSMA/CD에서는 충돌 감지Collision Detection 기능을 사용해 전송 과정에서 충돌 여부를 확인한다. 일단 호스트가 충돌을 감지하면 진행 중인 프레임의 전송을 중지한다.

[그림 5-6]은 공유 버스 방식을 이용하는 고전적인 LAN 접속 방법을 보여준다. 굵고 긴 전송 케이블로 된 전송 매체에 트랜시버 장비로 보조선을 연결해 각 호스트를 연결한다. 트랜시버Transceiver는 호스트를 전송 케이블에 연결하기 위한 송수신 장치로, 전송 선로의 신호를 감지하는 기능과 함께 충돌 현상을 감지하는 기능도 제공한다. 임의의 트랜시버가 충돌을 감지하면 이를 특정 신호의 형태로 변환해 전송 케이블에 다시 전송해야 한다. 이처럼 트랜시버는 충돌이 발생했음을 알려줌으로써 무의미한 프레임 전송을 억제한다.

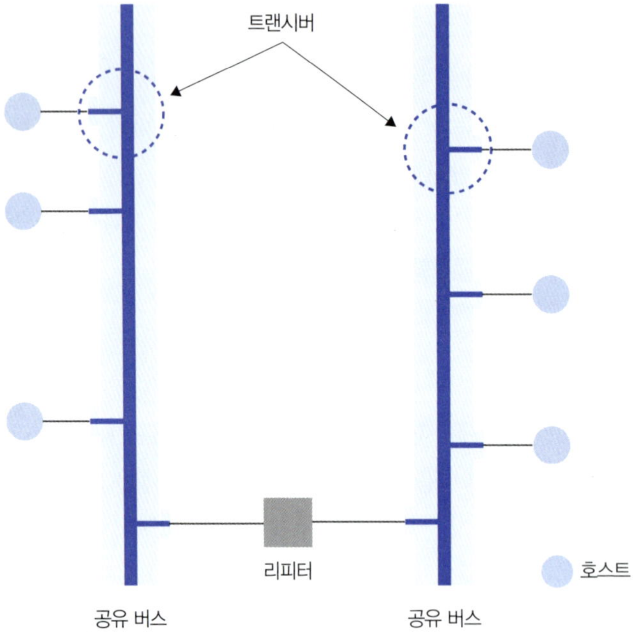

그림 5-6 공유 버스와 리피터

IEEE 802.3 표준안은 전송 케이블의 최대 길이를 일정 범위 이내로 제한하는데, 이는 케이블의 길이가 너무 길면 신호 감쇄 현상에 의해 오류가 발생할 가능성이 높아지기 때문이다. 또한 케이블에 연결되는 호스트 간 간격이 너무 좁아지지 않도록 일정 간격 이상으로 규정하고 있다. [그림 5-6]을 보면 왼쪽과 오른쪽에 2개의 공유 버스가 존재한다. 여기에 신호 증폭 기능을 하는 리피터Repeater 장비를 이용하여 거리 제한 문제를 해결하였다.

호스트의 수가 증가하면 추가 케이블에 호스트를 연결하고, 이들을 리피터로 연결하는 방식으로 네트워크를 확장할 수 있다. 리피터는 단순히 신호를 증폭하여 이웃하는 케이블로 넘겨주는 기능을 한다. 예를 들어, [그림 5-6]의 왼쪽 케이블에서 전송되는 신호는 리피터를 통해 오른쪽으로 전달되고, 반대 방향으로도 신호를 증폭해 전달한다. 이와 같이 다수의 리피터를 사용하여 많은 수의 호스트를 수용할 수 있다.

2 프레임 구조

상위 계층인 LLC에서 내려온 프레임을 상대 호스트에 전송하려면 MAC 계층에서 정의된 프레임 구조에 맞게 포장해야 한다. MAC 계층 프로토콜에서 정의된 MAC 헤더와 트레일러 정보를 추가한 것을 MAC 프레임MAC Frame이라 하며, IEEE 802.3 표준안의 이더넷 프로토콜에서는 이더넷 프레임이라 한다. MAC 프레임은 LLC 계층에서 보낸 모든 정보를 전송 데이터로 취급하며, 데이터 앞에는 헤더가, 뒤에는 트레일러가 위치한다.

[그림 5-7]은 이더넷 프로토콜에서 사용하는 이더넷 프레임Ethernet Frame 구조이다. 필드의 단위는 바이트로, Source Address와 Destination Address 필드는 6바이트의 MAC 주소를 사용하며 Data와 Padding 필드는 가변 길이를 지원한다. 이더넷을 사용하는 유선 환경의 인터넷 케이블로 송수신되는 대부분의 프레임은 이러한 구조로 전송된다.

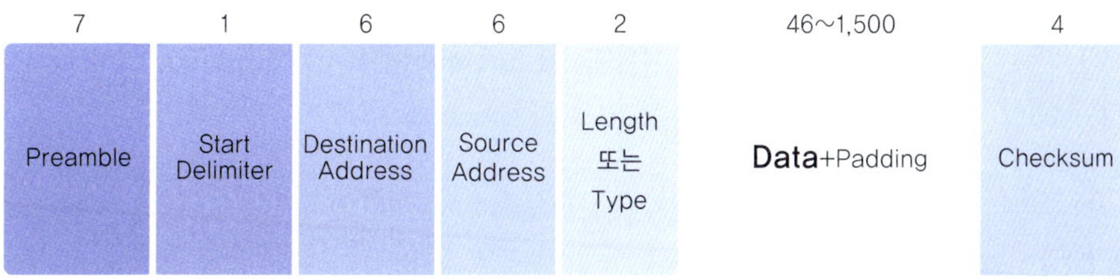

그림 5-7 이더넷 프레임의 구조

이더넷 프레임의 Data 필드 왼쪽에 위치한 필드들은 헤더에 속하고, 오른쪽은 트레일러에 속한다. 전체 프레임의 크기는 Data와 Padding의 길이에 영향을 받으며, Length 또는 Type 필드로 확인할 수 있다. 헤더와 트레일러에서 정의한 필드의 의미는 다음과 같다.

- **Preamble(프리엠블)**: 7바이트 크기로, 수신 호스트가 송신 호스트의 클록과 동기를 맞출 수 있도록 시간 여유를 제공하는 것이 목적이다. 각 바이트는 10101010비트 패턴을 포함한다.
- **Start Delimiter(시작 구분자)**: 프레임이 시작된다는 의미로 사용되며, Preamble 필드와 구분하기 위해 10101011의 값을 갖는다. Preamble 패턴의 마지막 2비트는 10이지만, Start Delimiter의 값은 11로 끝난다.
- **Source Address/Destination Address(송신 호스트 주소/수신 호스트 주소)**: MAC 계층에서는 호스트를 구분하기 위하여 고유의 MAC 주소를 사용하며, MAC 주소는 일반적으로 LAN 카드에 내장되어 제공된다. 두 필드는 전송되는 프레임의 송신 호스트와 수신 호스트 주

소를 표현한다. 수신 호스트 주소는 최상위 비트가 1이면 그룹 주소를 의미하고, 0이면 일반 주소를 의미한다. 그룹 주소에는 특정 그룹에 속한 호스트에 프레임을 전송하는 멀티캐스팅과 네트워크에 연결된 모든 호스트에 프레임을 전송하는 브로드캐스팅이 있다. 브로드캐스팅에서는 수신 호스트 주소부의 모든 비트가 1이다.

- **Length/Type**: 필드 값이 1,500 이하이면 Data 필드의 데이터 크기를 의미하는 Length로 해석하고, 그렇지 않으면 Type으로 해석한다.
- **Length(길이)**: Data 필드에 포함된 가변 길이의 전송 데이터 크기를 나타내며, 최댓값은 1,500이다. IP 패킷의 크기가 이 값을 초과하면 먼저 분할 과정이 이루어져서, 여러 MAC 프레임으로 나누어져 전송된다. Data와 Padding을 합한 데이터의 최소 크기는 46바이트이다. Length 값이 46보다 작게 되지 않도록 Padding 필드에 해당하는 크기만큼 0으로 채운다.
- **Type(종류)**: 이더넷 프레임에 캡슐화된 상위 프로토콜의 패킷 종류를 구분한다.
- **Checksum(체크섬)**: 데이터 전송 과정에서 데이터 변형 오류의 발생 여부를 수신 호스트가 확인할 수 있도록 송신 호스트가 값을 기록해준다. Preamble, Start Delimiter, Checksum을 제외한 나머지 필드에 대한 오류 검출 코드이다.

3 LLC 프레임 캡슐화

OSI 7계층 모델에서는 데이터 전송 시, 최상위 계층인 응용 계층에서 시작해 물리 계층까지 내려오는 과정에서 각 계층의 프로토콜이 정의한 헤더 정보를 계속 추가한다. [그림 5-7]의 이더넷 프레임에서 Data 필드를 제외한 필드들이 MAC 계층에서 추가하는 헤더 정보이다.

좀 더 자세히 설명하면 [그림 5-8]과 같이 네트워크 계층에서 전송을 요구한 패킷은 LLC 계층으로 내려오면서, LLC 헤더 정보를 추가해 LLC 프레임이 된다. LLC 프레임은 다시 MAC 계층으로 내려오는데, 이 과정에서 MAC 헤더와 MAC 트레일러 정보를 추가한다. 이때 LLC 계층에서 보낸 LLC 헤더와 LLC 데이터는 MAC 계층의 데이터로 취급되기 때문에 MAC 프레임의 Data 필드에 기록된다. 이후 MAC 계층에서는 MAC 프레임을 물리 계층을 사용하여 수신 호스트에 전송한다. 물리 계층은 헤더 정보가 없으며, 전송 선로를 통하여 데이터를 물리적으로 전송하는 기능을 한다.

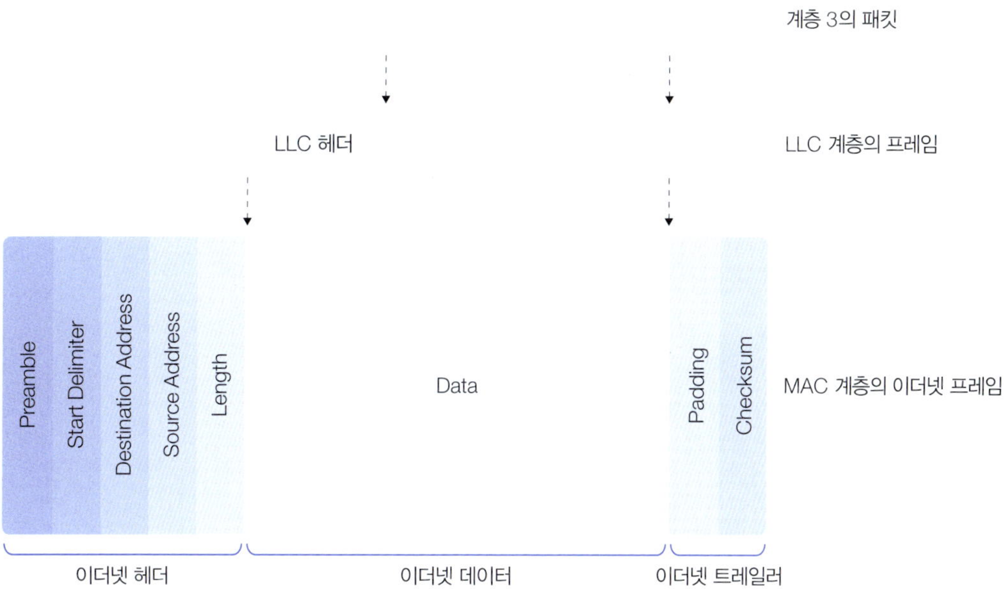

그림 5-8 이더넷 프레임의 Data 필드

4 허브와 스위치

CSMA/CD 방식에서 트랜시버를 이용해 전송 케이블에 호스트를 연결하는 방식은 더 이상 사용하지 않는다. 대신 허브라는 박스 형태의 장비에 잭을 사용해 호스트를 연결하기 때문에 LAN 케이블의 구성이 이전보다 간단해졌다. 허브의 성능 문제를 개선한 스위치 허브도 많이 사용되고 있다.

[그림 5-9]는 이더넷 환경에서 사용하는 공유 버스, 일반 허브, 스위치 허브의 차이점을 설명한다. (a)는 공유 버스 구조를 사용하는 이더넷의 전형적인 원리를 보여준다. 임의의 호스트에서 전송한 프레임은 버스에 연결된 모든 호스트에 전송되고, 목적지의 주소에 해당하는 호스트만 프레임을 수신한다. 초기의 CSMA/CD 방식에서는 10Mbps의 전송 속도를 지원했지만, 요즘은 100Mbps, 1Gbps의 이더넷이 주로 사용된다.

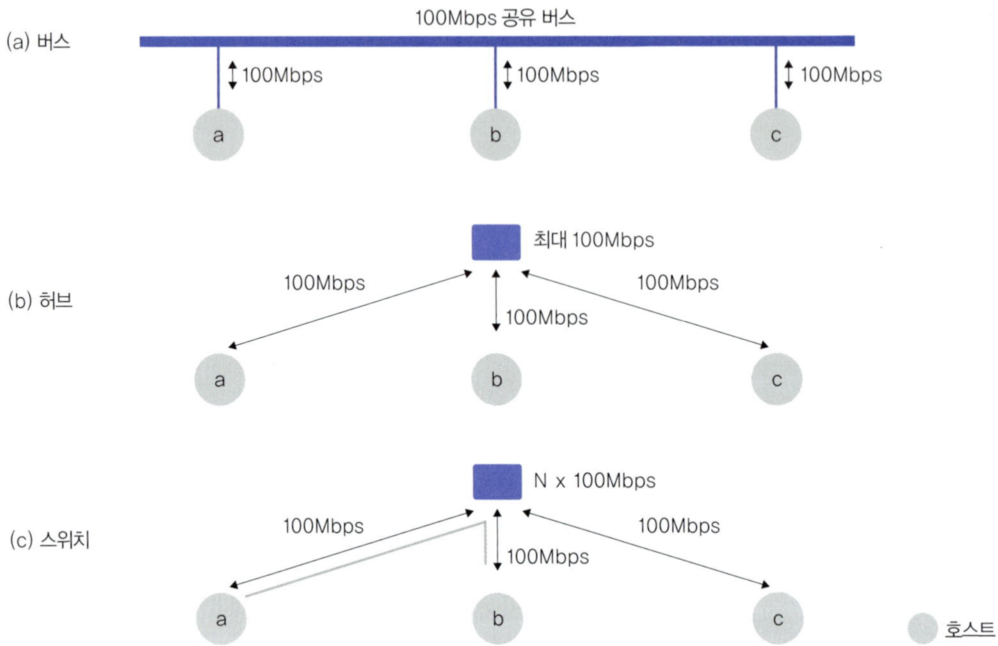

그림 5-9 허브와 스위치

허브

[그림 5-9]의 (b)와 같은 허브Hub 구조에서는 박스 형태의 장비에 호스트를 연결하는 다수의 포트를 지원하므로, 각 호스트는 외형상 허브에 스타형 구조로 연결된다. 그러나 내부의 동작 원리는 버스형 구조를 지원하기 때문에 임의의 호스트에서 전송한 프레임을 허브에 연결된 모든 호스트에 전달한다.

허브의 내부 동작은 공유 버스 방식으로 이루어지므로 여러 호스트가 동시에 프레임을 전송하면 충돌이 발생할 수 있다. 허브 구조의 LAN에서는 전체 전송 용량이 각 호스트를 연결하는 전송 선로 용량의 제한을 받는다. 따라서 그림처럼 허브의 최대 전송 용량은 100Mbps로 제한된다.

스위치

[그림 5-9]의 (c)에 보이는 스위치 허브Switch Hub는 일반 허브와 형태가 동일한 구조이지만, 성능 면에서 장점이 있다. 중앙에 위치한 허브에 스위치 기능이 있어 임의의 호스트로부터 수신한 프레임을 모든 호스트에 전송하지 않고 해당 프레임의 수신 호스트로 지정한 호스트에만 전송한다. 결과적으로 공유 버스의 특징인 브로드캐스팅으로 전송하지 않으므로 성능을 개선한다. 따라서 이들 사이에 프레임 전송이 진행되고 있어도, 다른 호스트끼리 프레임을 전송할 수 있다. 예를 들어, (c)의 호스트 a가 호스트 b로 프레임을 전송하는 동안에 다른 호스트가 프레임을 전송할 수 있다. 따라서 전체 전송 용량이 증가하는 효과가 생긴다. 스위치 허브의 장점을 정리하면 다음과 같다.

- 스위치 허브가 자신에게 연결된 호스트를 모두 수용할 수 있는 충분한 전송 용량을 지원하면 각 호스트는 할당된 LAN 전송 용량을 모두 사용할 수 있다.
- 일반 허브를 스위치 허브로 교체하는 과정에서 연결된 호스트는 하드웨어나 소프트웨어를 교체할 필요가 없다.

03 토큰 버스

IEEE 802.3 표준안의 문제점은 네트워크 트래픽이 심할 때 특정 호스트가 오랫동안 프레임을 전송하지 못할 염려가 있다는 점과 프레임의 우선순위가 규정되어 있지 않아 프레임의 중요도를 표현하기 어렵다는 점이다. 이러한 문제점을 해결하려면 호스트가 순서를 정해 차례로 프레임을 전송하는 기능이 필요한데, 논리적인 순환 구조의 통신망이 이를 지원한다. 즉, IEEE 802.4 표준안의 토큰 버스는 [그림 5-4]와 같이 공유 버스 구조에서 토큰 프레임을 이용하여 데이터 프레임의 전송 권한을 차례로 부여할 수 있다.

1 프레임 구조

LLC 계층에서 내려온 LLC 프레임을 물리 계층을 통해 수신 호스트에 전달하려면 토큰 버스 Token Bus 프로토콜에서 정의한 프레임에 맞게 토큰 버스 프레임을 만들어야 한다. 이때 LLC 프레임은 토큰 버스 프레임의 전송 데이터로 취급된다.

[그림 5-10]은 토큰 버스 프로토콜에서 정의한 토큰 버스 프레임Token Bus Frame의 구조이다. 상단의 숫자는 각 필드의 크기로, 단위는 바이트이다.

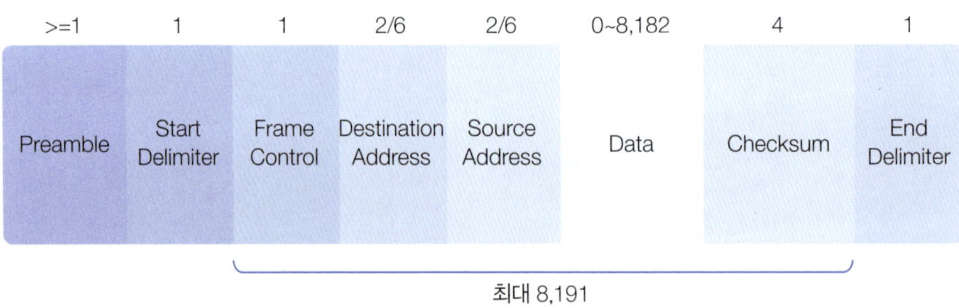

그림 5-10 토큰 버스 프레임의 구조

토큰 버스의 프레임 구조는 [그림 5-7]에서 소개한 CSMA/CD 프레임 구조와 거의 비슷하나 중요한 차이점이 있다. 토큰 버스 프레임에는 데이터 프레임과 토큰 프레임을 구분하기 위한 Frame Control 필드가 추가되어 있다.

헤더와 트레일러에 정의된 필드의 기능은 다음과 같다.

- **Start Delimiter/End Delimiter(시작 구분자/끝 구분자)**: 프레임의 시작과 끝을 의미하는 경계를 표시한다. 이더넷 프레임에는 Length 필드가 있어서 프레임의 전체 크기를 가늠하지만, 토큰 버스에서는 Start Delimiter와 End Delimiter 필드를 이용해 프레임의 크기가 결정된다.
- **Preamble/Source Address/Destination Address/Checksum(프리엠블/송신 호스트 주소/수신 호스트 주소/체크섬)**: [그림 5-7]의 이더넷 프레임과 기능이 동일하다.
- **Frame Control(프레임 제어)**: 데이터 프레임과 제어 프레임을 구분해준다. 데이터 프레임에서는 프레임 우선순위와 수신 호스트의 응답 확인이 필요할 때 사용하고, 제어 프레임에서는 토큰의 전달, 링 관리와 같은 용도로 사용한다.

[그림 5-11]은 Frame Control 필드의 용도를 보여준다. 첫 번째 2비트 값에 따라 프레임의 역할이 구분된다. 먼저 TT = 00으로 정의된 제어용 MAC 프레임의 종류는 CCCCCC 비트 값으로 구분하는데, 00001000이 토큰 프레임이다. TT = 01인 경우는 LLC 프레임으로 정의되므로 상위 계층인 LLC 계층에서 내려온 전송 데이터이다. 따라서 토큰 버스 프로토콜에서 수신 호스트에 전송할 데이터 프레임에 해당한다.

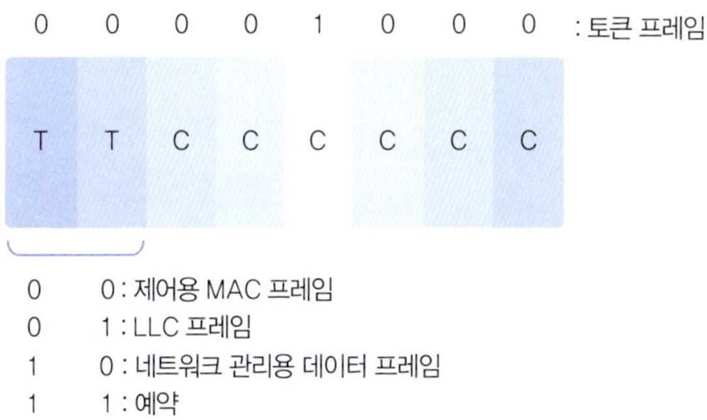

그림 5-11 Frame Control 필드

토큰 버스에서 우선순위는 값이 0, 2, 4, 6인 4개의 클래스로 나누며 숫자가 클수록 우선순위가 높다. 따라서 각 호스트에서는 4개의 클래스를 관리하기 위한 논리적인 큐를 만들어야 하며, 토큰 프레임은 우선순위가 6이다.

2 LLC 프레임 캡슐화

[그림 5-12]는 LLC 계층에서 내려온 LLC 프레임이 토큰 버스 프로토콜을 지원하는 MAC 계층에 전달된 후, [그림 5-10]에서 소개한 토큰 버스 프레임의 Data 필드에 캡슐화되어 전송되는 원리를 설명한다. LLC 프레임의 좌우에 토큰 버스 프레임의 헤더와 트레일러 정보가 채워지면 물리 계층이 수신 호스트로 전송한다. 수신 호스트의 MAC 계층은 토큰 버스 프레임의 헤더와 트레일러 정보를 해석하여 이들을 떼어내고, 상위 계층인 LLC 프로토콜에는 LLC 프레임 정보만 올려준다.

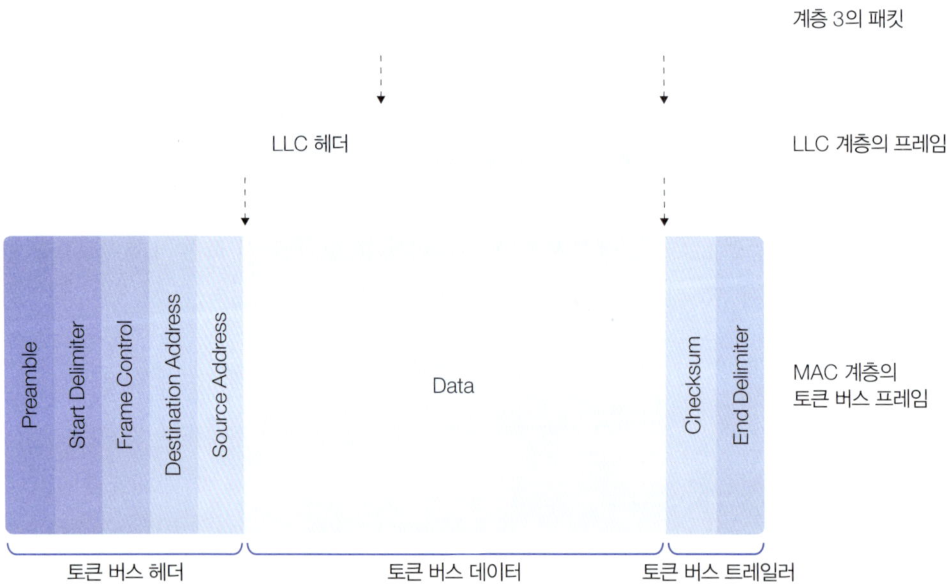

그림 5-12 토큰 버스 프레임의 Data 필드

04 토큰 링

IEEE 802.5 표준안의 토큰 링Token Ring 구조에서는 점대점으로 연결한 호스트가 순환 구조 형태로 LAN을 구성한다. [그림 5-5]의 링 네트워크처럼 링 주위에는 항상 토큰Token이라 불리는 제어 프레임이 일정한 방향으로 순환한다. 데이터 프레임을 전송하고자 하는 호스트는 먼저 토큰을 획득해야 하고, 토큰을 확보한 호스트만 데이터 프레임을 전송할 수 있다. 데이터 프레임은 링을 한 바퀴 순환하면서 수신 호스트에 전달되고, 다시 송신 호스트에 돌아온다. 송신 호스트는 자신이 전송한 데이터 프레임을 회수하고 토큰을 다시 링에 돌려준다.

1 프레임 구조

토큰 링 프레임Token Ring Frame은 데이터 프레임과 토큰 프레임으로 구분할 수 있다. [그림 5-13]의 (b)는 데이터 프레임의 구조이며, 이 중에서 SD, AC, ED 필드 3개로만 구성된 토큰 프레임은 (a)와 같다. 프레임에서 정의한 각 필드의 의미는 뒤에서 따로 소개한다.

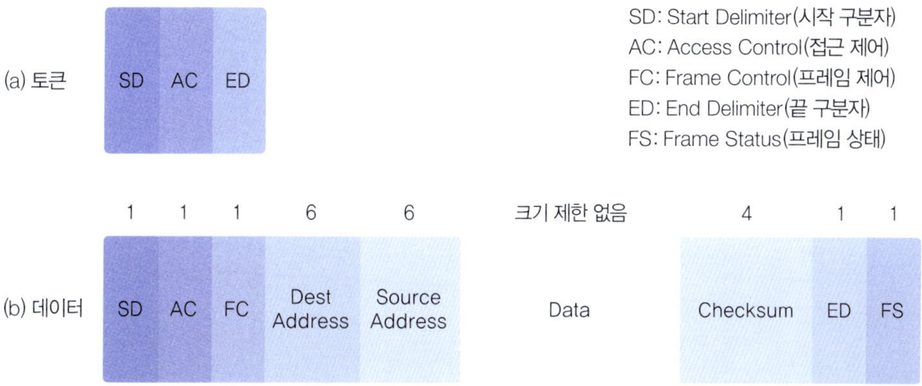

그림 5-13 토큰 링 프레임의 구조

링에 연결된 호스트 중에는 다른 호스트와 구별되는 특별한 기능을 수행하는 관리 호스트가 존재하는데, 이를 모니터Monitor 호스트라 부른다. 모니터로 지정된 호스트는 링 네트워크의 원활한 동작을 유지하는 기능을 수행하는데, 주로 네트워크의 정상 동작을 방해하는 예기치 않은 오류를 복구한다.

예를 들어, 현재 데이터 프레임을 전송하는 호스트가 없는데도 링에 토큰 프레임이 없어지는 오류가 발생할 수 있다. 이때는 모니터 호스트에서 토큰 프레임을 새로 생성해 다른 호스트가 데이터 프레임을 정상적으로 전송할 수 있도록 해야 한다.

또 다른 오류의 예는, 일반 호스트에서 전송한 데이터 프레임이 링을 한 번 순환하면 송신 호스트에 의해 링에서 제거되어야 하는데, 그렇지 않고 무한정 순환하는 경우이다. 이와 같이 네트워크를 운용하는 과정에서 발생하는 오류를 정정하는 일은 모두 모니터 호스트가 담당한다.

2 LLC 프레임 캡슐화

[그림 5-14]는 LLC 계층에서 MAC 계층으로 전송 요청이 내려온 LLC 프레임을 토큰 링 프레임의 구조로 캡슐화하는 과정을 설명한다. 이더넷, 토큰 버스 프로토콜처럼 LLC 프레임은 [그림 5-13]의 토큰 링 프레임의 Data 필드에 기록되고 나머지 토큰 링 프레임의 필드 값을 기록한 후에 물리 계층을 통해 수신 호스트에 전달된다.

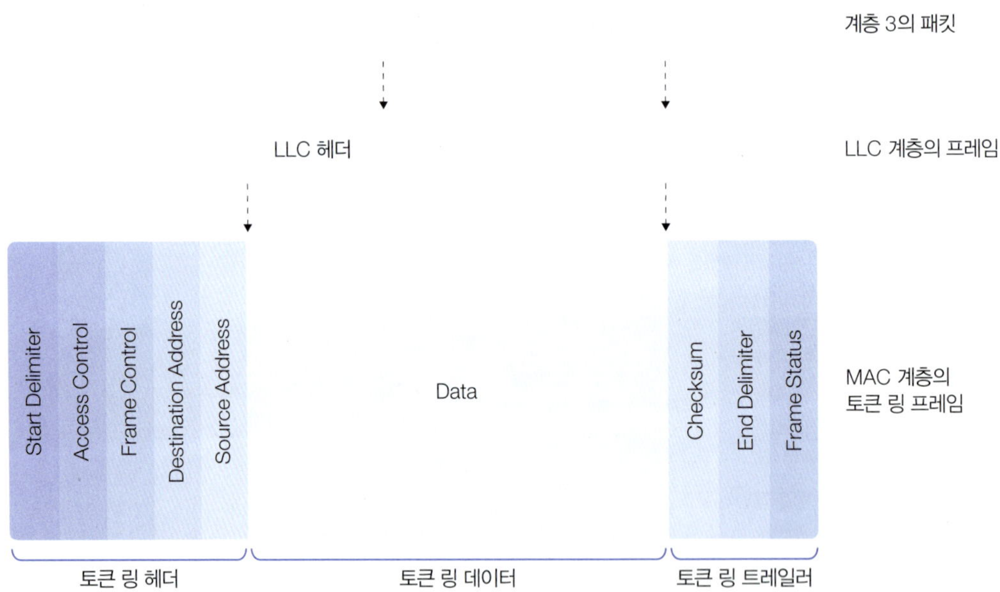

그림 5-14 토큰 링 프레임의 Data 필드

3 프레임 필드의 의미

[그림 5-13]의 토큰 링 프레임 구조에서 상단에 표시된 숫자는 단위가 바이트인 각 필드의 크기이다. 필드 내용 중에서 송신 호스트 주소, 수신 호스트 주소, 데이터, 체크섬 등은 이더넷, 토큰 버스 프로토콜에서의 용도와 같고, 나머지 필드의 역할은 다음과 같다.

Start Delimiter/End Delimiter

SD/ED[Start Delimiter/End Delimiter] 필드는 프레임의 시작과 끝을 구분한다. End Delimiter 필드에는 I와 E라는 두 종류의 비트가 정의되어 있다. I 비트는 데이터 프레임을 여러 개로 나누어 전송하는 경우에 사용된다. 즉, 데이터의 처음과 중간 프레임은 I 비트의 값을 1로 지정해 전송하고 마지막 프레임은 값을 0으로 지정함으로써, 수신 호스트가 연속 데이터를 구분하여 수신할 수 있게 해준다. E 비트는 오류 검출용으로 이용한다.

Access Control

AC[Access Control] 필드는 여러 가지 제어 기능을 수행하기 위해 사용된다. [그림 5-15]처럼 우선순위 비트, 토큰 비트, 모니터 비트, 예약 비트로 나뉜다.

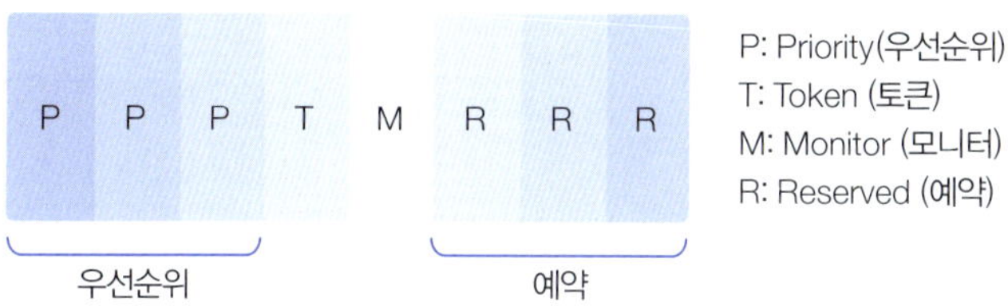

그림 5-15 Access Control 필드

Access Control 필드에 정의된 비트 플래그의 역할은 다음과 같다.

- **우선순위 비트**: 토큰의 우선순위보다 높은 프레임을 전송할 수 있도록 해준다. 000이 우선순위가 가장 낮고, 111이 가장 높다.
- **토큰 비트**: 토큰 프레임과 일반 프레임을 구분하는데, 토큰 프레임은 값이 0이다.
- **모니터 비트**: 네트워크에 오류가 발생하면 특정 데이터 프레임이 링 주위를 무한정 순환하는 현상이 발생할 수 있다. 이를 방지하기 위해 링에 연결한 호스트 중에서 특정 호스트를 모니터[Monitor]로 지정한다. 모니터 호스트는 데이터 프레임이 자신을 지나갈 때 M 비트를 1로 지정

한다. M 비트가 1인 프레임이 다시 모니터 호스트를 지나가면 해당 프레임이 한 번 이상 링을 순환했다는 의미가 된다. 따라서 모니터 호스트는 이 프레임을 링에서 제거함으로써, 특정 데이터 프레임이 링을 무한정 순환하는 현상을 방지할 수 있다.

Frame Control

토큰 링 프레임의 FC^Frame Control 필드는 [그림 5-16]과 같이 LLC 계층에서 목적지 호스트로 전송해줄 것을 요청한 LLC 프레임과 토큰 링 프로토콜에서 사용하는 제어용 프레임을 구분하는 데 사용한다.

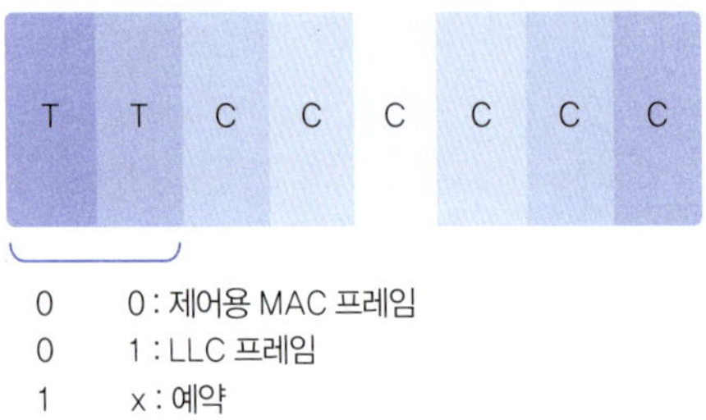

그림 5-16 Frame Control 필드

TT 비트의 값에 의한 프레임 구분은 다음과 같다.

- **TT 비트 = 00**: 제어 기능을 수행하기 위한 프레임을 위해 정의되며, CCCCCC 비트의 코드값으로 제어 명령의 종류를 구분한다.
- **TT 비트 = 01**: 상위 계층인 LLC 계층에서 전송을 요구한 LLC 프레임을 의미한다.

Frame Status

FS^Frame Status 필드는 토큰 링 프레임의 맨 마지막에 위치하며, 데이터 프레임의 수신 호스트가 송신 호스트에 응답할 수 있도록 한다.

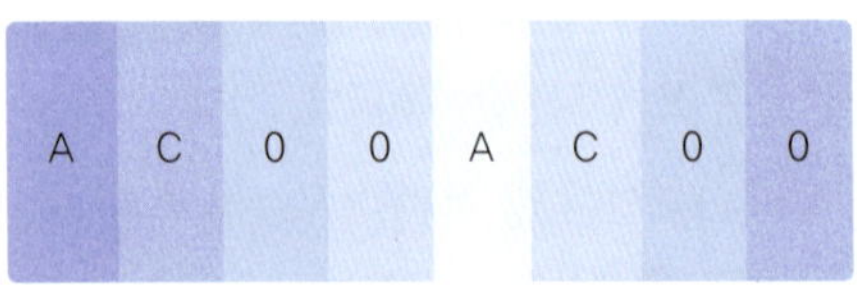

그림 5-17 Frame Status 필드

[그림 5-17]처럼 2개의 플래그 비트 A, C 필드로 정의되며, 두 필드의 값이 쌍으로 존재한다. 따라서 한 쌍의 값이 동일한 경우에만 유효한 응답으로 정의되고, 다르면 0으로 처리되어 무시된다.

- **A 비트**: 목적지로 지정한 수신 호스트에서 데이터 프레임이 링 인터페이스를 통해 자신에게 전달되면 해당 프레임에 접근Access했다는 표시로 A 비트를 1로 지정한다. 데이터 프레임의 수신 호스트 주소가 자신의 주소와 다르면 링 인터페이스를 그냥 통과시킨다. 따라서 A 비트의 용도는 수신 호스트가 링 네트워크에서 제대로 동작하는지 확인하는 것이다.
- **C 비트**: 입력된 데이터 프레임의 수신 호스트 주소가 자신의 주소와 동일한 프레임이 지나가면 프레임을 내부 버퍼에 보관하고, C Copy 비트를 1로 지정한다. C 비트가 1로 지정된 프레임이 다시 송신 호스트에 돌아가면 송신 호스트는 A와 C 비트를 점검해 수신 호스트가 데이터 프레임을 제대로 수신했는지 확인할 수 있다.

요약

01 MAC과 LLC 계층

LAN 환경에서는 WAN 환경보다 효율적인 전송 관리를 통해 네트워크의 전송 효율을 극대화해야 한다. IEEE 802 시리즈는 공통 기능인 LLC 계층뿐 아니라 다양한 MAC 계층에 대한 표준안을 정의하고 있다. OSI 7계층 모델에서 정의한 데이터 링크 계층의 기본 기능은 주로 LLC 계층에서 다루고, 물리적인 전송 선로의 특징과 매체 간의 연결 방식에 따른 제어 부분은 MAC 계층에서 처리한다. LAN의 LLC 계층이 WAN의 데이터 링크 계층과 역할이 비슷하기 때문에 LAN 환경에 MAC 계층이 추가된 것으로 볼 수 있다.

02 MAC 계층

MAC 계층은 전송 선로의 물리적인 특성을 반영하므로 LAN의 종류에 따라 특성이 구분된다. 전송 방식이 점대점 혹은 브로드캐스팅인지의 여부, 호스트의 연결 구조, 유무선 환경 등의 차이점을 MAC 계층에서 처리하여 전송 효율을 높여준다. LAN 환경을 위한 MAC 계층은 종류가 다양한데, 공유 버스 방식을 지원하는 CSMA/CD 방식과 링 구조를 지원하는 토큰 링 방식이 대표적인 예이다. 컴퓨터 네트워크에서 가장 많이 사용하는 이더넷은 공유 버스를 이용해 호스트를 연결하는 CSMA/CD 방식을 지원한다. 토큰 링 방식은 점대점 연결의 순환 구조를 지원하며, 토큰이라는 특정 패턴의 제어 프레임이 링을 순환한다.

03 IEEE 802 시리즈

국제 표준화 단체인 IEEE에서 데이터 링크 계층과 관련된 다양한 LAN 표준안 연구 결과를 IEEE 802 시리즈로 발표하였다. IEEE 802.1은 관련 표준안 전체를 소개하고, IEEE 802.2는 LLC 프로토콜의 정의를 다룬다. IEEE 802.3 표준안부터는 MAC 계층에 대한 내용을 주로 다루는데, IEEE 802.3은 CSMA/CD 방식, IEEE 802.4는 토큰 버스 방식, IEEE 802.5는 토큰 링 방식에 관한 내용을 규정한다. MAC 계층은 물리 계층의 연결 방식과 구조에 따라 종류가 다양하므로 각각에 대하여 별도의 표준안이 정의되어 있다.

04 CSMA/CD

다중 접근 채널 방식을 이용하여 공유 매체에 프레임을 전송하는 방식에서는 데이터 충돌 가능성이 항상 존재한다. 충돌을 허용하는 방식의 대표적인 예는 CSMA/CD이다. 충돌 허용 방식에서는 충돌로 깨진 프레임을 복구해야 하므로 프레임을 송신한 호스트에서 충돌을 감지하는 기능이 필요하다. 송신 호스트는 프레임을 전송하기 전에 공유 버스가 사용 중인지 확인해야 하며, 전송 과정에서도 충돌이 발생할 수 있다. 충돌이 발생하면 이를 인지할 수 있어야 하며, 각 호스트에 충돌을 통지하는 기능도 필요하다. 충돌을 감지한 송신 호스트는 프레임 전송을 중단하고 오류 복구 절차를 진행한다.

05 토큰 버스

토큰 버스 방식은 물리적으로 보면 공유 버스 구조로 연결되어 있지만, 논리적인 프레임 전달은 링 구조이다. 즉, 데이터 프레임 전송이 호스트 사이에 순차적으로 이루어지도록 토큰이라는 제어 프레임을 사용한다. 데이터 프레임을 전송하려면 반드시 전송 권한을 의미하는 토큰을 확보해야 한다. 네트워크 내부에는 토큰 프레임이 1개만 존재하기 때문에 동시에 여러 호스트가 데이터 프레임을 전송할 수 없고, 충돌 발생도 원천적으로 차단된다. 평소에 토큰은 논리적인 링 구조를 순환하고, 데이터 전송을 원하는 호스트는 토큰을 확보하여 데이터 프레임을 전송한다. 공유 버스는 토큰 프레임과 데이터 프레임을 물리적으로 전송하는 수단만 제공한다.

06 토큰 링

토큰 링에서 순환 구조의 전송 매체와 점대점 방식으로 연결되는 링 인터페이스의 동작은 대기 모드와 전송 모드로 구분된다. 대기 모드에서는 입력단으로 들어온 비트를 출력단으로 즉시 내보낸다. 전송 모드는 호스트가 토큰을 획득해 데이터 프레임을 전송할 수 있는 권한을 보유한 상태이다. 송신 호스트는 전송하고자 하는 데이터 프레임을 출력단을 통해 링으로 내보낼 수 있다. 이렇게 전송된 데이터는 링을 한 바퀴 순환하기 때문에 브로드캐스팅 전송을 지원한다. 송신 호스트는 자신에게 되돌아온 프레임의 특정 위치에 있는 값을 확인하여 프레임이 올바로 전송되었음을 확인한 뒤, 데이터 프레임을 회수하고 토큰 프레임을 링에 반환한다.

07 신호 감지

IEEE 802.3은 1-persistent CSMA/CD 방식의 LAN 환경에 관해 규정한 표준안이며, 공유 버스로 연결한 호스트 간의 데이터 전송에 관한 사항을 다룬다. 공유 버스 구조에서 호스트 간의 프레임 충돌을 방지하려면 프레임을 전송하기 전에 다른 호스트가 공유 버스를 사용하고 있는지 확인해야 한다. 이는 전송 선로에 흐르는 신호를 감지하는 기능으로 구현할 수 있다. 전송 매체의 신호를 감지해 프레임의 전송 여부를 결정하는 프로토콜을 신호 감지 프로토콜이라 한다. 신호를 감지하여 공유 버스를 다른 호스트가 사용하고 있으면 다양한 정책에 따라 다시 신호 감지를 시도해야 하며, 사용하고 있지 않으면 프레임 전송을 시작할 수 있다.

08 충돌 감지

CSMA 방식은 기본적으로 둘 이상의 호스트에서 동시에 채널의 유휴 상태를 확인할 가능성이 있다. 이런 상황이 자주 발생하면 프레임 전송 과정에서 충돌이 발생할 가능성도 커진다. 공유 버스에서 충돌이 발생하면 해당 프레임의 내용이 깨지고, 각 호스트에서 전송한 프레임의 내용이 변형되므로 프레임을 더 전송하는 것이 의미가 없다. CSMA/CD에서는 충돌 감지 기능을 사용해 전송 과정에서 충돌 여부를 확인한다. 일단 호스트가 충돌을 감지하면 진행 중인 프레임의 전송을 중지한다.

09 이더넷 프레임

상위 계층인 LLC에서 내려온 프레임을 상대 호스트에 전송하려면 MAC 계층에서 정의된 프레임 구조에 맞게 포장해야 한다. 이더넷 프레임은 LLC 계층에서 보낸 모든 정보를 전송 데이터로 취급하며, 데이터 앞에는 헤더가, 뒤에는 트레일러가 위치한다. 이더넷 프레임에는 송수신 호스트의 주소, 오류 제어를 위한 체크섬, 프레임의 시작과 끝을 표기하는 방법 등이 제공된다. 이더넷을 사용하는 유선 환경에서 인터넷 케이블로 송수신되는 대부분의 프레임은 이러한 구조로 전송된다.

10 허브

이더넷은 허브라는 박스 형태의 장비에 잭을 사용해 호스트를 연결하기 때문에 LAN 케이블의 구성이 이전보다 간단해졌다. 각 호스트는 외형상 허브에 스타형 구조로 연결된다. 그러나 내부의 동작 원리는 버스형 구조를 지원하기 때문에 임의의 호스트에서 전송한 프레임을 허브에 연결된 모든 호스트에 전달한다. 허브의 내부 동작은 공유 버스 방식으로 이루어지므로 여러 호스트가 동시에 프레임을 전송하면 충돌이 발생할 수 있다. 허브 구조의 LAN에서는 전체 전송 용량이 각 호스트를 연결하는 전송 선로 용량의 제한을 받는다.

11 스위치

스위치 허브는 일반 허브와 형태가 동일한 구조이지만, 성능 면에서 장점이 있다. 스위치 기능이 있어 임의의 호스트로부터 수신한 프레임을 모든 호스트에 전송하지 않고 해당 프레임의 수신 호스트로 지정한 호스트에만 전송한다. 결과적으로 공유 버스의 특징인 브로드캐스팅으로 전송하지 않으므로 성능을 개선한다. 따라서 이들 사이에 프레임 전송이 진행되고 있어도, 다른 호스트끼리 프레임을 전송할 수 있다. 일반 허브를 스위치 허브로 교체하는 과정에서 연결된 호스트는 하드웨어나 소프트웨어를 교체할 필요가 없다.

12 토큰 버스 프레임

LLC 계층에서 내려온 LLC 프레임을 물리 계층을 통해 수신 호스트에 전달하려면 토큰 버스 프로토콜에서 정의한 프레임에 맞게 토큰 버스 프레임을 만들어야 한다. 이때 LLC 프레임은 토큰 버스 프레임의 전송 데이터로 취급된다. 토큰 버스의 프레임 구조는 CSMA/CD 프레임 구조와 거의 비슷하나, 데이터 프레임과 토큰 프레임을 구분할 수 있다. 즉, Frame Control 필드 값에 따라 제어용 토큰 프레임, 데이터 프레임으로 구분한다. 데이터 프레임은 상위 계층인 LLC 계층에서 내려온 전송 데이터이며, 토큰 버스 프로토콜이 수신 호스트에 전송할 데이터이다.

13 토큰 링 프레임

토큰 링 프레임은 데이터 프레임과 토큰 프레임으로 구분된다. 링에 연결된 호스트 중에는 다른 호스트와 구별되는 특별한 기능을 수행하는 관리 호스트가 존재하는데, 이를 모니터 호스트라 부른다. 모니터로 지정된 호스트는 링 네트워크의 원활한 동작을 유지하는 기능을 수행하는데, 주로 네트워크의 정상 동작을 방해하는 예기치 않은 오류를 복구한다. Access Control 필드에 토큰을 구분하는 정보와 모니터 정보가 제공되며, Frame Status 필드를 이용하여 수신 호스트는 송신 호스트에 응답 기능을 수행할 수 있다.

연습문제

01 MAC 계층에 대한 설명으로 잘못된 것을 모두 고르시오.

① LAN 환경에서는 WAN 환경보다 효율적인 전송 관리를 통해 네트워크의 전송 효율을 극대화해야 한다.

② IEEE 802 시리즈는 공통 기능인 LLC 계층뿐 아니라 다양한 MAC 계층에 대한 표준안을 정의하고 있다.

③ MAC 계층은 전송 선로의 물리적인 특성을 반영하므로 WAN의 종류에 따라 특성이 구분된다.

④ 토큰 버스는 공유 버스를 이용해 호스트를 연결하는 CSMA/CD 방식을 지원한다.

⑤ 토큰 링 방식은 공유 버스의 순환 구조를 지원하며, 토큰이라는 특정 패턴의 제어 프레임이 링을 순환한다.

02 LLC 계층에 대한 설명으로 잘못된 것을 모두 고르시오.

① OSI 7계층 모델에서 정의한 네트워크 계층의 기본 기능은 주로 LLC 계층에서 다룬다.

② LAN 환경에서 LLC 계층은 WAN 환경의 네트워크 계층과 기능이 유사하다.

③ LLC 계층은 송수신 호스트 사이의 프레임 전송 과정에서 물리적인 오류가 발생하면 이를 복구하는 작업을 한다.

④ LLC 계층에는 데이터 변형, 데이터 분실 등에 관한 오류 제어와 송수신 호스트 사이의 속도 차이에 관한 흐름 제어 등의 기능이 필요하다.

03 IEEE 802 시리즈에 대한 설명으로 잘못된 것을 모두 고르시오.

① 국제 표준화 단체인 IEEE에서 데이터 링크 계층과 관련된 다양한 LAN 표준안 연구 결과를 IEEE 802 시리즈로 발표하였다.

② IEEE 802.1은 상위 계층인 네트워크 계층의 표준안을 소개하고 인터페이스 프리미티브에 대한 정의를 다룬다.

③ IEEE 802.2는 데이터 링크 계층의 상위 부분인 LLC 프로토콜의 정의를 다룬다.

④ IEEE 802.3은 CSMA/CD 방식, IEEE 802.4는 토큰 버스 방식, IEEE 802.5는 토큰 링 방식에 관한 내용을 규정한다.

⑤ CSMA/CD, 토큰 버스, 토큰 링의 IEEE 시리즈는 모두 무선 환경에 대한 표준안이다.

04 CSMA/CD에 대한 설명으로 잘못된 것을 모두 고르시오.

① 충돌을 허용하는 방식의 대표적인 예는 이더넷으로 더 많이 알려진 토큰 버스이다.

② 충돌 허용 방식에서는 충돌로 깨진 프레임을 복구해야 하므로 프레임을 송신한 호스트에서 충돌을 감지하는 기능이 필요하다.

③ 공유 매체의 길이가 짧을수록 프레임의 전송 지연이 증가하여 충돌이 발생할 가능성도 높아진다.

④ 송신 호스트는 충돌이 일어나지 않도록 프레임을 전송하기 전에 공유 버스가 사용 중인지 확인해야 하는데, 전송 과정에서도 충돌이 발생할 수 있다.

⑤ 충돌을 감지한 송신 호스트는 프레임 전송을 중단하고 오류 복구 절차를 진행한다.

05 토큰 버스에 대한 설명으로 잘못된 것을 모두 고르시오.

① 토큰 버스 방식은 물리적으로 보면 링 구조로 연결되어 있고, 논리적인 프레임 전달도 링 구조이다.

② 데이터 프레임 전송이 호스트 사이에 순차적으로 이루어지도록 토큰이라는 제어 프레임을 사용한다.

③ 데이터 전송을 원하는 호스트는 토큰이 도착할 때까지 기다려서 도착한 토큰을 획득한 뒤 데이터를 전송한다.

④ 네트워크 내부에는 토큰 프레임이 1개만 존재하기 때문에 동시에 여러 호스트가 데이터 프레임을 전송할 수 없지만, 충돌 발생을 막을 수는 없다.

⑤ 모든 전송 과정은 논리적인 링의 순환 구조로 이루어지며, 점대점 연결의 공유 버스는 토큰 프레임과 데이터 프레임을 물리적으로 전송하는 수단만 제공한다.

06 토큰 링에 대한 설명으로 잘못된 것을 모두 고르시오.

① 순환 구조의 전송 매체와 점대점 방식으로 연결되는 링 인터페이스의 동작은 대기 모드와 전송 모드로 구분된다.

② 전송 모드에서는 입력단으로 들어온 비트를 출력단으로 즉시 내보낸다.

③ 대기 모드는 호스트가 토큰을 획득해 데이터 프레임을 전송할 수 있는 권한을 보유한 상태이다.

④ 토큰 링 방식에서는 송신 호스트가 전송한 프레임이 링을 한 바퀴 돈 후 송신 호스트에 되돌아오도록 설계된다.

⑤ 송신 호스트는 자신에게 되돌아온 프레임의 특정 위치에 있는 값을 확인하여 프레임이 올바로 전송되었음을 확인한 뒤, 토큰 프레임을 회수한다.

07 CSMA/CD의 신호 감지 기능에 대한 설명으로 잘못된 것을 모두 고르시오.

① 전송 매체의 신호를 감지해 프레임의 전송 여부를 결정하는 프로토콜을 신호 감지 프로토콜이라 한다.

② 신호를 감지하여 공유 버스를 다른 호스트가 사용하고 있으면 여러 정책에 따라 다시 신호 감지를 시도해야 하며, 사용하고 있지 않으면 프레임 전송을 시작할 수 있다.

③ 1-persistent CSMA 방식은 임의의 순간에 채널이 유휴 상태로 변경되면 확률 1의 조건으로 프레임을 무조건 전송한다.

④ Non-persistent CSMA 방식에서는 전송 채널의 신호를 감지해 채널이 사용 중이라고 판단하면 더는 채널의 유휴 상태를 확인하지 않고, 임의의 시간 동안 기다린 후에 다시 채널 감지를 시작한다.

⑤ p-persistent CSMA 방식은 채널이 유휴 상태이면 p의 확률로 프레임을 전송한다.

08 CSMA/CD의 충돌 감지 기능에 대한 설명으로 잘못된 것을 모두 고르시오.

① CSMA/CD에서는 충돌 감지 기능을 사용해 전송 과정에서 충돌 여부를 확인한다. 일단 호스트가 충돌을 감지하면 진행 중인 프레임의 전송을 중지한다.

② 트랜시버는 호스트를 전송 케이블에 연결하기 위한 송수신 장치로, 전송 선로의 신호를 감지하는 기능과 함께 충돌 현상을 감지하는 기능도 제공한다.

③ IEEE 802.1 표준안은 전송 케이블의 최대 길이를 일정 범위 이내로 제한한다.

④ 신호 증폭 기능을 하는 리피터 장비를 이용하여 거리 제한 문제를 해결한다.

⑤ 호스트의 수가 증가하면 추가 케이블에 호스트를 연결하고, 이들을 리피터로 연결하는 방식으로 네트워크를 확장할 수 있다.

09 CSMA/CD의 프레임 구조에 대한 설명으로 잘못된 것을 모두 고르시오.

① 상위 계층인 LLC에서 내려온 프레임을 상대 호스트에 전송하려면 MAC 계층에서 정의된 프레임 구조에 맞게 포장해야 한다.

② 이더넷 프로토콜에서는 이더넷 프레임이라 한다. LLC 계층에서 보낸 모든 정보를 전송 데이터로 취급하며, 데이터 앞에는 헤더가, 뒤에는 트레일러가 위치한다.

③ 전체 프레임의 크기는 Data와 Padding의 길이에 영향을 받으며, Length 필드로 확인할 수 있다.

④ Start Delimiter 필드는 수신 호스트가 송신 호스트의 클록과 동기를 맞출 수 있도록 시간 여유를 제공하는 것이 목적이다.

⑤ MAC 계층에서는 호스트를 구분하기 위하여 고유의 MAC 주소를 사용하며, MAC 주소는 일반적으로 네트워크 관리자가 값을 결정한다.

⑥ Checksum 필드는 데이터 전송 과정에서 데이터 변형 오류의 발생 여부를 송신 호스트가 확인할 수 있도록 수신 호스트가 값을 기록해준다.

10 허브에 대한 설명으로 잘못된 것을 모두 고르시오.

① 임의의 호스트에서 전송한 프레임은 버스에 연결된 모든 호스트에 전송되고, 목적지의 주소에 해당하는 호스트만 프레임을 수신한다.

② 허브 구조에서는 박스 형태의 장비에 호스트를 연결하는 다수의 포트를 지원하므로, 각 호스트는 외형상 허브에 링형 구조로 연결된다.

③ 허브의 내부 동작은 공유 버스 방식으로 이루어지므로 여러 호스트가 동시에 프레임을 전송해도 충돌이 발생하지 않는다.

④ 허브 구조의 LAN에서는 전체 전송 용량이 각 호스트를 연결하는 전송 선로 용량의 제한을 받는다.

11 스위치 허브에 대한 설명으로 잘못된 것을 모두 고르시오.

① 스위치 허브는 일반 허브와 형태가 동일한 구조이지만, 성능 면에서 장점이 있다.

② 허브에 스위치 기능이 있어 임의의 호스트로부터 수신한 프레임을 모든 호스트에 전송하지 않고 해당 프레임의 수신 호스트로 지정한 호스트에만 전송한다.

③ 결과적으로 공유 버스의 특징인 브로드캐스팅으로 전송하므로 성능을 개선한다.

④ 일반 허브를 스위치 허브로 교체하는 과정에서 연결된 호스트는 하드웨어나 소프트웨어를 교체할 필요가 없다.

12 토큰 버스의 프레임 구조에 대한 설명으로 잘못된 것을 모두 고르시오.

① 토큰 버스의 프레임 구조는 CSMA/CD 프레임 구조와 거의 비슷하나, 토큰 프레임이 추가되어 있다.

② Start Delimiter와 End Delimiter 필드를 이용해 프레임의 크기가 결정된다.

③ Access Control 필드를 이용해 데이터 프레임과 제어 프레임을 구분해준다.

④ Access Control 필드의 TT=01인 경우는 LLC 프레임으로 정의되므로 상위 계층인 LLC 계층에서 내려온 전송 데이터이다.

13 토큰 링의 프레임 구조에 대한 설명으로 잘못된 것을 모두 고르시오.

① 토큰 링 프레임은 데이터 프레임과 토큰 프레임으로 구분할 수 있다.

② 모니터로 지정된 호스트는 링 네트워크의 원활한 동작을 유지하는 기능을 수행하는데, 주로 네트워크의 정상 동작을 방해하는 예기치 않은 오류를 복구한다.

③ End Delimiter 필드의 E 비트는 데이터 프레임을 여러 개로 나누어 전송하는 경우에 사용된다.

④ Frame Status 필드는 토큰 링 프레임의 맨 마지막에 위치하며, 데이터 프레임의 수신 호스트가 송신 호스트에 응답할 수 있도록 한다.

14 토큰 링 프레임 구조의 Frame Status 필드에 대한 설명으로 잘못된 것을 모두 고르시오.

① 2개의 플래그 비트 A, C 필드로 정의되며, 두 필드의 값이 쌍으로 존재한다.

② 한 쌍의 값이 동일한 경우에만 유효한 응답으로 정의되고, 다르면 0으로 처리되어 무시된다.

③ 목적지로 지정한 수신 호스트에서 데이터 프레임이 링 인터페이스를 통해 자신에게 전달되면 해당 프레임의 C 비트를 1로 지정한다.

④ 입력된 데이터 프레임의 수신 호스트 주소가 자신의 주소와 동일한 프레임이 지나가면 프레임을 내부 버퍼에 보관하고, A 비트를 1로 지정한다.

15 (①) 환경의 데이터 링크 계층에 대한 표준안을 다루는 (②) 시리즈는 공통 기능인 LLC 계층뿐 아니라 다양한 MAC 계층에 대한 표준안을 정의하고 있다.

16 MAC 계층은 전송 선로의 물리적인 특성을 반영하므로 LAN의 종류에 따라 특성이 구분된다. LAN 환경을 위한 MAC 계층은 공유 버스 방식을 지원하는 (①) 방식과 링 구조를 지원하는 (②) 방식이 대표적인 예이다.

17 토큰 링 방식은 점대점 연결의 순환 구조를 지원하며, 토큰이라는 특정 패턴의 제어 프레임이 링을 순환한다. 토큰 프레임은 (①)개만 사용되기 때문에 토큰 링 방식에서 충돌 현상은 발생하지 않는다. 전송된 프레임은 링을 한 바퀴 순환하여 송신 호스트에 되돌아오기 때문에 (②) 방식을 지원한다.

18 IEEE 802 시리즈의 IEEE (①)은 관련 표준안 전체를 소개하고, IEEE (②)은 이더넷으로 알려진 CSMA/CD 방식, IEEE (③)는 토큰 링 방식에 관한 내용을 규정한다.

19 토큰 버스 방식은 물리적으로 보면 (①) 구조로 연결되어 있지만, 논리적인 프레임 전달은 링 구조이다. 이 방식은 프레임을 전송하기 전에 버스 신호를 감지하는 CSMA/CD 방식과 다른 형식의 전송 메커니즘을 사용한다. 즉, 데이터 프레임 전송이 호스트 사이에 순차적으로 이루어지도록 (②)이라는 제어 프레임을 사용한다.

20 IEEE 802.3은 (①) CSMA/CD 방식의 LAN 환경에 관해 규정한 표준안이며, 공유 버스로 연결한 호스트 간의 데이터 전송에 관한 사항을 다룬다. (②)은 원래 IEEE 802.3 표준안을 실제로 구현한 제품이지만, 현재는 더 일반화된 용어로 사용한다.

21 (①) CSMA 방식에서는 전송 채널의 신호를 감지해 채널이 사용 중이라고 판단하면 더는 채널의 유휴 상태를 확인하지 않는다. 대신 임의의 시간 동안 기다린 후에 다시 채널 감지를 시작하기 때문에 (②) CSMA 방식보다 충돌이 발생할 확률을 줄일 수 있다. (②) CSMA 방식에서는 여러 호스트가 채널이 유휴 상태가 되기를 기다리다가 동시에 프레임을 전송할 수 있기 때문에 충돌이 발생할 가능성이 높다.

22 공유 버스 방식을 이용하는 고전적인 LAN에서는 굵고 긴 전송 케이블로 된 전송 매체에 (①) 장비로 보조선을 연결해 각 호스트를 연결한다. (①)는 호스트를 전송 케이블에 연결하기 위한 송수신 장치로, 전송 선로의 신호를 감지하는 기능과 함께 (②) 현상을 감지하는 기능도 제공한다.

23 IEEE (①) 표준안은 전송 케이블의 최대 길이를 일정 범위 이내로 제한하는데, 이는 케이블의 길이가 너무 길면 신호 감쇄 현상에 의해 오류가 발생할 가능성이 높아지기 때문이다. 또한 케이블에 연결되는 호스트 간 간격이 너무 좁아지지 않도록 일정 간격 이상으로 규정하고 있다. 신호 증폭 기능을 하는 (②) 장비를 이용하여 거리 제한 문제를 해결할 수 있다.

24 상위 계층인 LLC에서 내려온 프레임을 상대 호스트에 전송하려면 MAC 계층에서 정의된 프레임 구조에 맞게 포장해야 한다. MAC 프레임은 LLC 계층에서 보낸 모든 정보를 전송 데이터로 취급하며, 데이터 앞에는 (①)가, 뒤에는 (②)가 위치한다.

25 이더넷 프레임의 (①) 필드는 수신 호스트가 송신 호스트의 클록과 동기를 맞출 수 있도록 시간 여유를 제공하는 것이 목적이다. (②) 필드는 Data 필드에 포함된 가변 길이의 전송 데이터 크기를 나타내며, (③) 필드는 데이터 전송 과정에서 데이터 변형 오류의 발생 여부를 수신 호스트가 확인할 수 있는 오류 검출 코드이다.

26 CSMA/CD 방식에서 트랜시버를 이용해 전송 케이블에 호스트를 연결하는 방식은 더 이상 사용하지 않는다. 대신 (①)라는 박스 형태의 장비에 잭을 사용해 호스트를 연결하기 때문에 LAN 케이블의 구성이 이전보다 간단해졌다. (①)의 성능 문제를 개선한 (②)도 많이 사용되고 있다.

27 토큰 버스 프레임에는 (①) 필드가 추가되어 첫 번째 2비트 값에 따라 프레임의 역할이 구분된다. 먼저 TT = 00으로 정의된 제어용 MAC 프레임의 경우는 00001000이 (②) 프레임이다. TT = 01인 경우는 LLC 프레임으로 정의되므로 상위 계층인 LLC 계층에서 내려온 전송 데이터이다.

28 IEEE 802.5 표준안의 (①) 구조에서는 점대점으로 연결한 호스트가 순환 구조 형태로 LAN을 구성한다. 데이터 프레임을 전송하고자 하는 호스트는 먼저 (②)을 획득해야 하고, (②)을 확보한 호스트만 데이터 프레임을 전송할 수 있다. 데이터 프레임은 링을 한 바퀴 순환하면서 수신 호스트에 전달되고, 다시 송신 호스트에 돌아온다.

29 토큰 링 구조에서 네트워크에 오류가 발생하면 특정 데이터 프레임이 링 주위를 무한정 순환하는 현상이 발생할 수 있다. (①) 호스트는 데이터 프레임이 자신을 지나갈 때 (②) 비트를 1로 지정한다. (②) 비트가 1인 프레임이 다시 (①) 호스트를 지나가면 해당 프레임이 한 번 이상 링을 순환했다는 의미가 된다. 이 프레임을 링에서 제거함으로써, 특정 데이터 프레임이 링을 무한정 순환하는 현상을 방지할 수 있다.

30 토큰 링 구조에서 (①) 필드는 토큰 링 프레임의 맨 마지막에 위치하며, 데이터 프레임의 수신 호스트가 송신 호스트에 응답할 수 있도록 한다. 수신 호스트에서 데이터 프레임이 링 인터페이스를 통해 자신에게 전달되면 해당 프레임에 접근했다는 표시로 (②) 비트를 1로 지정한다. 입력된 데이터 프레임의 수신 호스트 주소가 자신의 주소와 동일한 프레임이 지나가면 프레임을 내부 버퍼에 보관하고, (③) 비트를 1로 지정한다.

31 다음 용어에 대하여 간단히 설명하시오.

- MAC 계층
- LLC 계층
- CSMA/CD
- 이더넷
- 충돌
- 토큰
- IEEE 시리즈
- 토큰 버스
- 토큰 링
- 신호 감지 기능
- 1-persistent CSMA
- 충돌 감지 기능
- 캡슐화
- 허브
- 스위치
- 모니터 호스트

32 LAN 환경에서 LLC 계층과 MAC 계층의 역할 차이를 설명하시오.

33 IEEE 802 시리즈를 설명하시오.

34 CSMA/CD, 토큰 버스, 토큰 링 방식에서 데이터를 전송하는 원리를 비교하여 설명하시오.

35 신호 감지 기능의 종류에 대하여 설명하시오.

36 CSMA/CD 프레임 구조를 그리고, 각 필드의 역할을 설명하시오.

37 LLC 프레임과 이더넷 프레임의 관계를 캡슐화 관점으로 설명하시오.

38 허브와 스위치 허브의 차이를 설명하시오.

39 토큰 버스 프레임의 구조를 그리고, 각 필드의 역할을 설명하시오.

40 토큰 링 프레임의 구조를 그리고, 각 필드의 역할을 설명하시오.

41 토큰 링 방식에서 모니터 기능을 설명하시오.

42 토큰 링 프레임에서 Frame Status 필드의 역할을 설명하시오.

Chapter

06

데이터 링크 계층

학습목표

- 오류 제어, 흐름 제어의 원리와 동작 방식을 이해한다.
- 통신 프로토콜에서 윈도우의 개념과 동작 방식을 이해한다.
- 양방향 통신을 지원하는 슬라이딩 윈도우 프로토콜을 알아본다.
- HDLC 프로토콜을 통해 프로토콜을 구현하는 원리를 이해한다.

Preview

데이터 링크 계층은 물리적으로 이웃하여 연결된 두 호스트 간의 신뢰성 있는 데이터 전송을 지원한다. 이를 위해서는 물리 계층에서 발생하는 전송 오류를 감지하고, 복구하는 기능이 필요하다. 데이터 링크 계층은 오류 복구 기능을 수행하여 상위 계층인 네트워크 계층에 전송 오류가 발생하지 않는 논리적인 전송 선로를 보장한다.

오류 복구 기능을 제공하려면 일차적으로 물리 매체를 이용한 전송 과정에서 오류가 발생했는지 감지할 수 있어야 한다. 오류를 감지하면 송수신 호스트 사이의 오류 복구 과정이 이루어져야 하는데, 컴퓨터 네트워크에서는 주로 재전송 기법을 사용한다.

프로토콜은 네트워크에서 두 호스트 사이의 안전한 데이터 전송 기능을 수행한다. 따라서 프로토콜을 이해하면 인터넷 환경에서 데이터 전송이 어떤 원리에 의해 이루어지는지 파악할 수 있다. 특히 프레임, 오류 제어, 흐름 제어의 기능에 대해 이해함으로써 프로토콜이 어떻게 동작하는지 파악할 수 있다.

6장에서는 네트워크에서 데이터 전송 기능을 지원하는 프로토콜의 기본 원리에 대하여 학습한다. 프레임의 종류와 오류 제어, 흐름 제어에 대하여 살펴보고, 네트워크 프로토콜의 기본 원리인 슬라이딩 윈도우 프로토콜의 동작 방식에 대하여 알아본다. 이어서 실제 구현된 프로토콜인 HDLC를 이용하여 프로토콜 이론과 실제 구현 환경이 어떻게 연관되는지 확인한다.

01 프로토콜의 기초

데이터 링크 계층Data Link Layer에서 두 호스트가 통신하려면 [그림 6-1]의 (a)처럼 일대일(1:1) 형식의 점대점Point-to-Point 방식으로 연결해야 한다. 송신 호스트에서 전송한 프레임은 점대점으로 직접 연결된 수신 호스트에 라우팅 과정 없이 전달된다. 기본적으로 데이터 링크 계층 프로토콜은 (a)와 같은 직접 연결 구조에서 둘 사이의 전송 오류를 감지하고, 이를 복구하는 기능을 지원한다. 라우팅 기능은 네트워크 계층의 기능이므로 데이터 링크 계층은 (a)의 구조만 지원하지만, 점대점 연결의 예외적인 변형인 (b)의 구조를 지원하려면 호스트 주소 개념이 추가로 필요하다.

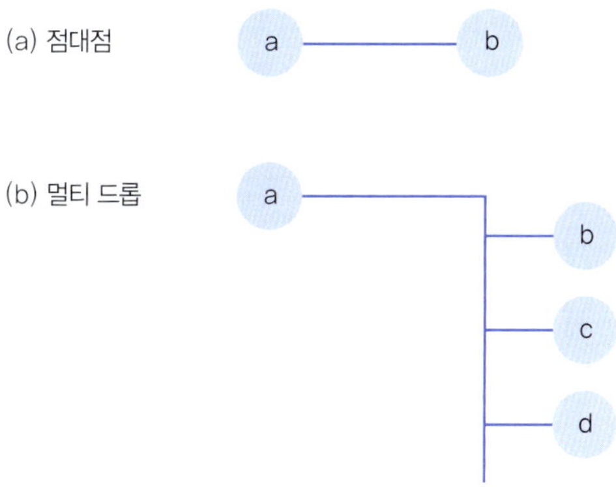

그림 6-1 연결 구성도

[그림 6-1]에서 (b)는 하나의 호스트가 다수의 호스트와 연결된 비대칭 형태로, 이러한 구조를 멀티 드롭Multi-Drop 방식이라 한다. 멀티 드롭에서는 하나의 물리 매체를 여러 호스트가 공유하므로, 임의의 호스트에서 전송한 프레임은 물리적으로 다른 모든 호스트에 전달된다. (a)에서는 설명의 편의를 위하여 구분자를 표시했지만, 전송 선로에 2개의 호스트만 연결되므로 호스트를 구분하기 위한 주소 개념이 필요 없다. 그러나 (b)에서는 여러 수신 호스트 중에서 프레임의 목적지 호스트를 지칭하기 위한 주소Address 개념이 필요하다.

물리 계층을 통해 이루어지는 두 호스트 간의 데이터 전송 과정에서 물리적인 전송 오류가 발생할 수 있다. 이 같은 물리적인 오류를 복구하는 것은 데이터 링크 계층의 기본 역할이다. 따라서 데이터 링크 계층은 상위 계층에 신뢰성 있는 데이터 전송을 보장한다. 신뢰성 있는 논리 선로를 제공하기 위한 오류 제어 방식으로 재전송Retransmission 기법을 사용한다. 재전송 기법은 송신 호스트가 전송한 프레임에 오류가 발생하면 송신 호스트가 전송 데이터를 재전송하여 오류를 복구하는 것이다. 그 과정에서 긍정 응답 프레임, 부정 응답 프레임, 타임아웃, 순서 번호 등의 프로토콜 기능이 수행된다.

1 프레임의 종류

데이터 링크 계층의 동작 원리를 이해하려면 프로토콜에서 자주 언급되는 프레임을 먼저 이해해야 한다. 데이터 링크 계층에서 전송 오류를 해결하는 과정에서 사용하는 프레임Frame에는 정보 프레임, 긍정 응답 프레임, 부정 응답 프레임이 있다.

■ 정보 프레임

정보 프레임Information Frame은 상위 계층이 전송을 요구한 데이터를 수신 호스트에 전송하는 용도로 사용한다. 약칭하여 I 프레임으로도 표기하며, 상위 계층에서 보낸 데이터와 함께 프레임의 순서 번호, 송수신 호스트의 주소 정보, 오류 검출 코드 등을 포함한다. 순서 번호Sequence Number는 각 정보 프레임에 부여되는 고유의 일련번호로, 수신 호스트가 중복 프레임을 구분할 수 있도록 해준다. 데이터 링크 계층의 최종적인 역할은 점대점 연결의 수신 호스트에 정보 프레임을 오류 없이 전송하는 것이다.

■ 긍정 응답 프레임

정보 프레임을 수신한 호스트는 맨 먼저 오류 검출 코드를 확인하여 프레임의 내용이 깨졌는지 확인해야 한다. 프레임 변형 오류가 발생하지 않았으면 송신 호스트에 해당 프레임을 올바르게 수신했다는 의미로 ACK 프레임, 즉 긍정 응답Positive Acknowledgement을 회신한다. 긍정 응답 프레임을 수신한 송신 호스트는 데이터가 제대로 도착했음을 확인하고 해당 정보 프레임의 전송을 완료한다.

■ 부정 응답 프레임

정보 프레임의 전송 과정에서 프레임 변형 오류가 발생하면 수신 호스트는 송신 호스트에 NAK 프레임을 회신한다. 즉, 부정 응답Negative Acknowledgement을 전달하여 송신 호스트가 오류 발생을 인지하고 원래의 정보 프레임을 재전송하도록 요청하는 것이다. 재전송 요구를 받은 송신 호스트는 오류가 발생한 프레임을 동일한 순서 번호로 다시 전송해야 한다.

정보 프레임뿐 아니라 긍정 응답, 부정 응답 프레임에도 회신하고자 하는 정보 프레임의 순서 번호가 포함된다. 따라서 정보 프레임의 송신 호스트는 몇 번 프레임이 제대로 도착하고, 몇 번 프레임에서 오류가 발생했는지를 응답 프레임의 순서 번호로 판단할 수 있다. 정보 프레임 전송 과정에서는 프레임 분실 오류가 발생할 수 있으므로 송신 호스트의 타임아웃 기능도 필요하다.

이 세 가지 프레임을 사용해 데이터 링크 계층의 전송 프로토콜을 작성할 수 있다. 프로토콜의 설계 과정에서 다루는 내용은 주로 오류 제어, 흐름 제어, 양방향 · 단방향 전송 방식 등이다. 일반 통신 프로토콜에서 세 가지 기능을 순차적으로 적용하면서 통신 프로토콜이 어떻게 설계되는지 살펴보자.

2 오류 · 흐름 제어가 없는 프로토콜

먼저 전송 프로토콜의 구조를 가장 단순화하기 위해 통신 환경을 다음과 같이 가정한다. 이는 매우 이상적인 경우를 가정한 것으로, 데이터 전송 과정에서 어떠한 오류도 발생하지 않기 때문에 오류 제어 기능이 필요 없다. 또한 수신 호스트의 버퍼 용량에 제한이 없으므로, 송수신 호스트 사이의 속도 차이로 인해 프레임을 분실할 염려가 없어 흐름 제어 기능도 필요 없다.

- **단방향 통신**: 데이터는 송신 호스트에서 수신 호스트로만(한쪽 방향으로만) 전달된다.
- **전송 오류가 없는 물리 매체**: 통신 채널에서는 어떠한 형태의 전송 오류도 발생하지 않는다.
- **무한개의 수신 버퍼**: 수신 호스트의 버퍼 수는 무한하다.

위의 가정을 적용한 통신 프로토콜에서 송수신 호스트 사이의 데이터 전송은 [그림 6-2]처럼 구조가 단순하다. 즉, 송신 호스트가 전송한 프레임은 수신 호스트에 항상 안전하게 도착하므로 송신 호스트가 프레임을 원하는 만큼 계속 전송할 수 있다.

먼저 오류 제어 측면을 살펴보면 데이터 전송 과정에서 프레임 분실이나 변형과 같은 어떠한 형태의 오류도 발생할 가능성이 없다. 따라서 송신 호스트는 수신 호스트로부터 전송 프레임에 대한 응답을 받지 않아도 되므로, 단순히 정보 프레임을 전송하는 것만으로 송신 호스트의 역할은 완료된다.

흐름 제어 측면에서는 수신 호스트의 버퍼 크기가 무한하므로 버퍼 용량 부족에 따른 프레임 분실 오류를 걱정할 필요가 없다. 따라서 송수신 호스트 사이의 흐름 제어 기능이 필요 없어 상위 계층이 요청한 데이터를 수신 호스트에 송신하는 과정만 필요하다.

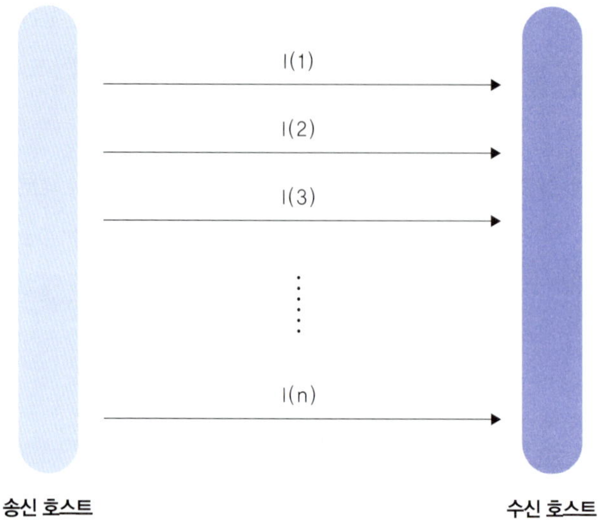

그림 6-2 단순 프로토콜

[그림 6-2]에서 I(i) 형태로 표시한 내용은 순서 번호가 i인 정보 프레임을 의미하는데, 이것은 이해를 돕기 위한 것이지 순서 번호가 필요하다는 뜻은 아니다. 수신 호스트 입장에서는 프레임이 항상 오류 없이 도착하므로 송신 호스트에 별도의 응답 프레임을 전송할 필요가 없다. 또한 프레임이 중복해서 도착할 염려가 없으므로 순서 번호로 프레임을 구분하는 기능도 필요 없다. 그림에서는 전송되는 각 프레임이 다르다는 의미에서 표기했을 뿐이며, 순서 번호를 생략해도 프로토콜의 동작에는 영향을 주지 않는다. 수신 호스트는 도착한 프레임을 상위 계층에 전달하는 작업을 통해 수신 작업을 완료할 수 있다.

3 오류 제어가 없는 프로토콜

두 번째로 가정하는 통신 환경은 다음과 같이 수신 호스트의 버퍼 개수가 유한하다. 버퍼 개수가 제한되면 송신 호스트가 전송한 정보 프레임의 수신 작업이 늦어질 때, 버퍼에 일시적으로 보관할 수 있는 프레임의 개수가 제한된다. 따라서 버퍼 용량 부족으로 프레임 분실 오류가 발생할 가능성이 있으므로 송수신 호스트 사이의 흐름 제어 기능이 필요하다.

- **단방향 통신**: 데이터는 송신 호스트에서 수신 호스트로만(한쪽 방향으로만) 전달된다.
- **전송 오류가 없는 물리 매체**: 통신 채널에서는 어떠한 형태의 전송 오류도 발생하지 않는다.

수신 호스트의 버퍼가 유한개로 제한되는 환경에서 송신 호스트가 너무 빨리 정보 프레임을 전송하면 버퍼 부족으로 프레임 분실 오류가 발생할 수 있다. 이를 방지하려면 프로토콜을 설계하는 과정에서 흐름 제어 기능을 제공하여 송신 호스트의 전송 속도를 조절해야 한다.

흐름 제어는 주로 수신 호스트가 송신 호스트의 프레임 전송 시점을 제어하는 형태로 이루어진다. 가장 간단한 형태는 [그림 6-3]과 같이 수신 호스트가 이전 프레임의 수신을 완료한 후에 다음 프레임을 전송하도록 송신 호스트에 지시하는 것이다. 이때 사용하는 프레임이 그림에 표시된 ACK 프레임이다. 결과적으로 ACK 프레임은 송신 호스트에 이전 프레임을 잘 받았다는 긍정 응답의 기능을 수행하는 동시에, 다음 프레임을 전송하도록 지시하는 흐름 제어 기능도 수행한다.

흐름 제어 기능을 제공하지 않으면, 버퍼 부족으로 프레임 분실 오류가 발생해 중복 프레임을 수신할 수 있다. 따라서 일반적인 관점에서는 수신 호스트가 중복 프레임을 구분할 수 있는 순서 번호 기능이 필요하다. 그러나 [그림 6-3]처럼 간단한 흐름 제어 환경에서는 분실 오류에 의한 중복 프레임이 발생할 가능성이 없기 때문에 순서 번호를 사용하지 않아도 된다.

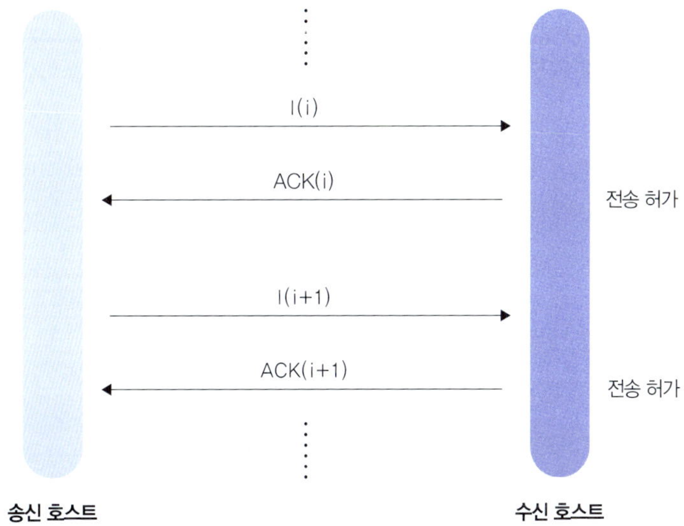

그림 6-3 정지-대기 프로토콜 1

송신 호스트가 정보 프레임을 전송하고, 이어서 다음 정보 프레임을 전송하려면 ACK 프레임이 도착하기를 기다려야 한다. 이처럼 각 정보 프레임에 대하여 수신 호스트가 회신하는 ACK

프레임이 도착해야 다음 프레임을 전송할 수 있는 프로토콜 방식을 정지-대기Stop-and-Wait 방식이라 한다. 정지-대기 프로토콜은 전송 효율이 매우 떨어지므로 일반 네트워크 환경에서는 사용하지 않는다.

4 단방향 프로토콜

오류 제어와 흐름 제어 기능을 지원하는 환경에서, 다음과 같은 단방향 형식의 통신 환경을 살펴보자.

- **단방향 통신**: 데이터는 송신 호스트에서 수신 호스트로만(한쪽 방향으로만) 전달된다.

오류 제어와 흐름 제어가 필요한 통신 환경에서 송신 호스트가 전송한 정보 프레임에 발생할 수 있는 오류에는 프레임 분실 오류와 프레임 변형 오류가 있다.

프레임 분실은 전송된 프레임이 수신 호스트에 도달하지 못하고 전송 도중에 사라지는 경우이다. 이때 수신 호스트는 정보 프레임이 도착하길 무한정 기다린다. 결과적으로 수신 호스트가 ACK 프레임을 회신할 수 없으므로 송신 호스트도 ACK 프레임의 도착을 무한정 기다린다.

이런 현상을 예방하려면 송신 호스트의 타임아웃Timeout 기능이 반드시 필요하다. 즉, 정보 프레임을 전송한 후에 특정 시간이 지날 때까지 수신 호스트의 ACK/NAK 프레임을 회신받지 못하면 송신 호스트는 프레임 분실이 발생한 것으로 간주한다. 프레임 분실 오류가 발생하면 송신 호스트의 타임아웃 기능이 동작하여 분실된 프레임을 재전송하는 방식으로 복구한다. 앞에서 가정한 오류 제어가 없는 프로토콜에서도 송신 호스트의 타임아웃 기능이 필요할 수 있다.

NAK가 없는 경우

[그림 6-4]는 NAK 프레임이 정의되지 않은 프로토콜에서 오류를 복구하는 방법을 보여준다. 먼저 (a)는 송신 호스트가 전송한 정보 프레임을 분실한 경우로, 수신 호스트는 받은 것이 없으므로 정보 프레임에 대한 응답 프레임을 회신할 수 없다. 문제는 송신 호스트가 ACK 프레임을 수신해야 다음 동작을 취할 수 있도록 프로토콜이 설계된 경우이다. 송신 호스트는 ACK 프레임이 도착하기를 무한정 기다리고, 결과적으로 송수신 호스트 모두 상대방의 행동을 기다리면서 프로토콜의 진행을 멈추는 현상이 발생할 수 있다.

이를 해결하려면 송신 호스트가 정보 프레임을 전송한 후에 반드시 해당 프레임의 전송 시간을 고려한 제한 시간을 설정하여 타이머Timer를 작동시켜야 한다. [그림 6-4]의 (a)와 같이 송신 호스트는 정보 프레임 I(i)를 전송하면서 바로 타이머를 구동시키고, 임의의 시간까지 ACK 프레임이 도착하지 않으면 시간 초과에 따른 타이머 동작으로 정보 프레임 I(i)를 재전송한다.

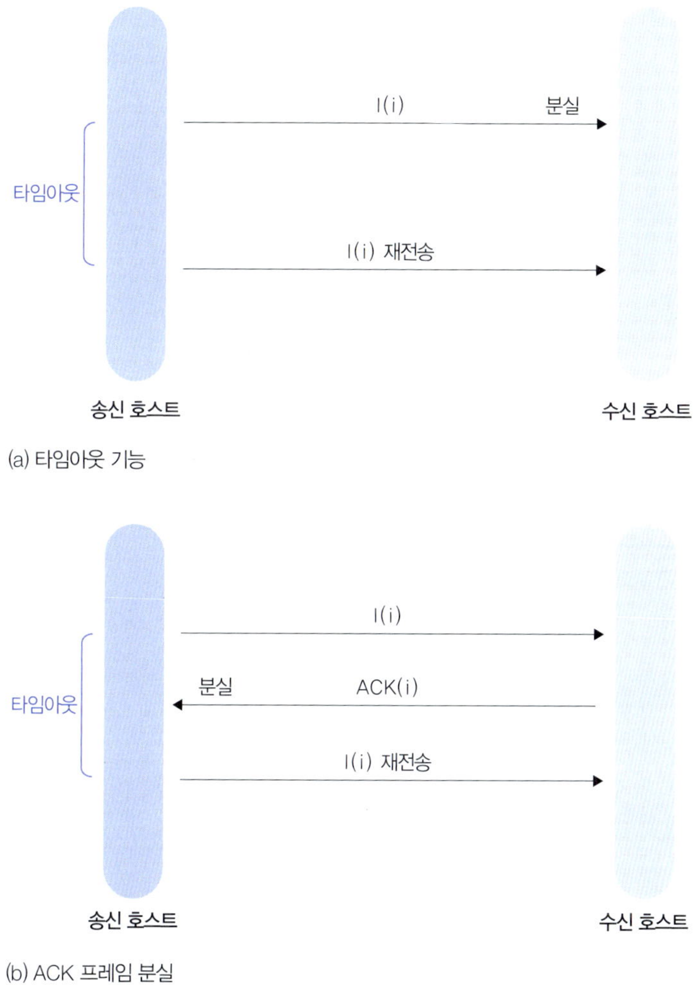

그림 6-4 정지-대기 프로토콜 2: NAK가 없는 경우

[그림 6-4]의 (b)는 수신 호스트가 정보 프레임을 오류 없이 제대로 수신하여 이 프레임에 대한 ACK 프레임을 올바르게 회신하였다. 그러나 ACK 프레임이 송신 호스트에 회신되는 과정에서 손실 혹은 변형되어 송신 호스트가 정보 프레임이 올바르게 전달되었다는 사실을 모르

는 경우이다. 송신 호스트 입장에서는 (b)의 상황이 (a)의 상황과 동일하므로 타이머 동작에 의한 재전송 과정이 필요하다.

[그림 6-4]의 (a)는 프레임 분실 오류에 대한 설명이지만, 프레임 변형 오류에도 동일하게 적용된다. NAK 프레임이 정의되지 않아 수신 호스트가 프레임 변형 오류에 응답할 방법이 없다. 따라서 [그림 6-5]처럼 송신 호스트의 타임아웃 기능에 의해 오류 복구 기능이 진행되어야 한다.

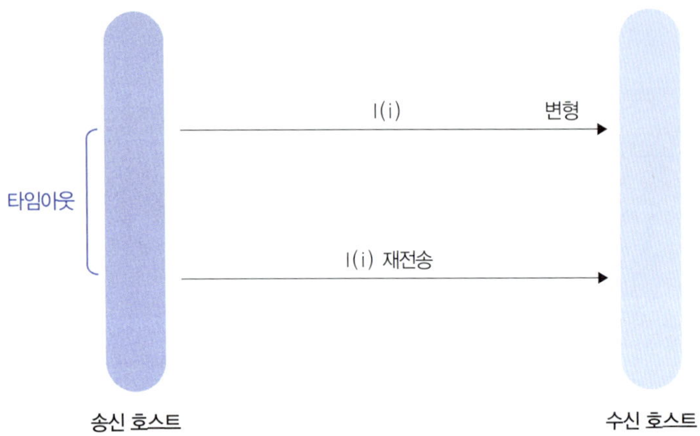

그림 6-5 프레임 변형 오류: NAK가 없는 경우

NAK가 있는 경우

정보 프레임의 전송 과정에서 프레임이 수신 호스트에 도착했으나 내용의 일부가 파손되는 프레임 변형 오류가 발생할 수 있다. 이와 같이 내용은 비록 변형됐지만 프레임을 제대로 수신한 경우에 처리하는 방식은 두 가지이다. 첫 번째 방식은 변형된 프레임을 무시하는 것으로, 이는 프레임 분실 오류와 동일한 결과를 가져오기 때문에 [그림 6-4]나 [그림 6-5]의 분실 처리에 따른 타임아웃 기능을 거친다.

두 번째 방식은 [그림 6-6]의 (a)처럼 NAK 프레임을 이용해 프레임 변형 사실을 송신 호스트에 통보하는 것이다. 이 방식에서는 프레임 변형 오류와 프레임 분실 오류를 명확히 구분해 처리한다. 직관적으로 보면 NAK 프레임을 이용해 송신 호스트에 재전송을 요구하는 방식이 송신 호스트의 타이머 기능을 이용하는 것보다 효과적일 수 있다. 그러나 실제 네트워크 프로토콜에서는 정보 프레임에서 변형된 부분이 순서 번호처럼 중요한 정보일 수도 있고, 다른 네트워크 환경 요소에 의해 NAK 프레임을 이용하지 못할 수도 있다.

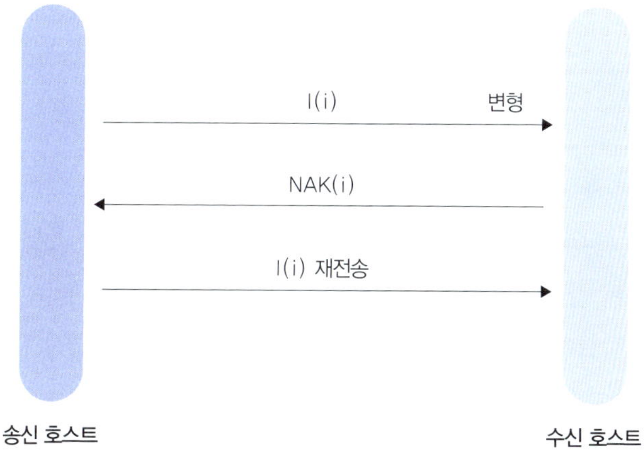

(a) 프레임 변형 오류

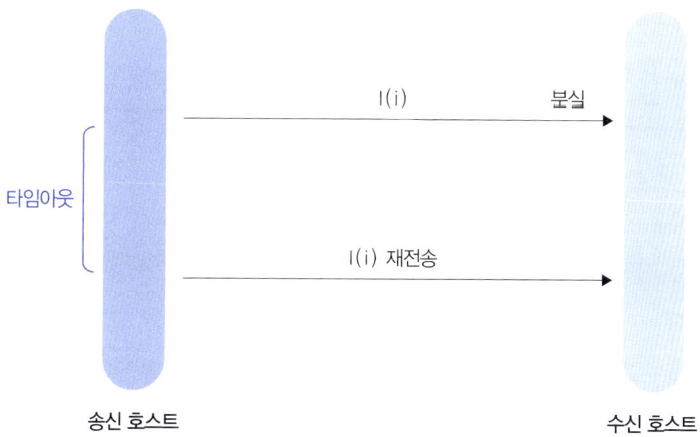

(b) 프레임 분실 오류

그림 6-6 정지-대기 프로토콜 3: NAK가 있는 경우

결론적으로 두 가지 원인이 발생했을 때 송신 호스트의 재전송 기능으로 오류 복구가 이루어진다. 하나는 정보 프레임에 대한 수신 호스트의 응답이 없을 때 송신 호스트의 타임아웃 기능에 의해 복구가 이루어지는 경우이고, 다른 하나는 수신 호스트가 회신한 부정 응답 프레임에 의해 복구가 이루어지는 경우이다.

02 슬라이딩 윈도우 프로토콜

앞서 설명한 약식 프로토콜에서는 프레임 전송이 한쪽 방향으로만 이루어진다고 가정했지만, 실제 통신 환경에서는 대부분 양방향으로 이루어진다. 슬라이딩 윈도우 프로토콜Sliding Window Protocol은 두 호스트 간의 프레임 전송을 위한 일반적인 통신 프로토콜로, 오류 제어와 흐름 제어 기능을 함께 지원한다. 슬라이딩 윈도우 프로토콜의 원리는 현재 대부분의 통신 프로토콜에서 사용하는 방식으로, 다음과 같은 기본 절차를 따른다.

① 정보 프레임을 전송하는 송신 호스트는 보내려는 데이터뿐 아니라 프레임의 순서 번호, 오류 검출 코드 등을 프레임에 표기한 후에 정해진 순서 번호에 따라 순차적으로 송신한다.

② 정보 프레임을 받은 수신 호스트는 해당 프레임의 순서 번호에 근거하여 송신 호스트에 응답 프레임을 회신해야 한다. 일반적으로 응답 프레임의 내용에 포함되는 순서 번호는 정상적으로 수신한 프레임의 번호를 기재하지 않고, 다음에 수신하기를 기대하는 프레임의 번호를 표기한다. 따라서 긍정 응답 프레임에 기록된 순서 번호 이전까지의 프레임은 모두 제대로 수신했다는 의미가 된다(참고로 이 책에서 사용하는 순서 번호의 표기 방법은 제대로 수신한 프레임 번호를 기재하는 형식을 사용하였는데, 이는 독자들이 이해하기 쉽도록 하기 위함이다).

③ 송신 호스트는 송신한 정보 프레임을 자신의 내부 버퍼에 유지해야 하며, 이를 송신 윈도우라 한다. 송신 윈도우에서 대기하는 정보 프레임은 송신 호스트가 수신 호스트에 프레임 전송을 완료했지만 아직 수신 호스트로부터 긍정 응답을 받지 못한 프레임이다.

④ 수신 호스트는 수신한 정보 프레임을 보관하기 위해 내부 버퍼인 수신 윈도우를 유지할 수 있다. 수신 윈도우에는 개념적으로 수신을 기대하는 프레임의 순서 번호가 들어가기 때문에 프로토콜의 동작 방식에 따라 크기가 달라질 수 있다. 선택적 재전송Selective Retransmission 방식에서는 프레임의 도착이 비순서적으로 이루어져도 처리할 수 있기 때문에 수신 윈도우의 크기가 송신 윈도우의 크기와 동일하다. 그러나 고백 NGo-Back-N 방식에서는 수신 호스트가 항상 이전에 수신한 프레임의 바로 다음 프레임만 기다리기 때문에 수신 윈도우의 크기가 1이면 충분하다.

1 흐름 제어

슬라이딩 윈도우 프로토콜에서 슬라이딩 윈도우는 '윈도우의 이동'을 의미하며, 이는 흐름 제어 기능을 상징적으로 대변한다. 즉, 수신 호스트가 연속으로 수신할 수 있는 정보 프레임의 개수를 윈도우의 크기로 지정함으로써, 송신 호스트의 프레임 전송 속도를 제어한다.

순서 번호

정보 프레임의 내용에는 프레임별로 고유하게 부여되는 순서 번호Sequence Number라는 일련 번호가 부여된다. 이 번호는 0부터 임의의 최댓값까지 정의되는데, 최댓값 이후에는 다시 0번으로 되돌아오는 순환 방식으로 할당된다. 따라서 프로토콜을 설계할 때는 현재 처리되고 있는 서로 다른 프레임에 같은 순서 번호를 부여하지 않도록 주의해야 한다. 이런 원칙에 위배되지 않으려면 기본적으로 순서 번호의 최댓값이 송신 윈도우의 크기보다는 커야 한다.

정보 프레임의 내용에는 순서 번호를 위한 공간이 확보되어 있는데, 할당된 공간의 크기가 n 비트라고 가정하면 프로토콜에서 사용할 수 있는 순서 번호의 범위는 $0 \sim 2^n-1$이다. 정지-대기Stop-and-Wait 방식의 프로토콜은 슬라이딩 윈도우 프로토콜에서 가장 기본이 되는 n 값이 1인 경우이다.

윈도우 크기

슬라이딩 윈도우 프로토콜은 원리상 흐름 제어를 지원하기 위해 제공하는 기능이다. 기본 원리는 임의의 시점에서 송신 호스트가 수신 호스트로부터 긍정 응답 프레임을 받지 않고도 전송할 수 있는 정보 프레임의 최대 개수, 즉 윈도우 크기Window Size를 규정하기 위함이다. 송신 호스트가 관리하는 송신 윈도우에 보관된 프레임은 수신 호스트에 전송되었으나 아직 긍정 응답 프레임을 받지 못한 프레임이다.

윈도우에 포함되는 정보 프레임의 관리는 순서 번호를 기반으로 이루어지는데, 이들 순서 번호의 묶음이 결과적으로 윈도우가 된다. 송신 윈도우에 보관된 프레임은 낮은 순서 번호부터 차례로 처리된다. 즉, 긍정 응답 프레임이 회신되고 오류 없이 수신 호스트에 전달되었음을 확인함에 따라 윈도우에 새로 추가될 정보 프레임의 순서 번호도 순차적으로 높은 번호로 이동한다.

[그림 6-7]은 송신 윈도우의 최대 크기를 3으로 가정하였을 때 슬라이딩 윈도우 프로토콜의 동작 과정을 보여준다. 먼저 (a)는 0번, 1번, 2번 등 3개의 정보 프레임을 전송한 후에, 아직 해당 정보 프레임에 대한 ACK 프레임을 받지 못한 경우이다. 이때 윈도우의 크기가 3으로 제한되기 때문에 네 번째 정보 프레임인 3번 프레임은 전송할 수 없다. 3번 프레임을 전송하려면 0번 프레임에 대한 긍정 응답의 처리가 완료되어야 한다.

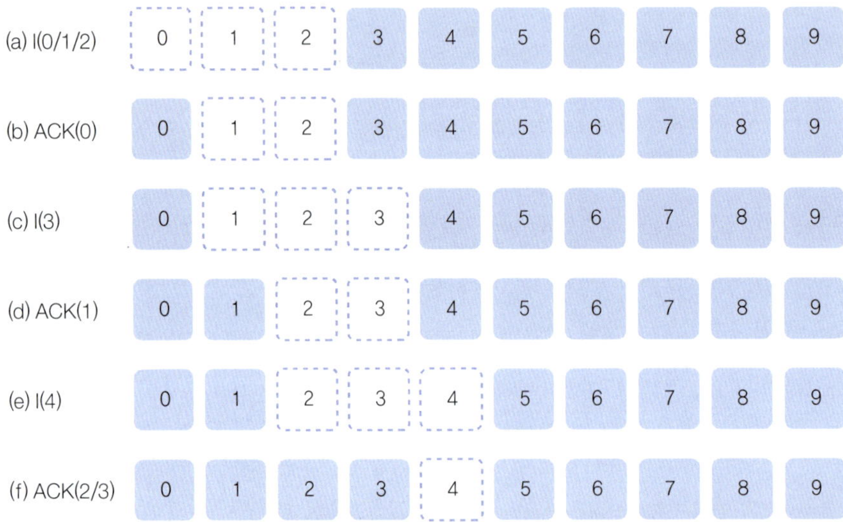

그림 6-7 슬라이딩 윈도우 프로토콜 1(송신 윈도우 크기 = 3)

수신 호스트로부터 0번에 대한 ACK 프레임이 돌아오면 프레임 처리가 완료된 것이기 때문에 송신 윈도우에는 (b)처럼 1번과 2번 프레임만 존재한다. 윈도우의 최대 크기가 3이므로 (c)처럼 3번 프레임을 전송할 수 있다.

다시 1번 프레임에 대한 ACK 프레임이 도착하면 (d)와 같이 되고, (e)처럼 4번 프레임까지 전송할 수 있다. (f)는 2번과 3번 프레임에 대한 ACK 프레임이 도착한 직후이다. 이후의 그림은 없지만 5번과 6번의 정보 프레임을 전송할 수 있다. 그림에서 순서 번호의 최댓값을 9라고 가정하면 9번 정보 프레임 다음에 전송되는 프레임은 순서 번호가 0번이 된다.

[그림 6-7]의 과정을 다르게 표현하면 [그림 6-8]과 같다. 송신 호스트와 수신 호스트가 정보 프레임과 응답 프레임을 전송하는 과정이 더 직관적으로 표기되어 이해하기 쉽다.

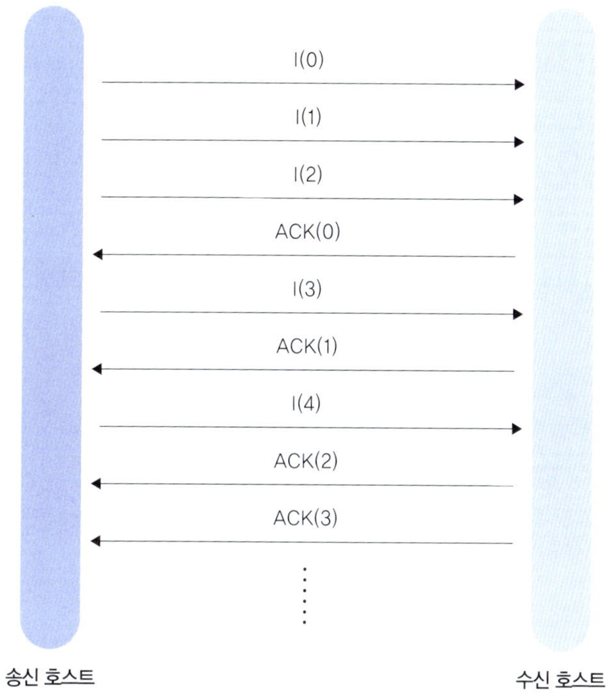

그림 6-8 슬라이딩 윈도우 프로토콜 2(송신 윈도우 크기 = 3)

2 연속형 전송

정지–대기 방식의 프로토콜은 송신 윈도우의 크기가 1인 특수한 경우이다. 송신 호스트와 수신 호스트 사이의 물리적 거리 차로 인해 프레임의 전송 시간이 상대적으로 오래 걸리는 환경에서 윈도우 크기가 1이면 전송 효율이 극단적으로 떨어진다. 이를 해결하려면 윈도우 크기를 늘려 ACK 프레임을 받지 않고도 여러 정보 프레임을 연속으로 전송할 수 있어야 하는데, 이러한 방식을 연속형 전송Pipelining이라 한다.

전송된 정보 프레임에 대한 ACK 프레임의 회신이 이루어지지 않은 상태에서 다음 프레임을 전송하는 방식은 전송 오류가 발생할 가능성이 적은 환경에서는 상당히 효율적이다. 하지만 전송된 여러 정보 프레임의 일부에 오류가 발생하면 이를 해결하는 방법론에 따라서 전송 효율이 영향을 받는다. 연속형 전송 방식의 오류를 해결하는 방법에는 고백 N 방식과 선택적 재전송 방식이 있다.

예를 들어, 윈도우의 최대 크기가 8인 환경에서 송신 호스트가 10~17번 정보 프레임을 전송하는 경우를 가정해보자. 12번 프레임에만 오류가 발생하고 나머지는 모두 오류 없이 수신되었다면 논리적인 측면에서 볼 때 12번 프레임에 대한 오류 복구 과정만 수행하면 된다.

고백 N 방식

오류 복구 과정에서 오류가 발생한 12번 프레임을 포함해 이후에 전송된 모든 정보 프레임을 재전송하는 방식을 고백 N[Go-Back-N] 방식이라 한다. [그림 6-9]처럼 고백 N 방식은 오류가 발생한 프레임뿐 아니라, 정상적으로 수신한 프레임까지 재전송한다는 문제점이 있다. 따라서 직관적인 관점에서 보면 매우 비효율적이라고 생각될 수 있으나, 송수신 호스트 사이의 전송 지연 등에 따라서는 효과적인 처리 방법이 될 수 있다.

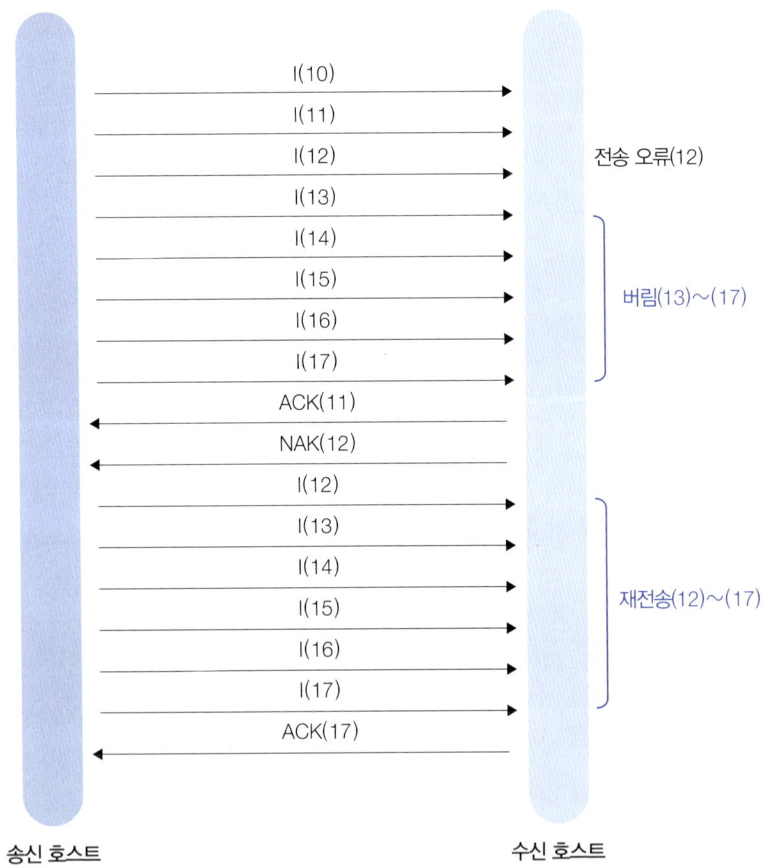

그림 6-9 고백 N

[그림 6-9]에서 부정 응답 기능을 수행하는 NAK 프레임이 전송되는 원인을 두 가지로 나누어 생각해볼 수 있다. 하나는 12번 정보 프레임이 수신 호스트에 도착하였으나 내용이 변질된 경우이고, 다른 하나는 12번 프레임이 도착하지 않은 경우이다. 12번 프레임이 도착하지 않은 경우를 살펴보자. 수신 호스트에 10번과 11번 프레임이 도착한 후에 13번, 14번, 15번 순으로 프레임이 도착한다. 그러면 수신 호스트는 중간의 12번 프레임을 분실했음을 인지하여 NAK 프레임을 전송할 수 있다.

만일 프로토콜에서 NAK 프레임을 사용하지 않고, ACK 프레임만으로 프로토콜을 작성한다면 송신 호스트가 12번 전송 프레임의 긍정 응답 프레임을 받을 수 없으므로 타임아웃 과정에 의해 12번 프레임부터 다시 전송해야 한다.

[그림 6-9]의 아래 부분을 보면 알 수 있듯이 수신 호스트가 전송한 ACK(17) 프레임은 17번 프레임이 제대로 도착했다는 의미가 아니고, 17번 프레임을 포함하여 이전의 프레임이 모두 제대로 처리되었음을 나타낸다. 그림에서는 설명의 편의를 위해 송신 호스트와 수신 호스트의 전송 시점이 겹치지 않도록 하였는데, 실제 환경에서는 그림보다 더 짧은 시간에 송수신 과정이 이루어진다. 따라서 프레임의 전송 순서도 이와는 형태가 다를 수 있다.

선택적 재전송 방식

앞서 언급한 것처럼 직관적인 관점에서 고백 N 방식의 문제점은 수신 호스트가 올바르게 수신한 정보 프레임도 오류로 처리해 재전송한다는 것이다. 이 문제점을 해결하려면 [그림 6-9]에서 12번 정보 프레임만 재전송하고 수신 호스트가 제대로 수신한 13~17번 정보 프레임은 정상적으로 처리하여 재전송되지 않도록 해야 한다. 이처럼 오류가 발생한 프레임만 선택적으로 복구하는 방식을 선택적 재전송Selective Retransmission이라 한다.

[그림 6-10]은 부정 응답 프레임을 사용해 오류가 발생한 정보 프레임을 처리하는 경우이다. 그림처럼 수신 호스트가 NAK(12) 프레임을 전송한 후에는 I(12)번 프레임 처리를 완료할 때까지 다음 정보 프레임에 대한 긍정 응답 프레임을 전송하지 않도록 주의해야 한다.

그림에는 설명하지 않았지만 프로토콜에서 NAK 프레임이 정의되지 않으면 그 처리 과정이 약간 달라질 수 있다. NAK 프레임이 없는 경우의 기본 동작 원리는 제대로 전달된 모든 정보 프레임에 대해 수신 호스트가 개별적으로 ACK 프레임을 전송해야 한다는 것이다.

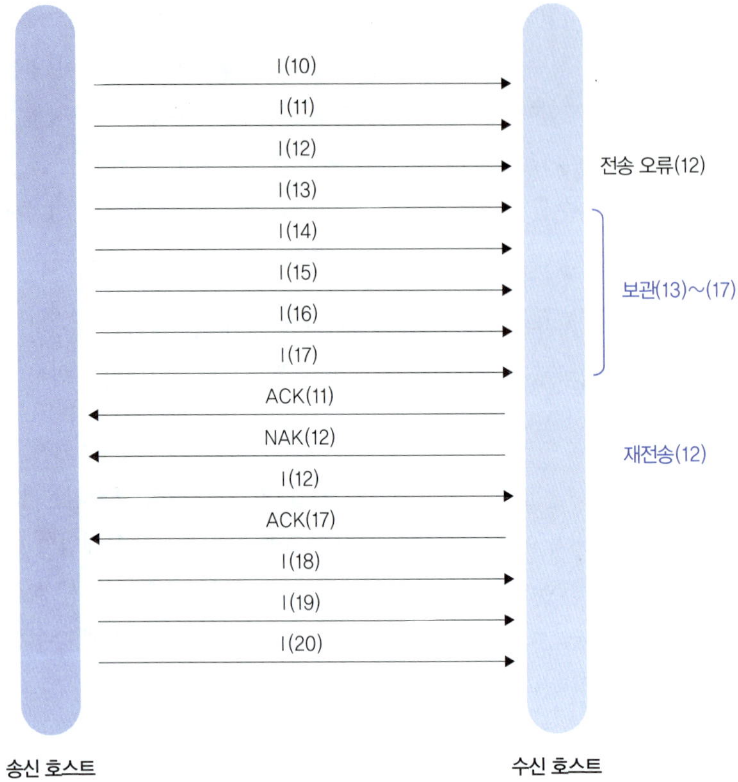

그림 6-10 선택적 재전송

고백 N 방식과 선택적 재전송 방식의 차이는 수신 윈도우 크기의 차이로도 설명할 수 있다. 고백 N 방식에서는 수신 호스트가 임의의 앞선 순서 번호를 갖는 정보 프레임이 처리될 때까지 다음 정보 프레임을 모두 버리는 방식으로 처리된다. 따라서 수신 윈도우에는 현재 처리 중인 프레임 1개만 존재하므로 수신 윈도우의 크기가 1이라 할 수 있다.

선택적 재전송 방식은 앞선 정보 프레임에 대한 처리가 이루어지지 않았어도 오류 없이 수신된 모든 정보 프레임을 수신 윈도우에 보관하기 때문에 수신 윈도우의 크기가 송신 윈도우의 크기와 같다고 볼 수 있다. 다시 말해서 선택적 재전송 방식에서는 프레임의 도착 순서가 송신 순서와 일치하지 않을 수 있다.

3 피기배킹

양방향 전송 기능을 갖춘 채널 방식에서는 송신 호스트와 수신 호스트의 구분 없이, 양방향으로 동시에 정보 프레임과 응답 프레임을 교차하여 전송할 수 있다. 이때 ACK와 NAK 프레임으로 구성된 응답 프레임의 목적은 상대방이 다음에 전송할 프레임을 지정하기 위함(직접적인 의미는 지금까지 수신된 프레임을 지정하는 것임)이므로 반드시 응답 프레임만 사용해 응답 기능을 수행해야 하는 것은 아니다.

정보 프레임의 구조를 적당히 조정해 재정의하면 정보 프레임을 전송하면서 응답 기능까지 함께 수행할 수 있다. 이런 방식으로 프로토콜을 작성하면 응답 프레임의 전송 횟수를 줄이는 효과가 있어 전송 효율을 높일 수 있는데, 이를 피기배킹Piggybacking이라 한다.

지금까지 설명한 프로토콜의 동작 과정에서 정보 프레임의 내용에는 전송할 데이터와 해당 데이터에 대한 순서 번호가 포함되고, 응답 프레임의 내용에는 다음에 수신할 정보 프레임의 순서 번호가 포함되었다. 피기배킹을 지원하려면 정보 프레임의 구조를 확장해 두 종류의 순서 번호를 모두 표기해야 한다. 즉, 피기배킹 프로토콜에는 전송할 데이터와 해당 데이터의 순서 번호는 물론이고, 현재까지 제대로 수신한 프레임의 순서 번호까지 포함된다. 이렇게 함으로써 정보 프레임의 전송과 응답 프레임의 회신을 한 번에 처리할 수 있다.

TIP 앞에서 설명한 것처럼 이 장의 응답 프레임에 관한 그림은 제대로 수신한 프레임 번호를 기재하는 형식을 사용하여 독자들의 이해를 돕고 있다.

[그림 6-11]은 피기배킹 방식을 사용하는 프로토콜과 그렇지 않은 프로토콜의 동작 과정을 비교해 설명하고 있다. (a)는 피기배킹을 사용하지 않은 경우로, 왼쪽에서 0번과 1번 정보 프레임을 전송하고, 오른쪽에서도 0번과 1번의 순서대로 정보 프레임을 전송하는 경우를 가정한다. 개별 정보 프레임에 대해 긍정 응답 혹은 부정 응답 프레임이 순서 번호와 함께 별도로 처리되고 있다.

피기배킹을 사용하면 (b)처럼 더 효과적으로 개선하여 전송할 수 있다. 정보 프레임의 표기 방식은 I(i, j)로 재정의되었다. 이때 첫 번째 순서 번호 i는 자신이 전송하는 데이터의 순서 번호를 의미하고, j는 제대로 수신한 프레임의 순서 번호를 의미한다.

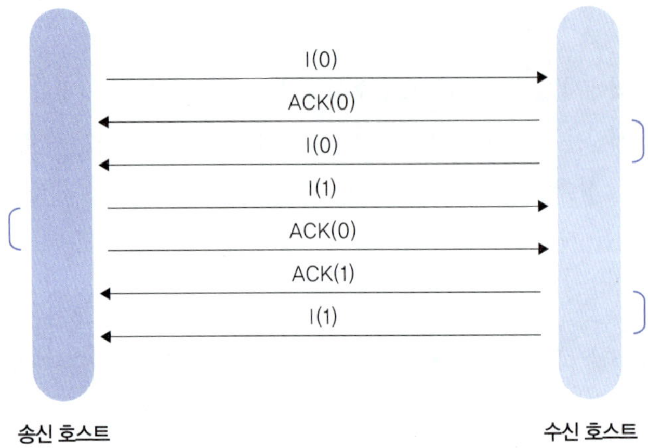

(a) 피기배킹을 사용하지 않는 경우

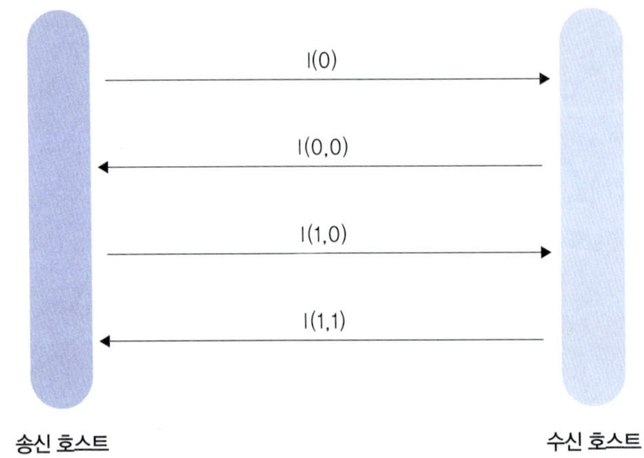

(b) 피기배킹을 사용하는 경우

그림 6-11 피기배킹

응답 프레임을 전송할 시점에서 전송할 정보 프레임이 있으면 피기배킹 기능을 사용할 수 있지만, 정보 프레임이 없으면 응답 프레임만 전송해야 한다. 그러나 현재는 정보 프레임이 없지만 잠시 후에 전송할 정보 프레임이 생길 가능성이 있으면 응답 프레임의 회신을 잠시 늦춰 피기배킹 방식으로 전송할 수도 있다. 이때는 얼마나 기다리게 할 것인가가 시스템의 성능에 영향을 준다.

03 HDLC 프로토콜

ISO에서는 IBM SNA의 데이터 링크 프로토콜로 사용되는 SDLC[Synchronous Data Link Control]를 HDLC로 발전시켰다. CCITT에서는 HDLC를 다시 수정하여 X.25에서 사용할 수 있도록 LAP[Link Access Procedure]으로 발전시켰으며, 이는 다시 LAPB[Link Access Procedure-Balanced]로 향상되었다. 이들 프로토콜은 모두 같은 뿌리에서 시작해 기본 특성이 유사하다.

HDLC[High-level Data Link Control] 프로토콜은 컴퓨터가 일대일 혹은 일대다로 연결된 환경에서 데이터의 송수신 기능을 제공한다. 데이터 통신을 위해 연결된 호스트들은 주국[Primary Station]과 종국[Secondary Station]으로 구분되고, 다시 이들의 기능을 모두 지닌 혼합국[Combined Station]으로 정의될 수 있다. 주국에서 전송되는 메시지를 명령[Command]이라 정의하며, 이에 대한 종국의 회신을 응답[Response]이라 한다.

1 프레임 구조

[그림 6-12]는 HDLC 프레임[HDLC Frame]의 구조로, 상단의 숫자는 비트 수이다. 프레임의 좌우에 위치한 01111110 플래그는 프레임의 시작과 끝을 구분한다. HDLC 프로토콜의 프레임 구조에서 정의된 각 필드의 의미는 다음과 같다.

- **Address(주소)**: 일대다로 연결된 환경에서 특정 호스트를 구분하여 지칭하는 목적으로 사용한다. 주국에서 정보 프레임을 전송할 때는 수신 호스트인 종국 주소를 표기하며, 종국에서 전송할 때는 송신 호스트인 자신의 주소가 기록된다. 일대일 환경에서는 명령과 응답을 구분하는 용도로 사용할 수도 있다.
- **Control(제어)**: 프레임의 종류를 구분한다. 프레임 유형에 따라 송신용 순서 번호, 회신용 순서 번호와 기타 중요한 제어 코드를 포함한다.
- **Data(데이터)**: 가변 크기의 전송 데이터가 포함되는데, 상위 계층인 네트워크 계층에서 보내진 패킷이 캡슐화된다.
- **Checksum(체크섬)**: CRC-CCITT를 생성 다항식으로 하는 오류 검출 코드로 사용된다.

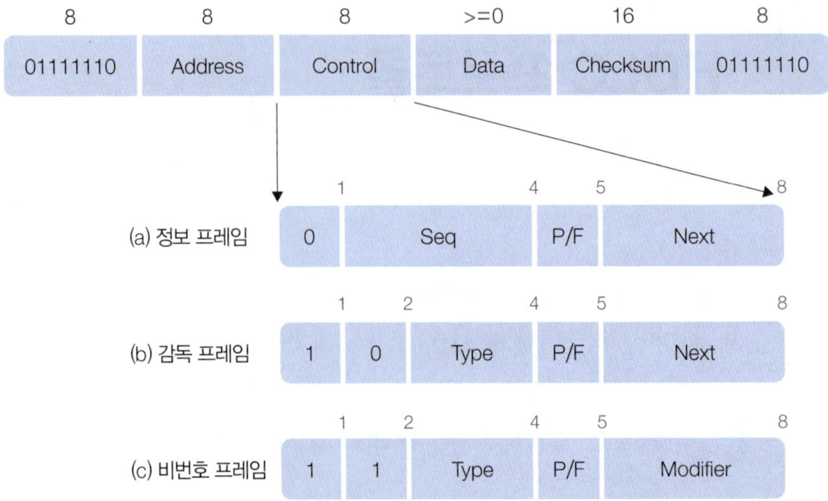

그림 6-12 HDLC 프레임

2 프레임 종류

[그림 6-12]처럼 프레임의 용도는 Control 필드 값에 따라 세 종류로 구분된다. 즉, 네트워크 계층에서 내려온 패킷을 전송하기 위한 정보 프레임, 정보 프레임에 대한 응답 기능을 수행하는 감독 프레임, 연결 설정의 제어와 관련된 비번호 프레임으로 나뉜다.

정보 프레임

네트워크 계층의 데이터 전송을 위해 정의된 정보 프레임Information Frame은 [그림 6-12]의 (a)처럼 3비트의 순서 번호를 이용한 슬라이딩 윈도우 프로토콜을 사용한다. 순서 번호는 비트 수가 3개이므로 0~7의 순서 번호 8개를 순환하여 사용한다.

- **Seq**: 정보 프레임의 송신용 순서 번호로 사용한다.
- **Next**: 피기배킹을 이용한 응답 기능으로 사용한다. 이 값은 제대로 수신된 프레임 번호가 아닌, 다음에 수신을 기대하는 프레임 번호이다. 따라서 이 번호 이전까지의 프레임은 모두 오류 없이 수신되었음을 의미한다.
- **P/F**: 값이 1로 지정되었을 경우에 한하여 Poll 혹은 Final의 의미를 갖는다. 일반적으로 주국의 명령 프레임에서 사용될 때는 Poll이라 하고, 종국의 응답 프레임에서 사용될 때는 Final이라 한다. 하나의 주국 컴퓨터가 다수의 종국 컴퓨터를 제어하기 위한 용도이며, 주국에서 종국

에 데이터 전송을 허가할 때 사용한다. 즉, 주국에서 데이터를 보내고자 하는 종국이 있는지 확인할 때는 Poll의 의미로 1 값을 지정하며, 종국에서 주국으로 데이터를 전송할 때는 Final의 의미로 사용한다.

감독 프레임

감독 프레임Supervisor Frame은 정보 프레임에 대한 응답 기능을 수행하는 프레임이다. 크게 긍정 응답 프레임과 부정 응답 프레임으로 구분된다. 프레임의 세부 종류는 Type 필드 값에 따라 다음의 네 가지로 구분된다.

Type 0	1	0	00	P/F	Next	RR: Receive Ready
Type 1	1	0	01	P/F	Next	REJ: Reject
Type 2	1	0	10	P/F	Next	RNR: Receive Not Ready
Type 3	1	0	11	P/F	Next	SREJ: Selective Reject

그림 6-13 감독 프레임

- **Type 0**: RR로 정의된 긍정 응답 프레임이다. 다음에 수신을 기대하는 프레임 번호를 Next 필드에 표시한다.
- **Type 1**: REJ로 정의된 부정 응답 프레임이다. Next 필드에는 재전송되어야 하는 프레임의 번호를 표시한다. 따라서 송신 호스트는 Next 필드의 번호로 시작하는 프레임부터 재전송해야 한다.
- **Type 2**: RNR로 정의된 응답 프레임으로 흐름 제어 기능까지 제공한다. 즉, Next 필드에 표시한 순서 번호를 갖는 정보 프레임의 바로 앞 번호까지 제대로 수신되었다는 긍정 응답 기능과 함께 송신 호스트에 송신을 중지하도록 요구한다. 송신 호스트에 다시 전송을 요구할 때는 RR, REJ 혹은 기타의 제어 프레임을 전송하면 된다.
- **Type 3**: SREJ로 정의된 프레임으로, 선택적 재전송 방식에서 부정 응답 기능을 지원한다. 즉, Next 필드의 순서 번호를 갖는 특정 프레임에 대해 재전송 요구 기능을 갖는다.

비번호 프레임

비번호 프레임Unnumbered Frame은 순서 번호가 없는 프레임을 정의한다. 주로 연결 제어 등의 목적으로 사용하지만, 비연결형 데이터 전송을 위해 사용하기도 한다.

비번호 프레임은 Type과 Modifier 필드를 합해 총 5비트로 다음과 같은 프레임을 정의한다.

- **SABM**Set ABM: 비동기 균형Asynchronous Balanced 모드의 연결 설정을 요구한다.
- **SNRM**Set NRM: 정규 응답Normal Response 모드의 연결 설정을 요구한다.
- **SARM**Set ARM: 비동기 응답Asynchronous Response 모드의 연결 설정을 요구한다.
- **DISC**DISConnect: 연결 설정 해제를 요구한다.
- **RSET**ReSET: 비정상적인 프로토콜의 동작에 따른 리셋 기능을 수행한다.
- **FRMR**FRaMe Reject: 비정상적인 프레임의 수신을 거부한다.
- **UA**Unnumbered ACK: 비번호 프레임에 대한 응답 기능을 수행한다.

SNRM, SABM, SARM은 연결 설정을 요구할 때 사용하며, [표 6-1]과 같은 세 가지 연결 모드에 적용된다.

표 6-1 세 가지 연결 모드

연결 모드	설명
정규 응답 (Normal Response)	불균형 모드를 의미하기 때문에 호스트 하나는 주국으로 동작하고, 다른 하나는 종국으로 동작한다. SNRM을 이용하여 연결 설정을 요구하며, 종국에서 데이터를 전송하려면 반드시 주국의 허락을 받아야 한다.
비동기 균형 (Asynchronous Balanced)	2개의 호스트가 동일한 능력을 갖는 혼합국으로 동작하며, 양쪽에서 명령과 응답을 모두 전송할 수 있다. 따라서 둘 중 임의의 호스트에서 SABM을 이용한 연결 설정 요구를 수행할 수 있다.
비동기 응답 (Asynchronous Response)	불균형 모드이나 종국이 주국의 허락 없이도 데이터를 전송할 수 있는 권한을 갖는다. 즉, 주국의 허가가 없어도(주국에 의한 P/F 비트의 Poll 지정이 없어도) 종국에서 먼저 SARM 응답을 보낼 수 있다.

사용 중인 연결을 해제하려면 DISC 프레임을 이용하며, UA는 비번호 프레임에 대한 긍정 응답으로 이용한다. FRMR은 프레임에 오류는 없지만 연결 상태의 논리적인 의미가 상실된 경우에 사용된다. RSET 명령은 종국에 하드웨어 제어 기능을 리셋하도록 통보하는 데 사용한다.

3 LAP 프로토콜

LAP[Link Access Protocol]은 비동기 응답 모드인 ARM으로 동작하는 프로토콜이다. 연결 설정 과정은 [그림 6-14]의 (a)처럼 주국에서 전송된 SARM 명령에 대하여 종국에서 UA 응답을 전송함으로써 완료된다.

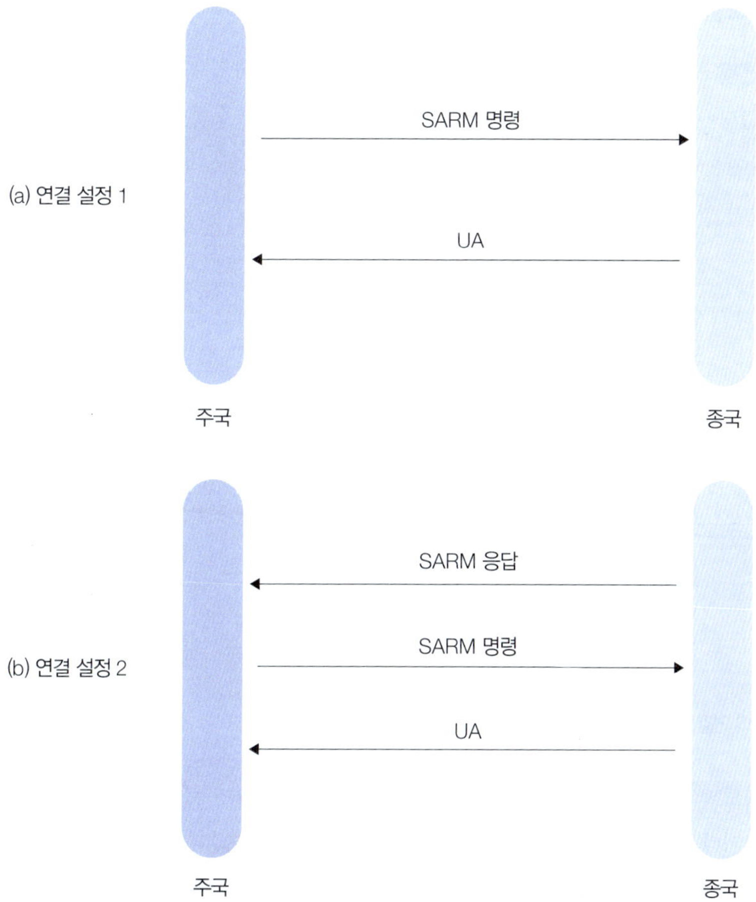

그림 6-14 LAP에서의 연결 설정

LAP은 비동기 응답 모드로 동작하기 때문에 [그림 6-14]의 (b)처럼 종국에서 주국으로 SARM 응답을 전송하여 연결 설정을 요구할 수 있다. 종국으로부터 SARM 응답을 받은 주국은 SARM 명령을 전송하고, 최종적으로 종국에서 UA 응답을 전송함으로써 연결 설정이 완료된다. 이와 같이 종국에서 시작된 연결 설정은 3단계로 이루어지는 효과가 발생한다.

연결을 해제할 경우에도 주국으로부터 DISC 명령이 발생하면 종국에서 UA 응답을 전송하는 것으로 해제가 완료된다. 그러나 [그림 6-14]의 (b)와 같은 원리에 의해 종국에서의 DISC 응답에 의한 연결 해제는 3단계로 이루어진다.

4 LAPB 프로토콜

LAPB^Link Access Protocol-Balanced^는 양쪽 호스트가 혼합국으로 동작하기 때문에 누구나 먼저 명령을 전송할 수 있다. [그림 6-15]는 비동기 균형 모드의 연결을 설정하기 위해 오른쪽 호스트가 왼쪽 호스트에 SABM 명령을 전송한 경우이다. 왼쪽 호스트에서는 UA 응답을 전송함으로써 계층 2의 연결 설정이 완료된다.

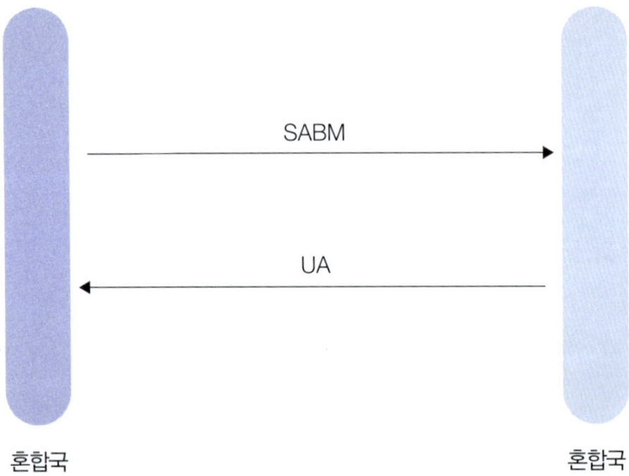

그림 6-15 LAPB에서의 연결 설정

연결 해제의 경우에도 임의의 호스트에서 DISC 명령을 전송하고, 이를 수신한 측에서 UA 응답을 함으로써 완료된다.

요약

01 데이터 링크 계층의 역할

데이터 링크 계층은 물리적 전송 매체에 의해 일대일로 직접 연결된 호스트 사이의 오류 제어와 흐름 제어 기능을 제공한다. 송신 호스트에서 전송한 프레임은 점대점으로 직접 연결된 수신 호스트에 라우팅 과정 없이 전달된다. 하나의 호스트가 다수의 호스트와 연결된 비대칭 형태의 구조를 멀티 드롭 방식이라 한다. 멀티 드롭에서는 하나의 물리 매체를 여러 호스트가 공유하므로, 임의의 호스트에서 전송한 프레임은 물리적으로 다른 모든 호스트에 전달된다. 멀티 드롭을 지원하려면 여러 수신 호스트 중에서 프레임의 목적지 호스트를 지칭하기 위한 주소 개념이 필요하다.

02 프레임의 종류

데이터 링크 계층에서 전송 오류를 해결하는 과정에서 사용하는 프레임에는 정보 프레임, 긍정 응답 프레임, 부정 응답 프레임이 있다. 정보 프레임은 상위 계층이 전송을 요구한 데이터를 수신 호스트에 전송하는 데 사용한다. 정보 프레임을 수신한 호스트는 맨 먼저 프레임의 내용이 깨졌는지 확인해야 한다. 프레임 변형 오류가 발생하지 않으면 송신 호스트에 해당 프레임을 올바르게 수신했다는 의미로 긍정 응답 프레임을 회신한다. 정보 프레임의 전송 과정에서 프레임 변형 오류가 발생하면 수신 호스트는 송신 호스트에 부정 응답 프레임을 회신한다.

03 슬라이딩 윈도우 프로토콜

슬라이딩 윈도우 프로토콜은 두 호스트 간의 프레임 전송을 위한 일반적인 통신 프로토콜로, 오류 제어와 흐름 제어 기능을 함께 지원한다. 정보 프레임을 전송하는 송신 호스트는 보내려는 데이터뿐 아니라 프레임의 순서 번호, 오류 검출 코드 등을 프레임에 표기한 후에 정해진 순서 번호에 따라 순차적으로 송신한다. 송신 호스트는 송신한 정보 프레임을 자신의 내부 버퍼에 유지해야 하며, 이를 송신 윈도우라 한다. 수신 호스트는 수신한 정보 프레임을 보관하기 위해 내부 버퍼인 수신 윈도우를 유지할 수 있다.

04 연속형 전송

각각의 정보 프레임에 대하여 긍정 응답 프레임을 받지 않고도 여러 정보 프레임을 연속으로 전송하는 기능을 연속형 전송이라 한다. 전송된 정보 프레임을 위한 ACK 프레임의 회신이 이루어지지 않은 상태에서 다음 프레임을 전송하는 방식은 전송 오류의 발생 가능성이 적은 환경에서는 상당히 효율적이다. 연속형 전송 방식의 오류를 해결하는 방법에는 고백 N 방식과 선택적 재전송 방식이 있다.

05 피기배킹

양방향 전송 기능을 갖는 채널 방식에서는 송신 호스트와 수신 호스트의 구분 없이 양방향으로 동시에 정보 프레임과 응답 프레임을 교차하여 전송할 수 있다. 이때 정보 프레임의 구조를 적당히 조정해 재정의하면 정보 프레임을 전송하면서 응답 기능까지 함께 수행할 수 있다. 이런 방식으로 프로토콜을 작성하면 응답 프레임의 전송 횟수를 줄이는 효과가 있어 전송 효율을 높일 수 있는데, 이를 피기배킹이라 한다.

06 HDLC 프로토콜

HDLC 프로토콜은 컴퓨터가 일대일 혹은 일대다로 연결된 환경에서 데이터의 송수신 기능을 제공한다. 데이터 통신을 위해 연결된 호스트들은 주국과 종국으로 구분되고, 다시 이들의 기능을 모두 지닌 혼합국으로 정의된다. 주국에서 전송되는 메시지를 명령이라 하며, 이에 대한 종국의 회신을 응답이라 한다.

연습문제

01 데이터 링크 계층에 대한 설명으로 올바른 것을 모두 고르시오.

① 송신 호스트에서 전송한 프레임은 점대점으로 직접 연결된 수신 호스트에 라우팅 과정을 거쳐 전달된다.

② 점대점 연결의 예외적인 변형인 토큰 링 구조를 지원하려면 호스트 주소 개념이 추가로 필요하다.

③ 물리적인 오류를 복구하는 것은 데이터 링크 계층의 기본 역할이다.

④ 신뢰성 있는 논리 선로를 제공하기 위한 오류 제어 방식으로 오류 복구 코드 기법을 사용한다.

⑤ 오류 복구 과정에서 긍정 응답 프레임, 부정 응답 프레임, 타임아웃, 순서 번호 등의 프로토콜 기능이 수행된다.

02 프레임에 대한 설명으로 올바른 것을 모두 고르시오.

① 정보 프레임은 상위 계층이 전송을 요구한 데이터를 수신 호스트에 전송하는 데 사용한다.

② 순서 번호는 각 정보 프레임에 부여되는 고유의 일련번호로, 수신 호스트가 프레임 변형 오류를 구분할 수 있도록 해준다.

③ 프레임 변형 오류가 발생하지 않았으면 송신 호스트에 해당 프레임을 올바르게 수신했다는 의미로 NAK 프레임을 회신한다.

④ 긍정 응답 프레임을 수신한 송신 호스트는 데이터가 제대로 도착했음을 확인하고 해당 정보 프레임의 전송을 완료한다.

⑤ 정보 프레임의 전송 과정에서 프레임 변형 오류가 발생하면 수신 호스트는 송신 호스트에 ACK 프레임을 회신한다.

⑥ 재전송 요구를 받은 송신 호스트는 오류가 발생한 프레임을 새로운 순서 번호로 다시 전송해야 한다.

03 오류 제어와 흐름 제어가 없는 프로토콜에 관한 설명으로 올바른 것을 모두 고르시오.

① 통신 채널에서는 어떠한 형태의 전송 오류도 발생하지 않는 경우를 가정한 것이다.

② 수신 호스트의 버퍼 수는 무한한 것으로 가정한 것이다.

③ 송신 호스트가 전송한 프레임은 수신 호스트에 항상 안전하게 도착하므로 송신 호스트가 프레임을 원하는 만큼 계속 전송할 수 있다.

④ 정보 프레임만 필요하고 긍정 응답과 부정 응답 프레임은 필요 없다.

⑤ 프레임이 중복해서 도착할 염려가 있으므로 순서 번호가 필요하다.

04 데이터 링크 계층 프로토콜에 대한 설명으로 올바른 것을 모두 고르시오.

① 프레임 분실 오류가 발생하면 수신 호스트의 타임아웃 기능이 동작하여 분실된 프레임을 재전송하는 방식으로 복구한다.

② NAK 프레임이 정의되지 않은 프로토콜에서는 송신 호스트가 타이머 기능을 작동시켜야 한다.

③ 수신 호스트가 정보 프레임을 오류 없이 제대로 수신하면 이 프레임에 대한 ACK 프레임을 회신해야 한다.

④ 프레임 변형 오류는 NAK 프레임으로 복구하는 방법과 수신 호스트의 타이머 기능으로 복구하는 방법이 있다.

05 슬라이딩 윈도우 프로토콜에 대한 설명으로 올바른 것을 모두 고르시오.

① 슬라이딩 윈도우 프로토콜은 오류 제어와 흐름 제어 기능을 함께 지원한다.

② 정보 프레임을 전송하는 송신 호스트는 프레임의 순서 번호, 오류 검출 코드 등을 프레임에 표기한 후에 정해진 순서 번호에 따라 순차적으로 송신한다.

③ 정보 프레임을 받은 수신 호스트는 해당 프레임의 순서 번호에 근거하여 송신 호스트에 응답 프레임을 회신해야 한다.

④ 일반적으로 응답 프레임의 내용에 포함되는 순서 번호는 정상적으로 수신한 프레임의 번호를 표기한다.

⑤ 수신 호스트는 수신한 정보 프레임을 보관하기 위해 내부 버퍼인 수신 윈도우를 유지할 수 있다.

06 순서 번호에 대한 설명으로 올바른 것을 모두 고르시오.

① 정보 프레임에는 프레임별로 고유하게 부여되는 순서 번호라는 일련번호가 부여된다.

② 순서 번호는 0부터 임의의 최댓값까지 정의되는데, 최댓값 이후에는 다시 0번으로 되돌아오는 순환 방식으로 할당된다.

③ 순서 번호의 최댓값은 송신 윈도우의 크기보다는 작아야 한다.

④ 정보 프레임의 순서 번호 필드의 크기가 n비트라고 가정하면 프로토콜에서 사용할 수 있는 순서 번호의 범위는 0~(n−1)이다.

⑤ 슬라이딩 윈도우 프로토콜에서 윈도우에 포함되는 정보 프레임의 관리는 순서 번호를 기반으로 이루어진다.

07 연속형 전송에 대한 설명으로 올바른 것을 모두 고르시오.

① ACK 프레임을 받지 않고도 여러 정보 프레임을 연속으로 전송하는 방식을 연속형 전송이라 한다.

② 연속형 전송 방식의 오류를 해결하는 방법에는 고백 N 방식과 선택적 재전송 방식이 있다.

③ 오류 복구 과정에서 오류가 발생한 프레임을 제외하고 이후에 전송된 모든 정보 프레임을 재전송하는 방식을 고백 N이라 한다.

④ 고백 N 방식은 오류가 발생한 프레임을 재전송하기 때문에 효율적이다.

08 선택적 재전송에 대한 설명으로 올바른 것을 모두 고르시오.

① 고백 N 방식의 문제점은 수신 호스트가 올바르게 수신한 정보 프레임도 오류로 처리해 재전송한다는 것이다.

② 오류가 발생한 프레임만 선택적으로 복구하는 방식을 선택적 재전송이라 한다.

③ 선택적 재전송 방식은 앞선 정보 프레임에 대한 처리가 이루어지지 않았어도 오류 없이 수신된 모든 정보 프레임을 수신 윈도우에 보관하기 때문에 수신 윈도우의 크기가 1이다.

09 피기배킹에 대한 설명으로 올바른 것을 모두 고르시오.

① 양방향 전송 방식에서 양방향으로 동시에 정보 프레임과 응답 프레임을 교차하여 전송할 수 있다.

② 정보 프레임의 구조를 적당히 조정해 재정의하면 정보 프레임을 전송하면서 재전송 기능까지 함께 수행할 수 있다.

③ 응답 프레임의 전송 횟수를 줄이는 효과가 있어 전송 효율을 높일 수 있다.

④ 피기배킹 프로토콜에는 전송할 데이터의 순서 번호는 물론이고, 현재까지 제대로 수신한 프레임의 순서 번호까지 포함된다.

10 HDLC 프로토콜에 대한 설명으로 올바른 것을 모두 고르시오.

① 일대일 혹은 일대다로 연결된 환경에서 데이터의 송수신 기능을 제공한다.

② 호스트들은 주국과 종국으로 구분되고, 다시 이들의 기능을 모두 지닌 혼합국으로 정의될 수 있다.

③ 주국에서 전송되는 메시지를 명령이라 정의하며, 이에 대한 종국의 회신을 응답이라 한다.

④ 프레임의 좌우에 위치한 01111110 플래그는 프레임의 시작과 끝을 구분한다.

⑤ Address 필드는 일대일로 연결된 환경에서 특정 호스트를 구분하여 지칭할 목적으로 사용된다.

⑥ Checksum 필드는 CRC-CCITT를 생성 다항식으로 하는 오류 복구 코드로 사용된다.

11 HDLC 프레임에 대한 설명으로 올바른 것을 모두 고르시오.

① Control 필드 값에 따라 정보 프레임, 응답 기능을 수행하는 감독 프레임, 연결 설정의 제어와 관련된 비번호 프레임으로 나뉜다.

② 데이터 전송을 위해 정의된 정보 프레임은 8비트의 순서 번호를 이용한 슬라이딩 윈도우 프로토콜을 사용한다.

③ 순서 번호는 0~7의 순서 번호 8개를 순환하여 사용한다.

④ Seq 필드는 정보 프레임의 송신용 순서 번호이고, Next 필드는 피기배킹을 이용한 응답 기능으로 사용한다.

⑤ 감독 프레임은 정보 프레임에 대한 응답 기능을 수행하는 프레임이다.

12 HDLC 비번호 프레임에 대한 설명으로 올바른 것을 모두 고르시오.

① 비번호 프레임은 순서 번호가 없는 프레임을 정의하며, 주로 연결 제어 등의 용도로 사용한다.

② 연결 설정과 관련하여 비동기 균형 모드의 연결인 SABM, 정규 응답 모드의 연결인 SNRM, 비동기 응답 모드의 연결인 SARM이 가능하다.

③ SABM 연결 방식은 종국에서 데이터를 전송하려면 반드시 주국의 허락을 받아야 한다.

④ SARM 연결 방식은 2개의 호스트가 동일한 능력을 갖는 혼합국으로 동작하며, 양쪽에서 명령과 응답을 모두 전송할 수 있다.

⑤ SNRM 연결 방식은 불균형 모드이나 종국이 주국의 허락 없이도 데이터를 전송할 수 있는 권한을 갖는다.

13 데이터 링크 계층에서 두 호스트가 통신하려면 일대일 형식의 (　①　) 방식으로 연결해야 한다. 송신 호스트에서 전송한 프레임은 수신 호스트에 라우팅 과정 없이 전달된다. 예외적인 변형 구조인 (　②　) 구조를 지원하려면 호스트 주소 개념이 추가로 필요하다.

14 물리 계층을 통해 이루어지는 두 호스트 간의 데이터 전송 과정에서 물리적인 전송 오류가 발생할 수 있다. 송신 호스트가 전송한 데이터에 오류가 발생하면 (①) 기법으로 오류를 복구한다. 그 과정에서 긍정 응답 프레임, 부정 응답 프레임, (②), (③) 등의 프로토콜 기능이 수행된다.

15 (①) 프레임은 상위 계층이 전송을 요구한 데이터를 수신 호스트에 전송하는 데 사용된다. 약칭하여 I 프레임으로도 표기하며, 상위 계층에서 보낸 데이터와 함께 프레임의 순서 번호, 송수신 호스트의 주소 정보, 오류 검출 코드 등을 포함한다. 프레임 변형 오류가 발생하지 않았으면 송신 호스트에 해당 프레임을 올바르게 수신했다는 의미로 (②) 프레임을 회신한다. 프레임 변형 오류가 발생하면 수신 호스트는 (③) 프레임을 회신한다.

16 수신 호스트의 버퍼 용량이 무한하면 송수신 호스트 사이의 속도 차이로 인해 프레임을 분실할 염려가 없어 (①) 기능이 필요 없다. 또한 통신 채널에서 어떠한 형태의 전송 오류가 발생하지 않으면 프레임 (②) 오류도 발생하지 않는다.

17 흐름 제어 기능을 제공하지 않으면, 수신 호스트의 버퍼 부족으로 프레임 분실 오류가 발생해 (①) 프레임을 수신할 수 있다. 따라서 이를 구분할 수 있는 (②) 기능이 필요하다.

18 (①) 방식에서는 프레임의 도착이 비순서적으로 이루어져도 처리할 수 있기 때문에 수신 윈도우의 크기가 송신 윈도우의 크기와 동일하다. 그러나 (②) 방식에서는 수신 호스트가 항상 이전에 수신한 프레임의 바로 다음 프레임만 기다리기 때문에 수신 윈도우의 크기가 1이면 충분하다.

19 정보 프레임의 내용에는 프레임별로 고유하게 부여되는 (①)라는 일련번호가 부여된다. 이 번호는 0부터 임의의 최댓값까지 정의되는데, 최댓값 이후에는 다시 0번으로 되돌아오는 순환 방식으로 할당된다. 정보 프레임의 내용에는 (①)를 위한 공간이 확보되어 있는데, 할당된 공간의 크기가 n비트라고 가정하면 프로토콜에서 사용할 수 있는 순서 번호의 범위는 (②)이다. 정지-대기 방식의 프로토콜은 슬라이딩 윈도우 프로토콜에서 가장 기본이 되는 n 값이 (③)인 경우이다.

20 ACK 프레임을 받지 않고도 여러 정보 프레임을 연속으로 전송할 수 있어야 하는데, 이러한 방식을 연속형 전송이라 한다. 오류 복구 과정에서 오류가 발생한 프레임을 포함해 이후에 전송된 모든 정보 프레임을 재전송하는 방식을 (①) 방식이라 하고, 오류가 발생한 프레임만 복구하는 방식을 (②)이라 한다.

21 정보 프레임의 구조를 적당히 조정해 재정의하면 정보 프레임을 전송하면서 응답 기능까지 함께 수행할 수 있는데, 이러한 (①) 기능을 지원하려면 정보 프레임의 구조를 확장해 두 종류의 (②)를 모두 표기해야 한다. 즉, 전송할 데이터와 해당 데이터의 (②)는 물론이고, 현재까지 제대로 수신한 프레임의 (②)까지 포함된다. 이렇게 함으로써 정보 프레임의 전송과 응답 프레임의 회신을 한 번에 처리할 수 있다.

22 HDLC 프로토콜은 컴퓨터가 일대일 혹은 일대다로 연결된 환경에서 데이터의 송수신 기능을 제공한다. 데이터 통신을 위해 연결된 호스트들은 주국과 종국으로 구분되고, 다시 이들의 기능을 모두 지닌 혼합국으로 정의될 수 있다. 주국에서 전송되는 메시지를 (①)이라 하며, 이에 대한 종국의 회신을 (②)이라 한다.

23 HDLC 프로토콜에서 프레임의 좌우에 위치한 (①) 값의 플래그는 프레임의 시작과 끝을 구분한다. 프레임 내부의 (②) 필드는 프레임의 종류를 구분하고, (③) 필드는 CRC-CCITT를 생성 다항식으로 하는 오류 검출 코드로 사용된다.

24 HDLC 정보 프레임은 3비트의 순서 번호를 이용한 슬라이딩 윈도우 프로토콜을 사용한다. 순서 번호는 비트 수가 3개이므로 (①) 범위의 순서 번호를 순환하여 사용한다. Seq 필드는 정보 프레임의 송신용 순서 번호이고, Next 필드는 (②) 기능을 이용한 응답 목적으로 사용한다. 이 값은 제대로 수신된 프레임 번호가 아닌, 다음에 수신을 기대하는 프레임 번호이다.

25 HDLC 비번호 프레임은 순서 번호가 없는 프레임을 정의하며, 주로 연결 제어 등을 목적으로 사용한다. Type과 Modifier 필드를 합해 총 5비트로 정의된 SABM은 (①) 모드의 연결 설정, SNRM은 (②) 모드의 연결, SARM은 (③) 모드의 연결 설정을 요구한다.

26 (　①　) 프로토콜은 비동기 응답 모드로 동작하는 프로토콜이다. 연결을 해제하는 경우에 주국으로부터 (　②　) 명령이 발생하면 종국에서 UA 응답을 전송하는 것으로 완료된다. (　③　) 프로토콜은 양쪽 호스트가 혼합국으로 동작하기 때문에 누구나 먼저 명령을 전송할 수 있다.

27 다음 용어에 대하여 간단히 설명하시오.

- 멀티 드롭
- 정보 프레임
- 긍정 응답 프레임
- 부정 응답 프레임
- 정지-대기 프로토콜
- 슬라이딩 윈도우 프로토콜
- 송신 윈도우
- 선택적 재전송
- 고백 N
- 연속형 전송
- 피기배킹
- HDLC
- HDLC 감독 프레임
- HDLC 비번호 프레임
- 비동기 균형 모드
- 정규 응답 모드
- 비동기 응답 모드
- LAP 프로토콜
- LAPB 프로토콜

28 데이터 링크 계층 프로토콜에서 주소의 개념이 필요한 이유를 설명하시오.

29 데이터 링크 계층에서 사용하는 프레임의 종류를 나열하고, 각각의 역할을 설명하시오.

30 물리적인 오류가 발생하지 않는 전송 매체를 이용해 단방향 전송을 지원하는 프로토콜의 동작 원리를 설명하시오. (단, 수신 호스트의 버퍼 개수는 유한하다.)

31 NAK 프레임의 역할을 NAK가 있는 경우와 없는 경우를 비교하여 설명하시오.

32 슬라이딩 윈도우 프로토콜의 원리를 설명하시오.

33 정보 프레임을 연속해 전송하는 프로토콜에서 고백 N 방식의 오류 제어를 설명하시오.

34 정보 프레임을 연속해 전송하는 프로토콜에서 선택적 재전송 방식의 오류 제어를 설명하시오.

35 양방향 통신을 지원하는 프로토콜에서 피기배킹 기능을 설명하시오.

36 HDLC 프로토콜의 프레임 구조를 그리고, 각 필드의 의미를 설명하시오.

37 HDLC 프로토콜에서 감독 프레임의 종류를 나열하고, 각 프레임의 역할을 설명하시오.

38 LAP과 LAPB 프로토콜의 동작 원리를 설명하시오.

Chapter

07

IP 프로토콜

학습목표

- 네트워크 계층의 필요성과 역할을 이해한다.
- 라우팅 기능을 이해하고 관련 프로토콜을 알아본다.
- 혼잡 제어 기능을 이해한다.
- IP 프로토콜 헤더의 역할을 이해한다.

Preview

네트워크 계층은 전송 데이터인 패킷을 목적지까지 올바른 경로로 전달해준다. 패킷은 최종 목적지까지 전달되는 과정에서 라우터들을 거치는데, 이때 적절한 경로를 선택해 패킷을 전달하는 라우팅 기능이 수행된다. 패킷을 적절한 경로로 전송하려면 네트워크 계층에서 네트 워크의 연결 구성에 관한 정보를 관리해야 한다.

네트워크 계층의 또 다른 역할은 네트워크의 특정 경로로 트래픽이 집중되지 않게 하는 것이다. 특정 경로에 혼잡이 발생하면 네트워크의 전체 성능이 떨어지므로 올바른 경로를 선택해 특정 지역에 과부하가 발생하지 않도록 해야 한다.

인터넷은 전 세계의 모든 컴퓨터가 촘촘하게 연결된 거대한 컴퓨터 통신망이다. 송신자가 전송한 데이터가 올바른 경로로 전달될 수 있는 이유는 네트워크 계층에 라우팅 기능이 있기 때문이다. 따라서 라우팅 기능을 이해하면 거대 인터넷에서 데이터가 올바르게 목적지까지 전달되는 원리를 파악할 수 있다. 특히 IP 프로토콜의 구조를 이해함으로써, 실제 인터넷 환경에서 사용자 데이터가 어떤 원리로 전송되는지 확인할 수 있다.

7장에서는 네트워크 계층의 중요한 기능인 라우팅의 원리와 관련 프로토콜에 대하여 학습한다. 라우팅은 인터넷에서 데이터를 올바른 경로로 전달하는 기능을 수행한다. 따라서 라우팅은 혼잡 제어 기능과 함께 네트워크 계층의 중요한 역할에 속한다. 더불어 인터넷에서 실제로 사용하는 IP 프로토콜의 구조와 동작 방식을 학습함으로써, 네트워크 계층에 대한 이해를 높인다.

01 네트워크 계층의 기능

네트워크 계층Network Layer의 기본 기능은 송수신 호스트 사이의 패킷 전달 경로를 선택하는 라우팅이다. 라우팅 과정에서 일어나는 부가적인 문제도 네트워크 계층에서 처리한다. 이와 관련된 대표적인 기능이 네트워크의 특정 지역에 트래픽이 몰리는 현상을 다루는 혼잡 제어와 라우터 사이의 패킷 중개 과정에서 다루는 패킷의 분할과 병합이다.

네트워크 계층에서 제공하는 주요 기능을 정리하면 다음과 같다.

■ **라우팅**

네트워크의 구성 형태에 대한 정보는 라우팅 테이블Routing Table이라는 기억 장소에 보관된다. 그리고 이 정보를 이용해 패킷이 목적지까지 도달하기 위한 경로를 선택한다. 송수신 호스트 사이의 패킷 전달 경로를 선택하는 과정을 라우팅Routing이라 하고, 라우팅 테이블 정보는 네트워크 관리자나 네트워크 자신의 판단에 의해 계속 변경될 수 있다.

■ **혼잡 제어**

네트워크에 패킷 수가 과도하게 증가하는 현상을 혼잡Congestion이라 하고, 혼잡 현상을 예방하거나 제거하는 기능을 혼잡 제어Congestion Control라 한다. 혼잡이 발생하면 네트워크 전체의 전송 속도가 급격히 떨어지므로 혼잡이 발생하지 않도록 관리해야 한다. 특히 네트워크의 특정 지역에서 혼잡이 발생하면, 혼잡의 특성상 주위로 빠르게 확산될 가능성이 높다.

■ **패킷의 분할과 병합**

상위 전송 계층에서 송신을 요구한 데이터는 최종적으로 MAC 계층의 프레임 구조에 정의된 형식으로 캡슐화되어 물리적으로 전송된다. 따라서 전송 계층에서 보낸 데이터가 너무 크면 여러 개의 패킷으로 작게 쪼개 전송해야 한다. 이와 같이 큰 데이터를 여러 패킷으로 나누는 과정을 패킷 분할Segmentation이라 하고, 반대로 목적지에서 분할된 패킷을 다시 모으는 과정을 병합Reassembly이라 한다. 패킷의 분할과 병합 과정이 양 끝단 시스템 사이에서 이루어지는 경우라면 전송 계층이 동작하는 종단 수신 시스템에 분할된 패킷을 보내고, 네트워크 계층에서 이루어지는 경우라면 중간의 각 라우터에서 분할과 병합을 반복한다.

1 연결형 서비스와 비연결형 서비스

네트워크 계층이 전송 계층에 제공하는 서비스는 크게 두 가지이다. [그림 7-1]처럼 패킷을 전송하기 전에 송수신 호스트 사이에 연결을 설정하는 연결형 서비스와 연결 설정 없이 데이터를 패킷 단위로 전송하는 비연결형 서비스이다. (a)의 연결형은 패킷들이 설정된 연결을 따라 동일한 경로로 전송되며, (b)의 비연결형은 패킷들이 독자적인 경로로 수신 호스트까지 전송된다.

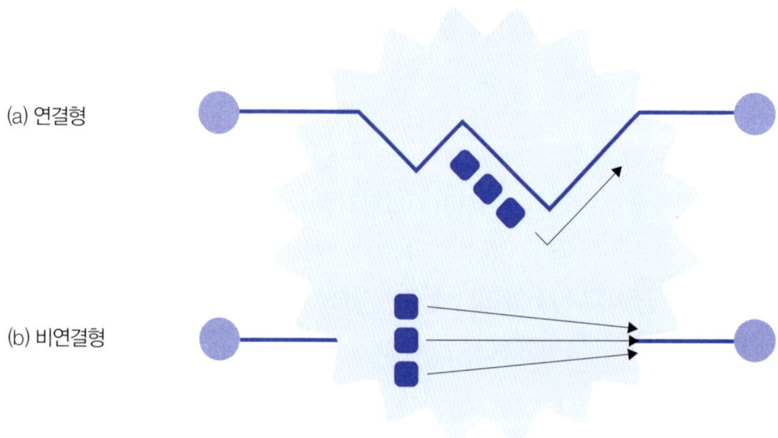

그림 7-1 연결형 · 비연결형 서비스

비연결형 서비스

비연결형 서비스Connectionless Service는 패킷의 전달 순서, 패킷 분실 여부 등에서 연결형 서비스보다 신뢰성이 떨어지는 전송 방식이다. 따라서 전송 계층에서 네트워크 계층의 비연결형 서비스를 이용할 때는 연결형 서비스를 이용하는 경우보다 자체적으로 오류 제어와 흐름 제어 기능을 더 많이 수행해야 한다.

비연결형 서비스를 이용해 패킷을 전송하면 패킷이 서로 다른 경로를 통해 수신 호스트로 전달되기 때문에 패킷이 도착하는 순서가 일정하지 않을 수 있다. 따라서 상위 계층인 전송 계층은 수신한 패킷의 순서를 재조정하는 기능이 필요하다.

인터넷 환경에서 네트워크 계층의 기능을 지원하는 IP 프로토콜은 비연결형 서비스의 대표적인 예이다. IP 프로토콜 위에서 동작하는 전송 계층 프로토콜인 TCP는 연결형 서비스를 지원하고, 또 다른 전송 계층 프로토콜인 UDP는 비연결형 서비스를 제공한다.

연결형 서비스

연결형 서비스Connection-oriented Service는 상대적으로 신뢰성이 높은 서비스로, 패킷을 전송하기 전에 연결을 미리 설정하여 송신하는 방식이다. 비연결형 서비스와 달리 전달되는 패킷들이 모두 동일한 경로를 이용하기 때문에 목적지에 도착하는 패킷의 순서가 송신된 순서와 동일하다는 특성이 있다.

2 라우팅

패킷의 전송 경로를 지정하는 라우팅Routing은 네트워크 계층의 가장 중요한 역할이다. 라우터의 주요 기능은 입력된 패킷을 어느 출력 경로를 통해 다음 라우터로 전달해야 가장 효과적인지 결정하는 것이다.

가상 회선 방식을 사용하는 연결형 서비스에서 송수신 호스트 사이의 경로 선택은 연결이 설정되는 시점에 한 번만 결정하고, 이후의 패킷들은 이 경로를 따라 목적지까지 전달된다. 따라서 가상 회선 방식에서는 전송되는 모든 패킷이 동일 경로를 거치고, 패킷의 전달 순서도 일정하게 유지된다. 그러나 비연결형 방식의 데이터그램을 사용하면 연결 설정 과정이 없기 때문에 송수신 호스트 사이에 고정 경로가 존재하지 않는다. 따라서 전송 패킷마다 독립적인 전달 경로를 선택해야 한다.

패킷의 전송 경로를 결정할 때는 고려할 사항이 많은데, 특정 패킷을 우선 처리하려고 다른 패킷들에 손해를 입히지 않는 정책도 이 중 하나이다. 이 정책은 모든 전송 패킷에 대해 라우팅 과정이 공평해야 한다는 원칙에 따른다.

그러나 이와 상반되는 조건으로 전체 네트워크의 성능과 관련해 효율성 문제도 함께 고려해야 한다. 네트워크 이용의 효율성과 관련된 요소에는 패킷의 평균 지연 시간, 전체 네트워크의 성능에 대한 영향, 중개 과정에서 거치는 라우터 수의 최소화 등이 있다.

정적 · 동적 라우팅

의도적 혹은 비의도적으로 발생하는 네트워크 구성의 변화에 효과적으로 대처할 수 있는 신뢰성 확보도 라우팅 경로 선택 시 중요하게 고려할 사항이다. 라우팅 경로는 정적 라우팅이나 동적 라우팅 방식으로 선택한다.

■ 정적 라우팅

정적 라우팅Static Routing은 송수신 호스트 사이에서 패킷 전송이 이루어지기 전에 경로 정보를 라우터에 미리 저장하여 중개하는 방식이다. 패킷을 중개하기 위한 최적의 경로 정보는 라우터별로 저장하여 관리하는데, 운용 중인 네트워크의 구성에 변화가 생기면 이에 적절하게 대처할 수 없다는 문제점이 있다. 즉, 라우터에 보관된 경로 정보가 고정되어 변화된 정보를 갱신하기가 쉽지 않으며, 특히 실시간으로 네트워크 내부의 혼잡도를 반영할 수 없다는 단점이 있다.

■ 동적 라우팅

동적 라우팅Dynamic Routing은 라우터에서 사용하는 경로 정보를 네트워크 상황에 따라 적절하게 변경하는 방식으로, 경로 정보의 변경 주기에 따라 계속 보완할 수 있다. 따라서 현재의 네트워크 상황을 고려해 최적의 경로 정보를 선택할 수 있지만, 경로 정보를 수집하고 관리하는 등의 복잡한 작업이 추가로 필요하다. 이는 네트워크에 새로운 부하를 주어 성능에 부정적인 영향을 미친다.

동적 라우팅 방식을 사용하려면 현재의 네트워크 링크 상태를 점검해 이를 새로운 경로 배정 시 적용해야 한다. 우선 각 라우터에서는 이웃 라우터의 존재 유무와 전송 지연 시간 등을 확인할 수 있어야 한다. 또한 각각의 라우터가 획득한 경로 정보를 다른 라우터들에 통보함으로써, 네트워크의 최신 경로 정보를 신속하게 공유하고 갱신해야 한다.

HELLO/ECHO 패킷

라우터의 초기화 과정에서 가장 먼저 할 일은 이웃 라우터의 경로 정보를 파악하는 것이다. 각 라우터는 이웃에 연결된 라우터에 초기화를 위한 HELLO 패킷을 전송해 경로 정보를 얻는다. 즉, HELLO 패킷을 이용해서 해당 라우터 간 경로가 이용 가능한지를 파악하는 것이다.

라우터 사이의 전송 지연 시간을 측정하기 위해서 ECHO 패킷을 전송하는데, ECHO 패킷을 수신한 호스트는 송신 호스트에 즉각 회신하도록 설계되어 있다. 이런 과정을 반복하고, 측정값의 평균을 구해 해당 라우터까지의 전송 지연 시간을 유추할 수 있다. 지연 시간을 측정하는 과정에서 측정 시점의 네트워크 트래픽 정도에 따라 결과가 달라질 수 있기 때문에 측정 오차의 차이를 어떻게 해석할지는 신중히 판단해야 한다.

앞에서 언급했듯이 임의의 라우터가 획득한 정보를 다른 라우터에 통보하여 경로 정보를 공유한다. 그런데 이러한 경로 정보들이 개별 라우터에서 갱신되는 시간이 서로 일치하지 않기 때문에 특정 시점에서 각각의 라우터가 바라보는 네트워크 상태는 같지 않을 수 있다. 특히, 여러 라우터에서 정보가 생성되는 경우에는 네트워크 내부의 경로 정보를 일관성 있게 유지하기 어렵다.

라우팅 테이블

패킷 전송 과정에서 라우터들이 적절한 경로를 쉽게 찾을 수 있도록, 가장 기본적인 도구로 라우팅 테이블Routing Table을 사용한다.

라우팅 테이블에 포함해야 하는 필수 정보는 (목적지 호스트, 다음 홉)의 조합이다. '목적지 호스트'에는 패킷의 최종 목적지가 되는 호스트의 주소 값을, '다음 홉'에는 목적지 호스트까지 패킷을 전달하기 위한 이웃 라우터를 지정한다. 즉, 목적지까지 도달하는 여러 경로 중에서 효과적인 라우팅을 지원하는 경로가 있을 수 있는데, 이 경로에서 바로 다음 홉Hop에 위치한 라우터의 주소를 기록한다.

[그림 7-2]는 목적지 호스트와 다음 홉의 조합을 설명한다. (a)와 같은 네트워크 연결 구성의 예에서 라우터 1이 관리하는 라우팅 테이블의 정보는 (b)와 같다. 라우팅 테이블 정보는 네트워크에 연결된 모든 라우터에 존재하며, 라우터마다 관리하는 라우팅 정보의 내용은 다르다. 또한 네트워크 끝단에 연결되는 최종 송수신 호스트들도 간단한 형식의 라우팅 테이블 정보를 관리한다.

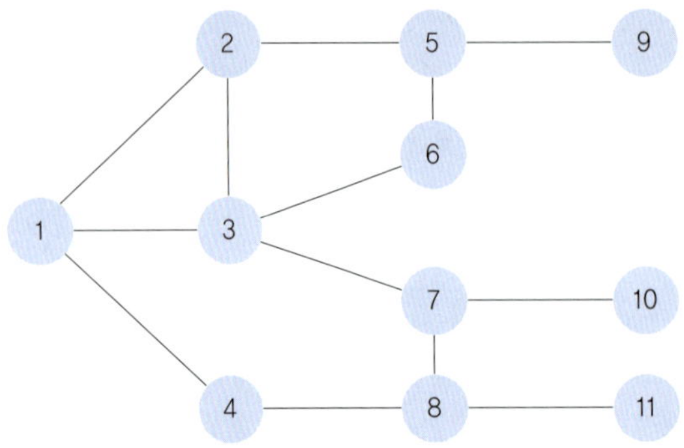

(a) 네트워크 연결 구성의 예

목적지	홉
1	–
2	2
3	3
4	4
5	2
6	3
7	3
8	4
9	2
10	3
11	4

(b) 라우터 1의 라우팅 테이블

그림 7-2 라우팅 테이블

라우팅 테이블 정보를 경로 선택 과정에서 어떻게 이용하는지 설명하기 위해 라우터 1에서 목적지 호스트 11로 향하는 패킷을 가정해보자. 라우팅 테이블에 목적지가 호스트 11일 때의 다음 홉 값이 4번 라우터로 지정되어 있으므로 라우터 1은 패킷을 4번 라우터에 전송한다. 그림에 표시하지 않았지만, 4번 라우터는 다시 자신의 라우팅 테이블 정보를 이용해 전송 경로에 있는 다음 홉의 호스트에 패킷을 전달한다. 패킷이 최종 목적지에 도착할 때까지 이러한 과정을 반복한다. 이와 같이 네트워크 계층에서 패킷 라우팅은 라우팅 테이블 정보를 이용해 라우터의 단계별 중계 과정을 거쳐서 이루어진다.

라우팅 정보의 처리

라우팅을 효과적으로 수행하려면 라우팅 정보가 네트워크의 현재 상황을 정확히 반영할 수 있도록 관리해야 한다. 라우팅 정보 관리와 관련된 처리 방법에는 소스 라우팅, 분산 라우팅, 중앙 라우팅, 계층 라우팅 등이 있다.

■ 소스 라우팅

패킷을 전송하는 호스트가 목적지 호스트까지 전달 경로를 스스로 결정하는 방식을 소스 라우팅Source Routing이라 한다. 소스 라우팅을 지원하려면 송신 호스트의 라우팅 테이블에서 패킷을 수신 호스트까지 전달하기 위한 경로 정보를 관리해야 하며, 이러한 경로 정보를 전송 패킷에 기록해야 한다. 중간 라우터에서는 전송 패킷에 포함된 경로 정보를 이용해 패킷을 중개함으로써 최종 목적지까지 올바르게 전달할 수 있다. 소스 라우팅 방식은 모든 라우팅 정보를 송신 호스트가 관리하므로 중간에 있는 라우터들은 라우팅 테이블을 따로 관리할 필요가 없다.

소스 라우팅은 데이터그램 방식과 가상 회선 방식에서 모두 이용할 수 있다. 가상 회선 방식에서는 연결의 초기화 과정에서 경로 정보를 담은 특수 연결 패킷을 사용한다. 중간 라우터는 패킷의 경로 정보를 해석함으로써 전달 경로를 선택할 수 있다. 데이터그램 방식에서는 전송되는 모든 패킷의 헤더에 경로 정보가 들어가므로 일반적인 데이터그램 방식에 비하여 신뢰성을 향상시킬 수 있다.

■ 분산 라우팅

분산 라우팅Distributed Routing은 라우팅 정보가 분산되는 방식으로 패킷의 전송 경로에 위치한 각 라우터가 효율적인 경로 선택에 참여한다. 분산 라우팅은 데이터그램 방식에서 많이 사용한다. 이 방식의 장점은 네트워크에 존재하는 호스트의 수가 많아질수록 다른 방식보다 효과적일 수 있다는 것이다. 라우터가 관리하는 경로 정보는 다음 경로를 선택하기 위한 내용을 포함하는데, 네트워크 상황에 따라 적절히 변경하는 동적 특징이 있다.

■ 중앙 라우팅

중앙 라우팅Centralized Routing은 RCCRouting Control Center라는 특별한 호스트를 사용해 전송 경로에 관한 모든 정보를 관리하는 방식이다. 패킷 전송을 원하는 송신 호스트는 반드시 RCC로부터 목적지 호스트까지 도착하기 위한 경로 정보를 미리 얻어야 한다. 이 정보를 이용해 송신 호스트는 소스 라우팅과 동일한 원리로 패킷을 전송한다.

중앙 라우팅의 장점은 경로 정보를 특정 호스트가 관리하기 때문에 다른 일반 호스트가 경로 정보를 관리하는 부담을 줄일 수 있다는 점이다. 그러나 네트워크의 규모가 커짐에 따라 RCC에 과중한 트래픽을 주어 전체 효율이 떨어질 수 있다는 단점이 있다.

■ 계층 라우팅

계층 라우팅Hierarchical Routing은 분산 라우팅 기능과 중앙 라우팅 기능을 적절히 조합하는 방식으로, 전체 네트워크의 구성을 계층 구조 형태로 관리한다. 일반적으로 네트워크 규모가 계속 커지는 환경에 효과적이다.

3 혼잡 제어

네트워크에 존재하는 전송 패킷의 수가 많아질수록 네트워크의 성능은 자연스럽게 감소한다. 이와 같은 성능 감소 현상이 급격하게 악화되는 현상을 혼잡Congestion이라 하고, 혼잡 문제를 해결하기 위한 방안을 혼잡 제어Congestion Control라 한다.

흐름 제어Flow Control는 송신 호스트와 수신 호스트 사이의 논리적인 점대점 전송 속도를 다룬다. 반면, 혼잡 제어는 더 넓은 관점에서 호스트와 라우터를 포함한 서브넷에서 네트워크의 전송 능력 문제를 다룬다. [그림 7-3]은 흐름 제어와 혼잡 제어의 역할 차이를 설명한다.

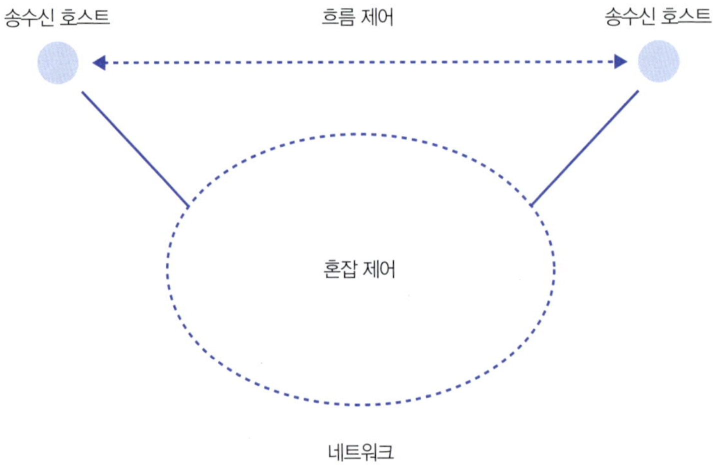

그림 7-3 흐름 제어와 혼잡 제어

혼잡이 발생하는 원인은 다양한데, 기본적으로 네트워크의 처리 능력보다 지나치게 많은 패킷이 입력되면 혼잡이 발생한다. 개별 라우터 관점에서 보면 라우터의 출력 선로를 통한 전송 용량이 부족해 아직 전송하지 못한 패킷이 버퍼에 많아지고, 입력 선로로 들어오는 패킷이 늘면서 버퍼 용량은 더 부족해진다. 결과적으로 라우터의 내부 버퍼 용량 부족이 심화되어 더 이상 패킷을 보관할 수 없어 버리게 된다. 전송 패킷이 버려지면 송신 호스트는 타임아웃Timeout 동작을 통해 패킷을 재전송하므로 네트워크로 송신되는 패킷의 양이 점점 늘어난다.

라우터에서 패킷을 잃어버리지 않으려면 버퍼 용량을 늘려야 하는데, 버퍼 용량이 늘면 패킷의 전송 지연 시간도 함께 늘어난다. 패킷의 전송 지연 시간이 송신 호스트가 설정한 타임아웃 시간보다 크면 재전송 과정이 증가할 수 있다. 그러면 네트워크로 보내지는 패킷의 양과 중복 패킷을 수신하는 현상도 증가하여 네트워크 혼잡도가 계속 증가하는 악순환을 초래한다.

혼잡의 원인

혼잡 발생의 가장 큰 원인은 네트워크 용량에 비하여 전송 패킷이 많기 때문이다. 이러한 비기술적인 요인을 제외하면, 혼잡이 심화되는 주요인은 전송 시간 초과에 의한 타임아웃 기능을 통해 패킷들이 재전송되는 데 있다. 특히 혼잡 초기에 패킷의 전송 지연이 점점 증가할 때, 타임아웃 값이 너무 작으면 혼잡도가 급격히 증가할 우려가 있다. 따라서 네트워크에 혼잡 징후가 보이면 이를 감지해 타임아웃 시간을 늘리는 방안이 필요하다.

패킷의 도착 순서가 뒤바뀌면 수신 호스트는 패킷을 보관하거나 그냥 버릴 수도 있다. 그런데 패킷을 버리면 패킷 재전송 현상이 발생해 네트워크 혼잡도를 높이는 원인이 된다.

패킷이 제대로 수신되었는지를 송신 호스트에 알려주는 응답 알고리즘도 혼잡에 영향을 준다. 즉, 수신한 패킷들에 대해 즉시 응답하는 방식을 사용하면 모든 수신 패킷에서 개별 응답 패킷이 발생한다. 따라서 패킷 여러 개를 모아 하나의 응답으로 처리하는 방식이나 피기배킹Piggybacking을 사용하는 방식과 비교하면 혼잡도에 미치는 영향이 다르다. 그렇지만 피기배킹 방식을 사용하는 응답 방식은 혼잡이 발생했을 때 송신 호스트의 타임아웃 기능을 통한 재전송을 유발하여 오히려 혼잡을 가중할 우려도 있다.

라우팅 알고리즘도 혼잡에 영향을 미칠 수 있다. 예를 들어, 혼잡이 발생되고 있는 경로보다는 전송 트래픽이 적은 경로를 찾아 패킷을 전송하면 혼잡도를 줄일 수 있다.

네트워크에서 전송 중인 패킷은 수신 호스트에 도착할 때까지 목적지를 향해 무한정 라우팅되지는 않는다. 패킷별로 네트워크에 존재할 수 있는 일정한 생존 시간을 지정해 이 시간을 초과하지 않도록 설계하는 것이 일반적이다. 생존 시간은 각 라우터를 통과할 때마다 홉Hop 수를 증가시켜 계산하는데(논리적으로 볼 때 전송 과정에서 거쳐 온 홉의 개수가 증가한다는 의미이고, 일반 구현 과정에서는 패킷의 특정 필드 값을 감소시키는 방식으로 동작한다) 일정한 개수 이상의 라우터를 통과하면 엉뚱한 경로를 떠도는 것으로 판단하여 해당 패킷을 네트워크에서 제거한다.

수신 호스트에 도착할 가능성이 희박한 패킷의 생존 시간을 너무 크게 설정하면 네트워크에 불필요한 부하를 주는 문제점이 있고, 너무 작게 설정하면 수신 호스트에 도달하기도 전에 패킷을 강제로 제거하여 타임아웃을 통한 재전송이 발생할 수 있다.

트래픽 성형

혼잡은 트래픽이 특정 시간에 집중되는 버스트Burst 현상에서 기인하는 경우가 많다. 즉, 송신 호스트에서 전송하는 패킷의 양이 시간대별로 일정하게 발생하는 경우보다 패킷이 짧은 시간 동안 많이 발생하는 경우에 혼잡이 일어날 확률이 높다. 따라서 송신 호스트가 전송하는 패킷의 발생 빈도가 네트워크에서 예측할 수 있는 전송률로 이루어지게 하는 기능이 필요한데, 이를 트래픽 성형Traffic Shaping이라 한다.

송신 호스트는 사전에 네트워크와 협상하여 네트워크로 유입되는 패킷의 특성을 조율할 수 있다. 협상을 통해 네트워크로 유입되는 패킷의 분포 특성을 미리 정해두면 네트워크에서는 전체 트래픽의 혼잡도를 예측하여 혼잡 제어를 효율적으로 수행할 수 있다.

송신 호스트가 사전에 약속한 트래픽보다 과도한 양의 패킷을 전송하면 네트워크에서 적절히 통제해야 한다. 예를 들어, 네트워크에서 처리하기에 과도한 트래픽이 발생하면 협상 내용의 위반 정도에 따라 패킷 처리를 늦추거나 거부할 수 있다. 이와 같은 트래픽 성형과 관련된 알고리즘 중에서 유명한 것이 리키 버킷Leaky Bucket이다.

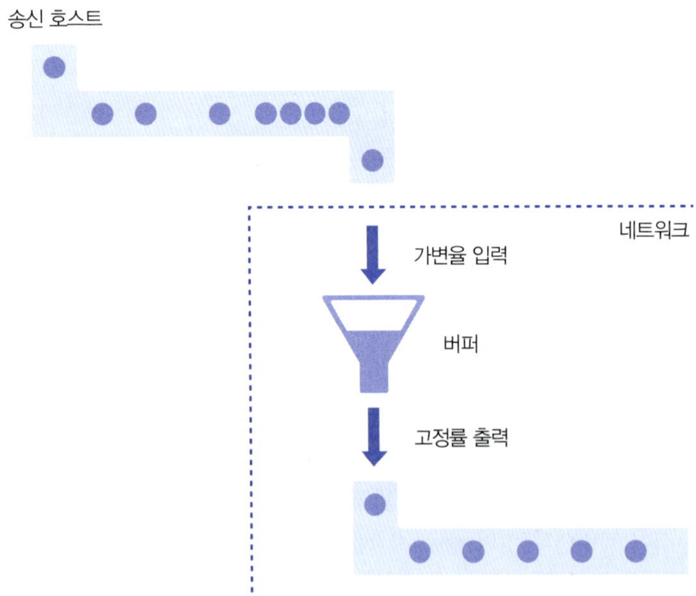

그림 7-4 리키 버킷 알고리즘

[그림 7-4]는 리키 버킷 알고리즘의 동작 과정을 설명한다. 먼저 송신 호스트와 네트워크 사이에는 송신 호스트가 협상에서 제시한 전송 특성을 반영하는 적절한 크기의 깔때기가 위치한다. 깔때기의 출구 크기는 협상 결과를 의미하므로 크기가 고정되어 있다. 따라서 송신 호스트가 협상 값보다 많은 양의 패킷을 전송해도 깔때기 크기 이상의 패킷이 네트워크에 유입될 수 없다. 과도하게 입력된 패킷은 깔때기의 부피 범위 내에서 내부 버퍼에 임시 저장된다.

깔때기에 저장할 수 있는 패킷의 양은 일정하며, 한계치를 초과하면 패킷이 넘쳐 패킷 분실 오류가 발생한다.

리키 버킷 알고리즘을 사용하면 송신 호스트로부터 입력되는 패킷이 시간대별로 일정하지 않아도, 즉 가변적이어도 깔때기를 통과하면서 일정한 전송률로 변경된다.

혼잡 제거

가상 회선 방식을 사용하는 서브넷Subnet에서 혼잡을 감지했을 때 이를 완화하는 가장 간단한 방법 중 하나는 혼잡이 사라질 때까지 연결 설정을 허락하지 않는 것이다. 그러나 실제 네트워크에서는 전체보다 일부 지점에서 혼잡이 발생하는 경우가 많다. 따라서 특정 지역에 혼잡이 발생하면 패킷의 전송 경로를 적절히 조정해줌으로써 혼잡이 발생한 곳을 거지시 않도록 가상 회선 연결을 설정하는 방안이 필요하다.

혼잡을 처리하는 또 다른 방식은 호스트와 서브넷이 가상 회선 연결 과정에서 협상하는 것이다. 즉, 전송 과정에서 사용하는 대역을 미리 할당받음으로써, 네트워크에서 수용 불가능할 정도로 트래픽이 발생하는 일을 예방할 수 있다. 이 방식의 문제점은 개별 연결이 예약한 전송 대역을 해당 호스트가 이용하지 않더라도 다른 호스트가 이용하지 못한다는 점이다. 따라서 이러한 자원 예약Resource Reservation 방식은 통신 자원을 낭비할 염려가 있다.

혼잡 처리와 관련된 또 다른 방식은 [그림 7-5]와 같은 ECNExplicit Congestion Notification 패킷을 사용하는 것이다. 라우터는 자신의 출력 선로 방향으로 전송되는 트래픽의 양을 모니터할 수 있으므로 출력 선로의 사용 정도가 한계치를 초과하면 주의 표시를 해둔다. 그리고 주의 표시 한 방향의 경로는 혼잡이 발생할 가능성이 높기 때문에 특별 관리를 한다.

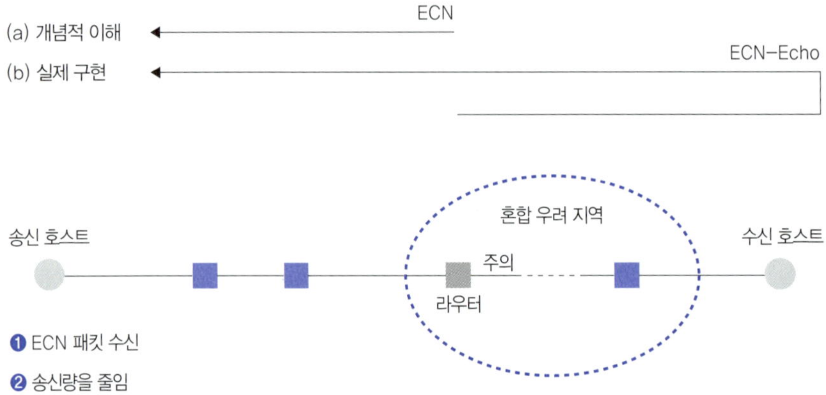

그림 7-5 ECN 패킷

혼잡 지역에 위치한 라우터는 입력 선로로 들어온 패킷이 주의 표시된 출력 선로로 라우팅되는 경우 패킷의 송신 호스트에 ECN 패킷을 전송한다. [그림 7-5]의 (a)는 개념적으로 설명한 것이고, 실제 TCP/IP에서는 (b)와 같이 수신 호스트를 거쳐서 송신 호스트로 전송된다. ECN 패킷을 수신(❶)한 송신 호스트는 데이터 패킷이 전송되는 경로에서 혼잡 발생 가능성을 인지하였으므로 전송 패킷의 양을 줄인다(❷).

특정 라우터에서 주의 표시를 시작하면 이후 경로에 위치한 라우터에서도 주의 표시할 가능성이 높아지고, ECN 패킷이 여러 라우터에서 동시에 발생할 가능성이 높다. 따라서 최초로 ECN 패킷을 생성한 라우터에서는 전송되는 패킷의 헤더 내부에 ECN-Echo와 같은 임의의 표시를 하여 목적지까지 도착하는 동안에 거치는 라우터가 ECN 패킷을 더 이상 생성하지 않도록 해야 한다.

ECN 패킷을 전달받은 송신 호스트는 정해진 비율에 따라 송신 패킷의 양을 줄여서 전송해야 한다. 임의의 시간이 경과한 후에도 ECN 패킷이 계속 들어오면 송신 패킷의 양을 추가로 줄이며, 이러한 과정은 ECN 패킷이 발생하지 않을 때까지 계속된다. ECN 패킷, ECN-Echo 패킷의 자세한 동작 원리는 9장(TCP 프로토콜)에서 설명한다.

02 라우팅 프로토콜

인터넷에는 수많은 호스트가 연결되므로 관리해야 할 라우팅 정보도 매우 많다. 그러다 보니 라우팅 정보를 적절히 관리하여 효과적으로 라우팅하는 작업이 생각보다 쉽지 않다. 이 절에서는 다양한 라우팅 관련 프로토콜을 알아본다.

1 간단한 라우팅 프로토콜

네트워크에서 의미하는 거리의 기준은 다양하지만, 라우팅과 관련해 가장 보편적으로 이용하는 기준은 전송 경로의 중간에 위치하는 라우터의 개수, 즉 홉Hop의 수로 판단하는 것이다.

최단 경로 라우팅

최단 경로 라우팅 방식은 패킷이 목적지에 도달할 때까지 거치는 라우터 수가 최소화될 수 있도록 경로를 선택한다. 장점은 비교적 간단한 형식으로 쉽게 적용할 수 있다는 것인데, 전송 패킷이 목적지까지 도착하는 여러 경로 중 가장 짧은 경로를 선택한다.

예를 들어, [그림 7-6]의 경우 라우터 a에서 라우터 g까지 도달하는 경로는 여러 개이지만, 가장 짧은 경로는 라우터 c만 거치는 것이다. 또 다른 예로 라우터 a에서 라우터 d까지 도달하기 위한 최단 경로는 라우터 b나 c를 통과하는 것이다. 두 경로는 홉을 기준으로 하면 거리가 동일하다.

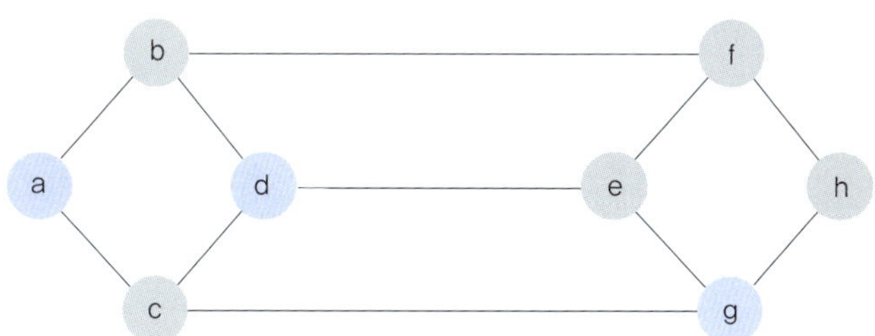

그림 7-6 최단 경로 라우팅

홉 수 외에 거리 기준이 될 수 있는 요소에는 패킷의 전송 지연 시간, 전송 대역폭, 통신 비용 등이 있다. 이들 요소를 개별적으로 적용하거나 적절한 비율로 함께 적용할 수 있다.

플러딩

플러딩Flooding은 라우터가 자신에게 입력된 패킷을 출력 가능한 모든 경로로 중개하는 방식이다. 이 방식에서는 원본 패킷과 동일한 패킷이 무수히 생성되고, 모든 경로를 통해 반복하여 전송하므로 네트워크에 패킷이 무한개 만들어질 수 있다. 패킷이 무한정 증가하는 현상을 방지하려면 각 패킷의 홉 수를 일정 범위로 제한해 라우터에서 이를 확인하여 제거해야 한다.

플러딩 방식의 라우팅은 많이 이용하지는 않고, 중요한 데이터를 모든 호스트에 동시에 전달하는 환경에서 제한적으로 사용한다.

2 거리 벡터 라우팅 프로토콜

거리 벡터Distance Vector 라우팅 프로토콜은 라우터가 자신과 직접 연결된 이웃 라우터와 라우팅 정보를 교환하는 방식이다. 정보를 교환하는 라우터는 거리 벡터 프로토콜을 사용하는 호스트나 라우터들이다. 교환 정보는 각각의 라우터에서 전체 네트워크에 소속되는 개별 네트워크까지 패킷을 전송하는 데 걸리는 거리 정보이다.

거리 벡터 알고리즘을 구현하려면 라우터가 링크 벡터, 거리 벡터, 다음 홉 벡터라는 세 가지 필수 정보를 관리해야 한다.

- **링크 벡터**: 이웃 네트워크에 대한 연결 정보
- **거리 벡터**: 개별 네트워크까지의 거리 정보
- **다음 홉 벡터**: 개별 네트워크로 가기 위한 다음 홉 정보

링크 벡터

링크 벡터 L(x)는 라우터 x와 직접 연결된 이웃 네트워크에 대한 연결 정보를 보관한다. 라우터 x와 직접 연결된 네트워크가 M개일 때 링크 벡터 정보는 [그림 7-7]과 같이 나타낸다.

링크 벡터 L(x) = [포트(1), 포트(2), ... , 포트(m), ... , 포트(M)]

그림 7-7 링크 벡터 L(x)

링크 벡터에 보관된 정보는 라우터 x가 해당 네트워크와 연결하기 위해 할당한 라우터 포트 번호라고 생각할 수 있다.

예를 들어, [그림 7-8]의 네트워크에서 라우터 R1의 링크 벡터 정보를 구하려면 R1에 직접 연결된 네트워크가 무엇인지 알아야 한다. 그림에서는 네트워크 Net.1과 Net.2가 직접 연결되어 있으며, 이는 라우터 R1의 1번과 3번 포트에 각각 연결되어 있다. 따라서 라우터 R1의 링크 벡터 정보는 다음과 같다.

- L(R1) = [포트(Net.1) = 1, 포트(Net.2) = 3]

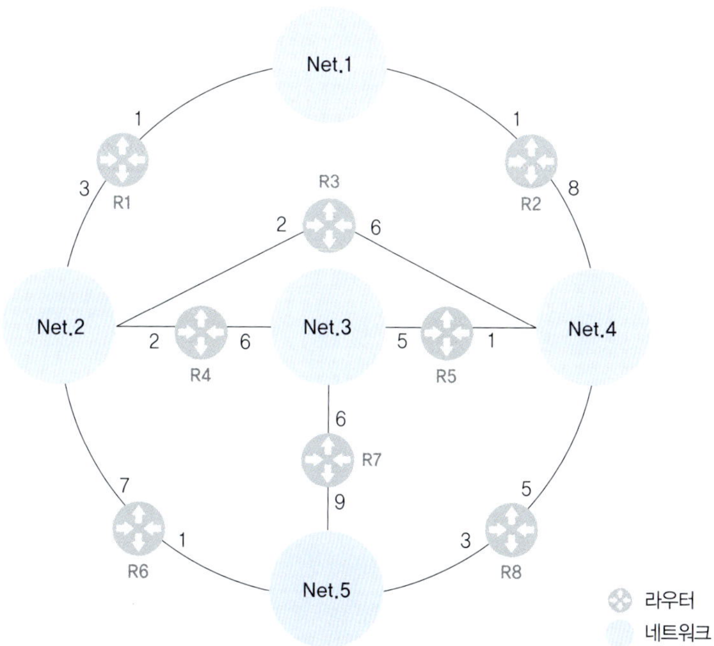

그림 7-8 네트워크 구성의 예

라우터 R2와 R7도 동일한 원리로 다음과 같이 링크 벡터 정보를 구할 수 있고, 다른 라우터들에도 같은 방식을 적용할 수 있다. 링크 벡터는 자신과 직접 연결된 이웃 라우터가 누구인지를 판단하기 위한 자료로, 이들에게 거리 벡터 정보를 제공하는 데 사용된다.

- L(R2) = [포트(Net.1) = 1, 포트(Net.4) = 8]
- L(R7) = [포트(Net.3) = 6, 포트(Net.5) = 9]

거리 벡터

거리 벡터 D(x)는 전체 네트워크에 소속된 개별 네트워크들까지의 거리 정보를 관리한다. 네트워크가 N개라고 가정하면 거리 벡터 정보는 [그림 7-9]와 같이 표시할 수 있다. 거리 벡터에서 관리하는 정보는 일반적으로 개별 네트워크까지 패킷을 전송하는 데 걸리는 최소 전송 지연 시간이다.

거리 벡터 D(x) = [거리(1), 거리(2), ... , 거리(n), ... , 포트(N)]

그림 7-9 거리 벡터 D(x)

예를 들어, [그림 7-8]의 라우터 R1을 위한 거리 벡터 값은 다음과 같이 표시한다. 전체 네트워크에 포함된 네트워크는 5개이므로 보관 값도 5개이다. 표시된 거리 값은 홉 수를 가정해 임의로 표기한 것이다. 라우터 R1 외의 다른 라우터들도 거리 벡터 정보를 5개씩 보관한다.

D(R1)= [거리(Net.1) = 1,
거리(Net.2) = 1,
거리(Net.3) = 2,
거리(Net.4) = 2,
거리(Net.5) = 2]

다음 홉 벡터

[그림 7-10]의 다음 홉 벡터 H(x)는 개별 네트워크까지 패킷을 전송하는 경로에 있는 다음 홉 정보를 관리한다. 보관하는 정보의 수는 전체 네트워크에 속한 네트워크의 개수로, 거리 벡터의 경우와 같다.

다음 홉 벡터 H(x) = [홉(1), 홉(2), ... , 홉(n), ... , 홉(N)]

그림 7-10 다음 홉 벡터 H(x)

예를 들어, [그림 7-8]의 라우터 R1을 위한 다음 홉 벡터 값은 다음과 같이 표시할 수 있다. 보관되는 값은 거리 벡터의 개수와 같은 5개이다. '다음 홉(Net.4)'의 경우 라우터 R2가 될 수도 있지만, 라우터 R3의 경로가 더 빠르다는 전제로 값이 결정되었다.

H(R1)= [다음 홉(Net.1) = –,
다음 홉(Net.2) = –,
다음 홉(Net.3) = R4,
다음 홉(Net.4) = R3,
다음 홉(Net.5) = R6]

RIP 프로토콜

RIP(Routing Information Protocol)는 거리 벡터 방식을 사용하는 내부 라우팅 프로토콜 중에서 가장 간단하게 구현된 것이다. 소규모 네트워크 환경에 적합하며, 현재 가장 많이 사용하는 라우팅 프로토콜 중 하나이다.

RIP가 제대로 동작하려면 이웃 라우터가 제공하는 거리 벡터 정보가 임의의 짧은 시간 내에 모두 도착해야 한다. 하지만 현실적으로 구현이 쉽지 않다. 특히 RIP 패킷은 UDP 프로토콜을 사용하는데, UDP는 비신뢰성 전송을 제공하므로 RIP 패킷이 전송 과정에서 사라질 수도 있다.

이런 이유 때문에 RIP는 다음과 같은 제한을 두어 개별 거리 정보가 라우팅 테이블에 순차적으로 적용되도록 한다. 첫 번째와 두 번째는 자신이 관리하는 거리 벡터 정보에 대한 내용이고, 세 번째는 다른 라우터로부터 받는 거리 벡터 정보이다.

- 입력되는 거리 벡터 정보가 새로운 네트워크의 목적지 주소이면 라우팅 테이블에 적용한다.
- 입력되는 거리 벡터 정보가 기존 정보와 비교하여 목적지까지 도착하는 지연이 더 적으면 대체한다. 즉, 이전 정보와 홉 수가 같아도 추가 지연 측정을 통해 지연 시간이 적으면 새로운 경로를 선택한다.
- 임의의 라우터로부터 거리 벡터 정보가 들어왔을 때, 라우팅 테이블에 해당 라우터를 다음 홉으로 하는 등록 정보가 있으면 새로운 정보로 수정한다.

예를 들어, [그림 7-8]에서 라우터 R1의 라우팅 테이블에 [표 7-1]과 같은 정보가 기록되어 있다고 가정한다. 값 중에서 주목할 사항은 네트워크 Net.4를 목적지로 하는 패킷은 라우터 R4를 거쳐서 네트워크 Net.3과 라우터 R5의 경로를 선택하도록 되어 있다는 점이다(이는 극단적으로 나쁜 상황을 가정한 것으로, 라우터 R3을 통한 우회 경로가 빠른 전송을 지원한다).

표 7-1 수정 전 라우터 R1의 라우팅 테이블

목적지 네트워크	다음 홉	거리
Net.1	–	1
Net.2	–	1
Net.3	R4	2
Net.4	**R4**	**3**
Net.5	R6	2

라우터 R1과 직접 연결된 주변 라우터 R2, R3, R4, R6으로부터 라우팅 정보가 주기적으로 입력된다. 임의의 시점에 다음의 거리 벡터 정보가 들어온다고 가정해보자. 각 값은 순서대로 Net.1, Net.2, Net.3, Net.4, Net.5까지의 거리이다.

R2 = [1, 2, 2, 1, 2]
R3 = [2, 1, 2, 1, 2]
R4 = [2, 1, 1, 2, 2]
R6 = [2, 1, 2, 2, 1]

이 값을 해석하면, 네트워크 Net.4로 갈 때 라우터 R4나 R6을 거치면 거리가 2이지만 라우터 R2나 R3을 거치면 1이다. 라우터 R2와 R3을 이용하는 것이 거리가 짧으므로 이 중 하나를 선택하는데, 라우터 R1에서 라우터 R2나 R3으로 가는 거리 1을 더하면 최종 거리는 2이다. 결과적으로 [표 7-1]보다 패킷을 빠르게 전송할 수 있는 새로운 경로를 찾았으므로 이를 라우팅 테이블에 반영한다. 라우터 R3을 선택했다고 가정하면 새로 수정한 라우터 R1의 라우팅 테이블은 [표 7-2]와 같다.

표 7-2 수정 후 라우터 R1의 라우팅 테이블

목적지 네트워크	다음 홉	거리
Net.1	–	1
Net.2	–	1
Net.3	R4	2
Net.4	**R3**	**2**
Net.5	R6	2

RIP는 라우터 사이에서 링크 벡터, 거리 벡터, 다음 홉 벡터 등의 정보를 교환하려고 [그림 7-11]과 같은 패킷 구조를 사용한다. 각 필드의 의미는 다음과 같다. 두 번째 줄부터는 개별 네트워크에 대한 거리 정보를 묶음 단위로 기술하는데, RIP 패킷 하나는 최대 25개의 묶음 정보를 포함할 수 있다.

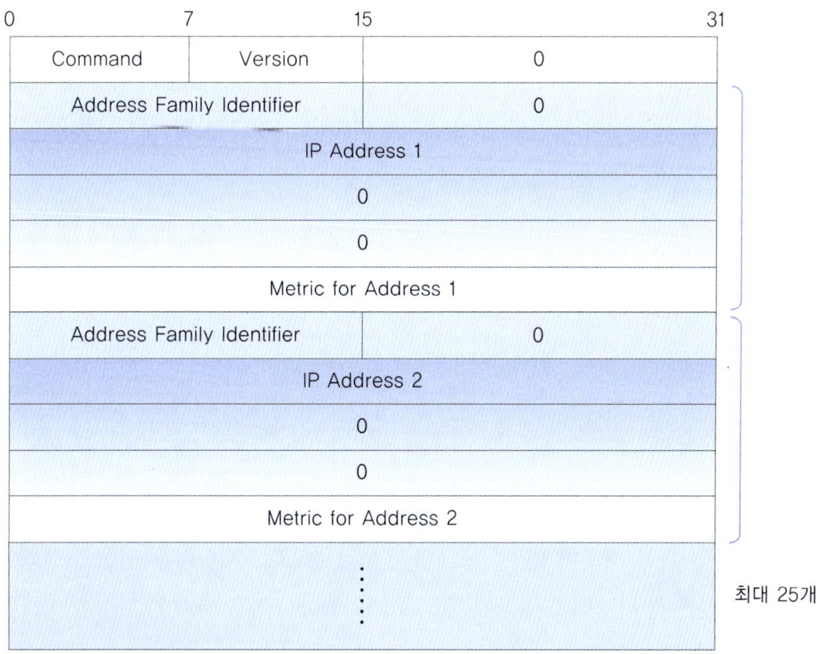

그림 7-11 RIP 패킷의 구조

- **Command(명령)**: 값이 1이면 RIP 요청을, 2이면 RIP 응답을 의미한다. 라우터가 초기화되는 과정에서 RIP 요청이 브로드캐스팅되면 이 패킷을 받은 라우터들은 즉각 응답한다.
- **Version(버전)**: RIP 프로토콜의 버전 번호이다.
- **Address Family Identifier(주소 패밀리 구분자)**: IP 프로토콜의 주소는 2로 설정된다.
- **IP Address(IP 주소)**: 특정한 네트워크를 지칭하는 데 사용되기 때문에 IP 주소의 네트워크 부분의 값만 사용하고, 호스트 부분은 0으로 채운다.
- **Metric(거리)**: 해당 라우터에서 목적지 네트워크까지의 거리이다.

3 링크 상태 라우팅 프로토콜

두 번째 방식인 링크 상태Link State 라우팅 프로토콜은 라우터 간의 정보 교환 원리가 거리 벡터 방식과 반대이다. 개별 라우터가 이웃 라우터까지의 거리 정보를 구한 후, 이를 네트워크에 연결된 모든 라우터에 통보한다.

거리 벡터 라우팅 프로토콜에서는 각 라우터가 상당한 양의 정보 전송을 요구받고, 특히 링크 상태가 많이 변하면 동작 과정에서 시간이 많이 소요될 수 있다. 링크 상태 알고리즘은 이와 같은 단점을 극복하려고 고안된 방식이다.

거리 벡터 라우팅 프로토콜은 알고리즘의 특성상 정보가 주기적으로 전달되지만 링크 상태 라우팅 프로토콜에서는 이웃 라우터와 연결된 상황에 변화가 있을 때만 정보 전달이 이루어진다. 링크 상태 라우팅 프로토콜은 정보 전달을 위해 플러딩Flooding 기법을 사용한다. 임의의 라우터가 이웃한 모든 라우터에 정보를 전달하고, 다시 이들 라우터가 주변의 모든 라우터에 정보를 전달하는 방식으로 동작한다. 이때 정보가 입력된 선로를 통해 출력되지 않도록 주의해야 한다.

플러딩 방식을 사용하면 특정 패킷이 네트워크에서 무한정 순환할 수 있다는 점을 고려해야 한다. 간단한 해결 방법은 각 라우터가 전송된 패킷을 기억했다가 해당 패킷이 다시 도착하면 무시하고 버리는 것이다.

링크 상태 방식을 사용하는 라우팅 프로토콜에는 TCP/IP 기반의 인터넷에서 사용하는 OSPFOpen Shortest Path First가 있다.

링크 상태 라우팅 프로토콜과 거리 벡터 라우팅 프로토콜은 모두 다음과 같은 가정을 전제로 동작한다. 각 라우터는 이웃 라우터의 주소 정보와 함께 이들 라우터까지 패킷을 전송하는 데 필요한 비용 정보를 알고 있으며, 이때 비용의 종류는 패킷 전송 지연 등을 비롯해 여러 가지가 될 수 있다.

4 외부 라우팅 프로토콜

거리 벡터 방식을 사용하는 RIP 프로토콜이나 링크 상태 방식을 사용하는 OSPF 프로토콜은 내부 라우팅 용도로 개발되었다. 따라서 외부 라우팅 프로토콜에는 이 방식들이 적합하지 않다.

외부 라우팅 프로토콜에서 사용하는 경로 벡터Path Vector 프로토콜은 경로에 관한 거리 정보 값이 필요 없는 방식이다. 단순히 해당 라우터에서 어느 네트워크가 연결 가능한지에 대한 정보만 제공한다. 이는 근거리의 경로 정보를 관리하는 내부 라우팅 프로토콜이 효율의 문제를 고려하지만, 원거리의 경로 정보를 관리하는 외부 라우팅 프로토콜은 경로의 존재 유무에 초점을 맞추기 때문이다.

경로 벡터 방식은 거리 벡터 방식과 두 가지 면에서 다르다. 첫째, 거리에 대한 처리 과정이 이루어지지 않는다. 둘째, 관리하는 라우팅 정보에는 목적지 네트워크에 도착하기 위한 자율 시스템에 관한 내용만 포함한다.

BGPBorder Gateway Protocol는 외부 라우팅 프로토콜로, 인터넷에서 많이 사용된다. BGP는 서로 다른 종류의 자율 시스템에서 동작하는 라우터가 라우팅 정보를 교환할 수 있도록 해준다. 이와 같이 종류가 다른 환경에서 동작하는 라우터를 일반적으로 게이트웨이Gateway라 한다.

BGP는 TCP 프로토콜을 이용해 메시지를 교환한다. 프로토콜에서 제공하는 메시지의 종류는 [표 7-3]과 같다.

표 7-3 TCP 프로토콜에서 제공하는 메시지의 종류

메시지	설명
Open	다른 라우터와 연관(Relationship)을 설정한다.
Update	라우팅 관련 정보를 전달한다.
KeepAlive	Open 메시지에 대한 응답 기능과 주변 라우터와의 연관을 주기적으로 확인한다.
Notification	오류 상태를 통보한다.

03 IP 프로토콜

인터넷 환경에서 네트워크 계층의 데이터 전송 프로토콜로 이용되는 IP^Internet Protocol^는 호스트 주소 표기, 패킷 분할에 관한 기능을 지원하지만, 단대단^End-to-End^ 형식의 오류 제어나 흐름 제어 기능은 제공하지 않는다.

IP 프로토콜에서 라우터 간의 패킷을 중개할 때는 Best Effort라는 원칙에 따라 전송하는데, 이 방식은 전송 패킷이 수신 호스트에 100% 도착하는 것을 보장하지 않는다. 따라서 IP 프로토콜에서 제공하지 않는 전송 오류 문제를 상위 계층에서 고려해야 한다. 체크섬 기능은 TCP/UDP 프로토콜과 중복되는 부분은 피하고 헤더만 적용한다. IP 프로토콜의 주요 특징은 다음과 같다.

- 비연결형 서비스를 제공한다.
- 패킷을 분할/병합하는 기능을 수행하기도 한다.
- 데이터 체크섬은 제공하지 않고, 헤더 체크섬만 제공한다.
- Best Effort 원칙에 따른 전송 기능을 제공한다.

1 IP 헤더 구조

[그림 7-12]는 IP 프로토콜에서 정의된 패킷의 IP 헤더^IP Header^ 구조이다. 상단의 숫자는 비트 수이다.

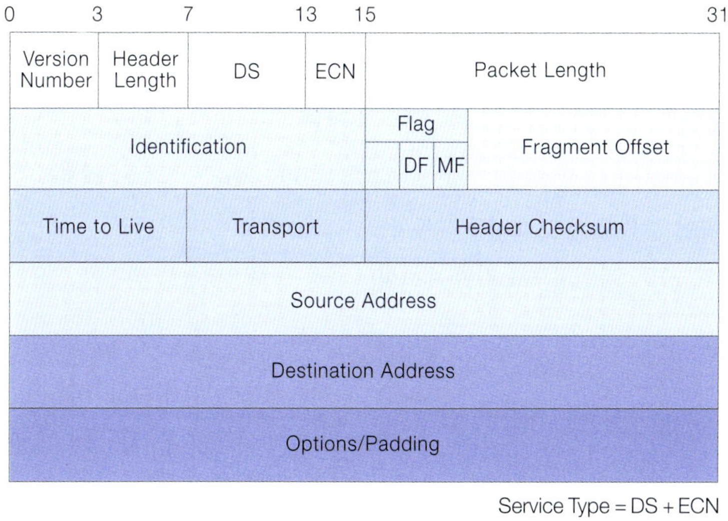

그림 7-12 IP 헤더의 구조

여기서는 헤더 필드를 연관된 종류별로 묶어 설명한다.

DS/ECN

DS Differentiated Services와 ECN Explicit Congestion Notification 필드가 도입되기 전에는 8비트의 Service Type(DS+ECN) 필드로 정의되어 우선순위, 지연, 전송률, 신뢰성 등의 값을 지정할 수 있었다. Service Type 필드는 IP 프로토콜이 사용자에게 제공하는 서비스의 품질에 관련된 내용을 표현하는데, 각 비트 값의 의미는 [표 7-4]와 같다.

표 7-4 Service Type

비트 번호	각 비트의 값	
	0	1
0 ~ 2	우선순위(111 : 가장 높음)	
3	보통의 지연	낮은 지연
4	보통의 전송률	높은 전송률
5	보통의 신뢰성	높은 신뢰성
6 ~ 7	예약	

차등 서비스 개념이 도입되면서 Service Type 필드는 6비트의 DS 필드와 2비트의 ECN 필드로 새로 정의되었다. 이는 인터넷에서 다양한 트래픽 요구 조건을 필요로 하는 서비스들에 대하여 서로 다른 수준의 QoSQuality of Service를 지원하기 위함이다.

DS를 사용하기 위해 사전에 서비스 제공자와 서비스 이용자 사이에 서비스 등급에 대한 합의가 이루어지며, 동일한 DS 값을 갖는 트래픽들은 동일한 서비스 등급으로 처리된다. 이러한 처리 과정은 라우터에 의하여 이루어지므로 기존 네트워크 응용 프로그램들을 변경할 필요가 없다.

혼잡 제어를 위한 ECN 필드 값의 의미는 [표 7-5]와 같다. 여기서 ECT 0과 ECT 1은 동일한 의미이며, 어느 것을 사용해도 무방하다. 이 값은 송신 호스트가 라우터에게 IP 패킷에 캡슐화된 TCP 프로토콜이 ECN 기능을 지원한다고 알려주기 위하여 사용된다. ECN 기능을 지원하기 위하여 TCP 프로토콜의 헤더에도 ECE 필드와 CWR 필드가 추가되었다.

표 7-5 ECN 필드 값의 의미

필드 값	의미
00	IP 패킷이 ECN 기능을 사용하지 않음을 의미한다.
01(ECT 1)	TCP 프로토콜도 ECN 기능을 지원한다는 의미이다.
10(ECT 0)	TCP 프로토콜도 ECN 기능을 지원한다는 의미이다.
11(CE: Congestion Experienced)	라우터가 송신 호스트에 혼잡을 통지할 때 사용한다.

DS 코드포인트CodePoint라고도 하는 DS 필드 값은 차등 서비스의 기준이 되는 레이블 값으로 64개의 트래픽 클래스를 정의할 수 있다. DS 서비스는 비교적 단순한 원리에 의하여 차등화된 서비스를 제공하지만 내부적인 처리 과정은 복잡한 구조에 의하여 이루어진다.

패킷 분할

IP 프로토콜은 상위 계층에서 내려온 전송 데이터가 패킷 하나로 전송하기에 너무 크면 분할Fragmentation해 전송하는 기능을 제공한다. 다음은 패킷 분할과 관련된 필드이다.

- **Identification(식별자 혹은 구분자)**: IP 헤더의 두 번째 워드에는 패킷 분할과 관련된 정보가 포함된다. 이 중 Identification 필드는 송신 호스트가 지정하는 패킷 구분자 기능을 수행한다. IP 프로토콜이 분할한 패킷들에 동일한 고유 번호를 부여함으로써, 수신 호스트가

Identification 번호가 같은 패킷을 다시 병합Reassembly할 수 있도록 해준다. 패킷을 분할하지 않으면 패킷을 전송할 때마다 이 필드의 값을 하나씩 증가시킨다.

- **DF(Don't Fragment)**: 패킷이 분할되지 않도록 한다. 즉, 값을 1로 지정하면 패킷 분할을 막을 수 있다. 수신 호스트가 분할되어 입력된 패킷들을 병합하는 기능이 없을 때 사용한다. 따라서 중간 경유 네트워크에서는 자신이 처리 가능한 패킷의 크기보다 큰 IP 패킷에 DF 필드가 설정되어 있으면 분할 기능을 수행하지 않고 패킷을 버린다.
- **MF(More Fragment)**: 분할된 패킷을 전송할 때는 여러 개의 분할 패킷이 연속해서 전송되므로 MF 필드 값을 1로 지정하여, 분할 패킷이 뒤에 계속됨을 표시해주어야 한다. 분할 패킷 중 마지막 패킷은 MF 비트를 0으로 지정하여 분할 패킷이 더 없음을 표시한다.
- **Fragment Offset(분할 옵셋)**: 패킷 분할이 이루어지면 12비트의 Fragment Offset 필드를 사용한다. 저장되는 값은 분할된 패킷의 내용이 원래의 분할 전 데이터에서 위치하는 상대 주소 값이다. 값은 8바이트의 배수이므로, Fragment Offset 값이 64라면 원래 데이터에서 64×8=512번째에 위치한다.

주소 관련 필드

Source Address는 송신 호스트의 IP 주소이고, Destination Address는 수신 호스트의 IP 주소이다. IP 주소 체계는 [그림 7-13]과 같이 크게 다섯 종류이다. 클래스 A, B, C는 유니캐스팅에서 이용하고, 클래스 D는 멀티캐스팅에서 이용한다. 클래스 E는 향후 새로운 응용 환경을 위하여 잠정적으로 예약된 클래스이다.

클래스 A, B, C는 주소를 network와 host 필드로 구분해 관리함으로써, 클래스별로 네트워크 크기에 따라 주소 관리를 다르게 한다.

- **network(네트워크)**: 네트워크 주소이다. 전 세계적으로 유일한 번호가 모든 컴퓨터 네트워크에 할당된다. 현재 이 주소의 할당은 NICNetwork Information Center에서 담당한다.
- **host(호스트)**: 네트워크 주소가 결정되면 하위의 호스트 주소를 의미하는 host 비트 값을 개별 네트워크의 관리자가 할당한다. 클래스 A는 host 비트의 크기가 크기 때문에 규모가 큰 네트워크에서 사용하고, 클래스 C는 규모가 작은 네트워크에서 사용한다.

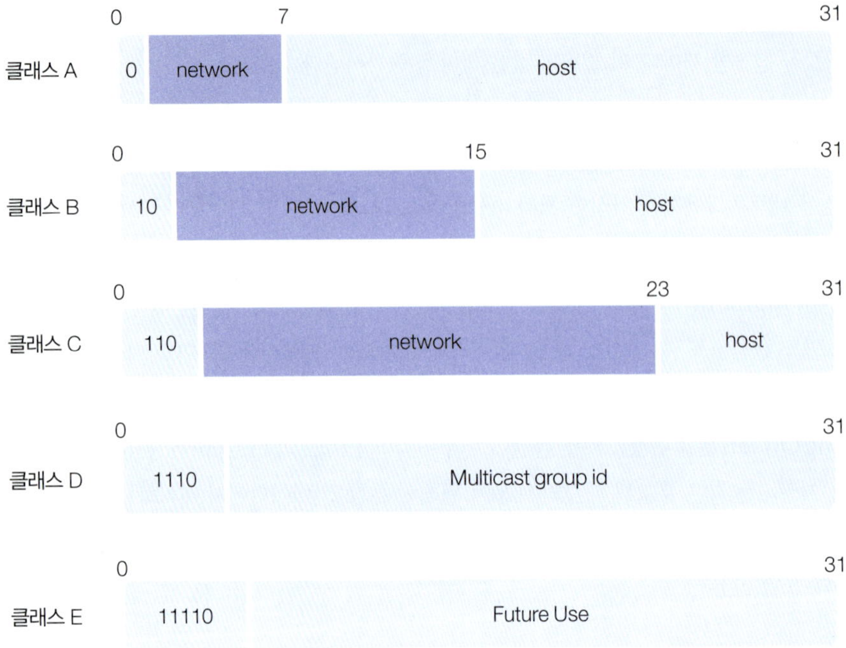

그림 7-13 IP 주소 체계

[그림 7-13]에서 유추할 수 있는 것처럼 [표 7-6]과 같은 IP 주소 값의 정보만으로 이 주소가 속한 클래스를 알 수 있다. 이진수로 표현되면 그림에서 맨 왼쪽 비트와 비교해 바로 알 수 있다. 십진수로 표현되면 A1.A2.A3.A4의 표현 방식에서 맨 왼쪽의 A1 값이 [표 7-6]의 주소 대역 중 어디에 속하는지에 따라 결정된다. 예를 들어, 211.223.201.30은 클래스 C의 주소이다.

표 7-6 IP 주소 값에 따른 주소 체계

IP 주소 값	주소 체계
0.0.0.0 ~ 127.255.255.255	클래스 A의 주소 대역
128.0.0.0 ~ 191.255.255.255	클래스 B의 주소 대역
192.0.0.0 ~ 223.255.255.255	클래스 C의 주소 대역
224.0.0.0 ~ 239.255.255.255	클래스 D의 주소 대역
240.0.0.0 ~ 255.255.255.255	클래스 E의 주소 대역

기타 필드

앞서 설명한 필드 외에도 IP 프로토콜에서는 다음과 같은 다양한 필드를 정의한다.

- **Version Number(버전 번호)**: IP 프로토콜의 버전 번호이다. 현재 인터넷 환경에서 사용하는 IP 프로토콜은 버전 4이다. IP 프로토콜의 새로운 버전인 IPv6과 구분하기 위해 기존 IP 프로토콜을 IPv4로 표현하기도 한다.
- **Header Length(헤더 길이)**: IP 프로토콜의 헤더 길이를 32비트 워드 단위로 표시한다. 일반 패킷을 전송하는 경우에 헤더의 Options, Padding 필드가 빠지므로 IP 헤더의 최소 크기는 5이다.
- **Packet Length(패킷 길이)**: IP 헤더를 포함하여 패킷의 전체 길이를 나타낸다. 필드의 크기가 16비트이므로 IP 프로토콜에서 지원하는 패킷의 최대 크기는 바이트이다. 그러나 이는 이상적인 최댓값으로, IP 프로토콜에서 65,535바이트의 IP 패킷을 전송해도 대부분 데이터 링크 계층에서 분할해 전송한다. 따라서 실제 환경에서 IP 프로토콜은 IP 패킷을 더 작은 단위로 만든다. IP 패킷의 크기는 일반적으로 8,192바이트를 넘지 않는다.
- **Time To Live(생존 시간)**: 패킷 전송 과정에서 패킷이 올바른 목적지를 찾지 못하면 수신 호스트에 제대로 도착하지 않고, 네트워크 내부에서 떠돈다. 이런 현상을 방지하려고 Time To Live 필드를 사용한다. 송신 호스트가 패킷을 전송하기 전에 네트워크에서 생존할 수 있는 시간을 지정하고, 각 라우터에서는 패킷이 지나갈 때마다 이 필드 값을 감소시키면서 패킷을 중개한다. 임의의 라우터에서 Time To Live 값이 0으로 감소하면 패킷은 자동으로 버려지고, 패킷 송신 호스트에 ICMP 오류 메시지가 전달된다.
- **Transport(전송 프로토콜)**: [그림 7-14]와 같이 IP 프로토콜에 데이터 전송을 요구한 전송 계층의 프로토콜을 가리킨다. 전송 계층의 TCP 세그먼트와 UDP 데이터그램, 네트워크 계층의 ICMP 패킷은 모두 IP 패킷의 데이터를 의미하는 페이로드Payload 부분에 캡슐화되어 전송된다. 왼쪽의 숫자는 Transport 필드 값을 의미하며, TCP는 6, UDP는 17, ICMP는 1의 값이 저장된다. 따라서 패킷 수신자는 페이로드 내부에 어느 프로토콜 정보가 있는지 판단할 수 있다.

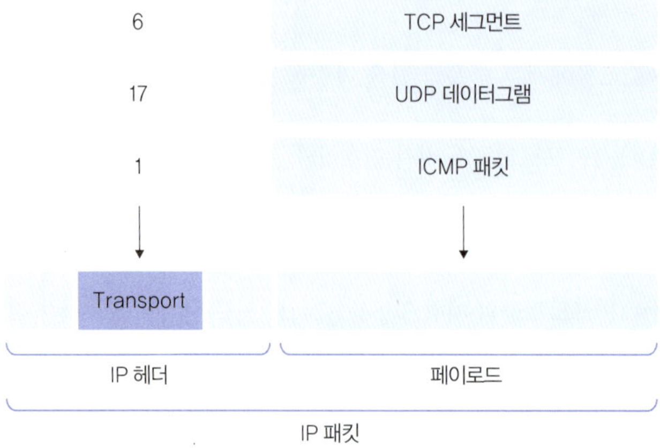

그림 7-14 Transport 필드

- **Header Checksum(헤더 체크섬)**: 전송 과정에서 발생할 수 있는 헤더 오류를 검출하는 기능으로, 데이터의 오류는 검출하지 않는다. 이와 달리 계층 4인 TCP, UDP 프로토콜의 헤더는 데이터와 헤더 모두에 대한 체크섬 정보를 제공하기 때문에 IP와 상호 보완적인 오류 검출 기능을 수행한다. 체크섬 계산 과정은 다음과 같다. 먼저 Header Checksum 필드의 비트 값을 모두 0으로 설정한 후, 전체 헤더가 16비트 워드의 연속이라 가정하고 1의 보수 합을 수행한다. 이 값을 체크섬으로 하여 패킷을 전송하고, 수신 호스트는 1의 보수 합을 계산하여 계산 결과가 모두 1이면 전송 과정에 오류가 없다고 판단한다. 전송 과정에 오류가 발생하면 해당 패킷을 버리고, 이를 복원하는 일은 상위 계층에서 담당한다. IP 헤더 값은 라우터의 중개 과정을 거치는 동안에 계속 변경되므로 라우터를 거치는 과정에서 체크섬을 검증하고 재계산하는 과정이 반복적으로 이루어진다.
- **Options(옵션)**: 네트워크 관리나 보안처럼 특수 용도로 이용할 수 있다.
- **Padding(패딩)**: IP 헤더의 크기는 32비트 워드의 크기가 배수가 되도록 설계되어 있다. 앞서 설명한 필드의 전체 크기가 이 조건에 맞지 않으면 이 필드를 사용해 조정할 수 있다.

2 패킷 분할

다양한 유형의 네트워크를 통해 패킷을 중개하려면, IP 프로토콜이 패킷을 각 네트워크에서 처리하기 편한 크기로 분할Fragmentation해야 한다. 예를 들어, X.25 프로토콜에서의 프레임 크기와 이더넷에서의 프레임 크기는 다르다. 따라서 상위 계층에서 더 큰 데이터 전송을 요구하면 IP 프로토콜에서 패킷 분할 과정을 먼저 수행해 전송한다.

분할의 필요성

하부 계층의 관점에서 보면, TCP에서 설정되는 논리적인 가상 연결은 여러 종류의 네트워크를 거쳐서 설정된다. 그러나 TCP 프로토콜은 패킷 전송 과정에 위치하는 네트워크 유형에 따라 패킷 크기를 조절하기가 쉽지 않으므로 IP 프로토콜에서 이 기능을 수행해야 한다.

[그림 7-15]는 패킷 분할의 필요성을 설명한다. 맨 밑에 위치한 데이터 링크 계층(계층 2) 프로토콜의 프레임은 크기가 프로토콜마다 다르다. 따라서 상위 계층에서 내려온 데이터를 계층 2의 프레임 틀에 담을 수 있도록 IP 프로토콜에서 분할 과정을 거친 후에 전송하고, 수신 호스트에서는 이를 다시 합치는 병합 작업을 수행한다.

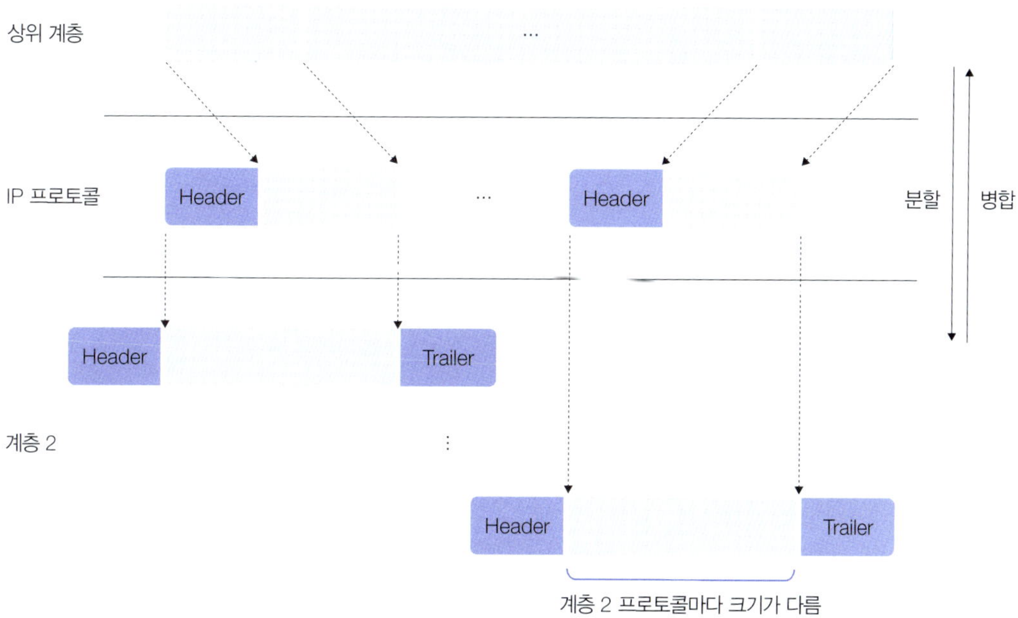

그림 7-15 패킷 분할의 필요성

IP 프로토콜의 분할 기능은 전송 경로에 위치한 라우터에 의해 수행된다. 라우터의 좌우에 연결된 LAN이 서로 다를 수 있기 때문에 [그림 7-15]의 데이터 링크 계층에 위치한 프레임 크기가 프로토콜마다 달라진다. 따라서 데이터를 수신한 이후에 패킷을 중개하는 방향에 위치한 LAN에 맞도록 프레임을 분할해주어야 한다.

분할의 예

[그림 7-16]은 IP 프로토콜의 패킷 분할 과정을 예를 들어 보여준다. IP 헤더를 제외한 전송 데이터의 크기는 380바이트이고, 패킷은 최대 크기가 128바이트라고 가정하였다.

IP 헤더	분할 1	분할 2	분할 3	분할 4

		Identification	Packet Length	MF	Fragment Offset
IP 헤더	분할 1	1254	124	1	0
IP 헤더	분할 2	1254	124	1	13
IP 헤더	분할 3	1254	124	1	26
IP 헤더	분할 4	1254	88	0	39

그림 7-16 패킷 분할의 예

먼저 8의 배수로 정의된 Fragment Offset 필드를 계산해야 하는데, 이 값에 8을 곱한 크기가 분할 전의 데이터 위치이다. 패킷 전체의 최대 크기인 128바이트에서 헤더인 20바이트를 빼면 108바이트가 되므로 분할 패킷에 보관할 수 있는 데이터의 최대 크기는 (108을 8로 나눈 몫(정수 값))×8=104바이트이다. 따라서 분할된 패킷의 개수는 4개(=380을 104로 나눈 몫+1)이며, 각 패킷의 Fragment Offset 필드 값은 0, 13, 26, 39가 된다.

분할 패킷인 분할 1, 분할 2, 분할 3은 데이터 크기 104바이트에 헤더 크기 20바이트를 더해 124가 되므로 패킷의 전체 크기 Packet Length=124바이트이다. 마지막 분할 패킷은 전체 데이터의 크기 380에서 3개의 분할 패킷 크기 3×104를 빼면 68바이트의 여분을 얻을 수 있는데, 이 값에 헤더 크기인 20바이트를 더해 Packet Length = 88바이트이다.

분할한 패킷의 Identification 필드에는 동일한 번호를 부여해야 한다. 그림에서는 임의로 1254번을 가정하였다. MF 필드는 마지막 패킷을 제외하고 1을 지정해 분할 패킷이 이어지고 있음을 표시해주어야 한다.

3 DHCP 프로토콜

특정 네트워크를 관리하는 네트워크 관리자는 개별 호스트들에 수동으로 고정 IP 주소를 할당할 수 있다. 그러나 IP 주소 부족 등의 사유로 DHCP Dynamic Host Configuration Protocol를 사용하여 자동으로 할당할 수도 있다. 예를 들어, 대학 내의 여러 실습실에 1,000대의 컴퓨터가 설치되어 있다고 가정하면 1,000개의 고정 IP 주소를 할당해야 한다. 그러나 실습 수업이 동시에 이루어지지 않기 때문에 DHCP를 사용하여 현재 사용하는 컴퓨터에만 IP 주소를 자동으로 할당하는 것이 가능하다. 이렇게 IP 주소를 여러 컴퓨터가 공유해서 사용하면 더 적은 수의 IP 주소만으로도 1,000대의 컴퓨터가 시간 분할 방식으로 인터넷에 접속할 수 있다.

자동으로 할당 가능한 IP 주소는 DHCP 서버가 관리하는 풀Pool에 저장되어 관리되며, 클라이언트로부터 IP 주소 요청이 오면 풀에서 하나의 IP 주소를 할당한다. 이후 사용이 끝나면 다시 IP 주소 풀로 반환되어 다른 호스트가 사용할 수 있다.

DHCP 메시지

IP 주소를 원하는 클라이언트는 DHCP 서버에 요청 메시지를 전송하고, 서버는 이에 대한 응답 메시지를 회신한다. 이때 사용하는 DHCP 메시지의 형식은 [그림 7-17]과 같다.

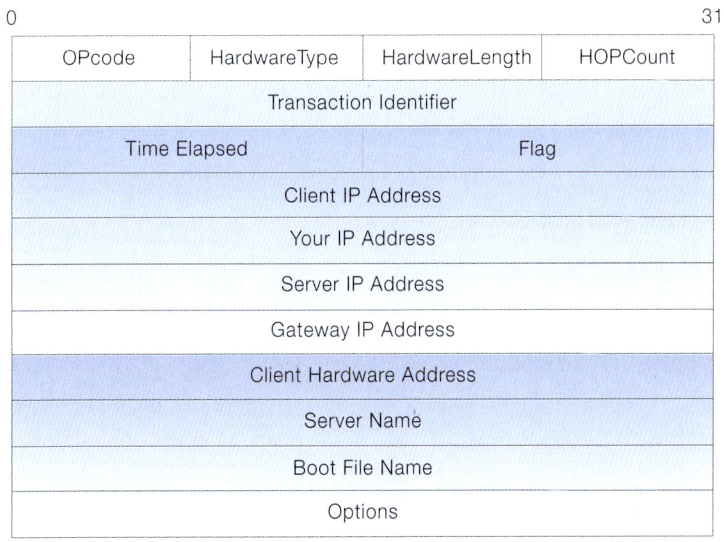

그림 7-17 DHCP 메시지

- **OPcode**: 요청 메시지는 1을 지정하고, 응답 메시지는 2를 지정한다.
- **HardwareType**: 이더넷 등과 같은 하위 계층의 하드웨어 유형을 지정한다.
- **HardwareLength**: 하드웨어 주소의 길이를 지정한다.
- **HOPCount**: 패킷이 전달되는 최대 홉의 수를 지정한다.
- **Transaction Identifier**: 클라이언트의 요청이 있을 때 지정하는 임의의 숫자이며, 서버는 지정된 번호로 응답한다. DHCP 메시지는 브로드캐스팅 방식으로 전송되기 때문에 클라이언트와 서버 간의 논리적인 세션을 형성하는 목적으로 사용한다.
- **Time Elapsed**: 클라이언트가 부팅된 이후의 경과 시간을 지정한다.
- **Flag**: 현재 첫 번째 비트만 사용되며, 유니캐스트인지 멀티캐스트인지를 구분한다.
- **Client IP Address**: 클라이언트가 자신의 IP 주소를 지정한다. 주소를 모르면 0으로 표시한다.
- **Your IP Address**: 서버가 응답 메시지로 권고해주는 클라이언트의 IP 주소이다.
- **Server IP Address**: 서버의 IP 주소를 지정하는데, 주소를 모르는 경우에는 0으로 표시한다.
- **Gateway IP Address**: 클라이언트의 디폴트 라우터 IP 주소를 지정한다.
- **Client Hardware Address**: 클라이언트의 하드웨어 주소를 지정하며, 크기는 Hardware Length 필드에 표시된다.
- **Server Name**: 서버의 도메인 네임을 지정하며, 크기는 64바이트이다.
- **Boot File Name**: 추가 정보를 보관하고 있는 파일 경로명을 지정하며, 크기는 128바이트이다.
- **Options**: 필요한 추가 정보를 지정하며, 크기는 64바이트이다.

DHCP 프로토콜의 동작 과정에 필요한 주요 메시지의 종류는 다음과 같으며, 이는 Options 필드에 의하여 구분된다. DHCP 메시지는 UDP 데이터그램에 캡슐화되어 전송되며, 클라이언트의 포트 번호는 68, DHCP 서버의 포트 번호는 67이다.

- **DHCP_DISCOVER**: 클라이언트가 DHCP 서버를 찾기 위해 전송하는 브로드캐스트 메시지이며, Transaction Identifier에 특정한 값을 지정한다. 클라이언트는 아직 IP 주소 값이 없으므로 하부의 IP 프로토콜 송신자의 IP 주소는 0.0.0.0으로 지정한다. 클라이언트가 DHCP 서버의 IP 주소를 모르므로 수신자의 IP 주소는 브로드캐스팅 주소인 255.255.255.255로 지정한다.
- **DHCP_OFFER**: 클라이언트의 DHCP_DISCOVER 메시지에 대한 응답으로 DHCP 서버가 응답하는 메시지이다. Your IP Address 필드에 권고하는 IP 주소를 지정하고, Server IP

Address 필드에는 서버의 IP 주소를 지정한다. 아직 클라이언트의 IP 주소가 결정되지 않았으므로 IP 패킷은 브로드캐스팅 형식으로 전송된다.

- **DHCP_REQUEST**: 클라이언트는 여러 서버로부터 다수의 DHCP_OFFER를 받을 수 있기 때문에 이 중에서 적당한 IP 주소를 선택해야 한다. 그리고 이 주소를 권고한 DHCP 서버에 DHCP_REQUEST 메시지를 전송하여 권고한 주소를 사용한다고 알려준다.
- **DHCP_ACK**: 클라이언트로부터 DHCP_REQUEST 메시지를 받은 DHCP 서버는 권고한 IP 주소가 최종적으로 사용 가능한지 판단한다. 사용 가능하면 DHCP_ACK 메시지를 전송한다.
- **DHCP_NACK**: DHCP 서버는 동일한 IP 주소를 여러 클라이언트에 권고할 수 있다. 따라서 다른 클라이언트가 이미 IP 주소를 선점한 경우 DHCP_ACK 메시지를 회신할 수 없다. 이때는 DHCP_NACK 메시지를 전송해 클라이언트가 DHCP_DISCOVER 과정을 다시 진행하도록 해야 한다.

DHCP 메시지를 사용하여 클라이언트가 DHCP 서버로부터 IP 주소를 얻는 과정은 [그림 7-18]과 같다. 먼저 클라이언트가 DHCP_DISCOVER 메시지를 전송하고, 이어서 DHCP 서버로부터 211.223.201.99로 권고된 IP 주소를 받는다. 세 번째의 DHCP_REQUEST 메시지를 이용하여 권고된 IP 주소를 사용하겠다는 의사 표시에 대하여 DHCP 서버로부터 긍정 응답을 받고 있다.

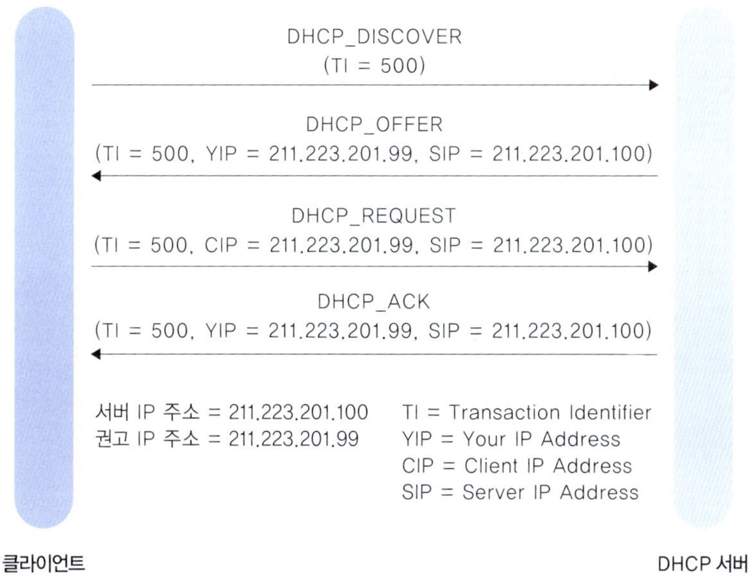

그림 7-18 DHCP 프로토콜의 동작 과정

[그림 7-18]의 DHCP 메시지가 UDP와 IP 프로토콜로 캡슐화되어 전송되는 과정은 [그림 7-19]와 같다. UDP 헤더에서 보는 것처럼 DHCP 서버의 포트 번호는 67이고, 클라이언트는 68을 사용한다. IP 헤더에는 IP 주소를 표기해야 하는데, 목적지 IP 주소를 255.255.255.255로 지정하여 브로드캐스팅 전송을 하고 있다. DHCP_DISCOVER 메시지를 전송하는 송신자의 IP 주소는 없으므로 0.0.0.0을 지정한다.

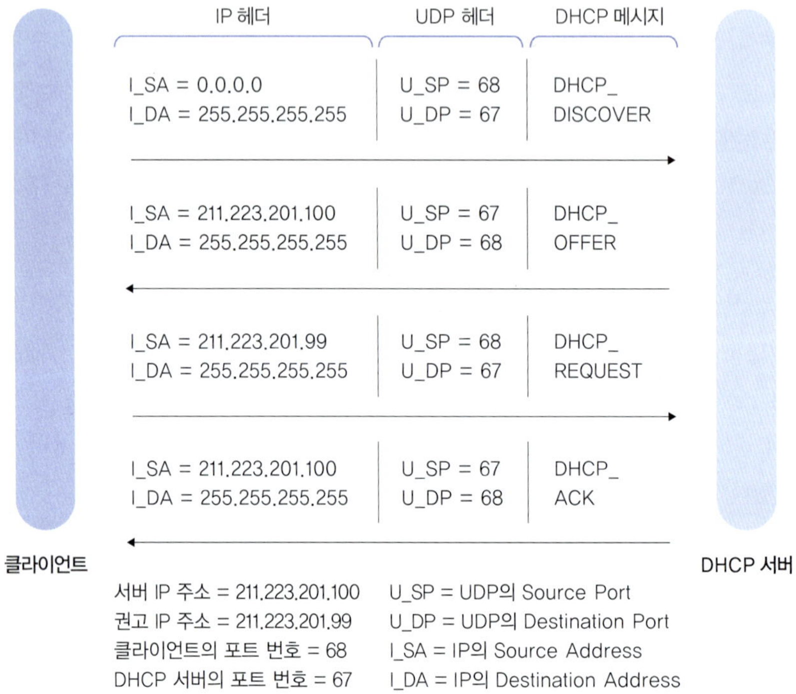

그림 7-19 UDP/IP 프로토콜의 캡슐화

요약

01 네트워크 계층의 역할

네트워크 계층의 기본 기능은 송수신 호스트 사이의 패킷 전달 경로를 선택하는 라우팅이다. 네트워크의 구성 형태에 대한 정보는 라우팅 테이블에 보관되며, 이 정보를 이용해 송수신 호스트 사이의 패킷 전달 경로를 선택하는 과정을 라우팅이라 한다. 네트워크 계층의 또 다른 기능으로 네트워크의 특정 지역에 트래픽이 몰리는 현상을 다루는 혼잡 제어와 라우터 사이의 패킷 중개 과정에서 다루는 패킷의 분할과 병합이 있다.

02 HELLO/ECHO 패킷

라우터의 초기화 과정에서 가장 먼저 할 일은 이웃 라우터의 경로 정보를 파악하는 것이다. 각 라우터는 이웃에 연결된 라우터에 초기화를 위한 HELLO 패킷을 전송해 경로 정보를 얻는다. 라우터 사이의 전송 지연 시간을 측정하기 위해서는 ECHO 패킷을 전송하는데, ECHO 패킷을 수신한 호스트는 송신 호스트에 즉각 회신하도록 설계되어 있다.

03 혼잡 제어

네트워크에 존재하는 전송 패킷의 수가 많아질수록 네트워크의 성능은 자연스럽게 감소한다. 이와 같은 성능 감소 현상이 급격하게 악화되는 현상을 혼잡이라 하고, 혼잡 문제를 해결하기 위한 방안을 혼잡 제어라 한다. 흐름 제어는 송신 호스트와 수신 호스트 사이의 논리적인 점대점 전송 속도를 다룬다. 반면, 혼잡 제어는 더 넓은 관점에서 호스트와 라우터를 포함한 서브넷에서 네트워크의 전송 능력 문제를 다룬다.

04 트래픽 성형

송신 호스트가 전송하는 패킷의 발생 빈도가 네트워크에서 예측할 수 있는 전송률로 이루어지게 하는 기능이 필요한데, 이를 트래픽 성형이라 한다. 송신 호스트가 사전에 약속한 트래픽보다 과도한 양의 패킷을 전송하면 네트워크에서 적절히 통제해야 한다. 이와 같은 트래픽 성형과 관련된 알고리즘 중에서 유명한 것이 리키 버킷이다. 송신 호스트와 네트워크 사이에는 송신 호스트가 협상에서 제시한 전송 특성을 반영하는 적절한 크기의 깔때기가 위치한다. 깔때기의 출구 크기는 협상 결과를 의미하므로 크기가 고정되어 있다. 따라서 송신 호스트가 협상 값보다 많은 양의 패킷을 전송해도 깔때기 크기 이상의 패킷이 네트워크에 유입될 수 없다.

05 ECN 패킷

라우터는 자신의 출력 선로 방향으로 전송되는 트래픽의 양을 모니터할 수 있으므로 출력 선로의 사용 정도가 한계치를 초과하면 주의 표시를 해둔다. 혼잡 지역에 위치한 라우터는 입력 선로로 들어온 패킷이 주의 표시된 출력 선로로 라우팅되는 경우에 패킷의 송신 호스트에 ECN 패킷을 전송한다. ECN 패킷을 수신한 송신 호스트는 데이터 패킷이 전송되는 경로에서 혼잡 발생 가능성을 인지하였으므로 전송 패킷의 양을 줄여야 한다.

06 거리 벡터 라우팅 프로토콜

거리 벡터 라우팅 프로토콜은 라우터가 자신과 직접 연결된 이웃 라우터와 라우팅 정보를 교환하는 방식이다. 정보를 교환하는 라우터는 거리 벡터 라우팅 프로토콜을 사용하는 호스트나 라우터들이다. 교환 정보는 각각의 라우터에서 전체 네트워크에 소속되는 개별 네트워크까지 패킷을 전송하는 데 걸리는 거리 정보이다. 거리 벡터 알고리즘을 구현하려면 라우터가 링크 벡터, 거리 벡터, 다음 홉 벡터라는 세 가지 정보를 관리해야 한다. RIP 프로토콜은 거리 벡터 방식을 사용하는 내부 라우팅 프로토콜 중에서 가장 간단하게 구현된 것이다.

07 링크 상태 라우팅 프로토콜

링크 상태 라우팅 프로토콜은 라우터 간의 정보 교환 원리가 거리 벡터 방식과 반대이다. 개별 라우터가 이웃 라우터까지의 거리 정보를 구한 후, 이를 네트워크에 연결된 모든 라우터에 통보한다. 거리 벡터 라우팅 프로토콜에서는 각 라우터가 상당한 양의 정보 전송을 요구받고, 특히 링크 상태가 많이 변하면 동작 과정에서 시간이 많이 소요될 수 있다. 링크 상태 알고리즘은 이와 같은 단점을 극복하려고 고안된 방식이다. 링크 상태 방식을 사용하는 라우팅 프로토콜에는 TCP/IP 기반의 인터넷에서 사용하는 OSPF가 있다.

08 경로 벡터 프로토콜

거리 벡터 방식을 사용하는 RIP 프로토콜이나 링크 상태 방식을 사용하는 OSPF 프로토콜은 내부 라우팅 용도로 개발되었다. 외부 라우팅 프로토콜에서 사용하는 경로 벡터 프로토콜은 경로에 관한 거리 정보 값이 필요 없는 방식이다. 단순히 해당 라우터에서 어느 네트워크가 연결 가능한지에 대한 정보만 제공한다. 이는 근거리의 경로 정보를 관리하는 내부 라우팅 프로토콜이 효율의 문제를 고려하지만, 원거리의 경로 정보를 관리하는 외부 라우팅 프로토콜은 경로의 존재 유무에 초점을 맞추기 때문이다. BGP는 외부 라우팅 프로토콜로, 인터넷에서 많이 사용된다.

09 IP 프로토콜

인터넷 환경에서 네트워크 계층의 데이터 전송 프로토콜로 이용되는 IP는 호스트 주소 표기, 패킷 분할에 관한 기능을 지원하지만, 단대단 형식의 오류 제어나 흐름 제어 기능은 제공하지 않는다. IP 프로토콜에서 라우터 간의 패킷을 중개할 때는 Best Effort라는 원칙에 따라 전송하는데, 이 방식은 전송 패킷이 수신 호스트에 100% 도착하는 것을 보장하지 않는다. 따라서 IP 프로토콜에서 제공하지 않는 전송 오류 문제를 상위 계층에서 고려해야 한다.

10 IP 패킷의 분할

다양한 유형의 네트워크를 통해 패킷을 중개하려면, IP 프로토콜이 패킷을 각 네트워크에서 처리하기 편한 크기로 분할해야 한다. 데이터 링크 계층(계층 2) 프로토콜의 프레임은 크기가 프로토콜마다 다르다. 따라서 상위 계층에서 내려온 데이터를 계층 2의 프레임 틀에 담을 수 있도록 IP 프로토콜에서 분할 과정을 거친 후에 전송하고, 수신 측에서는 이를 다시 합치는 병합 작업을 수행한다. IP 프로토콜의 분할 기능은 전송 경로에 위치한 라우터에 의해 수행된다.

11 DHCP 프로토콜

특정 네트워크를 관리하는 네트워크 관리자는 개별 호스트들에 수동으로 고정 IP 주소를 할당할 수 있다. 그러나 IP 주소 부족 등의 사유로 DHCP를 사용하여 자동으로 할당할 수도 있다. 자동으로 할당 가능한 IP 주소는 DHCP 서버가 관리하는 풀에 저장되어 관리되며, 클라이언트로부터 IP 주소 요청이 오면 풀에서 하나의 IP 주소를 할당한다. 이후 사용이 끝나면 다시 IP 주소 풀로 반환되어 다른 호스트가 사용할 수 있다. DHCP 메시지는 UDP 데이터그램에 캡슐화되어 전송되며, 클라이언트의 포트 번호는 68, DHCP 서버의 포트 번호는 67이다.

연습문제

01 네트워크 계층의 주요 기능에 대한 설명으로 잘못된 것을 모두 고르시오.

① 네트워크 계층의 기본 기능은 송수신 호스트 사이의 패킷 전달 경로를 선택하는 흐름 제어이다.

② 라우팅 테이블의 정보를 이용해 패킷이 목적지까지 도달하기 위한 경로를 선택한다.

③ 네트워크에 패킷 수가 과도하게 증가하는 현상을 혼잡이라 하고, 혼잡 현상을 예방하거나 제거하는 기능을 혼잡 제어라 한다.

④ 전송 계층에서 보낸 데이터가 너무 크면 여러 개의 패킷으로 작게 쪼개 전송해야 한다.

⑤ 큰 데이터를 여러 패킷으로 나누는 과정을 패킷 분할이라 하고, 반대로 송신자가 분할된 패킷을 다시 모으는 과정을 병합이라 한다.

02 연결형 서비스와 비연결형 서비스에 대한 설명으로 잘못된 것을 모두 고르시오.

① 패킷을 전송하기 전에 송수신 호스트 사이에 연결을 설정하는 연결형 서비스와 연결 설정 없이 데이터를 패킷 단위로 전송하는 비연결형 서비스가 있다.

② 비연결형은 패킷들이 설정된 연결을 따라 동일한 경로로 전송되며, 연결형은 패킷들이 독자적인 경로로 수신 호스트까지 전송된다.

③ 연결형 서비스는 패킷의 전달 순서, 패킷 분실 여부 등에서 비연결형 서비스보다 신뢰성이 떨어지는 전송 방식이다.

④ 연결형 서비스를 이용하는 경우에 상위 계층인 전송 계층은 수신한 패킷의 순서를 재조정하는 기능이 필요하다.

⑤ 인터넷 환경에서 네트워크 계층의 기능을 지원하는 IP 프로토콜은 연결형 서비스이다.

03 라우팅에 대한 설명으로 잘못된 것을 모두 고르시오.

① 라우터의 주요 기능은 입력된 패킷을 어느 출력 경로를 통해 다음 라우터로 전달해야 가장 효과적인지 결정하는 것이다.

② 데이터그램 방식에서는 전송되는 모든 패킷이 동일 경로를 거치고, 패킷의 전달 순서도 일정하게 유지된다.

③ 가상 회선을 사용하면 전송 패킷마다 독립적인 전달 경로를 선택해야 한다.

④ 정적 라우팅은 송수신 호스트 사이에서 패킷 전송이 이루어지기 전에 경로 정보를 라우터에 미리 저장하여 중개하는 방식이다.

⑤ 동적 라우팅은 현재의 네트워크 상황을 고려해 최적의 경로 정보를 선택할 수 있지만, 경로 정보를 수집하고 관리하는 등의 복잡한 작업이 추가로 필요하다.

04 HELLO/ECHO 패킷에 대한 설명으로 잘못된 것을 모두 고르시오.

① 각 라우터는 이웃에 연결된 라우터에 초기화를 위한 HELLO 패킷을 전송해 경로 정보를 얻는다.

② ECHO 패킷을 이용해서 해당 라우터 간 경로가 이용 가능한지를 파악할 수 있다.

③ 라우터 사이의 전송 지연 시간을 측정하기 위해서 HELLO 패킷을 전송한다.

④ 임의의 라우터가 획득한 정보를 다른 라우터에 통보하여 경로 정보를 공유한다.

⑤ 여러 라우터에서 정보가 생성되는 경우에는 네트워크 내부의 경로 정보를 일관성 있게 유지하는 것이 중요하다.

05 라우팅 테이블에 대한 설명으로 잘못된 것을 모두 고르시오.

① 패킷 전송 과정에서 적절한 경로를 쉽게 찾을 수 있도록 라우팅 테이블을 사용한다.

② 라우팅 테이블에 포함해야 하는 필수 정보는 (목적지 호스트, 다음 홉)의 조합이다.

③ 라우팅 테이블 정보는 네트워크에 연결된 모든 라우터에 존재하며, 라우터마다 관리하는 라우팅 정보의 내용은 같다.

④ 라우팅을 효과적으로 수행하려면 라우팅 정보가 네트워크의 현재 상황을 정확히 반영할 수 있도록 관리해야 한다.

06 라우팅 정보의 처리에 관한 설명으로 잘못된 것을 모두 고르시오.

① 패킷을 전송하는 호스트가 목적지 호스트까지 전달 경로를 스스로 결정하는 방식을 계층 라우팅이라 한다.

② 분산 라우팅은 라우팅 정보가 분산되는 방식으로 패킷의 전송 경로에 위치한 각 라우터가 효율적인 경로 선택에 참여한다.

③ 중앙 라우팅은 RCC라는 특별한 호스트를 사용해 전송 경로에 관한 모든 정보를 관리하는 방식이다.

④ 소스 라우팅은 분산 라우팅 기능과 중앙 라우팅 기능을 적절히 조합하는 방식으로, 전체 네트워크의 구성을 트리 구조 형태로 관리한다.

07 혼잡 제어에 대한 설명으로 잘못된 것을 모두 고르시오.

① 네트워크에서 성능 감소 현상이 급격하게 악화되는 현상을 혼잡이라 하고, 혼잡 문제를 해결하기 위한 방안을 흐름 제어라 한다.

② 기본적으로 네트워크의 처리 능력보다 지나치게 많은 패킷이 입력되면 혼잡이 발생한다.

③ 라우터의 내부 버퍼 용량 부족이 심화되어 더 이상 패킷을 보관할 수 없어 버리게 된다.

④ 라우터에서 패킷을 잃어버리지 않으려면 버퍼 용량을 늘려야 하는데, 버퍼 용량이 늘면 패킷의 전송 지연 시간도 함께 늘어난다.

08 트래픽 성형에 대한 설명으로 잘못된 것을 모두 고르시오.

① 혼잡은 트래픽이 특정 시간에 집중되는 버스트 현상에서 기인하는 경우가 많다.

② 송신 호스트가 전송하는 패킷의 발생 빈도가 네트워크에서 예측할 수 있는 전송률로 이루어지게 하는 기능이 필요한데, 이를 트래픽 성형이라 한다.

③ 송신 호스트는 사전에 네트워크와 협상하여 네트워크로 유입되는 패킷의 특성을 조율할 수 있다.

④ 송신 호스트가 사전에 약속한 트래픽보다 과도한 양의 패킷을 전송하면 네트워크에서 적절히 통제해야 한다.

⑤ 리키 버킷 알고리즘에서 깔때기에 저장할 수 있는 패킷의 양은 일정하며, 한계치를 초과하면 패킷이 넘쳐 패킷 분실 오류가 발생한다.

09 ECN 기능에 대한 설명으로 잘못된 것을 모두 고르시오.

① 라우터는 자신의 출력 선로 방향으로 전송되는 트래픽의 양을 모니터할 수 있으므로 출력 선로의 사용 정도가 한계치를 초과하면 주의 표시를 해둔다.

② 혼잡 지역에 위치한 라우터는 입력 선로로 들어온 패킷이 주의 표시된 출력 선로로 라우팅되는 경우에 패킷의 송신 호스트에 ECN 패킷을 전송한다.

③ 실제 TCP/IP에서 ECN 기능의 구현은 송신 호스트를 거쳐서 수신 호스트로 전송된다.

④ ECN 패킷을 수신한 수신 호스트는 데이터 패킷이 전송되는 경로에서 혼잡이 발생할 가능성이 있음을 인지하였으므로 전송 패킷의 양을 줄인다.

⑤ 특정 라우터에서 주의 표시를 시작하면 이후 경로에 위치한 라우터에서도 주의 표시할 가능성이 높아진다.

10 라우팅 알고리즘에 대한 설명으로 잘못된 것을 모두 고르시오.

① 네트워크에서 거리의 기준은 다양하지만, 라우팅과 관련해 가장 보편적으로 이용하는 기준은 전송 경로의 중간에 위치하는 라우터의 개수인 홉 수로 판단하는 것이다.

② 최단 경로 라우팅 방식은 패킷이 목적지에 도달할 때까지 전송 선로의 길이가 최소화되도록 경로를 선택한다.

③ 홉 수 외에 거리 기준이 될 수 있는 요소에는 패킷의 전송 지연 시간, 전송 대역폭, 통신 비용 등이 있다.

④ 플러딩은 라우터가 자신에게 입력된 패킷의 출력을 최소화하는 방식이다.

11 거리 벡터 라우팅 프로토콜에 대한 설명으로 잘못된 것을 모두 고르시오.

① 거리 벡터 라우팅 프로토콜은 라우터가 자신과 직접 연결된 이웃 라우터와 라우팅 정보를 교환하는 방식이다.

② 교환 정보는 각각의 라우터에서 전체 네트워크에 소속되는 개별 네트워크까지 패킷을 전송하는 데 걸리는 거리 정보이다.

③ 링크 벡터는 라우터와 직접 연결된 이웃 네트워크에 대한 연결 정보를 부관한다.

④ 거리 벡터는 전체 네트워크에 소속된 개별 네트워크들까지의 거리 정보를 관리한다.

⑤ 다음 홉 벡터는 개별 네트워크까지 패킷을 전송하는 경로에 있는 다음 홉 정보를 관리한다.

⑥ IP는 거리 벡터 방식을 사용하는 내부 라우팅 프로토콜 중에서 가장 간단하게 구현된 것이다.

12 링크 상태 라우팅 프로토콜에 대한 설명으로 잘못된 것을 모두 고르시오.

① 링크 상태 라우팅 프로토콜은 라우터 간의 정보 교환 원리가 거리 벡터 방식과 반대이다.

② 개별 라우터가 이웃 라우터까지의 거리 정보를 구한 후, 이를 네트워크에 연결된 모든 라우터에 통보한다.

③ 이웃 라우터와 연결된 상황에 변화가 있을 때만 정보 전달이 이루어진다.

④ 링크 상태 라우팅 프로토콜은 정보 전달을 위해 플러딩 기법을 사용한다.

⑤ 링크 상태 방식을 사용하는 라우팅 프로토콜에는 TCP/IP 기반의 인터넷에서 사용하는 OSPF가 있다.

13 IP 프로토콜에 대한 설명으로 잘못된 것을 모두 고르시오.

① IP는 호스트 주소 표기, 패킷 분할에 관한 기능을 지원하지만, 단대단 형식의 오류 제어나 흐름 제어 기능은 제공하지 않는다.

② IP 프로토콜에서 라우터 간의 패킷을 중개할 때는 Best Effort라는 원칙에 따라 전송한다.

③ 체크섬 기능은 TCP/UDP 프로토콜과 중복되는 부분은 피하고 데이터만 적용한다.

④ 연결형 서비스를 제공한다.

14 IP 프로토콜의 패킷 분할 기능에 대한 설명으로 잘못된 것을 모두 고르시오.

① IP 프로토콜은 상위 계층에서 내려온 전송 데이터가 패킷 하나로 전송하기에 너무 크면 분할해 전송한다.

② IP 프로토콜이 분할한 패킷들에 서로 다른 고유 번호를 부여함으로써, 수신 호스트가 Identification 번호가 연속된 패킷을 다시 병합할 수 있도록 해준다.

③ 분할된 패킷을 전송할 때는 여러 개의 분할 패킷이 연속해서 전송되므로 MF 필드 값을 0으로 지정하여, 분할 패킷이 뒤에 계속됨을 표시해주어야 한다.

④ Fragment Offset 값은 분할된 패킷의 내용이 원래의 분할 전 데이터에서 위치하는 상대 주소 값이다.

15 IP 프로토콜의 헤더 정보에 대한 설명으로 잘못된 것을 모두 고르시오.

① Header Length 필드는 IP 프로토콜의 헤더 길이를 32비트 워드 단위로 표시한다.

② Packet Length 필드는 IP 헤더를 제외하고 패킷의 전체 길이를 나타낸다.

③ 패킷 전송 과정에서 패킷이 올바른 목적지를 찾지 못하면 수신 호스트에 제대로 도착하지 않고, 네트워크 내부에서 떠돈다. 이런 현상을 방지하려고 Time To Live 필드를 사용한다.

④ Transport 필드는 IP 프로토콜에 데이터 전송을 요구한 전송 계층의 프로토콜을 가리킨다.

⑤ Header Checksum 필드는 전송 과정에서 발생할 수 있는 헤더 오류를 검출하는 기능으로, 데이터의 오류도 검출한다.

16 DHCP 프로토콜에 대한 설명으로 잘못된 것을 모두 고르시오.

① IP 주소 부족 등의 사유로 DHCP를 사용하여 자동으로 할당할 수도 있다.

② 자동으로 할당 가능한 IP 주소는 DHCP 서버가 관리하는 풀에 저장되어 관리되며, 클라이언트로부터 IP 주소 요청이 오면 풀에서 하나의 IP 주소를 할당한다.

③ DHCP_DISCOVER는 서버가 IP 주소를 찾기 위해 전송하는 브로드캐스트 메시지이다.

④ DHCP_OFFER는 DHCP_DISCOVER 메시지에 대한 응답으로 DHCP 클라이언트가 응답하는 메시지이다.

⑤ 클라이언트는 여러 서버로부터 다수의 DHCP_OFFER를 받을 수 있기 때문에 이 중에서 적당한 IP 주소를 선택해야 한다. 이 주소를 권고한 DHCP 서버에 DHCP_REQUEST 메시지를 전송하여 권고한 주소를 사용한다고 알려준다.

17 상위 전송 계층에서 송신을 요구한 데이터는 최종적으로 MAC 계층의 프레임 구조에 정의된 형식으로 캡슐화되어 물리적으로 전송된다. 따라서 전송 계층에서 보낸 데이터가 너무 크면 여러 개의 패킷으로 작게 쪼개 전송해야 한다. 이와 같이 큰 데이터를 여러 패킷으로 나누는 과정을 패킷 (①)이라 하고, 반대로 목적지에서 (①)된 패킷을 다시 모으는 과정을 (②)이라 한다.

18 네트워크 계층이 전송 계층에 제공하는 서비스는 크게 두 가지이다. 패킷을 전송하기 전에 송수신 호스트 사이에 연결을 설정하는 (①) 서비스와 연결 설정 없이 데이터를 패킷 단위로 전송하는 (②) 서비스이다. (①)은 패킷들이 설정된 연결을 따라 동일한 경로로 전송되며, (②)은 패킷들이 독자적인 경로로 수신 호스트까지 전송된다.

19 패킷의 전송 경로를 지정하는 (①)은 네트워크 계층의 가장 중요한 역할이다. (②)의 주요 기능은 입력된 패킷을 어느 출력 경로를 통해 다음 (②)로 전달해야 가장 효과적인지 결정하는 것이다.

20 (　①　) 라우팅은 송수신 호스트 사이에서 패킷 전송이 이루어지기 전에 경로 정보를 라우터에 미리 저장하여 중개하는 방식이다. (　②　) 라우팅은 라우터에서 사용하는 경로 정보를 네트워크 상황에 따라 적절하게 변경하는 방식으로, 경로 정보의 변경 주기에 따라 계속 보완할 수 있다. 따라서 현재의 네트워크 상황을 고려해 최적의 경로 정보를 선택할 수 있지만, 경로 정보를 수집하고 관리하는 등의 복잡한 작업이 추가로 필요하다.

21 라우터의 초기화 과정에서 가장 먼저 할 일은 이웃 라우터의 경로 정보를 파악하는 것이다. 각 라우터는 이웃에 연결된 라우터에 초기화를 위한 (　①　) 패킷을 전송해 경로 정보를 얻는다. 라우터 사이의 전송 지연 시간을 측정하기 위해서 (　②　) 패킷을 전송하는데, (　②　) 패킷을 수신한 호스트는 송신 호스트에 즉각 회신하도록 설계되어 있다. 이런 과정을 반복하고, 측정값의 평균을 구해 해당 라우터까지의 전송 지연 시간을 유추할 수 있다.

22 패킷 전송 과정에서 라우터들이 적절한 경로를 쉽게 찾을 수 있도록, 가장 기본적인 도구로 (　①　)을 사용한다. 여기에 포함해야 하는 필수 정보는 목적지 호스트와 (　②　)이다. (　②　)에는 목적지 호스트까지 패킷을 전달하기 위한 이웃 라우터를 지정한다.

23 네트워크에 존재하는 전송 패킷의 수가 많아질수록 네트워크의 성능은 자연스럽게 감소한다. 이와 같은 성능 감소 현상이 급격하게 악화되는 현상을 (　①　)이라 하고, 이 문제를 해결하기 위한 방안을 (　②　)라 한다. (　③　)는 송신 호스트와 수신 호스트 사이의 논리적인 점대점 전송 속도를 다룬다. 반면, (　②　)는 더 넓은 관점에서 호스트와 라우터를 포함한 서브넷에서 네트워크의 전송 능력 문제를 다룬다.

24 혼잡 발생의 가장 큰 원인은 네트워크 용량에 비하여 전송 패킷이 많기 때문이다. 이러한 비기술적인 요인을 제외하면, 혼잡이 심화되는 주요인은 전송 시간 초과에 의한 (　①　) 기능을 통해 패킷들이 재전송되는 데 있다. 특히 혼잡 초기에 패킷의 전송 지연이 점점 증가할 때, (　①　) 값이 너무 작으면 혼잡도가 급격히 증가할 우려가 있다. 따라서 네트워크에 혼잡 징후가 보이면 이를 감지해 (　①　) 시간을 (늘리는, 줄이는) 방안이 필요하다.

25 혼잡은 트래픽이 특정 시간에 집중되는 (①) 현상에서 기인하는 경우가 많다. 즉, 송신 호스트에서 전송하는 패킷의 양이 시간대별로 일정하게 발생하는 경우보다 패킷이 짧은 시간 동안 많이 발생하는 경우에 혼잡이 일어날 확률이 높다. 따라서 송신 호스트가 전송하는 패킷의 발생 빈도가 네트워크에서 예측할 수 있는 전송률로 이루어지게 하는 기능이 필요한데, 이를 (②) 이라 한다.

26 혼잡 지역에 위치한 라우터는 입력 선로로 들어온 패킷이 주의 표시된 출력 선로로 라우팅되는 경우에 패킷의 송신 호스트에 (①) 패킷을 전송한다. 실제 TCP/IP에서는 (②)를 거쳐서 송신 호스트로 전송된다. (①) 패킷을 수신한 송신 호스트는 데이터 패킷이 전송되는 경로에서 혼잡 발생 가능성을 인지하였으므로 전송 패킷의 양을 줄인다.

27 네트워크에서 의미하는 거리의 기준은 다양하지만, 라우팅과 관련해 가장 보편적으로 이용하는 기준은 전송 경로의 중간에 위치하는 라우터의 개수, 즉 (①)의 수로 판단하는 것이다. (②) 라우팅 방식은 패킷이 목적지에 도달할 때까지 거치는 라우터 수가 최소화될 수 있도록 경로를 선택한다. (③) 방식은 라우터가 자신에게 입력된 패킷을 출력 가능한 모든 경로로 중개하는 방식이다.

28 (①) 라우팅 프로토콜은 라우터가 자신과 직접 연결된 이웃 라우터와 라우팅 정보를 교환하는 방식이다. 교환 정보는 각각의 라우터에서 전체 네트워크에 소속되는 개별 네트워크까지 패킷을 전송하는 데 걸리는 거리 정보이다. (②)는 거리 벡터 방식을 사용하는 내부 라우팅 프로토콜 중에서 가장 간단하게 구현된 것이다.

29 (①) 라우팅 프로토콜은 개별 라우터가 이웃 라우터까지의 거리 정보를 구한 후, 이를 네트워크에 연결된 모든 라우터에 통보한다. 이 방식에서는 이웃 라우터와 연결된 상황에 변화가 있을 때만 정보 전달이 이루어지며, 정보 전달을 위해 (②) 기법을 사용한다. 임의의 라우터가 이웃한 모든 라우터에 정보를 전달하고, 다시 이들 라우터가 주변의 모든 라우터에 정보를 전달하는 방식으로 동작한다. TCP/IP 기반의 인터넷에서 사용하는 (③)가 있다.

30 외부 라우팅 프로토콜에서 사용하는 (①) 프로토콜은 경로에 관한 거리 정보 값이 필요 없는 방식이다. 단순히 해당 라우터에서 어느 네트워크가 연결 가능한지에 대한 정보만 제공한다. (②)는 외부 라우팅 프로토콜로, 서로 다른 종류의 자율 시스템에서 동작하는 라우터가 라우팅 정보를 교환할 수 있도록 해준다.

31 IP 프로토콜은 패킷 분할 기능을 지원한다. 이를 위하여 다양한 필드가 제공되는데, 먼저 (①) 필드는 송신 호스트가 지정하는 패킷 구분자 기능을 수행한다. 분할된 패킷을 전송할 때는 여러 개의 분할 패킷이 연속해서 전송되므로 (②) 필드 값을 1로 지정하여, 분할 패킷이 뒤에 계속됨을 표시해주어야 한다. 패킷 분할이 이루어지면 12비트의 (③) 필드를 사용한다. 저장되는 값은 분할된 패킷의 내용이 원래의 분할 전 데이터에서 위치하는 상대 주소 값이다.

32 IP 헤더의 (①) 필드는 IP 헤더를 포함하여 패킷의 전체 길이를 나타낸다. 패킷 전송 과정에서 패킷이 올바른 목적지를 찾지 못하면 수신 호스트에 제대로 도착하지 않고, 네트워크 내부에서 떠돈다. 이런 현상을 방지하려고 (②) 필드를 사용한다. (③) 필드는 IP 프로토콜에 데이터 전송을 요구한 전송 계층의 프로토콜을 가리킨다. 전송 계층의 TCP 세그먼트와 UDP 데이터그램, 네트워크 계층의 ICMP 패킷은 모두 IP 패킷의 데이터를 의미하는 페이로드 부분에 캡슐화되어 전송된다.

33 IP 헤더의 (①) 필드는 전송 과정에서 발생할 수 있는 (②) 오류를 검출하는 기능을 제공한다. 이와 달리 계층 4인 TCP, UDP 프로토콜의 헤더는 데이터와 헤더 모두에 대한 체크섬 정보를 제공하기 때문에 IP와 상호 보완적인 오류 검출 기능을 수행한다.

34 특정 네트워크를 관리하는 네트워크 관리자는 개별 호스트들에 수동으로 고정 IP 주소를 할당할 수 있다. 그러나 IP 주소 부족 등의 사유로 (①)를 사용하여 자동으로 할당할 수도 있다. (①) 메시지는 (②) 데이터그램에 캡슐화되어 전송되며, 클라이언트의 포트 번호는 68, 서버의 포트 번호는 67이다.

35 다음 용어에 대하여 간단히 설명하시오.

- 라우팅
- 혼잡 제어

- 패킷의 분할과 병합
- 정적 라우팅
- 동적 라우팅
- HELLO/ECHO 패킷
- 라우팅 테이블
- 소스 라우팅
- 분산 라우팅
- 중앙 라우팅
- 계층 라우팅
- 트래픽 성형
- 리키 버킷 알고리즘
- ECN
- 최단 경로 라우팅
- 플러딩
- 거리 벡터 라우팅 프로토콜
- RIP 프로토콜
- 링크 상태 라우팅 프로토콜
- 외부 라우팅 프로토콜
- IP 헤더의 Identification 필드
- IP 헤더의 Fragment Offset 필드
- IP 주소 클래스
- IP 헤더의 Time to Live 필드
- IP 헤더의 Transport 필드
- IP 헤더의 Header Checksum
- DHCP 프로토콜
- DHCP_DISCOVER 메시지
- DHCP_OFFER 메시지
- DHCP_REQUEST 메시지

36 네트워크 계층의 기능을 설명하시오.

37 라우팅 프로토콜에서 지원하는 HELLO 패킷과 ECHO 패킷의 역할을 설명하시오.

38 혼잡 제어와 흐름 제어의 차이를 설명하시오.

39 혼잡의 원인을 설명하시오.

40 트래픽 성형을 설명하시오.

41 혼잡 제거를 위한 ECN 패킷의 원리를 설명하시오.

42 거리 벡터 라우팅 프로토콜을 링크 벡터, 거리 벡터, 다음 홉 벡터 정보를 중심으로 설명하시오.

43 링크 상태 라우팅 프로토콜을 거리 벡터 라우팅 프로토콜과의 차이를 중심으로 설명하시오.

44 IP 프로토콜의 헤더를 그리고, 각 필드의 역할을 설명하시오.

45 IP 주소 클래스를 설명하시오.

46 IP 프로토콜이 패킷을 분할하는 이유를 설명하고, 분할 방법을 예를 들어 설명하시오.

47 DHCP 프로토콜의 동작 원리를 설명하시오.

현장의 목소리 03

네트워크와 트러블 슈팅

글 양대일_삼일회계법인 컨설턴트

네트워크 운용에서 가장 어려운 점을 꼽으라면, 트러블 슈팅Trouble Shooting이 아닐까 생각한다. 물론, 프로그래밍을 할 때나 프로그램을 설치할 때도 다양한 트러블 슈팅이 존재한다. 하지만 네트워크에서의 트러블 슈팅은 무엇과도 비교할 수 없는 최대 골칫거리이다.

네트워크에서 트러블 슈팅이 어려운 이유는 송수신한 패킷을 저장하기 어렵기 때문이다. 네트워크 패킷은 전기 신호로 전달되어, 스니퍼Sniffer 같은 장비를 이용해 패킷을 모아두지 않으면 사라져버린다. 게다가 1G 비트 이상의 네트워크에서는 스니퍼를 위한 전문 장비가 필요하고, 10G 비트 이상에서는 하드웨어의 한계로 전문적인 스니퍼 장비로도 패킷을 모으기 힘들다. 그러니 네트워크 패킷 분석이 무척 어렵다. 설사 패킷을 모을 수 있어도 그 많은 패킷을 분석하여 오류 원인을 찾아내기란 사막에서 바늘 찾기만큼 어렵다 해도 과장이 아니다.

오류 현상이 지속되지 않는 경우에는 원인을 찾기가 더 어렵다. 오류 현상이 지속되지 않으면서 되풀이되는 것은 네트워크 장비 자체가 오류를 정정하여 재동작하는 기능을 어느 정도 지원하기 때문이다. 하지만 이러한 정정 기능이 네트워크 분석을 더 어렵게 만들기도 한다.

실제로 필자가 컨설팅을 진행한 어느 은행에서는 간헐적으로 발생하는 네트워크 문제로 골머리를 앓고 있었다. 국내에서 꽤 큰 은행에 속하는데, 매주 20~30분씩 네트워크 일부가 마비되곤 하였다. 그 문제를 1년 가까이 해결하지 못해 네트워크 운용 팀은 녹초가 되어 있었다. 외부의 네트워크 분석 팀에도 의뢰했지만 원인을 찾지 못했다. 네트워크가 너무 대규모이고, 얽힌 네트워크 장비가 너무 많았기 때문이다. 그나마 예측한 오류 원인은 특정 네트워크 장비에서 MAC 주소가 잘못된 패킷을 1주일에 2~3개 정도 만들어낸다는 것이었다. 실제로 MAC 주소는 네트워크에서 유일해야 하는데, 패킷 중에 다른 네트워크 장비와 MAC 주소가 일치한 것이 있어 패킷 흐름을 꼬아버린 것이다.

약간 다르긴 해도 이와 비슷한 상황이 또 다른 회사에서도 발생했다. 이 회사는 일주일에 몇 시간씩 네트워크가 마비되었는데, 밝혀진 원인은 조금 어이없는 것이었다. 회사 사장님이 중국에서 사 온 저가 네트워크 카드의 MAC 주소가 회사 메인 네트워크 라우터의 MAC 주소와 같았던 것이다. 결국 네트워크가 마비되던 시간은 사장님이 그 네트워크 카드를 설치한 본인 PC를 켜둔 시간이었다.

이와 같이 네트워크는 정상 동작을 위해 지켜야 할 중요한 사항을 지키지 않으면 네트워크 기능을 완전히 상실하는 경우가 많다. 지켜지지 않은 중요한 사항을 찾아내는 작업은 만만치 않다. 하지만 필자가 경험한 현장에서는 네트워크의 문제점을 찾기 어려운 이유가 꼭 네트워크 자체에 있는 것만은 아니었다.

필자가 어려움을 느끼는 진짜 이유는, 실제 현장에서 네트워크를 잘 아는 사람이 정말 드물다는 것이다. 대부분의 네트워크 엔지니어가 장비를 설치하고 설정하는 이들이었다. 진정한 네트워크 전문가라고 느껴지는 사람을 거의 만나지 못했다. 하지만 현장에서는 그런 사람이 정말 필요하다. 패킷 구조를 명확히 이해하고 추적할 수 있는 사람. 네트워크 문제로 1년 가까이 속병을 앓던 은행에서도 전문가에게 상당한 비용을 지불하고라도 문제를 진심으로 해결하고 싶어 했다. 그런 문제를 해결하려면 네트워크 장비 설정과 같은 레벨의 업무보다는 좀 더 근원적으로 네트워크에 대해 정확히 알아야 한다. 패킷의 종류별 구조, 패킷의 발생 순서, 패킷의 이벤트 종류와 같은 것들 말이다.

Chapter

08

네트워크 계층

학습목표

- IPv6의 필요성과 헤더 구조를 이해한다.
- 이동 IP 프로토콜의 터널링 원리를 이해한다.
- ARP/RARP의 필요성을 이해한다.
- ICMP의 헤더와 제어 메시지를 이해한다.
- IGMP의 헤더와 멀티캐스트 그룹 관리 방식을 이해한다.

Preview

현재 인터넷에서 사용하는 네트워크 계층의 프로토콜은 IP 버전 4^{IPv4}이다. 1970년대 초에 개발한 IP는 인터넷의 핵심 프로토콜로, 오래 사용해온 만큼 기능이 매우 안정적이다. 그러나 32비트로 제한된 주소 공간은 인터넷이 확장되면서 한계에 부딪혔고, 현대 네트워크 환경에 부합되지 않는 기능으로 인해 여러 문제점이 제기되었다.

현재의 통신 환경에 맞게 IP 프로토콜을 개선하기 위한 연구가 꾸준히 진행되고 있다. 대표적인 예가 차세대 프로토콜인 IPv6과 이동 IP 프로토콜이다. 따라서 IPv6과 이동 IP 프로토콜을 학습하면 IPv4의 문제점과 개선 방향을 파악할 수 있다. 또한 다양한 인터넷 제어 프로토콜을 학습함으로써, 인터넷 구조를 상세하게 이해할 수 있다.

IPv6 프로토콜은 주소 공간을 128비트로 확장하여 수용 가능한 호스트의 수가 무한으로 확장되었으며, 헤더 구조를 단순화하여 불필요한 오류 제어 기능을 줄여서 전송 효율을 높였다. 또한 실시간 연속 전송 기능을 지원하기 위한 흐름 제어 기능이 강화되었다.

8장에서는 다양한 종류의 네트워크 계층 프로토콜에 대하여 학습한다. 차세대 데이터 전송 프로토콜인 IPv6을 포함하여, 무선 이동 환경을 지원하는 이동 IP 프로토콜에 대해 살펴본다. 또한 인터넷의 올바른 동작을 지원하는 제어 프로토콜인 ARP/RARP, ICMP, IGMP 등을 살펴봄으로써, 인터넷의 동작 원리를 더욱 구체적으로 이해할 수 있다.

01 IPv6 프로토콜

32비트의 주소 공간을 지원하는 현재의 IP 프로토콜은 이론상으로 최대 2^{32}개의 호스트를 수용할 수 있다. 인터넷이 급성장함에 따라 이 정도의 주소 크기만으로는 거의 한계점에 이른 상황이다. 호스트의 주소 공간을 대폭 확장한 IPv6(IP 버전6)은 기존 인터넷 환경에서 사용하는 IPv4(IP 버전4)를 대체하기 위한 차세대 프로토콜이다.

IPv6의 주요 변경 사항은 다음과 같다.

■ **주소 공간 확장**

송신 호스트와 수신 호스트의 주소를 표시하는 공간이 32비트에서 128비트로 확장되었다. IPv6을 이용한 인터넷 환경에서는 이론적으로 호스트를 최대 2^{128}개까지 지원하여 무한으로 확장되는 인터넷 접속자를 모두 수용할 수 있다. 또한 개인이 무선으로 연결하는 유비쿼터스Ubiquitous 장비가 기하급수적으로 보급되는 환경에도 쉽게 대처할 수 있다.

■ **헤더 구조 단순화**

IPv4의 헤더 구조는 매우 비효율적으로 복잡하여 현재의 네트워크 환경을 반영하기 어렵다. 반면에 IPv6 헤더는 불필요한 필드가 제외되거나 확장 헤더 형식으로 변경되었다. 이는 기존의 IP 프로토콜에서 과도하게 수행하는 오류 제어와 같은 오버헤드를 줄여 프로토콜의 전송 효율을 높이기 위함이다.

■ **흐름 제어 기능 지원**

흐름 제어 기능을 지원할 수 있는 필드(예: Flow Label)를 도입해 일정 범위 내에서 예측 가능한 데이터 흐름을 지원한다. 따라서 하나의 연속 스트림Stream으로 전송해야 하는 연관 패킷의 전송 기능을 지원함으로써, 실시간 기능이 필요한 멀티미디어 응용 환경을 수용할 수 있다.

1 IPv6 헤더 구조

[그림 8-1]처럼 IPv6의 헤더 구조는 IPv4보다 매우 단순해 9개의 기본 필드를 지원한다. 총 40바이트 중에서 32바이트는 주소 공간으로 할당되고, 8바이트만 프로토콜 기능을 위해 사용된다. IPv6의 패킷 헤더는 기본 헤더와 확장 헤더로 나뉘는데, [그림 8-1]은 크기가 고정된 기본 헤더의 구조이며, 상단의 숫자는 크기를 나타내는 비트 번호이다.

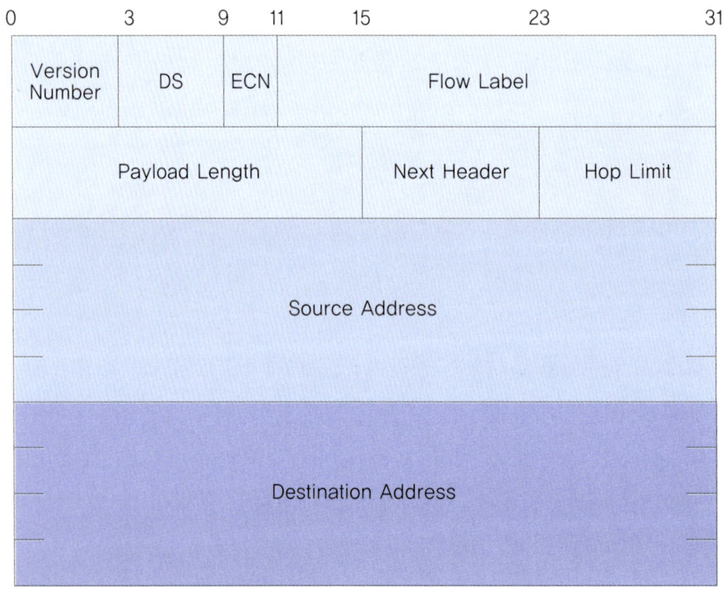

그림 8-1 IPv6 기본 헤더의 구조

IPv6 기본 헤더 바로 뒤에 확장 헤더를 하나 이상 둘 수 있는데, 확장 헤더의 종류는 다음과 같다.

- **Hop-by-Hop Options Header**: Jumbo 페이로드 옵션과 라우터 긴급 옵션 등과 같은 hop-by-hop 옵션의 처리를 지원한다. Jumbo 페이로드 옵션은 패킷 데이터의 크기가 65,535바이트보다 클 때 사용하는데, 라우터에서 이 패킷을 처리할 수 없으면 ICMP 프로토콜의 오류 메시지가 발생한다. 라우터 긴급 옵션은 라우터에 전송 대역의 예약 같은 특정 정보를 제공한다.
- **Routing Header**: IPv4의 소스 라우팅과 유사한 기능을 제공하는데, 패킷이 Routing Header에 지정된 특정 노드를 경유하여 전송되도록 한다. 즉, 헤더에 있는 주소 목록의 첫 번

째 라우터로 패킷을 전송하면, 패킷을 받은 라우터가 헤더 목록을 다시 검사해 두 번째 라우터로 전송한다. 이 과정을 패킷이 최종 목적지에 도착할 때까지 반복한다.

- **Fragment Header**: IPv4 프로토콜 헤더에 정의된 Fragment Offset, Identification, MF 필드처럼 패킷 분할과 관련된 정보를 포함한다.
- **Destination Options Header**: 수신 호스트가 확인할 수 있는 옵션 정보를 제공한다.
- **Authentication Header**: 패킷 인증과 관련된 기능을 제공한다.
- **Encapsulating Security Payload Header**: 프라이버시 기능을 제공하기 위해 페이로드를 암호화한다. 인증된 목적지 호스트에서 암호화 데이터를 해독할 수 있는 정보도 함께 제공한다.

DS/ECN 필드

차등 서비스가 도입되면서 6비트의 DS 필드와 2비트의 ECN 필드가 정의되었다. 이 공간은 원래 4비트의 Priority 필드와 Flow Label 필드의 앞부분 4비트의 공간으로 사용되던 곳이다.

DS^Differentiated Services^와 ECN^Explicit Congestion Notification^ 필드에 대한 내용은 IPv4의 헤더에서 일부 설명하였으며, ECN 기능의 동작 원리에 대해서는 9장(TCP 프로토콜)에서 자세히 설명한다.

Flow Label 필드

IPv4에서 생성하는 패킷은 라우터가 중개할 때 동일한 기준을 적용하여 처리한다. IPv6에서는 특정 송수신 호스트 사이에 전송되는 데이터를 하나의 흐름^flow^으로 정의해 중간 라우터가 이 패킷을 특별한 기준으로 처리할 수 있도록 지원한다. 따라서 라우터는 이 기능을 지원하는 데 필요한 흐름 정보를 저장하여 처리할 수 있어야 한다.

Flow Label 필드는 음성이나 영상 데이터처럼 실시간 서비스가 필요한 응용 환경에서 사용하는데, 기본 원칙은 다음과 같다.

- Flow Label 필드를 지원하지 않는 호스트나 라우터에서는 IPv6 패킷을 생성할 때 반드시 0으로 지정해야 한다. 패킷의 중개 과정에서는 현재 값을 그대로 유지하며, 패킷을 수신하는 측에서는 필드 값을 무시한다.
- Flow Label 필드 값을 0 이외의 동일한 번호로 부여받은 패킷은 Destination Address,

Source Address, Priority, Hop-by-Hop Options Header, Routing Header 등을 모두 동일하게 지정해야 한다. 패킷을 중개하는 라우터가 다른 필드 값을 보지 않고 Flow Label 필드만으로 라우팅 등을 간단히 처리하도록 하기 위함이다.

- Flow Label 필드 값은 최대 범위 내에서 랜덤하게 선택된다. 단, 현재의 전송 흐름에서는 동일 번호가 부여되지 않도록 해야 한다.

기타 필드

IPv6의 기본 헤더에 정의된 나머지 필드의 의미는 다음과 같다.

- **Version Number(버전 번호)**: IP 프로토콜의 버전 번호이며, 기존 IPv4와 구분하기 위해 6으로 지정된다.
- **Payload Length(페이로드 길이)**: 헤더를 제외한 패킷의 크기로, 단위는 바이트이다.
- **Next Header(다음 헤더)**: 기본 헤더 다음에 이어지는 헤더의 유형을 수신 호스트에 알려준다. Next Header에 표시할 수 있는 헤더는 IPv6의 확장 헤더일 수도 있고, 상위 계층인 TCP와 UDP의 헤더일 수도 있다. TCP와 UDP 헤더가 이어진다면 이것은 확장 헤더가 사용되지 않은 경우이다.
- **Hop Limit(홉 제한)**: IPv4의 Time To Live 필드와 동일한 역할을 수행한다. 이 값은 패킷이 라우터에 의해 중개될 때마다 감소되며, 0이 되면 해당 패킷은 네트워크에서 사라진다. 참고로 IPv4에서는 이론상 시간 개념이 포함되어 있었지만, IPv6에서는 이를 단순화하여 중개되는 횟수로만 처리한다.
- **Source Address/Destination Address(송신 호스트 주소/수신 호스트 주소)**: 송수신 호스트의 IP 주소를 나타낸다.

2 IPv6 주소

IPv6의 주소 공간은 128비트로 크게 확장되었기 때문에 주소 공간을 사용하는 방법이 IPv4와 다르다.

주소 표현

IPv4에서는 8비트 단위의 숫자 4개를 점(.)으로 구분하여 211.223.201.30과 같이 표현한다. 그러나 IPv6에서 지원하는 128비트의 숫자는 아주 커 [그림 8-2]와 같이 16비트의 숫자 8개를 콜론(:)으로 구분한다.

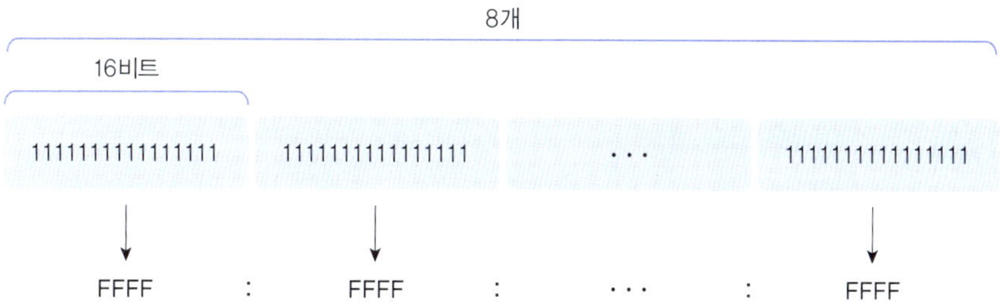

그림 8-2 IPv6의 주소 표현

예를 들어, D1D1:1111:3F3F:1700:4545:1212:1111:1231처럼 표현할 수 있다. 이처럼 IPv6 주소IPv6 Address는 아주 커 일일이 표기하기 불편하므로 축약해 표시하는 방안도 만들어지고 있다. 아울러 IPv4와 함께 사용하는 환경에서 IPv4 주소를 캡슐화하여 다음과 같이 표현하기도 한다.

X:X:X:X:X:X:d, d, d, d

X:X:X:X:X:X에서 X는 16비트이므로 총 96(16×6)비트이고, d.d.d.d에서 d는 8비트이므로 총 32(8×4)비트이다. 따라서 전체 크기는 IPv6의 주소 크기와 동일한 128(96+32)비트이다.

주소 공간

IPv6의 주소 공간은 [표 8-1]과 같이 주소대별로 용도가 다르다. 상위 8비트가 0000 0000으로 시작하는 첫 번째 예약 공간에는 IPv4의 주소 공간도 포함된다.

표 8-1 IPv6의 주소 공간

상위 비트	용도
0000 0000	예약(IPv4 공간 지원 포함)
0000 0001	비할당
0000 001	OSI NSAP 주소 공간

상위 비트	용도
0000 010	Novell Netware IPX 주소 공간
0000 011	비할당
0000 01	비할당
0001	비할당
001	유니캐스트 주소 공간
010	비할당
010	비할당
011	비할당
100	비할당
101	비할당
110	비할당
1110	비할당
1111 0	비할당
1111 10	비할당
1111 110	비할당
1111 1110 0	비할당
1111 1110 10	Link 지역 주소 공간
1111 1110 11	Site 지역 주소 공간
1111 1111	멀티캐스트 주소 공간

Link/Site 지역 주소 공간은 지역적으로 사용하는 주소로, 개별 지역에서 사용하므로 외부와 충돌이 발생하지 않는다. 멀티캐스트 주소 공간에서는 128비트의 전체 주소 필드가 상위 8비트의 1111 1111과 4비트의 플래그, 4비트의 스코우프 플래그, 112비트의 그룹 구분자로 구성된다. 스코우프 플래그는 멀티캐스트의 적용 범위를 특정 기관이나 사이트로 제한한다.

IPv6에서는 유니캐스트, 멀티캐스트 주소뿐 아니라, 애니캐스트Anycast라는 새로운 주소 체계를 지원하는데, 애니캐스팅 방식은 멀티캐스팅과 유사한 기능을 제공한다. 멀티캐스팅 방식이 그룹 내의 모든 호스트에 패킷을 전송하는 반면, 애니캐스팅 방식은 그룹 내의 특정 호스트에만 패킷을 전송한다.

02 이동 IP 프로토콜

스마트폰이 보급됨에 따라 인터넷은 무선 환경의 이동 서비스를 보편적으로 제공하고 있다. 전통적인 유선 환경의 인터넷은 호스트의 IP 주소가 고정되고, 이 주소를 기반으로 경로를 선택하는 방식을 사용한다. 그러나 호스트가 이동하면 IP 주소의 변경 여부에 따라 경로 선택에도 영향을 주게 된다. 여기서는 호스트가 이동하는 환경에서 서비스 중단 없이 인터넷에 접속할 수 있는 이동 환경을 지원하는 기본 원리를 다룬다.

호스트가 이동하면 전송되는 데이터들의 전송 경로는 새로운 위치로 바뀐다. 이때 서비스가 끊기지 않으면서 새로운 목적지로 전송 경로가 바뀌어야 한다. 인터넷에서 IP 프로토콜은 IP 주소를 근거로 라우팅하므로 IP 주소를 어떻게 처리할지에 대한 검토가 필요하다. 이는 집을 이사한다고 했을 때 원래의 집 주소로 배달되는 편지가 새로운 집 주소로 배달될 수 있도록 하는 원리와 비슷하다. IP 주소와 집 주소는 모두 전달 경로를 결정하는 핵심적인 정보이기 때문이다.

1 터널링 원리

이동 호스트가 자신의 고유 주소를 유지하면서 인터넷 서비스를 받으려면 계속 이동하는 송수신 호스트 간의 데이터 라우팅 처리가 가장 중요하다.

상이한 전송 수단

이동 IP^Mobile IP 프로토콜을 이해하려면 먼저 터널링^Tunneling 원리를 알아야 한다. 터널링 원리를 이해하기 위해 [그림 8-3]과 같이 출발지와 목적지 사이에 바다가 놓여 있는 경우를 예로 들어보자. 육지와 바다는 이동 수단이 다르므로 중간에서 전송 프로토콜로 표현된 운송 수단을 변경해야 한다.

홍길동이라는 사람이 육지 a 지점에서 바다를 건너 육지 d 지점에 도착하려면 중간에 있는 b와 c에서 운송 수단인 프로토콜을 변경해야 한다. 이동할 때 육지에서는 버스를 이용하고, 바다에서는 배를 이용한다. 이때 버스와 배는 모두 네트워크 계층을 지원하는 IP 프로토콜이라 볼 수 있으며, 버스와 배에 실려서 이동하는 홍길동은 IP 프로토콜의 전송 데이터가 된다. 그림에서 알 수 있듯이, 육지와 바다에서 사용하는 IP 프로토콜이 다른 점에 주목해야 한다.

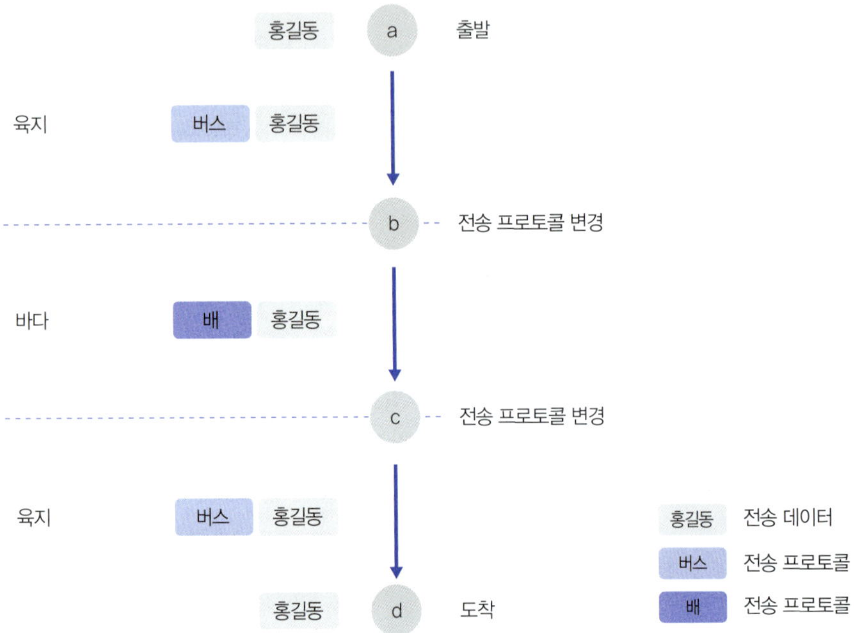

그림 8-3 상이한 전송 수단

[그림 8-3]의 문제점은 홍길동이 출발지 a에서 목적지 d에 도착하는 동안 버스라는 IP 프로토콜에서 배라는 IP 프로토콜로 갈아타야 하고, 다시 배라는 IP 프로토콜에서 버스라는 IP 프로토콜로도 갈아타야 한다는 것이다. 즉, 홍길동 스스로 IP 프로토콜을 교체하는 작업이 추가로 이루어져야 하므로 사용자에게 불편함이 초래된다.

터널링 방식

IP 프로토콜을 교체하는 방식(버스→배→버스)보다 문제를 간단히 해결하는 방법은 [그림 8-4]와 같이 터널링 기능을 이용하는 것이다. 터널링 방식을 사용하면 홍길동이 출발지에서 목적지까지 버스만 이용하므로, 네트워크 최종 사용자인 홍길동은 IP 프로토콜의 교체 과정에 개입하지 않는다는 장점이 있다.

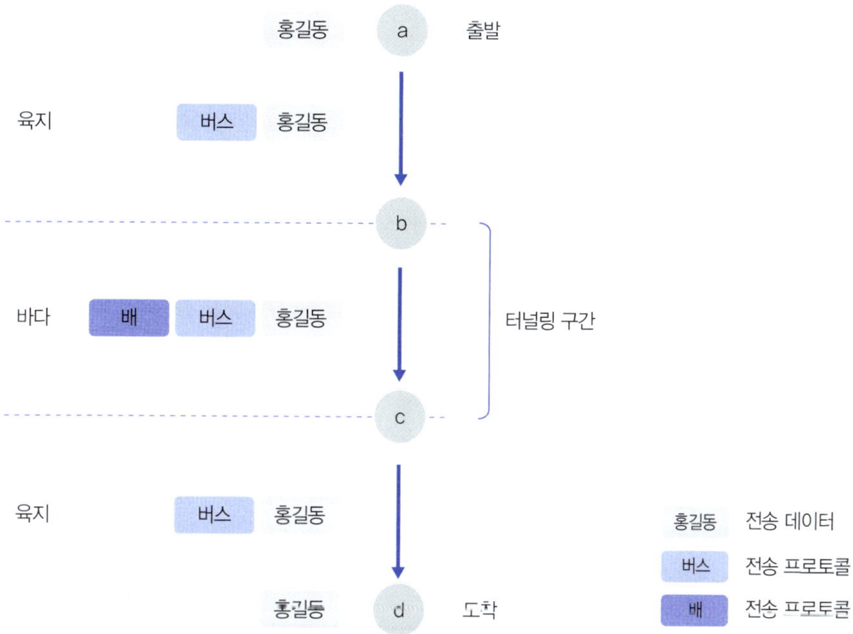

그림 8-4 IP 터널링의 원리

중간에 있는 바다에서는 버스 회사가 배를 직접 처리하여 버스가 배를 타는 형태의 터널링 기능을 지원한다. 결과적으로 홍길동은 출발지에서 버스를 타고, 도착지에서는 버스에서 내리기만 하면 된다. 홍길동이 버스를 타는 내내 잠을 자는 경우를 생각해보면 배라는 프로토콜을 전혀 이해하지 못해도 문제되지 않는다.

[그림 8-4]의 터널링 방식은 홍길동의 출발과 도착이 이루어지는 a와 d 지점의 처리 방식이 [그림 8-3]과 정확히 일치하며, 터널링이 필요한 지점의 추가 작업은 홍길동이 아닌 제3자가 처리하는 구조이다. 이동 IP를 처리하는 과정에서 사용자는 터널링 관련 부분에 대한 부담이 없다.

[그림 8-3]과 [그림 8-4]에서 사용하는 프로토콜인 배와 버스는 경로 문제를 처리하는 수단으로, 모두 같은 계층인 IP 프로토콜로 간주할 수 있다.

2 IP 터널링

무선 환경이 보편화되면서 인터넷 산업에서도 스마트폰 사용자에게 다양한 이동통신 서비스가 제공되고 있다. 컴퓨터 네트워크 환경에서 2개의 호스트를 연결해 통신하려면 몇 가지 선결 조건이 필요하다. 첫 번째 조건은 통신할 상대방을 다른 상대자와 구분하는 것인데, 이것이 주소Address 개념이 필요한 이유이다. 인터넷에서는 IP 주소를 기반으로 경로를 선택하므로 호스트 이동에 따른 IP 주소와 경로 선택을 처리해야 한다.

유선 고정망 환경으로 가정하고 발전한 기존 인터넷 주소 체계를 이동 환경에 적용하는 문제는 쉽지 않다. 기존 인터넷 환경에서 사용하는 주소 체계를 이용하여 이동 호스트의 IP 주소를 처리하는 방법에는 이동한 위치에서 새로운 IP 주소를 할당하는 방식과 호스트 고유의 IP 주소를 유지하는 방식이 가능하다.

기존 인터넷 환경에서 IP 주소는 데이터가 목적지까지 도달하기 위한 경로를 손쉽게 처리할 수 있는 라우팅 정보를 제공한다. 따라서 IP 주소가 호스트의 위치에 따라 변경되도록 하는 것이 현재의 인터넷 환경에 적합한 방식이라고 할 수 있다. 하지만 호스트가 이동할 때마다 IP 주소를 변경하는 과정에서 연결이 끊기지 않고 서비스가 계속 이어져야 한다. 국제 표준화 단체인 IETF에서는 이동 호스트 지원을 위한 여러 방안 중의 하나로 이동 IPMobile IP에 대한 표준안을 제정하였다. 이 방식은 인터넷에서 경로 선택 시 IP 주소의 역할과 호스트의 이동에 따른 라우팅의 고려 사항에 대한 이해를 높여준다.

[그림 8-5]는 무선 호스트가 이동할 때 발생하는 데이터 경로 문제를 해결하기 위한 이동 IP 프로토콜의 기본 동작 원리를 설명한다. 먼저 이동 호스트의 위치가 바뀌면 새로운 위치를 관장하는 포린 에이전트Foreign Agent FAnew로부터 COACare of Address를 얻는다. 이 주소는 이동 호스트의 홈 에이전트Home Agent HA에 등록되어 FAnew와 HA 사이에 터널Tunnel을 형성하는 데 사용된다. HA로 라우팅된 패킷을 이동 호스트에 전달하려면 새로 형성된 터널을 통해 FAnew로 전달해야 한다.

이동 호스트에는 고유 IP 주소인 홈 주소Home Address HA가 할당되고, 이 주소는 호스트 위치가 바뀌어도 변하지 않는다. 이동 호스트의 홈 주소는 홈 에이전트와 밀접한 관련이 있으며, 상대 호스트는 이동 호스트의 이동에 따른 불편함 없이 HA와 고정된 연결을 사용한다. 따라서 이동 호스트와 통신하는 상대 호스트는 이동 호스트의 고정된 주소인 HA의 주소로 데이터를 송수신하면 된다. HA는 이동 호스트의 항구적인 주소는 아니고 특정 서비스 단위로 이동 호스트에 고정된 주소라 볼 수 있다.

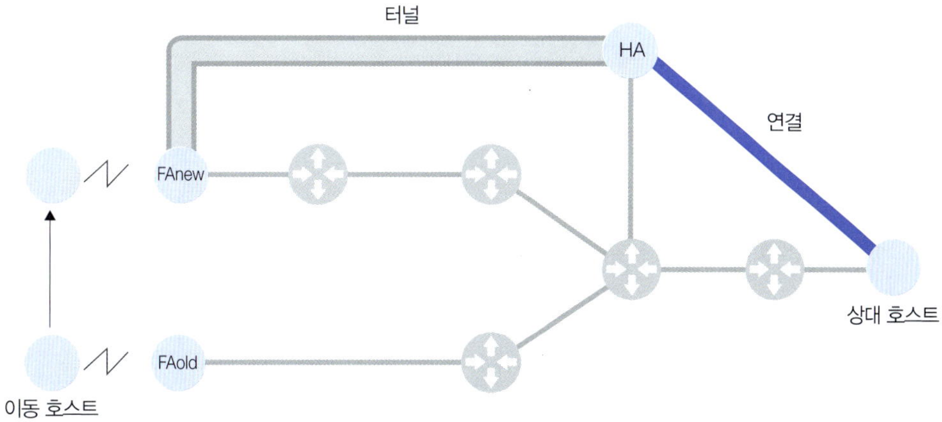

그림 8-5 이동 IP 프로토콜의 기본 동작 원리

먼저 이동 호스트가 상대 호스트에 데이터를 송신하는 경우를 살펴보자. 이동 호스트는 네트워크에 있는 다른 호스트와 통신할 때 홈 주소를 사용한다. 구체적으로 설명하면, 이동 호스트는 [그림 8-6]의 원래 패킷과 같이 IP 프로토콜 헤더의 Source Address 필드에 표기된 주소를 자신의 홈 주소로 설정해 패킷을 전송한다. 패킷을 수신할 때는 반대로 원래 패킷의 Destination Address 필드에 자신의 홈 주소가 표기된 패킷이 전송되어 온다.

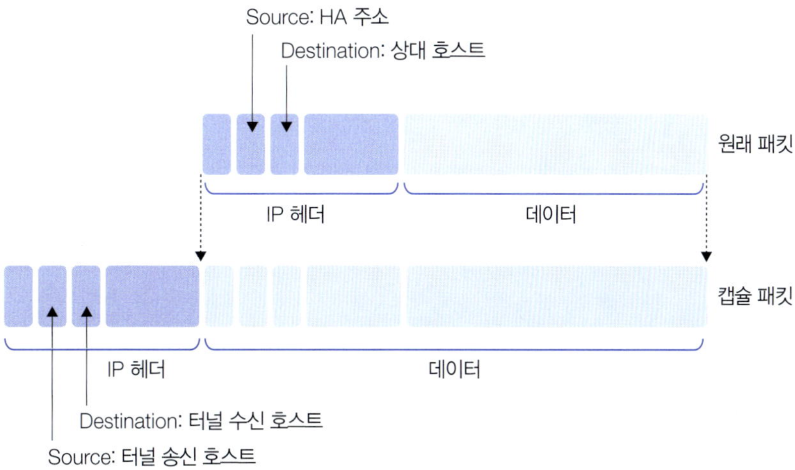

그림 8-6 원래 패킷과 캡슐 패킷

COA는 이동 호스트가 위치를 변경할 때 새로 이동한 지역에서 일시적으로 할당받은 IP 주소이다. 따라서 호스트가 이동할 때마다 새로운 COA가 할당되고 기존 COA는 회수되는 과정이 반복된다.

임의의 상대 호스트에서 이동 호스트까지 패킷이 전달되는 과정을 살펴보자. 먼저 상대 호스트가 이동 호스트의 홈 주소를 목적지 주소로 표기하여 패킷을 전송하므로, 원래 패킷은 홈 에이전트 쪽으로 전달된다. 홈 에이전트는 이동 호스트를 관장하는 포린 에이전트와 설정된 터널을 이용해 수신된 원래 패킷을 캡슐 패킷 형태로 중개하고, 포린 에이전트가 패킷을 다시 이동 호스트에 전달함으로써 데이터 전송을 완료한다.

홈 에이전트와 이동 에이전트 사이에 설정되는 터널Tunnel은 원래 IP 패킷을 목적지까지 전송하기 위한 중간 단계의 새로운 경로이다. [그림 8-4]의 바다 구간과 같은 터널링 처리가 필요하다. 따라서 송신 호스트와 수신 호스트 사이에서 동작하는 IP 프로토콜과는 별도로 추가적인 IP 프로토콜을 사용해 패킷을 중개해야 한다. 터널 구간을 지나는 과정에서 라우팅 처리가 필요한데, 여기서는 IP 프로토콜을 사용해야 한다. 원래 IP 패킷을 데이터로 취급하는 새로운 형태의 IP 캡슐 패킷IP Capsule Packet이 구성되어 전달된다.

홈 에이전트에서는 원래 패킷을 이동 호스트에 전달하려고 [그림 8-6]처럼 캡슐 패킷으로 변경하는데, 이 과정에서 새로운 IP 헤더가 추가된다. 그리고 추가된 헤더의 Destination Address 필드에는 COA가 들어간다.

03 제어용 프로토콜

IP 프로토콜은 응용 계층에서 생성된 사용자 데이터를 전송하기 위해 사용된다. 인터넷 환경에서 데이터 전송 과정이 올바르게 이루어지려면 전송 프로토콜 외에도 다양한 제어 프로토콜이 필요하다.

제어 프로토콜의 대표적인 예는 데이터 전송 과정에서 오류를 제어하는 ICMP이다. 인터넷에서 사용자 데이터는 IP 프로토콜에 의해 전송되지만, 제어 메시지는 ICMP에 의해 전송된다. 이외에도 IP 주소와 MAC 주소 사이의 변환을 담당하는 ARP/RARP 제어 프로토콜이 있으며, 모두 인터넷 동작을 위해 꼭 필요하다.

1 ARP 프로토콜

네트워크 환경에서 임의의 호스트가 다른 호스트에 데이터를 전송하려면 수신 호스트의 IP 주소뿐 아니라, MAC 주소도 알아야 한다. 수신 호스트의 IP 주소는 보통 응용 프로그램 사용자가 프로그램을 실행하는 과정에서 직접 입력하므로, IP 주소로부터 수신 호스트의 MAC 주소를 얻는 작업이 추가로 필요하다.

MAC 주소

[그림 8-7]은 송신 호스트가 물리 계층을 통해 데이터를 전송하는 과정에서 필요한 주소를 설명한다. IP 프로토콜 헤더에서 필요한 송수신 호스트의 IP 주소와 함께 MAC 계층에서도 송수신 호스트의 MAC 주소가 필요하다. 송신 호스트의 IP 주소는 자신의 파일시스템에 보관되어 있으므로 손쉽게 구할 수 있다. 또한 수신 호스트의 IP 주소는 일반 사용자가 접속하고자 하는 호스트의 IP 주소를 지정해준다. 사용자는 일반적으로 도메인 이름을 입력하는데, 도메인 이름은 DNS 서비스를 통해 IP 주소로 쉽게 변환할 수 있다.

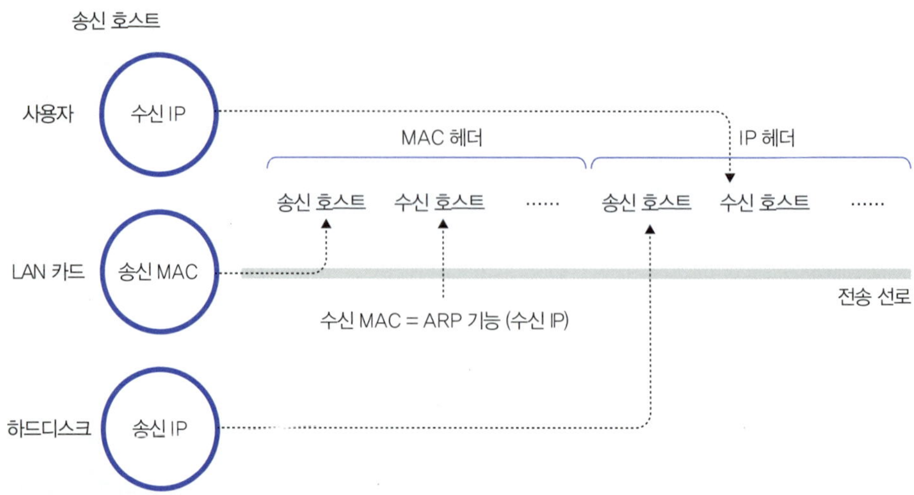

그림 8-7 ARP의 필요성

MAC 주소의 경우를 살펴보면 송신 호스트의 MAC 주소는 자신의 LAN 카드에 내장되므로 이 값을 읽으면 된다. 문제는 수신 호스트의 MAC 주소이다. [그림 8-7]처럼 송신 호스트의 내부 정보로는 얻을 수 없다. 따라서 수신 호스트의 IP 주소를 매개변수로 하여 ARP^Address Resolution Protocol^ 기능을 통해 수신 호스트의 MAC 주소를 얻어야 한다.

예를 들어, 호스트 A가 호스트 B의 MAC 주소를 얻으려면 ARP request라는 특수 패킷을 브로드캐스팅해야 한다. ARP request 패킷을 네트워크의 모든 호스트가 수신하지만, 관계없는 호스트들은 패킷을 무시하고, 호스트 B만 IP 주소가 자신의 IP 주소와 동일함을 인지한다. 따라서 호스트 B는 ARP reply 패킷을 사용해 자신의 MAC 주소를 호스트 A에 회신한다.

데이터를 전송할 때마다 ARP를 사용하여 패킷을 브로드캐스팅하면 네트워크 트래픽이 증가한다. 따라서 ARP를 사용하는 호스트는 가장 최근에 얻은 IP 주소와 MAC 주소 매핑 값을 보관하는 캐시 정보를 이용한다. 또한 송신 호스트가 ARP request/reply 패킷을 처리하는 과정에서 패킷을 수신한 모든 호스트는 수신 호스트의 IP 주소와 MAC 주소 매핑 값을 자동으로 얻을 수 있다. 이와 같은 방식으로 ARP 트래픽에 의한 네트워크 부하를 최소화할 수 있다.

RARP 프로토콜의 필요성

앞서 언급한 것처럼 ARP는 IP 주소를 이용해 해당 호스트의 MAC 주소를 제공하는 역할을 한다. 이와 유사한 기능을 수행하는 프로토콜인 RARPReverse Address Resolution Protocol는 반대로 MAC 주소를 이용해 IP 주소를 제공한다. ARP 프로토콜은 수신 호스트와 관련해서 MAC 주소를 얻는 기능이지만, RARP 프로토콜은 송신 호스트와 관련해서 IP 주소를 얻는 기능이다.

디스크가 존재하지 않는 시스템이나 X 윈도우 터미널 등에서는 자신의 LAN 카드 정보를 읽어 MAC 주소를 얻을 수 있지만, 파일시스템이 없으므로 IP 주소를 보관할 방법이 없다. 이런 경우 자신의 MAC 주소와 IP 주소의 매핑 값을 보관하는 서버 호스트로부터 IP 주소를 얻어야 한다.

[그림 8-8]은 RARP의 필요성을 설명한다. 앞서 언급한 것처럼 파일시스템이 없는 호스트는 자신의 IP 주소를 보관할 방법이 없다. 따라서 LAN 카드에 내장된 MAC 주소를 매개변수로 하여 RARP 기능을 수행함으로써 자신의 IP 주소를 얻어야 한다.

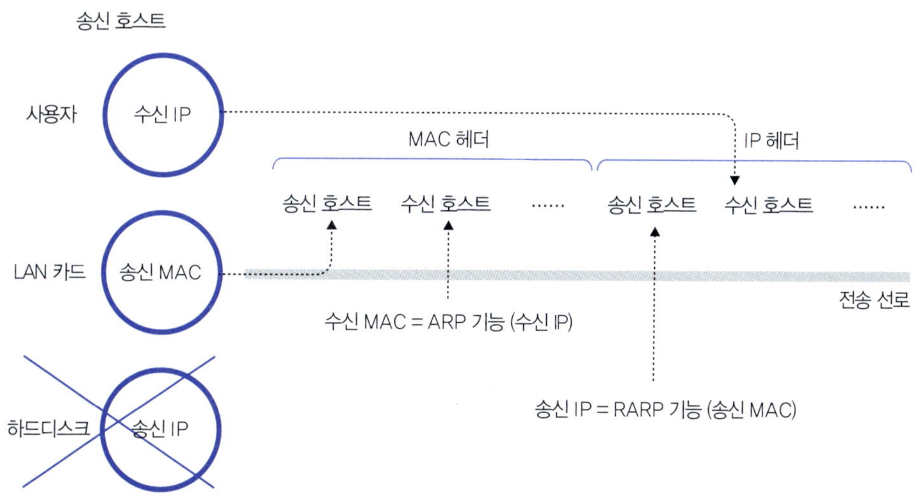

그림 8-8 RARP의 필요성

IP 주소를 얻고자 하는 호스트는 MAC 주소를 매개변수로 하여 패킷을 브로드캐스팅한다. 보통 네트워크에는 RARP의 기능을 전담으로 수행하는 서버가 하나 이상 존재한다. 따라서 모든 호스트가 RARP 변환 요청을 받아도 해당 정보를 보관하고 있는 RARP 서버만 응답을 수행한다.

파일시스템이 존재하지 않는 시스템에서는 이와 같은 기능을 통해 자신의 IP 주소를 얻은 다음, 미리 정해진 호스트로부터 자신의 부트 이미지(예: 시스템 운영체제)를 다운로드한다. 따라서 이러한 시스템에는 ROM 등의 비활성 메모리에 다른 호스트와 통신하여 부트 이미지를 수신할 수 있는 TFTP 등의 기본 프로토콜이 존재한다.

2 ICMP 프로토콜

ICMPInternet Control Message Protocol는 인터넷 환경에서 오류에 관한 처리를 지원한다. IP 프로토콜은 데이터 전송 과정에서 패킷 폐기 등의 오류가 발생해도 이를 보고하는 기능이 없다. 따라서 이를 대체 지원하기 위해 네트워크 계층 프로토콜인 ICMP는 오류가 발생한 IP 패킷에 대하여 그 원인을 송신 호스트에 전달한다. TCP/IP 기반의 통신망에서 전송 과정에 문제가 발생하면 라우터에 의해 ICMP 메시지가 자동으로 발생한다.

ICMP 메시지

ICMP에 의해 발생하는 메시지의 종류는 [그림 8-9]와 [그림 8-11]의 Type 필드 값에 따라 구분되며, 크게 오류 보고 메시지와 질의 메시지로 나뉜다.

오류 보고 메시지Error-Reporting Message는 IP 패킷을 전송하는 과정에서 발생하는 문제를 보고하는 것이 목적이며, IP 패킷을 전송한 송신 호스트에 전달된다. ICMP는 단순히 오류 발생 사실을 통보하는 것이므로 오류를 해결하는 것은 상위 계층의 몫이다. 주요한 오류 보고 메시지는 [표 8-2]와 같다.

표 8-2 오류 보고 메시지

메시지	설명
DESTINATION UNREACHABLE	수신 호스트가 존재하지 않거나, 존재해도 필요한 프로토콜이나 포트 번호 등이 없어 수신 호스트에 접근이 불가능한 경우에 발생한다. IP 헤더의 DF 필드가 설정된 패킷을 라우터가 분할해야 하는 경우에도 해당 패킷을 버리고 이 메시지를 회신해준다.
SOURCE QUENCH	네트워크에 필요한 자원이 부족하여 패킷이 버려지는 경우에 발생한다. 예를 들면, 전송 경로에 있는 라우터에 부하가 많이 걸려 패킷이 버려지는 경우이다. 이 메시지를 이용해 송신 호스트에 혼잡 가능성을 경고함으로써, 패킷을 송신하는 호스트가 데이터를 천천히 전송하도록 알릴 수 있다.
TIME EXCEEDED	패킷의 TTL(Time To Live) 필드 값이 0이 되어 패킷이 버려진 경우에 주로 발생한다. 기타 시간 초과 현상에 의해 패킷이 버려진 경우도 이에 해당한다.

질의 메시지Query Message는 라우터 혹은 다른 호스트들의 정보를 획득할 목적으로 사용되며 [표 8-3]과 같다.

표 8-3 질의 메시지

메시지	설명
ECHO REQUEST, ECHO REPLY	유닉스(Unix)의 ping 프로그램에서 네트워크의 신뢰성을 검증하기 위하여 ECHO REQUEST 메시지를 전송하고, 이를 수신한 호스트는 ECHO REPLY를 전송해 응답한다. 특정 호스트가 인터넷에서 활성화되어 동작하는지 확인할 수 있다.
TIMESTAMP REQUEST, TIMESTAMP REPLY	두 호스트 간의 네트워크 지연을 계산하는 데 사용한다.

ICMP 헤더 형식

[그림 8-9]는 ICMP 오류 보고 메시지의 구조를 보여준다. 첫 줄의 4바이트는 질의 메시지와 동일한 구조를 보이지만, 이어지는 메시지의 내용은 서로 다르다. 그림에서 알 수 있듯이, 오류가 발생한 IP 패킷의 일부, 즉 IP 헤더와 추가적인 8바이트의 정보가 ICMP 메시지로 송신 호스트에 전달된다.

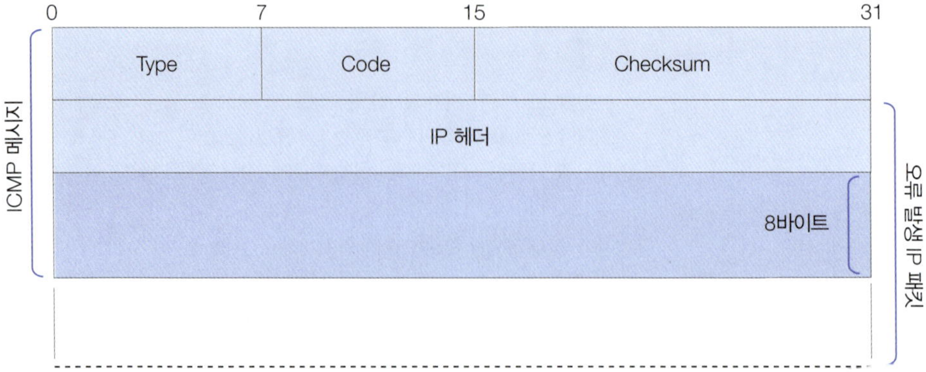

그림 8-9 ICMP 메시지: 오류 보고 메시지 1

- **Type(유형)**: 1바이트 크기로 메시지의 종류를 구분한다. Type+Code 필드로 메시지를 구분하는데, 오류 보고 메시지에는 DESTINATION UNREACHABLE, SOURCE QUENCH, REDIRECTION, TIME EXCEEDED, PARAMETER PROBLEM 등이 있으며, 질의 메시지에는 ECHO REQUEST, ECHO REPLY, TIMESTAMP REQUEST, TIMESTAMP REPLY 등이 있다.
- **Code(코드)**: 메시지 내용에 대한 자세한 정보를 제공하는 매개변수 값이다.
- **Checksum(체크섬)**: ICMP 전체 메시지에 대한 체크섬 기능을 지원한다.

ICMP의 주요 임무는 전송 오류 보고이기 때문에 오류가 발생한 패킷에 대한 정보를 제공해야 한다. [그림 8-9]에서 보는 것처럼 오류 원인을 제공한 IP 패킷의 헤더와 이어지는 8바이트의 ICMP 메시지를 기초로 IP 패킷을 송신한 호스트는 ICMP 오류를 파악하고 정정한다. [그림 8-10]은 ICMP 메시지 내부에 오류가 발생한 IP 패킷의 일부가 포함된 상황을 구체적으로 설명하고 있다.

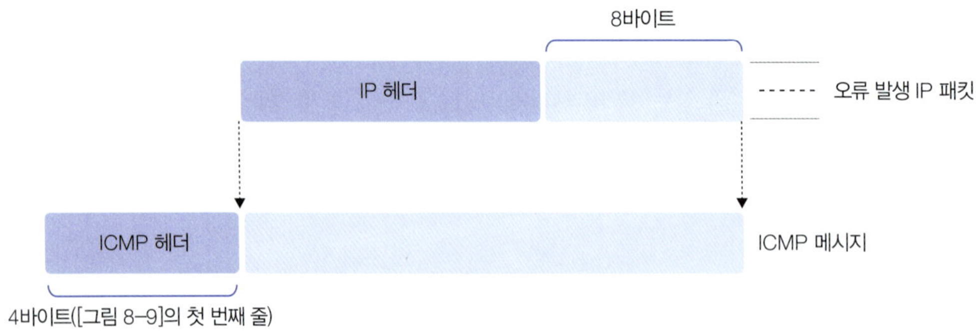

그림 8-10 ICMP 메시지: 오류 보고 메시지 2

[그림 8-11]은 질의 메시지의 구조를 보여준다. ECHO REQUEST/REPLY와 TIMESTAMP REQUEST/REPLY는 데이터 전송 과정에서 발생하는 ICMP 메시지가 아니므로 [그림 8-9]와 같은 '오류 발생 IP 패킷'에 대한 정보가 없다. 대신 Identifier와 Sequence Number 필드를 사용하여 메시지를 구분한다.

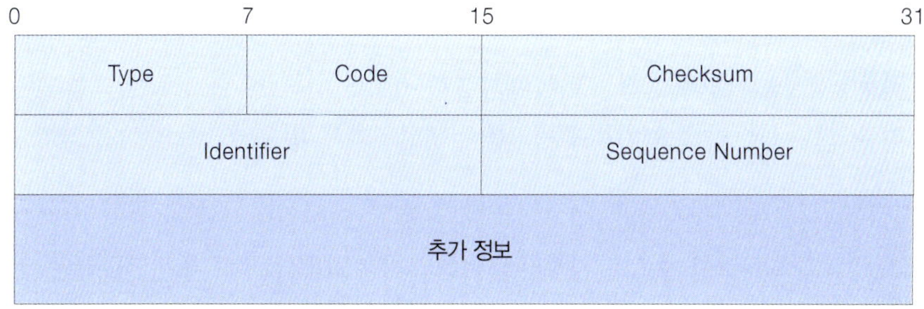

그림 8-11 ICMP 메시지: 질의 메시지

ICMP 메시지 전송

ICMP는 기능적으로 IP 프로토콜과 같은 네트워크 계층의 역할을 수행한다. 그러나 ICMP 메시지는 데이터 링크 계층에 바로 전달되지 않고, IP 패킷에 캡슐화된 후에 전달된다. 즉, [그림 8-12]처럼 ICMP 메시지는 IP 프로토콜의 데이터로 처리되므로 IP 헤더에 캡슐화되어 계층 2 프로토콜로 전달된다.

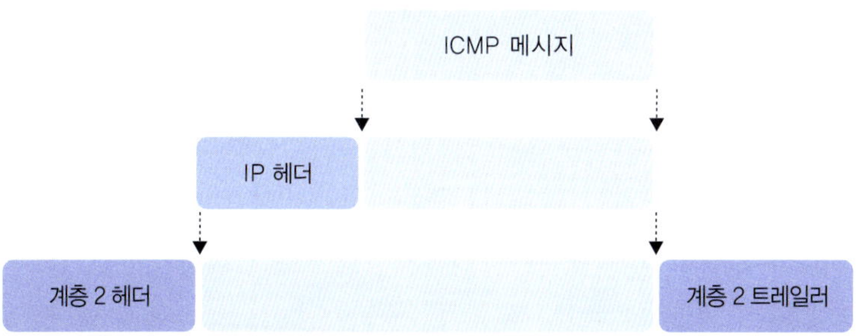

그림 8-12 ICMP 메시지의 전송

3 IGMP 프로토콜

특정 그룹에 속하는 모든 호스트에 메시지를 전송하는 방식을 멀티캐스팅Multicasting이라 한다. 그리고 이때 필요한 라우팅 알고리즘을 멀티캐스트 라우팅Multicast Routing이라 한다.

그룹 관리

멀티캐스트 라우팅에서는 다수의 호스트를 논리적인 하나의 단위로 관리하기 위한 그룹 관리 기능이 필요하다. 그룹 관리의 주요 기능에는 그룹의 생성 · 제거, 전송 호스트의 그룹 참가 · 탈퇴 등이 있다.

목적지 주소가 멀티캐스트 그룹 주소로 지정된 패킷을 그룹의 모든 호스트에 전달하려면, 라우터가 입력 패킷을 그룹에 소속된 호스트의 수만큼 복사해 전달하는 기능을 수행해야 한다. 멀티캐스팅은 다음과 같은 측면에서 유니캐스팅보다 복잡한 기능을 제공한다.

- 다중 수신 호스트를 표시하는 멀티캐스트 그룹 주소 표기 방법을 통일해야 한다. 네트워크 계층을 지원하는 IPv4와 IPv6 프로토콜 등이 이 주소 형식을 제공한다.
- 라우터에서 IP 멀티캐스트 주소와 이 그룹에 속하는 멤버 호스트의 네트워크 주소 사이의 연관성을 처리할 수 있다. 특히 멤버가 동적으로 추가 · 삭제되는 환경에 대응하는 기능이 필요하다.
- 멀티캐스트 라우팅 알고리즘은 그룹에 속한 모든 멤버에게 도달하는 가장 짧은 경로를 선택하는 기능을 제공한다.

개별 라우터가 특정 그룹의 호스트에 패킷을 전송하려면 어느 그룹에 어떤 호스트가 존재하는지 알아야 한다. 또한 그룹에 속한 호스트의 정보가 변경될 때마다 관련 경로 정보도 함께 보완되어야 한다. 이를 위한 방법으로는 개별 호스트가 자신의 그룹 정보가 변경될 때마다 라우터에 통보하는 방식과 반대로 라우터가 관련 호스트에 문의하는 방식이 있다.

IGMP 헤더 구조

IGMPInternet Group Management Protocol는 임의의 호스트가 멀티캐스트 주소로 정의된 멀티캐스트 그룹에 가입하거나 탈퇴할 때 사용하는 프로토콜이다. 또한 멀티캐스트 그룹에 가입한 호스트와 라우터 사이에 멤버 정보를 교환하는 목적으로도 사용된다.

[그림 8-13]은 IGMP 버전 2에서 사용하는 메시지 구조이며, 현재 버전 3까지 발표된 상태이다. IGMP 메시지는 ICMP 메시지처럼 IP 패킷에 캡슐화되어 전달된다. IGMP 메시지는 크게 질의 메시지Query Message와 보고 메시지Report Message로 구분된다. 질의 메시지는 멀티캐스트 라우터가 그룹에 대한 정보를 얻기 위하여 호스트에 전달하며, 이에 대한 응답으로 호스트가 보고 메시지를 회신한다. 그림에 표시된 IPv4의 D 클래스 주소는 멀티캐스트 주소이다.

0	7	15	31
Type	Max Response Time	Checksum	
Group Address(IPv4 D 클래스)			

그림 8-13 IGMP 헤더의 구조

- **Type(유형)**: 크게 세 가지 값을 가질 수 있다. 0x11은 멀티캐스트 라우터가 전송한 질의 메시지이며, 0x16은 호스트가 전송하는 보고 메시지이다. 0x17은 그룹 탈퇴에 관한 메시지로, 특정 그룹에 소속된 마지막 멤버의 탈퇴와 관련된다. 이전 버전과의 호환성을 위해 0x12가 보고 메시지로 사용될 수 있다.
- **Max Response Time(최대 응답 시간)**: 질의 메시지에서만 사용된다. 질의에 대한 보고 메시지가 전송되어야 하는 최대 응답 시간을 나타낸다. 라우터는 이 값을 변화시킴으로써 탈퇴 지연Leave Latency 시간을 조율할 수 있다. 탈퇴 지연 시간은 특정 그룹에서 마지막 호스트가 탈퇴한 시간과 라우팅 프로토콜이 이 사실을 인지한 시간의 차이이다.
- **Checksum(체크섬)**: IP 프로토콜에서 사용하는 알고리즘과 동일한 방식을 사용하며, 오류 검출용으로 이용된다.
- **Group Address(그룹 주소)**: 질의 메시지는 0으로 채우고, 보고 메시지에는 호스트가 가입을 원하는 그룹 주소를 표기한다. 특정 그룹 관련 질의 메시지에는 해당 그룹의 주소를 표기한다.

IGMP 동작 과정

자신이 IGMP 메시지에 표시된 멀티캐스트 주소의 멤버임을 다른 호스트와 라우터에 알리기 위한 목적으로 IGMP를 사용한다. 즉, [그림 8-14]의 (a)처럼 그룹에 가입하려면 해당 멀티캐스트 주소를 표기한 IGMP 보고 메시지를 전송하는데, IGMP 헤더의 Group Address 필드에 가입을 원하는 멀티캐스트 주소를 기록한다.

멀티캐스트 라우터가 그룹에 속한 멤버 목록을 유효하게 관리하려면 IGMP 질의 메시지를 사용해 주기적으로 확인하는 과정이 필요하다. 개별 호스트가 자신의 그룹 멤버를 유지하려면 (b)처럼 IGMP 보고 메시지를 사용해 IGMP 질의에 응답해야 한다. (c)처럼 라우터의 질의 메시지에 대해 호스트의 보고 메시지 응답이 이루어지지 않으면 그룹에서 탈퇴한 것으로 간주된다.

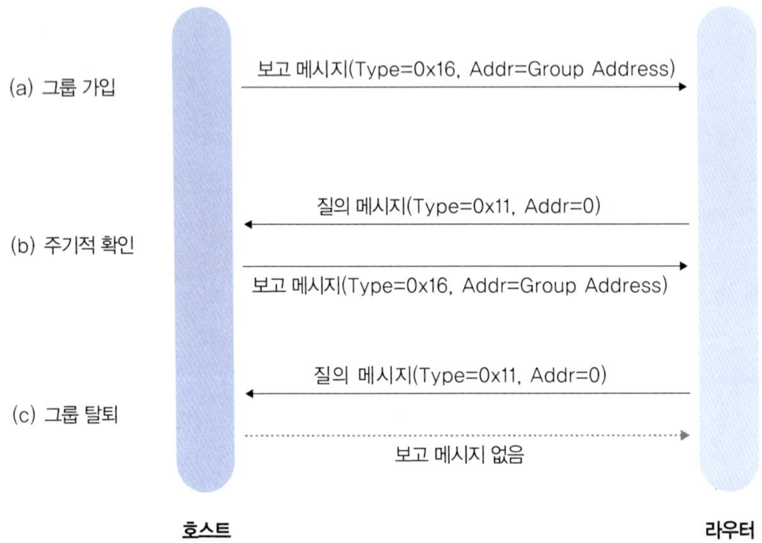

그림 8-14 IGMP 동작 과정

IGMP 메시지의 전송

IGMP는 IP 프로토콜과 동등한 계층의 기능을 수행한다. 그러나 ICMP처럼 바로 데이터 링크 계층으로 전달되지 않고, IP 패킷에 캡슐화되어 보내진다. 즉, [그림 8-15]처럼 IGMP 메시지는 IP 프로토콜의 데이터로 처리되기 때문에 IP 패킷의 헤더에 실려서 계층 2 프로토콜로 전달된다.

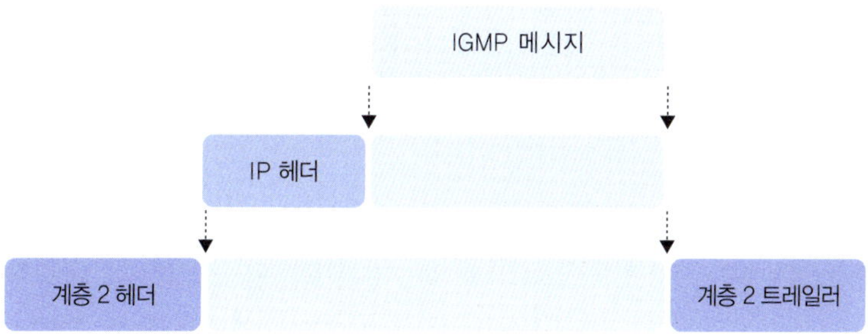

그림 8-15 IGMP 메시지의 전송

요약

01 IPv6 프로토콜

32비트의 주소 공간을 지원하는 현재의 IP 프로토콜은 최대 2^{32}개의 호스트를 수용할 수 있다. 호스트의 주소 공간을 대폭 확장한 IPv6은 주소를 표시하는 공간이 128비트로 확장되어 호스트를 최대 2^{128}개까지 지원할 수 있다. IPv6 헤더는 불필요한 필드가 제외되거나 확장 헤더 형식으로 변경되었다. 이는 기존의 IP 프로토콜에서 과도하게 수행하는 오류 제어와 같은 오버헤드를 줄여 프로토콜의 전송 효율을 높이기 위함이다.

02 IP 터널링

이동 호스트에는 고유 IP 주소인 홈 주소Home Address HA가 할당되고, 이 주소는 호스트 위치가 바뀌어도 변하지 않는다. 이동 호스트가 네트워크에 있는 다른 호스트와 통신할 때 홈 주소를 사용한다. COA는 이동 호스트가 위치를 변경할 때 새로 이동한 지역에서 일시적으로 할당받은 IP 주소이다. 따라서 호스트가 이동할 때마다 새로운 COA가 할당되고 기존 COA는 회수되는 과정이 반복된다. 홈 에이전트와 이동 에이전트 사이에 설정되는 터널은 원래 IP 패킷을 목적지까지 전송하기 위한 중간 단계의 새로운 경로이다. 따라서 송신 호스트와 수신 호스트 사이에서 동작하는 IP 프로토콜과는 별도로 추가적인 IP 프로토콜을 사용해 패킷을 중개해야 한다.

03 ARP 프로토콜

네트워크 환경에서 임의의 호스트가 다른 호스트에 데이터를 전송하려면 수신 호스트의 IP 주소뿐 아니라 MAC 주소도 알아야 한다. 송신 호스트의 MAC 주소는 자신의 LAN 카드에 내장되므로 이 값을 읽으면 된다. 문제는 수신 호스트의 MAC 주소인데, 수신 호스트의 IP 주소를 매개변수로 하여 ARP 프로토콜을 통해 수신 호스트의 MAC 주소를 얻어야 한다. IP 주소로부터 MAC 주소를 얻는 기능은 ARP를 통해 이루어진다.

04 RARP 프로토콜

RARP는 ARP와 반대로 MAC 주소를 이용해 IP 주소를 제공한다. 파일시스템이 존재하지 않는 시스템이나 X 윈도우 터미널 등에서는 자신의 LAN 카드 정보를 읽어 MAC 주소를 얻을 수 있지만, 파일시스템이 없으므로 IP 주소를 보관할 방법이 없다. 이런 경우 자신의 MAC 주소와 IP 주소의 매핑 값을 보관하는 서버 호스트로부터 IP 주소를 얻어야 한다. 보통 네트워크에는 RARP의 기능을 전담으로 수행하는 서버가 하나 이상 존재한다. 따라서 모든 호스트가 RARP 변환 요청을 받아도 해당 정보를 보관하고 있는 RARP 서버만 응답을 수행한다.

05 ICMP 프로토콜

ICMP는 인터넷 환경에서 오류에 관한 처리를 지원한다. IP 프로토콜은 데이터 전송 과정에서 패킷 폐기 등의 오류가 발생해도 이를 보고하는 기능이 없다. 따라서 이를 대체 지원하기 위해 네트워크 계층 프로토콜인 ICMP는 오류가 발생한 IP 패킷에 대하여 그 원인을 송신 호스트에 전달한다. TCP/IP 기반의 통신망에서 전송 과정에 문제가 발생하면 라우터에 의해 ICMP 메시지가 자동으로 발생한다.

06 IGMP 프로토콜

멀티캐스트 라우팅에서는 다수의 호스트를 논리적인 하나의 단위로 관리하기 위한 그룹 관리 기능이 필요하다. 그룹 관리의 주요 기능에는 그룹의 생성 · 제거, 전송 호스트의 그룹 참가 · 탈퇴 등이 있다. IGMP는 임의의 호스트가 멀티캐스트 주소로 정의된 멀티캐스트 그룹에 가입하거나 탈퇴할 때 사용하는 프로토콜이다. 또한 멀티캐스트 그룹에 가입한 호스트와 라우터 사이에 멤버 정보를 교환하는 목적으로도 사용된다.

연습문제

01 IPv6 프로토콜의 장점에 대한 설명으로 올바른 것을 모두 고르시오.

① 호스트의 주소 공간을 대폭 확장한 IPv6은 기존 인터넷 환경에서 사용하는 IPv4를 대체하기 위한 차세대 프로토콜이다.

② 송신 호스트와 수신 호스트의 주소를 표시하는 공간이 32비트에서 64비트로 확장되었다.

③ IPv6 헤더는 불필요한 필드가 제외되거나 확장 헤더 형식으로 변경되었다.

④ 흐름 제어 기능을 지원할 수 있는 필드를 도입해 일정 범위 내에서 예측 가능한 데이터 흐름을 지원한다.

02 IPv6의 헤더 구조에 대한 설명으로 올바른 것을 모두 고르시오.

① 총 40바이트 중에서 32바이트는 주소 공간으로 할당되고, 8바이트만 프로토콜 기능을 위해 사용된다.

② IPv6의 패킷 헤더는 기본 헤더와 확장 헤더로 나뉘는데, 확장 헤더 바로 뒤에 기본 헤더를 둘 수 있다.

③ Destination Options Header는 패킷이 이 헤더에 지정된 특정 노드를 경유하여 전송되도록 한다.

④ Fragment Header는 IPv4 프로토콜 헤더에 정의된 Fragment Offset, Identification, MF 필드처럼 패킷 분할과 관련된 정보를 포함한다.

⑤ Authentication Header는 패킷 인증과 관련된 기능을 제공한다.

03 IPv6의 헤더 필드에 대한 설명으로 올바른 것을 모두 고르시오.

① Flow Label 필드를 이용해서 특정 송수신 호스트 사이에 전송되는 데이터를 하나의 흐름으로 정의해 중간 라우터가 이 패킷을 특별한 기준으로 처리할 수 있도록 지원한다.

② Payload Length 필드는 헤더를 포함한 패킷의 크기이다.

③ Next Header 필드는 기본 헤더 다음에 이어지는 헤더의 유형을 수신 호스트에 알려준다.

④ Hop Limit 필드 값은 패킷이 라우터에 의해 중개될 때마다 감소되며, 0이 되면 해당 패킷의 전송이 이루어진 것이다.

04 ARP 프로토콜에 대한 설명으로 올바른 것을 모두 고르시오.

① 임의의 호스트가 다른 호스트에 데이터를 전송하려면 수신 호스트의 IP 주소뿐 아니라, MAC 주소도 알아야 한다.

② 수신 호스트의 IP 주소는 파일시스템 내부에 보관되어 있다.

③ 송신 호스트의 MAC 주소는 자신의 LAN 카드에 내장되므로 이 값을 읽으면 된다.

④ 수신 호스트의 MAC 주소를 매개변수로 하여 ARP 기능을 통해 수신 호스트의 IP 주소를 얻어야 한다.

⑤ 다른 호스트의 IP 주소를 얻으려면 ARP request라는 특수 패킷을 브로드캐스팅해야 한다.

05 RARP 프로토콜에 대한 설명으로 올바른 것을 모두 고르시오.

① ARP 프로토콜은 수신 호스트와 관련해서 IP 주소를 얻는 기능이지만, RARP 프로토콜은 송신 호스트와 관련해서 MAC 주소를 얻는 기능이다.

② 자신의 MAC 주소와 IP 주소의 매핑 값을 보관하는 서버 호스트로부터 IP 주소를 얻어야 한다.

③ MAC 주소를 얻고자 하는 호스트는 IP 주소를 매개변수로 하여 패킷을 브로드캐스팅한다.

④ 보통 네트워크에는 RARP의 기능을 전담으로 수행하는 서버가 하나 이상 존재한다.

06 ICMP 프로토콜에 대한 설명으로 올바른 것을 모두 고르시오.

① TCP/IP 기반의 통신망에서 전송 과정에 문제가 발생하면 수신 호스트에 의해 ICMP 메시지가 자동으로 발생한다.

② ICMP에 의해 발생하는 메시지의 종류는 오류 보고 메시지와 질의 메시지로 나뉜다.

③ 오류 보고 메시지는 IP 패킷을 전송하는 과정에서 발생하는 문제를 보고하는 것이 목적이며, 수신 호스트에 전달된다.

④ ICMP는 단순히 오류 발생 사실을 통보하는 것이므로 오류를 해결하는 것은 상위 계층의 몫이다.

07 ICMP 헤더에 대한 설명으로 올바른 것을 모두 고르시오.

① 오류가 발생한 IP 패킷의 일부, 즉 IP 헤더와 추가적인 8바이트의 정보가 ICMP 메시지로 수신 호스트에 전달된다.

② Type 필드는 1바이트 크기로 메시지의 종류를 구분한다.

③ Checksum 필드는 ICMP 전체 메시지에 대한 체크섬 기능을 지원한다.

④ ICMP의 주요 임무는 전송 오류 보고이기 때문에 오류가 발생한 패킷에 대한 정보를 제공해야 한다.

08 ICMP 메시지에 대한 설명으로 올바른 것을 모두 고르시오.

① DESTINATION UNREACHABLE은 수신 호스트가 존재하지 않거나, 존재해도 필요한 프로토콜이나 포트 번호 등이 없어 수신 호스트에 접근이 불가능한 경우에 발생한다.

② SOURCE QUENCH는 네트워크에 필요한 자원이 부족하여 패킷이 버려지는 경우에 발생한다.

③ TIME EXCEEDED는 패킷의 TTL 필드 값이 0이 되어 패킷이 버려진 경우에 발생한다.

④ ECHO REQUEST/REPLY는 특정 호스트가 인터넷에서 활성화되어 동작하는지 확인할 수 있다.

⑤ TIMESTAMP REQUEST/REPLY는 두 호스트 간의 네트워크 지연을 계산하는 목적으로 사용된다.

09 IGMP 프로토콜에 대한 설명으로 올바른 것을 모두 고르시오.

① 멀티캐스트 라우팅에서는 다수의 호스트를 논리적인 하나의 단위로 관리하기 위한 그룹 관리 기능이 필요하다.

② 그룹 관리의 주요 기능에는 그룹의 생성 · 제거, 전송 호스트의 그룹 참가 · 탈퇴 등이 있다.

③ 다중 수신 호스트를 표시하는 멀티캐스트 그룹 주소 표기 방법을 통일해야 한다.

④ 라우터에서 IP 멀티캐스트 주소와 이 그룹에 속하는 멤버 호스트의 네트워크 주소 사이의 연관성을 처리할 수 있다.

⑤ 개별 라우터가 특정 그룹의 호스트에 패킷을 전송하려면 어느 그룹에 어떤 호스트가 존재하는지 알아야 한다.

10 IGMP 헤더에 대한 설명으로 올바른 것을 모두 고르시오.

① IGMP 메시지는 ICMP 메시지처럼 IP 패킷에 캡슐화되어 전달된다.

② Type 필드를 이용하여 질의 메시지, 보고 메시지를 구분한다.

③ Max Response Time 필드는 보고 메시지에서만 사용된다.

④ Checksum 필드는 오류 검출용으로 이용된다.

⑤ Group Address 필드는 질의 메시지에서 호스트가 가입을 원하는 그룹 주소를 표기한다.

11 IPv6 프로토콜은 송신 호스트와 수신 호스트의 주소를 표시하는 공간이 32비트에서 (①) 비트로 확장되었다. IPv6을 이용한 인터넷 환경에서는 이론적으로 호스트를 최대 (②)개까지 지원하여 무한으로 확장되는 인터넷 접속자를 모두 수용할 수 있다.

12 IPv6 기본 헤더 바로 뒤에 (①) 헤더를 하나 이상 둘 수 있다. (②)는 IPv4 프로토콜 헤더에 정의된 Fragment Offset, Identification, MF 필드처럼 패킷 분할과 관련된 정보를 포함하고, (③)은 패킷 인증과 관련된 기능을 제공한다.

13 IPv6 헤더의 (①) 필드는 헤더를 제외한 패킷의 크기이고, (②) 필드는 기본 헤더 다음에 이어지는 헤더의 유형을 수신 호스트에 알려준다. (③) 필드는 IPv4의 Time To Live 필드와 동일한 역할을 수행한다.

14 이동 IP 프로토콜에서 홈 에이전트와 이동 에이전트 사이에 설정되는 (①)은 원래 IP 패킷을 목적지까지 전송하기 위한 중간 단계의 새로운 경로이다. 송신 호스트와 수신 호스트 사이에서 동작하는 IP 프로토콜과는 별도로 추가적인 IP 프로토콜을 사용해 패킷을 중개해야 한다. 원래 IP 패킷을 데이터로 취급하는 새로운 형태의 IP (②) 패킷이 구성되어 전달된다.

15 제어 프로토콜의 대표적인 예는 데이터 전송 과정에서 오류를 제어하는 (①)이다. 인터넷에서 사용자 데이터는 IP 프로토콜에 의해 전송되지만, 제어 메시지는 (①)에 의해 전송된다. 이외에도 IP 주소와 (②) 사이의 변환을 담당하는 ARP/RARP 제어 프로토콜이 있으며, 모두 인터넷 동작을 위해 꼭 필요하다.

16 MAC 주소의 경우를 살펴보면 송신 호스트의 MAC 주소는 자신의 LAN 카드에 내장되므로 이 값을 읽으면 된다. 수신 호스트의 (①)를 매개변수로 하여 (②) 기능을 통해 수신 호스트의 MAC 주소를 얻을 수 있다.

17 ARP는 IP 주소를 이용해 해당 호스트의 MAC 주소를 제공하는 역할을 한다. 이와 유사한 기능을 수행하는 프로토콜인 (①)는 반대로 MAC 주소를 이용해 IP 주소를 제공한다. ARP 프로토콜은 수신 호스트와 관련해서 (②)를 얻는 기능이지만, RARP 프로토콜은 송신 호스트와 관련해서 (③)를 얻는 기능이다.

18 IP 주소를 얻고자 하는 호스트는 MAC 주소를 매개변수로 하여 패킷을 (①)한다. 보통 네트워크에는 RARP의 기능을 전담으로 수행하는 서버가 하나 이상 존재한다. 따라서 모든 호스트가 RARP 변환 요청을 받아도 해당 정보를 보관하고 있는 RARP 서버만 응답을 수행한다.

19 (①)는 인터넷 환경에서 오류에 관한 처리를 지원한다. IP 프로토콜은 데이터 전송 과정에서 패킷 폐기 등의 오류가 발생해도 이를 보고하는 기능이 없다. 따라서 이를 대체 지원하기 위해 네트워크 계층 프로토콜인 (①)는 오류가 발생한 IP 패킷에 대하여 그 원인을 (송신, 수신) 호스트에 전달한다.

20 ICMP의 오류 보고 메시지인 (①)은 수신 호스트가 존재하지 않거나, 존재해도 필요한 프로토콜이나 포트 번호 등이 없어 수신 호스트에 접근이 불가능한 경우에 발생하고, (②)는 패킷의 TTL 필드 값이 0이 되어 패킷이 버려진 경우에 주로 발생한다.

21 ICMP의 질의 메시지인 (①)은 특정 호스트가 인터넷에서 활성화되어 동작하는지 확인하는 목적으로 사용하고, (②)는 두 호스트 간의 네트워크 지연을 계산하는 목적으로 사용한다.

22 ICMP 오류 보고 메시지에서 첫 줄의 (①)바이트는 질의 메시지와 동일한 구조를 보이지만, 이어지는 메시지의 내용은 서로 다르다. 오류가 발생한 IP 패킷의 일부, 즉 (②)와 추가적인 (③)바이트의 정보가 ICMP 메시지로 송신 호스트에 전달된다.

23 특정 그룹에 속하는 모든 호스트에 메시지를 전송하는 방식을 (①)이라 한다. 그리고 이때 필요한 라우팅 알고리즘을 (②)이라 한다.

24 (①)는 임의의 호스트가 멀티캐스트 주소로 정의된 멀티캐스트 그룹에 가입하거나 탈퇴할 때 사용하는 프로토콜이다. 질의 메시지는 멀티캐스트 라우터가 그룹에 대한 정보를 얻기 위하여 호스트에 전달하며, 이에 대한 응답으로 호스트가 보고 메시지를 회신한다. 헤더의 Group Address 필드인 IPv4의 (②) 주소는 멀티캐스트 주소이다.

25 다음 용어에 대하여 간단히 설명하시오.

- IPv6 확장 헤더
- Hop Limit
- 터널링
- IP 터널링
- COA
- 홈 에이전트
- 포린 에이전트
- ARP
- RARP
- ICMP
- ECHO
- TIMESTAMP
- IGMP
- 멀티캐스트 그룹

26 기존의 IPv4 프로토콜과 비교해 IPv6 프로토콜이 제공하는 주요 기능을 설명하시오.

27 IPv6 프로토콜의 헤더 구조를 그리고, 각 필드의 역할을 설명하시오.

28 IPv6 프로토콜의 흐름 제어 기능을 설명하시오.

29 IPv6 프로토콜의 주소 표현 방법을 설명하시오.

30 이동 IP 프로토콜에서 터널링 원리를 설명하시오.

31 IP 터널링 원리를 IP 패킷 캡슐화 관점에서 설명하시오.

32 ARP 프로토콜의 필요성과 원리를 설명하시오.

33 RARP 프로토콜의 필요성과 원리를 설명하시오.

34 ICMP 프로토콜의 주요 메시지를 설명하시오.

35 ICMP 프로토콜의 헤더 구조를 그리고, 각 필드의 역할을 설명하시오.

36 IGMP 프로토콜의 역할과 동작 과정을 설명하시오.

37 IGMP 프로토콜의 헤더 구조를 그리고, 각 필드의 역할을 설명하시오.

Chapter

09

TCP 프로토콜

학습목표

- 전송 계층 프로토콜이 제공하는 기능을 이해한다.
- 전송 계층 프로토콜을 설계하는 과정에서 고려할 사항을 이해한다.
- TCP 헤더에 정의된 필드의 역할을 이해한다.
- TCP에서 사용하는 Well-known 포트를 알아본다.
- TCP의 연결 설정, 데이터 전송, 연결 해제 과정을 이해한다.
- TCP/IP의 혼잡 제어 기능을 알아본다.

Preview

전송 계층은 네트워크 양 끝단에서 통신을 수행하는 당사자 간의 단대단 End-to-End 연결을 제공한다. 네트워크 프로그래밍 환경에서 통신 기능을 제공하는 포트Port는 전송 서비스 접근점 TSAP, Transport Service Access Point으로, 두 포트 사이에는 전송 계층 연결 하나가 설정된다. 전송 계층에서 연결을 설정하는 방법에는 가상 회선 방식과 데이터그램 방식이 있다.

전송 계층 프로토콜은 네트워크 계층에서 제공하는 서비스를 이용해 상위 계층의 사용자에게 신뢰성 있는 서비스를 제공한다. 상위의 세션 계층에 제공하는 서비스에는 연결형 서비스와 비연결형 서비스가 있다. 연결형 서비스의 연결 설정과 해제 과정, 흐름 제어, 주소 표현 방식 등은 네트워크 계층에서 제공하는 연결형 서비스의 특징과 유사하다. 비연결형 서비스의 특징도 네트워크 계층에서 제공하는 비연결형 서비스와 비슷하다.

인터넷 응용 프로그램에서 데이터가 전송되는 원리를 알려면 먼저 전송 서비스 접근점인 포트의 원리를 이해해야 한다. 또한 포트를 통해 전송된 데이터가 어떻게 TCP 프로토콜에 의하여 안전하게 전송되는지를 알려면 TCP 프로토콜의 구조와 동작 방식에 대한 이해가 반드시 필요하다.

9장에서는 전송 계층의 설계와 기능에 대하여 학습한다. 이를 바탕으로 인터넷 프로토콜인 TCP의 헤더와 구조에 대하여 이해할 수 있다. 또한 데이터 전송을 위한 프로토콜의 동작 원리와 Well-known 포트에 대해서도 학습한다. 마지막으로 인터넷 혼잡 제어를 위한 TCP/IP 프로토콜의 기능에 대해 살펴본다.

01 전송 계층의 기능

전송 계층Transport Layer 프로토콜은 오류 제어, 흐름 제어, 데이터 순서화 등의 기능 면에서 데이터 링크 계층과 특징이 유사하다. 그러나 데이터 링크 계층이 물리적인 전송 선로로 직접 연결된 두 물리적 호스트(컴퓨터나 라우터) 사이의 데이터 전송을 담당하는 반면, 전송 계층은 네트워크 끝단에 위치하는 통신 주체가 중간의 논리적인 선로(라우터로 연결된 컴퓨터 네트워크)를 통해 데이터를 주고받는다.

[그림 9-1]은 전송 계층과 데이터 링크 계층의 역할이 어떻게 다른지를 개괄적으로 설명한다. 데이터 링크 계층은 단순히 물리적인 선로를 통해 데이터를 직접 전달하기 때문에 네트워크 계층의 중개 기능이 필요 없다. 하지만 전송 계층은 중간에 위치한 논리적 네트워크의 중개 기능을 사용해 전송 기능을 수행한다. 전송 계층에서는 네트워크에서 제공하는 다양한 논리적 자원(예: 데이터 링크 계층의 기능, 잠재적 기억 장치에 의한 데이터의 서장과 그에 따른 지연 현상)을 사용한다.

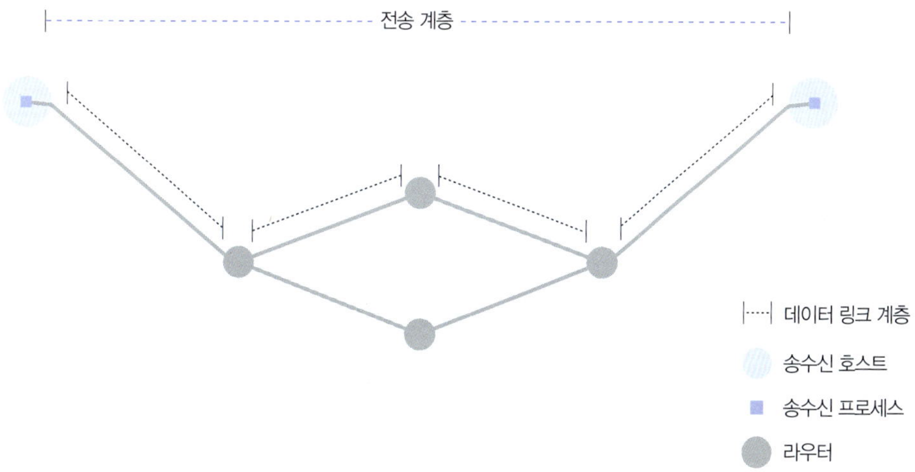

그림 9-1 전송 계층과 데이터 링크 계층의 차이

일반적으로 기억 장치는 데이터를 잃어버리지 않게 보관하는 곳이지만, 이외에도 데이터를 저장했다가 나중에 다시 사용하므로 시간적으로 지연되는 곳이라는 관점도 있다. 일관성Consistency의 유지와 관련해서 네트워크에서는 시간 지연 현상의 처리가 매우 중요하다. 네트워크를 통해 데이터가 전송되면 송수신 호스트 사이에 전송 지연이 발생하고, 중간 네트워크가 전송 과정에서 데이터를 보관하는 효과가 발생하기도 한다. 이렇게 네트워크가 입력과 출력 사이에 시간 지연을 주게 되므로 논리적으로 기억 장치의 기능을 한다. 따라서 네트워크 자체를 잠재적 기억 장치라고 표현한다.

1 전송 계층의 주요 기능

데이터 링크 계층의 전송 수단인 물리적인 선로는 [그림 9-1]과 같이 단순한 반면, 전송 계층의 전송 수단인 컴퓨터 네트워크의 구조는 상대적으로 매우 복잡하다. 최종적으로 전송 계층의 기능은 송수신 호스트 사이의 전송 지원을 넘어, 송수신 호스트에서 실행되는 프로세스 사이의 전송을 지원한다. 전송 계층 프로토콜을 설계하는 과정에서는 다음과 같이 여러 기능을 고려해야 한다.

흐름 제어

전송 계층의 서비스를 이용해 연결을 설정하면 양 끝단의 송수신 호스트에서 실행되는 네트워크 프로세스가 데이터를 주고받을 수 있다. 이 과정에서 필요한 주요 기능 중 하나가 흐름 제어Flow Control이다.

앞서 언급한 것처럼 데이터 링크 계층에서도 라우터 사이의 프레임 전송 과정에서 흐름 제어 기능을 수행한다. 그러나 라우터를 연결하는 물리적인 선로의 수는 전송 계층이 관여하는 송수신 호스트 사이의 논리적인 연결의 수보다 상대적으로 적다. 따라서 두 계층이 지원하는 흐름 제어 기능은 기본 목적을 비롯해 유사한 특징이 많음에도 불구하고, 서로 다른 버퍼 관리 방법이 필요하다.

송수신 호스트에서 실행되는 수신 프로세스가 송신 프로세스의 전송 속도보다 느리게 데이터를 수신하면 버퍼 용량이 초과하여 데이터를 분실할 수 있다. 이 경우에 송신 프로세스는 타임아웃 기능을 통해 재전송 과정을 수행하므로 전체 네트워크의 전송 효율이 점점 떨어진다.

이론적으로 흐름 제어 기능은 수신 호스트가 슬라이딩 윈도우 프로토콜의 윈도우 하단 값을 조정하여 수행한다. 즉, 송신 프로세스가 보낼 수 있는 패킷의 한계를 지정하는 방법으로 문제를 해결한다.

오류 제어

데이터를 전송하는 과정에서 발생할 수 있는 오류에는 데이터 링크 계층에서 설명한 것처럼 데이터 변형과 데이터 분실이 있다. 전송 오류가 발생하여 수신 데이터의 내용이 깨지거나 분실되면 데이터 재전송에 의한 오류 제어Error Control 기능에 의해 복구 절차가 진행된다. 데이터의 재전송 절차는 수신 프로세스의 요구에 의해 이루어질 수도 있고, 송신 프로세스 스스로 판단해 이루어질 수도 있다.

전송 계층에서 발생하는 오류는 논리적으로 구축된 각 계층의 소프트웨어가 동작하는 과정에서 데이터를 분실하는 경우가 대부분이다. 예를 들어, 전송 데이터를 특정 목적지까지 라우팅하는 과정에서 네트워크 계층의 기능적 한계나 잘못된 목적지 호스트의 위치 정보에 의해 올바르게 전달되지 않을 수 있다.

분할과 병합

상위 계층에서 전송을 요구한 데이터의 크기가 전송 계층에서 처리할 수 있는 데이터 크기보다 크면 데이터를 쪼개 전송해야 한다. 데이터를 전송하기 전에 적합한 크기로 나누는 과정을 분할Segmentation이라 한다. 반대로 수신 프로세스가 수신한 데이터를 원래 크기로 다시 모으는 과정을 병합Reassembly이라 한다. 수신 프로세스가 상위 계층에 데이터를 보낼 때는 반드시 데이터의 병합 과정을 거쳐야 계층 구조의 틀이 유지된다.

서비스 프리미티브

전송 서비스 프리미티브Primitive는 전송 계층 사용자가 전송 계층 서비스를 사용하기 위한 인터페이스이다. 네트워크 계층에서 제공하는 서비스에는 일반적으로 비신뢰성을 바탕으로 한 비연결형 서비스 프리미티브가 정의된다. 전송 계층에서는 비연결형 서비스뿐 아니라, 신뢰성이 향상된 연결형 서비스도 제공한다.

2 설계 시 고려 사항

전송 계층 프로토콜을 설계할 때 우선 고려할 사항으로는 주소 표현, 멀티플렉싱, 연결 설정 관리 등이 있다.

주소 표현

네트워크에서 기본적으로 필요한 일반 사항은 호스트와 라우터, 네트워크 프로세스를 구분할 수 있는 주소Address이다. 공중 전화망에서 사용하는 전화번호가 주소의 좋은 예이다. TCP/IP 환경에서 사용하는 호스트의 IP 주소와 포트 번호의 조합은 네트워크 계층과 전송 계층에서 사용하는 주소 표현 방식의 하나이다. 전송 계층의 주소를 보통 TSAPTransport Service Access Point라 한다.

주소는 구조적 또는 비구조적으로 표현할 수 있다. 구조적 표현에서는 전화번호나 우편물에 표기되는 주소처럼 하나의 주소를 여러 개의 계층적인 필드로 구분한다. 이때 필드는 전체 주소 공간의 상하 계층 관계를 나타낸다. 예를 들어, 다음과 같은 표현은 컴퓨터의 위치를 직관적으로 유추할 수 있다는 장점이 있다.

대한민국:서울:한국대학교:네트워크학과:네트워크연구실:홍길동:50

필드 값 중에서 마지막 숫자 50은 포트 번호이다. 호스트에는 다수의 통신 포트가 존재하고, 프로세스가 포트를 이용해 통신하므로 네트워크 프로세스는 포트 번호로 구분된다.

비구조적 주소 표현은 구조적 표현과 달라 주소 값만 해석해서는 컴퓨터의 논리적인 위치를 파악하기 어렵다. 그런데 주소는 자체에 중요 정보를 포함하도록 설계되기 때문에 비구조적인 경우가 많지 않다. 초등학교에 입학하여 특정 반에 들어간 학생들에게 1번, 2번, 3번… 식의 일련번호를 부여하는 것이 비구조적인 표현의 예이다.

호스트 주소와 관련해서 211.223.201.30과 같은 IP 주소는 네트워크와 호스트의 계층적인 특성은 있지만, 위치 정보와 관련해서는 비구조적이라고 볼 수 있다. 그에 비해 www.korea.co.kr과 같은 도메인 주소는 구조적인 위치 정보를 제공한다. IP 주소와 같은 비구조적인 주소 체계에서도 추가적인 정보를 사용하여 위치 정보를 제공할 수 있으며, 실제 인터넷에서는 이러한 방식으로 라우팅이 이루어진다. 예를 들어 스마트폰의 번호는 위치 정보를 제공하지 않지만, 별도의 위치 추적 정보를 이용하여 스마트폰 위치를 파악할 수 있다.

멀티플렉싱

개별적으로 설정된 전송 계층 연결에서 전송 데이터의 단위인 TPDU(Transport Protocol Data Unit)의 목적지가 동일한 호스트이면 이들 데이터를 하나의 가상 회선에 실어 전송하는 것이 유리할 수 있다.

멀티플렉싱(Multiplexing)의 종류는 [그림 9-2]처럼 크게 두 가지이다. (a)의 상방향 멀티플렉싱은 다수의 전송 계층 연결에 대해 하부의 네트워크 계층에서 연결이 하나 형성된다. 따라서 여러 전송 계층의 연결에서 발생한 데이터가 동일한 경로로 전송되면 하나의 네트워크 연결에 묶어 전송할 수 있다. 일반적인 연결 구조보다 네트워크 계층에서 만들어지는 가상 회선 연결의 개수를 줄일 수 있으므로 연결 설정에 걸리는 시간이 단축된다.

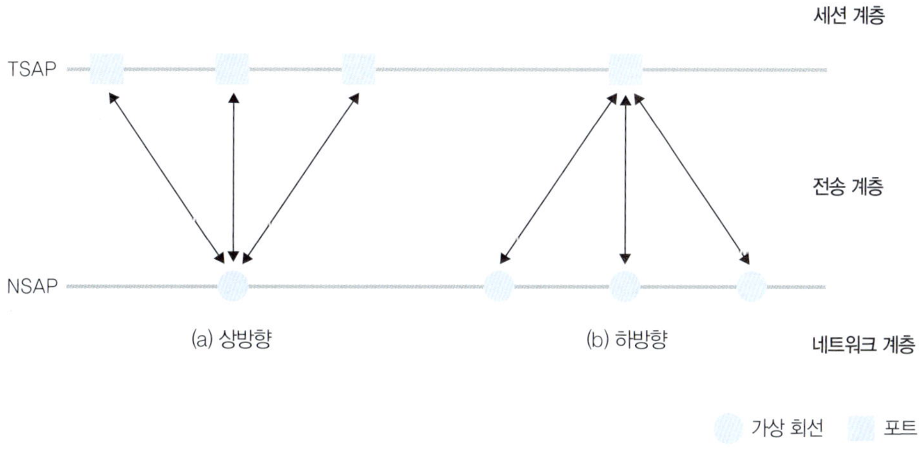

그림 9-2 멀티플렉싱

(b)의 하방향 멀티플렉싱은 반대로 동작한다. 즉, 하나의 전송 연결 설정을 의미하는 포트에 다수의 가상 회선을 할당한다. 이 방식으로 데이터를 전송하면 전송 속도뿐 아니라, 전송 계층에서 발생하는 데이터의 특성에 따라 개별 가상 회선을 할당하여 효과적인 통신이 가능하다.

예를 들어, 전송 연결에서 송신하고자 하는 데이터의 종류가 영화 파일이면 그 내용을 영상 · 음성 · 모국어 · 외국어 자막 등으로 구분해 네트워크 연결을 개별적으로 설정할 수 있다. 구분한 데이터는 오류 허용 범위, 전송률 등의 트래픽 특성이 달라 성격에 맞는 가상 회선을 할당할 수 있기 때문이다.

연결 설정

전송 계층의 연결 설정은 [그림 9-3]처럼 연결을 요청하는 프로세스의 연결 설정 요구인 Conn_Req와 상대편 프로세스에서 연결 수락을 의미하는 Conn_Ack의 회신으로 진행된다. A 프로세스와 B 프로세스는 [그림 9-1]에서 송수신 프로세스에 해당한다.

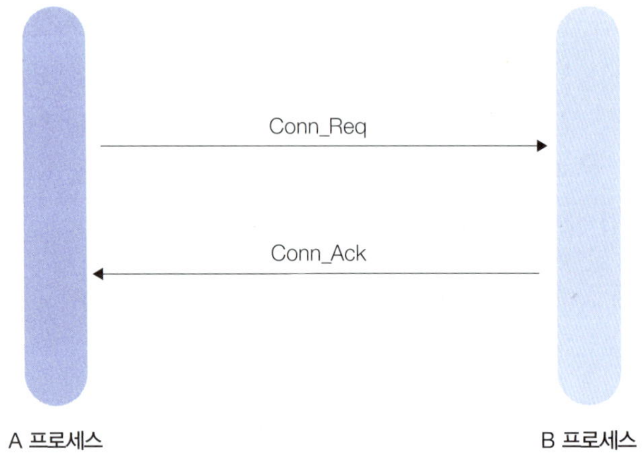

(a) 개념적 연결 설정

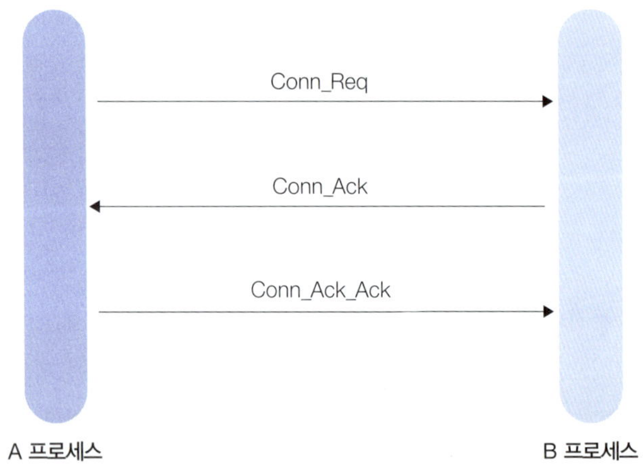

(b) 3단계 연결 설정

그림 9-3 연결 설정 절차

[그림 9-3]에서 (a)의 개념적인 2단계 설정 과정은 통신 양단의 연결 설정을 위한 최소한의 단계이다. Conn_Req 요구를 받은 프로세스가 연결 요청을 거부할 수 있다는 의미를 내포하므로 연결 설정은 양자의 합의에 의해서만 가능하다.

연결 설정 과정은 개념적으로 모양이 아주 간단하지만, 실제 통신 환경에서는 조금 더 복잡하다. 예를 들어, 프리미티브가 전달되는 과정에서 분실, 변형, 복사 등의 가능성이 있기 때문에 구현 과정에서 이 문제를 고려해야 한다. [그림 9-3]의 (b)는 오류가 발생하지 않은 정상 상태에서 3단계 설정Three-Way Handshake의 동작 과정을 보여준다. Conn_Req의 오류 가능성 때문에 Conn_Ack가 필요한 것처럼 Conn_Ack의 오류 가능성 때문에 Conn_Ack_Ack도 필요하다. 마찬가지로 Conn_Ack_Ack도 오류 가능성이 있으므로 이론적으로 긍정 응답 기능은 무한히 반복되어야 한다. 실제 통신 프로토콜에서는 3단계 과정에서 오류가 발생하지 않으면 연결 설정이 이루어진 것으로 처리한다.

만일 [그림 9-3]의 (b)에서 A 프로세스에 전송할 데이터가 있으면 마지막의 Conn_Ack_Ack 대신 바로 데이터를 전송할 수 있다. [그림 9-4]가 이 상황을 설명하고 있다. Data_Req가 Conn_Ack_Ack 기능까지 수행한다고 볼 수 있다. 따라서 외형상 개념적인 연결 설정으로 보이지만 실제는 3단계 연결 설정으로 해석할 수 있다.

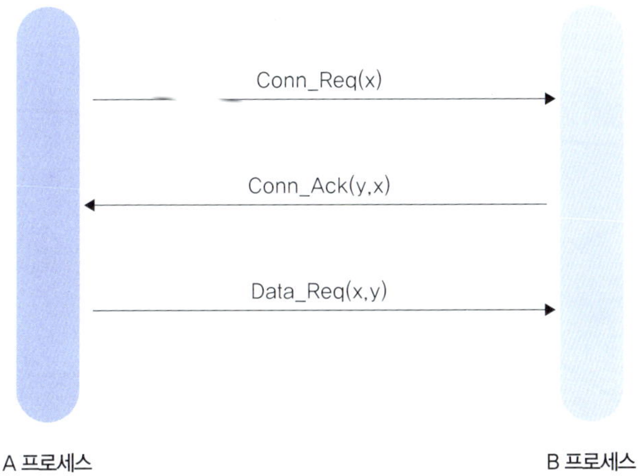

그림 9-4 3단계 설정 절차

[그림 9-4]에서 A 프로세스는 임의의 송신 순서 번호 x를 지정하여 연결 설정을 요청한다. 이를 수신한 B 프로세스는 연결 설정을 요구하는 순서 번호 x에 대해 응답을 보낸다. 이때 순서 번호 y는 자신의 초기 송신 번호를 왼쪽 프로세스에 알려주는 데 사용한다.

연결 요구에 대한 응답 Conn_Ack를 받은 A 프로세스는 Conn_Ack를 잘 받았다고 B 프로세스에 응답해야 한다. 따라서 Conn_Ack_Ack를 보내야 하지만, 이 과정을 생략하고 바로 데이터를 전송하고 있다. 이는 Data_Req가 데이터 전송과 함께 응답 기능을 함께 수행하기 때문이다. 만일 A 프로세스에 전송할 데이터가 없으면 Conn_Ack_Ack를 전송해야 한다.

연결 해제

연결 해제 과정은 설정 과정보다는 간단하다. [그림 9-5], [그림 9-6]과 같이 방식은 크게 두 가지이다. 그림에서 원통으로 설명되는 양방향과 단방향 표기는 독자의 이해를 돕기 위함이지 전송 계층의 통신 방식을 의미하는 것은 아니다. 전송 계층의 연결 1개는 양방향 데이터 전송을 지원한다.

먼저 [그림 9-5]의 일방적 연결 해제 절차 방식에서는 통신하는 한쪽 프로세스가 일방적으로 연결 해제 요청인 Disc_Req를 전송해 연결 종료를 선언할 수 있다. Disc_Req에 대한 상대 프로세스의 동의가 없어도 연결이 끊기는 방식이다. 그림은 양방향 통신을 지원하는 연결을 하나의 원통으로 표현하였으며, 한쪽 프로세스가 Disc_Req를 전송한다는 의미는 이 원통의 기능을 정지시켜, 둘 사이의 연결이 해제되는 것을 의미한다.

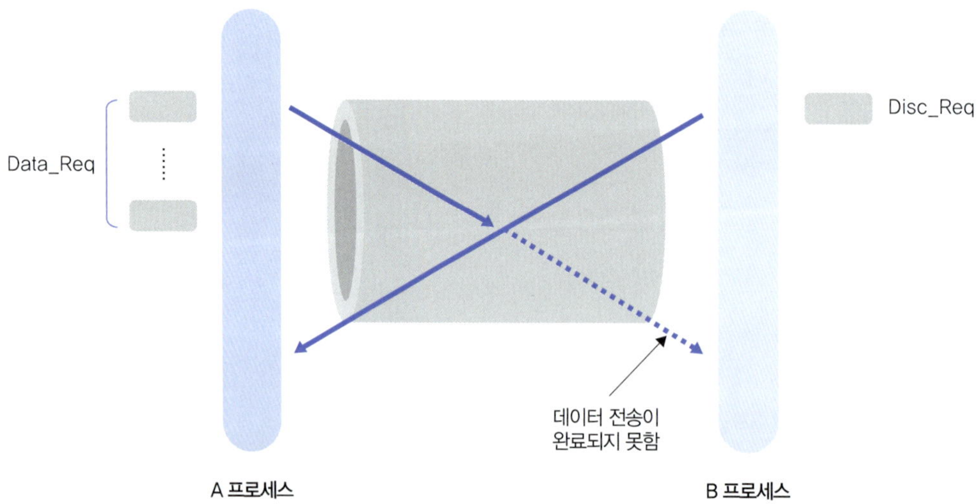

그림 9-5 일방적 연결 해제 절차

이 방식은 A 프로세스가 B 프로세스에 전송할 데이터가 남거나, 전송 중이지만 아직 완료되지 않은 상태에서 연결 종료가 이루어진다. 그러면 데이터 전송을 지원하는 원통 기능이 정지되어 데이터 전송을 완료할 수 없다는 문제가 발생한다.

[그림 9-6]의 점진적 연결 해제 절차 방식은 하나의 연결에 2개의 단방향 연결을 지원하는 원통이 존재하는 것과 같다. 따라서 A 프로세스의 데이터 전송 과정 중에 B 프로세스의 연결 해제 요구가 발생해도 아래쪽 원통 기능만 정지하고, 위쪽 원통은 여전히 정상 기능을 수행한다. 즉, A 프로세스가 전송해야 하는 데이터를 계속 전송할 수 있다. 두 프로세스 사이의 연결을 완전히 종료하려면 양쪽에서 자신에게 할당된 단방향의 원통 기능을 명시적으로 정지해야 된다.

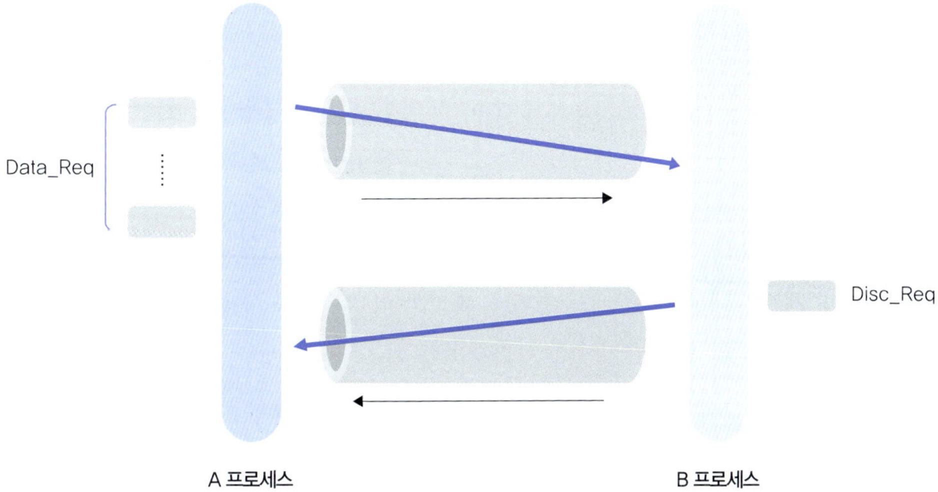

그림 9-6 점진적 연결 해제 절차

점진적 연결 해제 절차 방식에서 연결을 해제하려면 두 프로세스 모두 Disc_Req를 전송해야 한다.

02 TCP의 헤더 구조

TCP[Transmission Control Protocol]는 IP 프로토콜 위에서 연결형 서비스를 지원하는 전송 계층 프로토콜로, 인터넷 환경에서 기본으로 사용한다. TCP에서 제공하는 주요 기능은 다음과 같다.

- 연결형 서비스를 제공한다.
- 전이중[Full Duplex] 방식의 양방향 가상 회선을 제공한다.
- 신뢰성 있는 데이터 전송을 보장한다.

[그림 9-7]은 인터넷 환경에서 사용하는 TCP/IP 프로토콜의 계층적인 구조를 보여준다. 인터넷에서 네트워크 계층의 기능을 제공하는 프로토콜은 IP이며, IP 프로토콜 위에서 실행되는 전송 계층 프로토콜은 서비스의 유형에 따라 두 종류로 구분된다. TCP는 연결형 서비스를 지원하는 프로토콜이고, UDP는 비연결형 서비스를 지원하는 프로토콜이다. 전송 계층 프로토콜은 운영 체제의 내부 기능으로 구현된다. 따라서 이 서비스를 사용하려면 상위 계층에서 시스템 콜이라는 프로그램 호출 방식을 이용해야 한다.

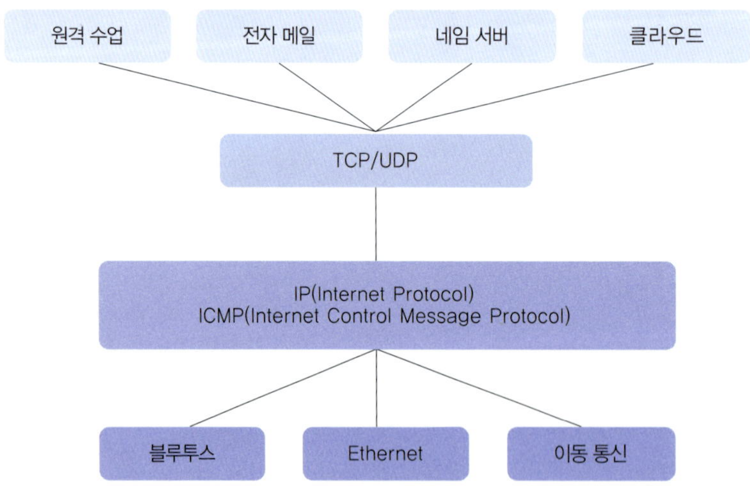

그림 9-7 TCP/IP 구조

전송 계층 프로토콜인 TCP와 UDP 위에는 세션 계층, 표현 계층, 응용 계층의 기능을 지원하는 다양한 응용 프로그램이 존재한다. 응용 프로그램이 해당 응용 환경에 적합한 기능을 지원하기 위해 연결형 서비스가 필요한지, 비연결형 서비스가 필요한지를 판단해 TCP와 UDP를 선택한다. TCP나 UDP를 선택할 때는 단순히 신뢰성이나 연결 유무의 차이뿐 아니라, 이러한 차이가 응용 프로그램의 구축에 어떤 영향을 끼치는지 이해해야 한다.

응용 프로그램의 종류는 아주 다양하다. 원격 수업, 메일 송수신 기능 등은 일반 사용자가 가장 많이 이용하는 인터넷 서비스이다. 호스트의 이름과 주소를 변환하는 네임 서버 기능은 사용자가 의식하지 못하지만 중요한 인터넷 서비스 중 하나이다. 이에 대한 내용은 14장에서 자세히 다룬다. 클라우드 서비스는 원격 분산 파일 공유 기능을 지원하는 것으로, 거리와 시간의 제한 없이 파일 접근 서비스를 제공한다.

네트워크 계층 아래에는 데이터 링크 계층과 물리 계층을 지원하는 블루투스, 이더넷, 이동통신 등 다양한 종류의 네트워크 인터페이스가 존재한다. 스마트폰이 보급됨에 따라 무선 환경에서 빠르고 신뢰성 높은 통신 인프라의 구축이 가속화되고 있다.

TCP는 데이터를 세그먼트Segment라는 블록 단위로 분할해 전송한다. 전송되는 블록의 크기는 네트워크 부하 정도, 윈도우 크기 등의 영향을 받으며, 가변 크기를 지원한다. TCP는 세그먼트를 하나의 단위로 간주하여 순서 번호를 관리하지 않는다. 대신 세그먼트에 실려 전송되는 데이터의 바이트 개수를 순서 번호에 반영한다.

1 TCP 헤더 구조

TCP의 세그먼트는 [그림 9-8]과 같은 헤더 구조로 시작하고, 전송 데이터가 뒤따른다. 그림 상단의 숫자는 비트 수이다.

마지막 줄의 Options와 Padding은 생략할 수 있으므로 TCP 헤더의 최소 크기는 20바이트이다. Options 필드는 다양한 종류의 부가 정보를 전달하는 데 사용하며, 최대 40바이트의 크기를 지원한다. Padding 필드는 헤더의 크기를 4바이트 단위로 맞추려고 사용한다.

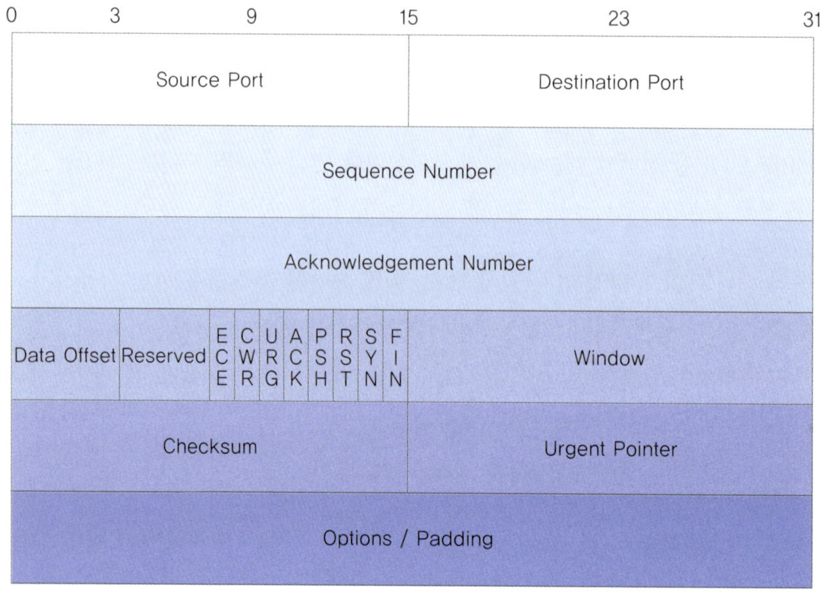

그림 9-8 TCP 헤더의 구조

TCP 헤더의 필드

TCP 헤더TCP Header는 중간에 위치한 8개의 플래그 비트를 비롯해 제법 많은 필드를 사용하므로 데이터의 전송 과정이 UDP 프로토콜보다 복잡하다. TCP 헤더에서 정의된 필드의 의미와 용도는 다음과 같다.

- **Source Port/Destination Port(송신 포트/수신 포트)**: TCP로 연결되는 가상 회선 양단의 송수신 프로세스에 할당된 네트워크 포트 주소이다. 인터넷 환경에서는 통신을 원하는 프로세스가 실행되는 호스트의 IP 주소와 함께, 호스트 내부에서 다른 프로세스와 구분할 수 있는 프로세스의 고유 주소가 필요하다. 호스트 주소는 IP 프로토콜에서 정의된 호스트의 IP 주소를 사용한다. 송수신 호스트에서 실행되는 프로세스에 할당되는 네트워크 자원을 포트Port라 하는데, 포트를 구분하기 위한 주소가 포트 번호이다. Source Port는 송신 프로세스의 포트 번호이고, Destination Port는 수신 프로세스의 포트 번호이다. 참고로, 포트 번호는 TCP와 UDP가 별도의 주소 공간을 갖기 때문에 같은 번호를 독립적으로 사용할 수 있다.
- **Sequence Number(순서 번호)**: 송신 프로세스가 지정하는 순서 번호이다. 세그먼트 전송 과정에서 전송되는 바이트의 수를 기준으로 증가한다. 즉, TCP에서는 전송 데이터의 각 바이트마다 순서 번호가 존재한다. 크기가 32비트인 필드로 표시할 수 있고, 최대 범위가 2^{32}개로

충분히 크므로 순서 번호가 중복될 염려는 없다. 송신 프로세스가 최초 데이터를 전송할 때는 임의의 순서 번호를 선택해 전송한다. 이는 전송 연결이 예기치 않은 이유로 끊겼을 때 순서 번호가 혼선되는 것을 방지하기 위함이다.

- **Acknowledgement Number(응답 번호)**: 수신 프로세스가 제대로 수신한 바이트의 수를 응답하기 위해 사용한다. 필드 값은 ACK 플래그 비트가 지정된 경우에만 유효하며, 다음에 수신을 기대하는 데이터의 순서 번호를 표시한다. ACK 응답을 받은 송신 프로세스는 Acknowledgement Number−1까지의 모든 데이터가 올바로 전송되었음을 확인할 수 있다. 연결 설정이나 연결 해제처럼 데이터 세그먼트가 없는 경우에도 순서 번호가 1씩 증가한다는 점에 주의한다.
- **Data Offset(데이터 옵셋)**: TCP 세그먼트가 시작되는 위치를 기준으로 데이터의 시작 위치를 나타내므로 TCP 헤더의 크기가 된다. 32비트 워드 단위로 표시된다.
- **Reserved(예약)**: 예약 필드이다.
- **Window(윈도우)**: 슬라이딩 윈도우 프로토콜에서 수신 윈도우의 버퍼 크기를 지정하려고 사용하며, 수신 프로세스가 수신할 수 있는 바이트의 수를 표시한다. 수신 프로세스의 버퍼 용량 초과 등으로 인해 데이터를 더 이상 수신할 수 없으면 Window 필드 값을 0으로 지정한다. 이 경우에 송신 프로세스는 데이터를 더 전송하넌 안 된다.
- **Checksum(체크섬)**: TCP 세그먼트에 포함되는 프로토콜 헤더와 데이터 모두에 대한 변형 오류를 검출하려고 사용한다. 이때 IP 프로토콜에서 사용하는 오류 검출 알고리즘을 사용한다.
- **Urgent Pointer(긴급 포인터)**: 긴급 데이터를 처리하기 위한 것으로, URG 플래그 비트가 지정된 경우에 유효하다. 이 필드를 사용해 송신 프로세스가 긴급히 처리하려는 데이터를 전송할 수 있다. 예를 들어, Sequence Number = 2,000, Urgent Pointer = 100으로 지정한 세그먼트를 전송하면 순서 번호 2,000~2,099번의 데이터는 긴급 데이터로 전송되고, 2,100번 이후는 다시 정상 데이터로 전송된다.

TCP 헤더의 플래그 비트

TCP 헤더에는 플래그 비트가 8개 정의되어 있는데, 처음 2개 비트는 혼잡 제어 용도로 사용된다. 나머지 6개 필드는 값이 1이면 다음과 같은 의미를 갖는다.

- **URG**: Urgent Pointer 필드가 유효한지를 나타낸다. 이 기능은 수신 프로세스의 응용 계층에 긴급 데이터가 도착했음을 알리는 것으로, 데이터가 응용 계층에 전달되기 전에 긴급 데이터가

왔음을 미리 알려주어 대비할 수 있게 한다. 수신 프로세스는 Urgent Pointer 값을 읽어보고 얼마나 많은 긴급 데이터가 오는지 알 수 있다.

- **ACK**: Acknowledgment Number 필드가 유효한지를 나타낸다. 정상적인 피기배킹 방식의 양방향 통신 환경에서, 양단 프로세스가 쉬지 않고 데이터를 전송한다고 가정하면 최초 연결 설정 과정에서 전송되는 첫 번째 세그먼트를 제외한 모든 세그먼트의 ACK 비트가 1로 지정된다.
- **PSH**: 현재 세그먼트에 포함된 데이터를 상위 계층에 즉시 전달하도록 지시할 때 사용한다. 수신 프로세스로부터 PSH 세그먼트에 대한 응답 프레임이 도착하면, 프레임의 Acknowledgement Number 필드에 표시한 숫자까지의 모든 데이터가 상대 프로세스의 상위 계층에 전달되었음을 의미한다. 또한 수신 프로세스의 TCP 계층에 버퍼링된 데이터를 즉시 상위 계층에 전송함으로써 전송 지연이 감소되는 효과를 얻을 수 있다.
- **RST**: 연결의 리셋이나 유효하지 않은 세그먼트에 대한 응답용으로 사용한다. 송신 프로세스가 전송을 마쳤으나 수신 프로세스에 아직 도착하지 못한 세그먼트 혹은 수신 프로세스가 아직 긍정 응답하지 않은 세그먼트는 연결이 재설정되었을 때 재전송되어야 한다.
- **SYN**: 연결 설정 요구를 의미하는 플래그 비트이므로 가상 회선 연결을 설정하는 과정에서 사용한다.
- **FIN**: 한쪽 프로세스에서 더는 전송할 데이터가 없어 연결을 종료하고 싶다는 의사 표시를 상대방에게 알리려고 사용한다. 현재 전송 과정에 있는 데이터는 계속 처리할 수 있으며, 상대편 프로세스의 데이터 전송에 장애가 발생하지 않는다. 따라서 연결 해제는 양쪽 프로세스 모두가 FIN 플래그를 전송해야 완료된다.

혼잡 제어

TCP 프로토콜에 추가된 ECN^Explicit Congestion Notification 기능은 라우터가 송신 프로세스에 명시적으로 혼잡 발생을 알려주어 송신 프로세스 스스로 트래픽을 완화하는 기술이다. TCP는 ECN 기능을 지원하기 위해 [그림 9-8]의 CWR 필드와 ECE 필드를 정의한다.

- **CWR**^Congestion Window Reduced: ECE 비트를 수신한 송신 프로세스가 송신 윈도우 크기를 줄였음을 통지하는 것이 목적이며, 더 이상의 ECE를 전송하지 말라는 의미이다.
- **ECE**^Explicit Congestion Notification Echo: ECN-Echo로도 약칭되며, 네트워크 트래픽이 많아질 때 라우터가 송신 프로세스에 명시적으로 혼잡을 알리려고 사용한다. 주의할 점은 송신 프로세스에 직접 전달하지 않고, IP 헤더의 ECN 필드에 CE 값을 지정하여 간접적으로 수신 프로

세스에 알려준 후에 수신 프로세스의 중개Echo를 거쳐 송신 프로세스에 통지된다는 점이다. ECE를 수신한 송신 프로세스는 네트워크 부하를 줄이기 위해 송신 윈도우 크기를 줄인다. 라우터가 IP 프로토콜을 이용하여 수신 프로세스의 중개를 통해 간접적으로 통지하는 이유는 라우터가 TCP 프로토콜을 지원하지 않기 때문이다.

캡슐화

[그림 9-9]는 TCP 세그먼트가 상하 계층의 데이터 단위와 어떤 관계에 있는지 설명한다. 상위 계층에서 내려온 전송 데이터는 [그림 9-8]의 TCP 헤더 뒤에 추가되어 TCP 세그먼트를 구성한다. TCP 세그먼트는 다시 IP 프로토콜로 보내지고, IP 헤더에 캡슐화되어 데이터 링크 계층으로 보내진다.

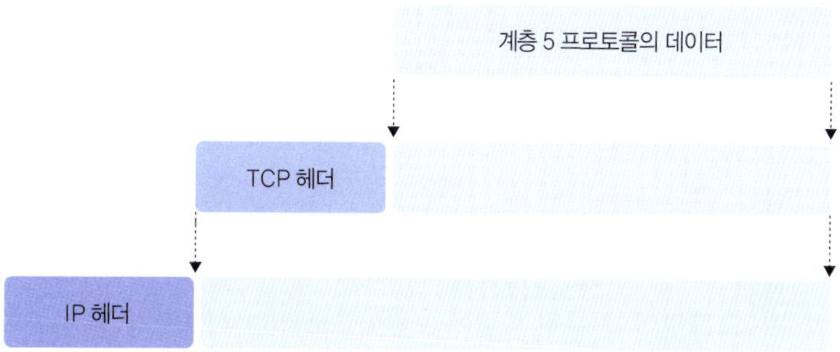

그림 9-9 TCP 세그먼트의 캡슐화

2 포트 번호

포트Port 번호는 TCP와 UDP가 상위 계층에 제공하는 주소 표현 방식이다. 유닉스 환경에서는 소켓으로 포트를 구현하므로, TCP/UDP 프로토콜을 사용하려면 소켓 시스템 콜의 인터페이스를 알아야 한다. 소켓Socket 시스템 콜을 이용해 TCP 연결 설정이 되면 통신 양단의 프로세스가 사용하는 고유 주소는 해당 호스트의 IP 주소와 호스트 내부의 포트 번호가 조합된 형태이다.

클라이언트와 서버의 연동은 서버가 먼저 실행되고, 클라이언트가 서버와 연결을 시도하는 방식으로 이루어진다. 이때 연결을 원하는 서버와 접속하려면 서버의 IP 주소와 포트 번호를 알아야 한다.

인터넷 환경에서 많이 사용하는 네트워크 응용 서비스의 서버 프로세스에 할당된 포트 번호를 Well-known 포트라 하는데, 전 세계 모든 컴퓨터가 동일한 포트 번호를 사용하도록 권고되고 있다. 예를 들어, [표 9-1]의 FTP, 전자 메일(SMTP), 웹 서비스(HTTP), DNS처럼 인터넷에서 자주 사용하는 응용 서비스는 모두 고정된 포트 번호를 사용한다.

표 9-1 Well-known 포트

서비스	포트 번호
FTP(데이터 채널)	20
FTP(제어 채널)	21
Telnet(텔넷)	23
SMTP	25
DNS	53
TFTP	69
HTTP	80
rlogin	513
rsh	514
portmap	111

네트워크 서비스를 제공하는 포트 번호는 특정 파일에 보관되므로 일반 사용자가 포트 번호를 직접 지정하는 경우는 없다. 사용자가 연결을 원하는 서버의 호스트 IP 주소만 클라이언트 프로그램에 알려주고, 포트 번호 선택은 프로그램에서 자동으로 해준다. TCP와 UDP는 별도의 포트 주소 공간을 관리하므로 동일한 포트 번호를 사용할 수 있다. 즉, 두 프로토콜에서 동일한 포트 번호를 할당해도 서로 다른 포트로 간주된다.

03 TCP의 동작 원리

TCP 프로토콜은 전이중 방식의 양방향 통신을 지원하므로 가상 회선으로 연결된 두 프로세스가 동시에 데이터를 전송할 수 있다. 따라서 전송 데이터와 응답 데이터를 함께 전송하는 피기배킹Piggybacking 기능을 사용한다.

연결형 서비스를 제공하는 TCP에서 데이터를 전송하려면 연결 설정, 데이터 전송, 연결 해제라는 3단계를 순차적으로 진행해야 한다.

1 연결 설정

TCP를 사용하는 프로세스가 가장 먼저 실행하는 연결 설정은 [그림 9-10]과 같은 3단계 설정Three-Way Handshake 방식이다. 그림에서 A 프로세스가 연결 설정을 요구하고, B 프로세스가 이를 수락하는 형식이다.

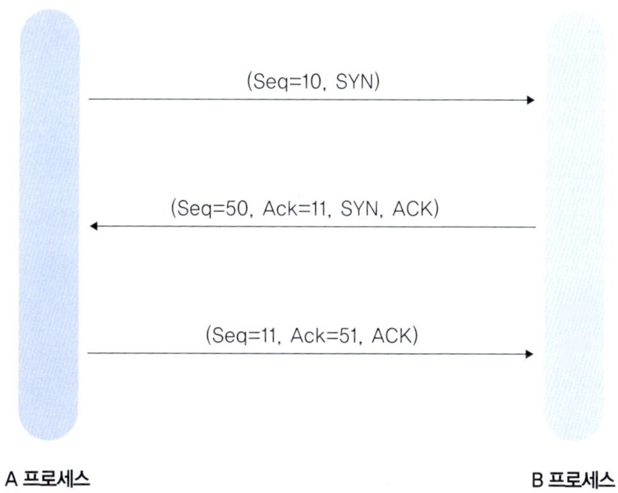

그림 9-10 TCP 연결 설정

먼저 A 프로세스는 TCP 헤더의 SYN 플래그를 지정한 세그먼트를 전송함으로써 연결 설정을 요구한다. 순서 번호 10번은 임의로 설정한 것이다. 연결 설정 요구를 받은 B 프로세스가 연결을 수락하려면 이에 대한 긍정 응답을 해야 한다. 이를 위해 SYN과 ACK 플래그를 지정해 연결에 대한 긍정 응답을 표시하였다. SYN 플래그가 지정한 세그먼트에는 전송 데이터가 포함되지 않지만 순서 번호는 1이 증가한다. 따라서 SYN 세그먼트의 순서 번호 10에 1을 더한 11번을 Acknowledgment Number 필드에 지정해 회신한다. Acknowledgement Number 값을 유효하게 하기 위해 ACK 플래그를 지정했으며, B 프로세스의 순서 번호 50번은 임의로 지정하였다.

마지막 세 번째 세그먼트는 B 프로세스가 전송한 연결 수락 세그먼트가 제대로 도착했음을 알린다. [그림 9-10]은 A 프로세스에 전송할 데이터가 없을 때 처리하는 방식이고, 전송 데이터가 있으면 세 번째 세그먼트에서 바로 데이터를 전송해도 된다.

2 데이터 전송

TCP는 데이터 전송 과정에서 흐름 제어를 지원하려고 슬라이딩 윈도우 프로토콜을 사용한다. 데이터를 수신하는 프로세스는 응답 세그먼트 헤더의 Window 필드를 이용해 윈도우 크기를 늘리거나 줄여 송신 프로세스의 전송 속도를 조절한다.

정상적인 데이터 전송

TCP의 데이터 전송은 [그림 9-11]의 (b)처럼 양쪽 프로세스가 동시에 데이터를 전송할 수 있는 전이중 방식을 지원한다. [그림 9-10]에서 세 번째 세그먼트를 전송할 때 데이터 전송이 이루어지지 않았는데, A 프로세스에서 B 프로세스로 전송할 데이터가 있으면 세 번째 세그먼트에 데이터를 실어서 전송할 수 있다. (a)는 [그림 9-10]의 첫 번째, 두 번째 과정을 나타내며, (b)의 첫 번째 과정이 [그림 9-10]의 세 번째 과정을 대체하고 있다.

(a)에서 개념적인 연결 설정의 2단계가 이루어지고, 이어서 (b)에서 A 프로세스가 바로 데이터 전송을 시작한다. A 프로세스가 먼저 순서 번호 11번부터 5바이트의 데이터를 전송하고, B 프로세스는 순서 번호 51번부터 10바이트의 데이터를 전송한다. 순서 번호와 응답 번호의 조합은 전송되는 데이터의 양에 따라 적절히 조정되고 있다.

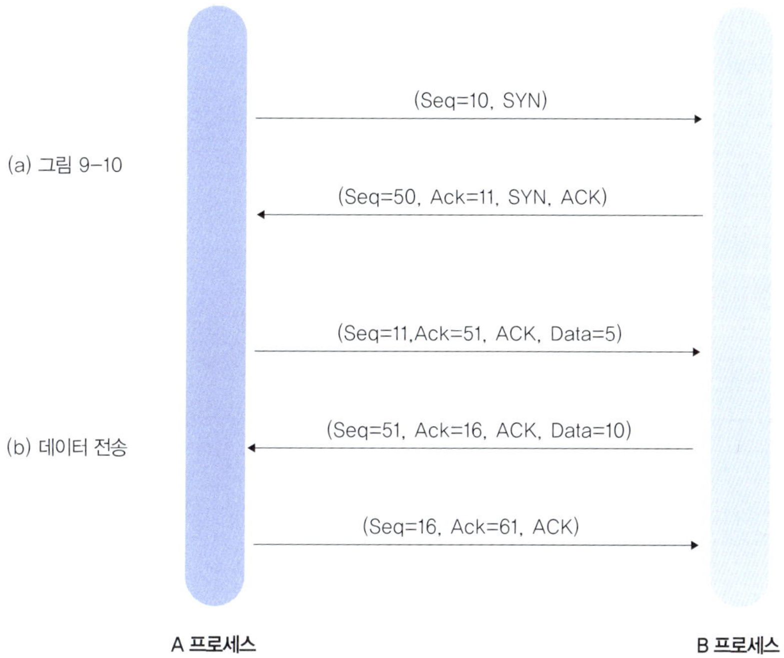

그림 9-11 TCP 데이터 전송

TCP의 흐름 제어는 프로토콜 헤더의 Window 필드를 사용해 이루어진다. Window 필드에 지정한 값 이상으로 데이터를 전송할 수 없으므로 수신 프로세스는 자신의 처리 능력에 맞는 값으로 지정해 송신 프로세스의 전송 속도를 제어한다. 예를 들어, 송신 프로세스가 데이터를 1,000번부터 전송한다고 가정했을 때 수신 프로세스로부터 Window=300으로 지정된 세그먼트가 도착하면 1,299번까지의 데이터를 연속으로 전송할 수 있다. 그러나 다음 데이터는 수신 프로세스로부터 응답이 도착했을 때만 전송할 수 있다.

데이터 전송 오류

TCP 데이터를 세그먼트Segment라 부르며, 순서 번호와 함께 전송된다. 순서 번호는 상위 계층에서 보낸 데이터의 바이트 수에 기초하여 부여되고, 수신 프로세스는 이 번호를 근거로 데이터의 순서를 올바르게 정렬할 수 있다. 순서 번호가 동일한 데이터가 도착하면 중복으로 판단하여 해당 데이터를 버리고, 중간의 순서 번호가 빠지면 데이터를 분실했다고 판단한다.

TCP는 부정 응답 기능인 NAK를 사용하지 않는다. 따라서 수신 프로세스에 도착한 데이터 세그먼트의 내용이 변형되어도 수신 프로세스가 응답을 하지 않아 데이터 분실과 동일하게 처리된다. 데이터 변형과 분실 오류가 발생하면 수신 프로세스로부터 회신을 받을 수 없으므로 송신 프로세스의 타임아웃Timeout 기능에 의해 오류가 복구된다.

[그림 9-12]는 A 프로세스가 TCP 세그먼트 3개를 연속으로 전송하고, 이 중 세 번째 세그먼트에 오류가 발생했다고 가정한 경우이다.

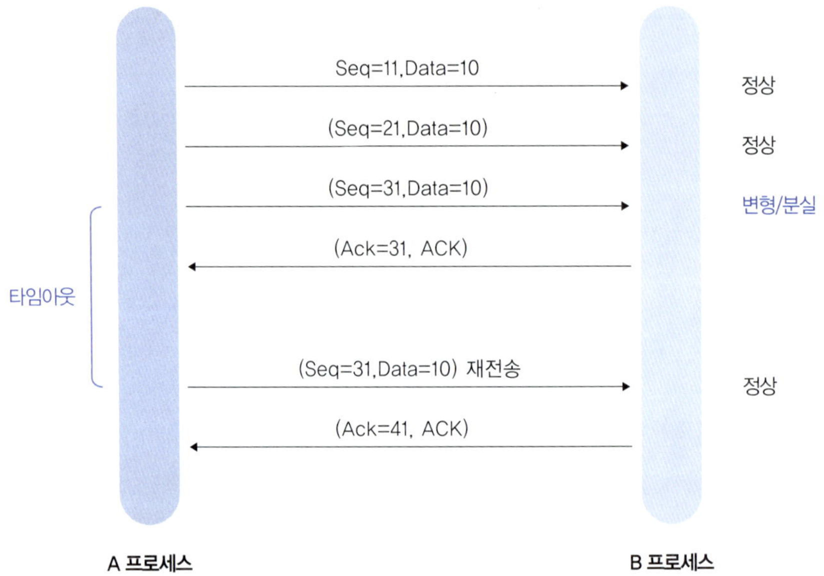

그림 9-12 전송 오류

A 프로세스가 순서 번호 11~20번, 21~30번, 31~40번인 데이터 세그먼트를 전송하고, 이들이 모두 정상적으로 수신되면 41번 응답 번호를 긍정 응답으로 회신받는다. 그러나 [그림 9-12]에 표시된 것처럼 마지막 31~40번 데이터 세그먼트에 오류가 발생하면 이에 대한 오류 제어를 수행해야 한다.

B 프로세스는 11~20번, 21~30번의 데이터를 올바르게 수신했으므로, 다음에 수신할 데이터는 31번이 된다. 따라서 ACK 플래그가 지정된 응답 세그먼트의 순서 번호는 31번으로 지정된다. 한편 A 프로세스는 31~40번 데이터에 대한 긍정 응답을 받지 못했으므로 타임아웃 기능을 통해 해당 세그먼트를 재전송해야 한다.

[그림 9-12]에는 표시하지 않았지만 긍정 응답 세그먼트에 오류가 발생하면 수신 프로세스가 정상적으로 수신한 세그먼트를 재전송할 수 있다. 따라서 세그먼트가 중복으로 수신될 수 있기 때문에 수신 프로세스는 순서 번호를 기준으로 중복 여부를 처리할 수 있어야 한다.

3 연결 해제

연결 해제 단계는 [그림 9-13]처럼 연결을 해제하고자 하는 쪽에서 FIN 플래그를 지정해 요구한다. 연결 해제는 양쪽 프로세스의 동의하에 진행되기 때문에 연결 해제 세그먼트를 받은 프로세스가 FIN 플래그로 응답할 때까지 연결은 계속 유지된다.

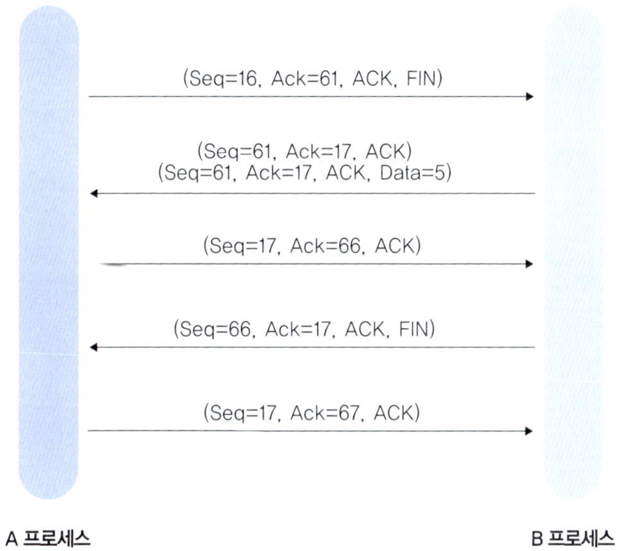

그림 9-13 TCP 연결 해제

FIN 플래그가 지정된 세그먼트를 수신한 프로세스는 이에 대한 응답으로 순서 번호를 1 증가시켜서 응답 번호를 17번으로 지정한 긍정 응답 세그먼트를 회신했다. 그리고 자신이 전송할 61번 세그먼트 이후의 데이터는 계속 전송하고 있다. [그림 9-13]에서는 5바이트의 데이터를 전송한 후에 FIN 플래그를 사용해 연결 종료에 합의하고 있다.

4 혼잡 제어

ECN Explicit Congestion Notification 기능은 TCP의 혼잡 제어 기능을 지원한다. 이를 위해 TCP 헤더의 ECE, CWR 플래그와 IP 헤더의 ECN 필드가 정의되었다. ECN 기능을 사용하려면 TCP 연결 설정 단계에서 ECN 기능을 사용할지 여부를 협상해야 한다. 데이터 전송 단계에서는 혼잡을 인지한 라우터가 수신 프로세스에 혼잡을 통지한다. 그러면 수신 프로세스는 다시 송신 프로세스에 혼잡을 통지함으로써 송신 프로세스가 전송하는 데이터의 양을 줄이는 방식으로 혼잡 제어가 이루어진다.

먼저 [그림 9-14]와 같이 TCP 연결 설정 단계에서 ECN 사용에 대한 동의 절차를 거쳐야 한다.

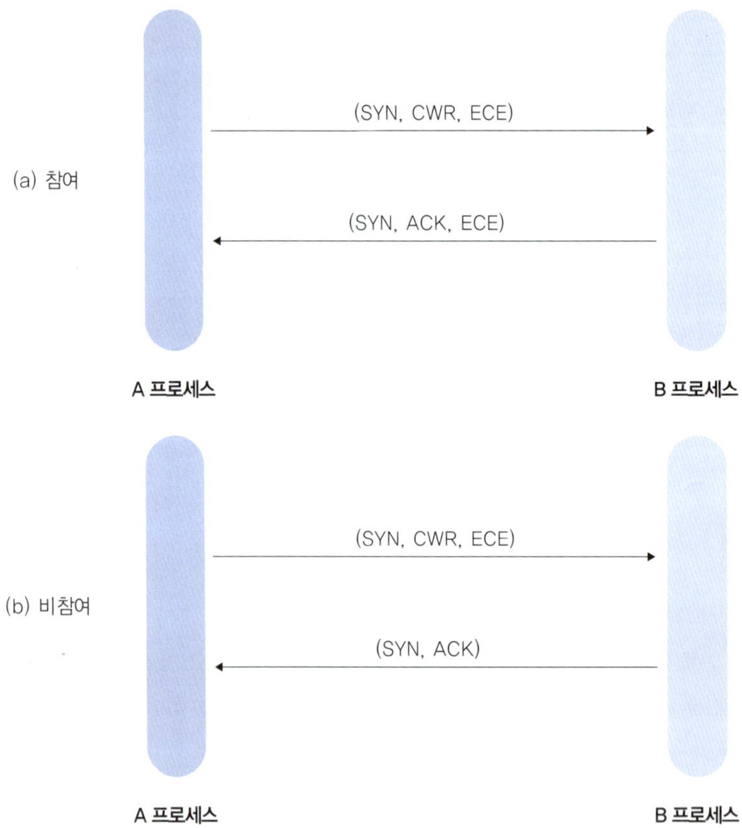

그림 9-14 TCP 연결 설정(ECN)

연결 설정을 요청하는 A 프로세스에서 연결 설정 요구인 SYN 플래그와 함께 CWR, ECE 플래그를 지정하여 ECN 기능이 동작하는 연결 설정 요청을 보낸다. 요청을 받은 B 프로세스에서 ECN 기능을 사용할 의사가 있으면 (a)처럼 연결 설정 요구 응답인 SYN, ACK 플래그와 함께 ECE 플래그를 지정하여 응답한다. 만일 ECN 기능을 사용할 의사가 없으면 (b)와 같이 SYN, ACK 플래그만 지정하여 ECN 기능을 사용하지 않는 연결을 설정한다.

ECN 기능이 동작하는 TCP 연결을 사용하여 데이터를 전송하는 과정의 혼잡 제어 처리는 [그림 9-15]와 같다. 먼저 TCP 세그먼트를 전송하는 A 프로세스의 IP 프로토콜은 IP 헤더 내의 ECN 필드 값을 ECT(01 혹은 10)로 설정하여 전송한다. 그림에서 (a)로 표시된 부분이며, 전송되는 모든 데이터는 항상 이 값이 설정된 상태로 전송된다. 참고로 IP 헤더에 ECT가 설정되었다는 의미는 TCP가 ECN 기능을 지원한다는 의미이다.

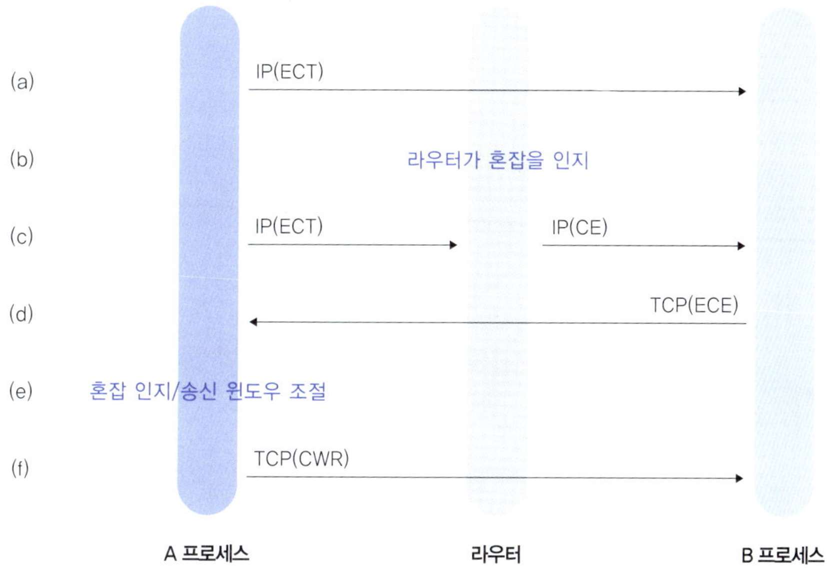

그림 9-15 ECN의 동작 원리

이후, 임의의 시점에서 네트워크에 혼잡이 발생하고, 라우터가 이를 감지한 경우가 (b)이다. 혼잡을 감지한 라우터는 IP 헤더에 ECT가 설정된 패킷들에 대해 CE를 설정하여 혼잡이 발생했음을 알린다. 이때, 라우터가 송신 프로세스인 A 프로세스에 직접 혼잡을 통지하지 않고, 수신 프로세스인 B 프로세스에 통지하는 것에 주의한다. 즉 수신 프로세스의 중개Echo를 거쳐 간접적으로 송신 프로세스에 혼잡을 통지한다.

이와 같이 수신 프로세스의 중개를 거쳐야 하는 이유는 TCP와 IP 프로토콜이 혼재하여 동작하는 상황에서 네트워크 계층을 수행하는 라우터가 지니는 구조적인 한계 때문이다. 더불어, 혼잡을 인지한 라우터 다음에 위치한 라우터들이 ECN 기능을 반복적으로 수행하지 못하도록 하는 효과도 얻는다.

라우터로부터 IP 헤더의 CE 값을 받은 B 프로세스는 모든 TCP 세그먼트에 대해 TCP 헤더의 ECE 플래그를 지정하여 라우터가 감지한 혼잡을 A 프로세스에 알려주며, 이는 (d)로 표현되었다. 혼잡을 인지한 A 프로세스는 송신 윈도우를 조절하여 전송되는 데이터의 양을 줄이고, TCP 헤더의 CWR 플래그를 지정함으로써 혼잡에 적절한 조치를 취했음을 통지한다.

요약

01 전송 계층의 기능

전송 계층에서는 네트워크 끝단에 위치하는 통신 주체가 중간의 논리적인 선로를 통해 데이터를 주고받는다. 이 과정에서 흐름 제어, 오류 제어, 패킷의 분할과 병합 등의 기능을 수행한다. 이를 지원하기 위하여 주소 표현, 멀티플렉싱, 연결 관리 등에 대한 고려가 이루어져야 한다.

02 연결 설정

연결 설정은 연결을 요청하는 프로세스의 연결 설정 요구인 Conn_Req와 상대편 프로세스에서 연결 수락을 의미하는 Conn_Ack의 회신으로 완료된다. 이와 같은 2단계 설정 과정은 통신 양단의 연결 설정을 위한 최소한의 단계이다. 실제 통신 환경에서는 오류 가능성 때문에 3단계 설정이 이루어지는데, 세 번째 단계에서 전송할 데이터가 있으면 바로 데이터를 전송하고, 그렇지 않으면 두 번째 단계에 대한 응답을 전송해야 한다.

03 TCP 프로토콜

TCP는 IP 프로토콜 위에서 연결형 서비스를 지원하는 전송 계층 프로토콜로, 인터넷 환경에서 기본으로 사용한다. TCP는 전이중 방식의 양방향 가상 회선을 제공하기 때문에 신뢰성 있는 데이터 전송을 보장한다. 전송 계층 프로토콜은 운영 체제의 내부 기능으로 구현되기 때문에 TCP 서비스를 사용하려면 상위 계층에서 시스템 콜이라는 프로그램 호출 방식을 이용해야 한다.

04 혼잡 제어

TCP 프로토콜의 ECN 기능은 혼잡을 인지한 라우터가 송신 프로세스에 명시적으로 혼잡 발생을 알려주어 송신 프로세스 스스로 트래픽을 완화하는 기술이다. 이를 위하여 TCP 헤더에 CWR 필드와 ECE 필드를 정의한다. ECE 비트는 네트워크 트래픽이 많아질 때 라우터가 송신 프로세스에 명시적으로 혼잡을 알리려고 사용하며, ECE 비트를 수신한 송신 프로세스가 전송 윈도우 크기를 줄였음을 통지하기 위한 목적으로 CWR 비트를 사용한다.

05 포트 번호

포트 번호는 TCP와 UDP가 상위 계층에 제공하는 주소 표현 방식이다. 소켓 시스템 콜을 이용해 TCP 연결 설정이 되면 통신 양단의 프로세스가 사용하는 고유 주소는 해당 호스트의 IP 주소와 호스트 내부의 포트 번호가 조합된 형태이다. 클라이언트와 서버의 연동은 서버가 먼저 실행되고, 클라이언트가 서버와 연결을 시도하는 방식으로 이루어진다. 이때 연결을 원하는 서버와 접속하려면 서버의 IP 주소와 포트 번호를 알아야 한다. 인터넷 환경에서 많이 사용하는 네트워크 응용 서비스의 서버 프로세스에 할당된 포트 번호를 Well-known 포트라 한다.

06 데이터 전송

TCP는 전이중 방식의 양방향 통신을 지원하므로 가상 회선으로 연결된 두 프로세스가 동시에 데이터를 전송할 수 있다. 연결형 서비스를 제공하는 TCP에서 데이터를 전송하려면 연결 설정, 데이터 전송, 연결 해제라는 3단계를 순차적으로 진행해야 한다. 연결 설정은 3단계 설정 방식을 사용하며, 연결 해제는 양자의 합의 아래 이루어진다.

07 ECN의 동작 원리

ECN 기능은 TCP의 혼잡 제어 기능을 지원한다. 이를 위해 TCP 헤더의 ECE, CWR 플래그와 IP 헤더의 ECN 필드가 정의되었다. ECN 기능을 사용하기 위해서는 TCP 연결 설정 단계에서 ECN 기능의 사용 여부를 협상해야 한다. 데이터 전송 단계에서는 혼잡을 인지한 라우터가 수신 프로세스에 혼잡을 통지한다. 그러면 수신 프로세스는 다시 송신 프로세스에 혼잡을 통지함으로써, 송신 프로세스가 전송하는 데이터의 양을 줄이는 방식으로 혼잡 제어가 이루어진다.

연습문제

01 전송 계층과 데이터 링크 계층에 대한 설명으로 잘못된 것을 모두 고르시오.

① 전송 계층 프로토콜은 오류 제어, 흐름 제어, 데이터 순서화 등의 기능 면에서 데이터 링크 계층과 특징이 유사하다.

② 데이터 링크 계층은 물리적인 전송 선로로 직접 연결된 두 물리적 호스트 사이의 데이터 전송을 담당한다.

③ 전송 계층에서는 네트워크 끝단에 위치하는 통신 주체가 중간의 논리적인 선로를 통해 데이터를 주고받는다.

④ 전송 계층에서는 단순히 물리적인 선로를 통해 데이터를 직접 전달하기 때문에 네트워크 계층의 중개 기능이 필요 없다.

⑤ 데이터 링크 계층은 중간에 위치한 논리적 네트워크의 중개 기능을 사용해 전송 기능을 수행한다.

02 전송 계층의 주요 기능에 대한 설명으로 잘못된 것을 모두 고르시오.

① 송수신 호스트에서 실행되는 수신 프로세스가 송신 프로세스의 전송 속도보다 느리게 데이터를 수신하면 버퍼 용량이 초과하여 데이터를 분실할 수 있다.

② 송신 프로세스가 보낼 수 있는 패킷의 한계를 지정하는 방법으로 흐름 제어 기능을 수행한다.

③ 전송 오류가 발생하여 수신 데이터의 내용이 깨지거나 분실되면 데이터 재전송에 의한 흐름 제어 기능에 의해 복구 절차가 진행된다.

④ 데이터를 전송하기 전에 적합한 크기로 나누는 과정을 분할이라 하고, 반대로 수신 프로세스가 수신한 데이터를 원래 크기로 다시 모으는 과정을 병합이라 한다.

⑤ 전송 서비스 프리미티브는 네트워크 계층 사용자가 전송 계층 서비스를 사용하기 위한 인터페이스이다.

03 전송 계층의 주소 표현에 대한 설명으로 잘못된 것을 모두 고르시오.

① 네트워크에서 호스트와 라우터, 네트워크 프로세스를 구분할 수 있는 주소가 필요하다.

② TCP/IP 환경에서 사용하는 호스트의 IP 주소와 포트 번호의 조합은 데이터 링크 계층과 네트워크 계층에서 사용하는 주소 표현 방식의 하나이다.

③ 호스트에는 다수의 통신 포트가 존재하고, 프로세스가 포트를 이용해 통신하므로 네트워크 프로세스는 IP 주소로 구분된다.

④ IP 주소는 네트워크와 호스트의 계층적인 특성은 있지만, 위치 정보와 관련해서는 비구조적이라고 볼 수 있다.

04 전송 계층의 연결 설정에 대한 설명으로 잘못된 것을 모두 고르시오.

① 전송 계층의 연결 설정은 연결을 요청하는 프로세스의 연결 설정 요구와 상대편 프로세스의 연결 수락 회신으로 진행된다.

② 개념적인 2단계 설정 과정은 통신 양단의 연결 설정을 위한 최소한의 단계이다.

③ 실제 통신 프로토콜에서는 3단계 과정에서 오류가 발생하지 않으면 연결 설정이 이루어진 것으로 처리한다.

④ 마지막 세 번째 단계에서 전송할 데이터가 있으면 바로 데이터를 전송할 수 있다.

05 전송 계층의 연결 해제에 대한 설명으로 잘못된 것을 모두 고르시오.

① 일방적 연결 해제 방식은 통신하는 한쪽 프로세스가 일방적으로 연결 해제 요청을 전송해 연결 종료를 선언할 수 있다.

② 일방적 연결 해제 방식에서는 전송할 데이터가 남거나, 전송 중이지만 아직 완료되지 않은 상태에서 연결 종료가 이루어지지 않는다.

③ 점진적 연결 해제 방식에서 연결을 해제하려면 두 프로세스 모두 연결 해제 요구를 전송해야 한다.

④ 점진적 연결 해제 방식에서는 전송할 데이터가 남거나, 전송 중이지만 아직 완료되지 않은 상태에서 연결 종료가 이루어지지 않는다.

06 TCP 프로토콜에 대한 설명으로 잘못된 것을 모두 고르시오.

① TCP는 IP 프로토콜 위에서 비연결형 서비스를 지원하는 전송 계층 프로토콜이다.

② TCP는 신뢰성 있는 데이터 전송을 보장하며, 전이중 방식의 양방향 통신이 가능하다.

③ TCP를 이용한 응용 환경은 원격 수업, 메일 송수신 기능 등 매우 다양하다.

④ TCP는 데이터를 세그먼트라는 블록 단위로 분할해 전송한다.

⑤ TCP는 세그먼트를 하나의 단위로 간주하여 순서 번호를 관리한다.

07 TCP 프로토콜의 헤더에 대한 설명으로 잘못된 것을 모두 고르시오.

① TCP 세그먼트는 최소 20바이트 크기의 헤더 구조로 시작하고, 전송 데이터가 뒤따른다.

② Source Port/Destination Port 필드는 TCP로 연결되는 가상 회선 양단의 송수신 프로세스에 할당된 IP 주소이다.

③ Sequence Number 필드는 수신 프로세스가 지정하는 순서 번호이다.

④ ACK 응답을 받은 송신 프로세스는 Acknowledgement Number까지의 모든 데이터가 올바로 전송되었음을 확인할 수 있다.

⑤ Data Offset 필드는 TCP 세그먼트가 시작되는 위치를 기준으로 데이터의 시작 위치를 나타내므로 TCP 데이터의 크기가 된다.

⑥ Checksum 필드는 TCP 세그먼트에 포함되는 프로토콜 헤더와 데이터 모두에 대한 변형 오류를 검출하려고 사용한다.

08 TCP 프로토콜 헤더의 플래그 비트에 대한 설명으로 잘못된 것을 모두 고르시오.

① ACK 비트는 Acknowledgment Number 필드가 유효한지를 나타낸다.

② SYN 비트는 연결 설정 요구를 의미하는 플래그 비트이므로 가상 회선 연결을 설정하는 과정에서 사용한다.

③ FIN 비트는 한쪽 프로세스에서 더는 전송할 데이터가 없어 연결을 종료하고 싶다는 의사 표시를 상대방에게 알리려고 사용한다.

④ CWR 비트는 송신 프로세스가 송신 윈도우 크기를 줄였음을 통지하는 목적으로 사용한다.

⑤ ECE 비트는 ECN-Echo로도 약칭되며, 네트워크 트래픽이 많아질 때 라우터에 명시적으로 혼잡을 알리려고 사용한다.

09 포트 번호에 대한 설명으로 잘못된 것을 모두 고르시오.

① 포트 번호는 TCP와 UDP가 네트워크 계층에 제공하는 주소 표현 방식이다.

② 연결을 원하는 서버와 접속하려면 서버의 IP 주소와 포트 번호를 알아야 한다.

③ 인터넷 환경에서 많이 사용하는 네트워크 응용 서비스의 서버 프로세스에 할당된 포트 번호를 Well-known 포트라 한다.

④ TCP와 UDP는 별도의 포트 주소 공간을 관리하므로 동일한 포트 번호를 사용할 수 없다.

10 TCP 프로토콜의 데이터 전송에 관한 설명으로 잘못된 것을 모두 고르시오.

① TCP는 데이터 전송 과정에서 흐름 제어를 지원하려고 슬라이딩 윈도우 프로토콜을 사용한다.

② TCP의 데이터 전송은 양쪽 프로세스가 동시에 데이터를 전송할 수 있는 전이중 방식을 지원한다.

③ TCP의 흐름 제어는 프로토콜 헤더의 Window 필드를 사용한다.

④ TCP의 순서 번호는 상위 계층에서 보낸 데이터의 바이트 수에 기초하여 부여되고, 수신 프로세스는 이 번호를 근거로 데이터의 순서를 올바르게 정렬할 수 있다.

⑤ TCP는 부정 응답 기능인 NAK를 사용해 프레임 변형 오류를 해결한다.

⑥ 세그먼트가 중복으로 수신될 수 있기 때문에 수신 프로세스는 순서 번호를 기준으로 중복 여부를 처리할 수 있어야 한다.

11 TCP 프로토콜의 혼잡 제어 기능에 대한 설명으로 잘못된 것을 모두 고르시오.

① ECN 기능은 TCP의 혼잡 제어 기능을 지원한다.

② ECN 기능을 사용하려면 TCP 연결 설정 단계에서 ECN 기능을 사용할지 여부를 협상해야 한다.

③ 연결 설정을 요청하는 과정에서 SYN 플래그와 함께 CWR, ECE 플래그를 지정하여 ECN 기능이 동작하는 연결 설정 요청을 보낸다.

④ 연결 요청을 받은 프로세스에서 ECN 기능을 사용할 의사가 있으면 SYN, ACK 플래그를 지정하여 응답한다.

⑤ 혼잡을 감지한 라우터는 IP 헤더에 ECT가 설정된 패킷들에 대해 CWR, ECE를 설정하여 혼잡이 발생했음을 알린다.

⑥ 혼잡을 인지한 송신 프로세스는 송신 윈도우를 조절하여 전송되는 데이터의 양을 줄이고, TCP 헤더의 CWR 플래그를 지정함으로써 혼잡에 적절한 조치를 취했음을 통지한다.

12 송수신 호스트에서 실행되는 수신 프로세스가 송신 프로세스의 전송 속도보다 느리게 데이터를 수신하면 (①) 용량이 초과하여 데이터를 분실할 수 있다. 이 경우에 송신 프로세스는 (②) 기능을 통해 재전송 과정을 수행하므로 전체 네트워크의 전송 효율이 점점 떨어진다. 이론적으로 (③) 기능은 수신 호스트가 슬라이딩 윈도우 프로토콜의 윈도우 하단 값을 조정한다. 즉, 송신 프로세스가 보낼 수 있는 패킷의 한계를 지정하는 방법으로 문제를 해결한다.

13 데이터를 전송하는 과정에서 발생할 수 있는 오류에는 데이터 (①)과 데이터 분실이 있다. 전송 오류가 발생하여 수신 데이터의 내용이 깨지거나 분실되면 데이터 (②)에 의한 오류 제어 기능에 의해 복구 절차가 진행된다. 데이터의 재전송 절차는 수신 프로세스의 요구에 의해 이루어질 수도 있고, 송신 프로세스 스스로 판단해 이루어질 수도 있다.

14 상위 계층에서 전송을 요구한 데이터의 크기가 전송 계층에서 처리할 수 있는 데이터 크기보다 크면 데이터를 쪼개 전송해야 한다. 데이터를 전송하기 전에 적합한 크기로 나누는 과정을 (①)이라 한다. 반대로 수신 프로세스가 수신한 데이터를 원래 크기로 다시 모으는 과정을 (②)이라 한다. 수신 프로세스가 상위 계층에 데이터를 보낼 때는 반드시 데이터의 (②) 과정을 거쳐야 계층 구조의 틀이 유지된다.

15 TCP 프로토콜에서 개념적인 2단계 설정 과정은 통신 양단의 연결 설정을 위한 최소한의 단계이다. 실제 통신 환경에서는 분실, 변형, 복사 등의 오류 가능성이 있기 때문에 (①) 설정이 필요하다.

16 TCP 연결 해제 방식에서 (①) 연결 해제 방식은 통신하는 한쪽 프로세스가 연결 해제 요청을 전송해 연결 종료를 선언할 수 있다. (②) 연결 해제 방식에서 연결을 해제하려면 두 프로세스 모두 연결 해제 요청을 전송해야 한다.

17 TCP는 IP 프로토콜 위에서 (연결형, 비연결형) 서비스를 지원하는 전송 계층 프로토콜이다. (①) 방식의 양방향 가상 회선을 제공하며, 신뢰성 있는 데이터 전송을 보장한다.

18 TCP는 데이터를 (①)라는 블록 단위로 분할해 전송한다. 전송되는 블록의 크기는 네트워크 부하 정도, 윈도우 크기 등의 영향을 받으며, 가변 크기를 지원한다. TCP는 (①)를 하나의 단위로 간주하여 순서 번호를 관리하지 않는다. 대신 (①)에 실려 전송되는 데이터의 (②) 개수를 순서 번호에 반영한다.

19 TCP 헤더의 (①) 필드는 송신 프로세스가 지정하는 순서 번호이다. 크기가 32비트인 필드로 표시할 수 있고, 최대 범위가 2^{32}개로 충분히 크므로 순서 번호가 중복될 염려는 없다. (②) 필드는 수신 프로세스가 제대로 수신한 바이트의 수를 응답하기 위해 사용한다. 필드 값은 ACK 플래그 비트가 지정된 경우에만 유효하며, 다음에 수신을 기대하는 데이터의 순서 번호를 표시한다.

20 TCP 헤더의 (①) 필드는 슬라이딩 윈도우 프로토콜에서 수신 윈도우의 버퍼 크기를 지정하려고 사용하며, 수신 프로세스가 수신할 수 있는 바이트의 수를 표시한다. (②) 필드는 TCP 세그먼트에 포함되는 프로토콜 헤더와 데이터 모두에 대한 변형 오류를 검출하려고 사용한다. (③) 필드는 긴급 데이터를 처리하기 위한 것으로, URG 플래그 비트가 지정된 경우에 유효하다.

21 TCP 헤더의 플래그 비트 중에서 (①) 비트는 현재 세그먼트에 포함된 데이터를 상위 계층에 즉시 전달하도록 지시할 때 사용한다. (②) 비트는 연결 설정 요구를 의미하는 플래그 비트이므로 가상 회선 연결을 설정하는 과정에서 사용하고, (③) 비트는 한쪽 프로세스에서 더는 전송할 데이터가 없어 연결을 종료하고 싶다는 의사 표시를 할 때 사용한다.

22 TCP 프로토콜의 ECN 기능은 라우터가 송신 프로세스에 명시적으로 혼잡 발생을 알려주어 송신 프로세스 스스로 트래픽을 완화하는 기술이다. (①) 플래그 비트는 (②) 비트를 수신한 송신 프로세스가 송신 윈도우 크기를 줄였음을 통지하는 것이 목적이다. (②) 플래그 비트는 네트워크 트래픽이 많아질 때 라우터가 송신 프로세스에 명시적으로 혼잡을 알리려고 사용한다. 주의할 점은 송신 프로세스에 직접 전달하지 않고, IP 헤더의 ECN 필드에 CE 값을 지정하여 간접적으로 수신 프로세스에 알려준 후에 수신 프로세스의 중개를 거쳐 송신 프로세스에 통지된다는 점이다.

23 포트 번호는 TCP와 UDP가 상위 계층에 제공하는 주소 표현 방식이다. 유닉스 환경에서는 (①)으로 포트를 구현하므로, TCP/UDP 프로토콜을 사용하려면 (①) 시스템 콜의 인터페이스를 알아야 한다. 통신 양단의 프로세스가 사용하는 고유 주소는 해당 호스트의 (②)와 호스트 내부의 포트 번호가 조합된 형태이다. 인터넷 환경에서 많이 사용하는 네트워크 응용 서비스의 서버 프로세스에 할당된 포트 번호를 (③) 포트라 하는데, 전 세계 모든 컴퓨터가 동일한 포트 번호를 사용하도록 권고되고 있다.

24 TCP 프로토콜은 전이중 방식의 양방향 통신을 지원하므로 가상 회선으로 연결된 두 프로세스가 동시에 데이터를 전송할 수 있다. 따라서 전송 데이터와 응답 데이터를 함께 전송하는 (①) 기능을 사용한다. TCP를 사용하는 프로세스가 실행하는 연결 설정은 (②) 방식이다.

25 TCP는 부정 응답 기능인 NAK를 사용하지 않는다. 따라서 수신 프로세스에 도착한 데이터 세그먼트의 내용이 변형되어도 수신 프로세스가 응답을 하지 않아 데이터 (①)과 동일하게 처리된다. 데이터 변형과 (①) 오류가 발생하면 수신 프로세스로부터 회신을 받을 수 없으므로 송신 프로세스의 (②) 기능에 의해 오류가 복구된다.

26 TCP 프로토콜의 혼잡 제어와 관련하여 연결 설정을 요청하는 프로세스에서 연결 설정 요구인 (①) 플래그와 함께 CWR, (②) 플래그를 지정하여 ECN 기능이 동작하는 연결 설정 요청을 보낸다. 요청을 받은 프로세스가 ECN 기능을 사용할 의사가 있으면 (①), ACK 플래그와 함께 (②) 플래그를 지정하여 응답한다.

27 라우터로부터 IP 헤더의 CE 값을 받은 수신 프로세스는 모든 TCP 세그먼트에 대해 TCP 헤더의 (①) 플래그를 지정하여 라우터가 감지한 혼잡을 송신 프로세스에 알려준다. 혼잡을 인지한 송신 프로세스는 송신 윈도우를 조절하여 전송되는 데이터의 양을 줄이고, TCP 헤더의 (②) 플래그를 지정함으로써 혼잡에 적절한 조치를 취했음을 통지한다.

28 다음 용어에 대하여 간단히 설명하시오.

- 흐름 제어
- 오류 제어
- 분할과 병합
- 멀티플렉싱
- 3단계 설정
- TCP 헤더의 Source Port/Destination Port
- TCP 헤더의 Data Offset
- TCP 헤더의 Window
- TCP 헤더의 CWR 플래그 비트
- TCP 헤더이 ECE 플래그 비트
- 포트 번호
- Well-known 포트
- 세그먼트
- ECN 기능

29 전송 계층 프로토콜의 기능을 설명하시오.

30 전송 계층 프로토콜을 설계할 때 고려할 사항을 설명하시오.

31 3단계 연결 설정 방법을 설명하시오.

32 연결 해제 절차에서 일방적 연결 해제와 점진적 연결 해제의 차이점을 설명하시오.

33 TCP의 헤더 구조를 그리고, 각 필드를 설명하시오.

34 Well-known 포트의 필요성을 설명하고, 네트워크 응용 서비스의 대표적인 예를 드시오.

35 TCP의 연결 설정 절차를 예를 들어 설명하시오.

36 TCP의 데이터 전송 과정을 정상적인 경우와 오류가 발생한 경우로 구분하여, 예를 들어 설명하시오.

37 TCP의 연결 해제 절차를 예를 들어 설명하시오.

38 TCP/IP 환경에서 혼잡 제어 기능의 동작 원리에 대하여 설명하시오.

Chapter

10

전송 계층

학습목표

- 비연결형 서비스를 제공하는 UDP의 헤더와 데이터 전송 방법을 이해한다.
- 실시간 데이터 전송 프로토콜을 살펴본다.
- RTP의 헤더와 동작 원리를 이해한다.
- OSI TP의 서비스 프리미티브 종류와 동작을 이해한다.

Preview

전송 계층의 기능을 제공하는 프로토콜에는 TCP 외에도 여러 가지가 있다. 인터넷에서 비연 결형 서비스를 지원하는 UDP는 TCP와 더불어 대표적인 전송 계층 프로토콜이다. 비연결형 프로토콜은 기본적으로 데이터 신뢰성에 문제가 있어 일반 응용 프로그래머가 덜 선호하지만, 작고 가벼워 빠른 전송이 필요한 환경에서 사용한다. 특히 데이터를 실시간으로 전송하는 환경에서는 TCP보다 유리한 점이 많다. 인터넷에서 영상, 음성 같은 멀티미디어 데이터를 많이 이용하게 됨에 따라 데이터를 실시간으로 전송하는 기능이 필요하게 되었고, 이 기능은 보통 전송 계층 프로토콜에서 구현된다.

전송 계층은 네트워크 연결의 양 끝단에 위치한 송수신 프로세스 간의 단대단End-to-End 연결을 지원한다. 따라서 네트워크의 서비스 품질, 보안 등을 비롯해 양 끝단에 위치한 통신 당사자의 다양한 기능을 구현할 수 있다. 이러한 기능을 지원하는 여러 종류의 전송 계층 프로토콜이 존재한다.

10장에서는 전송 계층에서 비연결형 서비스를 제공하는 UDP 프로토콜의 구조와 데이터 전송 원리에 대하여 학습한다. 이를 기초로 실시간 서비스를 제공하는 프로토콜에서 UDP를 어떻게 활용하는지를 살펴본다. 또한 실시간 프로토콜의 구현 예인 RTP 프로토콜에 대하여 알아본다.

01 UDP 프로토콜

UDP User Datagram Protocol는 인터넷에서 사용하는 프로토콜 중 구조가 가장 간단하다. 하부의 IP 프로토콜을 이용해 비연결형 서비스를 지원하는 UDP는 작지만 빠른 전송이 가능하며, 다음과 같은 특징이 있다.

- 비연결형 서비스를 제공한다.
- 헤더와 전송 데이터에 대한 체크섬 기능을 제공한다.
- Best Effort 전달 방식을 지원한다.

두 번째 특징의 체크섬과 관련하여, IP 프로토콜은 자신의 헤더에 대한 체크섬 기능은 제공하지만, 데이터에 대한 변형 오류의 검출 기능은 제공하지 않는다. 이 데이터 공간에 UDP 프로토콜의 헤더와 데이터가 캡슐화된다. TCP와 마찬가지로 UDP도 IP와의 역할 분담을 통하여 체크섬이 이중으로 이루어지지 않도록 설계되었다.

세 번째 특징의 Best Effort와 관련하여, UDP는 상위 계층에서 받은 데이터를 IP 프로토콜에 전달하지만 전송한 데이터그램이 목적지까지 제대로 도착했는지 확인하지 않는다. 따라서 TCP보다 신뢰성이 떨어져 일반 응용 프로그래머들 사이에서는 덜 선호되고 있다. 하지만 프로토콜을 처리하는 기능이 작아 TCP보다 데이터 처리가 빠르므로 데이터 전송 시간에 민감한 응용 환경에서는 UDP를 사용하는 것이 유리하다.

1 UDP 헤더 구조

[그림 10-1]은 UDP 헤더 UDP Header의 구조이다. TCP보다 단순해 의미와 기능을 쉽게 파악할 수 있다. 또한 프로토콜에서 수행하는 기능도 간단해 프로토콜의 오버헤드가 작은 편이다.

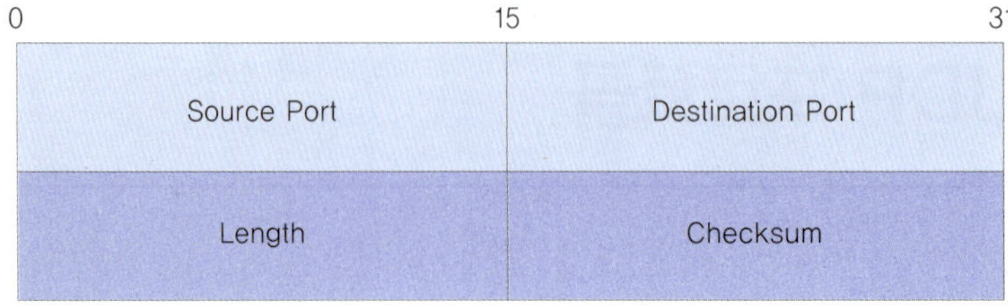

그림 10-1 UDP 헤더의 구조

UDP 헤더의 상단에 있는 숫자는 비트 수이고, 각 필드의 의미는 다음과 같다.

- **Source Port/Destination Port(송신 포트/수신 포트)**: 송수신 프로세스에 할당된 네트워크 포트 번호이며, 호스트에서 실행되는 프로세스를 구분하는 데 이용한다. 호스트는 IP 프로토콜의 IP 주소로 구분하므로, 송수신 호스트에서 실행되는 네트워크 프로세스의 고유 구분자는 호스트의 IP 주소와 프로세스 포트 번호의 조합이다. UDP 포트 번호는 TCP 포트 번호와 독립적으로 관리되고 할당된다.
- **Length(길이)**: 프로토콜 헤더를 포함한 UDP 데이터그램의 전체 크기이다. 단위는 바이트이고, UDP 헤더의 크기가 8바이트이므로 최솟값은 8이다.
- **Checksum(체크섬)**: 프로토콜 헤더와 데이터에 대한 체크섬 값을 제공하여 수신 프로세스가 데이터그램 변형 오류를 감지할 수 있다. IP 프로토콜은 헤더만 체크섬을 계산하지만, UDP는 데이터까지 체크섬을 계산한다. 수신 프로세스는 체크섬 오류를 발견하면 해당 데이터그램을 버린다. UDP의 체크섬 기능은 옵션이므로 필드 값이 0이면 송신 프로세스가 체크섬 계산을 하지 않았다는 의미가 되어, 수신 프로세스는 체크섬으로 오류 검출 기능을 수행하지 않는다. 이 경우에 IP와 UDP는 모두 사용자 데이터에 대한 오류 검사를 수행하지 않는 결과를 야기한다.

UDP 데이터그램의 Length 필드는 크기가 16비트이므로 데이터그램의 최대 크기는 이론상 65,535($0 \sim 2^{16}-1$)바이트이다. 그러나 응용 프로그램을 포함한 다른 계층과의 연관성 문제를 고려하여 일반적으로 8,192바이트를 넘지 않게 사용한다.

UDP는 TCP보다 구조가 아주 단순해 전송 효율이 좋으며, 고속 전송이 필요한 환경에 유용하다. 특히 덩치가 큰 TCP를 사용하기에는 메모리 등이 작은 네트워크 장비에서 사용하기 적합하다.

2 UDP의 데이터그램 전송

UDP는 비연결형 서비스를 이용하여 데이터그램을 전송하며, 각 데이터그램은 전송 과정에서 독립적으로 중개된다. 그리고 데이터그램이 목적지까지 도착할 수 있도록 최선을 다하지만, 반드시 목적지에 도착하는 것을 보장하지 않는다. 또한 슬라이딩 윈도우 프로토콜과 같은 흐름 제어 기능도 제공하지 않아, 버퍼 오버플로Buffer Overflow에 의한 데이터 분실 오류가 발생할 수 있다.

이와 같은 이유로 UDP를 사용해 데이터그램을 전송할 때는 오류 발생 가능성을 항상 염두에 두어야 한다. 오류 유형은 데이터가 목적지에 도착하지 못하는 데이터그램 분실과 데이터그램의 도착 순서가 바뀌는 도착 순서 변경으로 나뉜다.

데이터그램 분실

[그림 10-2]는 전송 과정에서 데이터그램을 분실하는 오류를 설명한다. 송신 프로세스가 전송한 데이터그램 4개가 첫 번째 라우터에서 두 번째 라우터로 전송되는 과정에서 3번 데이터그램에 오류가 발생하여 다음 라우터에 도착하지 못했다. UDP는 분실 오류를 복구하는 기능을 수행하지 않으므로, 수신 프로세스에는 1, 2, 4번 데이터그램만 도착한다. UDP에서 데이터그램 분실 오류가 발생하면 상위 계층 스스로 데이터 분실을 확인해 복구해야 한다.

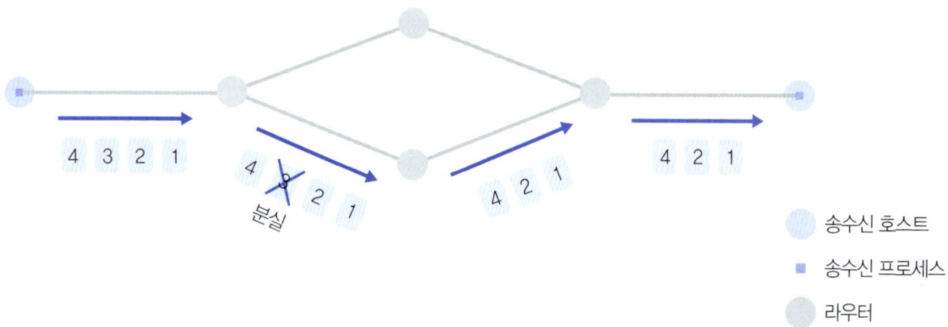

그림 10-2 데이터그램 분실

UDP 헤더 구조에서 알 수 있듯이, 데이터의 순서 번호 기능을 제공하지 않으므로 데이터그램 분실 여부를 확인할 수 없다. 따라서 응용 프로그램에서 데이터 분실을 감지하려면 순서 번호와 유사한 기능을 응용 프로그램 자체적으로 구현해야 한다.

도착 순서 변경

[그림 10-3]은 데이터그램의 전송 순서가 뒤바뀌어 수신 프로세스에 도착한 경우이다. UDP에서 각 데이터그램은 개별 전송 경로를 선택하여 독립적으로 이동한다. 따라서 [그림 10-3]처럼 1번과 2번 데이터그램은 아래쪽 경로로, 3번과 4번 데이터그램은 위쪽 경로로 전달될 수 있다. 또한 각 경로에서 데이터를 얼마나 빠르게 전송할 수 있는지도 예측할 수 없다. 그림에서 위쪽 경로를 선택한 3, 4번 데이터그램이 수신 프로세스에 먼저 도착하여 최종적인 도착 순서가 3, 4, 1, 2번으로 변경되었다.

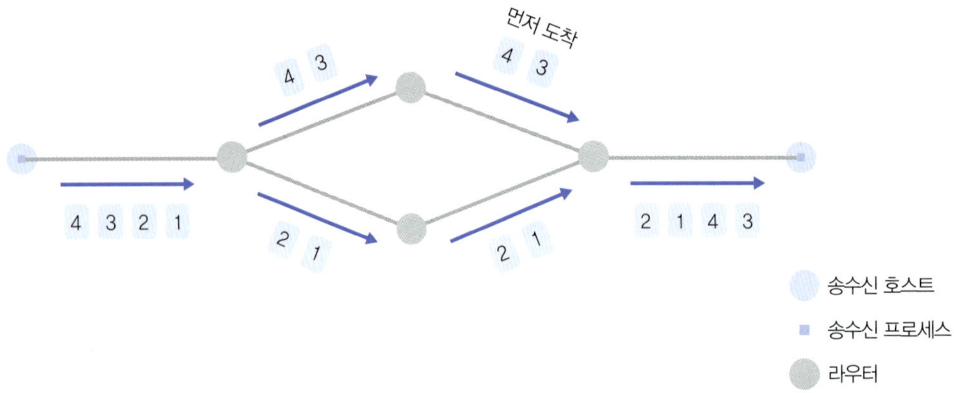

그림 10-3 도착 순서 변경

데이터그램 분실 오류의 경우와 마찬가지로 도착 순서 변경 오류를 해결할 수 없는 이유는 데이터의 순서 번호 기능이 없기 때문이다. 따라서 도착 순서 변경 오류를 해결하려면 UDP를 사용하는 응용 프로그램의 내부에 순서 번호 기능이 구현되어야 한다.

02 RTP 프로토콜

인터넷의 멀티미디어 서비스가 비디오, 오디오 파일 전체를 하나의 단위로 다운로드한 후에 재생하던 시대에서 실시간으로 다운로드하며 재생하는 시대로 바뀌었다. 특히 TV나 라디오 같은 방송 서비스뿐 아니라, 영화와 같은 동영상 서비스에도 이러한 경향이 일반화되었다. 멀티미디어 장비를 부착한 스마트폰의 인터넷 접속이 늘면서 인터넷으로 음성 전화 서비스가 보급되었고, 실시간 회의, 원격 수업, 메타버스 등과 같은 다양한 서비스가 폭넓게 발전하고 있다.

음성 · 영상 정보를 인터넷에서 실시간으로 서비스하면서 데이터그램 변형이나 분실 오류를 복구하는 기능이 상대적으로 덜 중요해졌다. 대신 데이터그램의 도착 순서, 수신한 패킷의 지연 간격(지터) 분포의 균일성과 데이터 압축에 의한 전송 정보량의 최소화가 중요해졌다.

인터넷에서 사용하는 기존의 TCP와 UDP는 실시간 서비스가 요구하는 전송 특성을 충분히 지원하지 못한다. TCP는 패킷의 순서와 신뢰성이 지나치게 강조되어, 재전송 기능과 복잡한 흐름 제어 기능으로 인해 실시간 환경에는 부적합하다. UDP는 기능이 단순하여 빠른 데이터 전송을 지원하지만, 데이터그램의 순서를 보장하지 못한다는 문제가 있다. 따라서 실시간 데이터 전송 서비스의 특성을 지원할 수 있는 새로운 형태의 프로토콜이 필요하다.

TCP와 UDP를 근간으로 인터넷 환경에서 실시간 서비스를 제공하는 가장 현실적인 방법 중 하나는 UDP에 데이터그램의 순서 번호 기능을 추가하는 것이다. 이러한 프로토콜의 대표적인 예가 실시간 멀티미디어 데이터의 전송을 지원하는 RTP^Real Time Protocol^이다. RTP는 유니캐스팅뿐 아니라 멀티캐스팅도 지원한다.

RTP의 특징은 다음과 같다. 첫째, 불규칙하게 수신되는 데이터의 순서를 정렬하기 위해 타임스탬프^Timestamp^ 방식을 사용한다. 둘째, 프로토콜의 동작이 응용 프로그램의 라이브러리 형태로 구현되는 ALF^Application Level Framing^ 방식을 사용하기 때문에, 프로토콜 내부에 위치하는 버퍼의 크기를 각 응용 프로그램마다 별도로 관리하기가 용이하다. 따라서 응용 환경이 요구하는 알고리즘에 따라 버퍼 크기를 개별적으로 조절할 수 있다.

RTP는 제한적인 형태로 실시간 응용 서비스를 제공하는 프로토콜이다. 자원 예약이나 QoS 보장과 같은 기능은 제공하지 못하므로 실시간 동영상 서비스를 지원하기에는 아직 부족한 면이 있다. 여기서는 RTP 프로토콜을 살펴봄으로써 실시간 서비스의 요구 조건과 관련 기술에 대한 이해를 높이고자 한다.

1 실시간 요구 사항

실시간 서비스는 일반 고속 통신 서비스와 구분되는 특징이 있다. 파일 전송, 전자 메일 같은 전통적인 인터넷 서비스 환경에서 가장 중요한 사항은 신뢰성이며, 부차적으로 전체 네트워크 시스템의 성능과 지연 문제가 다루어진다.

이에 비해 실시간 서비스는 전송 시간이 중요하다. 송신 프로세스가 전송한 데이터의 전송 간격이 수신 프로세스에 그대로 유지되도록 하는 것이 중요하며, 대부분 특정 데이터가 정해진 시간 안에 반드시 도착하도록 요구한다. 특정 시간을 초과하여 도착한 데이터는 결과적으로 무용지물이 되고 만다.

버퍼의 역할

[그림 10-4]는 전형적인 실시간 응용 환경에서 데이터를 전송하는 원리를 설명한다. 송신 호스트가 전송한 데이터는 데이터그램 사이의 시간 간격이 일정한 상태에서 출발하지만 인터넷을 거쳐 수신 호스트에 전달되는 과정에서 간격이 불규칙하게 변한다. 수신 호스트는 지연 버퍼를 이용하여 시간 간격을 일정하게 보정한 후에 수신 프로세스에 전달해준다.

수신 호스트에서 간격 보정을 위하여 지연 버퍼에 저장되는 시간이 필요하므로 수신 프로세스에 첫 번째 데이터가 전달되는 시점은 조금 늦춰진다. 지연 버퍼에 약간의 데이터를 미리 저장하는 버퍼링 작업이 필요하기 때문이다. 이때 실시간 재생에서 요구하는 일정 범위보다 너무 늦게 도착한 데이터는 재생할 수 없으므로 버려진다. [그림 10-4]에서 점선으로 표시한 데이터그램이 버려진 데이터에 해당한다.

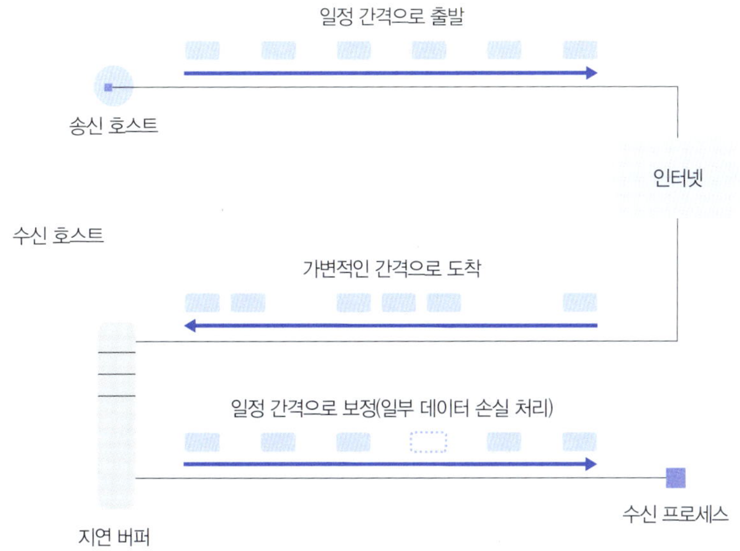

그림 10-4 **실시간 전송**

주어진 시간 안에 데이터 전송을 완료하기 위한 기본 조건은 전송 대역폭을 충분히 확보하는 것이다. 이를 일반적인 관점으로 표현하면 송수신 프로세스 사이의 지연Latency 시간에 관한 문제라 표현하기도 한다.

지연은 송신 호스트가 전송한 데이터의 출발 시간과 수신 호스트에 도착한 시간의 차이이다. 지연에 영향을 미치는 요소에는 앞서 언급한 대역폭뿐 아니라, 네트워크의 구조, 라우팅 방식, 전송 프로토콜의 종류 등 여러 가지가 있다.

지터

실시간 데이터를 전송하는 환경에서는 지터Jitter라는 중요한 변수를 고려해야 한다. 지터 분포는 데이터그램의 도착 시간을 측정하였을 때 각 데이터그램의 도착 시간이 일정하지 않고 불규칙적으로 도착하는 정도를 나타낸다.

[그림 10-5]는 지터에 대한 이해를 돕는 그림이다. (a)는 송신 호스트에서 전송 간격이 균일하게 출발했던 데이터그램이 수신 호스트에 도착할 때 간격이 일정하지 않음을 보여준다. 이러한 송수신 호스트 사이의 데이터그램 간격 차이를 (b)에 표시했는데, 이 분포를 지터라 한다.

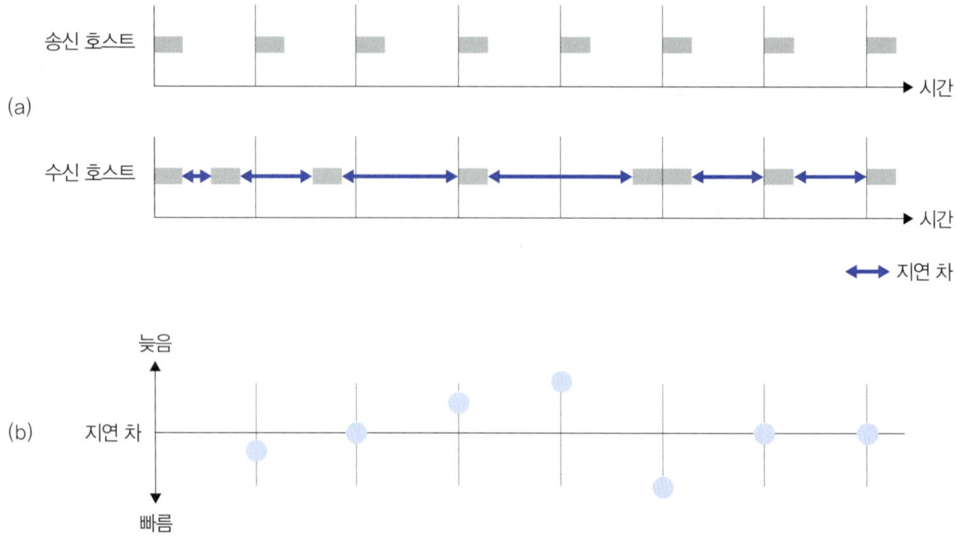

그림 10-5 지터 분포

데이터그램 사이의 간격이 송신 호스트의 출발 간격과 같으면 지연 차이가 없는 것이다. 간격이 벌어진 경우와 좁아진 경우를 각각 늦음과 빠름으로 표현하였다. 간격이 너무 벌어지면 데이터가 올바르게 전송되었어도 수신 프로세스에서 필요한 시간 이후에 도착한 것이므로 사용하지 못하고 버리게 된다.

2 RTP의 데이터 전송

[그림 10-6]은 RTP의 동작 원리를 설명한다. RTP는 실시간 서비스를 제공하기 위해 작고 빠른 전송 기능을 제공하는 UDP 위에서 구현된다. 따라서 비연결형 서비스를 제공하는 UDP의 데이터그램 분실이나 도착 순서 변경과 같은 전송 오류는 RTP 자체에서 해결한다. 그리고 UDP에서 제공하는 포트 주소 기능 등을 사용해 송수신 프로세스 간의 연결을 관리한다.

RTP는 [그림 10-6]처럼 하나의 완전한 프로그램 단위로 구현되지 않고, 기능별로 개별적으로 구현된다. 즉, 각 응용 서비스의 종류에 따라 요구 조건이 다른 기능들이 추가되는 형식으로 완전한 RTP 모듈이 완성된다. 이를 위해 RTP 헤더 부분에 첨삭이 용이하도록 설계된다. 그림은 비디오 데이터를 전송하는 데 필요한 인코딩 표준 모듈과 RTP의 관계를 설명한다.

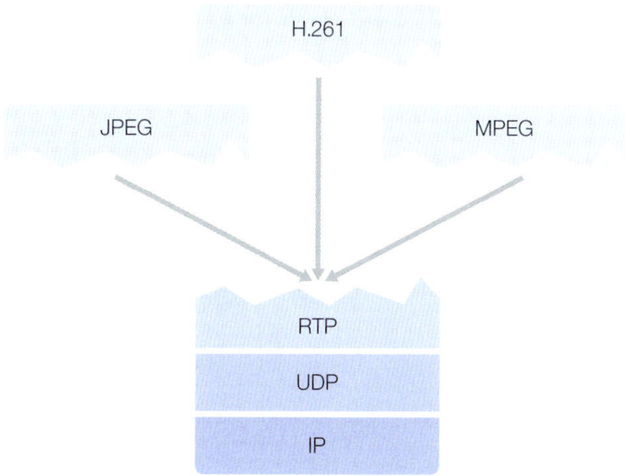

그림 10-6 RTP 구조

RTP는 다수의 사용자가 하나의 세션에 참여해 서로 실시간 데이터를 전송하도록 지원한다. RTP에서 의미하는 세션은 RTP 참가자 사이의 연관성으로 그룹을 형성하여 멀티캐스트 전송을 지원하기 위한 것이다.

RTP는 믹서와 트랜슬레이터라는 두 종류의 RTP 릴레이RTP Relay를 지원한다. 릴레이는 데이터 전송 과정에서 송수신 프로세스가 데이터를 직접 전송할 수 없는 상황이 발생했을 때, 데이터를 중개하는 기능이다. 예를 들어 송수신 프로세스 사이에 방화벽이 설치되거나 데이터 형식이 다를 경우, 릴레이가 필요한 처리를 수행하여 데이터 전송이 가능하도록 지원한다.

■ 믹서

믹서Mixer는 여러 송신 프로세스로부터 RTP 데이터그램 스트림을 받아 이들을 적절히 조합하여 새로운 데이터그램 스트림을 생성한다. 이 과정에서 데이터 형식이 변하거나 믹싱 기능이 수행될 수 있다. 특히 여러 송신 프로세스로부터 수신한 데이터의 시간 관계가 적절하게 조절되지 않을 수 있기 때문에 조합된 데이터그램 스트림에 시간 정보를 제공한다. 또한 자신이 해당 데이터그램의 시간 정보Synchronization를 제공했음을 표시해야 한다. 이렇게 만들어진 데이터그램 스트림은 여러 수신 프로세스에 전달된다.

■ 트랜슬레이터

트랜슬레이터Translator는 입력된 각 RTP 데이터그램을 하나 이상의 출력용 RTP 데이터그램으로 만들어주는 장치로, 이 과정에서 데이터 형식이 변할 수 있다. 예를 들어, 임의의 수신자 그룹에서 특정 수신 프로세스가 고해상도 비디오 신호를 처리할 능력이 없으면, 트랜슬레이터가 이를 저해상도 신호로 변환하여 수신 프로세스가 처리할 수 있도록 도와준다. 또 다른 예는 입력된 멀티캐스트 RTP 데이터그램을 복사하여 다수의 유니캐스트 수신 프로세스에 전송하는 기능이다.

스트림은 데이터그램을 연속으로 전송한다는 의미인데, 연속 데이터그램은 시간에 민감하다. 믹서는 데이터그램 스트림의 믹싱에 관한 문제를 다루는 반면, 트랜슬레이터는 스트림에는 관심이 없고 특정한 변환 작업을 수행한다.

3 RTP 헤더 구조

[그림 10-7]은 RTP 헤더RTP Header의 기본 구조이다. 여기에 응용 환경과 관련된 가변 크기의 헤더를 추가할 수 있다. 처음 12바이트의 정보는 모든 RTP 패킷에 존재하며, CSRC 구분자 목록은 믹서에 의해 추가되는 경우에 사용된다. RTP는 음성과 영상 데이터의 동기에 필요한 시간 정보와 데이터그램의 분실이나 도착 순서 변경 등의 오류를 검출하는 기능을 제공한다.

유니캐스트와 실시간 전송에 사용되는 RTP의 또 다른 특징은 멀티캐스트 전송도 가능하다는 것이다. 이를 위해 RTP 데이터 형식에는 멀티캐스트 그룹에서 누가 데이터를 전송했는지 확인하는 송신 구분자Source Identifier 필드가 존재한다. 또한 수신 프로세스에서 지연 버퍼를 사용해 타이밍 관계를 조절할 수 있도록 Timestamp 필드도 지원된다.

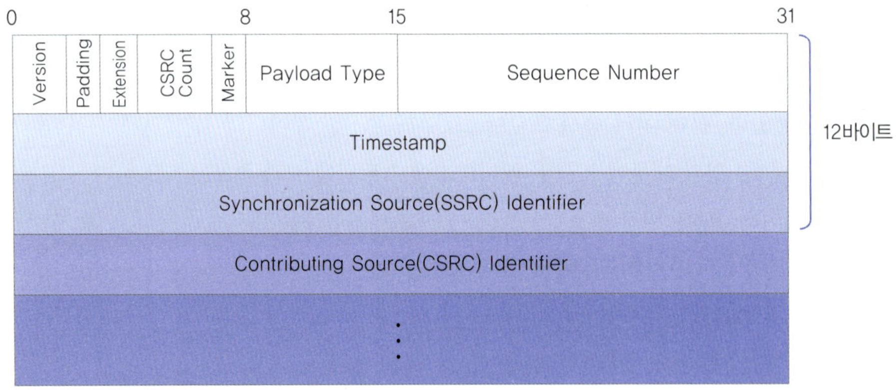

그림 10-7 RTP 고정 헤더의 구조

[그림 10-7]의 RTP 헤더에 정의된 각 필드의 의미는 다음과 같다.

- **Version(버전)**: RTP의 버전 번호이며, 현재 2로 지정된다.
- **Padding(패딩)**: RTP 페이로드의 마지막에 패딩 데이터가 존재하는지 여부를 나타낸다. 응용 환경에서 페이로드의 크기가 특정 크기의 배수가 되어야 할 때 사용한다.
- **Extension(확장)**: [그림 10-7]에 표기된 고정 헤더의 마지막에 확장 헤더가 더 이어짐을 의미한다.
- **CSRC Count(CSRC 개수)**: CSRC 구분자의 개수를 표시한다.
- **Marker(표식)**: 임의의 표식Marking을 위해 이용하므로, 페이로드 유형에 따라 값의 의미가 결정된다. 보통 데이터 스트림의 경계점을 표시하는 데 사용한다. 예를 들어, 비디오 페이로드에서는 프레임의 마지막을 표시하기 위하여 1로 지정된다.
- **Payload Type(페이로드 유형)**: 헤더 다음에 이어지는 RTP 페이로드의 유형을 나타낸다. 예를 들어, RTP 페이로드가 JPEG 영상인 경우에 그에 대해 표시할 수 있다. 페이로드의 내용은 음성과 영상 등의 형식을 포함한다. [표 10-1]은 RFC 1890에서 권고한 표준 오디오 · 비디오 인코딩의 일부이다.
- **Sequence Number(순서 번호)**: Timestamp 필드 값이 동일한 페이로드에 대해 패킷 손실이나 순서 변경과 같은 오류를 검출할 수 있도록 한다. 일반적으로 동시에 생성된 일련의 연속 패킷들은 동일한 Timestamp 값을 가지며, 순서 번호는 RTP 패킷 단위로 1씩 증가한다.
- **Timestamp(타임스탬프)**: RTP 페이로드에 포함된 데이터의 생성 시기를 나타낸다. 시간 단위는 페이로드의 종류에 영향을 받으며, 송신 프로세스에서 사용하는 클록에 의해 발생한다.
- **SSRC Identifier(SSRC 구분자)**: 임의의 세션 내에서 RTP 페이로드의 발신지가 어디인지를 구분하는 고유 번호로, 랜덤하게 생성되는 32비트 숫자이다.

고정 헤더의 뒷부분에는 CSRC Identifier 필드가 여러 개 존재할 수 있으며, 이는 믹서가 제공하는 구분자이다.

표 10-1 RFC 1890에서 권고한 표준 오디오 · 비디오 인코딩

페이로드	인코딩	페이로드	인코딩
0	PCMU audio	16~23	audio
1	1016 audio	24	video
2	G.721 audio	25	CelB video
3	GSM audio	26	JPEG video
4	audio	27	
5	DV14 audio	28	nv video
6	DV14 audio	29~30	video
7	LPC audio	31	H.261 video
8	PCMA audio	32	MPV video
9	G.722 audio	33	MP2T video
10	L16 audio	34~71	
11	L16 audio	72~76	Reserved
12~13	audio	77~95	
14	MPA audio	96~127	Dynamic
15	G.728 audio		

RTP 세션을 이용해 데이터를 전송할 때는 각 미디어가 별도의 RTP 세션을 사용한다. 즉, 오디오와 비디오 등의 데이터가 별도의 세션으로 전송된다. RTP 헤더는 오디오와 비디오 데이터의 동기에 필요한 시간 정보를 제공하며, 페이로드 유형 지정 방식을 사용하여 다양한 종류의 데이터와 압축 유형을 지정한다.

4 RTP 제어 프로토콜

RTP 제어 프로토콜을 RTP 데이터 전송 프로토콜과 구분하기 위해 RTCP^RTP Control Protocol^라 부른다. 데이터 전송 프로토콜은 세션 참가자 사이의 멀티캐스트 기능을 이용한 사용자 데이터의 전송을 담당하지만 RTCP는 제어와 관련된 기능을 수행한다.

RTCP는 RTP처럼 UDP를 하부 전송 계층으로 사용하며, 세션 참가자는 RTCP 패킷을 다른 모든 멤버에게 주기적으로 전송한다. RTCP에서 제공하는 주요 기능은 다음과 같다.

■ QoS(Quality of Service)와 혼잡 제어

RTCP는 세션에서의 데이터 분배 과정에서 발생하는 서비스 품질에 관한 피드백 기능을 지원한다. 즉, 멀티캐스팅 과정에서 세션 멤버의 데이터 송수신 과정이 어떻게 이루어졌는지를 판단하는데, 이를 위해서 송수신 프로세스가 관련 보고서를 작성한다. 송신 프로세스의 보고서에는 전송률 등의 정보가 포함되고, 수신 프로세스의 보고서에는 수신 과정에서 발생하는 패킷 분실이나 지터 등의 정보가 포함된다.

■ Identification(구분자)

RTCP 패킷에는 RTCP 송신 프로세스에 관한 구분자 정보가 포함되며, 서로 다른 세션에서 발신된 스트림 정보들을 서로 연관시키는 근거를 제공한다.

■ 세션 크기

RTCP의 기능이 올바로 동작하기 위해서는 세션 참가자들 사이에 RTCP 패킷이 주기적으로 전송되어야 한다. 세션 참가자의 수가 증가함에 따라 RTCP 패킷의 전송률은 감소할 수밖에 없다. RTCP 패킷의 트래픽이 많아지면 세션 전체의 트래픽도 증가하기 때문에 이를 제한하는데, 일반적으로 전체 세션 트래픽의 5% 이내로 유지되도록 알고리즘이 동작한다. 세션 참가자의 수가 적은 경우에도 최대 5초당 1 패킷 이상이 전송되는 것은 허용되지 않는다.

RTCP 패킷의 종류와 역할은 [표 10-2]와 같다.

표 10-2 패킷의 종류와 역할

종류	역할
Sender Report(SR), Receiver Report(RR)	데이터 전송 품질을 피드백하기 위한 목적으로 사용된다.
Source Description(SDES)	송신 프로세스가 자신에 대한 정보를 더 많이 제공할 수 있게 한다.
Goodbye(BYE)	송신 프로세스가 더 이상 존재하지 않음을 의미하고, 이를 통해 수신 프로세스가 송신 프로세스를 무한정 기다리지 않도록 한다. 즉, 상대편과의 통신상 문제가 네트워크 오류가 아닌 세션에 더 이상 참가하지 않기 때문임을 알려준다.
Applicationdefined Packet	응용 환경에 따른 기능을 점검하기 위해 제공된다.

03 OSI TP 프로토콜

OSI에서 정의한 TPTransport Protocol는 [표 10-3]과 같이 5개의 클래스로 서비스를 분류하여 지원한다. 클래스 0이 구조가 가장 단순하고, 클래스 번호가 커질수록 기능이 추가된다.

클래스 0과 1은 단일 포트를 지원하는 프로토콜이다. 클래스 0은 오류 검출 기능 없이 기본 전송 기능만 제공하고, 클래스 1은 패킷 손실 확인과 같은 간단한 오류 복구 기능을 지원한다.

표 10-3 OSI TP 프로토콜이 제공하는 서비스

클래스	제공하는 서비스
클래스 0	기본 기능
클래스 1	기본 오류 복구 기능
클래스 2	멀티플렉싱 기능
클래스 3	오류 복구, 멀티플렉싱 기능
클래스 4	오류 검출, 오류 복구, 멀티플렉싱 기능

클래스 2, 3, 4에는 목적지에서 다수 포트를 지원하는 멀티플렉싱 기능이 있다. 클래스 2는 오류 복구 기능을 지원하지 않지만, 클래스 3은 패킷 손실과 같은 간단한 오류를 확인할 수 있다. 클래스 4는 16비트의 체크섬을 이용해 헤더 오류를 확인할 수 있다. 즉, 데이터그램의 내용이 올바른지에 대한 더 완전한 형태의 오류 복구 기능을 지원한다.

1 서비스 프리미티브

TP가 상위 계층에 제공하는 전송 서비스에는 연결형과 비연결형이 있다. [표 10-4]에서 연결형 서비스를 이용하기 위한 연결 설정과 연결 해제는 T-CONNECT와 T-DISCONNECT로 정의된다. 데이터는 일반 데이터를 의미하는 T-DATA와 긴급 데이터를 의미하는 T-EXPEDITED-DATA로 정의된다. 전송 계층의 연결형 프로토콜은 상위 계층에 전송 오류가 없는 서비스를 제공하기 때문에 데이터에 대한 긍정 응답이나 부정 응답 프레임은 정의되지 않는다.

비연결형 서비스는 연결 설정과 해제 과정이 불필요하므로 데이터 전송을 위한 T-UNITDATA 프리미티브만 존재한다.

표 10-4 OSI TP의 서비스 프리미티브

프리미티	제공 서비스	프리미티	제공 서비스
T-CONNECT.request	연결 설정	T-DATA.request	데이터 전송
T-CONNECT.indication	연결 설정	T-DATA.indication	데이터 전송
T-CONNECT.response	연결 설정	T-EXPEDITED-DATA.request	긴급 데이터 전송
T-CONNECT.confirm	연결 설정	T-EXPEDITED-DATA.indication	긴급 데이터 전송
T-DISCONNECT.request	연결 해제	T-UNITDATA.request	비연결형 데이터 전송
T-DISCONNECT.indication	연결 해제	T-UNITDATA.indication	비연결형 데이터 전송

2 데이터 전송

[그림 10-8]은 서비스 프리미티브를 이용한 연결형 서비스의 동작 과정을 설명한다. 위에서부터 연결 설정, 데이터 전송, 연결 해제의 절차가 순서대로 표시되었으며, 왼쪽에서 오른쪽으로 요구가 발생하는 경우를 가정하였다.

먼저 T-CONNECT 요구는 연결이 정상적으로 설정되는 경우를 가정한 것이다. 연결 설정 요구를 받은 오른쪽에서 연결을 거부하면 연결이 설정되지 않는다.

T-DISCONNECT를 이용한 연결 해제는 한쪽의 요구에 의해 연결이 해제된다. 양쪽에서 동시에 연결 해제를 요구하는 경우에도 연결이 해제된다. 또한 송수신 프로세스의 의도와 상관없이 네트워크 내부에 특별한 상황(예: 네트워크의 특정 부분에 혼잡이 발생한 경우)이 발생하여 연결 해제 요구가 발생할 수도 있다.

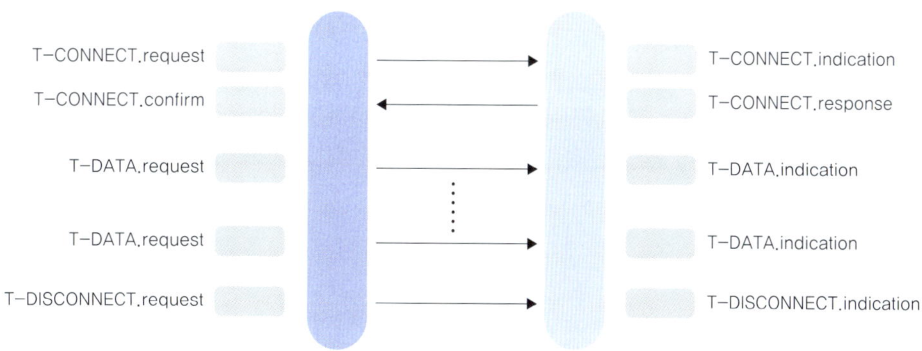

그림 10-8 OSI 프리미티브

요약

01 UDP 프로토콜

하부의 IP 프로토콜을 이용해 비연결형 서비스를 지원하는 UDP는 작지만 빠른 전송이 가능하다. 헤더와 전송 데이터에 대한 체크섬 기능을 제공하며, Best Effort 전달 방식을 사용하기 때문에 TCP보다 신뢰성이 떨어져 일반 응용프로그래머들 사이에서는 선호도가 낮은 편이다. 하지만 프로토콜을 처리하는 기능이 작아 TCP보다 데이터 처리가 빠르므로 데이터 전송 시간에 민감한 응용 환경에서는 UDP를 사용하는 것이 유리하다.

02 UDP의 데이터 전송

UDP는 비연결형 서비스를 이용하여 데이터그램을 전송하며, 각 데이터그램은 전송 과정에서 독립적으로 중개된다. 그리고 데이터그램이 목적지까지 도착할 수 있도록 최선을 다하지만, 반드시 목적지에 도착하는 것을 보장하지 않는다. 또한 슬라이딩 윈도우 프로토콜과 같은 흐름 제어 기능도 제공하지 않아, 버퍼 오버플로에 의한 데이터 분실 오류가 발생할 수 있다.

03 RTP 프로토콜

음성 · 영상 정보를 인터넷에서 실시간으로 서비스하면서 데이터그램 변형이나 분실 오류를 복구하는 기능이 상대적으로 덜 중요해졌다. 대신 데이터그램의 도착 순서, 수신한 패킷의 지터 분포의 균일성과 데이터 압축에 의한 전송 정보량의 최소화가 중요해졌다. TCP와 UDP를 근간으로 인터넷 환경에서 실시간 서비스를 제공하는 가장 현실적인 방법 중 하나는 UDP에 데이터그램의 순서 번호 기능을 추가하는 것이다. 이러한 프로토콜의 대표적인 예가 실시간 멀티미디어 데이터의 전송을 지원하는 RTP이다. RTP는 유니캐스팅뿐 아니라 멀티캐스팅도 지원한다.

04 지터

실시간 데이터를 전송하는 환경에서는 지터라는 중요한 변수를 고려해야 한다. 지터 분포는 데이터그램의 도착 시간을 측정하였을 때 각 데이터그램의 도착 시간이 일정하지 않고 불규칙하게 도착하는 정도를 나타낸다.

05 RTP의 데이터 전송

RTP는 실시간 서비스를 제공하기 위해 작고 빠른 전송 기능을 제공하는 UDP 위에서 구현된다. 따라서 비연결형 서비스를 제공하는 UDP의 데이터그램 분실이나 도착 순서 변경과 같은 전송 오류는 RTP 자체에서 해결한다. 그리고 UDP에서 제공하는 포트 주소 기능 등을 사용해 송수신 프로세스 간의 연결을 관리한다. RTP는 하나의 완전한 프로그램 단위로 구현되지 않고, 기능별로 개별적으로 구현된다. 즉, 각각의 응용 서비스의 종류에 따라 요구 조건이 다른 기능들이 추가되는 형식으로 완전한 RTP 모듈이 완성된다. 이를 위해 RTP 헤더 부분에 첨삭이 용이하도록 설계된다.

06 RTCP 프로토콜

RTP 제어 프로토콜을 데이터 전송 프로토콜과 구분하기 위해 RTCP라 부른다. 데이터 전송 프로토콜은 세션 참가자 사이의 멀티캐스트 기능을 이용한 사용자 데이터의 전송을 담당하지만 RTCP는 제어와 관련된 기능을 수행한다. RTCP는 RTP처럼 UDP를 하부 전송 계층으로 사용하며, 세션 참가자는 RTCP 패킷을 다른 모든 멤버에게 주기적으로 전송한다.

07 OSI TP 프로토콜

OSI에서 정의한 TP는 5개의 클래스로 서비스를 분류하여 지원한다. 클래스 0이 구조가 가장 단순하고, 클래스 번호가 커질수록 기능이 추가된다. 클래스 0과 1은 단일 포트를 지원하는 프로토콜이다. 클래스 0은 오류 검출 기능 없이 기본 전송 기능만 제공하고, 클래스 1은 패킷 손실 확인과 같은 간단한 오류 복구 기능을 지원한다. 클래스 2, 3, 4에는 목적지에서 다수 포트를 지원하는 멀티플렉싱 기능이 있다. 클래스 2는 오류 복구 기능을 지원하지 않지만, 클래스 3은 패킷 손실과 같은 간단한 오류를 확인할 수 있다. 클래스 4는 16비트의 체크섬을 이용해 헤더 오류를 확인할 수 있다.

01 UDP 프로토콜에 대한 설명으로 올바른 것을 모두 고르시오.

① IP 프로토콜을 이용해 전송 서비스를 지원하는 UDP는 작지만 빠른 전송이 가능하다.

② 연결형 서비스를 제공한다.

③ 헤더와 전송 데이터에 대한 체크섬 기능을 제공한다.

④ 전송한 데이터그램이 목적지까지 제대로 도착했는지 확인하지 않으므로 TCP보다 신뢰성이 높다.

02 UDP 헤더에 대한 설명으로 올바른 것을 모두 고르시오.

① Source Port/Destination Port 필드는 송수신 프로세스에 할당된 네트워크 포트 번호이다.

② 송수신 호스트에서 실행되는 네트워크 프로세스의 고유 구분자는 호스트의 MAC 주소와 프로세스 포트 번호의 조합이다.

③ Length 필드는 프로토콜 헤더를 제외한 UDP 데이터그램의 전체 크기이다.

④ Checksum 필드는 프로토콜 헤더와 데이터에 대한 체크섬 값을 제공하므로 수신 프로세스가 데이터그램 변형 오류를 감지할 수 있다.

⑤ 체크섬 기능은 옵션이므로 필드 값이 0이면 송신 프로세스가 체크섬 계산을 하지 않았다는 의미가 되어, 수신 프로세스는 체크섬으로 오류 검출 기능을 수행하지 않는다.

⑥ Length 필드는 크기가 16비트이므로 데이터그램의 최대 크기는 이론상 65,535바이트이다.

03 UDP 프로토콜의 데이터 전송에 대한 설명으로 올바른 것을 모두 고르시오.

① UDP는 비연결형 서비스를 이용하여 데이터그램을 전송하며, 각 데이터그램은 전송 과정에서 독립적으로 중개된다.

② 데이터그램이 목적지까지 도착할 수 있도록 최선을 다하지만, 반드시 목적지에 도착하는 것을 보장하지 않는다.

③ 슬라이딩 윈도우 프로토콜과 같은 흐름 제어 기능을 제공하므로, 버퍼 오버플로에 의한 데이터 분실 오류를 방지할 수 있다.

④ 오류 유형은 데이터가 목적지에 도착하지 못하는 데이터그램 분실과 데이터그램의 도착 순서가 바뀌는 도착 순서 변경으로 나뉜다.

04 UDP 프로토콜의 전송 오류에 대한 설명으로 올바른 것을 모두 고르시오.

① UDP는 분실 오류를 복구하는 기능을 수행하지 않으므로, 상위 계층 스스로 데이터 분실을 확인해 복구해야 한다.

② 데이터의 순서 번호 기능을 제공하지 않으므로 데이터그램 분실 여부를 확인할 수 없다.

③ UDP에서는 각 데이터그램이 동일 전송 경로를 선택하여 독립적으로 이동한다.

④ 데이터그램 분실 오류와 마찬가지로 도착 순서 변경 오류를 해결할 수 없는 이유는 데이터의 순서 번호 기능이 없기 때문이다.

05 RTP 프로토콜에 대한 설명으로 올바른 것을 모두 고르시오.

① 음성 · 영상 정보를 인터넷에서 실시간으로 서비스하면서 데이터그램 변형이나 분실 오류를 복구하는 기능이 상대적으로 덜 중요해졌다.

② 데이터그램의 도착 순서, 수신한 패킷의 지터 분포의 균일성과 데이터 압축에 의한 전송 정보량의 최소화가 중요하다.

③ RTP는 불규칙하게 수신되는 데이터의 순서를 정렬하기 위해 타임 스탬프 방식을 사용한다.

④ 프로토콜의 동작이 응용 프로그램의 라이브러리 형태로 구현되는 ALF 방식을 사용한다.

06 실시간 서비스의 요구 사항에 대한 설명으로 올바른 것을 모두 고르시오.

① 송신 프로세스가 전송한 데이터의 전송 간격이 수신 프로세스에 그대로 유지되도록 하는 것이 중요하며, 대부분 특정 데이터가 정해진 시간 안에 반드시 도착하도록 요구한다.

② 송신 호스트는 지연 버퍼를 이용하여 시간 간격을 일정하게 보정한 후에 수신 프로세스에 전달해준다.

③ 수신 호스트에서 간격 보정을 위하여 지연 버퍼에 저장되는 시간이 필요하므로 수신 프로세스에 첫 번째 데이터가 전달되는 시점은 조금 늦춰진다.

④ 전송 지연에 영향을 미치는 요소에는 대역폭뿐 아니라, 네트워크의 구조, 라우팅 방식, 전송 프로토콜의 종류 등 여러 가지가 있다.

07 RTP의 데이터 전송과 관련된 설명으로 올바른 것을 모두 고르시오.

① RTP는 실시간 서비스를 제공하기 위해 작고 빠른 전송 기능을 제공하는 TCP 위에서 구현된다.

② 데이터그램 분실이나 도착 순서 변경과 같은 전송 오류는 RTP 자체에서 해결한다.

③ RTP는 다수의 사용자가 하나의 세션에 참여해 서로 실시간 데이터를 전송하도록 지원한다.

④ RTP 릴레이는 데이터 전송 과정에서 송수신 프로세스가 데이터를 직접 전송할 수 없는 상황이 발생했을 때, 데이터를 중개하는 기능이다.

⑤ 트랜슬레이터는 여러 송신 프로세스로부터 RTP 데이터그램 스트림을 받아 이들을 적절히 조합하여 새로운 데이터그램 스트림을 생성한다.

⑥ 믹서는 입력된 각 RTP 데이터그램을 하나 이상의 출력용 RTP 데이터그램으로 만들어주는 장치로, 이 과정에서 데이터 형식이 변할 수 있다.

08 RTP 제어 프로토콜에 대한 설명으로 올바른 것을 모두 고르시오.

① 데이터 전송 프로토콜은 세션 참가자 사이의 멀티캐스트 기능을 이용한 사용자 데이터의 전송을 담당하지만 RTCP는 제어와 관련된 기능을 수행한다.

② RTCP는 RTP처럼 TCP를 하부 전송 계층으로 사용하며, 세션 참가자는 RTCP 패킷을 다른 모든 멤버에게 주기적으로 전송한다.

③ RTCP는 세션에서의 데이터 분배 과정에서 발생하는 서비스 품질에 관한 피드백 기능을 지원한다.

④ RTCP 패킷에는 RTCP 송신 프로세스에 관한 구분자 정보가 포함되며, 서로 다른 세션에서 발신된 스트림 정보들을 서로 연관시키는 근거를 제공한다.

⑤ RTCP 패킷의 트래픽이 많아지면 세션 전체의 트래픽도 증가하기 때문에 이를 제한하는데, 일반적으로 전체 세션 트래픽의 5% 이내로 유지되도록 동작한다.

09 OSI TP의 서비스 프리미티브에 대한 설명으로 올바른 것을 모두 고르시오.

① TP가 상위 계층에 제공하는 전송 서비스에는 연결형과 비연결형이 있다.

② 연결 설정과 연결 해제는 T-CONNECT와 T-DISCONNECT로 정의된다.

③ 데이터는 일반 데이터를 의미하는 T-UNITDATA와 긴급 데이터를 의미하는 T-EXPEDITED-DATA로 정의된다.

④ 비연결형 서비스는 연결 설정과 해제 과정이 불필요하므로 데이터 전송을 위한 T-DATA 프리미티브만 존재한다.

⑤ T-DISCONNECT를 이용한 연결 해제는 한쪽의 요구에 의해 연결이 해제된다.

10 UDP는 인터넷에서 사용하는 프로토콜 중 구조가 가장 간단하다. 하부의 IP 프로토콜을 이용해 (연결형, 비연결형) 서비스를 지원하는 UDP는 작지만 빠른 전송이 가능하며, 헤더와 전송 데이터에 대한 (①) 기능을 제공한다.

11 UDP 헤더의 Source Port/Destination Port 필드는 송수신 프로세스에 할당된 네트워크 (①) 번호이다. 네트워크 프로세스의 고유 구분자는 호스트의 (②)와 프로세스 (①) 번호의 조합이며, UDP와 TCP에서는 독립적으로 (①) 번호가 관리되고 할당된다.

12 UDP는 데이터그램이 목적지까지 도착할 수 있도록 최선을 다하지만, 반드시 목적지에 도착하는 것을 보장하지 않는다. 또한 (①) 프로토콜과 같은 흐름 제어 기능도 제공하지 않아, (②)에 의한 데이터 분실 오류가 발생할 수 있다.

13 실시간 서비스와 관련하여 송신 호스트가 전송한 데이터는 데이터그램 사이의 시간 간격이 일정한 상태로 출발하지만 인터넷을 거쳐 수신 호스트에 전달되는 과정에서 간격이 불규칙하게 변한다. 수신 호스트는 (①)를 이용하여 시간 간격을 일정하게 보정한 후에 수신 프로세스에 전달해준다.

14 RTP 릴레이는 데이터 전송 과정에서 송수신 프로세스가 데이터를 직접 전송할 수 없는 상황이 발생했을 때, 데이터를 중개하는 기능이다. (①)는 여러 송신 프로세스로부터 RTP 데이터그램 스트림을 받아 이들을 적절히 조합하여 새로운 데이터그램 스트림을 생성한다. (②)는 입력된 각 RTP 데이터그램을 하나 이상의 출력용 RTP 데이터그 램으로 만들어주는 장치로, 이 과정에서 데이터 형식이 변할 수 있다.

15 RTP 제어 프로토콜을 RTP 데이터 전송 프로토콜과 구분하기 위해 (①)라 부른다. 데이터 전송 프로토콜은 세션 참가자 사이의 멀티캐스트 기능을 이용한 사용자 데이터의 전송을 담당하지만 (①)는 제어와 관련된 기능을 수행한다.

16 OSI TP가 상위 계층에 제공하는 전송 서비스에는 연결형과 비연결형이 있다. 연결형 서비스를 이용하기 위한 연결 설정과 연결 해제는 (　①　)와 (　②　)로 정의된다. 데이터는 일반 데이터를 의미하는 T-DATA와 긴급 데이터를 의미하는 (　③　)로 정의된다. 비연결형 서비스는 연결 설정과 해제 과정이 불필요하므로 데이터 전송을 위한 T-UNITDATA 프리미티브만 존재한다.

17 다음 용어에 대하여 간단히 설명하시오.

- UDP의 Best Effort 전달 방식
- UDP 헤더의 Source Port
- 지연 버퍼
- 지터
- OSI TP의 T-UNITDATA 프리미티브
- OSI TP의 T-DATA 프리미티브

18 UDP 헤더 구조를 그리고, 각 필드의 의미를 설명하시오.

19 UDP에서의 데이터 분실 오류를 설명하시오.

20 UDP에서의 데이터 도착 순서 변경 오류를 설명하시오.

21 RTP의 필요성을 실시간 요구 조건과 관련하여 설명하시오.

22 지터 분포를 설명하시오.

23 RTP 헤더 구조를 그리고, 각 필드의 의미를 설명하시오.

24 OSI TP의 서비스 프리미티브를 연결 설정, 데이터 전송, 연결 해제 관점에서 설명하시오.

현장의 목소리 04

열정, 꿈, 최선 그리고 겸손

글 최성열_시스코시스템즈 코리아

아주 오래전, 세미나에서 기술적인 내용을 발표하다가 조금 다른 내용을 전달하고 싶어 쉬어가는 페이지에 열정Passion, 꿈Dream, Desire, 최선Best이라는 세 단어를 넣어 잠깐씩 소개한 적이 있다. 시간이 흘러 정말 중요한 한 가지를 알게 되었는데, 그건 바로 '겸손Modesty'이다.

경력이 10년이 되어 글로벌 회사에 이직할 때도 영문 이력서에 이 단어들을 나열하며 나를 표현하였다. 지금도 가슴이 뛰고, 다시 한 번 마음을 추슬러 꿈을 위해 나아가야겠다는 생각을 하게 만드는, 나에게는 정말 중요한 단어들이다.

열정(Passion)

칭찬은 고래를 춤추게 하지만, 어떤 일에 대한 열정은 그게 일이든 사랑이든 여러분을 이끌어주고 당겨줄 것이다. 게다가 열정의 힘은 다른 사람에게도 전파되어 '이 사람에게 일을 맡기거나 함께 일하면 믿음이 생겨. 나도 열심히 해야 할 것 같아'라는 재미있는 현상을 만들어낸다.

요즘 훌륭한 글로벌 CEO들은 한결같이 나이를 떠나 '열정'을 최우선으로 삼는다. 고민해봐야 한다. 여러분은 어떤가? 나 역시 열정을 품고 일하는 사람을 좋아한다.

꿈(Dream, Desire)

여러분의 꿈이 '난 누구나 알아주는 최고의 엔지니어가 될 거야', '난 세일즈 챔피언이 될 거야', '난 글로벌 회사의 CEO가 될 거야'인지, 아니면 '난 취업을 할 거야'인지 잘 생각해보자.

누군가 그랬다. 꿈은 커야 한다고. 현재 여러분이 꾸는 꿈이 너무 커 보이더라도 꾸준히 그 꿈을 생각하고 꿈을 이루기 위해 노력해보라. 완벽하게 이루어지지는 않더라도 꿈 근처에 다가갈 수는 있다. 필자의 경험이 이를 증명한다.

여러분의 꿈은 무엇인가? 없으면 책을 덮고 꿈부터 먼저 만들어보자. TCP/IP가 중요한 게 아니다. TCP/IP는 그 꿈을 이루기 위한 하나의 도구일 뿐이다.

최선(Best)

신입 사원 면접에서 크게 가진 것은 없지만 그냥 면접을 잘 봐서 꼭 입사하겠다는 굳은 의지를 보여준 친구가 있었다. 필자는 다소 까다로운 면접관에 속했는데 업무상 영어가 필요해 질문을 했다.

필자: 영어는 어느 정도인가요? 자기소개를 한번 해보시죠(쑥스러울까봐 영어로 물어봤다. 필자도 쑥스러웠지만).

지원자 : (순간 긴장하며) 네? 아, 네, 입사해서 부족하다고 생각이 들면 아침에 학원이라도 다닐 예정입니다.

그래서 다시 물었다. 요즘 시간이 어떠냐고. 크게 하는 일이 없어 보였다. 그때 나 같으면 영어 학원에 가서 살겠다는 생각을 해봤다. 한 6개월만 다니면 자기소개와 질문 몇 가지에는 쉽게 답할 수 있을 텐데. 입사해서 한다고? 시간이 될까? 필자처럼 평생 고생하게 될지도 모른다.

여러분의 현재 위치가 마음에 들지 않는다면, 외부적인 요인도 있겠지만 상당 부분은 스스로 게으르게 산 결과이다. 항상 최선을 다해 놀고, 일하고, 사랑하면 좋겠다.

겸손(Modesty)

세상에는 요즘 '엄친아(엄마 친구 아들)'라고 불리는 집안 좋고, 공부도 잘하며, 실력까지 좋은 사람이 많다. 그래서 연봉도 많이 받고, 실력을 인정받아 승승장구한다. 하지만 굳이 엔지니어가 아니더라도 겸손하지 않은 사람은 그리 오래가지 못한다는 게 필자의 지론이다. 물론 사회가 공평하지만은 않다고 항변할 수도 있지만 어쨌든 그렇지 않은 경우가 더 많지 않을까? 자신이 알고 있다고 해서 다른 사람을 무시하면 안 되고, 더 높은 자리에 있다고 해서 다른 사람의 의견을 일방적으로 무시하면 안 된다. 자신감 있는 태도는 좋지만 지나친 자신감은 '거만'이 될 수도 있다.

필자는 "자신의 꿈을 위해 불타는 열정으로 최선을 다해라. 단, 겸손하게"를 주장하고 싶은 걸까? 아니다. 실수도 하고, 그 실수에 울고 웃는 게 인생이다. 그래도 위에서 말한 네 가지는 항상 새겨두자. 다소 잔소리처럼 들릴 수도 있지만 필자가 사회생활을 처음 시작했을 때 누군가 해줬더라면 참 좋았을 텐데 싶은 이야기들이다. 물론 당시에 들었더라면 지금처럼 절실히 와닿지 않았겠지만 말이다.

Chapter

11

상위 계층

학습목표

- 세션 계층의 필요성과 세션 연결의 개념을 이해한다.
- 네트워크에서 데이터 표현의 일관성이 무엇인지 이해한다.
- 데이터를 압축하는 원리를 이해한다.
- 응용 환경에서의 클라이언트 · 서버 모델을 이해한다.

Preview

인터넷 환경에서 계층 4까지의 기능은 운영체제 내부에 구현된다. 따라서 TCP/IP 기능을 사용하기 위한 응용 프로그램에서는 계층 5, 6, 7을 묶음으로 작성하여 필요한 응용 기능을 만들어야 한다.

표현 계층은 원래 데이터의 표현에 대해 정의하려는 목적으로 표준화되었다. 오늘날 인터넷 사용 환경을 보면 대용량의 데이터 처리가 늘어나면서 데이터를 압축하고 암호화하는 기능이 매우 중요해졌다. 데이터 압축은 원래 데이터의 의미를 유지하면서 크기를 줄이는 기법이다. 이러한 기법을 통해 인터넷으로 유입되는 데이터의 양을 줄이는 방식으로 인터넷의 속도를 향상시킬 수 있다.

인터넷 응용 프로그램이 어떻게 TCP/IP 프로토콜과 연동되어 동작하는지를 이해하려면 세션 계층에 대한 이해가 필요하다. 세션 연결을 사용한 클라이언트 · 서버의 개념과 동작 원리는 상위 계층의 구조, 특히 응용 계층에서 중요한 역할을 수행한다.

10장에서는 상위 계층에 해당하는 세션 계층, 표현 계층, 응용 계층의 기본 기능에 대하여 학습한다. 세션 계층에서는 세션 개념을 통해 사용자 관점의 논리적 연결 개념을 이해할 수 있다. 표현 계층에서는 데이터 표현의 일관성에 대해 살펴보고 압축과 압축 해제의 원리에 대해서도 알아본다. 응용 계층에서는 사용자 환경에서의 클라이언트 · 서버 개념에 대하여 살펴본다.

01 상위 계층의 이해

인터넷에서 OSI 7계층 모델은 [그림 11-1]과 같이 TCP/IP를 기반으로 구현되고, 운영체제의 내부에 포함되는 계층 4 프로토콜에는 연결형 서비스의 TCP와 비연결형 서비스의 UDP가 있다. 네트워크 응용 프로그램에서는 시스템 콜을 사용해 TCP와 UDP 프로토콜을 실행하여 네트워크에 연결된 호스트 사이의 데이터 전송 기능을 수행한다.

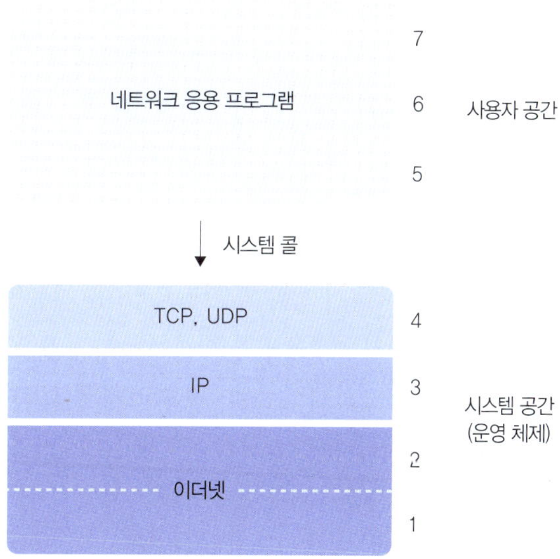

그림 11-1 TCP/IP 계층 구조

상위 세 계층인 세션 계층, 표현 계층, 응용 계층은 사용자 프로그램으로 구현되는데, 일반적으로 세 계층의 기능이 하나의 프로그램으로 묶여 구현된다. 예를 들어 텔넷, FTP, 전자 메일 등의 네트워크 응용 프로그램은 상위 세 계층의 기능을 함께하는 단일 프로그램이다. 특히, 세션 계층과 표현 계층의 기능은 프로그램에 구현되지 않거나, 구현된다 해도 단순하면서 비슷한 유형인 경우가 많다.

상위 3개의 계층이 통합된 네트워크 응용 프로그램은 응용 환경의 요구 조건에 따라 복잡도가 달라진다. 예를 들어 메타버스, 원격 수업 같은 경우 매우 복잡한 구조를 지니지만, 인터넷 채팅과 같은 프로그램은 아주 단순하게 작성될 수 있다. 응용 계층은 특정하게 규정할 수 없으며, 고속 통신의 발전, 스마트폰의 보급과 더불어 인공지능, 데이터 서비스 산업의 발전과 함께 활용 분야가 점점 확대되고 있다.

02 세션 계층

응용 환경에서 전송 계층이 제공하는 서비스를 손쉽게 이용하게 하려면 사용자의 논리적 관점을 고려하여 단순한 사용자 인터페이스를 제공해야 한다. 세션 계층Session Layer은 이러한 필요에 따라 도입되었으나 기능이 제한적이라 다른 계층보다 상대적으로 간단한 계층에 속한다.

1 세션 계층의 기능

세션 계층 프로토콜이 상위 계층에 제공하는 기능은 세션 연결의 설정과 해제, 세션 메시지 전송 등이다. 세션 연결은 응용 환경에서 두 응용 프로세스 간의 세션을 설정하기 위해 만든다. 하나의 응용 프로세스는 동시에 여러 세션 프로세스와 세션 연결을 생성할 수 있으며, 세션 연결이 설정되면 양쪽 프로세스가 세션 메시지를 송수신한다. 세션 사용을 종료하려면 세션 연결 해제 과정을 거쳐야 한다.

[그림 11-2]는 세션 연결과 계층 4 연결의 차이를 설명한다. 예를 들어 인터넷에서 파일을 다운로드하는 과정에서 TCP 연결이 끊기면 파일 전송이 중단된다. 이때 세션 기능이 없으면 서버와 다시 연결하여 처음부터 파일을 다운로드해야 한다. 세션 기능은 계층 4 연결이 끊겼을 때, 이를 복구하여 이전에 다운로드한 내용 이후부터 연속해서 전송받을 수 있는 기능을 제공한다. 이를 위해서는 계층 4 연결이 끊긴 상태를 파악하고, 연결을 다시 설정하여 복구하는 절차가 필요하다.

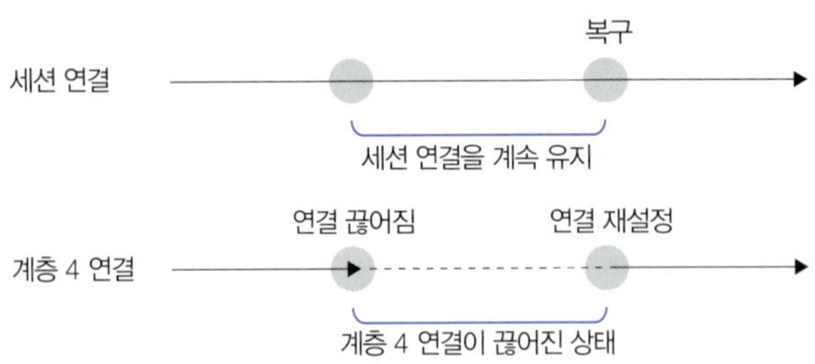

그림 11-2 세션 연결

세션 계층에서 제공하는 가장 중요한 기능은 동기Synchronization 문제를 처리하는 것이다. 동기 기능은 통신 양단에서 서로 동의하는 논리적인 공통 처리 지점, 즉 동기점을 지정하기 위해 사용한다. 동기점을 설정하는 이유는 메시지 전송 과정에서 발생하는 오류를 복구하기 위해서이다. 즉, 동기점이 설정된 시점 이전까지는 통신 양단이 서로 완벽하게 처리했음을 합의했다는 의미이다. 따라서 오류가 발생했을 때 동기점 이전 과정은 복구할 필요가 없다.

세션 연결을 사용한 메시지 전송 과정을 의미하는 대화Dialogue 단계에서 오류가 발생하면, 이전에 설정한 동기점까지는 복구할 수 있다. 따라서 시간 경과에 따라 순차적으로 동기점을 부여해 신뢰성 보장 기능을 단계적으로 구현할 수 있다. 또한 현재 진행 중인 대화를 의도적으로 정지시키고 동기점을 설정하여 나중에 해당 지점에서 작업을 이어서 진행할 수도 있다.

2 토큰

세션 계층은 두 응용 프로세스의 대화를 관리하려고 토큰Token이라는 특수 메시지를 사용한다. 토큰을 보유한다는 것은 해당 토큰에 부여된 특정한 권리를 배타적으로 소유한다는 의미이다.

토큰 종류

세션 계층에서 제공하는 토큰은 크게 네 가지로 데이터 토큰, 해제 토큰, 동기 토큰, 액티비티 토큰이 있다. 액티비티 토큰은 동기 기능을 설명하면서 다루기로 하고, 다른 세 가지 토큰에 대해서 간단히 알아보자.

■ 데이터 토큰

데이터 토큰Data Token은 데이터를 전송할 수 있는 권리를 제공한다. 따라서 세션 사용자가 데이터를 전송하려면 반드시 데이터 토큰을 먼저 획득해야 한다. 데이터 토큰을 하나만 사용하면 통신 양단 중 한쪽에서만 데이터를 전송할 수 있다. 그러므로 데이터 토큰을 응용 프로그램 간의 반이중 전송을 지원하는 목적으로도 이용할 수 있다.

■ 해제 토큰

해제 토큰Release Token은 통신 양단 간의 연결 해제 과정을 제어하기 위해 사용한다. 임의의 사용자가 연결을 해제하려면 해제 토큰을 획득해야 한다.

■ 동기 토큰

동기 토큰Synchronization Token은 세션 연결을 사용하는 과정에서 동기 처리가 필요한 지점에 사용한다.

토큰과 동기점

세션 계층의 역할을 설명하기 위해 응용 프로세스 간의 대용량 파일 전송을 생각해보자. 큰 파일을 통째로 전송하는 것보다 작은 단위로 나누어 전송하는 것이 전송 오류에 쉽게 대처할 수 있다. 큰 파일 전체를 하나의 단위로 전송하면 오류가 발생하였을 때 전체 파일을 처음부터 다시 전송해야 한다. 그러나 논리적으로 작은 단위로 나누어 전송하면 전송 오류가 발생한 부분만 재전송하면 된다.

논리적으로 큰 파일을 작은 단위로 나누는 과정이 동기점Synchronization Point을 부여하는 것이라 할 수 있다. 큰 파일을 물리적으로 나누지 않고 파일을 전송하는 중간중간에 동기점을 부여함으로써, 송수신 프로세스가 해당 위치까지는 데이터 전송이 완료되었다는 것에 합의할 수 있다. 따라서 전송 과정에서 하위 계층의 연결이 끊겨도 전체 파일을 재전송하지 않고, 가장 가까운 지점에 설정한 동기점 이후의 데이터만 복구하면 된다.

동기점을 부여하기 위한 동기 토큰은 크게 두 가지이다. 하나는 특정 대화 단위를 구분하는 주동기 토큰Major Token 혹은 액티비티 토큰Activity Token이고, 다른 하나는 대화 단위 내에서 다시 작은 부분으로 나누어 처리하는 부동기 토큰Minor Token이다.

3 동기

세션 계층에서 제공하는 주요 기능인 동기Synchronization는 세션 연결을 사용해 데이터를 주고받다가 오류가 발생했을 때, 이를 효과적으로 복구할 수 있게 해준다.

재동기 기능

동기점은 데이터를 전송할 때 특정 지점에서 복구할 수 있도록 통신 양단 간의 합의로 지정된다. 세션 계층의 상위 계층에는 적절한 구간으로 나뉜 지점에 동기점을 부여하고, 오류가 발생하면 해당 지점으로 돌아가 복구하는 기능이 구현되어야 한다. 이때 동기점을 이용한 일련의 복구 과정을 재동기Resynchronization라 한다.

[그림 11-3]처럼 동기점은 주동기점과 부동기점으로 나뉘고, 주동기점 간의 전송 단위는 대화로 정의된다. 주동기점은 두 세션 프로세스 사이에 교환되는 대화의 한 단위가 완료되는 지점에서 설정된다. 부동기점은 대화 단위 내의 작은 부분에서 설정된다.

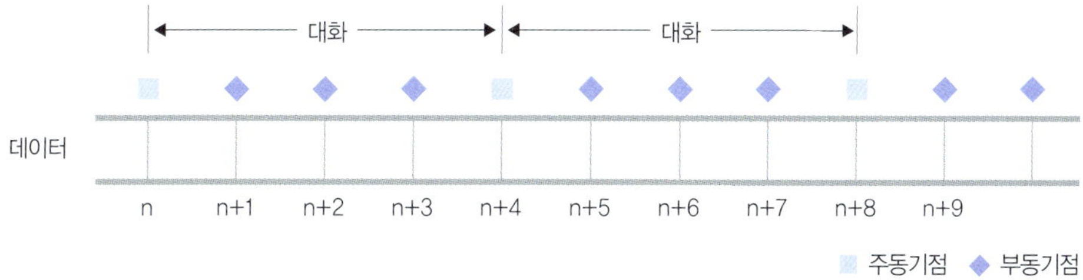

그림 11-3 동기점의 역할

동기점을 주동기점과 부동기점으로 구분하는 이유는 다음과 같다. 부동기점에서는 복구에 필요한 백업 정보의 처리량을 주동기점보다 상대적으로 적게 하여 복구에 소요되는 부담을 최소화한다. 그러나 부동기점에 저장된 백업 정보로는 오류 복구가 완벽하게 이루어지지 않을 가능성이 있다. 이전 부동기점에서 복구가 불가능하면 바로 앞의 부동기점으로 이동하는 과정을 반복하면서 복구 과정이 진행된다. 이런 부동기점의 복구 절차가 진행되어도 복구 절차는 완전하게 이루어지지 않을 수 있다.

재동기 처리는 앞서 설명한 것처럼 직전의 부동기점으로 이동하는 과정을 반복하면서 진행되는데, 어떠한 경우에도 주동기점의 경계를 넘어 되돌아가지 않는다. 왜냐하면 세션 계층에서 주동기점이 부여된다는 것은 해당 지점까지 데이터 전송이 완벽하게 이루어졌다는 뜻이므로 주동기점 이전의 복구 과정은 불필요하기 때문이다. 또한 재동기를 할 때 부동기점에서 복구가 이루어지지 않으면 여러 부동기점을 순차적으로 후퇴하면서 복구 기능을 수행한다고 했다. 이는 부동기점에 보관되는 정보가 논리적으로 상호 배타적인 내용을 포함하고 있음을 의미한다.

액티비티 기능

동기의 또 다른 기능으로 액티비티Activity가 있다. 액티비티는 세션 프로세스 사이에 논리적으로 설정되는 단위이며, 내용이 상호 독립적이다. 예를 들어, 파일 여러 개를 전송할 때 각 파일은 하나의 액티비티로 처리되며, 처리 과정에서 주동기점과 부동기점이 부여된다. 액티비티 단위의 시작과 끝의 표시는 주동기점의 설정과 동일한 효과를 나타낸다.

4 세션 연결

세션 계층에서 제공하는 연결은 상위 계층의 응용 프로세스가 다른 응용 프로세스에 세션을 설정하기 위해 사용한다. 즉, 초기 연결 과정에서 CONNECT 요구가 발생하면 세션 계층은 이를 전송 계층 프리미티브인 CONNECT 요구로 변환하여 전송 계층을 통해 상대편 세션 사용자에게 전달한다.

다중 세션 연결을 지원하는 서버

[그림 11-4]처럼 임의의 네트워크 서비스를 제공하는 서버 프로세스가 다수의 클라이언트 프로세스에 동시에 여러 세션 연결을 설정할 수 있다. 클라이언트 프로세스와 설정된 개별 세션들은 논리적으로 서로 연관이 없는 독립적인 연결이다.

다중 세션을 지원하는 클라이언트 · 서버 환경은 서버가 제공하는 서비스 시간이 짧은 응용 환경에서 유용하다. 만일 클라이언트와 서버 사이의 서비스 이용 시간이 길어지면 특정 클라이언트와 세션 연결이 길게 유지되므로 다른 클라이언트의 대기 시간이 무한정 증가된다는 단점이 있다.

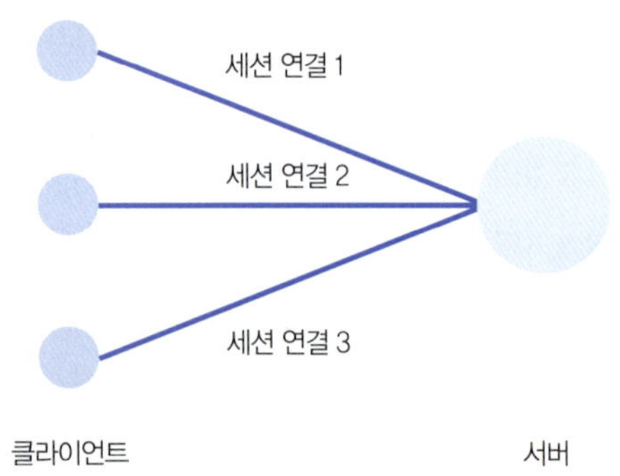

그림 11-4 다중 세션 연결을 지원하는 서버

단일 세션 연결을 지원하는 서버

다중 세션 연결 방식의 문제를 해결하려면 서버 프로세스 하나가 클라이언트 프로세스 하나와 세션 연결을 설정해 통신해야 한다. 이런 경우에 여러 클라이언트를 동시에 지원하려면 [그림 11-5]와 같이 복사된 하위 서버 프로세스를 여러 개 만들어야 한다.

[그림 11-5]처럼 작은 원으로 그려진 하위 서버 프로세스는 하나의 세션 연결을 사용해 클라이언트와 통신한다. 클라이언트 프로세스는 하위 서버 프로세스와 연결하기 위해 최초의 연결 설정은 대표 서버에 시도한다. 이는 기술적으로 대표 서버의 포트 주소가 Well-known 포트로 할당되므로, 클라이언트가 연결 주소를 알기 때문이다. 하위 서버는 처리 과정에서 만들어지므로 포트 번호를 Well-known 포트로 지정하기 어렵다. 대표 서버는 하위 서버 프로세스를 새로 실행시키고, 연결을 요청한 클라이언트와 세션을 연결해준다.

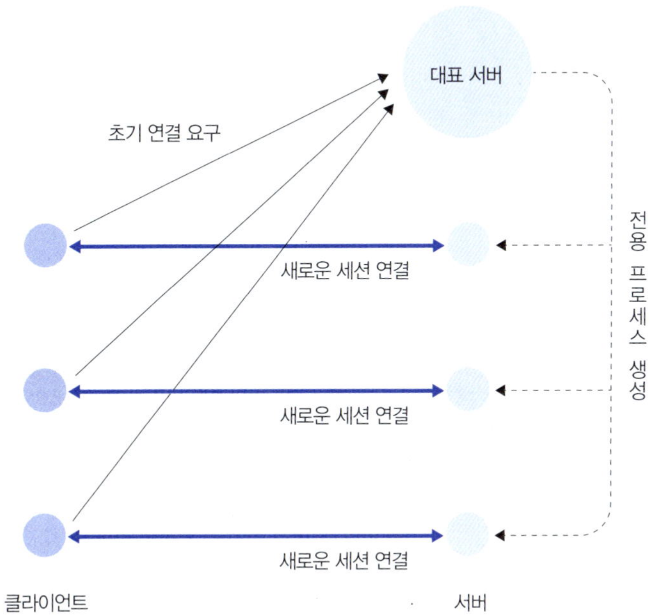

그림 11-5 단일 세션 연결을 지원하는 서버

이 방식의 단점은 클라이언트의 개별 요구마다 하위 프로세스를 생성하기 때문에 초기 서비스 환경 구축에 따른 오버헤드가 증가한다는 점이다. 즉, 프로세스를 새로 생성하고 실행 상태로 만들어주는 데 걸리는 시간이 길어 서비스 시간이 짧은 응용 환경에서는 사용하지 않는다. 대신 클라이언트가 서비스를 받으려고 무한정 기다리는 현상은 발생하지 않는다.

일반적으로 텔넷, FTP 등과 같이 대부분의 TCP/IP 서비스는 단일 세션 연결 방식을 사용하며, 대표 서버의 주소는 Well-known 포트로 설정된다.

03 표현 계층

표현 계층Presentation Layer은 응용 프로세스 사이에 전송되는 메시지의 표현 방법을 다룬다. 즉, 표현 계층 프로토콜의 전송 메시지에 표현된 문법Syntax 내용을 통신 양단의 프로세스가 해석하는 기능을 제공함으로써, 송신 프로세스가 전달하는 의미Semantic를 수신 프로세스에서 정확히 이해할 수 있게 한다.

1 데이터 표현

일반적으로 응용 환경에서 데이터를 표현하는 방법은 컴퓨터마다 다르다. 예를 들어, 문자를 표현하는 방법은 ASCII 코드와 EBCDIC 코드를 사용하는 방법으로 나뉘는데, 서로 다른 코드를 사용하는 컴퓨터끼리 통신하려면 문자 코드를 변환하는 과정이 필요하다.

추상 문법

[그림 11-6]과 같이 컴퓨터에서 사용하는 데이터 표현 규칙인 추상 문법Abstract Syntax으로 표현된 의미를 올바르게 송수신하려면 메시지를 전송하기 전에 변환해야 한다. 즉, 특정 호스트에 독립적이면서 네트워크 전체에서 일관성 있는 새로운 표현 규칙인 전송 문법Transfer Syntax으로 변환하여 전송한다. 이렇게 함으로써 전송 선로를 통해 교환되는 데이터는 공통의 표현 규칙인 전송 문법으로 표현된다. 반대로 네트워크에서 데이터를 수신할 때는 전송 문법의 데이터를 자신이 이해하는 추상 문법으로 변환한다.

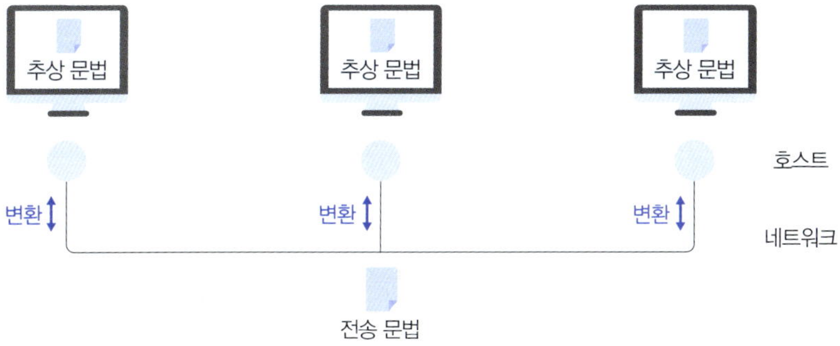

그림 11-6 추상 문법과 전송 문법

ASN.1

ISO는 분산 환경에서 표현되는 데이터를 정의하기 위한 일반적인 추상 문법으로 ASN.1 Abstract Syntax Notation Number 1을 정의하였다. ASN.1은 응용 환경에서 폭넓게 사용된다. [그림 11-7]과 같이 PASCAL, C 언어용 코드를 생성하는 ASN.1 컴파일러도 존재한다.

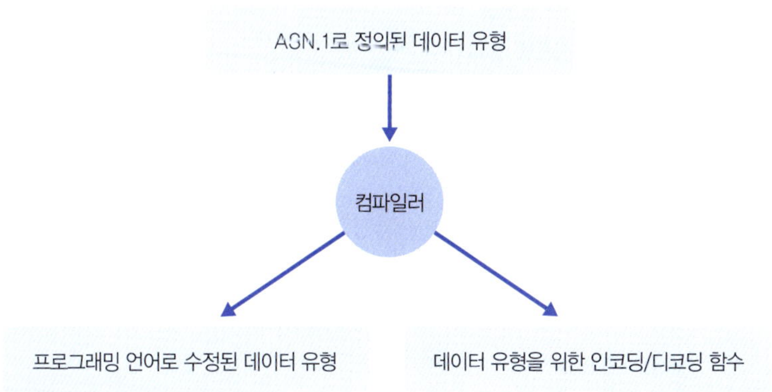

그림 11-7 ASN.1 컴파일러

ASN.1 규격은 응용 계층의 문법 규칙뿐 아니라, PDU Protocol Data Unit의 구조를 정의하도록 만들어졌다. ASN.1의 기본 목적은 변수 선언과 관련된 데이터형의 정의인데, 일반 프로그래밍 언어에서 사용하는 방식과 비슷한 문법 형식을 지원한다.

ASN.1 규약에서는 [표 11-1]과 같이 네 가지 유형의 클래스를 지원한다.

표 11-1 ASN.1 규약에서 지원하는 클래스 유형

유형	설명
UNIVERSAL	일반 데이터형
CONTEXT-SPECIFIC	특정 컨텍스트(Context)와 관련된 유형
APPLICATION	응용 개체의 공통 유형
PRIVATE	사용자 정의 유형

ASN.1의 UNIVERSAL 클래스

UNIVERSAL 클래스는 일반 데이터형을 정의한다. 이와 관련된 데이터는 기본형Primitive과 구조형Constructured으로 나뉜다.

기본형은 [표 11-2]와 같이 BOOLEAN, INTEGER 등의 단위형과 단위형의 연속적인 배열인 연속형String으로 구성된다. NULL은 변수형을 정의하지 않은 경우에 사용되며, ANY는 변수형이 다른 곳에서 정의되는 경우에 사용된다.

표 11-2 UNIVERSAL 클래스의 일반 데이터형: 기본형

변수형	의미
BOOLEAN	참, 거짓
INTEGER	정수형 숫자
BITSTRING	비트들의 연속
OCTSTRING	옥텟들의 연속
IA5String/GraphString	-
NULL	변수형 미정의
ANY	변수형을 다른 곳에서 정의

다음은 기본형을 사용해 유형을 정의한 예이다. 각 행의 왼쪽이 변수 이름이고, 오른쪽이 변수형이다. 예를 들어, 변수 StudentNumber는 INTEGER형을 지원하므로 정수 숫자를 보관한다. 일반 프로그래밍 언어와 표현 방법이 일부 다르지만, 변수형과 이름으로 구성되는 조합은 같다.

```
StudentNumber ::= INTEGER
Name = IA5String
MaleFemale ::= BOOLEAN
EntranceRight ::= BITSRING {accept(0), reject(1)}
PersonalInformation ::= OCTETSTRING
```

UNIVERSAL 클래스의 또 다른 유형인 구조형은 기본형이나 다른 구조형을 하나 이상 조합해 정의한다. [표 11-3]과 같이 키워드를 사용해 표현한다.

표 11-3 UNIVERSAL 클래스의 일반 데이터형: 구조형

변수형	의미
SEQUENCE	순서대로 나열한 임의 유형의 집합(고정 크기)
SEQUENCEOF	순서대로 나열한 동일 유형의 집합(고정/가변 크기)
SET	순서 없이 나열한 임의 유형의 집합(고정 크기)
SETOF	순서 없이 나열한 동일 유형의 집합(고정/가변 크기)
CHOICE	미리 정의된 유형 집합에서 선택한 순서가 없는 유형 집합(고정 크기)

다음은 구조형을 사용한 예이다. 이는 C 프로그래밍 언어의 구조체와 같은 역할을 한다.

```
Student Record ::= SEQUENCE {
        StudentNumber INTEGER,
        Name IA5String,
        MaleFemale BOOLEAN
}
```

ASN.1의 태그

구조형에 선언된 변수를 개별적으로 사용하려고 태깅Tagging 기능을 지원한다. 태깅 기능을 사용하려면 각 변수에 태그Tag를 부여해야 하는데, 이는 일반 프로그래밍 언어의 배열에서 사용하는 인덱스와 기능이 유사하다. 태그는 다음 세 가지 방법으로 선언한다.

- CONTEXT-SPECIFIC: 태그의 범위가 현재 구조형에 한정되어 적용됨
- APPLICATION: 태그의 범위가 전체 응용 컨텍스트에 적용됨
- PRIVATE: 태그의 범위가 해당 사용자에게 적용됨

다음은 태그 사용의 예이다. StudentNumber는 유형을 정의하는 다른 곳에서 이용할 수 있고, 기타 변수는 현재 유형에서만 이용된다.

```
Student Record ::= SEQUENCE {
        StudentNumber [APPLICATION 1] INTEGER,
        Name [1] IA5String,
        MaleFemale [2] BOOLEAN
}
```

데이터 압축과 보안

표현 계층에서 다루는 기능에는 전송되는 데이터의 양과 관련된 부분이 있다. 전송 데이터양이 많으면 그대로 송신하는 것보다 원래 의미를 유지하는 범위 내에서 크기를 줄이는 것이 효율적이다. 표현 계층은 이를 위해 압축Compression 기능을 수행한다.

인터넷 보안과 관련하여 중요하게 다루어지는 암호화Encryption 기능도 표현 계층에 속한다. 암호화는 데이터를 송수신하는 당사자 외의 제3자에게 부당하게 정보가 유출되거나 왜곡되는 현상을 방지한다. 특히 모든 사람에게 개방적인 현대 인터넷 환경에서는 보안이 아주 중요하다.

2 데이터 압축

네트워크 사용자에게 전송되는 데이터의 신뢰성과 함께 전송 속도도 중요한 고려 사항이다. 인터넷 환경에서는 대용량 멀티미디어 데이터를 많이 다룬다. 특히 대용량 실시간 데이터는 전송할 때 데이터의 신뢰성보다 시간 특성이 더 강조된다.

대용량 데이터는 압축Compression하여 크기를 줄인 후 전송하는 것이 전송 속도 면에서 유리하다. 데이터의 압축 정도는 원래 데이터 패턴에 영향을 받는데, 중복 정보가 많으면 압축률이 높지만 그렇지 않은 경우는 낮다. 예를 들어, 이미 압축된 데이터를 다시 압축하는 것은 무의미하다. 압축된 데이터의 내용에는 중복 정보가 더 이상 없다고 보아야 하기 때문이다.

동일한 데이터에 어떤 알고리즘을 적용하느냐에 따라 압축률이 달라진다. 이는 원래 데이터에 포함된 정보의 특성을 미리 알면 더 효과적으로 압축할 수 있다는 의미이다. 따라서 일반적으로 가장 좋은 압축 알고리즘이란 없으며, 데이터의 특성에 맞는 알고리즘을 사용하는 것이 중요하다.

연속 문자 압축

[그림 11-8]의 (a)는 T라는 문자를 모자이크 형태로 형상화한 정지 영상 데이터이다. 가로 18바이트, 세로 10바이트 크기의 도화지에 X와 O 문자를 사용해 T 문자를 그림 형식으로 표현하였다. 이 데이터를 압축 없이 전송하면 단순한 산술 계산으로도 18×10=180바이트의 데이터를 전송해야 한다. 하지만 그림을 보면 X와 O 문자가 특정 위치에서 반복되고 있다. 특정 문자가 몇 번 반복된다는 표현 기법을 사용하여 압축하면, 원래 의미를 유지하면서 데이터 크기를 줄일 수 있다.

```
XXXXXXXXXXXXXXXXXX
XXXXOOOOOOOOOOXXXX
XXXXOOOOOOOOOOXXXX
XXXXXXXXOOXXXXXXXX
XXXXXXXXOOXXXXXXXX
XXXXXXXXOOXXXXXXXX
XXXXXXXXOOXXXXXXXX
XXXXXXXXOOXXXXXXXX
XXXXXXXXOOXXXXXXXX
XXXXXXXXOOXXXXXXXX
```

(a) 원본 데이터

pattern	count
X	22
O	10
X	8
O	10
X	12
O	2
X	16
O	2
X	16
O	2
X	16
O	2
X	16
O	2
X	16
O	2
X	16
O	2
X	8

(b) 압축 데이터

그림 11-8 데이터 압축 예

데이터를 압축하는 알고리즘은 다음과 같이 간단한 방식으로 구현할 수 있다. 먼저 send_data라는 구조체를 정의하는데, pattern 변수는 원래 데이터에 포함된 문자의 코드 값([그림 11-8]의 (a)에서 X, O 문자의 ASCII 코드 값)을, count 변수는 해당 문자 패턴이 연속해서 몇 번 반복하는지를 나타낸다.

```
struct send_data {   /* 그림 크기를 18×10으로 가정, 크기는 3바이트 */
      char pattern;  /* 원래 데이터에 포함된 임의의 패턴 */
      short count;   /* pattern에 보관된 데이터의 반복 횟수 */
}
```

[그림 11-8]의 (a) 데이터를 압축한 데이터 패턴은 (b)와 같다. 첫 번째 행부터 마지막 행까지 왼쪽에서 오른쪽으로 임의의 패턴이 몇 번 반복하는지를 순서대로 기록한 것이다. 압축 데이터는 send_data 구조체의 크기인 3바이트의 정보가 19행으로 표시된다. 따라서 크기는 3×19=57바이트이고, 원본 데이터보다 180-57=123바이트 줄었다. 한편 압축 데이터의 내용에는 {O, 2, X, 16}의 내용이 여러 번 반복되는데, 이 내용은 다시 적절한 알고리즘을 사용해 추가로 압축할 수 있다.

[그림 11-8]의 (b)와 같은 압축 데이터를 이용해 (a)와 같은 원본 데이터를 얻는 과정을 압축 해제Decompression라 한다. 압축 해제 과정은 (b)의 내용을 토대로 18×10의 밑그림 위에 send_data 구조체의 pattern 내용을 count만큼씩 표시하는 것으로 (a)를 복원할 수 있다.

앞서 소개한 알고리즘은 동일 패턴이 많이 반복되는 데이터를 압축할 때는 매우 효과적이지만 동일 패턴이 없으면 압축 데이터가 오히려 커질 수 있다. 따라서 압축 효율은 압축 알고리즘과 원래 데이터의 상관관계에 영향을 받는다.

손실 · 비손실 데이터 압축

데이터를 압축하는 유형에는 비손실 압축과 손실 압축이 있다. 비손실 압축Lossless Compression은 압축 과정에서 원래 데이터의 내용을 분실하지 않는다. 즉, 압축 해제를 통해 얻은 데이터가 압축 이전의 데이터와 완전히 동일하다. [그림 11-9]의 (b)처럼 비손실 압축 알고리즘을 사용해 압축 데이터를 복원하면 원래 데이터를 얻을 수 있다.

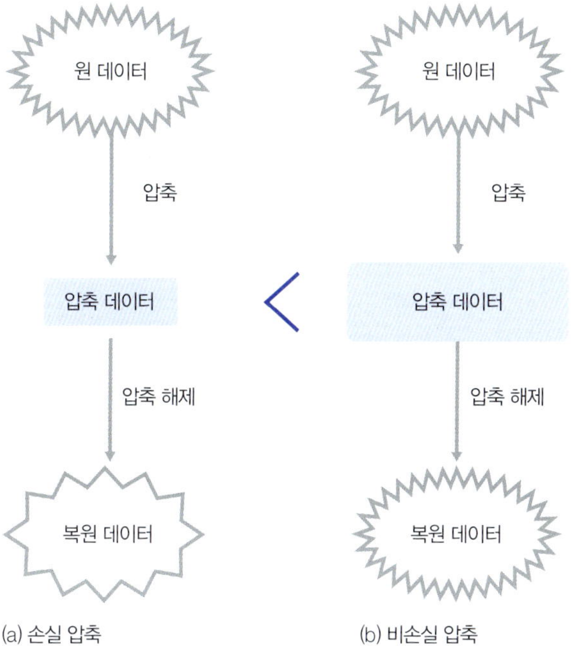

그림 11-9 손실 · 비손실 압축

이에 비해 손실 압축Lossy Compression은 압축 해제한 데이터가 원래 데이터와 동일하지 않다. 데이터 손실 정도는 응용 환경에 따라 허용 범위가 다르다. 예를 들어, 화상 정보나 음성 정보처럼 사람들이 감각적으로 느끼는 정보는 사용자 환경에 따라 손실 범위를 조절할 수 있다. 원래 데이터의 손실을 허용하면서 압축하는 이유는 압축 효율을 높이기 위함이다. [그림 11-9]의 (a)처럼 손실 압축 과정을 거친 압축 데이터는 압축 해제가 되었을 때, 원래 데이터를 완전히 복원할 수 없다.

손실 압축을 사용하는 이유는 [그림 11-9]에 표시된 것처럼 비손실 압축에 비하여 압축 데이터의 크기가 작기 때문이다. 따라서 네트워크로 전송되는 데이터양도 줄게 되어 전송 효율을 높일 수 있다.

04 응용 계층

응용 계층Application Layer 하부에 있는 계층들의 기본 역할은 신뢰성 있는 데이터 전송을 보장한다. 그리고 응용 계층의 역할은 이들 하부 계층을 이용해 사용자에게 편리한 응용 환경을 제공하는 것이다. 따라서 응용 계층의 구현은 사용자 프로그램 환경에서 이루어지며, 일반적으로 운영체제에서 제공되는 계층 4의 인터페이스를 사용해 통신 기능을 구현한다. 필요하면 세션 계층이나 표현 계층의 기능도 포함한다.

응용 계층에서 제공하는 서비스는 그 형태가 매우 다양하다. 이 절에서는 TCP/IP 기반의 인터넷 환경과 유닉스 운영체제를 중심으로 자주 언급되는 네트워크 서비스를 다룬다.

1 클라이언트 · 서버 모델

인터넷 환경에서 응용 계층의 연결은 세션 계층에서 설명한 방식을 그대로 사용한다. 하나의 서버 프로그램이 다수의 클라이언트에 응용 서비스를 제공하는 클라이언트 · 서버 모델은 인터넷 응용 환경에서 보편화된 연결 설정 방식이다.

클라이언트와 서버는 [그림 11-10]과 같이 비교적 간단한 절차로 동작한다. 둘 사이의 연결 설정 과정에서 서버가 먼저 통신 대기 상태에 있는데, 이러한 비대칭 구조는 클라이언트와 서버의 연동을 단순화하는 장점이 있다. 서버에 접속하기 위해서는 클라이언트가 서버의 IP 주소뿐만 아니라 포트 번호도 알아야 한다. 웹 서버 등과 같이 전 세계적으로 표준화된 인터넷 서비스의 서버 포트는 Well-known 포트로 정의되며, 사설 SNS 서비스의 경우 서버의 포트 번호가 클라이언트 프로그램에 내장되어 구현된다.

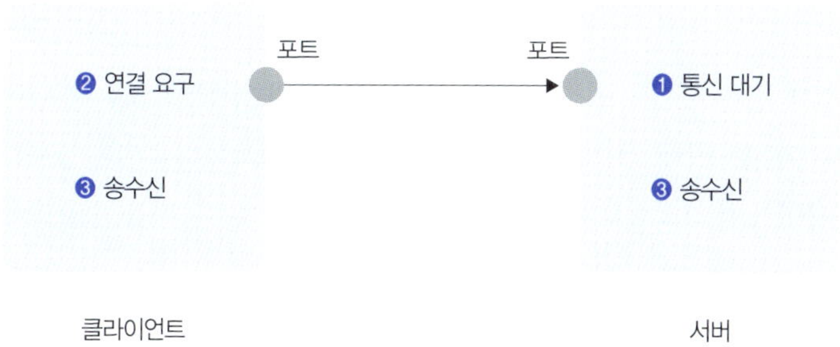

그림 11-10 클라이언트와 서버의 연결

일반적으로 서버 프로세스는 클라이언트보다 먼저 실행되어 대기 상태에 있기 때문에 클라이언트의 연결 요청에 항상 응답할 수 있다. 서버 프로세스는 일단 시작되면 영원히 종료되지 않고 실행되며, 다수의 클라이언트 요청을 반복적으로 수행한다. 클라이언트와 서버 사이의 네트워크 연결은 전송 계층인 TCP 혹은 UDP 프로토콜의 포트 연결로 구현된다.

연결형 · 비연결형 서비스

클라이언트 · 서버 모델을 구현할 때 먼저 고려할 사항은 비연결형과 연결형 중에서 어떤 연결 방식을 사용할지를 결정하는 것이다. UDP에서 제공하는 비연결형 서비스는 빠른 통신을 보장하지만, 데이터 분실이나 비순서 도착이라는 단점 때문에 응용 프로그래머의 부담이 커진다. 반면, TCP가 제공하는 연결형 서비스는 신뢰성이 높지만 UDP보다 속도가 떨어진다.

속도의 차이는 프로그래밍 과정에 직접 영향을 미치지는 않지만, UDP가 지닌 신뢰성 문제는 응용 프로그램을 작성하는 데 적지 않은 부담을 준다. 따라서 비연결형 서비스는 응용 프로그램의 속도 문제가 특별히 중요한 경우에 사용한다.

UDP는 연결 설정에 따른 클라이언트와 서버 사이의 상태 문제를 해결하기 곤란한 응용 환경에서 주로 사용한다. 즉, 특정한 사유로 연결이 끊기면 TCP 프로토콜은 이전 상태를 복구하는 절차가 복잡하지만, 상대적으로 UDP는 복구 절차가 간단하다. 네트워크 파일 공유 프로그램이 이에 해당한다. 그러나 대부분의 응용 프로그램은 연결형 서비스를 이용해 구현된다.

상태 정보

연결형 서비스는 클라이언트와 서버 사이의 연결로 인해 둘 사이의 현재 상태State라는 개념이 존재한다. 일반적으로 가장 단순한 상태 정보는 연결 설정과 관련된 정보이다. 기타 정보는 내부적으로 클라이언트와 서버가 논리적으로 하나의 단위로 처리해야 하는 동작을 한순간에 처리하지 못하고 여러 단계로 나누어 처리하는 경우에 발생한다. 상태 정보는 정상적으로 처리될 때는 문제없지만, 한쪽 시스템이 다운되는 등의 현상에 의해 상태 정보를 잃어버렸을 때는 다운되기 직전 상태로 복구해야 하는 문제가 발생한다.

클라이언트에 원격 파일 서비스를 제공하는 파일 서버는 비상태Stateless 서비스의 대표적인 예이다. 클라이언트가 서버에 파일 서비스를 요청하면 서버가 결과를 응답하는 절차가 하나의 단위로 완결된다. 이러한 요청과 응답 절차로 이루어진 한 쌍의 동작은 다음 혹은 이전 절차와 연계된 상태를 갖지 않는다.

원격 파일 서비스를 상태 서비스로 구현하는 경우는 이전 절차에서 수신한 정보를 서버가 내부적으로 보관하는 경우이다. 예를 들어, 서버가 클라이언트에 큰 파일을 송신하는 경우를 가정하면, 전송 과정에서 요청과 응답이 여러 번 발생한다. 클라이언트가 매 요청마다 전송 파일 이름을 보내면 서버는 이를 일부러 보관할 필요가 없으므로 비상태 서비스가 된다. 그러나 첫 번째 요청에만 파일 이름을 보내고 이후 요청에는 보내지 않으면 서버가 첫 번째 요청을 받았을 때 파일 이름이라는 상태 정보를 보관해야 한다. 따라서 이 경우는 상태 서비스가 된다.

동시성 제어

동시성Concurrency은 임의의 동작이 외형상 동시에 진행되는 것처럼 보이는 것이다. 예를 들어, 일반 컴퓨터 시스템은 CPU가 하나이므로 특정 시간에 프로세스 하나만 실행된다. 그러나 운영체제에서 지원하는 시분할Time Sharing 방식은 여러 프로세스를 번갈아 가면서 빠르게 컨텍스트 스위칭하여 실행하므로, 사용자는 여러 프로세스가 동시에 실행된다고 착각한다.

동시성 제어는 여러 동작의 선후 진행 속도에 상관없이, 동시에 실행되어도 각 실행 결과가 항상 같은 결과를 제공하도록 해준다. 즉, 독립적으로 실행되는 프로세스의 실행 순서가 결과에 영향을 주지 않는다.

클라이언트 · 서버 환경에서 동시성은 서버 하나가 여러 클라이언트에 동시에 서비스하는 경우를 의미하기도 한다. 즉, 임의의 클라이언트가 서버와 연결하여 서비스를 받는 동안 다른 클라이언트의 요청을 서버가 지원하면 동시성을 지원한다고 볼 수 있다.

앞서 소개한 [그림 11-4]의 반복 서비스 방식은 서버 하나가 다수의 클라이언트를 지원하지만, 특정 시간에는 클라이언트 하나에만 서비스를 제공한다. 따라서 동시성을 지원하지 않으므로 현재 서비스 중인 클라이언트 외의 클라이언트는 대기 상태에 놓인다.

반면, [그림 11-5]의 동시성 서비스 방식은 클라이언트 요청이 발생할 때마다 서버와 동일한 하위 서버 프로세스를 생성하여 클라이언트의 요청을 수행한다. 따라서 여러 클라이언트의 서비스 요청을 동시에 지원할 수 있다.

요약

01 세션 계층의 기능

세션 계층 프로토콜이 상위 계층에 제공하는 기능에는 세션 연결의 설정과 해제, 세션 메시지 전송 등이 있다. 세션 연결은 응용 환경에서 두 응용 프로세스 간의 세션을 설정하기 위해 만든다. 세션 계층에서 제공하는 중요한 기능은 동기 문제를 처리하는 것이다. 동기 기능은 통신 양단에서 서로 동의하는 논리적인 공통 처리 지점, 즉 동기점을 지정하기 위해 사용한다. 동기점을 설정하는 이유는 메시지 전송 과정에서 발생하는 오류를 복구하기 위함이다. 즉, 동기점이 설정된 시점 이전까지는 통신 양단이 서로 완벽하게 처리했음을 합의했다는 의미이다.

02 동기점

동기는 세션 연결을 사용해 데이터를 주고받다가 오류가 발생하였을 때, 이를 효과적으로 복구할 수 있게 해준다. 동기점은 데이터를 전송할 때 특정 지점에서 복구할 수 있도록 통신 양단 간의 합의로 지정된다. 세션 계층의 상위 계층에는 적절한 구간으로 나뉜 지점에 동기점을 부여하고, 오류가 발생하면 해당 지점으로 돌아가 복구하는 기능이 구현되어야 한다. 이때 동기점을 이용한 일련의 복구 과정을 재동기라 한다. 동기점은 주동기점과 부동기점으로 나뉘고, 주동기점 간의 전송 단위는 대화로 정의된다. 주동기점은 두 세션 프로세스 사이에 교환되는 대화의 한 단위가 완료되는 지점에서 설정된다. 부동기점은 대화 단위 내의 작은 부분에서 설정된다.

03 표현 계층의 기능

표현 계층은 응용 프로세스 사이에 전송되는 메시지의 표현 방법을 다룬다. 즉, 표현 계층 프로토콜의 전송 메시지에 표현된 문법 내용을 통신 양단의 프로세스가 해석하는 기능을 제공함으로써, 송신 프로세스가 전달하는 의미를 수신 프로세스에서 정확히 이해할 수 있다. 컴퓨터에서 사용하는 데이터 표현 규칙(추상 문법)으로 표현된 의미를 올바르게 송수신하려면 메시지를 전송하기 전에 변환해야 한다. 즉, 특정 컴퓨터에 독립적이면서 네트워크 전체에서 일관성 있는 새로운 표현 규칙(전송 문법)으로 변환하여 전송한다.

04 데이터 압축

대용량 데이터는 압축하여 크기를 줄인 후 전송하는 것이 전송 속도 면에서 유리하다. 데이터의 압축 정도는 원래 데이터의 패턴에 영향을 받는데, 중복 정보가 많으면 압축률이 높지만 그렇지 않은 경우는 낮다. 데이터를 압축하는 유형에는 비손실 압축과 손실 압축이 있다. 비손실 압축은 압축 과정에서 원래 데이터의 내용을 분실하지 않는다. 즉, 압축 해제를 통해 얻은 데이터가 압축 이전의 데이터와 완전히 동일하다. 손실 압축은 압축 해제한 데이터가 원래 데이터와 동일하지 않다. 손실 압축을 사용하는 이유는 비손실 압축에 비하여 압축 데이터의 크기가 작기 때문이다. 따라서 네트워크로 전송되는 데이터양도 줄게 되어 전송 효율을 높일 수 있다.

05 클라이언트 · 서버 모델

하나의 서버 프로그램이 다수의 클라이언트에 응용 서비스를 제공하는 클라이언트 · 서버 모델은 인터넷 응용 환경에서 보편화된 연결 설정 방식이다. 둘 사이의 연결 설정 과정에서 서버가 먼저 통신 대기 상태에 있는데, 이러한 비대칭 구조는 클라이언트와 서버의 연동을 단순화하는 장점이 있다. 서버 프로세스는 일단 시작하면 영원히 종료되지 않고 실행되며, 다수의 클라이언트 요청을 반복적으로 수행한다. 클라이언트와 서버 사이의 네트워크 연결은 전송 계층의 포트 연결로 구현된다.

06 상태 정보

연결형 서비스에는 클라이언트와 서버 사이의 연결로 인해 둘 사이의 현재 상태라는 개념이 존재한다. 일반적으로 가장 단순한 상태 정보는 연결 설정과 관련된 정보이다. 기타 정보는 내부적으로 클라이언트와 서버가 논리적으로 하나의 단위로 처리해야 하는 동작을 한순간에 처리하지 못하고 여러 단계로 나누어 처리하는 경우에 발생한다. 상태 정보는 정상적으로 처리될 때는 문제없지만, 한쪽 시스템이 다운되는 등의 현상에 의해 상태 정보를 잃어버렸을 때는 다운되기 직전 상태로 복구해야 하는 문제가 남는다.

07 동시성 제어

동시성은 임의의 동작이 외형상 동시에 진행되는 것처럼 보이는 것이다. 동시성 제어는 여러 동작의 선후 진행 속도에 상관없이, 동시에 실행되어도 각 실행 결과가 항상 같은 결과를 제공하도록 해준다. 즉, 독립적으로 실행되는 프로세스의 실행 순서가 결과에 영향을 주지 않는다. 클라이언트 · 서버 환경에서 동시성은 서버 하나가 여러 클라이언트에 동시에 서비스하는 경우를 의미하기도 한다. 즉, 임의의 클라이언트가 서버와 연결하여 서비스를 받는 동안 다른 클라이언트의 요청을 서버가 지원하면 동시성을 지원한다고 볼 수 있다.

연습문제

01 세션 계층에 대한 설명으로 잘못된 것을 모두 고르시오.

① 세션 계층 프로토콜이 상위 계층에 제공하는 기능은 세션 연결의 설정과 해제, 세션 메시지 전송 등이다.

② 세션 기능은 계층 5 연결이 끊겼을 때, 이를 복구하여 연속해서 서비스를 이어주는 기능을 제공한다.

③ 세션 계층에서 제공하는 가장 중요한 기능은 동기 문제를 처리하는 것이다.

④ 동기점을 설정하는 이유는 메시지 전송 과정에서 발생하는 오류를 복구하기 위해서이다. 즉, 동기점이 설정된 시점 이전까지는 통신 양단이 서로 완벽하게 처리했음을 합의했다는 의미이다.

⑤ 세션 연결을 사용한 메시지 전송 과정을 의미하는 대화 단계에서 오류가 발생하면, 이전에 설정한 동기점까지는 복구할 수 있다.

02 토큰에 대한 설명으로 잘못된 것을 모두 고르시오.

① 세션 계층은 두 응용 프로세스의 대화를 관리하려고 토큰이라는 특수 메시지를 사용한다.

② 데이터 토큰은 데이터를 전송할 수 있는 권리를 제공한다. 따라서 세션 사용자가 데이터를 전송하려면 반드시 데이터 토큰을 먼저 획득해야 한다.

③ 동기 토큰은 통신 양단 간의 연결 해제 과정을 제어하기 위해 사용한다.

④ 큰 파일을 물리적으로 나누지 않고 파일을 전송하는 중간중간에 동기점을 부여함으로써, 송수신 프로세스가 해당 위치까지는 데이터 전송이 완료되었다는 것에 합의할 수 있다.

⑤ 특정 대화 단위를 구분하는 주동기 토큰 혹은 액티비티 토큰과 대화 단위 내에서 다시 작은 부분으로 나누어 처리하는 부동기 토큰이 있다.

03 재동기 기능에 대한 설명으로 잘못된 것을 모두 고르시오.

① 동기점은 데이터를 전송할 때 특정 지점에서 복구할 수 있도록 통신 양단 간의 합의로 지정된다. 동기점을 이용한 일련의 복구 과정을 재동기라 한다.

② 주동기점은 두 세션 프로세스 사이에 교환되는 대화의 한 단위가 완료되는 지점에서 설정된다. 부동기점은 대화 단위 내의 작은 부분에서 설정된다.

③ 부동기점에서는 복구에 필요한 백업 정보의 처리량을 주동기점보다 상대적으로 많게 하여, 복구에 소요되는 부담을 최소화한다.

④ 이전 부동기점에서 복구가 불가능하면 바로 앞의 부동기점으로 이동하는 과정을 반복하면서 복구 과정이 진행된다.

⑤ 주동기점이 부여된다는 것은 해당 지점까지 데이터 전송이 완벽하게 이루어지지 않았다는 뜻이므로, 주동기점 이전의 부동기점이 필요하다.

⑥ 부동기점에 보관되는 정보는 논리적으로 상호 배타적인 내용을 포함하고 있다.

04 세션 연결에 대한 설명으로 잘못된 것을 모두 고르시오.

① 다중 세션을 지원하는 클라이언트 · 서버 환경은 서버가 제공하는 서비스 시간이 짧은 응용 환경에서 유용하다.

② 단일 세션 연결 방식에서 여러 클라이언트를 동시에 지원하려면 복사된 하위 서버 프로세스를 여러 개 만들어야 한다.

③ 단일 세션 연결 방식에서 클라이언트 프로세스가 하위 서버 프로세스와 연결하기 위해 최초의 연결 설정은 대표 서버에 시도한다.

④ 다중 세션 연결 방식의 단점은 클라이언트의 개별 요구마다 하위 프로세스를 생성하기 때문에 초기 서비스 환경 구축에 따른 오버헤드가 증가한다는 점이다.

⑤ 단일 세션 연결 방식은 서비스 시간이 짧은 응용 환경에서 자주 사용한다.

05 표현 계층의 데이터 표현에 대한 설명으로 잘못된 것을 모두 고르시오.

① 표현 계층은 응용 프로세스 사이에 전송되는 메시지의 표현 방법을 다룬다.

② 서로 다른 코드를 사용하는 컴퓨터끼리 통신하려면 문자 코드를 변환하는 과정이 필요하다.

③ 컴퓨터에서 사용하는 데이터 표현 규칙인 전송 문법으로 표현된 의미를 올바르게 송수신하려면 메시지를 전송하기 전에 변환해야 한다.

④ 특정 호스트에 독립적이면서 네트워크 전체에서 일관성 있는 새로운 표현 규칙인 추상 문법으로 변환하여 전송한다.

⑤ 전송 선로를 통해 교환되는 데이터는 공통의 표현 규칙인 추상 문법으로 표현된다.

⑥ 네트워크에서 데이터를 수신할 때는 전송 문법의 데이터를 자신이 이해하는 추상 문법으로 변환한다.

06 ASN.1에 대한 설명으로 잘못된 것을 모두 고르시오.

① ISO는 분산 환경에서 표현되는 데이터를 정의하기 위한 일반적인 추상 문법으로 ASN.1을 정의하였다.

② ASN.1 규격은 응용 계층의 문법 규칙뿐 아니라, PDU의 구조를 정의하도록 만들어졌다.

③ ASN.1의 기본 목적은 변수 선언과 관련된 데이터형의 정의인데, 일반 프로그래밍 언어에서 사용하는 방식과 비슷한 문법 형식을 지원한다.

④ UNIVERSAL 클래스는 일반 데이터형을 정의한다. 이와 관련된 데이터는 기본형과 구조형으로 나뉜다.

⑤ 구조형에 선언된 변수를 개별적으로 사용하려고 태깅 기능을 지원한다.

07 데이터 압축에 대한 설명으로 잘못된 것을 모두 고르시오.

① 대용량 데이터는 압축하여 크기를 줄인 후 전송하는 것이 전송 속도 면에서 유리하다.

② 데이터의 압축 정도는 원래 데이터 패턴에 영향을 받는데, 중복 정보가 많으면 압축률이 낮다.

③ 비손실 압축은 압축 과정에서 원래 데이터의 내용을 분실하지 않는다.

④ 손실 압축은 압축 해제한 데이터가 원래 데이터와 동일하지 않다.

⑤ 비손실 압축을 사용하는 이유는 손실 압축에 비하여 압축 데이터의 크기가 작기 때문이다. 따라서 네트워크로 전송되는 데이터양도 줄게 되어 전송 효율을 높일 수 있다.

08 응용 계층의 클라이언트 · 서버 모델에 대한 설명으로 잘못된 것을 모두 고르시오.

① 하나의 서버 프로그램이 다수의 클라이언트에 응용 서비스를 제공하는 클라이언트 · 서버 모델은 인터넷 응용 환경에서 보편화된 연결 설정 방식이다.

② 서버가 먼저 통신 대기 상태에 있는데, 이러한 비대칭 구조는 클라이언트와 서버의 연동을 단순화하는 장점이 있다.

③ 서버에 접속하기 위해서는 클라이언트가 서버의 MAC 주소뿐만 아니라 포트 번호도 알아야 한다.

④ 웹 서버 등과 같이 전 세계적으로 표준화된 인터넷 서비스의 서버 포트는 Well-known 포트로 정의된다.

⑤ 서버 프로세스는 일단 시작되면 영원히 종료되지 않고 실행되며, 다수의 클라이언트 요청을 반복적으로 수행한다.

⑥ 클라이언트 · 서버 모델을 구현할 때 비연결형과 연결형 중에서 어떤 연결 방식을 사용할지를 결정해야 한다.

09 상태 정보에 대한 설명으로 잘못된 것을 모두 고르시오.

① 연결형 서비스는 클라이언트와 서버 사이의 연결로 인해 둘 사이의 현재 상태라는 개념이 존재한다.

② 상태 정보는 한쪽 시스템이 다운되는 등의 현상에 의해 상태 정보를 잃어버렸을 때는 다운되기 직전 상태로 복구해야 하는 문제가 발생한다.

③ 클라이언트에 원격 파일 서비스를 제공하는 파일 서버는 상태 서비스의 대표적인 예이다.

④ 원격 파일 서비스를 상태 서비스로 구현하는 경우는 이전 절차에서 수신한 정보를 서버가 내부적으로 보관하는 경우이다.

10 세션 계층에서 제공하는 가장 중요한 기능은 (①) 문제를 처리하는 것이다. (①) 기능은 통신 양단에서 서로 동의하는 논리적인 공통 처리 지점, 즉 (②)을 지정하기 위해 사용한다. (②)을 설정하는 이유는 메시지 전송 과정에서 발생하는 오류를 복구하기 위함이다. 즉, (②)이 설정된 시점 이전까지는 통신 양단이 서로 완벽하게 처리했음을 합의했다는 의미이다.

11 세션 계층은 두 응용 프로세스의 대화를 관리하려고 토큰이라는 특수 메시지를 사용한다. 토큰을 보유한다는 것은 해당 토큰에 부여된 특정한 권리를 배타적으로 소유한다는 의미이다. (①) 토큰은 데이터를 전송할 수 있는 권리를 제공한다. (②) 토큰은 통신 양단 간의 연결 해제 과정을 제어하기 위해 사용한다. (③) 토큰은 세션 연결을 사용하는 과정에서 동기 처리가 필요한 지점에 사용한다.

12 동기점은 데이터를 전송할 때 특정 지점에서 복구할 수 있도록 통신 양단 간의 합의로 지정된다. 이때 동기점을 이용한 일련의 복구 과정을 (①)라 한다. 동기점은 (②)과 (③)으로 나뉘고, (②) 간의 전송 단위는 대화로 정의된다. (②)은 두 세션 프로세스 사이에 교환되는 대화의 한 단위가 완료되는 지점에서 설정되고, (③)은 대화 단위 내의 작은 부분에서 설정된다.

13 (　①　) 연결 방식에서는 임의의 네트워크 서비스를 제공하는 서버 프로세스가 다수의 클라이언트 프로세스에 동시에 여러 세션 연결을 설정할 수 있다. (　①　)을 지원하는 클라이언트 · 서버 환경은 서버가 제공하는 서비스 시간이 짧은 응용 환경에서 유용하다. (　②　) 연결 방식은 여러 클라이언트를 동시에 지원하기 위하여 복사된 하위 서버 프로세스를 여러 개 만들어야 한다.

14 컴퓨터에서 사용하는 데이터 표현 규칙인 (　①　)으로 표현된 의미를 올바르게 송수신하려면 메시지를 전송하기 전에 변환해야 한다. 즉, 특정 호스트에 독립적이면서 네트워크 전체에서 일관성 있는 새로운 표현 규칙인 (　②　)으로 변환하여 전송한다. 이렇게 함으로써 전송 선로를 통해 교환되는 데이터는 공통의 표현 규칙인 (　②　)으로 표현된다. 반대로 네트워크에서 데이터를 수신할 때는 (　②　)의 데이터를 자신이 이해하는 (　①　)으로 변환한다.

15 ISO는 분산 환경에서 표현되는 데이터를 정의하기 위한 일반적인 추상 문법으로 (　①　)을 정의하였다. (　①　) 규격은 응용 계층의 문법 규칙뿐 아니라, PDU의 구조를 정의하도록 만들어졌다. (　①　)의 기본 목적은 변수 선언과 관련된 데이터형의 정의인데, 일반 프로그래밍 언어에서 사용하는 방식과 비슷한 문법 형식을 지원한다. 구조형에 선언된 변수를 개별적으로 사용하려고 (　②　) 기능을 지원한다.

16 표현 계층에서 다루는 기능에는 전송되는 데이터양과 관련된 부분이 있다. 전송 데이터양이 많으면 그대로 송신하는 것보다 원래 의미를 유지하는 범위 내에서 크기를 줄이는 것이 효율적이다. 표현 계층은 이를 위해 (　①　) 기능을 수행한다. 인터넷 보안과 관련하여 중요하게 다루어지는 (　②　) 기능도 표현 계층에 속한다. (　②　)는 데이터를 송수신하는 당사자 외의 제3자에게 부당하게 정보가 유출되거나 왜곡되는 현상을 방지한다.

17 (　①　)은 압축 과정에서 원래 데이터의 내용을 분실하지 않는다. 즉, 압축 해제를 통해 얻은 데이터가 압축 이전의 데이터와 완전히 동일하다. 이에 비해 (　②　)은 압축 해제한 데이터가 원래 데이터와 동일하지 않다. 원래 데이터의 손실을 허용하면서 압축하는 이유는 압축 효율을 높이기 위함이다. (　②　) 과정을 거친 압축 데이터는 압축 해제가 되었을 때, 원래 데이터를 완전히 복원할 수 없다.

18 연결형 서비스에는 클라이언트와 서버 사이의 연결로 인해 둘 사이의 현재 (①)라는 개념이 존재한다. (①) 정보는 정상적으로 처리될 때는 문제없지만, 한쪽 시스템이 다운되는 등의 현상에 의해 (①) 정보를 잃어버렸을 때는 다운되기 직전으로 복구해야 하는 문제가 발생한다. 클라이언트에 원격 파일 서비스를 제공하는 파일 서버는 (②) 서비스의 대표적인 예이다. 클라이언트가 서버에 파일 서비스를 요청하면 서버가 결과를 응답하는 절차가 하나의 단위로 완결된다.

19 (①)은 임의의 동작이 외형상 동시에 진행되는 것처럼 보이는 것이다. 예를 들어, 일반 컴퓨터 시스템은 CPU가 하나이므로 특정 시간에 프로세스 하나만 실행된다. 그러나 운영체제에서 지원하는 (②) 방식은 여러 프로세스를 번갈아 가면서 빠르게 컨텍스트 스위칭하여 실행하므로, 사용자는 여러 프로세스가 동시에 실행된다고 착각한다. (①) 제어는 여러 동작의 선후 진행 속도에 상관없이, 동시에 실행되어도 각 실행 결과가 항상 같은 결과를 제공하도록 해준다. 즉, 독립적으로 실행되는 프로세스의 실행 순서가 결과에 영향을 주지 않는다.

20 다음 용어에 대하여 간단히 설명하시오.

- 세션 계층
- 동기
- 토큰
- 동기점
- 재동기
- 표현 계층
- 추상 문법
- 전송 문법
- ASN.1
- 압축
- 암호화
- 연속 문자 압축
- 손실 압축
- 비손실 압축

- 응용 계층
- 상태 정보
- 동시성 제어

21 세션 연결과 계층 4 연결의 관계에 대하여 설명하시오.

22 세션 계층에서 토큰의 종류와 역할을 설명하시오.

23 동기점과 재동기를 설명하시오.

24 클라이언트와 서버 사이에 설정되는 세션 연결을 다중 세션과 단일 세션 관점에서 비교하여 설명하시오.

25 표현 계층에서 추상 문법과 전송 문법이 구분되는 이유를 설명하시오.

26 데이터 압축 방식 중에서 연속 문자 압축을 예를 들어 설명하시오.

27 손실 압축과 비손실 압축을 비교하여 설명하시오.

28 클라이언트 · 서버 모델을 설명하시오.

29 동시성 제어를 설명하시오.

Chapter

12

네트워크 프로그래밍

학습목표

- 소켓의 주소 체계와 서비스를 이해한다.
- 소켓 기본 함수의 문법과 사용법을 익힌다.
- 소켓을 이용한 연결형 클라이언트 · 서버 구조를 이해한다.
- 소켓을 이용한 비연결형 클라이언트 · 서버 구조를 이해한다.

Preview

소켓은 네트워크 통신에서 종단의 교신점 역할을 한다. 종단 교신점은 크게 두 종류로 나눌 수 있는데, 하나는 연결형 종단점이고 다른 하나는 비연결형 종단점이다.

비연결형 서비스는 우편 서비스와 비슷하다. 일반인과 우편집배원 사이에는 우체통이라는 공통의 교신점이 존재한다. 일반인이 교신점인 우체통에 편지를 넣으면 우편집배원이 정해진 시간에 우체통에서 편지를 수거한다. 이후 우편집배원이 우편 봉투에 수신인으로 적힌 각 가정에 편지를 배달한다. 비연결형 서비스의 원리도 이와 같다.

연결형 서비스는 전화 서비스를 생각하면 이해하기 쉽다. 전화를 이용해 통신하려면 송수신자 모두 전화기를 갖고 있어야 한다. 이 전화기가 종단 교신점 역할을 한다. 통화를 하려면 한쪽에서 전화번호를 눌러 통신 신호를 보내고 상대방이 수화기를 드는 과정이 선행되어야 한다. 즉 대화하기 전에 송수신자 사이의 합의에 따른 연결 과정이 필요하므로 전화 서비스는 연결형 서비스의 유형에 속한다.

인터넷 응용 프로그램을 작성하려면 C 언어를 포함한 고급 프로그래밍 능력이 있어야 한다. 또한 네트워크 기능을 위한 데이터 전송을 위해서는 반드시 소켓 프로그래밍을 할 수 있어야 한다. 따라서 연결형과 비연결형 방식 모두에 대하여 소켓 프로그래밍 예제를 통해 학습하는 것이 필요하며, 이를 바탕으로 응용 프로그램에서 TCP/IP를 사용하는 방법에 대해 이해해야 한다.

12장에서는 사용자 프로그램 환경에서 TCP/IP 프로토콜을 사용하는 방법에 대하여 설명한다. 소켓은 운영체제 내부에 구현된 TCP 프로토콜을 사용할 수 있는 인터페이스 기능을 제공하기 때문에 인터넷을 사용하는 모든 응용 프로그램은 소켓 기능을 통하여 전송 계층의 기능을 사용한다. C 언어를 이용하여 연결형과 비연결형 방식으로 소켓을 사용하는 구체적인 예를 학습함으로써 소켓 프로그래밍 능력을 향상시킬 수 있다.

01 소켓의 주소 체계

전화 서비스 예에서 언급한 바와 같이 2개의 독립된 프로세스가 소켓Socket을 이용해 통신하려면 전화번호에 해당하는 소켓 주소의 개념이 필요하다. 소켓은 자체에 어떤 기능이 있는 것이 아니고, 운영체제에서 제공하는 통신 프로토콜을 편리하게 사용할 수 있도록 도와주는 역할을 한다. 따라서 소켓 주소는 사용하는 프로토콜의 종류에 따라 해당 프로토콜에서 지원하는 주소 체계를 지원한다.

1 소켓 주소

소켓은 프로토콜 종류에 따라 다양한 방식으로 주소를 부여할 수 있다. 일반 프로그래밍 환경에는 AF_UNIX와 AF_INET의 소켓 주소Socket Address 체계를 많이 사용한다.

유닉스 주소 체계

AF_UNIX로 표시되는 유닉스 주소 체계는 하나의 호스트 내부에서 실행되는 프로세스 사이의 통신을 지원하며, 사용하는 주소 체계는 파일 시스템의 경로명을 기반으로 한다.

다음은 유닉스 주소 체계를 지원하는 sockaddr_un 구조체의 예로, 2개의 필드를 사용한다. sun_family 필드는 유닉스 주소 체계를 의미하는 AF_UNIX 값을 갖는다. sun_path 필드에는 소켓을 구분하는 주소를 표시하기 위해 파일 시스템의 경로명을 기록한다.

```
struct sockaddr_un {
    short sun_family;          /* AF_UNIX */
    char sun_path[108];        /* pathname */
};
```

인터넷 주소 체계

인터넷 주소 체계는 하나의 호스트 내부에서 실행되는 프로세스 사이의 통신을 지원하는 유닉스 주소 체계와 달리, 서로 다른 호스트에서 실행되는 프로세스 사이의 통신을 지원하며 AF_INET로 표시한다. 일반적으로 인터넷을 이용하여 통신하는 모든 프로세스는 이 주소 체계를 사용한다.

AF_INET 방식은 소켓이 생성되는 호스트의 IP 주소와 포트 번호를 조합하여 소켓 주소를 표현한다. 다음은 인터넷 주소 체계를 지원하는 sockaddr_in 구조체의 예로, 모두 4개의 필드를 사용한다. sin_family 필드는 인터넷 주소 체계를 의미하는 AF_INET 값을 갖는다. sin_zero 필드는 사용되지 않으며 sin_addr과 sin_port 필드에 주소를 표시한다. sin_addr 필드에는 호스트의 IP 주소를, sin_port 필드에는 포트 번호를 기록한다. IP 주소가 기록되는 sin_addr 필드는 in_addr 구조체에 의해 크기가 32비트인 u_long형의 s_addr 필드로 재지정된다. 인터넷에서 특정 프로세스를 구분하는 유일한 주소는 IP 주소와 포트 번호의 조합이므로 이 조합의 값이 중복되는 프로세스는 동시에 존재할 수 없다.

```
struct sockaddr_in {
    short sin_family;             /* AF_INET */
    u_short sin_port;             /* 포트 번호 */
    struct in_addr sin_addr;      /* IP 주소 */
    char sin_zero[8];             /* 채우기 */
};

struct in_addr {
    u_long s_addr;
};
```

통합 주소 체계

소켓의 주소 체계는 사용하는 전송 계층의 프로토콜에 따라 달라지므로 운영체제에서 제공하는 통신 프로토콜의 수가 증가하면 주소 체계의 표현 방식도 증가한다.

소켓 주소는 통일된 형식의 소켓 시스템 콜을 통해 사용되는데, 표현 형식이 다른 여러 구조체를 함수 매개변수 하나로 수용하는 것은 문법적으로 불가능하다. 따라서 여러 소켓 구조체를 통합해 일반 구조체 하나로 정의할 필요가 있다. 다음과 같이 sockaddr이라는 공통 주소 체계를 지원하는 구조체를 사용해 소켓 주소 표현 방법을 정의할 수 있다. 이 구조체는 단순히 프로그래밍 환경에서 문법적인 측면만 고려해 정의된 것이며, sockaddr 구조체에 의해 할당된 공간은 유닉스나 인터넷 주소 체계 같은 다른 주소 체계에서 필요한 공간보다 커야 한다.

```
struct sockaddr {
    u_short sa_family;   /* AF_UNIX, AF_INET, ... ... */
    char sa_data[14];
};
```

예를 들어보자. 인터넷을 이용한 소켓 프로그래밍을 하는 경우에 소켓 변수는 다음과 같이 인터넷 주소 체계인 sockaddr_in 구조체로 선언된다. 이후, 주소를 보관하는 addr 변수에는 인터넷 주소 체계에서 사용하는 IP 주소(프로그램이 실행되는 호스트의 IP 주소로 자동 대체됨)와 포트 번호(5010) 값을 지정한다. 그런데 맨 아래에 있는 소켓 관련 시스템 콜 bind( )는 통신 프로토콜의 종류와 관계없이 공통으로 사용한다. 따라서 주소 값이 입력되는 두 번째 매개변수를 특정 주소 체계의 구조체로 고정하여 정의할 수 없다. 예와 같이 공통 주소 체계인 sockaddr 구조체로 형 변환하여 문법의 통일성을 유지해야 한다.

```
struct sockaddr_in addr;                       /* 인터넷 주소 체계로 변수 선언*/
addr.sin_family = AF_INET;
addr.sin_addr.s_addr = htonl(INADDR_ANY);  /* IP 주소 */
addr.sin_port = htons(5010);                   /* 포트 번호*/
bind(socket, (struct sockaddr *)&addr, sizeof(addr));
```

결과적으로 bind( ) 함수의 두 번째 매개변수는 struct sockaddr형의 포인터 변수만 오도록 정의되었으나, 실제 사용되는 변수는 각 프로토콜에서 정의된 주소 체계로 선언된다. 이 예에서는 addr 변수를 통해 소켓이 인터넷 주소 체계인 sockaddr_in 구조체로 생성되지만, 시스템 콜에서는 문법적으로 sockaddr 구조로 형 변환하여 표현한다.

2 소켓 서비스

통신 프로토콜의 종류에 따른 주소 체계가 여러 개인 것처럼, 제공하는 서비스에 따른 소켓 유형도 다양하다. 이는 앞서 언급한 우편 서비스나 전화 서비스 같은 통신 방식과 관련이 있으며, SOCK_STREAM, SOCK_DGRAM, SOCK_RAW로 분류할 수 있다.

SOCK_STREAM은 연결형 서비스를 의미하므로 인터넷에서 TCP 프로토콜에 대응하고, SOCK_DGRAM은 비연결형 서비스를 의미하므로 UDP 프로토콜에 대응한다. SOCK_RAW는 일반 네트워크 응용 프로그램 개발에서는 자주 사용되지 않으며, IP 프로토콜을 직접 사용한다.

3 소켓의 기본 함수

소켓 시스템 콜을 이용해 네트워크 프로그래밍을 할 때는 다음 7개의 기본 함수가 사용된다. 각 함수의 사용법과 예는 다음 절에서 살펴보기로 하고 우선 기능만 간단히 살펴보자.

■ socket(int domain, int type, int protocol)

socket( ) 함수는 매개변수로 지정한 유형에 따라 소켓을 생성한다. 시스템 콜이 성공적으로 실행되어 소켓이 만들어지면 해당 소켓의 디스크립터를 반환하고, 이 값은 파일 I/O의 디스크립터와 똑같은 방식으로 사용한다.

■ bind(int s, const struct sockaddr *name, socklen_t *namelen)

bind( ) 함수는 socket( ) 함수로 생성된 소켓에 주소를 부여한다. 첫 번째 매개변수 s는 socket( ) 함수의 반환 값인 소켓 디스크립터이고, 두 번째 매개변수 name은 바인드될 소켓의 주소 값이다.

■ listen(int s, int backlog)

listen( ) 함수는 첫 번째 매개변수로 표시한 소켓을 활성화하는데, 보통 서버 프로세스에서 실행된다. 시스템에서 연결을 거부하지 않고 대기할 수 있는 연결 설정 요구의 최대 수를 지정한다.

■ **accept(int s, struct sockaddr *addr, socklen_t *addrlen)**

accept( ) 함수는 보통 서버 프로세스에서 실행되며, 첫 번째 매개변수로 지정한 소켓에서 클라이언트의 연결 요구가 들어올 때까지 대기한다. 임의의 클라이언트로부터 연결 설정 요구가 발생하면 둘 사이에 연결이 설정되고, 서버에 새로운 소켓이 자동으로 생성된다. 새로 생성된 소켓의 디스크립터는 반환 값 형태로 전달되고, 이후 클라이언트와의 데이터 송수신은 주로 새로 생성된 디스크립터를 이용한다. 클라이언트의 연결 요구가 없으면 서버는 accept( ) 함수에서 대기한다.

■ **connect(int s, const struct sockaddr *name, socklen_t namelen)**

connect( ) 함수는 클라이언트 프로세스에서 사용하며, 두 번째 매개변수 name이 가리키는 서버와 연결 설정을 시도한다. 해당 주소의 서버가 존재하지 않으면 오류 처리되고, 서버가 연결 대기 중이면 연결이 설정된다.

■ **send(int s, const void *msg, size_t len, int flags)**

send( ) 함수는 연결형 서비스를 제공하는 환경에서 데이터를 전송하는 역할을 한다. 즉, 첫 번째 매개변수 s로 표시한 소켓을 통해 상대방 프로세스에 두 번째 매개변수 msg에 보관된 데이터를 전송한다.

■ **recv(int s, void *buf, size_t len, int flags)**

recv( ) 함수는 연결형 서비스에서 데이터를 수신하는 역할을 한다. 첫 번째 매개변수 s로 표시되는 소켓을 통해 데이터를 수신하고, 수신한 데이터를 두 번째 매개변수 buf에 보관한다.

02 소켓 시스템 콜

운영체제에서 구현되는 전송 계층 프로토콜인 TCP와 UDP를 사용하려면 소켓 시스템 콜이라는 라이브러리 함수를 이용한다. 소켓은 통신을 원하는 프로세스에 할당되는 자원이며, 고유의 소켓 주소가 부여된다. 일반적으로 소켓을 포트Port라고도 부르므로, 여기서는 포트 번호라는 용어를 사용하겠다. 그리고 각 함수의 사용법에서 해당 함수 위의 헤더 파일은 함수를 사용하는 데 필요한 관련 정보가 포함된 파일로 프로그램에 반드시 추가해야 한다.

1 socket( ) 함수

socket( ) 함수는 데이터 전송에 사용되는 소켓을 생성할 때 호출하며, 소켓을 성공적으로 생성하면 소켓 디스크립터를 반환한다.

socket( ) 함수의 사용법은 다음과 같다. domain은 AF_UNIX, AF_INET 등과 같이 사용할 프로토콜의 도메인이고, type은 SOCK_STREAM, SOCK_DGRAM 등의 서비스 유형이다. 마지막으로 protocol은 대개 0으로 지정하여 시스템에서 적절한 프로토콜을 선택하도록 설정한다. 인터넷 도메인을 의미하는 AF_INET을 예로 들면 연결형 서비스는 TCP 프로토콜을, 비연결형 서비스는 UDP 프로토콜을 선택한다.

```
# include <sys/types.h>
# include <sys/socket.h>
int socket(int domain, int type, int protocol);
```

함수 앞에 표시된 헤더 파일은 socket( ) 함수를 사용하기 위한 관련 정보가 포함된 파일이므로, 프로그램에 반드시 추가해야 한다. 이는 앞으로 설명할 다른 소켓 함수들도 마찬가지이다. 그리고 이 장에서 소개되는 예제 프로그램은 모토롤라 계열의 프로세서를 사용하는 SUN 마이크로 시스템에서 실행되었다. 따라서 인텔 계열 프로세서를 사용하는 시스템에서는 바이트 순서와 관련된 함수의 사용에 주의해야 한다.

다음은 일반적으로 사용되는 socket( ) 함수의 예이다. ❶과 ❷는 유닉스 주소 체계의 소켓을 생성하는 방법으로, 연결형 서비스와 비연결형 서비스로 구분된다. ❸과 ❹는 인터넷 주소 체계의 소켓을 생성한다. 인터넷에서 연결형 서비스에는 TCP 프로토콜용 소켓이 할당되고, 비연결형 서비스에는 UDP 프로토콜용 소켓이 할당된다.

```
❶ sd = socket(AF_UNIX, SOCK_STREAM, 0); /* 유닉스 주소 체계의 연결형 서비스 */
❷ sd = socket(AF_UNIX, SOCK_DGRAM, 0);  /* 유닉스 주소 체계의 비연결형 서비스 */
❸ sd = socket(AF_INET, SOCK_STREAM, 0); /* 인터넷 주소 체계의 연결형 서비스 */
❹ sd = socket(AF_INET, SOCK_DGRAM, 0);  /* 인터넷 주소 체계의 비연결형 서비스 */
```

2 bind( ) 함수

socket( ) 함수로 소켓을 생성하면 소켓 디스크립터가 반환된다. 이 디스크립터를 이용해 상대 프로세스와 통신하려면 먼저 생성된 소켓에 주소를 부여해야 한다. 이때 bind( ) 함수가 소켓에 주소를 부여한다. 이후에 connect( )와 accept( ) 함수는 연결을 설정하는 과정에서 바인딩된 소켓 주소를 사용한다. 예를 들어 전화 서비스에서 스마트폰 자체를 소켓으로 볼 수 있으며, 스마트폰을 통신 회사에 등록하여 전화번호를 부여하는 기능이 bind( ) 함수의 역할이다.

AF_UNIX 도메인은 파일 경로명을 이용해 주소를 부여하고, AF_INET 도메인은 호스트의 IP 주소와 포트 번호의 조합으로 주소를 부여한다.

bind( ) 함수의 사용법은 다음과 같다. s는 socket( ) 함수의 반환 값인 소켓 디스크립터 번호이고, name은 바인딩할 소켓 주소, namelen은 name에 보관된 주소의 크기이다.

```
#include <sys/types.h>
#include <sys/socket.h>
int bind(int s, const struct sockaddr *name, socklen_t *namelen);
```

유닉스 도메인의 예

AF_UNIX 도메인에서 주소를 부여하는 예는 다음과 같다. 먼저 데이터 전송에 사용할 소켓을 생성하기 위해 socket( ) 함수를 실행한 후 반환값을 변수 sd에 보관한다. 함수의 매개변수에 AF_UNIX와 SOCK_STREAM을 설정하였으므로 유닉스 도메인에서 연결형 서비스를 지원하는 소켓을 생성한다.

예제 12-1 유닉스 주소 체계에서 bind() 함수의 사용

```
int sd;
struct sockaddr_un addr;

sd = socket(AF_UNIX, SOCK_STREAM, 0);
if(sd == -1) {
    perror("socket");
    exit(1);
}

addr.sun_family = AF_UNIX;
strcpy(addr.sun_path, "/tmp/sock_addr");

if(bind(sd, (struct sockaddr *)&addr, sizeof(addr)) == -1) {
    perror("bind");
    exit(1);
}
```

bind( ) 함수를 실행하려면 주소 값을 보관하는 변수가 필요하다. 여기서는 AF_UNIX 도메인의 주소 체계를 의미하는 sockaddr_un 구조체를 이용해 addr 변수를 선언하였다. addr 변수에는 strcpy( ) 함수를 이용해, 경로명인 /tmp/sock_addr 주소를 기록한다. 생성된 소켓의 주소를 /tmp/sock_addr로 지정하기 위하여 bind( ) 함수가 마지막으로 실행되고 있다. socket( ) 함수와 bind( ) 함수는 실행 과정에서 오류가 발생할 수 있으므로, 이를 확인하여 오류 메시지를 출력하는 perror( ) 함수가 사용된다.

인터넷 도메인의 예

AF_INET 도메인은 호스트의 IP 주소와 포트 번호를 이용해 주소를 표기한다. bind( ) 함수에서 사용하는 IP 주소는 프로그램이 실행되는 호스트의 IP 주소이다.

개발된 프로그램이 IP 주소가 다른 여러 컴퓨터에서 실행되는 경우, 각 실행 파일에 개별 호스트의 IP 주소를 지정하여 컴파일하기는 현실적으로 불가능하다. 이와 같은 상황을 고려해 다음 예처럼 INADDR_ANY라는 호스트 주소 표기 방법을 제공한다. 이는 프로세스가 실행되는 로컬 호스트 자체를 의미하기 때문에 프로세스가 실행되는 호스트의 IP 주소로 자동 대체된다. 결과적으로 동일한 프로그램을 여러 호스트에서 실행시키기 위해 IP 주소 변경과 재컴파일 작업을 하지 않아도 된다.

예제 12-2 **인터넷 주소 체계에서 bind() 함수의 사용**

```
int sd;
struct sockaddr_in addr;

sd = socket(AF_INET, SOCK_STREAM, 0);
if(sd == -1) {
    perror("socket");
    exit(1);
}

addr.sin_family = AF_INET;
addr.sin_addr.s_addr = htonl(INADDR_ANY);
addr.sin_port = htons(5010);

if(bind(sd, (struct sockaddr *)&addr, sizeof(addr)) == -1) {
    perror("bind");
    exit(1);
}
```

[예제 12-2]에서 IP 주소와 포트 번호를 변수에 기록하기 전에 htonl( )과 htons( ) 함수를 사용했다. 이는 컴퓨터 사이의 바이트 저장 순서 차이에 따른 문제점을 해결해주기 위함이다.

컴퓨터마다 정수형 데이터를 저장하는 기억 장소 공간의 바이트 순서가 다를 수 있다. 이 차이를 극복하기 위해 네트워크 바이트 순서라는 전송 문법의 데이터 유형이 필요하다. 데이터를 전송하기 전에 개별 컴퓨터의 바이트 순서를 네트워크 바이트 순서로 변환하는데, 이를 htonl( )과 htons( ) 함수가 담당한다. 반대로 데이터를 수신할 때는 네트워크 바이트 순서를 개별 컴퓨터의 바이트 순서로 변환해야 하며, 이는 ntohl( )과 ntohs( ) 함수가 담당한다.

```
#include <sys/types.h>
#include <netinet/in.h>
#include <inttypes.h>
uint32_t htonl(unint32_t hostlong);
uint16_t htons(uint16_t hostshort);
uint32_t ntohl(uint32_t netlong);
uint16_t ntohs(uint16_t netshort);
```

3 listen( ) 함수

listen( ) 함수는 서버 프로세스에서 실행되며, 사용법은 다음과 같다. listen( ) 함수는 s가 가리키는 소켓에서 대기할 수 있는 클라이언트의 연결 요청 개수를 지정한다. 일반적으로 비연결형 서비스에서는 이 함수를 사용하지 않고 연결형 서비스에서만 사용한다. backlog 값은 보통 5로 지정한다.

```
#include <sys/types.h>
#include <sys/socket.h>
int listen(int s, int backlog);
```

다음은 AF_INET 도메인을 사용하는 서버 프로세스에서 listen( ) 함수를 사용한 예이다.

예제 12-3 listen() 함수의 사용

```
int sd;
struct sockaddr_in addr;

sd = socket(AF_INET, SOCK_STREAM, 0);
if(sd == -1) {
    perror("socket");
    exit(1);
}

addr.sin_family = AF_INET;
addr.sin_addr.s_addr = htonl(INADDR_ANY);
addr.sin_port = htons(5010);

if(bind(sd, (struct sockaddr *)&addr, sizeof(addr)) == -1) {
    perror("bind");
    exit(1);
}

if(listen(sd, 5) == -1) {
    perror("listen");
    exit(1);
}
```

[예제 12-3]에서는 socket( ) 함수로 생성한 연결형 서비스 소켓에 bind( ) 함수로 주소를 부여하고, 이어서 listen( ) 함수를 실행하고 있다.

4 accept( ) 함수

연결형 서비스를 지원하는 서버 프로세스가 클라이언트의 연결 요청을 받으려면 accept( ) 함수에서 대기해야 한다. 즉, 클라이언트 · 서버 환경에서 서버 프로세스는 accept( ) 함수를 실행해 클라이언트의 요청을 기다리고, 클라이언트 프로세스의 connect( ) 요청이 발생하면 연결이 설정된다.

accept( ) 함수의 사용법은 다음과 같다. 클라이언트로부터 연결 요청이 발생하면 둘 사이의 연결이 설정되고, addr 변수에 연결을 요청한 클라이언트의 소켓 주소를 반환한다. 이 값을 확인하면 어느 클라이언트가 연결을 시도했는지 알 수 있고, 경우에 따라서는 클라이언트 주소를 보고 연결 요청을 거부할 수도 있다.

```
#include <sys/types.h>
#include <sys/socket.h>
int accept(int s, struct sockaddr *addr, socklen_t *addrlen);
```

성공적으로 연결되면 socket( ) 함수로 생성한 원래의 소켓과는 별도의 소켓이 새로 만들어진다. 새로 생성된 소켓의 디스크립터는 accept( ) 함수의 반환값으로 얻을 수 있으며, 클라이언트와 통신할 때는 보통 이 소켓을 사용한다. 따라서 socket( ) 함수에 의하여 생성된 원래의 소켓은 클라이언트의 연결 요청을 받는 목적으로만 사용된다.

[예제 12-4]는 서버 프로세스가 클라이언트 프로세스로부터 연결 요청이 들어오면 새로운 프로세스를 생성하고, 이 하위 서버 프로세스가 클라이언트와 통신하도록 설계되었다. 따라서 원래의 대표 서버 프로세스는 순수하게 연결 요청을 받아들이는 브로커Broker 역할만 하고, 개별 클라이언트 프로세스와의 데이터 송수신은 하위 서버 프로세스가 수행한다. 인터넷 환경에서 대부분의 네트워크 응용 서비스는 이런 구조로 구현된다. 변수 sd는 socket( ) 함수에 의하여 생성된 소켓을 가리키고, 변수 new는 accept( ) 함수에 의하여 새로 생성된 소켓을 가리킨다.

예제 12-4 accept() 함수의 사용

```
int sd, new;
struct sockaddr_in addr;
struct sockaddr_in client
int client_len;

sd = socket(AF_INET, SOCK_STREAM, 0);
if(sd == -1) {
    perror("socket");
    exit(1);
```

```
    }

    addr.sin_family = AF_INET;
    addr.sin_addr.s_addr = htonl(INADDR_ANY);
    addr.sin_port = htons(5010);

    if(bind(sd, (struct sockaddr *)&addr, sizeof(addr)) == -1) {
        perror("bind");
        exit(1);
    }

    if(listen(sd, 5) == -1) {
        perror("listen");
        exit(1);
    }

    while((new = accept(sd, (struct sockaddr *)&client, &client_len)) != -1) {
        if(fork() == 0) {
            /* 자식 프로세스 */
            close(sd);
            work(new); /* new를 이용해 클라이언트와 통신 */
            close(new);
            exit(0);
        }
        /* 부모 프로세스 */
        close(new);
    }
```

서버 프로세스는 시스템 관리자의 개입이 없으면 영원히 종료되지 않고 수행되므로 while 문을 사용하여 무한 반복된다. 클라이언트 프로세스와 연결이 이루어지면 하위의 자식 프로세스를 생성해 클라이언트와 통신할 수 있도록 하고, 자신은 accept( )에서 다시 대기한다.

자식 프로세스의 구현은 fork( ) 시스템 콜로 이루어지며, 서버가 제공하는 서비스는 work( ) 함수로 간략히 표현하였다. work( ) 함수는 응용 서비스의 기능에 따라 개별적으로 구현되는데, 예를 들어 FTP 서버는 FTP 기능을 수행하고, 웹 서버는 웹 기능을 수행한다.

5 connect( ) 함수

연결형 서비스는 클라이언트 프로세스가 서버 프로세스에 연결 요청을 할 때 connect( ) 함수를 사용한다. 일반적으로 서버 프로세스는 자신의 바인드된 주소를 공개해야 클라이언트가 서버에 연결을 시도할 수 있다. 그러나 클라이언트는 자신의 주소를 공개하지 않아도 되기 때문에 명시적으로 bind( ) 함수를 실행하지 않는다. 대신 임의의 주소가 자동으로 할당된다. 예를 들어, 친구와 전화하려면 친구의 전화번호를 알아야 하지만, 전화 거는 사람이 자신의 전화번호를 알 필요는 없다.

connect( ) 함수의 사용법은 다음과 같이 name에 연결을 원하는 서버 프로세스의 소켓 주소를 표기하는 방식이다.

```
#include <sys/types.h>
#include <sys/socket.h>
int connect(int s, const struct sockaddr *name, socklen_t namelen);
```

다음은 IP 주소가 211.223.201.30인 서버 호스트의 5010번 포트에 서비스 접속을 시도하는 과정을 보이는 예이다. 클라이언트 프로세스는 자신이 사용할 소켓을 생성하고, 이 소켓을 이용해 connect( ) 함수로 서버 프로세스에 연결을 시도한다. 이 과정에서 bind( ) 함수가 실행되지 않기 때문에 프로그램이 실행되는 호스트의 IP 주소와 임의의 포트 번호가 자동으로 할당된다.

예제 12-5 connect() 함수의 사용

```
int sd;
struct sockaddr_in addr;

sd = socket(AF_INET, SOCK_STREAM, 0);
if(sd == -1) {
    perror("socket");
    exit(1);
}

addr.sin_family = AF_INET;
```

```
addr.sin_addr.s_addr = htonl(inet_addr("211.223.201.30"));
addr.sin_port = htons(5010);

if(connect(sd, (struct sockaddr *)&addr, sizeof(addr)) == -1) {
    perror("connect");
    exit(1);
}
```

connect( ) 함수가 성공적으로 실행되면 클라이언트와 서버 사이에 연결이 설정되고, 위의 클라이언트 프로세스는 변수 sd가 가리키는 소켓을 사용해 데이터를 송수신할 수 있다. IP 주소의 변환은 다음에 설명하는 inet_addr( ) 함수가 수행한다.

인터넷 주소는 위 예처럼 211.223.201.30 형태로 표기한다. 이러한 십진수 표기는 일반인이 쉽게 확인할 수 있다는 장점이 있지만, 컴퓨터 내부에서는 32비트의 이진수 방식으로 처리한다. 따라서 십진수와 이진수 표기를 변환하는 기능이 필요한데 이를 inet_addr( ) 함수가 담당한다.

다음 함수들은 십진수와 이진수 소켓 주소 표기 방식인 sockaddr_in 구조체 내의 in_addr 구조(32비트 인터넷 주소) 사이의 변환 기능을 수행한다.

```
#include <sys/types.h>
#include <sys/socket.h>
#include <netinet/in.h>
#include <arpa/inet.h>
unsigned long inet_addr(const char *cp);
char *inet_ntoa(const struct in_addr in);
```

inet_addr( ) 함수는 십진수 표기를 32비트 인터넷 주소로 변환하고, inet_ntoa( ) 함수는 반대의 기능을 수행한다.

6 send( ) 함수

소켓 연결이 이루어지면 send( ) 함수를 이용해 데이터를 전송할 수 있다. send( ) 함수는 연결형 서비스에서 데이터 송신에 사용하고, sendto( ) 함수는 비연결형 서비스에서 사용한다.

send( ) 함수의 사용법은 다음과 같다. s는 클라이언트와 서버 사이의 연결 설정이 완료된 상태의 소켓이다. 즉, 서버의 accept( ) 함수와 클라이언트의 connect( ) 함수가 성공적으로 실행된 후의 소켓 디스크립터이다. 전송되는 데이터는 msg에 미리 기록해야 한다.

비연결형 서비스에서 사용하는 sendto( ) 함수는 연결 설정 과정을 거치지 않은 소켓 디스크립터를 사용하며, to와 tolen을 이용해 전송 데이터를 수신할 상대 프로세스의 소켓 주소를 표기한다. 전송 데이터는 msg와 len으로 표현한다. flags는 데이터를 정상적으로 전송하면 0으로 지정하고, out-of-band 데이터이면 MSG_OOB로 지정한다.

```
#include <sys/types.h>
#include <sys/socket.h>
ssize_t send(int s, const void *msg, size_t len, int flags);
ssize_t sendto(int s, const void *msg, size_t len, int flags,
        const struct sockaddr *to, socklen_t tolen);
```

[예제 12-6]은 연결형 서비스에서 send( ) 함수를 이용한 데이터 전송의 예이다. 클라이언트 프로세스에서 구현되는 프로그램 코드로, connect( ) 함수가 성공적으로 수행되면 서버와 연결된다. 이후 서버와의 연결 관계를 유지하는 sd 소켓을 이용해 data 변수에 보관된 "Test Message" 데이터를 전송한다.

예제 12-6 send() 함수의 사용

```
int sd;
struct sockaddr_in addr;
char *data = "Test Message";
int length = strlen(data) + 1;

sd = socket(AF_INET, SOCK_STREAM, 0);
if(sd == -1) {
    perror("socket");
```

```
        exit(1);
    }
    addr.sin_family = AF_INET;
    addr.sin_addr.s_addr = htonl(inet_addr("211.223.201.30"));
    addr.sin_port = htons(5010);

    if (connect(sd, (struct sockaddr *)&addr, sizeof(addr)) == -1) {
        perror("connect");
        exit(1);
    }

    if (send(sd, data, length, 0) == -1) {
        perror("send");
        exit(1);
    }
```

7 recv( ) 함수

recv( )와 recvfrom( ) 함수를 사용하여 상대 프로세스가 전송한 데이터를 소켓을 통해 읽을 수 있다. recv( ) 함수는 연결형 서비스에서 사용하고, recvfrom( ) 함수는 비연결형 서비스에서 사용한다.

recv( )와 recvfrom( ) 함수의 사용법은 다음과 같다. 소켓을 통해 읽은 데이터는 buf가 가리키는 공간에 저장되며, 크기는 반환값으로 얻을 수 있다. 비연결형 서비스의 경우, 송신 프로세스의 소켓 주소가 recvfrom( ) 함수의 매개변수 from에 기록되므로 누가 전송한 데이터 인지 확인할 수 있다.

```
#include <sys/types.h>
#include <sys/socket.h>
#include <sys/uio.h>
ssize_t recv(int s, void *buf, size_t len, int flags);
ssize_t recvfrom(int s, void *buf, size_t len, int flags,
            struct sockaddr *from, socklen_t *fromlen);
```

[예제 12-7]은 연결형 서비스를 사용하는 클라이언트 프로그램에서 recv( ) 함수를 이용하여 데이터를 수신한 예이다. 연결 설정이 된 후에 서버에서 데이터를 먼저 전송한다는 가정이 전제되며, 읽은 데이터는 data 변수에 보관된다.

예제 12-7 **recv() 함수의 사용**

```
int sd;
struct sockaddr_in addr;
char data[100];
int length = sizeof(data);

sd = socket(AF_INET, SOCK_STREAM, 0);
if (sd == -1) {
    perror("socket");
    exit(1);
}

addr.sin_family = AF_INET;
addr.sin_addr.s_addr = htonl(inet_addr("211.223.201.30"));
addr.sin_port = htons(5010);

if (connect(sd, (struct sockaddr *)&addr, sizeof(addr)) == -1) {
    perror("connect");
    exit(1);
}

if (recv(sd, data, length, 0) == -1) {
    perror("recv");
    exit(1);
}
```

03 클라이언트 · 서버 프로그래밍

일반적으로 클라이언트 · 서버 모델은 네트워크 서비스를 제공하는 서비스 제공자와 서비스 이용자 사이의 관계를 표현한다. 서비스를 제공하는 프로그램을 서버 프로세스, 서버와 연결을 시도하여 서비스를 제공받는 프로그램을 클라이언트 프로세스라 한다. 이 절에서는 연결형과 비연결형 서비스를 제공하는 서버와 클라이언트 프로그램을 각각 구현해본다.

1 연결형 서비스

소켓은 네트워크 통신을 위한 소프트웨어 교신점이 된다. 2개의 독립 프로세스가 네트워크를 통해 통신하려면 논리적인 연관 관계를 맺어주는 소켓이 필요하다. 소켓을 이용한 전형적인 클라이언트 · 서버 프로그램을 작성하는 방법은 다음과 같다.

클라이언트와 서버의 동작

서버 프로세스는 다수의 클라이언트에 공개되는 Well-known 포트로 자신의 소켓 주소를 설정한 후에, 클라이언트의 연결 요청을 기다린다. 클라이언트 요구에 따라 연결이 설정되면 서버 프로세스가 제공하는 서비스가 시작된다. 이러한 서비스는 여러 클라이언트에 반복적으로 이루어지며, 동작 과정은 다음과 같다.

```
❶ 서비스 교신점(호스트의 IP 주소, 포트 번호) 공개
❷ 클라이언트로부터 발생하는 서비스 요구 대기
❸ 클라이언트에 서비스 제공
❹ 해당 클라이언트에 서비스 제공 완료
❺ 단계 ❷로 이동
```

그림 12-1 서버의 동작

[그림 12-1]에서 ❸~❹단계의 처리 과정은 두 가지로 구분할 수 있다. 서비스 시간이 짧다면 서버 프로세스가 하위 서버 프로세스를 생성하지 않고 직접 서비스를 제공한다. 그러나 서비

스 시간이 길어지면 다른 클라이언트들이 대기하는 시간도 길어진다. 따라서 하위 서버 프로세스를 생성하여 클라이언트에 서비스를 제공하도록 중개 역할만 하고 자신은 ❷단계로 돌아간다. ❸단계에서 하위 서버 프로세스가 실행 중이어도, 대표 서버는 ❷단계에서 다른 클라이언트의 요청을 받을 수 있다.

클라이언트 프로세스는 [그림 12-2]와 같이 서버의 Well-known 포트를 이용해 원하는 서버와 접속을 시도하고, 연결이 이루어지면 서버가 제공하는 서비스를 이용한다. 대부분의 인터넷 서비스는 하위 서버 프로세스가 클라이언트에 서비스를 제공하도록 설계되었다.

❶ 원하는 서비스를 제공하는 서버 확인
❷ 해당 서버와 연결 시도
❸ 서버에 서비스 요청
❹ 서비스 이용 완료

그림 12-2 클라이언트의 동작

[그림 12-3]은 클라이언트와 서버의 관계를 소켓 함수로 설명하였다. 서버가 먼저 accept() 함수에서 대기하고 클라이언트의 connect() 요청이 발생하면 연결 설정이 이루어진다. 이후 데이터 송수신이 가능하며, 연결 해제는 생성된 소켓을 제거하는 close() 함수로 이루어진다.

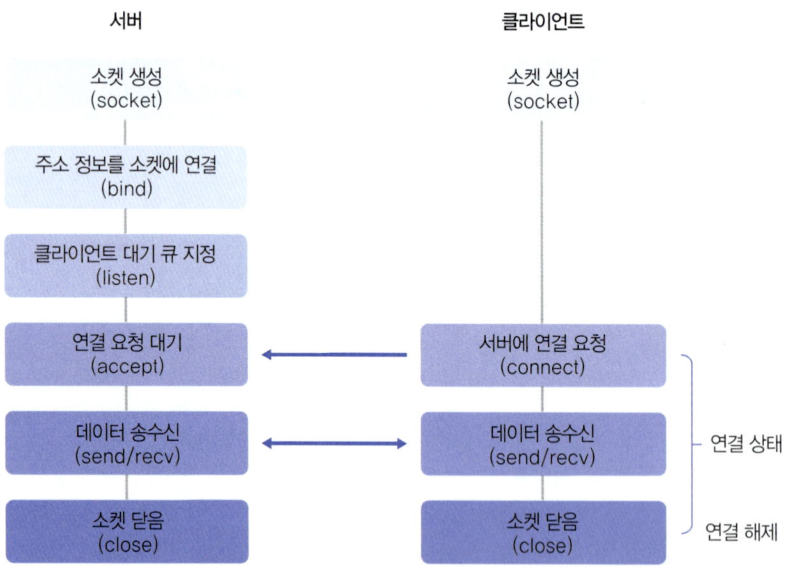

그림 12-3 소켓의 연결형 서비스

연결형 서비스는 연결 절차가 필요하므로 클라이언트뿐 아니라 서버도 연결이 설정되었다는 사실을 인지할 수 있다. 따라서 데이터 송수신 과정에서 누가 먼저 send( ) 함수를 이용하여 데이터를 송신할지는 응용 프로그램마다 필요에 따라 선택할 수 있다.

프로그램 컴파일 방법

다음에 소개하는 예제는 현재의 시간 정보를 제공하는 서버 프로그램과 서버로부터 시간 정보 서비스를 받아 화면에 출력하는 클라이언트 프로그램이다. 클라이언트와 서버 프로그램을 따로 컴파일한 후 서버, 클라이언트 순으로 실행한다. 컴파일 명령의 -l 옵션은 소켓 함수를 지원하는 라이브러리를 지칭하는 것으로, 실행 파일에 해당 라이브러리 코드를 포함해준다.

```
% cc -o time_client time_client.c -lsocket -lnsl
% cc -o time_server timer_server.c -lsocket -lnsl
```

컴파일이 성공하면 time_client와 time_server라는 2개의 실행 파일이 현재 디렉터리에 생성된다. [예제 12-8]에서 6번째 줄의 TIME_SERVER는 실습하는 호스트의 IP 주소 정보로 바꾸어야 하며, 7번째 줄의 TIME_PORT도 다른 사용자가 이미 사용하고 있으면 중복되지 않도록 변경해야 한다. 이후의 모든 예제 프로그램도 마찬가지로 이 값들을 적절하게 조정해야 한다.

클라이언트 프로그램

연결형 서비스의 클라이언트 프로그램은 [예제 12-8]과 같이 작성할 수 있다. 서버 프로그램이 실행되는 호스트의 IP 주소 211.223.201.30과 포트 번호 5010은 앞에서 언급한 것처럼 실행 환경에 따라서 적당한 값으로 변경해야 한다. 그리고 포트 번호를 변경하면 이어지는 time_server.c의 포트 번호도 함께 변경해야 한다. 그러나 time_server.c에서 서버는 자신의 호스트 주소를 설정하는 부분에 INADDR_ANY를 사용하기 때문에 IP 주소는 변경할 필요가 없다.

예제 12-8 **클라이언트 프로그램(연결형)** time_client.c

```
01 #include <sys/types.h>
02 #include <sys/socket.h>
03
04 #include <netinet/in.h>
05
06 #define TIME_SERVER  "211.223.201.30"
07 #define TIME_PORT    5010
08
09 main()
10 {
11   int sock;
12   struct sockaddr_in server;
13   char buf[256];
14
15   if ((sock = socket(AF_INET, SOCK_STREAM, 0))==-1)
16       exit(1);
17
18   server.sin_family = AF_INET;
19   server.sin_addr.s_addr = htonl(inet_addr(TIME_SERVER)); /* htonl() 생략 여부 */
20   server.sin_port = htons(TIME_PORT);
21
22   if (connect(sock, (struct sockaddr *)&server, sizeof(server)))
23       exit(1);
24
25   if (recv(sock, buf, sizeof(buf), 0)==-1)
26       exit(1);
27   printf("Time information from server is %s", buf);
28   close(sock);
29 }
```

01~02행, 04행: 컴파일에 필요한 헤더 파일이다.

06행: 이 프로그램이 연결 설정을 요구할 서버 호스트이므로, 서버 프로그램이 실행되는 호스트의 IP 주소이다. 즉, time_server.c 프로그램이 실행되는 호스트를 의미한다.

07행: 서버 프로그램의 Well-known 포트 번호이다. time_server.c의 07행에 정의된 TIME_ PORT와 번호가 같아야 한다.

11행: 생성된 소켓 번호를 보관하기 위한 파일 디스크립터이다.

12행: 서버의 소켓 주소를 보관하기 위한 변수이다.

13행: 서버로부터 수신하는 시간 정보를 보관하는 데이터 공간이다.

15행: 소켓을 생성하려고 socket( ) 함수를 사용하며, 매개변수는 3개이다. 첫 번째 매개변수 AF_INET은 인터넷 도메인을 사용함을 의미하며, 두 번째 매개변수 SOCK_STREAM은 TCP를 사용한다는 의미이다.

16행: 소켓 시스템 콜을 실행하다가 오류가 발생하면 프로그램 실행을 종료시킨다. 매개변수로 주어진 1은 부모 프로세스에 전달되며, 일반적으로 셸 프로그래밍에서 활용한다.

18~20행: 서버 프로세스를 지칭하기 위한 소켓 주소를 만드는 과정이다. 사용하는 프로토콜의 종류(AF_INET), 호스트의 IP 주소(TIME_SERVER), 포트 번호(TIME_PORT) 순이다. 시스템에 따라서는 바이트 순서 문제로 htonl( ) 함수가 생략될 수 있다.

22행: 서버 프로세스와 연결을 시도하는 과정이다. 첫 번째 매개변수는 15행에서 생성한 소켓을 의미하고, 이 소켓을 사용해 변수 server가 가리키는 서버 프로세스와 연결을 시도한다.

25행: 서버 프로세스로부터 시간 정보를 받기 위한 함수이다. 수신한 정보는 buf 변수에 보관한다. 예제 프로그램은 연결이 설정되면 서버 프로세스가 바로 시간 정보를 제공하도록 설계되었기 때문에 연결 설정 이후 클라이언트는 recv( ) 함수를 실행한다.

27행: 수신한 정보를 화면에 출력한다.

28행: close( ) 함수를 이용해 소켓을 닫아주면 서버와 연결이 끊긴다.

서버 프로그램

시간 정보를 제공하는 서버 프로그램은 [예제 12-9]와 같이 작성한다. while 문을 이용하여 무한 반복하는 구조이므로 사용자가 강제 종료하기 전까지 계속 수행된다. 따라서 클라이언트 프로그램을 여러 번 반복 실행해도 서버는 매번 시간 정보를 제공할 수 있다.

시간 정보를 서비스하는 시간이 짧으므로 fork( ) 시스템 콜을 이용한 하위 서버 프로세스를 생성하는 방식은 사용하지 않는다. 시간 정보를 보낼 때는 accept( ) 함수에 의하여 새로 생성된 sock2 소켓을 사용하고, 해당 소켓은 close( ) 함수를 이용하여 닫음으로써 클라이언트와 연결을 끊는다. 이후 다른 클라이언트의 연결 요청은 socket( ) 함수에 의해 생성된 sock 소켓을 사용한다.

예제 12-9 **서버 프로그램(연결형)** time_server.c

```
#include <sys/types.h>
#include <sys/socket.h>
#include <netinet/in.h>

#include <time.h>

#define TIME_PORT     5010

main()
{
  int sock, sock2;
  struct sockaddr_in server, client;
  int len;
  char buf[256];
  time_t today;

  if ((sock = socket(AF_INET, SOCK_STREAM, 0)) == -1)
      exit(1);

  server.sin_family = AF_INET;
  server.sin_addr.s_addr = htonl(INADDR_ANY);
  server.sin_port = htons(TIME_PORT);

  if (bind(sock, (struct sockaddr *)&server, sizeof(server)))
      exit(1);

  if (listen(sock, 5))
      exit(1);

  while(1){
      if ((sock2 = accept(sock, (struct sockaddr *)&client, &len)) == -1)
          exit(1);
      time(&today);
      strcpy(buf, ctime(&today));
      send(sock2, buf, strlen(buf) + 1, 0);
      close(sock2);
```

```
37      }
38 }
```

07행: 서버 프로그램의 Well-known 포트를 나타내며, 모든 클라이언트 프로세스에 공개되는 주소이다.

20~22행: 자신의 소켓 주소를 생성하는 과정이다. 21행의 INADDR_ANY는 임의의 IP 주소인데, 이 값은 서버 프로세스가 실행되는 호스트의 IP 주소로 자동 대체된다.

24행: 17행에 의해 생성된 소켓에 20~22행의 Well-known 주소로 이름을 부여하는 과정이다. 이와 같이 서버 프로세스에 특정 소켓 주소를 부여함으로써, 클라이언트 프로세스가 해당 주소에 근거하여 원하는 서버 프로세스와 접속할 수 있다.

27행: 서버 프로세스의 대기 큐 크기이다. 클라이언트 요구가 5개까지 대기할 수 있음을 나타낸다.

30행: 서버 프로세스는 한 번 실행되고 종료하는 것이 아니고, 시스템이 동작하는 동안 항상 클라이언트의 요구에 대기해야 한다. 따라서 서버 프로세스의 구조는 영원히 반복 수행하는 형태이다.

31행: 클라이언트 프로세스로부터 연결 요구를 기다리는 시스템 콜이다. 클라이언트로부터 서비스 요구가 없으면 서버 프로그램은 이곳에서 항상 대기한다. 클라이언트와 연결이 이루어지면 새로운 소켓이 만들어지고, 이 소켓의 주소는 sock2에 보관된다. 이후 클라이언트 프로세스와 데이터를 송수신하는 데 새로 생성된 sock2를 사용한다.

33~34행: time( ) 함수를 이용하여 시스템에서 인지하는 시간 정보를 얻은 후에 ctime( ) 함수를 이용하여 문자열 형태로 변환하는 과정이다. 서버의 현재 시간 정보는 strcpy( ) 함수에 의하여 buf 변수에 복사된다.

35행: 클라이언트에 시간 정보를 전송한다.

36행: accept( ) 함수에 의하여 생성된 소켓은 변수 sock2에 보관된다. 이를 close( )하면 클라이언트와 연결이 끊기지만, socket( ) 함수에 의하여 생성된 소켓은 변수 sock에 보관되어 있으므로 다른 클라이언트의 연결 요청을 계속 받을 수 있다.

2 비연결형 서비스

연결형 서비스에서 설명한 예제 프로그램을 비연결형으로 변형해보자. 비연결형 서비스에서는 connect( )와 accept( ) 함수로 연결을 설정하는 과정이 생략되며, 데이터 송수신을 위한 send( ), recv( ) 함수 대신 sendto( ), recvfrom( ) 함수를 사용한다. 비연결형 서비스에서는 전송 데이터마다 수신자의 소켓 주소를 함께 전송해야 한다. 예를 들어, 편지 서비스에서 편지를 보낼 때마다 주소 정보를 표기하는 것과 같다. 연결형 서비스와 달리 서버뿐만 아니라 클라이언트에서도 bind( ) 함수가 실행된다.

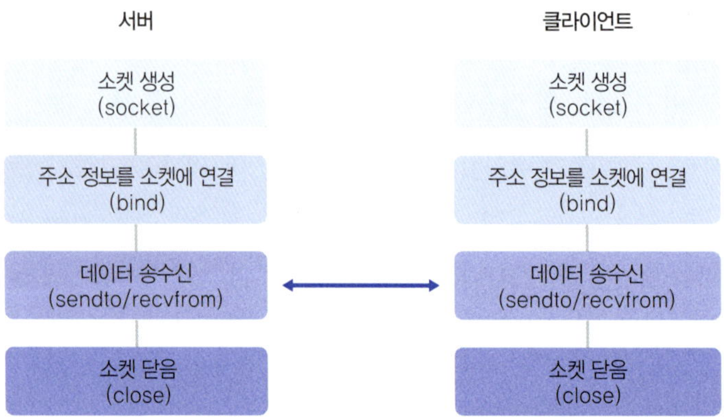

그림 12-4 소켓의 비연결형 서비스

연결형 서비스에서는 서버가 클라이언트와 연결되었다는 사실을 connect( ) 요청 시점에 인지할 수 있다. 비연결형 서비스에서는 연결 절차가 생략되므로 서버가 클라이언트를 인지하는 방법은 클라이언트의 sendto( ) 요청에 의해서만 가능하다. 따라서 [그림 12-4]의 데이터 송수신 단계에서 클라이언트의 sendto( ) 함수가 먼저 실행되어야 한다.

클라이언트 프로그램

클라이언트 프로세스는 자신이 생성한 소켓의 주소를 지정하기 위해 client 변수에 IP 주소와 소켓 주소를 지정한다. 중간에 표기된 IP 주소 INADDR_ANY는 자기 자신을 의미하고, 소켓 주소 0은 시스템에서 임의의 포트 번호를 할당하라는 의미이다. 연결형 서비스와 마찬가지로 클라이언트는 자기 자신의 주소 정보를 알 필요가 없으며, 서버는 클라이언트로부터 수신한 정보에서 클라이언트 주소 정보를 알 수 있으므로 이 주소로 클라이언트에 회신할 수 있다.

서버와 통신하려면 sendto( ) 함수에 필요한 서버 주소를 표시하는데, server 변수를 서버와 통신하기 위한 목적으로 사용한다.

bind( ) 함수를 성공적으로 실행하면 클라이언트가 먼저 서버에 문자 데이터를 전송한다. sendto( ) 함수는 다섯 번째 매개변수 server에 서버의 주소를 표시하여 데이터가 서버 프로세스에 올바로 전송될 수 있도록 한다. 마지막으로 recvfrom( ) 함수를 이용해 서버가 전송한 시간 정보를 전송받아 출력한다. recvfrom( )의 다섯 번째와 여섯 번째 매개변수를 0으로 지정하면 시간 정보를 송신하는 서버의 주소 값을 받아들이지 않겠다는 의미이다.

예제 12-10 클라이언트 프로그램(비연결형) udp_time_client.c

```c
#include <sys/types.h>
#include <sys/socket.h>
#include <netinet/in.h>
#define TIME_SERVER "211.223.201.30"
#define TIME_PORT 5010

main()
{
  int sock;
  struct sockaddr_in server, client;
  int server_len = sizeof(server);
  char buf[256];
  int buf_len;

  server.sin_family = AF_INET;
  server.sin_addr.s_addr = htonl(inet_addr(TIME_SERVER));
  server.sin_port = htons(TIME_PORT);

  if ((sock = socket(AF_INET, SOCK_DGRAM, 0)) == -1)
      exit(1);
  client.sin_family = AF_INET;
  client.sin_addr.s_addr = htonl(INADDR_ANY);
  client.sin_port = htons(0);

  if (bind(sock, (struct sockaddr *)&client, sizeof(client)) < 0)
      exit(1);
```

```
    buf[0] = '?'; buf[1] = '\0';
    buf_len = sendto(sock, buf, strlen(buf) + 1, 0,
        (struct sockaddr *)&server, server_len);
    if (buf_len < 0)
        exit(1);

    buf_len = recvfrom(sock, buf, 256, 0, (struct sockaddr *)0, (int *)0);
    if (buf_len < 0)
        exit(1);
    printf("Time information from server is %s", buf);
    close(sock);
}
```

서버 프로그램

서버 프로세스는 변수 server를 이용하여 자신의 소켓 주소를 바인드한다. 서버는 먼저 임의의 클라이언트 프로세스로부터 데이터가 입력되기를 기다리는데, udp_client.c에서 전송한 문자가 입력되면 이를 화면에 출력해준다. 이때 recvfrom( ) 함수의 다섯 번째 매개변수 client에 송신자인 클라이언트의 주소가 입력된다. 따라서 sendto( ) 함수는 이 주소를 이용하여 클라이언트에 시간 정보를 전송할 수 있다.

예제 12-11 서버 프로그램(비연결형) udp_time_server.c

```
#include <sys/types.h>
#include <sys/socket.h>
#include <netinet/in.h>
#include <time.h>

#define TIME_PORT 5010

main()
{
  int sock;
  struct sockaddr_in server, client;
  int server_len;
```

```
    int client_len = sizeof(client_len);
    char buf[256];
    int buf_len;
    time_t today;

    if ((sock = socket(AF_INET, SOCK_DGRAM, 0)) == -1)
        exit(1);
    server.sin_family = AF_INET;
    server.sin_addr.s_addr = htonl(INADDR_ANY);
    server.sin_port = htons(TIME_PORT);

    if (bind(sock, (struct sockaddr *)&server, sizeof(server)))
        exit(1);

    while(1) {
        buf_len = recvfrom(sock, buf, 256, 0,
            (struct sockaddr *)&client, &client_len);
        if (buf_len < 0)
            exit(1);
        printf("Server: Got %s\n", buf);

        time(&today);
        strcpy(buf, ctime(&today));
        sendto(sock, buf, strlen(buf) + 1, 0,
            (struct sockaddr *)&client, client_len);
    }
}
```

요약

01 소켓의 주소

소켓에 주소를 부여하는 방법은 프로토콜 종류에 따라 다양하다. 일반 프로그래밍 환경에서는 AF_UNIX와 AF_INET의 소켓 주소 체계를 많이 사용한다. AF_UNIX로 표시되는 유닉스 주소 체계는 한 호스트 내부에서 실행되는 프로세스 사이의 통신을 지원하고, 사용하는 주소 체계는 파일 시스템의 경로명을 기반으로 한다. 서로 다른 호스트에서 실행되는 프로세스 사이의 통신을 지원하려면 인터넷 주소 체계 방식인 AF_INET을 사용한다. 소켓 주소는 소켓 시스템 콜을 사용하는데 의미는 같으나 형식이 다른 구조체들을 함수 매개변수 하나로 수용하는 것은 문법적으로 불가능하다. 따라서 여러 소켓 구조체를 일반 구조체 하나로 정의해야 한다.

02 소켓의 서비스 유형

소켓은 제공하는 서비스 종류에 따라 유형이 다양하다. 소켓 유형 중 SOCK_STREAM은 연결형 서비스를 제공할 때 사용하고, SOCK_DGRAM은 비연결형 서비스에서 사용한다. SOCK_RAW는 일반 네트워크 응용 프로그램 개발에서는 자주 사용되지 않으며, IP 프로토콜을 직접 사용한다.

03 INADDR_ANY

개발된 프로그램이 여러 컴퓨터에서 실행되는 경우, 각 실행 파일에 개별 호스트의 IP 주소를 지정하여 컴파일하기는 현실적으로 불가능하다. 이와 같은 상황을 고려해 INADDR_ANY라는 호스트 주소 표기 방법을 제공한다. 이는 프로세스가 실행되는 로컬 호스트 자체를 의미하기 때문에 프로세스가 실행되는 호스트의 IP 주소로 자동 대체된다. 결과적으로 동일한 프로그램을 여러 컴퓨터에서 실행할 때마다 IP 주소를 변경하고 재컴파일하지 않아도 된다.

04 주소 변환(바이트 순서)

컴퓨터마다 정수형 데이터를 저장하는 기억 장소 공간의 바이트 순서가 다를 수 있다. 이 차이를 극복하기 위해 네트워크 바이트 순서라는 전송 문법의 데이터 유형이 필요하다. 데이터를 전송하기 전에 개별 컴퓨터의 바이트 순서를 네트워크 바이트 순서로 변환해야 하는데 htonl( )과 htons( ) 함수가 이를 담당한다. ntohl( )과 ntohs( ) 함수는 반대로 데이터를 수신할 때 네트워크 바이트 순서를 개별 컴퓨터의 바이트 순서로 변환한다.

05 연결의 설정

연결형 서비스를 지원하는 서버 프로세스가 클라이언트의 연결 요청을 받으려면 accept( ) 함수에서 대기해야 한다. 즉, 클라이언트 · 서버 환경에서 서버 프로세스는 accept( ) 함수를 실행해 클라이언트의 요청을 기다리고, 클라이언트 프로세스의 connect( ) 요청이 발생하면 연결이 설정된다.

06 주소 변환(표시 형식)

인터넷 주소는 211.223.201.30 형식의 십진수를 사용해 표기하는데 컴퓨터 내부에서는 32비트 크기의 이진수 방식으로 처리하므로 십진수와 이진수 표기를 변환하는 기능이 필요하다. inet_addr( ) 함수가 십진수 표기 형식을 32비트 인터넷 주소로 변환하고, inet_ntoa( ) 함수는 그 반대의 기능을 수행한다.

07 클라이언트 · 서버 모델

클라이언트 · 서버 보델에서 시비스를 제공하는 프로그램을 서버 프로세스, 서버와 연결을 시도하여 서비스를 제공받는 프로그램을 클라이언트 프로세스라 한다. 서버 프로세스는 다수의 클라이언트에 공개되는 Well-known 포트로 자신의 소켓 주소를 설정한 후에, 클라이언트의 연결 요청을 기다린다. 클라이언트 요구에 따라 연결이 설정되면 서버 프로세스가 제공하는 서비스가 시작된다.

08 비연결형 서비스

비연결형 서비스에서는 connect( )와 accept( ) 함수로 연결을 설정하는 과정이 생략되며, 데이터 송수신을 위한 send( ), recv( ) 함수 대신 sendto( ), recvfrom( ) 함수를 사용한다. 비연결형 서비스에서는 전송 데이터마다 송신자의 소켓 주소를 함께 전송한다.

연습문제

01 소켓 주소 체계에 대한 설명으로 올바른 것을 모두 고르시오.

① 일반 프로그래밍 환경에서는 AF_UNIX와 AF_INET의 소켓 주소 체계를 많이 사용한다.

② AF_UNIX로 표시되는 유닉스 주소 체계는 서로 다른 호스트에서 실행되는 프로세스 사이의 통신을 지원한다.

③ 유닉스 주소 체계를 지원하는 sockaddr_un 구조체의 sun_family 필드는 유닉스 주소 체계를 의미하는 AF_UNIX 값을 갖는다.

④ 유닉스 주소 체계를 지원하는 sockaddr_un 구조체의 sun_path 필드에는 소켓을 구분하는 주소를 표시하기 위해 IP 주소와 포트 번호를 기록한다.

⑤ 여러 소켓 구조체를 통합해 일반 구조체 하나로 정의하기 위해 sockaddr이라는 공통 주소 체계를 지원하는 구조체를 사용해 소켓 주소 표현 방법을 정의할 수 있다.

02 인터넷 주소 체계에 대한 설명으로 올바른 것을 모두 고르시오.

① 서로 다른 호스트에서 실행되는 프로세스 사이의 통신을 지원하며 AF_INET로 표시한다.

② AF_INET 방식은 소켓이 생성되는 호스트의 IP 주소와 포트 번호를 조합하여 소켓 주소를 표현한다.

③ sin_family 필드는 인터넷 주소 체계를 의미하는 AF_INET 값을 갖는다.

④ sin_addr 필드에는 호스트의 IP 주소를, sin_port 필드에는 포트 번호를 기록한다.

⑤ 인터넷에서 특정 프로세스를 구분하는 유일한 주소는 (IP 주소, 포트 번호)의 조합이고, 서로 다른 호스트에서는 이 조합의 값이 중복되는 프로세스가 동시에 존재할 수 있다.

03 소켓 함수에 대한 설명으로 올바른 것을 모두 고르시오.

① socket( ) 함수는 매개변수로 지정한 유형에 따라 소켓을 생성한다.

② bind( ) 함수는 socket( ) 함수로 생성된 소켓에 주소를 부여한다.

③ listen( ) 함수는 보통 서버 프로세스에서 실행되며, 첫 번째 매개변수로 지정한 소켓에서 클라이언트의 연결 요구가 들어올 때까지 대기한다.

④ connect( ) 함수는 클라이언트 프로세스에서 사용하며, 서버와 연결 설정을 시도한다.

⑤ send( ) 함수는 연결형 서비스를 제공하는 환경에서 데이터를 전송하는 역할을 하고, recv( ) 함수는 연결형 서비스에서 데이터를 수신하는 역할을 한다.

04 socket( ) 함수에 대한 설명으로 올바른 것을 모두 고르시오.

① socket(int domain, int type, int protocol) 함수는 데이터 전송에 사용되는 소켓을 생성할 때 호출하며, 소켓을 성공적으로 생성하면 소켓 디스크립터를 반환한다.

② domain은 AF_UNIX, AF_INET 등과 같이 사용할 프로토콜의 도메인이고, type은 SOCK_STREAM, SOCK_DGRAM 등의 서비스 유형이다.

③ 인터넷 도메인을 의미하는 AF_UNIX를 예로 들면 연결형 서비스는 TCP 프로토콜을, 비연결형 서비스는 UDP 프로토콜을 선택한다.

④ socket(AF_INET, SOCK_STREAM, 0)은 인터넷 환경에서 UDP 프로토콜용 소켓을 할당한다.

05 accept( ) 함수에 대한 설명으로 올바른 것을 모두 고르시오.

① 클라이언트 · 서버 환경에서 서버 프로세스는 accept( ) 함수를 실행해 클라이언트의 요청을 기다리고, 클라이언트 프로세스의 connect( ) 요청이 발생하면 연결이 설정된다.

② 서버는 어느 클라이언트가 연결을 시도했는지 알 수 있고, 경우에 따라서는 클라이언트 주소를 보고 연결 요청을 거부할 수도 있다.

③ 성공적으로 연결이 만들어지면 socket() 함수로 생성한 원래의 소켓과는 별도의 소켓이 새로 만들어진다.

④ 대부분의 인터넷 서비스는 서버 프로세스가 클라이언트 프로세스로부터 연결 요청이 들어오면 새로운 프로세스를 생성하고, 이 하위 서버 프로세스가 클라이언트와 통신하도록 설계된다.

06 connect( ) 함수에 대한 설명으로 올바른 것을 모두 고르시오.

① 연결형 서비스는 클라이언트 프로세스가 서버 프로세스에 연결 요청을 할 때 connect( ) 함수를 사용한다.

② 클라이언트는 지신의 주소를 공개하지 않아도 되기 때문에 명시적으로 bind( ) 함수를 실행하지 않고 connect( ) 함수를 실행한다.

③ 연결형 서비스에서 클라이언트에는 프로그램이 실행되는 호스트의 IP 주소와 임의의 포트 번호가 자동으로 할당된다.

④ 서버의 IP 주소를 표기할 때는 십진수 표기 방식을 32비트의 이진수 방식으로 변환하는 inet_ntoa( ) 함수가 사용된다.

07 TCP를 이용한 연결형 서비스에 대한 설명으로 올바른 것을 모두 고르시오.

① 서버 프로세스는 다수의 클라이언트에 공개되는 포트로 자신의 소켓 주소를 설정한 후에, 클라이언트의 연결 요청을 기다린다.

② 서비스 시간이 긴 경우에는 서버 프로세스가 하위 서버 프로세스를 생성하지 않고 직접 서비스를 제공한다.

③ 서비스 시간이 짧으면 하위 서버 프로세스를 생성하여 클라이언트에 서비스를 제공하도록 중개 역할만 한다.

④ 서버가 먼저 accept( ) 함수에서 대기하고 클라이언트의 connect( ) 요청이 발생하면 연결 설정이 이루어진다.

⑤ 연결형 서비스는 연결 절차가 필요하므로 클라이언트뿐 아니라 서버도 연결이 설정되었다는 사실을 인지할 수 있다.

08 UDP를 이용한 비연결형 서비스에 대한 설명으로 올바른 것을 모두 고르시오.

① 비연결형 서비스에서는 connect( )와 accept( ) 함수로 연결을 설정하는 과정이 생략되며, 데이터 송수신을 위한 send( ), recv( ) 함수를 사용한다.

② 비연결형 서비스에서는 전송 데이터마다 수신자의 소켓 주소를 함께 전송해야 한다.

③ 비연결형 서비스는 연결 절차가 생략되므로 서버가 클라이언트를 인지하는 방법은 클라이언트의 sendto( ) 요청에 의해서만 가능하다.

④ 클라이언트는 자기 자신의 주소 정보를 알 필요가 없으며, 서버는 클라이언트로부터 수신한 정보에서 클라이언트 주소 정보를 알 수 있다.

09 (①)로 표시되는 유닉스 주소 체계는 하나의 호스트 내부에서 실행되는 프로세스 사이의 통신을 지원하며, 사용하는 주소 체계는 파일 시스템의 (②)을 기반으로 한다. 유닉스 주소 체계를 지원하는 sockaddr_un 구조체에서 sun_family 필드는 유닉스 주소 체계를 의미하는 (①) 값을 갖는다. sun_path 필드에는 소켓을 구분하는 주소를 표시하기 위해 파일 시스템의 (②)을 기록한다.

10 인터넷 주소 체계는 서로 다른 호스트에서 실행되는 프로세스 사이의 통신을 지원하며 (①) 로 표시한다. 이 방식은 소켓이 생성되는 호스트의 (②)와 (③)를 조합하여 소켓 주소를 표현한다. 인터넷 주소 체계를 지원하는 sockaddr_in 구조체에서 sin_family 필드는 인터넷 주소 체계를 의미하는 (①) 값을 갖는다. sin_addr 필드에는 호스트의 (②)를, sin_port 필드에는 (③)를 기록한다.

11 (①)이라는 공통 주소 체계를 지원하는 구조체를 사용해 소켓 주소 표현 방법을 정의할 수 있다. 이 구조체는 단순히 프로그래밍 환경에서 문법적인 측면만 고려해 정의된 것이며 유닉스나 인터넷 주소 체계 같은 다른 주소 체계에서 필요한 공간보다 커야 한다. 인터넷을 이용한 소켓 프로그래밍을 하는 경우에 소켓 변수는 인터넷 주소 체계인 (②) 구조체를 사용한다.

12 통신 프로토콜의 종류에 따른 주소 체계가 여러 개인 것처럼, 제공하는 서비스에 따른 소켓 유형도 다양하다. (①)은 연결형 서비스를 의미하므로 인터넷에서 TCP 프로토콜에 대응하고, (②)은 비연결형 서비스를 의미하므로 UDP 프로토콜에 대응한다. (③)는 일반 네트워크 응용 프로그램 개발에서는 자주 사용되지 않으며, IP 프로토콜을 직접 사용한다.

13 소켓 시스템 콜을 이용해 네트워크 프로그래밍을 할 때, (①) 함수는 매개변수로 지정한 유형에 따라 소켓을 생성한다. 시스템 콜이 성공적으로 실행되어 소켓이 만들어지면 해당 소켓의 디스크립터를 반환한다. (②) 함수는 (①) 함수로 생성된 소켓에 주소를 부여한다.

14 소켓 시스템 콜을 이용해 네트워크 프로그래밍을 할 때, (①) 함수는 보통 서버 프로세스에서 실행되며, 첫 번째 매개변수로 지정한 소켓에서 클라이언트의 연결 요구가 들어올 때까지 대기한다. 임의의 클라이언트로부터 연결 설정 요구가 발생하면 둘 사이에 연결이 설정되고, 서버에 새로운 소켓이 자동으로 생성된다. (②) 함수는 클라이언트 프로세스에서 사용하며, 두 번째 매개변수 name이 가리키는 서버와 연결 설정을 시도한다. 해당 주소의 서버가 존재하지 않으면 오류 처리되고, 서버가 연결 대기 중이면 연결이 설정된다.

15 인터넷에서 연결형 서비스를 제공하는 TCP 프로토콜용 소켓을 생성하기 위해서는 socket (AF_INET, ①, 0) 함수를 실행해야 하고, 비연결형 서비스를 제공하는 UDP 프로토콜용 소켓을 생성하기 위해서는 socket (AF_INET, ②, 0) 함수를 실행해야 한다.

16 (①) 함수에서 사용하는 IP 주소는 프로그램이 실행되는 호스트의 IP 주소이다. 개발된 프로그램이 IP 주소가 다른 여러 컴퓨터에서 실행되는 경우, 각 실행 파일에 개별 호스트의 IP 주소를 지정하여 컴파일하기는 현실적으로 불가능하다. 이와 같은 상황을 고려해 (②)라는 호스트 주소 표기 방법을 제공한다. 이는 프로세스가 실행되는 로컬 호스트 자체를 의미하기 때문에 프로세스가 실행되는 호스트의 IP 주소로 자동 대체된다.

17 컴퓨터마다 정수형 데이터를 저장하는 기억 장소 공간의 바이트 순서가 다를 수 있다. 이 차이를 극복하기 위해 네트워크 바이트 순서라는 전송 문법의 데이터 유형이 필요하다. 데이터를 전송하기 전에 개별 컴퓨터의 바이트 순서를 네트워크 바이트 순서로 변환하는데, 이를 (①)과 htons( ) 함수가 담당한다. 반대로 데이터를 수신할 때는 네트워크 바이트 순서를 개별 컴퓨터의 바이트 순서로 변환해야 하며, 이는 (②)와 ntohs( ) 함수가 담당한다.

18 연결형 서비스는 클라이언트 프로세스가 서버 프로세스에 연결 요청을 할 때 (①) 함수를 사용한다. 일반적으로 서버 프로세스는 자신의 바인드된 주소를 공개해야 클라이언트가 서버에 연결을 시도할 수 있다. 그러나 클라이언트는 자신의 주소를 공개하지 않아도 되기 때문에 명시적으로 (②) 함수를 실행하지 않는다. 대신 임의의 주소가 자동으로 할당된다.

19 인터넷 주소는 211.223.201.30 형태로 표기한다. 이러한 (①) 표기는 일반인이 쉽게 확인할 수 있다는 장점이 있지만, 컴퓨터 내부에서는 32비트의 이진수 방식으로 처리한다. 따라서 (①)와 이진수 표기를 변환하는 기능이 필요한데, (②) 함수는 (①) 표기를 32비트 인터넷 주소로 변환하고, inet_ntoa( ) 함수는 반대의 기능을 수행한다.

20 소켓 연결이 이루어지면 (①) 함수를 이용해 데이터를 전송할 수 있다. 이 함수는 연결형 서비스에서 데이터 송신에 사용하고, (②) 함수는 비연결형 서비스에서 사용한다.

21 비연결형 서비스에서는 (　①　) 함수들로 연결을 설정하는 과정이 생략되며, 데이터 송수신을 위한 send( ), recv( ) 함수 대신 (　②　) 함수들을 사용한다. 비연결형 서비스에서는 전송 데이터마다 수신자의 소켓 주소를 함께 전송해야 한다. 연결형 서비스와 달리 서버뿐 아니라 클라이언트에서도 (　③　) 함수가 실행된다.

22 다음 용어에 대하여 간단히 설명하시오.

- AF_INET
- struct sockaddr
- INADDR_ANY
- SOCK_STREAM
- SCOK_DGRAM
- socket( )
- bind( )
- accept( )
- connect( )
- sendto( )
- recvfrom( )
- 포트 번호
- htonl( )
- inet_addr( )
- fork( )

23 소켓 주소 표기와 관련해 공통의 통합 주소 체계가 필요한 이유를 설명하시오.

24 socket( ) 함수에서 TCP와 UDP용 소켓을 생성하는 프로그램을 작성하시오.

연습문제

25 인터넷 도메인에서 bind() 함수를 이용해 IP 주소는 211.223.201.30, 포트 번호는 5000인 소켓을 생성하는 프로그램을 작성하시오.

26 INADDR_ANY의 필요성을 설명하시오.

27 IP 주소와 포트 번호의 바이트 순서 문제를 해결하기 위해 사용하는 주소 변환 함수를 설명하시오.

28 accept()와 connect() 함수를 이용해 연결을 설정하는 프로그램을 작성하시오.

29 연결형 서비스를 제공하는 서버와 클라이언트 프로그램을 작성하시오.

30 비연결형 서비스를 제공하는 서버와 클라이언트 프로그램을 작성하시오.

현장의 목소리 05

FTP의 두 얼굴

글 김선인_SK컴즈

한동안 모바일 금융 및 B2B 간 상거래 사이트를 운영하는 회사의 서비스를 담당한 적이 있다. 그 회사는 각종 데이터가 돈과 관련되어 있어 OS 명령어Command 하나 치는 것도 굉장히 조심스러웠다. 워낙 핵심Mission Critical 서비스이다 보니 보안의 중요성은 말할 필요조차 없었다. 네트워크별 방화벽 설치는 기본이고 서버에도 각종 보안 응용 프로그램을 설치하여 이중, 삼중으로 만약의 사태에 대비하고 있었다. 덕분에 국내에 소개된 거의 모든 보안 솔루션을 다루어볼 수 있었던 행운의 시절이기도 했다.

IDCInternet Data Center 내부는 창문이 하나도 없어 밖에서 안을 볼 수조차 없었으며, 바닥은 혹시 모를 재난 방지를 위해 강판으로 마감되어 있었다. 출입 회전문은 1kg이 넘는 무게를 감지하면 자동으로 작동을 멈추게 되어 있어 일부 엔지니어가 출입 회전문에 갇히는 상황이 종종 발생하곤 하였다. (상상해보라. 뱃살 나온 엔지니어가 회전문에 낀 모습을.)

처음 맡은 업무는 응용 프로그램 시스템에 FTP 서버를 설치하여 일일 정산 데이터를 백업하는 작업이었다. FTP 서버 설치는 학교와 학원에서 수차례 해본 터라 내심 '이런 간단한 일을 나 같은 고급 인력에게 시키다니'라고 코웃음을 쳤다. 하지만 간단하게 설치를 완료할 수 있을 거라 생각했던 그 작업이 불행의 시작이 될 줄은 그땐 미처 몰랐다.

나름대로 FTP 서버를 이상 없이 설치한 후 보안 담당자와 네트워크 담당자에게 보안 응용 프로그램과 방화벽의 21번 포트에 대해 오픈 요청을 하였다(당시 FTP는 21번, 텔넷은 23번이라고 외우고 다녔다). 포트 오픈 작업이 완료되었다는 보고를 받은 후 FTP로 로그인하여 가장 간단한 ls-al 명령어를 입력했는데 예상과 달리 모니터 화면이 뭔가 이상했다. 명령어에 대한 결과 값도 없이 그냥 프롬프트 상태로 떨어지는 것이다. 이상한 마음에 그 뒤에도 다른 명령어를 쳐보았으나 결과는 똑같았다. '어라? 이러면 안 되는데.' 내 실력을 만천하에 보여주겠다던 초기의 기개는 어느새 remove 명령어와 함께 저 멀리 사라지고 마음이 급해지기 시작했다. 명령어는 정상적으로 수행되나 뭔가 결과 값을 제대로 보여주지 못하는 것처럼 보였다. 포트 오픈이 잘못되었나 싶어 보안 담당자와 네트워크 담당자에게 재차 확인하였으나 정상이라는 말만 되풀이할 뿐이었다. 마음이 답답해졌다.

혼자 골머리를 싸매다가 결국 당시 필자를 담당하던 선배 대리에게 자초지종을 설명하고 도움을 요청했다. 그러자 그 선배는 한심하다는 듯이 필자를 쳐다보며 이렇게 물었다.

"너, FTP가 몇 번 포트를 사용하냐?"

자신 있게 21번 포트라고 대답했다. 선배는 더 한심하다는 표정으로 "FTP 데이터 포트는?" 이라고 재차 물었다. 순간 정신이 아득해졌다. FTP 데이터 포트인 20번 포트를 오픈하지 않았던 것이다. 어찌 이런 기본적인 실수를 한단 말인가! 차마 고개를 들 수 없었다. 그리고 한 시간 내내 1년 동안 들을 훈계를 모두 들었다. 선배들에게 으스대던 자존심에 먹칠을 하고 만 것이다.

FTP에는 두 가지 모드가 있다. 바로 액티브 모드Active mode와 패시브 모드Passive mode이다. 파일 전송을 서버가 해주느냐, 클라이언트가 가져가느냐에 따라 다르다. 액티브 모드일 경우 서버의 20번과 21번 포트가 통상적으로 사용되며, 패시브 모드일 경우 21번 포트와 1024 이후의 비특권 포트를 오픈하여 사용한다. 두 모드가 사용되는 상황과 모드별 사용 포트의 역할을 정확히 이해하고 있어야 한다. 특히 방화벽을 설치하여 운영하는 회사에서 근무할 경우 어떤 모드를 사용하여 접속할지와 어떤 포트를 오픈해야 되는지를 정확하게 숙지하고 있어야 한다. 자존심에 그어진 먹칠을 지우는 데는 꽤 시간이 걸리므로 처음부터 먹칠을 당하지 않으려면 말이다.

Chapter

13

웹(WWW)

학습목표

- 웹 서비스를 위한 클라이언트 · 서버 구조를 살펴본다.
- 웹 서비스를 지원하는 APM(Apache, PHP, MySQL)의 연동 방식을 이해한다.
- HTML이 지원하는 기본 태그 명령어와 프레임 구조를 이해한다.
- HTTP의 요청 · 응답 메시지의 구조와 동작 원리를 이해한다.
- CGI의 원리를 이해하고, FORM 태그로 사용자 입력을 처리하는 방식을 알아본다.

Preview

웹은 익명 FTP 기능과 유사한 네트워크 서비스로, 인터넷에 연결된 다수의 사용자가 로그인 절차 없이 WWW 서버에 접속할 수 있게 해준다. 웹 환경은 서비스를 제공하는 서버와 서비스를 이용하는 클라이언트의 연결 구조를 지원하는 클라이언트 · 서버 모델을 사용한다. 웹 서버가 제공하는 정보는 관련된 다른 정보와 서로 연결하는 링크Link 기능을 사용한다.

마이크로소프트 엣지, 구글 크롬, 넷스케이프 내비게이터처럼 서버가 제공하는 웹 정보를 사용자 화면에 보여주는 프로그램을 웹 브라우저라 한다. 정보 내용은 문자, 그림, 음성, 동영상 등의 데이터를 포함한다. 웹 문서는 HTML 태그를 사용해 직접 작성해도 되고 한글이나 MS 워드 등의 문서 편집기를 포함한 다양한 편집기를 사용해도 된다.

HTML 언어로 작성된 문서는 웹 서버에서 클라이언트 쪽으로 전해지는 단방향 서비스에서 출발했으며, 지금은 인터넷 게시판이나 방명록같이 반대 방향으로 동적인 기능을 제공하는 서비스가 보편적으로 이루어지고 있다. 이를 지원하기 위해 PHP, ASP 같은 웹 프로그래밍 언어를 사용한다.

웹 서비스는 현재 전자 메일과 더불어 가장 폭넓게 사용되는 인터넷 서비스이다. 웹 문서들이 어떻게 구현되고 전송되는지를 이해하려면 웹의 구조와 전송 프로토콜에 대한 이해가 필요하다. 이 장에서는 APM이라는 구체적인 웹 서비스 기능과 HTTP 프로토콜에 대한 이해를 통해 이를 확인할 수 있다.

13장에서는 웹 서비스를 위한 클라이언트 · 서버 구조에 대하여 학습한다. 이를 위하여 APM 이라는 예를 통해 웹 서비스의 연동 방식과 웹 문서 작성을 위한 HTML 언어에 대하여 살펴본다. 특히 인터넷에서 웹 서비스를 지원하는 HTTP 프로토콜을 학습함으로써, 웹 문서가 어떠한 원리로 전송되는지 이해할 수 있다.

01 웹의 구조

전 세계적으로 웹WWW, World Wide Web 서버의 TCP 포트 번호는 80번으로 지정되어 있다. 클라이언트에 해당하는 웹 브라우저Web Browser는 이 포트 번호를 이용해 서버와 연결을 시도한다. 웹 서버와 연결이 설정되면, 클라이언트의 정보 요구에 대해 서버가 웹 문서를 회신하는 방식으로 응답한다. 서버가 전송한 문서 내용은 클라이언트의 웹 브라우저를 통해 사용자 화면에 표시된다.

클라이언트와 서버는 사용자의 정보 요구가 발생할 때마다 새로운 연결을 설정하고 해제하는 과정을 반복한다. 즉, 서버가 제공하는 정보의 전송은 TCP 연결에 의해 이루어지지만, 웹 문서의 전송이 완료되어 사용자가 웹 브라우저로 보는 시점에는 TCP 연결이 이미 해제된 상태이다.

1 클라이언트 · 서버 모델

웹 환경에서 클라이언트와 서버의 연결 설정 · 해제 과정은 사용자가 URL 주소를 새로 입력하거나 링크를 클릭할 때마다 반복된다. 이 과정에서 화면에 표시하려는 내용 중 사진 같은 멀티미디어 데이터가 별도의 호스트에 존재하면 클라이언트는 해당 사진을 보관하는 서버와 추가로 TCP 연결을 설정한다.

클라이언트가 웹 서버를 지칭할 때 사용하는 주소를 URLUniform Resource Locator이라 한다. URL 주소는 사용하는 프로토콜, 연결하고자 하는 서버의 호스트 이름, 서버 내부의 파일 경로명이라는 세 부분으로 표현된다. 예를 들어, 다음 URL 주소는 HTTP라는 프로토콜을 사용하여 www.korea.co.kr이라는 웹 서버에 존재하는 welcome.html 파일을 요청한다. 명시적으로 표현되지 않았지만, 웹 서비스는 포트 번호 80번을 사용한다.

```
http://www.korea.co.kr/welcome.html
```

임의의 서버 호스트에서 웹 서비스를 구축하는 방법에는 해당 호스트를 대표하여 웹 서버를 구축하는 방법과 서버에 등록된 사용자별로 웹 서버를 구축하는 방법이 있다. 앞의 예에서 http://www.korea.co.kr의 URL 주소는 첫 번째 경우의 서버와 연결하기 위한 주소이다.

웹 서버가 유닉스나 리눅스 시스템에 구현되었을 때, 두 번째 경우의 일반 사용자별로 웹 서비스를 제공하기 위해서는 홈 디렉터리 밑에 public_html 디렉터리를 만들어 index.html이라는 파일을 시작 웹 문서로 작성해야 한다. 예를 들어, 로그인 이름이 hong이면 hong 사용자의 홈 디렉터리에 위치한 public_html/index.html 문서는 다음과 같은 URL 주소를 입력하여 웹 서비스를 이용할 수 있다.

```
http://www.korea.co.kr/~hong
```

여기서 HTTP HyperText Transfer Protocol는 클라이언트의 요청과 서버의 응답 정보를 전송하기 위한 목적으로 구현된 프로토콜이다.

클라이언트와 서버 사이의 데이터 전송 과정을 간단히 요약하면 다음과 같다. 사용자가 http://www.korea.co.kr/welcome.html 형식의 URL 주소를 입력하면, 서버의 호스트 이름인 www.korea.co.kr을 DNS 서버에 전송하여 IP 주소를 얻어낸다. 이후 IP 주소와 웹 서비스의 Well-known 포트인 80번을 사용해 웹 서버 프로그램과 TCP 연결을 시도한다. DNS 서비스는 기호로 된 호스트 이름을 IP 주소로 변환하는 기능이며, 이 주제는 14장에서 자세히 다룰 예정이다.

TCP 연결이 설정되고 클라이언트가 서버에 welcome.html 문서의 내용을 요청하면, 서버가 이를 클라이언트에 회신한다. 이때 클라이언트가 서버에 보내는 요청 메시지와 서버의 응답 메시지를 전송하기 위하여 HTTP 프로토콜이 사용된다. 클라이언트와 서버 사이의 메시지 전송이 완료되면 둘 사이의 TCP 연결은 즉시 해제된다. 클라이언트는 수신한 웹 문서 정보를 사용자가 볼 수 있게 웹 브라우저 화면에 표시한다. 따라서 사용자가 화면을 보는 시점에는 클라이언트와 서버 사이에 어떠한 전송 계층의 연결도 존재하지 않는다. 보통 웹 서버에 로그인하고 로그인 상태가 유지되면서 서버와 연결이 유지되고 있다고 착각하는 경우가 있는데, 이는 쿠키 기능 등을 이용하여 가상으로 연결된 상태이다.

[그림 13-1]은 웹 서비스 환경에서 클라이언트와 서버 사이에 데이터가 전송되는 과정을 설명한다. 사용자가 웹 브라우저에 URL 주소를 입력하면(❶), 클라이언트(웹 브라우저)는 서버의 호스트 이름을 DNS 서버에 전송하여 웹 서버의 IP 주소를 얻어낸다(❷). 이후 웹 브라우저는 DNS 서버로부터 받은 IP 주소와 Well-known 포트인 80번을 사용하여 웹 서버와 TCP 연결을 시도한다(❸). TCP 연결이 설정되고 클라이언트가 웹 서버로부터 최초 화면 내용을 얻기 위해 GET 명령을 전송하면(❹), 요청한 웹 문서를 웹 브라우저에 회신한 후(❺) 둘 사이의 TCP 연결을 해제한다(❻). 이때 클라이언트가 서버에 요청 메시지를 전송하고(❹), 서버는 이에 대하여 응답 메시지를 회신한다(❺). 마지막으로 웹 브라우저는 해당 웹 문서를 사용자가 볼 수 있게 화면에 표시한다(❼).

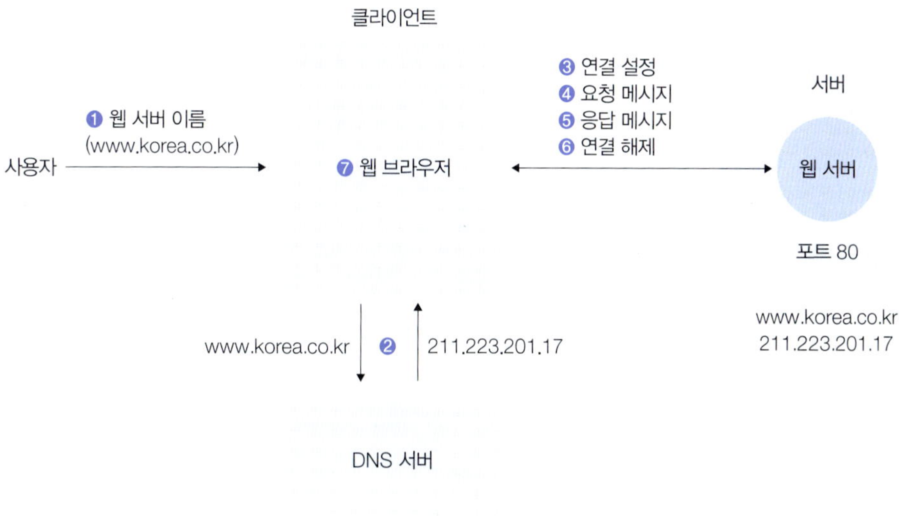

그림 13-1 웹 서비스의 동작 원리

일반적으로 웹 브라우저, 웹 서버, DNS 서버는 모두 다른 호스트에서 실행되며, [그림 13-1]에서 서버 호스트에는 웹 서버 이외에 다른 인터넷 서비스 프로그램이 실행될 수 있다. 따라서 서버라는 명칭이 서버 호스트를 지칭하는지, 아니면 서버 프로그램을 지칭하는지에 대하여 명확히 구분할 수 있어야 한다. DNS 서비스를 이용해 서버의 IP 주소를 얻는 작업은 모든 네트워크 응용 환경에서 클라이언트가 가장 먼저 실행한다.

2 APM의 웹 서비스 구조

PHP는 유닉스나 리눅스 환경에서 웹 서비스 기능을 향상하는 목적으로 사용되며, 웹 서버 프로그램인 Apache와 데이터베이스 기능을 지원하는 MySQL이 서로 연동해 동작한다. 이 세 가지를 통칭하여 APMApache, PHP, MySQL이라 부른다.

PHP는 HTML 언어의 기능을 보완하는 역할을 하여 HTML 문서 내부에 PHP 코드를 추가하는 형식으로 사용한다. 클라이언트가 웹 문서를 요청하면, 서버는 웹 문서에 포함된 PHP 코드를 먼저 실행한 후에 그 결과를 웹 문서에 반영하여 클라이언트에 회신한다.

PHP와 비슷한 기능을 수행하는 ASPActive Server Page는 MS 윈도우즈 서버에서 제공하는 다양한 컴포넌트를 활용할 수 있다는 장점이 있다. 대부분의 일반 사용자는 윈도우즈 운영체제에 익숙하기 때문에 ASP를 사용하기 편리하지만, 유닉스나 리눅스 등의 운영체제에서 사용할 수 없다는 단점이 있다. 그에 비해 PHP는 모든 종류의 운영체제에서 지원하며, 공개용 데이터베이스인 MySQL과도 연동하기 쉽다.

APM의 동작 원리

APM을 사용하는 웹 서비스에서 클라이언트와 서버의 구조는 [그림 13-2]와 같다. 클라이언트 기능을 수행하는 웹 브라우저는 웹 서버 기능을 수행하는 Apache 모듈과 연결을 설정하여 필요한 웹 문서를 요청한다(❶). 문서 내용이 HTML만으로 구성되었으면 PHP, MySQL 모듈과의 연동 과정(❷~❺)을 생략하고, Apache 모듈이 바로 웹 브라우저에 문서 내용을 회신한다(❻).

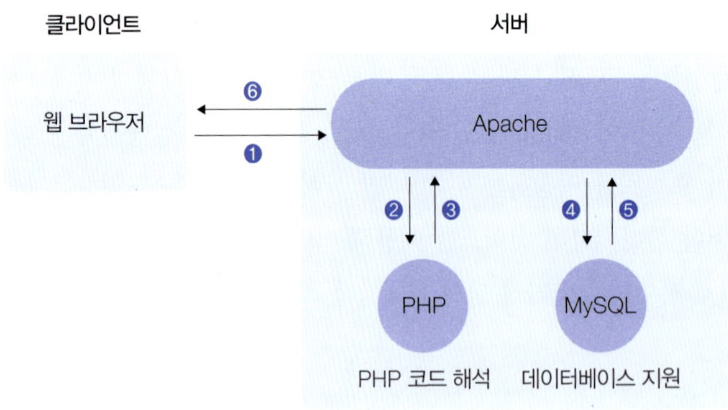

그림 13-2 APM의 동작 원리

웹 문서에 PHP 코드나 데이터베이스 처리 기능이 존재하면 PHP 모듈과 MySQL 모듈이 작동한다. PHP 코드를 사용하면 PHP 모듈에 해당 코드를 전송하여 HTML 코드로 변환하도록 요청하고(❷), PHP 모듈은 코드 해석과 변환 작업을 수행하여 Apache 모듈에 반환하고(❸) 이 코드가 클라이언트에 회신된다(❻).

MySQL 데이터베이스에 저장된 데이터와 접속이 필요하면 해당 질의어를 MySQL 모듈에 보내(❹) 원하는 데이터를 받아야 한다(❺). PHP 모듈과 MySQL 모듈이 Apache 모듈에 회신할 때는((❸), (❺)) 모든 정보가 HTML로 번역되므로 PHP 코드, MySQL 처리를 위한 질의어 등이 웹 브라우저에 회신(❻)되지 않는다. 이는 핵심적인 웹 문서 코드를 웹 브라우저에 회신하지 않음으로써, 저작권의 보호를 받는 원문의 내용이 공개적으로 노출되는 것을 방지하는 장점이 있다.

PHP 코드의 처리

PHP 코드는 HTML 문서 내용의 일부로 작성되며, '〈?'와 '?〉' 구분자를 사용하여 HTML 코드와 구부한다. 예를 들어, 웹 문서의 내용이 [예제 13-1]과 같으면 별색으로 표시한 부분이 PHP 코드이고, 나머지는 HTML 코드이다. MySQL 데이터베이스 관련 코드는 사용하지 않았다.

예제 13-1 **서버에서 작성한 문서**

```
<HTML>
        <BODY>
                <? $value = 10; ?>
                출력<br>
                <? echo $value; ?>
        </BODY>
</HTML>
```

위 문서 내용을 보관하는 웹 서버의 주소가 www.korea.co.kr이고, hong이라는 사용자의 public_html 디렉터리 밑에 index.php라는 파일 이름으로 저장되어 있다고 가정하자. 참고로 HTMP 문서의 파일명 확장자는 .html이지만, PHP 코드가 포함된 HTML 문서는 확장자가 .php이다.

클라이언트의 웹 브라우저 주소창에 http://www.korea.co.kr/~hong을 입력하면 웹 서버에서는 [그림 13-2]의 절차에 따라 PHP 모듈에 PHP 코드의 변환을 요청한다. 즉, (❷)와 (❸)의 과정을 통해 Apache 모듈에 회신하는 문서 내용에서 PHP 코드는 PHP 모듈에 의해 번역되어 [예제 13-2]와 같이 변환된다. 결과적으로 클라이언트에 회신되는 문서에는 PHP 코드가 존재하지 않는다. 이를 수신한 웹 브라우저는 HTML 태그를 해석하여 그림과 같이 출력하고, 웹 서버와의 연결을 종료한다. 클라이언트에서 소스 보기 등의 기능을 사용해도 웹 서버에 보관된 PHP 코드의 원본을 확인할 수 없다.

예제 13-2 클라이언트에 확인되는 문서

```
<HTML>
      <BODY>
            출력<br>
             10
      </BODY>
</HTML>
```

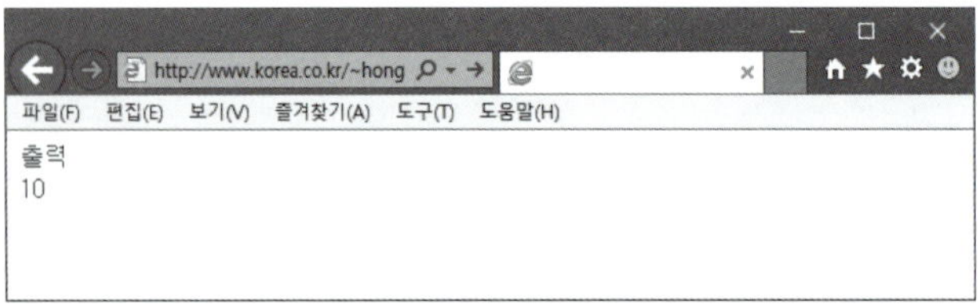

02 HTML의 기초

HTML은 웹 브라우저의 어느 위치에 어떤 데이터를 어떤 모양으로 표시하는지를 나타낸다. 즉 화면의 출력 형식을 기술하는 언어로, 출력되는 데이터의 종류는 텍스트, 그림, 동영상 등 웹 브라우저에서 볼 수 있는 모든 멀티미디어 데이터를 포함한다.

HTML로 작성한 문서는 서버에 보관되고, 클라이언트는 이 문서의 내용을 회신받아 웹 브라우저에 출력한다. 출력 결과는 HTML로 기술된 방식을 따라야 하므로 웹 브라우저는 HTML을 해석하는 프로그램이라 할 수 있다.

1 HTML 문서의 구조

HTML[HyperText Markup Language]은 웹 문서를 작성하는 언어이며, HTML 문서는 〈HTML〉 태그로 시작하여 〈/HTML〉 태그로 종료한다. [예제 13-3]처럼 전체 내용은 크게 헤더와 바디의 두 부분으로 구성되며, 헤더는 〈HEAD〉와 〈/HEAD〉 태그를 사용하고, 바디는 〈BODY〉와 〈/BODY〉 태그를 사용한다. 〈TITLE〉은 문서 제목으로 웹 브라우저 상단에 표시되고, 본문에 해당하는 "HTML 문서의 내용"이 바디에 포함된다.

예제 13-3 HTML 문서 구조

```
<HTML> ──────────────────────── 문서의 시작
    <HEAD>                          ┐
        <TITLE> HTML의 예 </TITLE>  ├ 헤더
    </HEAD>                         ┘
    <BODY>                          ┐
        HTML 문서의 내용            ├ 바디
    </BODY>                         ┘
</HTML> ─────────────────────── 문서의 종료
```

2 기본 태그

일반적으로 웹 문서에서 사용하는 태그는 특정 구역을 설정하여 시작과 종료 부분을 표시하며, 태그 이름 좌우에 '〈'와 '〉' 문자를 표기한다. 시작 위치에는 태그 이름을 적고, 종료 위치에는 '/' 문자와 태그 이름을 함께 표시한다. [표 13-1]은 HTML에서 정의된 기본 태그이다.

표 13-1 HTML 기본 태그

태그	설명
〈Hn〉	제목을 표시한다. n(1~6)은 제목 크기로, H1이 가장 크고 H6이 가장 작다.
〈HR〉	수평선을 표시한다.
〈FONT size= 'n' color="#ffffff"〉	글자 크기와 색을 지정한다. n(1~7)은 글자 크기이고, ffffff(16진수)는 글자 색이다. 예를 들어, ffffff는 흰색, 000000은 검은색, ff0000은 빨간색, ffff00은 노란색이다.
〈P〉	문단을 구분한다.
〈BR〉	다음 줄(행)로 넘어가는 줄 바꿈 기능을 수행한다.
〈B〉	글자를 굵게 한다.
〈I〉	글자를 이탤릭으로 처리한다.
〈U〉	글자에 밑줄을 긋는다.
〈SUB〉	글자를 아래 첨자로 만든다.
〈SUP〉	글자를 위 첨자로 만든다.
〈A HREF="URL"〉	URL로 지정한 다른 웹 문서와 링크할 때 사용한다.
〈IMG src="그림 파일명"〉	지정된 그림 파일을 화면에 표시한다.

HTML 태그로 [예제 13-4]와 같이 간단한 HTML 문서를 작성할 수 있다. 각 단어를 정해진 형식으로 출력하도록 하고, '한국주식회사'에는 http://www.korea.co.kr 사이트를 링크하였다.

출력 결과를 보면 〈TITLE〉 태그에 포함된 '기본 웹 문서'는 웹 브라우저의 제목 부분에 출력되고, '한국주식회사'에는 밑줄이 그어져 링크되어 있음을 알 수 있다. 물론, 링크된 단어를 표시하는 형식은 웹 문서 작성자가 다르게 변경할 수 있다.

예제 13-4 **HTML 기본 태그의 사용**

```
<HTML>
	<HEAD>
		<TITLE>기본 웹 문서</TITLE>
	</HEAD>
	<BODY>
		<H2>기본 태그 연습</H2>
		<HR>
		<B>굵은 글자</B><BR>
		<I>이탤릭 글자</I><BR>
		<U>밑줄 글자</U><BR>
		<A HREF="http://www.korea.co.kr">한국주식회사</A>
	</BODY>
</HTML>
```

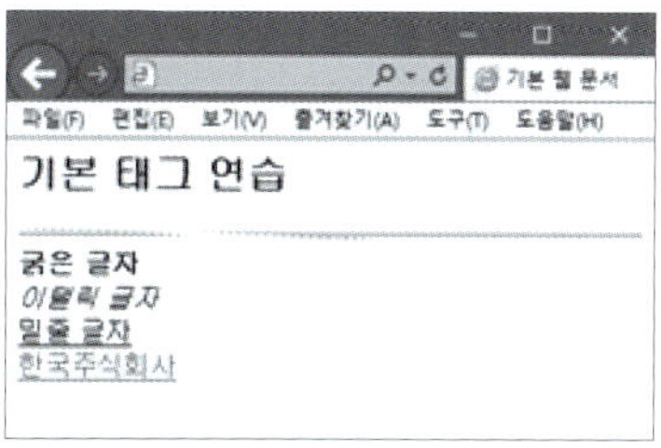

3 표 태그

HTML은 표 작업을 위한 태그도 지원한다. [표 13-2]는 표와 관련된 태그이다. 표 내부에 또 다른 표를 만들 수 있고, 표 내부의 셀을 행이나 열 단위로 합칠 수도 있다.

표 13-2 HTML 표 태그

태그	설명
〈TABLE〉	표 하나의 환경을 지정한다.
〈TR〉	표의 한 줄(행)을 지정한다.
〈TD〉	줄의 한 칸(열)을 지정한다.

[예제 13-5]는 HTML로 2×5의 표를 만든 예이다. 표의 각 셀은 〈TR〉 태그로 특정 줄의 시작과 끝을 지정한 후에, 해당 줄에서 〈TD〉 태그로 열을 설정한다. 실행 결과를 보면 〈TR〉 태그를 두 번 사용해 결과가 두 줄이고, 각 줄에 소속된 열 데이터는 〈TD〉로 구분됨을 알 수 있다.

예제 13-5 HTML 표 태그의 사용

```
<HTML>
        <HEAD>
                <TITLE>표 만들기</TITLE>
        </HEAD>
        <BODY>
                <TABLE>
                <TR>
                        <TD>학년</TD>
                        <TD>1</TD>
                        <TD>2</TD>
                        <TD>3</TD>
                        <TD>4</TD>
                </TR>
                <TR>
                        <TD>인원</TD>
                        <TD>50</TD>
                        <TD>52</TD>
                        <TD>54</TD>
                        <TD>46</TD>
                </TR>
                </TABLE>
        </BODY>
</HTML>
```

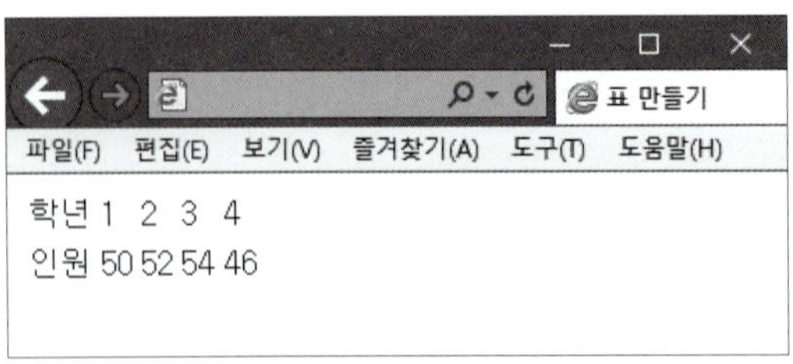

03 HTTP 프로토콜

HTTP[HyperText Transfer Protocol]는 분산 하이퍼미디어 환경에서 빠르고 간편하게 데이터를 전송하는 프로토콜이다. HTTP는 TCP 프로토콜의 80번 포트를 사용하도록 정의된다. 따라서 HTTP 서버는 80번 포트에서 대기하고, 클라이언트는 TCP를 사용해 연결을 설정한다.

사용자는 요청 자원을 가리키는 URL 주소의 가장 왼쪽에 사용할 프로토콜을 표현한다. 즉, 웹 브라우저의 주소창에 입력되는 URL 주소의 첫 번째 부분을 사용해 원하는 서비스 유형을 표현한다. 예를 들어, HTTP 서버로부터 웹 정보를 얻으려면 http://www.korea.co.kr과 같이 URL 주소에 HTTP 프로토콜을 사용한다고 명시해야 한다. FTP 서버에 접근하려면 ftp://www.korea.co.kr, 텔넷[Telnet] 서버를 사용하려면 telnet://www.korea.co.kr 형식으로 표현한다.

HTTP 명령에 해당하는 HTTP 메서드[HTTP Method]를 이용해 클라이언트가 서버에 요청을 전송하고, 반대로 서버에서 클라이언트로 문서 정보를 회신한다. 클라이언트가 서버에 요청할 때는 GET 메서드를 사용하고, 클라이언트에서 서버로 회신할 때는 POST 메서드를 사용한다.

1 HTTP의 요청과 응답

RFC 2616으로 발표된 HTTP 1.1 버전은 클라이언트의 요청[Request]과 서버의 응답[Reply]에 의해 동작하는 아주 간단한 프로토콜이다. 동작 원리는 다음과 같다.

- HTTP 클라이언트가 서버에 요청을 전송한다. 요청 내용에는 프로토콜 명령에 해당하는 요청 메서드[Method], URL, HTTP 버전이 포함되며, 기타 클라이언트의 요청과 관련된 부가 정보도 포함한다.
- HTTP 서버는 요청의 처리 결과를 의미하는 응답 코드가 포함된 상태 정보를 회신한다. 클라이언트가 요청한 결과물이나 기타 정보도 함께 회신한다.

비상태 연결

[그림 13-3]은 클라이언트와 서버 간의 요청과 응답이 전송되는 과정이다. TCP 연결이 설정된 후에 요청과 응답이 진행되고, 이어서 TCP 연결이 해제되기 때문에 둘 사이에는 연결 존재에 따른 상태 정보가 존재하지 않는다. 따라서 HTTP는 비상태Stateless 프로토콜로 분류된다.

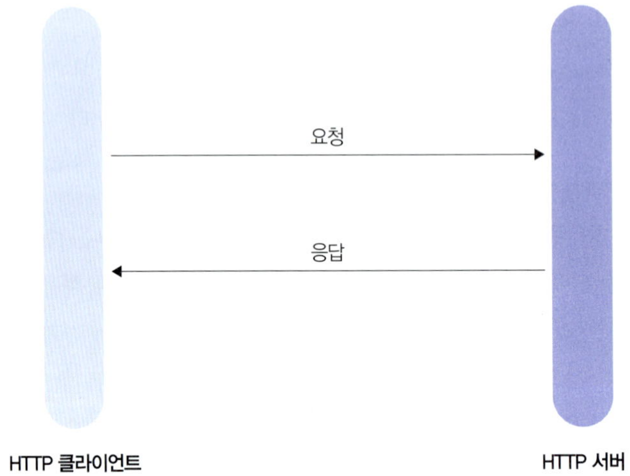

그림 13-3 요청과 응답

이런 단발성의 연결 방식은 웹 문서가 작고 간단할 때는 상관없지만, 웹 문서의 내용이 복잡하면 문제를 야기한다. 즉, 웹 문서 하나가 다양한 그림 정보나 데이터 파일과 연관되어 있으면 성능이 저하될 수 있다.

MIME 유사 메시지

HTTP의 요청 · 응답 메시지는 MIMEMultipurpose Internet Message Extensions 유사 구조를 사용해 데이터를 전송한다. 즉, 웹 브라우저에서 발생하는 모든 메시지는 MIME 개체와 거의 유사하게 표현되며, 서버에서 전송된 데이터도 MIME 개체로 표현된다.

HTTP에서 말하는 MIME 유사 개체와 RFC 2045에 기술된 MIME 개체의 큰 차이는 HTTP의 MIME 유사 개체에 Content-Length라는 헤더 필드가 존재한다는 것이다. Content-Length 필드는 개체를 전송하는 데 필요한 바이트 수이다. 또 다른 차이는 MIME 표준인 Content-Transfer-Encoding 헤더 필드 대신 Content-Encoding과 Transfer-Encoding 필드를 사용한다는 것이다.

요청 메시지

클라이언트가 서버에 보내는 요청 메시지Request Message는 [그림 13-4]와 같이 요청문, 헤더, 바디로 구성된다. 요청문Request Line의 내용은 〈요청 메서드〉, 〈URL〉, 〈HTTP 버전〉의 세 부분으로 구성된다.

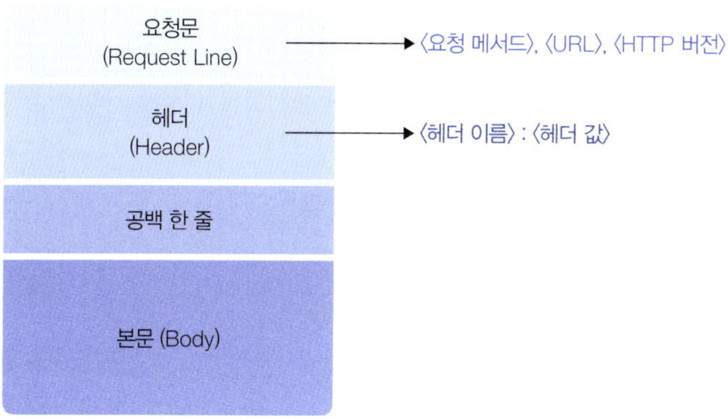

그림 13-4 요청 메시지의 구조

요청 메서드Request Method에는 클라이언트가 서버에 실행을 요구하는 명령을 기술한다. 주요 명령은 [표 13-3]과 같다.

표 13-3 요청 메서드의 명령

명령	설명
GET	클라이언트가 서버에 URL이 가리키는 웹 문서의 내용을 전송하도록 요구한다. 문서 내용은 서버가 회신하는 응답 메시지의 바디에 포함된다.
HEAD	문서 내용보다는 특정 문서의 정보를 원할 때 사용한다.
POST	클라이언트가 서버에 정보를 전송할 수 있도록 해준다. 보통 게시판, 방명록처럼 사용자가 입력한 정보를 서버에게 전달하는 용도로 사용한다.
PUT	클라이언트가 서버에 문서를 전달하려고 사용한다. 문서 내용은 바디에 포함된다.

예를 들어, 클라이언트의 요청문을 다음과 같이 작성하면 요청 메서드는 GET, URL은 /, HTTP 버전은 HTTP/1.1이다. 따라서 웹 서버의 최상위(/)에 위치한 자원을 얻고자 하며, 클라이언트가 HTTP 버전 1.1을 지원함을 알 수 있다.

```
GET / HTTP/1.1
```

요청문 밑의 헤더는 클라이언트와 서버 사이의 부가 정보를 전달하는 목적으로 사용되며, 형식은 〈헤더 이름〉 : 〈헤더 값〉이다.

응답 메시지

클라이언트로부터 요청 메시지를 수신한 서버는 해당 요구를 처리한 후에 그 결과를 응답 메시지 형식으로 회신한다. 응답 메시지Reply Message의 구조는 [그림 13-5]처럼 요청 메시지와 거의 동일한데, 요청문 대신 처리 결과를 의미하는 상태문Status Line이라는 용어를 사용한다.

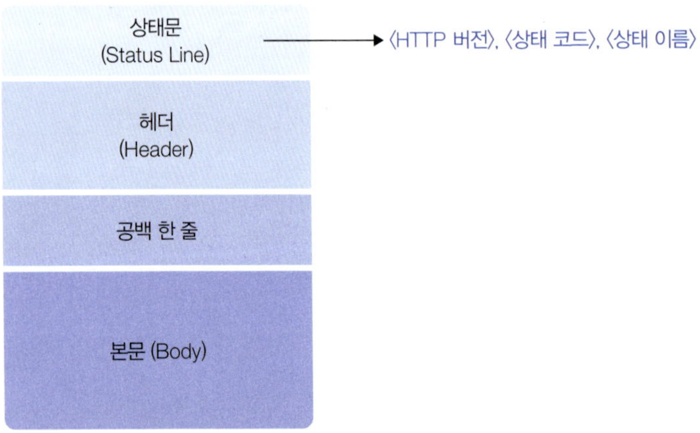

그림 13-5 응답 메시지의 구조

상태문의 내용은 〈HTTP 버전〉, 〈상태 코드〉, 〈상태 이름〉의 세 부분으로 구성된다. HTTP 버전은 요청 메시지와 의미가 같고, 상태 코드와 상태 이름은 일반 인터넷 응용 프로그램과 비슷한 형식으로 정의된다.

HTTP에 정의된 주요 상태 코드는 [표 13-4]와 같다.

표 13-4 HTTP 상태 코드

코드	이름	의미
200	OK	요청이 성공적으로 수행되었다.
202	Accepted	클라이언트의 요청을 수신하였으나, 즉각 실행되지 않고 있다.
400	Bad Request	요청 메시지의 내용에 문법 오류가 존재한다.
401	Unauthorized	요청을 실행하는 데 필요한 적절한 권한이 존재하지 않는다.
403	Forbidden	서비스 요청이 거부되었다.

코드	이름	의미
404	Not Found	원하는 문서를 찾을 수 없다.
500	Internal Server Error	서버 내부에 불가피한 오류가 발생하였다.
501	Not Implemented	요청 사항을 수행할 수 없다.

2 HTTP의 동작 과정

HTTP는 앞서 설명한 것처럼 HTTP 클라이언트의 요청 메시지에 대해 HTTP 서버가 처리한 결과를 응답 메시지로 회신하는 형식으로 동작한다.

요청 메시지

먼저 HTTP 클라이언트가 전송하는 메시지를 [예제 13-6]과 같은 형식으로 작성할 수 있다. HTTP 클라이언트는 임의의 호스트이며, HTTP 서버는 uu.ac.kr이라 가정한다. 요청 메시지에는 요청문, 헤더와 함께 공백 한 줄이 있으며, 바디는 존재하지 않는다.

예제 13-6 요청 메시지

```
GET /index.php HTTP/1.1 ———————— 요청문
Host: uu.ac.kr ———————————————— 헤더
 ——————————————————————————————— 공백 한 줄
```

요청문의 GET은 요청 메서드이고, /index.php는 URL, HTTP/1.1은 HTTP 버전이다. 헤더 정보 Host: uu.ac.kr의 uu.ac.kr은 클라이언트가 요청하는 자원이 있는 서버의 주소이다. 따라서 위의 요청 메시지는 HTTP 서버 uu.ac.kr의 최상위 디렉터리 밑에 있는 index.php 파일의 전송을 요청하는 것이다.

응답 메시지

앞의 요청 메시지를 수신한 HTTP 서버 uu.ac.kr이 회신하는 응답 메시지는 [예제 13-7]과 같다. 첫 줄의 HTTP/1.1 200 OK는 상태문이고, 이후 5줄의 헤더와 한 줄의 공백에 이어서 〈HTML〉로 시작하는 웹 문서의 내용이 기록된 바디가 위치한다.

예제 13-7

```
HTTP/1.1 200 OK                                  ── 상태문
Date: Thu, 12 Feb 2016 06:29:38 GMT              ┐
Server: Apache/1.3.29 (Unix) PHP/4.3.4RC3        │
X-Powered-By: PHP/4.3.4RC3                       ├ 헤더
Transfer-Encoding: chunked                       │
Content-Type: text/html                          ┘
                                                 ── 공백 한 줄
<HTML>                                           ┐
    <HEAD>                                       │
        <TITLE> 한국주식회사 홈페이지 </TITLE>     │
    </HEAD>                                      │
    <FRAMESET rows = "100,*" BORDER = "0" frameborder = "NO">
    <FRAME SRC = "top.htm" name = "top" SCROLLING = "NO"      ├ 바디
    frameborder = "NO" noresize MARGINWIDTH = "0" MARGINHEIGHT = "0">
    <FRAME SRC = "bot.htm" name = "bot" SCROLLING = "NO"
    frameborder = "NO" noresize" MARGINWIDTH = "0" MARGINHEIGHT = "0">
    </FRAMESET>                                  │
</HTML>                                          ┘
```

상태문의 HTTP/1.1은 HTTP 버전을 의미하고, 200은 상태 코드, OK는 상태 이름이다. 200 OK는 클라이언트의 요청이 성공적으로 수행되었음을 의미한다. 따라서 바디 내용은 클라이언트가 요청한 index.php 파일의 내용이다. 헤더 정보의 의미에 대한 설명은 생략한다(참고: RFC 2616).

시뮬레이션

텔넷 프로그램을 이용한 시뮬레이션을 통해 프로토콜의 동작 원리를 이해해보자. HTTP 서버 호스트는 uu.ac.kr으로, HTTP 클라이언트 호스트는 텔넷 프로그램이 실행되는 호스트로 가정한다. 또한 uu.ac.kr에서 HTTP 서버 프로그램이 실행되고, 텔넷은 클라이언트 호스트에서 웹 브라우저의 역할을 한다. [그림 13-6]처럼 호스트 kihyun.uu.ac.kr에서 텔넷 프로그램을 사용해 80번 포트로 TCP 접속을 시도함으로써, HTTP가 어떻게 진행되는지 알 수 있다. 이때 주의할 것은 텔넷 프로그램이 웹 브라우저를 대신하므로 HTTP 서버와의 통신을 전적으로 전담한다는 점이다.

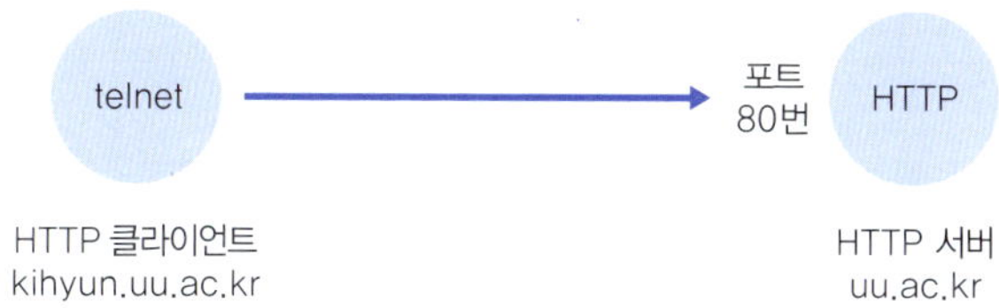

그림 13-6 텔넷 프로그램의 역할

[그림 13-7]은 텔넷 프로그램으로 HTTP 서버와 연결을 시도하여 요청문과 상태문이 어떻게 전송되는지를 설명한다. telnet 명령으로 웹 서버(uu.ac.kr의 TCP 포트 번호 80번)와 연결을 시도하면(❶) 텔넷 프로그램 자체의 실행과 관련된 메시지 세 줄이 출력되고(❷), 80번 포트에서 대기하던 HTTP 서버와 연결된다.

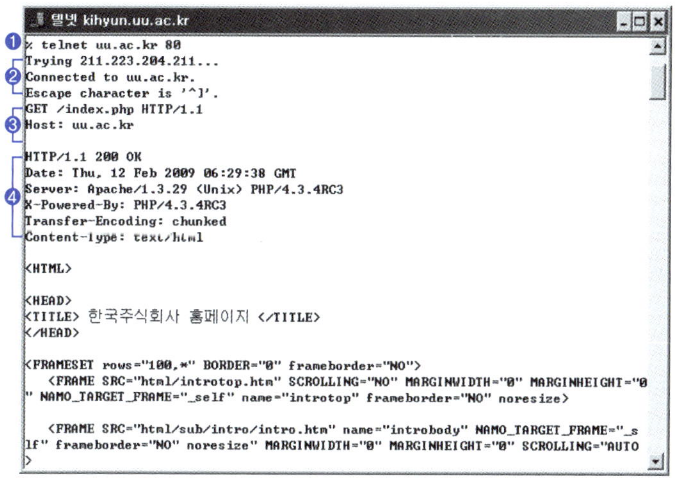

그림 13-7 HTTP 서비스의 예

이후 HTTP 서버는 클라이언트의 요청을 기다리는데, 사용자가 GET/index.php HTTP/1.1, Host: uu.ac.kr 두 줄과 공백 한 줄을 직접 키보드로 타이핑하여 입력한다(❸). 즉, 사용자와 텔넷 프로그램이 웹 브라우저 역할을 대신 수행하는 것이다. 세 줄의 요청 메시지를 수신한 HTTP 서버는 응답 메시지를 회신하고 HTTP 동작을 완료한다. 서버가 회신하는 내용은 HTTP/1.1 200 OK의 상태문과 5줄의 헤더(❹), 공백 한 줄, 클라이언트가 요청한 index.php 웹 문서의 내용이다. 웹 브라우저가 클라이언트 역할을 하면 브라우저 화면에 웹 문서 내용이 표시되지만, 텔넷이 그 역할을 대신하므로 [그림 13-7]과 같이 일반 텍스트로 텔넷 화면에 바로 출력된다.

04 CGI

앞서 소개한 HTML로 웹 문서를 작성하면 클라이언트에서 실행되는 웹 브라우저는 서버의 정보를 일방적으로 받아들이는 단방향 통신으로 동작한다. 사용자가 입력하는 정보를 처리하려면 CGICommon Gateway Interface 기능이 필요하다.

CGI는 새로운 언어의 개념이 아니다. C, C++, 셸Shell, 펄Perl 등과 같은 언어로 작성되어 서버에서 실행되는 프로그램이다. [그림 13-8]은 웹 서버와 CGI 프로그램으로 구현된 서버의 컴퓨팅 환경(예 데이터베이스)이 클라이언트와 어떤 관계인지를 설명한다.

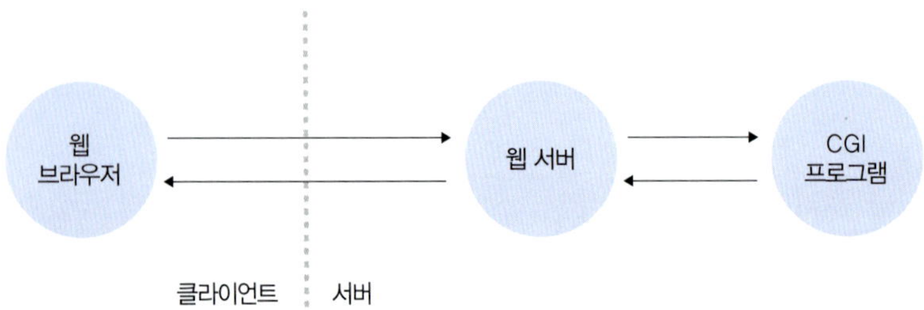

그림 13-8 CGI의 구조

HTML 문서에서 사용자의 입력을 서버로 전달하는 기능은 [표 13-5]와 같은 〈FORM〉 태그를 이용해 구현된다.

표 13-5 〈FORM〉 태그 속성

속성	설명
ACTION	사용자의 입력 데이터를 처리할 CGI 프로그램의 URL 주소 지정
METHOD	사용자 데이터를 넘겨주는 방식 지정 • GET 방식: 데이터를 프로그램 환경 변수로 넘김 • POST 방식: 표준 입력 사용
ENCTYPE	데이터 형식 지정

웹 브라우저 화면에 사용자 정보의 입력 형식을 표시할 때는 [표 13-6]과 같은 〈INPUT〉 태그를 이용한다.

표 13-6 〈INPUT〉 태그 속성

속성	설명
text	텍스트 입력
password	암호 입력
checkbox	체크 박스
radio	라디오 버튼
submit	입력 데이터 전송
reset	입력 데이터 취소

[예제 13-8]은 사용자에게서 네 가지 정보를 입력받는 HTML 문서의 예이다. 학과 정보의 기본 값은 '컴퓨터학과'이고, 승인과 취소 버튼을 제공한다.

예제 13-8 〈INPUT〉 태그의 사용 예

```
<HTML>
    <HEAD><TITLE>INPUT 태그</TITLE></HEAD>
    <BODY>
        <H1>정보 입력</H1>
        <FORM action="test.cgi">
            이름: <INPUT type="text" name="name" size=10> <BR>
            암호: <INPUT type="password" name="passwd" size=10> <BR>
            전화: <INPUT type="text" name="tel" size=15> <BR>
            학과: <INPUT type="text" name="dept" size=20 value="컴퓨터학과"> <BR>
            <BR><BR>
            <INPUT type="submit" value="승인">
            <INPUT type="reset" value="취소">
        </FORM>
    </BODY>
</HTML>
```

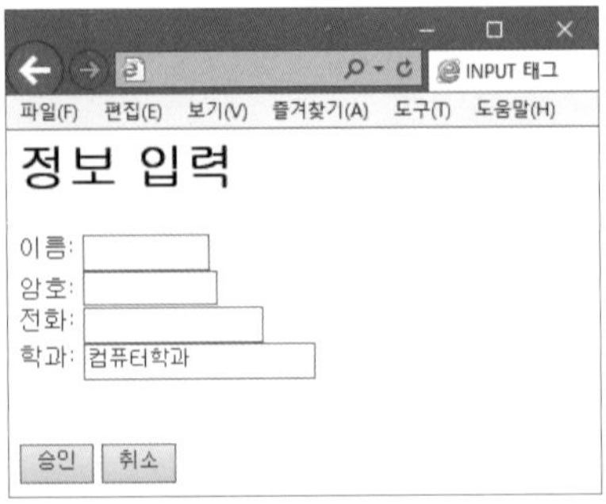

입력 데이터의 처리는 HTTP 서버의 test.cgi 프로그램이 수행한다고 가정한다. 실행 화면에서 〈승인〉 버튼을 클릭하면 사용자가 입력한 데이터가 test.cgi 프로그램에 전달되어 처리된다.

test.cgi와 같은 CGI 프로그램을 작성할 때는 C, C++ 등의 범용 프로그래밍 언어뿐 아니라, 유닉스 셸 스크립트, 펄과 같은 스크립트 언어를 사용할 수도 있다. 특히 자바 스크립트는 외형적인 문법 구조가 자바 형식을 기반으로 한 객체지향 스크립트로, 동적인 HTML 문서를 작성하는 데 사용한다.

요약

01 웹 서비스

웹 브라우저는 80번으로 지정된 웹 서버의 TCP 포트 번호를 이용해 서버와 연결을 시도한다. 웹 서버와 연결이 설정되면, 클라이언트의 정보 요구에 대해 서버가 웹 문서를 회신하는 방식으로 응답한다. 서버가 전송한 문서의 내용은 클라이언트의 웹 브라우저를 통해 사용자 화면에 표시된다. 클라이언트와 서버 사이의 연결은 사용자의 정보 요구가 발생할 때마다 새로운 연결을 설정하고 해제하는 과정을 반복한다.

02 URL

클라이언트가 웹 서버를 지칭할 때 사용하는 주소를 URL이라 한다. URL 주소는 사용하는 프로토콜, 연결하고자 하는 서버의 호스트 이름, 서버 내부의 파일 경로명이라는 세 부분으로 표현된다.

03 APM

PHP는 유닉스나 리눅스 환경에서 주로 사용되며, 웹 서버 프로그램인 Apache와 데이터베이스 기능을 지원하는 MySQL이 서로 연동해 동작한다. 이 세 가지를 통칭하여 APM이라 부른다. PHP는 HTML 언어의 기능을 보완하는 역할을 한다. 즉, HTML 언어는 웹 문서를 작성하는 데 한계가 많다. 이를 보완하려고 PHP 언어가 개발되었으며, HTML 문서 내부에 PHP 코드를 추가하는 형식으로 사용한다.

04 HTML

HTML은 웹 브라우저의 어느 위치에 어떤 데이터를 어떤 모양으로 표시하는지를 나타낸다. 즉, 화면의 출력 형식을 기술하는 언어이다. HTML로 작성한 문서는 서버에 보관되고, 클라이언트는 이 문서의 내용을 회신받아 웹 브라우저에 출력한다. 출력 결과는 HTML로 기술된 방식을 따라야 하므로 웹 브라우저는 HTML을 해석하는 프로그램이라 할 수 있다. HTML 문서는 〈HTML〉 태그로 시작하여 〈/HTML〉 태그로 종료한다. 전체 내용은 크게 헤더와 바디의 두 부분으로 구성되며, 헤더는 〈HEAD〉와 〈/HEAD〉 태그를 사용하고, 바디는 〈BODY〉와 〈/BODY〉 태그를 사용한다.

05 HTTP

HTTP는 분산 하이퍼미디어 환경에서 빠르고 간편하게 데이터를 전송하는 프로토콜이다. HTTP는 80번 포트를 사용하도록 정의된다. 따라서 HTTP 서버는 80번 포트에서 대기하고, 클라이언트는 TCP를 사용해 연결을 설정한다. 사용자는 요청 자원을 가리키는 URL 주소에 사용할 프로토콜을 표현한다. 즉, URL 주소의 첫 번째 부분을 사용해 서비스 유형을 표현한다.

06 CGI

사용자가 입력하는 정보를 처리하려면 CGI 기능이 필요하다. CGI는 새로운 언어의 개념이 아니라 C, C++, 셸Shell, 펄Perl 등과 같은 언어로 작성되어 서버에서 실행되는 프로그램이다. HTML 문서에서 사용자의 입력을 서버로 전달하는 기능은 〈FORM〉 태그를 이용해 구현하고, 웹 브라우저 화면에 사용자 정보의 입력 형식을 표시할 때는 〈INPUT〉 태그를 이용한다.

연습문제

01 웹 서비스의 클라이언트 · 서버 모델에 대한 설명으로 잘못된 것을 모두 고르시오.

① 웹 서버의 TCP 포트 번호는 80번으로 지정되어 있다.

② 클라이언트와 서버 사이의 연결은 사용자의 정보 요구가 발생할 때마다 새로운 연결을 설정하고 해제하는 과정을 반복한다.

③ 클라이언트와 서버의 연결 설정 · 해제 과정은 사용자가 URL 주소를 새로 입력하거나 링크를 클릭할 때마다 반복된다.

④ 클라이언트가 웹 서버를 지칭할 때 사용하는 주소를 URL이라 한다.

⑤ URL 주소는 사용하는 프로토콜, 연결하고자 하는 서버의 호스트 이름, 포트 번호의 세 부분으로 표현한다.

02 웹 서비스의 동작 원리에 대한 설명으로 잘못된 것을 모두 고르시오.

① 임의의 서버 호스트에서 웹 서비스를 구축하는 방법은 해당 호스트를 대표하여 웹 서버를 구축하는 방법과 서버에 등록된 사용자별로 웹 서버를 구축하는 방법이 있다.

② 일반 사용자가 웹 서비스를 제공하려면 홈 디렉터리 밑에 public_html 디렉터리를 만들어 index.html이라는 파일을 시작 웹 문서로 작성해야 한다.

③ HTML은 클라이언트의 요청과 서버의 응답 정보를 전송하기 위한 목적으로 구현된 프로토콜이다.

④ 사용자가 http://www.korea.co.kr 형식의 URL 주소를 입력하면, 서버의 호스트 이름인 www.korea.co.kr을 DNS 서버에 전송하여 MAC 주소를 얻어낸다.

03 APM에 대한 설명으로 잘못된 것을 모두 고르시오.

① PHP는 웹 서비스 기능을 향상하는 목적으로 사용되며, 웹 서버 프로그램인 Apache와 데이터베이스 기능을 지원하는 MySQL이 서로 연동해 동작한다.

② PHP는 HTML 언어의 기능을 보완하는 역할을 하며, HTML 문서 내부에 PHP 코드를 직접 추가하지는 않는다.

③ 웹 브라우저는 웹 서버 기능을 수행하는 PHP 모듈과 연결을 설정하여 필요한 웹 문서를 요청한다.

④ 웹 문서에 PHP 코드나 데이터베이스 처리 기능이 존재하면 PHP 모듈과 MySQL 모듈이 작동한다.

⑤ PHP 모듈과 MySQL 모듈이 Apache 모듈에 회신할 때는 모든 정보가 HTML로 번역되므로 PHP 코드, MySQL 처리를 위한 질의어 등이 웹 브라우저에 회신되지 않는다.

⑥ PHP 코드는 HTML 문서 내용의 일부로 작성되며, '〈'와 '〉' 구분자를 사용하여 HTML 코드와 구분한다.

04 HTML 문서에 대한 설명으로 잘못된 것을 모두 고르시오.

① HTML은 웹 브라우저의 어느 위치에 어떤 데이터를 어떤 모양으로 표시하는지를 나타낸다.

② HTML은 웹 문서를 작성하는 언어이며, HTML 문서는 〈HTML〉 태그로 시작하여 〈/HTML〉 태그로 종료한다.

③ 웹 문서는 헤더와 바디의 두 부분으로 구성되며, 헤더는 〈TITLE〉와 〈/TITLE〉 태그를 사용하고, 바디는 〈BODY〉와 〈/BODY〉 태그를 사용한다.

④ 웹 문서에서 사용하는 태그는 특정 구역을 설정하여 시작과 종료 부분을 표시하며, 태그 이름 좌우에 '〈 '와 ' 〉' 문자를 표기한다.

05 HTML 태그에 대한 설명으로 잘못된 것을 모두 고르시오.

① P 태그는 문단을 구분한다.

② A 태그는 URL로 지정한 다른 웹 문서와 링크할 때 사용한다.

③ TR 태그는 표의 한 줄을 지정한다.

④ I 태그는 글자에 밑줄을 긋는다.

06 HTTP 프로토콜에 대한 설명으로 잘못된 것을 모두 고르시오.

① HTTP는 UDP 프로토콜의 80번 포트를 사용하도록 정의된다. 따라서 HTTP 서버는 80번 포트에서 대기하고, 클라이언트는 UDP를 사용해 연결을 설정한다.

② 사용자가 요청하는 자원을 가리키는 URL 주소의 가장 왼쪽에 사용할 프로토콜을 표현한다.

③ HTTP 명령에 해당하는 HTTP 메서드를 이용해 클라이언트가 서버에 요청을 전송하고, 반대로 서버에서 클라이언트로 문서 정보를 회신한다.

④ 클라이언트가 서버에 전송하는 요청 내용에는 요청 메서드, URL, HTTP 버전이 포함된다.

⑤ HTTP 서버는 요청의 처리 결과를 의미하는 응답 코드가 포함된 상태 정보를 회신한다.

⑥ 클라이언트와 서버 간의 요청과 응답이 완료되면 연결이 해제되기 때문에 둘 사이에는 연결에 따른 상태 정보가 존재한다.

07 HTTP 메시지에 대한 설명으로 잘못된 것을 모두 고르시오.

① HTTP의 요청 · 응답 메시지는 MIME 유사 구조를 사용해 데이터를 전송한다.

② 클라이언트가 서버에 보내는 요청 메시지는 요청문, 헤더, 바디로 구성된다. 요청문의 내용은 〈요청 메서드〉, 〈URL〉, 〈HTTP 버전〉의 세 부분으로 구성된다.

③ 클라이언트로부터 요청 메시지를 수신한 서버는 해당 요구를 처리한 후에 그 결과를 응답 메시지 형식으로 회신한다.

④ 응답 메시지에서 상태문의 내용은 〈HTTP 버전〉, 〈상태 코드〉, 〈상태 이름〉의 세 부분으로 구성된다.

08 HTTP에 정의된 주요 상태 코드에 대한 설명으로 잘못된 것을 모두 고르시오.

① 200 OK: 요청이 성공적으로 수행되었다.

② 400 Bad Request: 클라이언트의 요청을 수신하였으나, 즉각 실행되지 않고 있다.

③ 401 Forbidden: 요청을 실행하는 데 필요한 적절한 권한이 존재하지 않는다.

④ 500 Internal Server Error: 서버 내부에 불가피한 오류가 발생하였다.

⑤ 501 Not Implemented: 요청 사항을 수행할 수 없다.

09 웹 브라우저 화면에 사용자 정보 입력의 형식을 표시할 때는 〈INPUT〉 태그를 이용한다. 이 태그에서 지원하는 속성에 대한 설명으로 잘못된 것을 모두 고르시오.

① text: 텍스트 입력

② password: 암호 입력

③ radio: 체크 박스

④ submit: 입력 데이터 전송

⑤ reset: 입력 데이터 취소

10 웹 환경에서 클라이언트가 웹 서버를 지칭할 때 사용하는 주소를 (　①　)이라 한다. 이 주소는 사용하는 프로토콜, 연결하고자 하는 서버의 호스트 이름, 서버 내부의 파일 경로명이라는 세 부분으로 표현된다. 웹 서비스는 TCP 프로토콜의 포트 번호 (　②　)번을 사용한다.

11 사용자가 웹 브라우저에 URL 주소를 입력하면, 클라이언트는 서버의 호스트 이름을 (①) 서버에 전송하여 웹 서버의 IP 주소를 얻어낸다. 이후 웹 브라우저는 IP 주소와 Well-known 포트인 80번을 사용하여 웹 서버와 TCP 연결을 시도한다. TCP 연결이 설정되고 클라이언트가 웹 서버에 최초 화면 내용을 얻기 위해 (②) 명령을 전송하면, 요청한 웹 문서를 웹 브라우저에 회신한 후 둘 사이의 TCP 연결을 해제한다.

12 (①)는 유닉스나 리눅스 환경에서 웹 서비스 기능을 향상하는 목적으로 사용되며, 웹 서버 프로그램인 (②)와 데이터베이스 기능을 지원하는 (③)이 서로 연동해 동작한다. 이 세 가지를 통칭하여 APM이라 부른다.

13 (①)은 웹 문서를 작성하는 언어이며, 웹 문서는 〈HTML〉 태그로 시작하여 〈/HTML〉 태그로 종료한다. 전체 내용은 크게 헤더와 바디의 두 부분으로 구성되며, 헤더는 〈 ② 〉와 〈/ ② 〉 태그를 사용하고, 바디는 〈 ③ 〉와 〈/ ③ 〉 태그를 사용한다. 〈 ④ 〉은 문서 제목으로 웹 브라우저 상단에 표시된다.

14 HTML 태그인 (①) 태그는 수평선을 표시하고, (②) 태그는 줄 바꿈 기능을 수행한다. 〈FONT size='1' color="#000000"〉은 글자의 크기와 색깔을 지정하므로 색깔이 (③) 인 글자를 표시할 수 있다.

15 표 작업을 위한 TABLE 태그를 사용하여 표의 행과 열의 크기를 설정할 수 있다. (①) 태그는 표의 줄을 지정하고, (②) 태그는 특정 줄의 열을 지정한다.

16 HTTP 명령에 해당하는 HTTP 메서드를 이용해 클라이언트가 서버에 요청을 전송하고, 반대로 서버에서 클라이언트로 문서 정보를 회신한다. 클라이언트가 서버에 요청할 때는 (①) 메서드를 사용하고, 클라이언트에서 서버로 회신할 때는 (②) 메서드를 사용한다.

17 클라이언트가 서버에 보내는 요청 메시지는 요청문, (①), 바디로 구성된다. 요청문의 내용은 〈요청 메서드〉, 〈 ② 〉, 〈HTTP 버전〉의 세 부분으로 구성된다. 클라이언트로부터 요청 메시지를 수신한 서버는 해당 요구를 처리한 후에 그 결과를 응답 메시지 형식으로 회신한다. 응답 메시지의 구조는 요청 메시지와 거의 동일한데, 요청문 대신에 처리 결과를 의미하는 (③)이라는 용어를 사용한다.

18 HTML 문서에서 사용자의 입력 데이터를 서버로 전달하는 기능은 (①) 태그를 이용해 구현된다. 이 태그의 속성 중에서 (②)은 사용자의 입력 데이터를 처리할 CGI 프로그램의 URL 주소를 지정하는 목적으로 사용된다.

19 다음 용어에 대하여 간단히 설명하시오.

- URL
- public_html
- DNS 서버
- APM
- PHP 모듈
- HTML
- HTML의 A 태그
- HTML의 IMG 태그
- HTTP
- 비상태 연결
- MIME 유사 메시지
- 요청 메시지
- 상태문
- CGI
- FORM 태그

20 웹 서비스에서 사용하는 URL을 설명하시오.

21 웹 서비스를 사용하기 위한 클라이언트와 서버 사이의 연결과 데이터 전송 과정을 설명하시오.

22 APM의 동작 원리를 설명하시오.

23 웹 서버에서 PHP 코드가 어떻게 처리되는지를 설명하시오.

24 HTML 언어의 H2, B, I, HR 태그를 사용해 간단한 예제 프로그램을 작성하시오.

25 HTML 언어를 사용해 크기가 3×5인 표를 만드는 프로그램을 작성하시오.

26 웹 브라우저의 화면을 분할하는 프레임 기능의 예제 프로그램을 작성하시오.

27 HTTP의 요청 메시지를 설명하시오.

28 HTTP의 응답 메시지를 설명하시오.

29 CGI 기능의 필요성을 설명하시오.

30 FORM 태그를 이용해 간단한 예제 프로그램을 작성하시오.

Chapter

14

DNS

학습목표

- 도메인 이름과 IP 주소를 변환하는 과정이 필요한 이유를 이해한다.
- 계층 구조의 네임 스페이스, 도메인, 존의 개념을 이해한다.
- 도메인 정보를 관리하기 위한 자원 레코드를 알아본다.
- 이름 관리를 위한 해석기와 네임 서버의 동작 원리를 이해한다.
- DNS 클라이언트와 서버가 전송하는 DNS 메시지를 살펴본다.

Preview

인터넷 응용 서비스 프로그램인 웹, 전자 메일, FTP 프로그램과 달리 DNS 서비스는 일반 사용자가 특별히 관심을 기울이지 않으면 존재 여부를 인지할 수 없다. DNS 서비스는 사람들이 외우기 쉬운 문자로 된 호스트 이름을 숫자로 된 IP 주소로 변환해준다. 네트워크에 연결된 모든 호스트는 내부적으로 처리하기 편리한 숫자 형식의 주소를 기본으로 사용한다. 예를 들어, 인터넷에서 사용하는 IP 주소가 이에 해당된다. 그런데 숫자 주소는 사람들이 기억하기 어렵기 때문에 문자로 된 호스트 이름을 부여해 사용자가 쉽게 호스트를 지칭할 수 있도록 해주어야 하는데, 이 기능을 DNS가 담당한다.

일반 사용자는 호스트의 도메인 이름을 이용해 컴퓨터를 구분하지만, 인터넷 응용 환경의 클라이언트와 서버 프로그램은 숫자로 된 IP 주소를 이용해 컴퓨터를 구분하여 경로 선택과 전송 기능을 수행한다. 따라서 호스트 이름을 입력받은 인터넷 응용 프로그램이 가장 먼저 수행할 작업은 DNS 서버에 접속하여 호스트 이름에 상응하는 IP 주소를 얻는 것이다.

인터넷은 내부적으로 IP 주소를 사용하여 호스트를 구분한다. 따라서 IP 주소는 인터넷 동작에서 반드시 필요한 정보이다. 일반 사용자는 복잡한 IP 주소 대신 도메인 이름이라는 기호를 사용하기 때문에 가장 먼저 이름을 주소로 변환하는 과정이 필요하다. 이 장에서는 이와 같은 DNS 서비스 기능이 어떻게 동작하는지 알 수 있다.

14장에서는 도메인 이름과 IP 주소를 변환하는 DNS 서비스에 대하여 학습한다. DNS 서비스를 이해하려면 도메인 네임 스페이스, 도메인, 존 등의 개념을 파악해야 한다. 또한 도메인 정보를 저장하는 자원 레코드와 이를 관리하는 네임 서버의 구조에 대해서도 알아야 한다. 더불어 DNS 클라이언트와 서버가 어떻게 연동되어 정보를 주고받는지도 살펴본다.

01 주소의 변환

인터넷에 연결된 모든 컴퓨터는 32비트 숫자로 구성된 고유의 IP 주소를 부여받는다. 이 숫자가 IP 프로토콜의 패킷 속에 기록되어 적절한 경로를 선택하는 길잡이 역할을 한다. IP 주소는 IP 프로토콜이 효율적으로 동작할 수 있도록 고려하여 설계되었지만 일반 사용자 입장은 중요하게 고려되지 않았다. 따라서 일반 사용자가 숫자로 된 주소는 암기하기 어려우므로 문자로 된 이름을 추가로 정의할 필요가 생겼다.

초기 인터넷 환경에서는 일반 사용자에게 문자로 된 호스트 이름을 지원하려고 호스트 파일이라는 텍스트 문서를 만들어 보급하는 원시적인 방법을 사용했다. 한 호스트에 대하여 호스트 이름과 IP 주소 쌍을 하나의 레코드로 구성한 호스트 파일은 인터넷에 연결된 호스트 수만큼의 정보를 가진다. 따라서 인터넷에 연결되는 호스트의 수가 증가하거나 호스트가 이름을 변경하면 관리자가 이를 수작업으로 변경하고, 다른 호스트들에 분배하는 작업을 해야 했다. 하지만 인터넷의 규모가 커지면서 더 이상 수작업으로 관리할 수 없게 되었고, 이를 계기로 DNS Domain Name System 서비스가 탄생하게 되었다.

1 IP 주소 체계

인터넷에서는 32비트의 이진수로 된 IP 주소 IP Address 로 호스트를 구분한다. IP 주소는 32비트의 주소를 네 부분으로 나누어 8비트의 십진수인 www.xxx.yyy.zzz 형태로 표현한다. 그 예는 다음과 같다.

```
211.223.201.29
211.223.201.30
```

IP 프로토콜의 유니캐스트 주소 체계는 [표 14-1]과 같이 클래스별로 구분할 수 있다. 구분 기준은 네트워크 주소와 호스트 주소를 표시할 수 있는 비트의 크기이다.

표 14-1 IP 주소 클래스

클래스	IP 주소 범위	네트워크 주소	호스트 주소
A	0~127	www	xxx.yyy.zzz
B	128~191	www.xxx	yyy.zzz
C	192~223	www.xxx.yyy	zzz

[표 14-1]의 'IP 주소 범위'는 www 값의 범위를 의미한다. 클래스 A의 주소를 할당받는다는 것은 www 값만 결정되고, xxx.yyy.zzz를 임의로 사용할 수 있다는 의미이다. 클래스 C의 주소를 할당받으면 www.xxx.yyy 값이 결정된 것이므로 zzz만 임의로 사용할 수 있다.

클래스 A 방식의 IP 주소를 할당받은 기관은 xxx.yyy.zzz로 표현할 수 있는 주소 범위가 2^{24}으로 매우 커 많은 호스트를 수용할 수 있다. 클래스 C는 호스트 주소를 표현하는 공간이 zzz인 2^8이기 때문에 상대적으로 적은 수의 호스트를 수용한다. 클래스 B는 호스트를 16비트로 표현하기 때문에 2^{16}개를 지원한다.

[그림 14-1]을 보면, 주소 클래스의 결정이 제일 왼쪽의 3비트 값에 의하여 결정됨을 알 수 있다. 클래스 A는 www의 제일 왼쪽 비트가 0이므로 www 값의 범위가 0~127이 되며, 클래스 C는 www의 왼쪽 3비트가 110이므로 192~223 범위의 값을 갖는다. 이외에도 새로운 형태의 서비스를 지원하기 위해 할당된 클래스 D가 존재한다. 클래스 A, B, C가 유니캐스팅을 지원하는 데 반해 클래스 D는 멀티캐스팅을 지원한다.

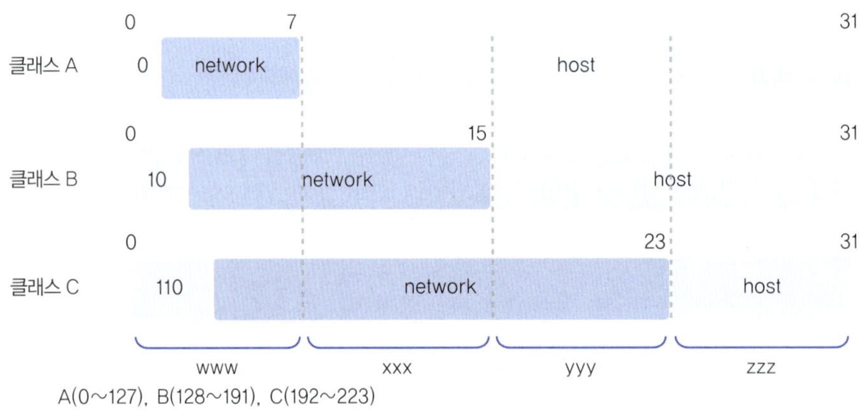

그림 14-1 IP 주소 클래스별 주소 표현 범위

호스트 주소를 표현하는 모든 비트의 값이 0인 경우는 해당 서브넷 자체를 지칭하는 목적으로 사용되고, 반대로 모두 1인 경우는 서브넷에 포함된 모든 호스트를 가리킨다.

2 DNS 필요성

인터넷 사용자가 호스트를 지칭할 때는 문자형의 도메인 이름Domain Name으로 주소를 표현한다. 그러므로 도메인 이름을 네트워크에서 사용하려면 IP 주소로 변환하는 과정이 필요하다. 초기 인터넷에서 도메인 이름을 IP 주소로 변환하는 원리와 DNS의 필요성을 간단히 알아보기로 하자.

인터넷 보급이 미미하던 시절에는 특정 컴퓨터 시스템이 전체 호스트의 명칭 정보를 관리했기 때문에 도메인 이름과 IP 주소의 매핑 정보를 모두 관리하였다. 즉, 다음의 예처럼 유닉스 시스템의 /etc/hosts 파일과 같은 특정 파일에 모든 호스트의 명칭 정보를 도메인 이름과 IP 주소의 쌍으로 관리하였다. 그리고 이 파일을 다른 모든 컴퓨터가 수작업으로 복사함으로써 호스트 주소 정보의 일관성을 유지하였다.

```
infor1.korea.co.kr 211.223.201.28
infor2.korea.co.kr 211.223.201.29
infor3.korea.co.kr 211.223.201.30
```

컴퓨터 보급이 늘면서 이런 업무를 수작업으로 관리하기 어려워졌다. 특히 호스트의 수가 엄청나게 증가하면서 한 시스템에서 모든 호스트의 정보를 유지하기가 현실적으로 불가능해졌다. 또한 도메인 이름을 중복 사용하지 않도록 통제하기도 쉽지 않았다. 이런 문제점을 해결하려고 고안된 것이 DNS 서비스이다.

DNS는 계층 구조를 지원하는 도메인 기반의 주소 표기 방법을 위한 분산 데이터베이스 시스템으로, 기본 목적은 도메인 이름에서 IP 주소를 얻는 것이다. 예를 들어, IP 주소를 원하는 응용 프로그램은 도메인 이름을 매개변수로 하여 해석기Resolver를 호출한다. 해석기는 UDP를 이용해 자신이 위치한 지역의 DNS 네임 서버에 변환을 요청하여 호스트의 IP 주소를 얻는다. DNS 네임 서버는 자신의 관리 범위에 있는 모든 호스트의 도메인 이름과 IP 주소 정보를 관리하며, 인터넷에 존재하는 DNS 네임 서버들은 계층 구조로 연결되어 인터넷 전체 호스트의 정보를 분산하여 관리한다.

유닉스 시스템에서 지원하는 nslookup 명령은 DNS를 이용해 주소 변환 요구를 수행하는 대화형 프로그램이다. 다음의 예처럼 도메인 이름이 information.korea.co.kr인 호스트의 IP 주소를 얻으려면 nslookup을 ❶과 같이 실행한다.

```
❶ % nslookup information.korea.co.kr
❷ Server: server.korea.co.kr
❸ Address: 211.223.201.30
   Name: information.korea.co.kr
   Address: 211.223.201.29
   %
```

실행 결과는 사용자가 로그인한 유닉스 시스템의 환경 설정에서 DNS 서버가 server.korea.co.kr이라 가정한 경우이다. 따라서 nslookup 프로그램은 이 서버에 information.korea.co.kr의 IP 주소를 요청한다. 결과 ❷와 ❸은 DNS 서버의 도메인 이름과 IP 주소이다. DNS 서버 server.korea.co.kr은 정해진 방법으로 IP 주소를 찾아 nslookup에 결과를 돌려주므로 nslookup이 화면에 출력한 결과로 information.korea.co.kr의 IP 주소가 211.223.201.29임을 알 수 있다.

DNS는 주소 공간을 의미하는 도메인의 네임 스페이스, 네임 서버, 해석기라는 세 가지 요소로 구성된다.

■ **네임 스페이스**

도메인의 네임 스페이스Name Space는 트리 구조의 네임 스페이스를 비롯해 데이터에 대한 이름 관련 규칙을 정의한다. 네임 스페이스의 트리에 연결된 호스트는 자원 레코드Resource Record라는 정보 집합체로 표현된다. DNS의 정보 문의 과정은 이 집합체에서 특정 유형의 정보를 얻는 과정이다. 예를 들어, 인터넷에서 특정 도메인 이름을 사용하는 호스트의 IP 주소 자원을 요청하는 질의에 대해 IP 주소를 반환한다.

■ **네임 서버**

네임 서버Name Server는 네임 스페이스의 트리 구조와 트리에 보관된 정보 집합체를 관리하는 프로그램이다. 일반적으로 자신이 관리하는 도메인 공간에 관한 정보를 책임지며, 전체 도메인 구조의 다른 부분 정보를 제공하기 위한 네임 서버 포인터를 가지고 있다.

■ 해석기

해석기Resolver는 네임 서버로부터 사용자 응용 프로그램인 클라이언트의 요청 정보를 얻어내는 프로그램이다. 최소 하나 이상의 네임 서버와 접촉하며, 네임 서버의 정보를 이용해 응용 프로그램의 질의에 응답한다. 처음 접촉한 네임 서버에 도메인 정보가 없으면 다른 네임 서버에 접속해 계속 질의한다.

02 네임 스페이스

DNS는 거대한 분산 데이터베이스 시스템이며, 기호로 된 주소 공간인 도메인의 네임 스페이스는 DNS가 저장 · 관리하는 계층적 데이터베이스이다. 도메인 네임 스페이스는 최상위에 이름이 없는 호스트인 루트Root가 존재하고, 그 밑으로 인터넷에 연결된 모든 호스트가 트리 형태로 연속해서 이어진 계층 구조이다.

네임 스페이스의 호스트는 크기가 최대 63바이트인 레이블Label을 이름으로 갖는데 루트 호스트는 크기가 0인 널 레이블Null Label을 가지므로 이름이 없는 것이나 마찬가지이다. 도메인 이름은 점(.)으로 구분한 호스트 레이블의 연속으로 표현한다. 예를 들어, www.korea.co.kr이라는 도메인 이름은 루트 밑으로 kr, co, korea, www 호스트가 순차적으로 연결된 상태를 의미하고, www.korea.co.kr은 트리 구조의 제일 밑에 위치한 www 호스트의 도메인 이름이다.

1 네임 스페이스의 구조

계층 구조의 네임 스페이스에서 호스트의 각 레이블은 점(.)으로 구분하고, 최상위부터 순차적으로 계층적 소속 관계를 나타낸다. 최상위 레이블은 기구의 성격, 그 아래 레이블은 기구 이름, 그 밑으로는 기구 내부에 있는 단위 조직의 이름이다.

예를 들어, media.korea.com 도메인 이름에서 com은 기구의 성격, korea는 기구 이름, media는 기구 내부의 하부 조직 이름을 나타낸다. 따라서 도메인 이름이 media.korea.com인 호스트의 소속 관계를 쉽게 확인할 수 있다. 하위 기구의 네임 스페이스를 할당하고 관리하는 방식은 각 하위 기관의 네트워크 관리 책임자에게 위임된다.

도메인 네임 스페이스Domain Name Space는 [그림 14-2]와 같은 계층적인 트리 구조를 지원한다. 도메인 이름은 최하위 호스트의 레이블을 맨 왼쪽에 표기하고, 상위 노드로 이동하면서 점(.)으로 구분한 레이블 이름을 연속으로 붙인다. 예를 들어, 최하위에 위치한 xx 호스트의 도메인 이름은 xx.lcs.mit.edu이다. edu와 같이 루트 바로 밑에 위치한 호스트는 TLD[Top Level Domain], 즉 최상위 도메인이라 부르며, 도메인 이름의 맨 오른쪽에 위치한다. [그림 14-2]에는 mil, edu, arpa라는 TLD 3개가 있음을 알 수 있다.

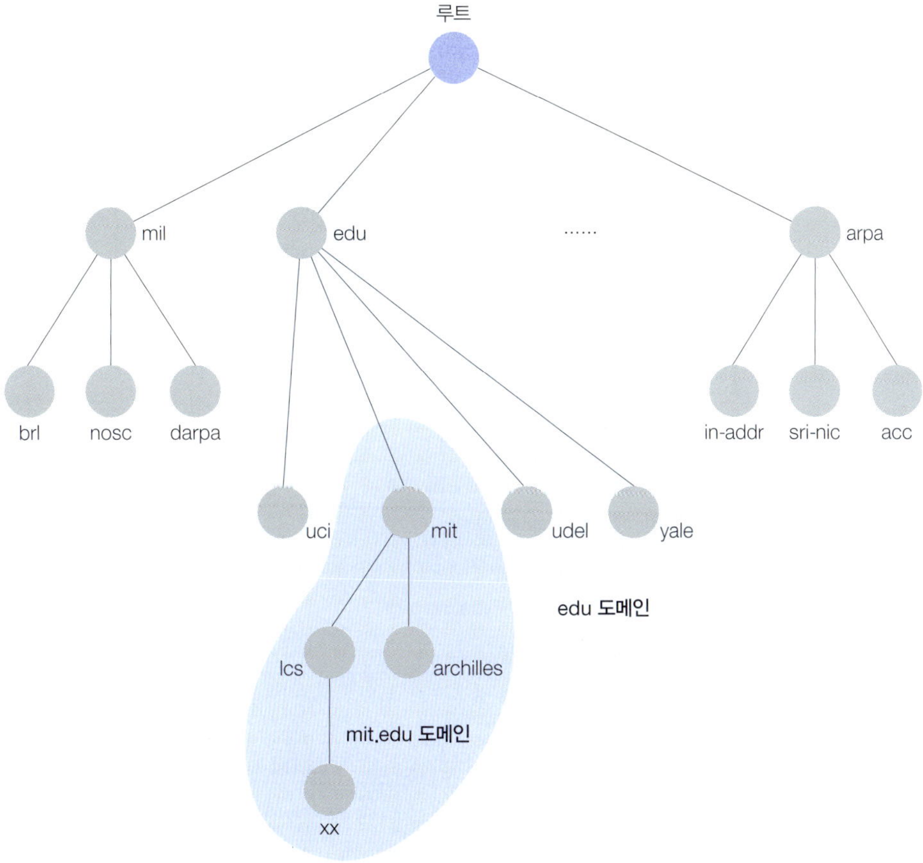

그림 14-2 도메인 네임 스페이스(RFC 1034 참고)

동일 노드 아래에서 레벨이 같은 호스트는 저마다 이름이 유일해야 한다. 예를 들어, [그림 14-2]에서 루트 바로 밑의 edu라는 이름은 호스트 하나에만 부여해야 한다. 반면, 레벨이 다르면 이름이 같아도 도메인 이름의 유일성이 보장된다.

도메인이라는 명칭은 도메인 네임 스페이스에서 하부 트리 전체를 의미하며, 해당 도메인의 명칭은 하부 트리의 맨 상위에 위치한 호스트의 도메인 이름이다. 예를 들어, [그림 14-2]는 바깥 부분의 edu 도메인과 안쪽 부분의 mit.edu 도메인의 차이를 설명한다. 전체 네임 스페이스는 루트 도메인에 속하며, 그 아래로 수많은 부분집합 개념의 하위 도메인들이 존재한다.

최상위 도메인 중에서 일반 도메인은 조직의 종류에 따라 [표 14-2]와 같이 분류한다.

표 14-2 최상위 도메인의 분류

구분	설명
net	네트워크 지원 센터(Network support centers)를 포함한 네트워크 관련 기관
com	상업적인 기관(Commercial organizations)
biz	com과 유사한 비즈니스 목적의 회사(Businesses or firms)
info	정보 서비스 제공자(Information service providers)
coop	협동조합(Cooperative business organizations)
pro	전문가 관련 기관(Professional Individual organizations)
aero	항공 관련 기관(Airlines and aerospace companies)
int	국제기관(International organizations)
edu	교육기관(Educational institutions)
org	비영리 기관(Nonprofit organizations)
museum	박물관 관련 기관(Museum and other nonprofit organizations)
gov	미국의 연방정부 기관(Government institutions)
mil	미국의 국방성 기관(Military groups)
name	개인(Personal name-Individuals)

일반 도메인과 별도로 국가 코드 최상위 도메인도 정의해 사용한다. 국가 도메인은 두 글자로 구성되는데, 예를 들어 한국은 kr, 미국은 us, 일본은 jp의 형식으로 정의된다. 인터넷 보급이 미미한 일부 국가에서는 자국 코드를 타국에 배정하는 서비스를 하기도 한다. 이는 .com 도메인을 선호함에 따라 .com 도메인이 부족해지면서 특정 국가 코드의 의미가 .com 도메인을 대처하는 장점이 있기 때문이다. 예를 들어, 투발루Tuvalu라는 나라의 국가 코드인 tv, 코코스Cocos 아일랜드의 cc 등이 이에 속한다. 각 국가에 배정된 TLD를 어떻게 관리하느냐는 해당 국가의 관리자 몫이다.

[그림 14-3]처럼 레이블이 부여된 각 호스트는 도메인 이름을 갖는다. 도메인 이름Domain Name은 하위 호스트의 레이블부터 시작해 루트에 이르는 경로에 위치한 모든 호스트의 레이

블을 점(.)으로 연결한 것이다. 예를 들어, lcs 레이블이 붙은 호스트는 lcs와 루트 쪽 경로에 위치한 mit, edu 레이블을 사용해 lcs.mit.edu라는 도메인 이름을 갖는다.

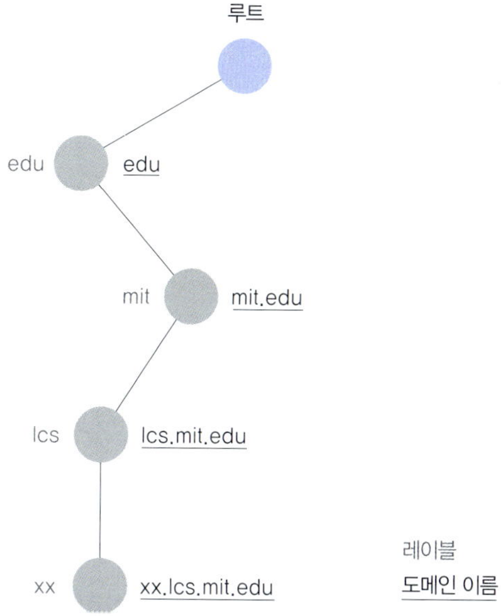

그림 14-3 도메인 이름과 레이블

2 데이터베이스 서비스

인터넷 도메인 네임 스페이스를 계층 구조로 분할함으로써, 도메인 이름을 검색하는 작업이 상대적으로 간단해졌다. 전체 도메인 이름과 IP 주소 정보가 하나의 개념적인 저장소를 중심으로 유지 · 관리되는 형태이지만, 실제 구현에서는 각 하부 도메인을 관리하는 서버에 이름, 주소 검색 권한을 위임함으로써 DNS 구조가 단순해진다. 권한을 위임받은 도메인 관리 서버는 자신의 도메인 영역에 있는 모든 호스트에 관한 정보를 적절하게 유지해야 한다.

계층 구조의 네임 서버

DNS 시스템은 전 세계에 흩어져 있는 수많은 네임 서버를 계층 구조 형식으로 관리하며, 호스트에 대한 이름 정보는 이들 서버에 분산되어 저장된다. [그림 14-4]에서 최상위에 위치한 루트 네임 서버는 mil, edu, arpa처럼 바로 밑에 위치한 최상위 도메인TLD에 관한 정보만 관리한다.

최상위 도메인의 네임 서버는 mil, edu, arpa와 같은 상위 레벨 도메인과 kr, jp와 같은 국가의 상위 레벨 도메인에 대한 관리를 맡는다.

이와 같은 권한의 위임 과정은 하부 구조 전체에 대해 재귀적Recursive으로 적용된다. [그림 14-4]에서 사각형 호스트는 전부 네임 서버이며, 그림에는 표시하지 않았지만 하부에 관리하는 도메인Domain이 존재한다.

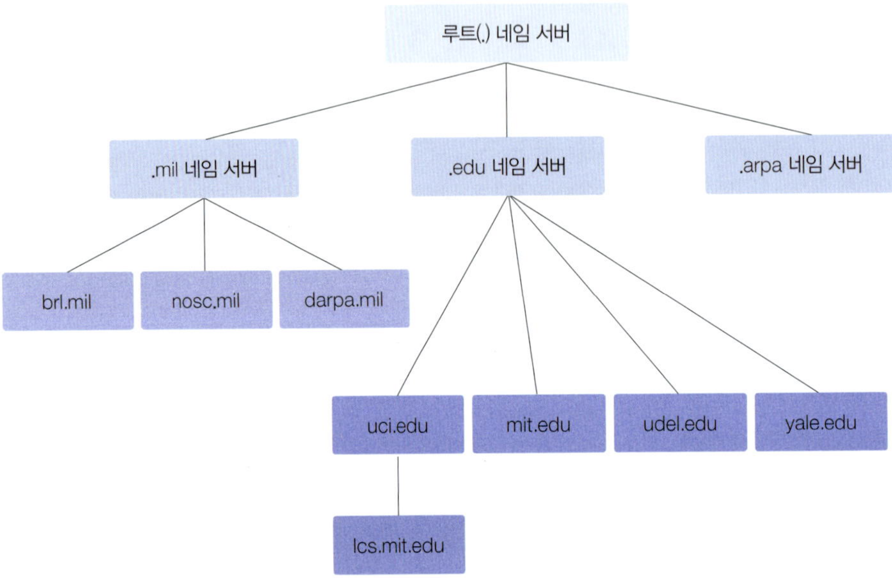

그림 14-4 DNS 분산 데이터베이스

이웃하는 네임 서버끼리 정보 교환이 필요할 때는 상위 네임 서버의 중개를 통해 정보를 얻는다. 예를 들어, mil 네임 서버가 arpa 네임 서버가 관리하는 정보가 필요하면 루트 네임 서버의 중개를 통해 정보를 얻는다.

도메인과 존

임의의 네임 서버가 관리하는 영역을 존Zone이라 한다. 존은 앞서 설명한 도메인과 의미가 유사하면서도 약간 다르다. 특정 네임 서버가 자신의 하위에 있는 도메인을 전적으로 관리하면 존과 도메인이 동일하지만, 하부에 새로운 도메인 네임 서버가 추가되면 두 영역이 일치하지 않는다.

예를 들어 [그림 14-5]를 살펴보자. edu 도메인의 하부에 mit.edu라는 도메인이 존재하므로 edu 도메인에는 edu와 mit.edu 네임 서버가 모두 동작한다. 따라서 edu 도메인에는 서로 구분되는 존이 2개 존재한다. mit.edu 아래에 위치한 노드의 정보는 mit.edu 네임 서버가 전적으로 관리한다.

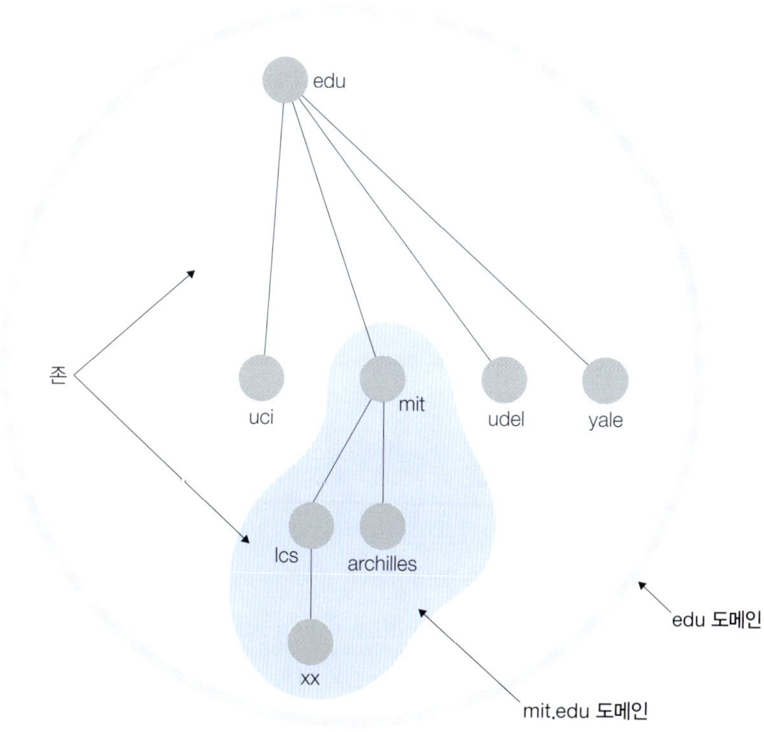

그림 14-5 도메인과 존

3 자원 레코드

DNS 서비스는 이름과 주소 정보를 저장하기 위한 데이터베이스이므로 레코드 개념이 필요하다. 이를 위하여 자원 레코드RR, Resource Record라는 개념을 사용해 DNS 데이터를 저장한다. 트리에 연결된 각 호스트는 자원 레코드와 관계되며, 네임 서버의 데이터베이스는 자원 레코드로 구성된다. 따라서 DNS 네임 서버가 DNS 클라이언트인 해석기에 반환하는 데이터는 자원 레코드의 정보가 된다. [그림 14-6]에서 네임 서버는 (a)의 자원 레코드를 이용하여 정보를 보관하고, 해석기는 (b)의 질의 레코드를 이용하여 네임 서버에 원하는 정보를 요청한다.

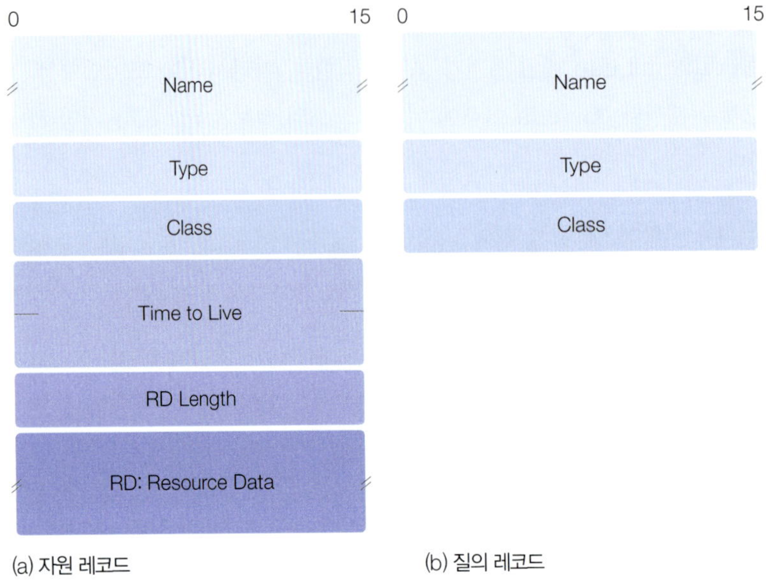

그림 14-6 자원 레코드와 질의 레코드

[그림 14-6]에 표시된 자원 레코드를 구성하는 필드의 의미는 다음과 같다.

- **Name(이름)**: 찾고자 하는 가변 길이의 도메인 이름이다. [그림 14-6]의 (a)는 자원 레코드에 보관된 정보가 해당 도메인 이름과 연관되었음을 의미한다. (b)의 질의 레코드는 원하는 도메인 이름을 기록한 후에 해당되는 정보를 찾도록 DNS 서버에 요청하는 용도이다.
- **Type(유형)**: 16비트 크기로 자원의 종류를 나타낸다. 주요 자원 레코드 종류는 [표 14-3]과 같다.
- **Class(클래스)**: 프로토콜 패밀리를 의미하는데, 인터넷에서는 IN 값을 사용한다.
- **TTL**Time To Live**(생존 기간)**: 자원 레코드가 만기될 때까지의 유효 시간을 초 단위로 표시한다. 특정 호스트에 캐시된 정보가 만기되어 버려질 때까지 얼마나 오래 저장되어 사용할 수 있는지를 나타낸다. 이전에 획득한 정보를 캐시 기능으로 재사용함으로써, 동일한 도메인 이름의 정보가 여러 번 필요해도 반복적으로 네임 서버를 호출하는 현상을 방지한다. 따라서 네트워크 트래픽을 감소시키고 서버의 과부하를 방지할 수 있다.
- **RD Length(RD 길이)**: 자원 데이터의 길이를 바이트 단위로 나타낸다.
- **RD(자원 데이터)**: 자원 레코드와 관계된 데이터가 기록되는데, 자원 레코드의 유형 값에 따라 내용의 구성과 크기가 달라진다.

질의 레코드Query Record는 DNS 클라이언트가 DNS 서버에 정보를 요청하는 데 사용되며, [그림 14-6]의 (b)처럼 Name, Type, Class라는 3개의 필드로 구성된다. 질의 레코드와 자원 레코드는 DNS 메시지에서 구분되어 사용된다.

도메인 네임 서버는 모든 정보를 자원 레코드에 저장하며, 서로 다른 목적을 달성하기 위해 자원 레코드 유형을 정의한다. [표 14-3]은 주요 자원 레코드의 유형이다.

표 14-3 자원 레코드의 유형

유형	설명
A(Address)	호스트의 IP 주소를 의미하며 도메인 이름을 IP 주소로 변환하는 데 사용된다.
NS(Name Server)	도메인을 관장하는 인증된 네임 서버를 나타낸다.
CNAME(Canonical Name)	별명을 갖고 있는 호스트의 정식 이름을 의미한다. 정식 이름이 길고 복잡할 경우 짧고 이해하기 쉬운 별명을 사용함으로써 접근 방법을 단순화하는 장점이 있다. 예를 들어, relay.seoul-sector.korea-company.com과 같은 정식 이름을 korea.com과 같은 별명으로 단순화하여 부른다. 이 경우 별명 korea.com에 대한 정식 이름인 relay.seoul-sector.korea-company.com을 얻기 위해서 DNS 서비스를 이용한다.
SOA(Start of Authority)	존의 시작을 표시한다.
WKS(Well-known Services)	호스트가 제공하는 네트워크 서비스를 정의한다.
PTR(Pointer)	도메인 이름을 가리키는 포인터를 의미하며, IP 주소를 도메인 이름으로 변환하는 데 사용한다.
HINFO(Host Information)	호스트 정보를 의미하며, 호스트가 사용하는 하드웨어와 운영체제에 관한 정보를 제공한다.

DNS 서비스의 주요 목적이 호스트의 도메인 이름과 IP 주소의 연관 관계를 처리하는 것이지만, 여러 가지 부수적인 목적을 이루기 위해 다른 데이터도 관리한다. 이 중 중요한 기능이 메일 교환MX, Mail Exchange 정보의 활용이다. MX 레코드는 특정 메일 주소로 전송된 인터넷 메일이 다른 주소로 재전송redirect될 수 있도록 해준다.

DNS의 보안을 위해 다수의 자원 레코드가 정의되었다. 예를 들어, SIGSecurity Signature, KEYSecurity Key, NXTNext Domain 등이 이에 해당한다. 또 다른 특수 용도의 자원 레코드로는 NAPTRNaming Authority Pointer, IP 버전 6 주소를 위한 AAAA, 텍스트 문자열 저장을 위한 TXT 등이 있다.

03 네임 서버와 해석기

DNS 서비스에서 가장 중요한 것은 분산 네트워크 서비스의 형태를 지원하는 것이다. 인터넷에서 네임 서버Name Server는 여러 곳에 흩어져 있다. 이들 서버는 전체 네임 스페이스Name Space의 일부 정보를 전적으로 책임지며, 유기적인 연관 관계를 통해 전체 네임 서버의 정보를 일관성 있게 관리한다.

1 해석기

DNS 서비스는 클라이언트-서버 구조로 설계되었다. 도메인 이름과 호스트 주소의 변환 정보를 원하는 네트워크 응용 프로그램은 해석기Resolver라 불리는 DNS 클라이언트에 정보 제공을 요청한다. 해석기는 가장 가까운 네임 서버와 접촉해 정보 제공을 요청하고, 해당 서버에 정보가 없으면 다른 네임 서버와 접촉해 정보를 찾는 과정을 반복한다.

예를 들어, 도메인 이름 www.korea.co.kr과 관련된 IP 주소를 얻는 과정은 해석기로부터 시작된다. 해석기가 도메인 정보를 요청할 때는 먼저 질의를 생성하고, 이 질의는 DNS 메시지 형태로 구성되어 네임 서버에 전달된다. 요청을 받은 네임 서버는 결과를 회신용 DNS 메시지에 기록하여 해석기에 보낸다.

인증 데이터

네트워크에 존재하는 네임 서버가 하나면 이 서버가 DNS에 관한 모든 정보를 관리한다. 따라서 모든 해석기는 이 네임 서버에 질의를 요청하고 결과를 돌려받는다. 그러나 네트워크가 커지면 처리 속도를 비롯해 여러 문제가 발생할 수 있어 다수의 네임 서버를 지원하며, 도메인 데이터에 대해 인증 데이터와 캐시 데이터라는 두 가지 개념을 사용한다.

인증 데이터Authoritative Data는 해당 데이터를 직접 관리할 책임이 있는 네임 서버로부터 받은 정보를 의미한다. 반면, 캐시 데이터Cached Data는 이전 요청에 의해 호스트가 보관하던 데이터이며, 재사용할 목적으로 한동안 저장한다. 일반적으로 인증 데이터는 현재의 네트워크 상태를 그대로 반영한 정확한 데이터이지만, 인터넷의 안정도를 감안할 때 캐시 데이터를 사용해도 크게 문제되지 않는다.

서버가 캐시 데이터를 너무 오래 보관하면 클라이언트에 현재의 인증 데이터와는 다른 정보를 전달할 염려가 있다. 이를 해결하려고 해당 정보의 인증 서버가 TTLTime To Live이라는 추가 정보를 제공한다. TTL이 초과된 정보는 자동으로 무효 처리되므로, 인증 서버에 다시 정보를 요청해서 캐시 데이터를 갱신해야 한다.

존

인증 데이터는 네임 스페이스의 특정 영역인 존Zone을 관리하는 네임 서버가 유지하고 관리한다. 존은 자원 레코드에 포함되는 인증 데이터의 집합체로 정의되며, 다음과 같은 내용을 포함한다.

- 존에 속하는 모든 호스트의 전체 자원 레코드 집합체
- **존에 포함된 최상위 호스트**: 예를 들어 [그림 14-7]의 mit.edu 존은 최상위 노드가 mit.edu이다.
- **위임 서브 존Sub-Zone**: 자신의 존에 속하지만, 인증이 위임된 경우이다. [그림 14-7]의 mit.edu 존 아래에 위치한 서브 존 info.mit.edu의 인증이 info.mit.edu를 관리하는 담당자에게 위임된 경우이다.
- **위임된 서브 존에 관한 글루Glue 데이터**: 서브 존의 네임 서버에 접근할 수 있도록 해준다.

임의의 네임 서버는 다른 네임 서버로부터 수신한 캐시 데이터를 유지하기 때문에 자신이 관리하는 네임 스페이스뿐 아니라, 자신의 관리 밖에 있는 호스트의 정보도 인증해줄 수 있다. 따라서 존을 적절히 관리하는 것은 매우 중요하다.

[그림 14-7]에서 해석기가 info.mit.edu 밑에 위치한 test.info.mit.edu 호스트의 정보를 알고 싶다고 가정하자. 먼저 mit.edu의 정보를 얻고, 네임 서버의 응답을 통해 다른 네임 서버가 info.mit.edu 도메인을 관리하고 있음을 알게 된다. 그리고 info.mit.edu를 관리하는 네임 서버의 IP 주소를 얻을 수 있으면 이후의 처리 과정은 일반적인 방식으로 이루어진다.

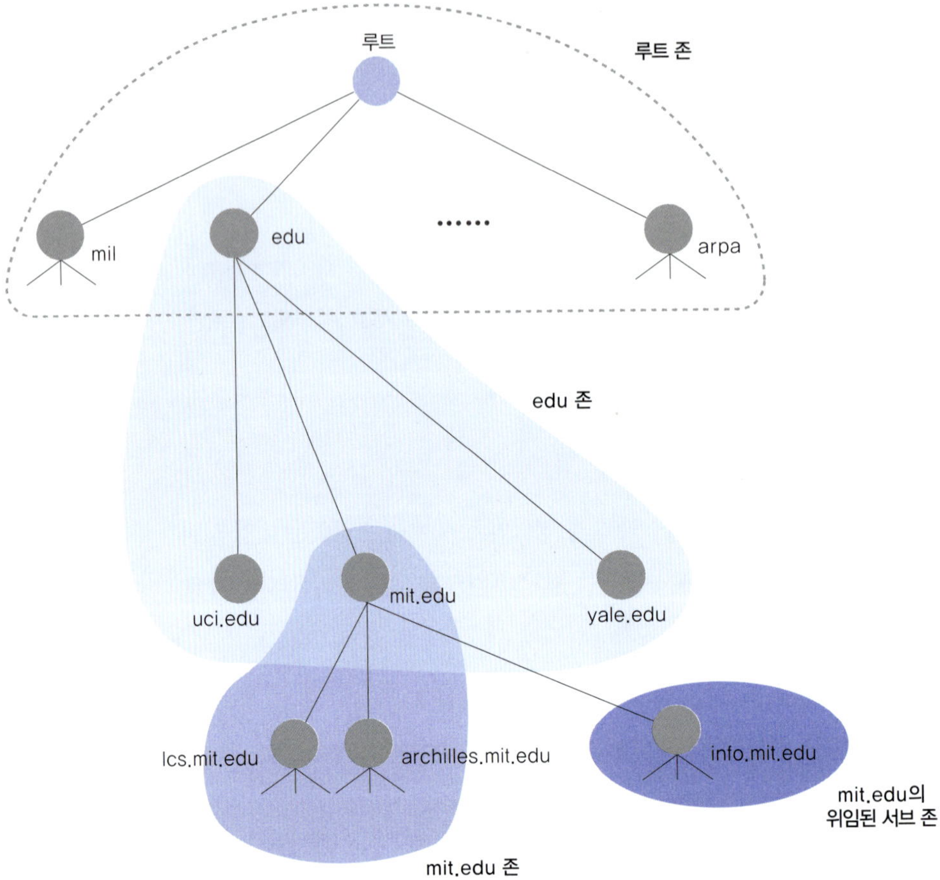

그림 14-7 존과 서브 존

만일 서브 존 info.mit.edu의 네임 서버가 서브 존 도메인 내부에 위치하면 해석기에 혼란을 줄 수 있다. 즉, mit.edu 도메인의 네임 서버인 dns.mit.edu가 해석기에게 dns.info.mit.edu에 주소 정보를 문의하라고 응답하는데, 이때 해석기는 dns.info.mit.edu의 IP 주소를 알 수 있는 방법을 강구해야 한다. 이를 해결하려고 서브 존의 위임에 관련된 글루 데이터가 사용된다. 상위 존의 네임 서버는 위임된 서브 존의 네임 서버에 관한 도메인 이름과 주소를 유지한다. 그러므로 해석기가 상위 존을 관리하는 네임 서버에 문의하여 서브 존의 네임 서버에 관한 정보를 얻는다.

2 요청의 처리

도메인 네임 스페이스는 서로 다른 여러 존으로 구성된 거대한 연결고리로 생각할 수 있다. 각 존을 관장하는 네임 서버는 유기적으로 협력하면서 DNS 질의 요청에 응답한다. 로컬 도메인에 위치한 호스트가 같은 도메인에 있는 호스트의 정보를 요청하면 해당 도메인을 관리하는 네임 서버가 인증 데이터를 가지고 있으므로 간단히 처리된다.

하지만 다른 도메인에 소속된 호스트의 정보를 요청하면 가장 관련 있는 인근 네임 서버와 연결할 수 있어야 한다. 즉, 로컬 네임 서버에 요청자가 원하는 정보가 없으면 가장 적합한 네임 서버를 선택하여 해당 서버와 접촉하도록 해주어야 한다.

가장 적절한 인근 네임 서버는 질의를 받은 네임 서버가 관장하는 존의 상위에 위치하는데, 이러한 동작은 해석기가 원하는 인증 정보를 찾을 때까지 연속적으로 반복된다. 질의 요청이 처리되는 과정은 다음과 같이 두 가지로 나누어 생각할 수 있다.

- 호스트가 DNS 정보를 요청할 때는 인증 데이터의 필요 여부를 명시할 수 있다. 인증 데이터가 반드시 필요한 경우가 아니라면 로컬 네임 서버에 보관된 캐시 데이터를 사용할 수도 있다.
- 해석기는 질의 요청이 재귀적으로Recursively 처리되는지 명시할 수 있다. 재귀적이라는 뜻은 해석기가 최초로 접촉을 시도한 네임 서버가 질의 요청을 계속 추적 · 관리하면서 요청에 대해 인증 데이터를 회신하는 것이다. 네임 서버가 비재귀적인 요청을 받은 경우에는 두 가지 응답이 가능한데, 자신이 인증 데이터를 가지고 있으면 이를 회신하고, 그렇지 않으면 다른 네임 서버의 포인터 정보를 회신한다.

재귀적 처리

재귀적 요청을 받은 네임 서버는 결과적으로 해석기와 같은 클라이언트 역할을 수행한다. 즉, 최초의 해석기가 자신에게 요청한 것과 동일한 질의 요청을 다른 네임 서버에 전송해 원하는 결과를 찾는 과정을 반복한다. [그림 14-8]은 재귀적 처리와 비재귀적 처리를 비교하여 설명한 것이다.

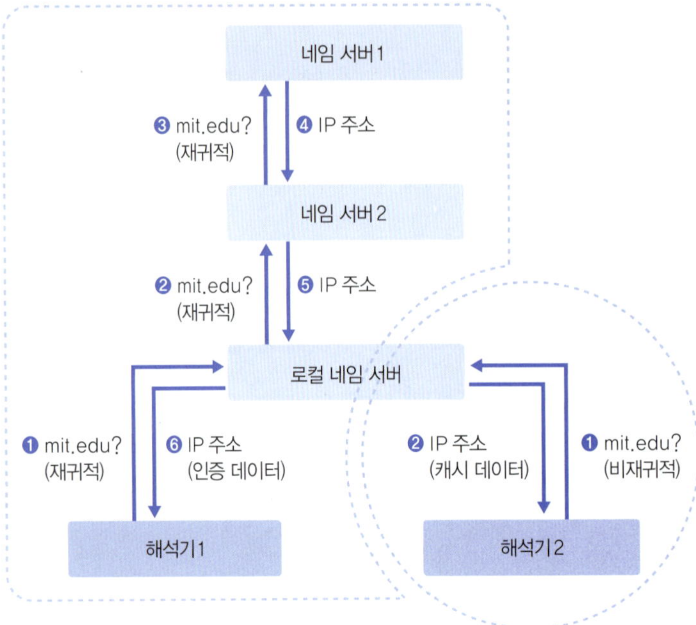

그림 14-8 재귀적 처리와 비재귀적 처리

[그림 14-8]의 왼쪽 부분에서는 '해석기1'로부터 mit.edu의 정보를 요청받은 '로컬 네임 서버'가 해당 호스트의 인증 정보를 보관하고 있는 '네임 서버1'까지 재귀적으로 접촉하여 mit.edu의 IP 주소를 얻은 후에 회신하고 있다. 즉, '해석기1'이 '로컬 네임 서버'에 요청하고, '로컬 네임 서버'가 '네임 서버2'에 요청하고, 이어서 '네임 서버2'가 '네임 서버1'에 요청하는 과정이 재귀적으로 반복된다.

반면, 오른쪽 부분에서는 비재귀적인 요청에 대하여 '로컬 네임 서버'가 보관하고 있는 mit.edu의 캐시 정보를 회신하고 있다. 만일 캐시 정보가 아닌 인증 정보를 원하는 경우에는 비재귀적인 방식으로 '네임 서버1'까지 접촉해야 한다. 즉, '해석기2'가 '로컬 네임 서버'에 요청하고, '로컬 네임 서버'가 '네임 서버2'에 요청하고, 이어서 '로컬 네임 서버'가 '네임 서버1'에 요청하는 과정이 비재귀적으로 반복된다.

반복적 처리

[그림 14-8]에서 비재귀적인 처리 방식으로 설명한 반복적Iterative 처리 방식에서는 '로컬 네임 서버'가 여러 네임 서버를 직접 접촉해야 한다. 앞에서 설명한 것처럼, '네임 서버2'로부터 원하는 정보를 얻지 못한 '로컬 네임 서버'는 '네임 서버1'과 직접 접촉하여 정보를 얻어야 한다. 이때 '네임 서버1'의 포인터인 IP 주소는 '네임 서버2'가 제공한다.

[그림 14-9]는 재귀적 처리와 반복적 처리를 비교 설명한다. (a)의 재귀적 처리는 정보를 요청받은 '로컬 네임 서버1'로부터 해당 호스트의 정보를 관리하는 '로컬 네임 서버2'까지의 과정이 재귀적으로 이루어진다. 그에 비해 (b)는 '로컬 네임 서버1'이 여러 네임 서버와 직접 접촉하여 원하는 정보를 얻고 있다.

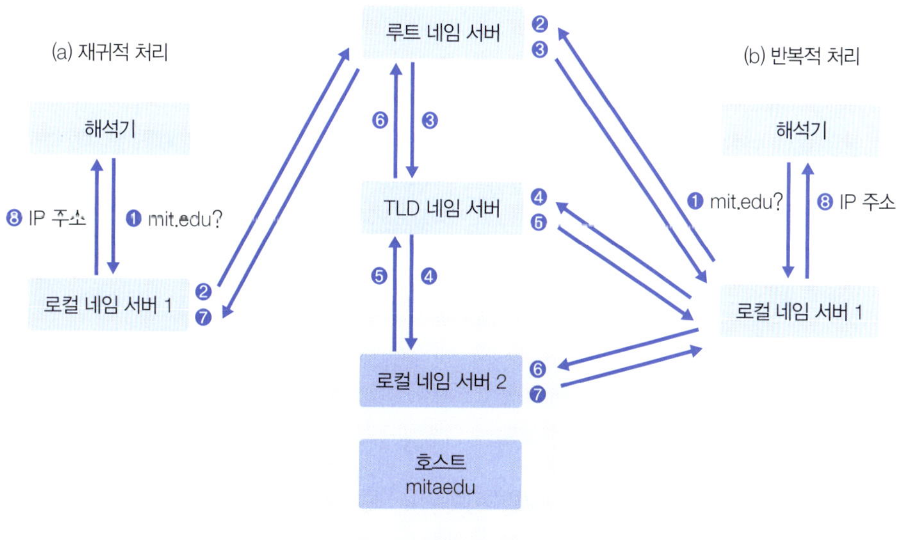

그림 14-9 재귀적 처리와 반복적 처리

04 DNS 프로토콜

다른 인터넷 프로토콜처럼 DNS 호스트도 클라이언트와 서버 기능을 동시에 수행한다. 질의 요청을 수행하는 호스트는 해석기를 가지고 있어야 한다. 네임 서버도 다른 네임 서버에 정보를 요청할 수 있으므로 해석기를 사용한다. 해석기는 DNS 서비스의 네트워크 트래픽을 줄이려고 다양한 형식으로 캐시 데이터를 활용한다.

1 DNS 메시지

DNS 프로토콜을 사용하는 호스트는 DNS 데이터를 요청하거나, 반대로 응답할 때 DNS 메시지DNS Message를 전송한다. DNS 프로토콜은 DNS 요청을 하는 호스트와 요청에 대한 응답 기능을 수행하는 호스트 사이의 상호 동작을 지원하기 위해 질의 메시지와 응답 메시지를 정의한다.

DNS 메시지의 구조

DNS 요청이 필요하면 [그림 14-10]과 같은 DNS 메시지에 내용을 기록한다. 모두 다섯 부분으로 구성된 DNS 메시지에서 Question 필드는 질의 레코드를 사용하고, 나머지 Answer, Authority, Additional 필드는 자원 레코드를 사용한다.

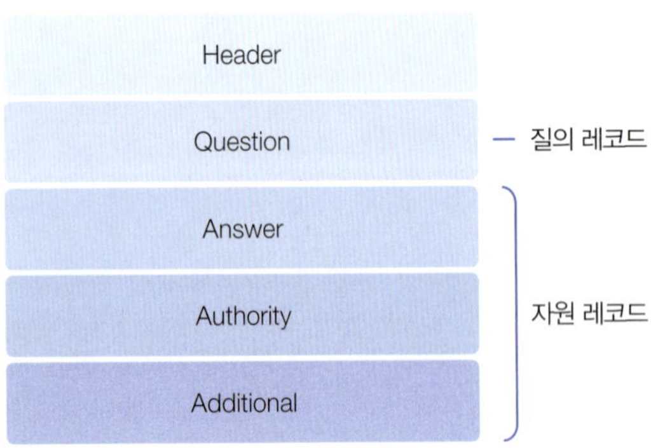

그림 14-10 DNS 메시지의 구조

자원 레코드와 질의 레코드의 구조는 [그림 14-6]에서 소개한 것과 같다. Answer 필드는 질문에 대한 답변인 자원 레코드, Authority 필드는 인증을 가리키는 자원 레코드, Additional 필드는 기타 정보를 의미하는 자원 레코드이다.

- **Header**: 크기가 12바이트이며, [그림 14-11]과 같은 정보 값에 따라 Question, Answer, Authority, Additional 필드의 사용 여부를 확인할 수 있으므로 반드시 필요하다.
- **Question**: 질의 레코드가 하나 이상 존재할 수 있으며, 질의 메시지와 응답 메시지 모두에서 사용된다.
- **Answer**: 서버가 클라이언트에 회신하는 응답이므로 응답 메시지에서만 사용된다.
- **Authority**: 응답 메시지에서만 사용되고, 질의에 대한 인증 권한이 있는 서버 정보를 제공한다.
- **Additional**: 응답 메시지로 사용되며, 해석기에 필요한 추가 정보를 제공한다.

DNS 헤더

DNS 메시지에서 Header 필드 정보는 필수 사항이다. [그림 14-11]은 DNS 메시지의 헤더 정보를 설명한다.

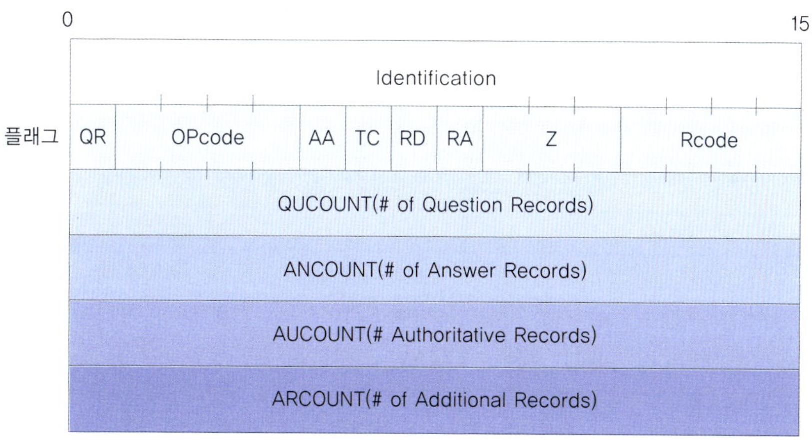

그림 14-11 DNS 헤더

- **Identification 필드**: 클라이언트의 질의에 대해 회신된 응답이 서로 연관되는지 확인해준다. 즉, 클라이언트는 질의 요청을 보낼 때마다 서로 다른 번호를 부여하고, 서버는 해당하는 응답 메시지에 이 번호를 복사해서 회신한다.

- **QR**Query Response: 메시지 종류를 나타낸다. 0이면 질의 메시지이고, 1이면 응답 메시지이다.
- **OPcode**: 질의나 응답의 종류를 나타낸다. 0은 표준 요청, 1은 주소 정보를 주고 이름 정보를 찾는 역방향 요청, 2는 서버 상태에 대한 요청이다. 질의에 표시된 값이 응답에 그대로 복사된다.
- **AA**Authoritative Answer: 네임 서버가 인증 권한이 있는 서버임을 나타내므로 응답 메시지에만 사용된다.
- **TC**Truncated: 1로 지정하면 응답의 크기가 UDP 프로토콜의 최대 크기인 512바이트를 초과하여 512바이트 크기로 잘렸음을 알려준다. 초과되어 잘린 데이터를 처리하는 후속 동작이 반드시 이루어지며, 이 작업은 TCP 프로토콜로 처리된다.
- **RD**Recursion Desired: 1이면 재귀적인 응답을 원한다는 뜻으로, 네임 서버가 지원 가능한지를 문의하는 것이다. 질의 메시지에서 사용된다.
- **RA**Recursion Available: 응답 메시지에서 사용되며, 네임 서버가 재귀적인 응답을 지원한다는 의미이다.
- **Z**: 예약 필드로 000으로 지정된다.
- **Rcode**: 응답 메시지에서 응답 오류를 나타내는 데 사용되며, 0이면 오류가 없다는 의미이다. 서버가 질의를 처리할 수 없는 경우에 그 원인에 따라 해당하는 오류 코드를 기록하여 응답한다.
- **QUCOUNT**: DNS 메시지의 Question 필드에 있는 질의 레코드의 개수이다.
- **ANCOUNT**: 응답용 DNS 메시지에서 Answer 자원 레코드의 개수이다.
- **AUCOUNT**: 응답용 DNS 메시지에서 Authority 자원 레코드의 개수이다.
- **ARCOUNT**: 응답용 DNS 메시지에서 Additional 자원 레코드의 개수이다.

UDP 프로토콜

해석기와 네임 서버는 53번 포트를 기본으로 사용하여 UDP 프로토콜로 DNS 메시지를 전송한다. 이때 DNS 메시지가 512바이트보다 작으면 UDP를 사용하는 데 문제가 없지만, 이보다 크면 TCP를 사용하게 되는데 이때도 DNS 메시지 전송은 53번 포트를 사용한다.

DNS 메시지가 512바이트보다 커 TCP 프로토콜을 사용할 때는 다음 두 가지 경우를 고려할 수 있다. 첫째, 응답 메시지가 512바이트보다 크다는 사실을 해석기가 미리 인지하는 경우로, 이때는 처음부터 TCP 연결을 사용한다. 둘째, 해석기가 사전에 인지하지 못한 상태에서 UDP를 사용하는 경우이다. 이럴 때는 응답 메시지의 헤더에 있는 TC 플래그가 1로 지정되므로, 해석기가 TCP 연결을 추가로 설정하여 올바른 응답을 요청할 수 있다.

2 DNS 프로토콜 동작 과정

DNS 클라이언트와 서버가 어떻게 DNS 메시지를 작성하여 원하는 정보를 주고받는지 예를 통해 살펴보자.

질의 메시지

가장 간단한 예로 해석기가 www.korea.co.kr라는 호스트의 IP 주소를 찾으려고 로컬 네임 서버에 질의 메시지Query Message를 전송하는 경우를 가정해보자.

[그림 14-10]의 DNS 메시지는 다음 예처럼 [그림 14-11]의 Header부터 시작된다. Header의 첫 번째에 위치한 Identification은 메시지 식별자로, UDP의 비순서적 전송 방식을 보완하려고 사용된다. 해석기는 이 번호를 사용해 서버의 응답을 순서대로 정렬하여 질의와 응답이 적절히 연결되도록 해준다. 플래그 값은 0×0100이므로 QR = 0은 질의 메시지, OPcode = 0은 표준 질의, RD = 1은 재귀적 응답임을 나타낸다.

```
Identification: 0x337c
플래그: 0x0100 (QR=0, Opcode=0000, AA=0, TC=0, RD=1, RA=0, Z=000,
RCODE=0000)
QUCOUNT: 1
ANCOUNT: 0
AUCOUNT: 0
ARCOUNT: 0
```

QUCOUNT 값만 1이므로 [그림 14-10]에서 헤더에 이어지는 필드는 Question에 관한 질의 레코드 하나임을 알 수 있다. [그림 14-6]의 (b)에 나타난 질의 레코드 값이 다음과 같다면 찾는 정보가 www.korea.co.kr 호스트의 IP 주소라는 의미가 된다.

```
Name: www.korea.co.kr
Type: A (Address)
Class: IN (인터넷)
```

앞의 값을 DNS 메시지로 형식화하면 [그림 14-12]와 같다. Header에는 앞서 소개한 이진 수 값이 기록되고, 질의 레코드의 도메인 이름에는 www.korea.co.kr이 기록되는데, 이름(Name) 끝에는 0x00을 추가하여 이름의 마지막임을 표시해야 한다. 도메인 유형(Type) A는 값이 1이며, 도메인 클래스(Class) IN도 값이 1이다.

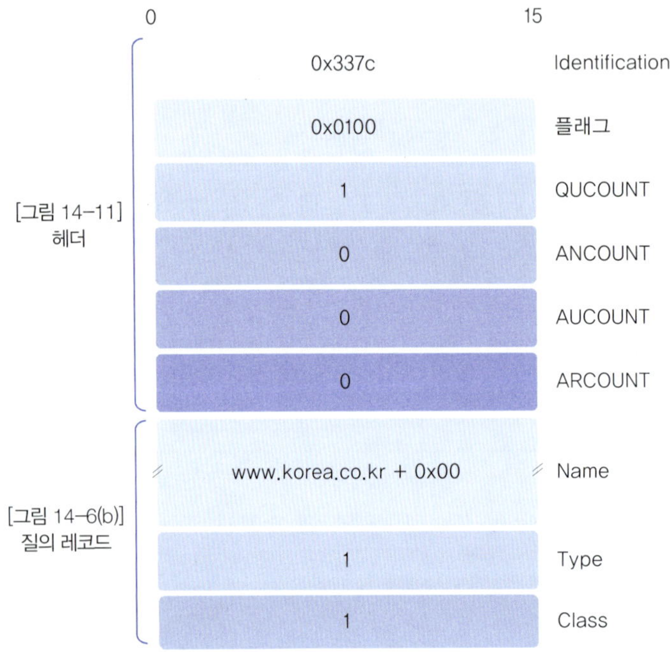

그림 14-12 질의 메시지의 예

응답 메시지

[그림 14-12]와 같은 질의 메시지를 수신한 네임 서버는 DNS 클라이언트가 원하는 IP 주소를 찾아 응답 메시지Response Message로 회신한다. 다음과 같은 DNS 응답 메시지의 Header에서 Identification은 클라이언트의 값을 그대로 사용해야 하며, 플래그는 0x8180 값으로 주어졌다. 이 값을 해석하면 QR = 1이므로 응답 메시지가 되고, OPcode는 여전히 표준 질의 응답임을 나타낸다. RD = 1, RA = 1이므로 재귀적 질의 응답임을 알 수 있으며, Rcode 정보에 의해 오류는 발생하지 않았다.

```
Identification: 0x337c
플래그: 0x08180 (QR=1, Opcode=0000, AA=0, TC=0, RD=1, RA=1, Z=000, RCODE=0000)
QUCOUNT: 1
ANCOUNT: 2
AUCOUNT: 2
ARCOUNT: 0
```

해석기의 요청을 받은 서버는 도메인의 인증 권한이 없는 것으로 가정되어 메시지에 재귀적 응답이 포함된다. 따라서 Question 자원 레코드 1개, Answer 자원 레코드 2개, 인증 권한이 있는 네임 서버를 가리키는 Authority 자원 레코드가 2개 있다. 그리고 부가 정보에 관한 자원 레코드는 회신되지 않았다. Question 자원 레코드는 다음과 같이 질의 레코드의 경우와 같다.

```
Name: www.korea.co.kr
Type: A (Address)
Class: IN (인터넷)
```

응답 메시지에는 다음과 같이 Answer 자원 레코드가 2개 존재하는데, 첫 번째 유형이 CNAME으로 되어 있다. 이를 통해 www.korea.co.kr는 호스트의 정식Canonical 명칭이 아닌 별명Alias임을 알 수 있다. 자원 데이터를 통해 정식 명칭은 korea.co.kr이고, 원하는 IP 주소는 211.223.201.30임을 알 수 있다.

```
Name: www.korea.co.kr
Type: CNAME (Canonical Name for an Alias)
Class: IN (인터넷)
TTL: 2시간
RD Length: 2
RD: Primary name: korea.co.kr
Name: korea.co.kr
Type: A (Address)
Class: IN (인터넷)
TTL: 2시간
```

```
RD Length: 4
RD: Addr: 211.223.201.30
```

TTL 값은 제공된 정보가 캐시 상태로 유지될 수 있는 최대 시간을 의미하며, RD Length는 자원 데이터의 크기를 바이트로 나타낸다. 예를 들어 IP 주소의 크기는 4바이트이다. 자원 데이터는 자원 레코드 유형(Type)에 따라 값이 달라진다. 유형 값이 NS이면 인증 네임 서버의 도메인 이름을 보관하고, CNAME이면 정식 명칭, A이면 IP 주소를 나타낸다. 다음은 Authority 자원 레코드의 내용이다.

```
Name: korea.co.kr
Type: NS (Authoritative Name Server)
Class: IN (인터넷)
TTL: 2시간
RD Length: 8
RD: Name Server: ns.ns1.kr
Name: korea.co.kr
Type: NS (Authoritative Name Server)
Class: IN (인터넷)
TTL: 2시간
RD Length: 10
RD: Name Server: nsbk.ns2.kr
```

요약

01 DNS 서비스

인터넷에 연결된 모든 컴퓨터는 32비트 숫자로 구성된 고유의 IP 주소를 부여받는다. 이 숫자는 IP 프로토콜의 패킷 속에 기록되어 적절한 경로를 선택하는 길잡이 역할을 한다. 초기 인터넷 환경에서는 일반 사용자에게 문자로 된 호스트 이름을 지원하려고 호스트 파일이라는 텍스트 문서를 만들어 보급하는 원시적인 방법을 사용하였다. 인터넷의 규모가 커지면서 더 이상 수작업으로 관리할 수 없게 되었는데, 이로 인해 DNS 시스템이 탄생하였다. DNS는 계층 구조를 지원하는 도메인 기반의 주소 표기 방법을 위한 분산 데이터베이스 시스템으로, 기본 목적은 도메인 이름에서 IP 주소를 얻는 것이다.

02 DNS 구성 요소

DNS는 도메인의 네임 스페이스, 네임 서버, 해석기라는 세 가지 요소로 구성된다.

- **네임 스페이스**: 트리 구조의 네임 스페이스를 비롯해 데이터에 대한 이름 관련 규칙을 정의한다. 도메인 네임 스페이스의 트리에 연결된 호스트는 자원 레코드라는 정보 집합체로 표현된다.
- **네임 서버**: 도메인 트리 구조와 트리에 보관된 정보 집합체를 관리하는 프로그램이다.
- **해석기**: 네임 서버로부터 클라이언트의 요청 정보를 얻어내는 프로그램이다. 최소 하나 이상의 네임 서버와 접촉하며, 네임 서버의 정보를 이용해 응용 프로그램의 질의에 응답한다.

03 네임 스페이스

네임 스페이스는 계층적인 트리 구조를 지원한다. 도메인 이름은 최하위에 있는 호스트의 레이블을 맨 왼쪽에 두고, 상위 노드로 이동하면서 점(.)으로 구분한 레이블 이름을 연속으로 붙인다. 도메인이라는 명칭은 도메인 네임 스페이스에 있는 하부 트리 전체를 의미하며, 해당 도메인의 이름은 하부 트리의 맨 상위에 있는 호스트의 도메인 이름이다.

04 자원 레코드

DNS 서비스는 이름과 주소 정보를 저장하기 위한 데이터베이스이므로 레코드 개념이 필요하다. 이를 위하여 자원 레코드라는 개념을 사용해 DNS 데이터를 저장한다. 트리에 연결된 각 호스트는 자원 레코드와 관계되며, 네임 서버의 데이터베이스는 자원 레코드로 구성된다. 따라서 DNS 네임 서버가 DNS 클라이언트인 해석기에 반환하는 데이터는 자원 레코드가 된다.

05 네임 서버와 해석기

DNS 서비스는 클라이언트 · 서버 구조로 설계되었다. 도메인 이름과 호스트 주소의 변환 정보를 원하는 네트워크 응용 프로그램은 해석기라 불리는 DNS 클라이언트에 정보 제공을 요청한다. 해석기는 가장 가까운 네임 서버와 접촉해 정보 제공을 요청하고, 해당 서버에 정보가 없으면 다른 네임 서버와 접촉해 정보를 찾는 과정을 반복한다.

06 DNS 메시지

DNS 프로토콜을 사용하는 호스트는 DNS 데이터를 요청하거나, 반대로 응답할 때 DNS 메시지를 전송한다. DNS 프로토콜은 DNS 요청을 하는 호스트와 요청에 대한 응답 기능을 수행하는 호스트 사이의 상호 동작을 지원하기 위해 질의 메시지와 응답 메시지를 정의한다. DNS 요청이 필요하면 DNS 메시지에 그 내용을 기록한다. Header를 포함해 모두 다섯 부분으로 구성된 DNS 메시지에서 Question 필드는 네임 서버에 요청하는 문의 사항을 의미하므로 질의 레코드를 사용한다. 나머지 Answer, Authority, Additional 필드는 자원 레코드를 사용한다.

07 UDP 프로토콜

해석기와 네임 서버는 53번 포트를 기본으로 사용하여 UDP로 DNS 메시지를 전송한다. 그러나 UDP의 최대 전송 크기인 512바이트를 초과하는 전송 요구를 처리하기 위해 TCP를 사용하기도 한다. TCP를 사용할 때도 DNS 메시지 전송은 53번 포트를 사용한다. TCP를 사용할 때는 다음 두 가지 경우를 고려할 수 있다. 첫째, 응답 메시지가 512바이트보다 크다는 사실을 해석기가 미리 인지하는 경우로, 이때는 처음부터 TCP 연결을 사용한다. 둘째, 해석기가 사전에 인지하지 못한 상태에서 UDP를 사용하는 경우이다. 이럴 때는 응답 메시지의 헤더에 있는 TC 플래그가 1로 지정되므로, 해석기가 TCP 연결을 설정하여 올바른 응답을 요청할 수 있다.

연습문제

01 IP 주소 체계에 대한 설명으로 올바른 것을 모두 고르시오.

① 인터넷에서는 32비트의 이진수로 된 IP 주소로 호스트를 구분한다.

② IP 주소는 32비트의 주소를 네 부분으로 나누어 8비트의 십진수인 www.xxx.yyy.zzz 형태로 표현한다.

③ 클래스 C 방식의 IP 주소를 할당받은 기관은 xxx.yyy.zzz로 표현할 수 있는 주소 범위가 2^{24}으로 매우 커 많은 호스트를 수용할 수 있다.

④ 클래스 A는 호스트 주소를 표현하는 공간이 zzz인 2^8이기 때문에 상대적으로 적은 수의 호스트를 수용한다.

⑤ A 클래스는 www의 제일 왼쪽 비트가 0이므로 www 값의 범위가 0~127이 되며, C 클래스는 www의 왼쪽 3비트가 110이므로 192~223 범위의 값을 갖는다.

02 DNS에 대한 설명으로 올바른 것을 모두 고르시오.

① 인터넷 사용자가 호스트를 지칭할 때는 문자형의 도메인 이름으로 주소를 표현한다. 도메인 이름을 네트워크에서 사용하려면 IP 주소로 변환하는 과정이 필요하다.

② 인터넷 보급이 미미하던 시절에는 유닉스 시스템의 /etc/hosts 파일과 같은 특정 파일에 모든 호스트의 명칭 정보를 도메인 이름과 IP 주소의 쌍으로 관리하였다.

③ DNS는 계층 구조를 지원하는 도메인 기반의 주소 표기 방법을 위한 분산 데이터베이스 시스템으로, 기본 목적은 도메인 이름에서 IP 주소를 얻는 것이다.

④ 도메인의 네임 스페이스는 트리 구조의 네임 스페이스를 비롯해 데이터에 대한 이름 관련 규칙을 정의한다. 네임 스페이스의 트리에 연결된 호스트는 자원 레코드라는 정보 집합체로 표현된다.

⑤ 네임 서버는 네임 스페이스의 트리 구조와 트리에 보관된 정보 집합체를 관리하는 프로그램이다.

⑥ 해석기는 네임 서버로부터 사용자 응용 프로그램인 클라이언트의 요청 정보를 얻어내는 프로그램이다. 최소 하나 이상의 네임 서버와 접촉하며, 네임 서버의 정보를 이용해 응용 프로그램의 질의에 응답한다.

03 네임 스페이스의 구조에 대한 설명으로 올바른 것을 모두 고르시오.

① 도메인 네임 스페이스는 최상위에 이름이 없는 호스트인 루트가 존재하고, 그 밑으로 인터넷에 연결된 모든 호스트가 트리 형태로 연속해서 이어진 계층 구조이다.

② 계층 구조의 네임 스페이스에서 호스트의 각 레이블은 점(.)으로 구분하고, 최상위부터 순차적으로 계층적 소속 관계를 나타낸다.

③ media.korea.com 도메인 이름에서 com은 기구의 성격, korea는 기구 이름, media는 기구 내부의 하부 조직 이름을 나타낸다.

④ 도메인 이름은 최하위 호스트의 레이블을 맨 오른쪽에 표기하고, 상위 노드로 이동하면서 점(.)으로 구분한 레이블 이름을 연속으로 붙인다.

⑤ 도메인이라는 명칭은 도메인 네임 스페이스에서 하부 트리 전체를 의미하며, 해당 도메인의 명칭은 하부 트리의 맨 하위에 있는 호스트의 도메인 이름이다.

04 계층 구조의 네임 서버에 대한 설명으로 올바른 것을 모두 고르시오.

① 도메인 이름과 IP 주소 정보가 하나의 개념적인 저장소를 중심으로 유지 · 관리되는 형태이지만, 실제 구현에서는 각 하부 도메인을 관리하는 서버에 이름, 주소 검색 권한을 위임함으로써 DNS 구조가 단순해진다.

② 권한을 위임받은 도메인 관리 서버는 자신의 도메인 영역에 있는 모든 호스트에 관한 정보를 적절하게 유지해야 한다.

③ DNS 시스템은 전 세계에 흩어져 있는 수많은 네임 서버를 계층 구조 형식으로 관리하며, 호스트에 대한 이름 정보는 이들 서버에 분산되어 저장된다.

④ 이웃하는 네임 서버끼리 정보 교환이 필요할 때는 하위 네임 서버의 중개를 통해 정보를 얻는다.

⑤ 임의의 네임 서버가 관리하는 영역을 존이라 한다. 특정 네임 서버가 자신의 하위에 있는 도메인을 전적으로 관리하면 존과 도메인이 일치하지 않는다.

05 자원 레코드에 대한 설명으로 올바른 것을 모두 고르시오.

① 트리에 연결된 각 호스트는 자원 레코드와 관계되며, 네임 서버의 데이터베이스는 자원 레코드로 구성된다.

② DNS 네임 서버가 DNS 클라이언트인 사용자 프로그램에 반환하는 데이터는 자원 레코드의 정보가 된다.

③ 네임 서버는 질의 레코드를 이용하여 정보를 보관하고, 해석기는 자원 레코드를 이용하여 네임 서버에 원하는 정보를 요청한다.

④ 자원 레코드의 TTL 필드는 캐시된 자원 레코드 정보가 만기되어 버려질 때까지 얼마나 오래 저장되어 사용할 수 있는지를 나타낸다.

⑤ 도메인 네임 서버는 모든 정보를 자원 레코드에 저장하며, 서로 다른 목적을 달성하기 위해 자원 레코드의 유형을 구분하여 정의한다.

06 해석기에 대한 설명으로 올바른 것을 모두 고르시오.

① 도메인 이름과 호스트 주소의 변환 정보를 원하는 네트워크 응용 프로그램은 해석기라 불리는 DNS 서버에 정보 제공을 요청한다.

② 해석기는 가장 가까운 네임 서버와 접촉해 정보 제공을 요청하고, 해당 서버에 정보가 없으면 오류를 회신한다.

③ 인증 데이터는 해당 데이터를 직접 관리할 책임이 있는 네임 서버로부터 받은 정보를 의미한다.

④ 캐시 데이터는 이전 요청에 의해 보관하던 데이터이며, 재사용할 목적으로 한동안 저장한다.

⑤ 서버가 캐시 데이터를 너무 오래 보관하면 클라이언트에 현재의 인증 데이터와는 다른 정보를 전달할 염려가 있다. 이를 해결하려고 해당 정보의 인증 서버가 TTL이라는 추가 정보를 제공한다.

⑥ 인증 데이터는 네임 스페이스의 특정 영역인 존을 관리하는 네임 서버가 유지하고 관리한다.

07 DNS 요청의 처리에 대한 설명으로 올바른 것을 모두 고르시오.

① 로컬 도메인에 위치한 호스트가 같은 도메인에 있는 호스트의 정보를 요청하면 해당 도메인을 관리하는 네임 서버가 인증 데이터를 가지고 있으므로 간단히 처리된다.

② 다른 도메인에 소속된 호스트의 정보를 요청하면 가장 관련 있는 인근 네임 서버와 연결할 수 있어야 한다.

③ 가장 적절한 인근 네임 서버는 질의를 받은 네임 서버가 관장하는 존의 상위에 위치하는데, 이러한 동작은 해석기가 원하는 인증 정보를 찾을 때까지 연속적으로 반복된다.

④ 재귀적 요청을 받은 네임 서버는 결과적으로 해석기와 같은 서버 역할을 수행한다.

08 DNS 메시지에 대한 설명으로 올바른 것을 모두 고르시오.

① DNS 프로토콜을 사용하는 호스트는 DNS 데이터를 요청하거나, 반대로 응답할 때 DNS 메시지를 전송한다.

② 모두 다섯 부분으로 구성된 DNS 메시지에서 Question 필드는 자원 레코드를 사용하고, 나머지 Answer, Authority, Additional 필드는 질의 레코드를 사용한다.

③ Header는 크기가 12바이트이며, 정보 값에 따라 Question, Answer, Authority, Additional 필드의 사용 여부를 확인할 수 있으므로 반드시 필요하다.

④ Header의 TC 필드는 클라이언트의 질의에 대해 회신된 응답이 서로 연관되는지 확인해준다.

09 DNS가 사용하는 UDP 프로토콜에 대한 설명으로 올바른 것을 모두 고르시오.

① DNS Header의 TC 필드를 0으로 지정하면 응답의 크기가 UDP 프로토콜의 최대 크기인 512바이트를 초과하여 잘렸음을 알려준다.

② 초과되어 잘린 데이터를 처리하는 후속 동작이 반드시 이루어지며, 이 작업은 UDP 프로토콜로 처리된다.

③ 해석기와 네임 서버는 53번 포트를 기본으로 사용하여 UDP 프로토콜로 DNS 메시지를 전송한다.

④ DNS 메시지가 512바이트보다 크다는 사실을 해석기가 미리 인지한 경우에는 처음부터 TCP 연결을 사용한다.

⑤ 해석기가 사전에 인지하지 못한 경우에는 응답 메시지의 Header의 TC 플래그가 1로 지정된다.

10 인터넷에 연결된 모든 컴퓨터는 32비트 숫자로 구성된 고유의 (①)를 부여받는다. 숫자로 된 주소는 일반 사용자가 암기하기 어려우므로 문자로 된 이름을 추가로 정의할 필요가 생겼다. 초기 인터넷 환경에서는 일반 사용자에게 문자로 된 호스트 이름을 지원하려고 호스트 파일이라는 텍스트 문서를 만들어 보급하는 원시적인 방법을 사용하였다. 하지만 인터넷의 규모가 커지면서 더 이상 수작업으로 관리할 수 없게 되었고, 이를 계기로 (②) 서비스가 탄생하게 되었다.

11 IP 주소는 32비트의 주소를 네 부분으로 나누어 (①) 비트의 십진수 4개를 www.xxx.yyy.zzz 형태로 표현한다. (②) 클래스의 주소를 할당받는다는 것은 www 값만 결정되고, xxx.yyy.zzz를 임의로 사용할 수 있다는 의미이다. 클래스 (②) 방식의 IP 주소를 할당받은 기관은 xxx.yyy.zzz로 표현할 수 있는 주소 범위가 (③)으로 매우 커 많은 호스트를 수용할 수 있다.

12 DNS는 계층 구조를 지원하는 도메인 기반의 주소 표기 방법을 위한 분산 데이터베이스 시스템으로, 기본 목적은 도메인 이름에서 IP 주소를 얻는 것이다. IP 주소를 원하는 응용 프로그램은 도메인 이름을 매개변수로 하여 (①)를 호출한다. (①)는 (②) 프로토콜을 이용해 자신이 위치한 지역의 DNS (③)에 변환을 요청하여 호스트의 IP 주소를 얻는다.

13 도메인의 (①)는 트리 구조의 (①)를 비롯해 데이터에 대한 이름 관련 규칙을 정의한다. 트리에 연결된 호스트는 (②)라는 정보 집합체로 표현된다. DNS의 정보 문의 과정은 이 집합체에서 특정 유형의 정보를 얻는 과정이다. 예를 들어, 인터넷에서 특정 도메인 이름을 사용하는 호스트의 IP 주소 자원을 요청하는 질의에 대해 IP 주소를 반환한다.

14 임의의 네임 서버가 관리하는 영역을 (①)이라 한다. 특정 네임 서버가 자신의 하위에 있는 도메인을 전적으로 관리하면 (①)과 도메인이 동일하고, 하부에 새로운 도메인이 추가되면 두 영역이 (일치하지 않는다, 일치한다).

15 자원 레코드의 필드 중에서 Class는 프로토콜 패밀리를 의미하는데, 인터넷에서는 (①) 값을 사용한다. (②) 필드는 자원 레코드가 만기될 때까지의 유효 시간을 초 단위로 표시한다.

16 도메인 네임 서버는 모든 정보를 자원 레코드에 저장하며, 서로 다른 목적을 달성하기 위해 자원 레코드 유형을 정의한다. (①) 유형은 호스트의 IP 주소를 의미하며 도메인 이름을 IP 주소로 변환하는 데 사용되고, (②) 유형은 도메인을 관장하는 인증된 네임 서버를 나타낸다.

17 (①) 데이터는 해당 데이터를 직접 관리할 책임이 있는 네임 서버로부터 받은 정보를 의미한다. 반면, (②) 데이터는 이전 요청에 의해 호스트가 보관하던 데이터이며, 재사용할 목적으로 한동안 저장한다. 일반적으로 (①) 데이터는 현재의 네트워크 상태를 그대로 반영한 정확한 데이터이지만, 인터넷의 안정도를 감안할 때 (②) 데이터를 사용해도 크게 문제되지 않는다.

18 해석기는 질의 요청이 (①)으로 처리되는지 명시할 수 있다. (①)이라는 뜻은 해석기가 최초로 접촉을 시도한 네임 서버가 질의 요청을 계속 추적 · 관리하면서 요청에 대해 인증 데이터를 회신하는 것이다. 네임 서버가 비(①)인 요청을 받은 경우에는 두 가지 응답이 가능한데, 자신이 (②) 데이터를 가지고 있으면 이를 회신하고, 그렇지 않으면 다른 네임 서버의 포인터 정보를 회신한다.

19 DNS 요청이 필요하면 DNS 메시지에 내용을 기록한다. 모두 다섯 부분으로 구성된 DNS 메시지에서 Question 필드는 (①) 레코드를 사용하고, 나머지 Answer, Authority, Additional 필드는 (②) 레코드를 사용한다.

20 DNS Header의 (①) 필드는 클라이언트의 질의에 대해 회신된 응답이 서로 연관되는지 확인해준다. 즉, 클라이언트는 질의 요청을 보낼 때마다 서로 다른 번호를 부여하고, 서버는 해당하는 응답 메시지에 이 번호를 복사해서 회신한다. (②) 필드가 1로 지정되면 응답의 크기가 UDP 프로토콜의 최대 크기인 512바이트를 초과하여 512바이트 크기로 잘렸음을 알려준다.

21 해석기와 네임 서버는 53번 포트를 기본으로 사용하여 (①) 프로토콜로 DNS 메시지를 전송한다. DNS 메시지가 512바이트보다 크면 (②) 프로토콜을 사용한다.

22 다음 용어에 대하여 간단히 설명하시오.

- IP 주소 클래스
- DNS
- 네임 스페이스
- 네임 서버
- 해석기
- 도메인 이름
- 최상위 도메인
- 도메인과 존
- 자원 레코드
- 질의 레코드
- 인증 데이터
- 캐시 데이터
- 위임 서브 존
- 재귀적 처리
- 반복적 처리
- DNS 메시지
- DNS Header의 TC 필드

23 DNS 서비스의 필요성을 설명하시오.

24 도메인을 설명하시오.

25 TLD와 도메인 이름 표기 방법을 설명하시오.

26 도메인과 존의 차이를 설명하시오.

27 자원 레코드와 질의 레코드의 구조를 그리고, 각 필드를 설명하시오.

28 인증 데이터와 캐시 데이터의 차이를 설명하시오.

29 DNS 메시지의 헤더 구조를 그리고, 각 필드를 설명하시오.

30 DNS 메시지 헤더의 TC 필드와 UDP의 관계를 설명하시오.

31 질의 메시지를 간단한 예를 들어 설명하시오.

32 응답 메시지를 간단한 예를 들어 설명하시오.

Chapter

15

전자 메일

학습목표

- 메일 시스템의 사용자 환경을 이해한다.
- 헤더, 메시지, MIME 같은 메일 내용의 구성을 이해한다.
- 일반적인 전자 메일의 시스템 구조를 파악하고, 동작 원리를 이해한다.
- SMTP 프로토콜의 개념과 동작 원리를 이해한다.
- POP 서비스의 개념과 동작 원리를 이해한다.

Preview

전자 메일은 인터넷이 보급되던 초기부터 제공된 서비스로, 현재 가장 널리 사용되는 인터넷 서비스 중 하나이다. 초기의 전자 메일은 문자 기반의 유닉스 시스템에서 주로 사용되어 다중 사용자용 컴퓨터에 등록된 사용자들끼리 의사소통하기 위해 사용되었다.

인터넷이 대중화되면서 하드웨어 플랫폼, 운영체제 등이 상이한 시스템에서 멀티미디어 정보를 메일로 교환할 필요가 생겼다. 결과적으로 교환되는 메일 형식을 통일할 필요성이 제기되면서, 다음과 같은 표준화 작업이 이루어졌다.

- 주소 체계: 모든 메일 사용자에게 일관된 단일 주소 체계를 부여한다. 예를 들어, 일반 사용자에게 부여되는 park@korea.co.kr 같은 형식의 메일 주소를 사용한다.
- 데이터 표준화: 전자 메일 내용을 표현하는 방법을 통일한다. 메일 사용자는 다양한 컴퓨터 시스템을 사용하는데, 각 시스템에서 데이터를 표현하는 방법이 다를 수 있다. 그러므로 전자 메일로 전송되는 데이터는 상호 해석이 가능하도록 통일해야 한다.
- 전송 프로토콜: 메일 송수신 호스트가 메일을 교환하려면 전송 프로토콜이 필요하다. 이를 위해 SMTP^{Simple Mail Transfer Protocol}가 고안되었다. 이후, PC나 스마트폰의 사용이 일반화되면서 메일 송수신 시스템과 연동하는 문제로 POP, IMAP 등의 프로토콜도 함께 사용되고 있다.

SMTP 프로토콜을 사용하는 전자 메일 시스템은 매우 간단한 구조를 지원한다. 이 장에서는 비문자 형식의 멀티미디어 서비스를 지원하지 않는 SMTP 프로토콜에서 멀티미디어 데이터가 전송되는 원리를 설명한다. 특히 스마트폰과 같은 환경에서 메일 서버에 저장된 메일에 접근하는 원리를 알려면 POP 프로토콜을 이해해야 한다.

01 사용자 환경

전자 메일Electronic Mail을 이용한 작업은 크게 메일 내용 편집, 수신한 메일 내용 보기, 메일 박스에 보관된 수신 메일 관리 등으로 나뉜다. 메일 전송과 수신 기능이 인터넷에서 어떻게 구현되는지 이해하면 좋지만, 이를 몰라도 일반 사용자가 메일 시스템을 사용하는 데 지장은 없다.

■ **메일 편집**

메일 편집 기능은 메시지를 새로 작성하거나, 수신 메일에 대해 회신하거나 수신 메일을 제3자에게 전달할 때 필요하다. 전자 메일을 작성할 때는 전송하는 메시지의 내용뿐 아니라, 송수신자의 메일 주소, 작성 일자, 참조 수신자 같은 다양한 헤더 정보가 포함된다. 헤더 정보의 일부는 사용자가 직접 입력해야 하지만, 대부분의 정보는 메일 프로그램의 초기 설정 과정에서 미리 입력한 정보로 자동 대체된다. 수신한 메일을 회신할 때는 모든 헤더 정보가 메일 프로그램에 의해 자동으로 생성된다.

■ **메일 내용 읽기**

수신한 메일의 내용이 일반 텍스트로 구성되었으면 메일 프로그램에서 제공하는 기본 기능을 이용해 읽을 수 있다. 그러나 MS 워드, 아래 한글처럼 특정 응용 프로그램으로 편집한 첨부 문서는 해당 프로그램과 연결하는 기능이 필요하다. 자신의 PC에 이런 응용 프로그램이 없으면 첨부한 문서를 읽을 수 없다.

■ **수신 메일 관리**

수신한 메일을 별도의 메일 박스Mail Box에 보관하고 관리할 수 있으며, 메일을 삭제하거나 파일 시스템에 보관할 수 있다.

■ **전달 여부 통지**

전달 여부 통지 기능은 전송한 메일이 수신자에게 제대로 수신되었는지에 대해 송신자에게 회신하는 용도이다. 이 기능은 두 가지로 나누어 생각할 수 있다. 첫째, 메일 시스템 하부 구조의 기술 문제와 관련된 것으로, 네트워크 오류나 수신 시스템의 문제 때문에 메일이 전달되지 못하는 비정상적인 상황이 발생하면 송신자에게 그 사실을 통지한다. 둘째, 전자 메일 응용 프로그램의 기능으로 수신자가 수신 확인을 회신하도록 옵션을 설정함으로써 메일의 수신 여부를 확인한다.

■ **메일 전달**

메일 송신자가 전송한 메일은 목적지 호스트까지 안전하게 전달되어야 한다. 전달 과정에 서 여러 중개 호스트를 거칠 수 있으므로 호스트 사이의 데이터 전달은 TCP를 사용한다.

1 메일 처리

메일을 전송하려면 수신자의 메일 주소와 전송할 메일 내용을 작성해야 한다. 메일 내용은 기본적으로 텍스트로 작성하므로 메일 프로그램에서 제공하는 텍스트 편집기로 작업해야 하며, 메일 내용에 멀티미디어 데이터가 포함되면 해당 내용의 형식을 지원하는 전용 편집기를 사용해야 한다.

전자 메일 주소는 [그림 15-1]과 같이 특별한 형식으로 구성된다.

<로그인 이름> @ <메일 서버 이름>

❶ ❷

❶ 호스트에 등록된 사용자 구분자. 일반적으로 메일이 저장되는 메일 박스의 파일명으로 사용됨

❷ 메일이 전송되는 최종 목적지 호스트의 도메인 이름

그림 15-1 전자 메일 주소

예를 들어 메일 주소가 park@korea.co.kr이라면 메일 서버로 korea.co.kr이라는 호스트를 사용하고, park이라는 사용자에게 부여된 메일 주소이다. 이 주소로 송신된 메일은 메일 관리용으로 지정한 특정 디렉터리의 park이라는 파일명의 메일 박스에 저장되고 관리된다.

수신한 메일을 읽는다는 것은 메일 박스에 저장된 내용을 사용자 화면에 표시해준다는 의미이다. 크게 두 가지 방법으로 처리된다. 첫째는 메일 박스가 보관된 서버에 직접 로그인하여 메일 프로그램을 실행함으로써 메일을 확인하는 방법이다. 일반적으로 메일 서버는 그래픽

기능을 이용한 메일 프로그램을 제공하지 않기 때문에 지금의 PC에서 제공하는 사용자 환경과는 차이가 있다. 텍스트 위주의 메일 시스템이 주를 이루던 초기에 이용하던 방식이며, 지금은 제한된 목적으로 사용된다. 웹 브라우저를 이용하여 로그인하는 형식은 클라이언트의 사용자 환경이 그래픽 인터페이스로 발전된 방식이다.

둘째는 현재 보편적인 사용 방법으로, PC나 스마트폰으로 메일 서버에 보관된 메일을 다운로드하여 관리하는 방법이다. 이 방식의 장점은 메일 서버가 일시적으로 작동하지 않아도 이전에 다운로드한 메일에 접근할 수 있다는 점이다. 이때 사용하는 프로토콜이 POP 혹은 IMAP이다. [그림 15-2]는 PC에서 MS 아웃룩 프로그램을 실행하여 수신한 메일을 관리하는 화면이다.

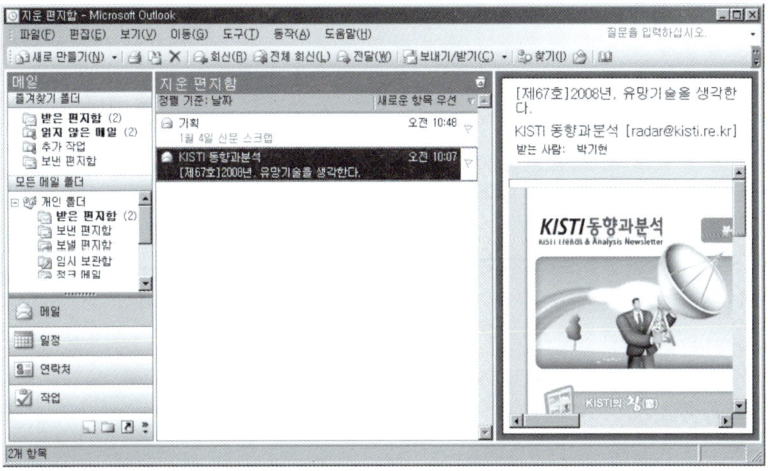

그림 15-2 전자 메일 프로그램: MS 아웃룩 화면

메일 내용을 읽거나 삭제하는 작업을 하는 메일 프로그램은 대부분 그래픽 환경을 지원하므로 마우스 조작만으로 쉽게 사용할 수 있다. 따라서 초보자가 따로 교육을 받지 않아도 메일을 이용하는 데 지장이 없다.

2 메일 형식

메일 내용은 ASCII 코드를 기반으로 한 텍스트 형식으로 정의되지만, 멀티미디어 데이터 사용이 일반화되면서 이를 수용하도록 기능이 확장되었다.

SMTP 프로토콜 관점으로 메일 내용은 메시지 헤더와 메시지 내용으로 구성되며, 공백 한 줄로 구분된다. [그림 15-2]의 메일 응용 프로그램을 보면 가운데 부분에 메일 제목, 수신 날짜 등의 정보가 표시되어 있는데 이는 메시지 헤더에 해당하며, 메시지 내용은 표시되지 않고 있다. 일반적으로 첨부 파일을 포함하여 메일 사용자가 전송한 데이터는 메시지 내용에 포함된다.

메일 제목, 수신 날짜 같은 사용자 헤더와 별도로 메일을 목적지로 전송하는 과정에서 필요에 따라 시스템 헤더 정보를 추가한다.

사용자 헤더는 '〈헤더 이름〉:〈헤더 값〉' 형식으로 표현되며, 일반 사용자와 직접 관계되는 주요 헤더는 [표 15-1]과 같다. 이 헤더 필드는 일반 메일 사용자가 자주 접하고, 쉽게 이해할 수 있는 내용이다.

표 15-1 사용자 헤더의 종류

헤더	의미
To	수신자의 전자 메일 주소. 송신자가 메일을 전달하고자 하는 최종 수신자로, 메일 주소 형식으로 표현된다.
CC	참조 수신자의 전자 메일 주소. 추가로 지정하는 메일 수신자로, 기술적인 측면에서 To 필드에 표시한 수신자와 구분되지 않지만 메일 내용을 참고할 필요가 있다는 논리적 의미로 참조자를 지정한다.
BCC	참조 수신자의 전자 메일 주소. CC 필드와 유사한 형식으로 추가 지정하는 수신자로, 여기에 표기한 수신자 목록은 메일 내용에 포함되지 않기 때문에 다른 수신자들은 누가 BCC 수신자로 메일을 함께 수신했는지 모른다.
From	송신자의 이름. Sender 필드와 함께 메일 송신자를 의미하지만, 메일 주소를 입력할 필요는 없다. 송신자의 이름이나 소속 같은 논리적 의미를 나타낸다.
Sender	송신자의 전자 메일 주소
Date	송신자가 메일을 전송한 시간
Subject	간단하게 요약된 메시지 제목. 메일의 메시지 내용을 간략하게 요약한 메일 제목을 표기한다.

3 MIME

컴퓨터 사용 환경이 텍스트 기반에서 멀티미디어 환경으로 확대되면서 전자 메일 시스템도 새로운 형식의 데이터를 수용할 수 있도록 확장 작업이 이루어졌다. 특히 7비트 형식의 ASCII 코드가 지원하지 않는 각국의 언어와 이진 데이터 형식의 실행 파일, 영상 · 음성 등의 데이터를 전송하려면 기능 확장이 반드시 필요하다. MIMEMultipurpose Internet Mail Extensions 은 이러한 필요성에 의해 도입되어 오늘날 전자 메일 환경에서 보편적으로 사용한다.

MIME은 기존에 SMTP 프로토콜에서 사용하던 ASCII 기반의 메시지 형식을 그대로 유지하면서, 메시지 내용에 멀티미디어 데이터 인코딩 방법을 추가로 정의한다. 송신자는 메일을 전송하기 전에 비-ASCII 데이터를 ASCII 데이터로 변환해야 하며, 수신자는 원래 형식으로 ASCII 데이터를 비-ASCII 데이터로 역변환해야 한다. [그림 15-3]이 이들의 관계를 설명한다.

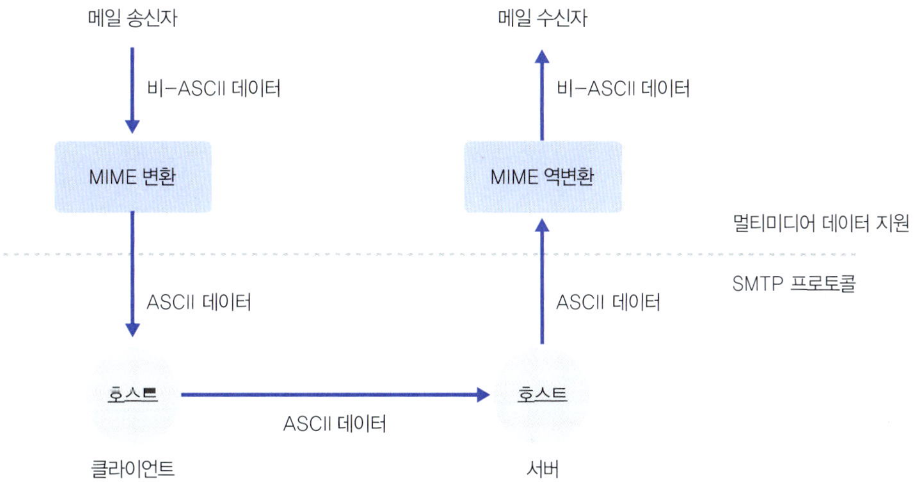

그림 15-3 MIME 구조

메일 송수신 기능을 수행하는 SMTP 프로토콜을 이용해 멀티미디어 데이터를 송신하려면 MIME 기능으로 전송하려는 비-ASCII 형식의 메시지 내용을 미리 ASCII 형식으로 변환한다. 메일 수신자는 반대로 ASCII 형식의 데이터를 원래의 데이터 형식으로 역변환하여 사용자 화면에 보여준다. 이와 같은 변환 과정이 필요한 이유는 전자 메일을 전송하는 SMTP 프로토콜이 실행 파일, 그림, 동영상 등과 같은 이진 데이터를 전송하지 못하기 때문이다.

결과적으로 인터넷으로 전송되는 모든 메일 데이터는 여전히 ASCII 형식으로만 전송된다. MIME에 의한 멀티미디어 데이터의 지원은 송수신자의 양 끝단에서 이루어지며, 중간의 메일 전송 과정은 SMTP 프로토콜이 처리한다.

MIME은 다양한 종류의 메일 메시지를 표현하기 위해 [표 15-2]와 같은 5개의 헤더 필드를 정의한다.

표 15-2 MIME 헤더

헤더	의미
MIME-Version	MIME 버전. MIME의 버전 정보를 제공하는데, 이어지는 데이터가 MIME 메시지임을 의미한다. 이 필드 값이 없으면 이후의 데이터를 모두 텍스트로 간주하여 처리한다.
Content-Description	메시지 내용 설명. 수신자는 이 값을 이용해 메시지 내용을 대략적으로 파악할 수 있다.
Content-Id	구분자. MIME 객체를 식별하기 위한 구분자 역할을 한다.
Content-Transfer-Encoding	전송 시 메시지 내용의 형식. 네트워크 전송이 편리하도록 변환하기 위한 인코딩 방법을 정의한다. 인코딩 방법에 대한 자세한 설명은 생략한다.
Content-Type	메시지 유형. 메시지의 데이터 종류를 구분하는 것으로, 이 값을 해석하여 수신자가 적절한 방식으로 데이터를 처리할 수 있도록 해준다.

메시지의 데이터 종류를 구분하기 위한 Content-type 필드는 [표 15-3]과 같이 타입과 서브 타입으로 나뉘며, '〈타입〉/〈서브타입; 매개변수〉' 형식으로 표기한다.

표 15-3 MIME 데이터 종류

타입	서브 타입	설명
Text	Plain	7비트의 ASCII 형식으로 정의되며, MIME 변환이 필요하지 않은 텍스트 데이터이다.
Image	Gif	정지 영상 정보를 전송하려고 사용된다. 현재는 GIF와 JPEG만 제공되지만, 추후에 서브 타입이 추가될 예정이다.
	Jpeg	
Audio	Basic	음성 메시지를 지원한다.
Video	Mpeg	동영상 정보인 MPEG을 지원한다.
Application	Octet-stream	MIME에서 직접 지원하지 않는 데이터 종류를 위해 정의된다. Octet-stream은 단순히 바이트의 연속으로 해석되며, 이 파일을 어떻게 처리할지는 메일 응용 프로그램이나 사용자의 몫이다. PostScript 서브 타입은 어도비 사의 포스트스크립트(PostScript) 형식을 지원한다.
	PostScript	
Message	Rfc822	메일 메시지에 다른 전자 메일을 포함시킬 때 사용한다. 예를 들어, 메일을 포워딩(forwarding)할 때 유용하다.
	Partial	
	External-body	
Multipart	Mixed	메시지 내용에 독립적인 부분을 여러 개 포함하도록 지원한다. 각 부분의 시작과 끝을 명확히 구분할 수 있어야 한다.
	Parallel	
	Digest	
	Alternative	

02 시스템 구조

전자 메일 시스템은 기능에 따라 [그림 15-4]와 같이 사용자 환경과 네트워크 환경으로 구분할 수 있다. 사용자 환경은 메일을 작성하고 수신하는 사용자 인터페이스 부분이고, 네트워크 환경은 사용자 환경과 인터넷을 이용해 메일을 전달하는 부분이다. 그림에서 왼쪽의 메일 송신자가 오른쪽의 메일 수신자에게 메일을 전송하는 것으로 가정하였으므로 왼쪽이 클라이언트, 오른쪽이 서버 역할을 한다.

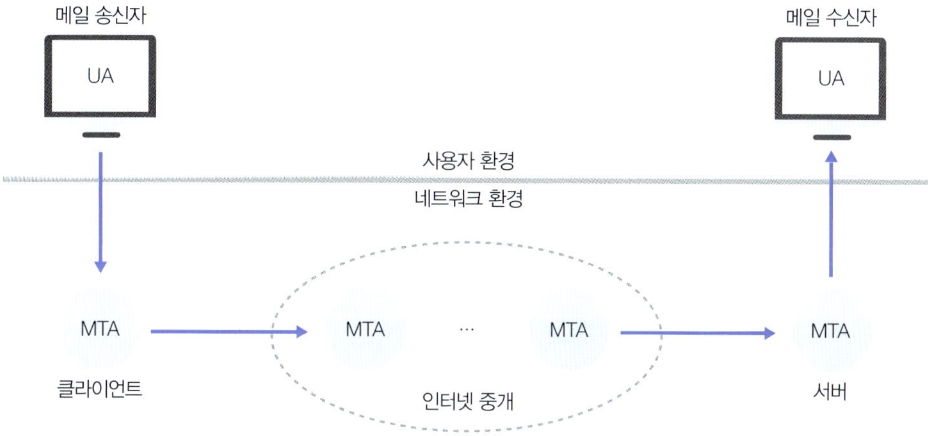

그림 15-4 메일 시스템의 구조

■ 사용자 환경

첫 번째 기능인 사용자 환경은 메일 내용을 읽고 편집하는 일을 담당하는 사용자 인터페이스이다. 일반 용어로는 사용자 에이전트UA, User Agent라 하며, PC에서 메일을 송수신하는 프로그램(예 유닉스 시스템의 mailx 및 elm 프로그램, 윈도우즈 시스템의 MS 아웃룩)이다. [그림 15-4]에서는 상단 부분이 사용자 환경이다.

■ **네트워크 환경**

네트워크 환경을 구성하는 메일 전송 에이전트[MTA, Mail Transfer Agent]는 인터넷에서 메일을 송수신하고 중개하는 기능을 담당한다. [그림 15-4] 하단의 맨 왼쪽은 메일을 송신하는 MTA 클라이언트 기능을 수행하고, 맨 오른쪽은 메일을 수신하는 MTA 서버 기능을 수행한다. 중간에 위치한 MTA는 송신한 메일이 목적지로 올바르게 전송되도록 중개 기능을 수행한다. 논리적으로 중개 기능의 설명 없이 클라이언트와 서버를 직접 연결한다고 볼 수도 있으므로 중개 기능을 단순히 인터넷을 거쳐 전송된다고 해석해도 된다.

1 사용자 에이전트

사용자 에이전트[UA]는 메일을 송수신하기 위해 이용하는 프로그램이다. 사용자 작업 환경에 관한 인터페이스를 다루기 때문에 일관된 표준화 형식으로 정의할 필요는 없다.

사용자 화면

초기의 메일 프로그램은 텍스트 위주의 환경만 제공하였으므로 사용하기 불편했지만, 현재는 그래픽 환경이 일반화되었다. [그림 15-5]는 MS 아웃룩의 초기 화면으로, 현재는 수신한 메일이 없다.

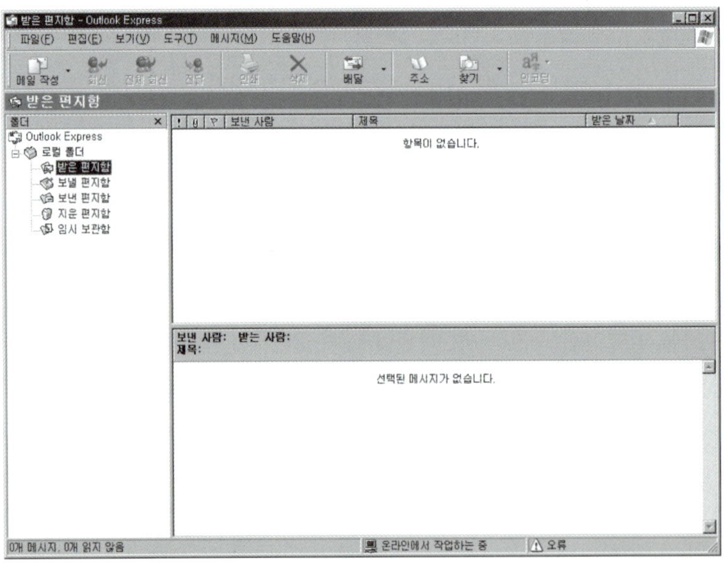

그림 15-5 메일 프로그램 예: 아웃룩 화면

메일 프로그램은 일반적으로 메일을 보내는 송신 기능과 메일을 받는 수신 기능을 모두 지원한다. 따라서 앞서 소개된 [그림 15-4]의 상단에 표시된 송신과 수신 기능은 하나의 메일 프로그램으로 구현된다.

메일 프로그램 입력 정보

메일을 송신하려면 몇 가지 정보를 UA에 입력해야 하는데, 다음은 이 중의 일부이다. 사용자가 직접 입력해야 하는 것도 있지만, UA 사용자 프로그램의 초기화 과정에서 설정된 값이 자동으로 대체될 수도 있다. UA 사용자 프로그램은 이들 정보를 표준화된 형식으로 규격화하여 MTA 클라이언트에 전송을 의뢰함으로써 메일의 송신 기능을 처리한다.

- 송신자의 메일 주소
- 수신자의 메일 주소
- 참조자의 메일 주소
- **메일의 메시지 헤더**: 메일 제목
- **메일의 메시지 바디**: 전송할 메일의 내용

2 메일 전송 에이전트

UA 사용자 프로그램에서 요청한 전자 메일을 실제로 수신자에 전송하려면 MTA 클라이언트가 필요하다. 반대로 목적지 호스트에서는 메일을 수신하고 보관하는 작업을 하기 위해 MTA 서버가 실행된다. 그리고 메일 서버(MTA 서버)에 수신된 메일을 스마트폰으로 읽기 위해서는 UA 사용자 프로그램으로 다운로드하는 과정도 필요하다. 이러한 작업이 원활하게 이루어지려면 UA 사용자 프로그램이 메일 송수신을 위한 MTA 클라이언트와 MTA 서버에 관한 정보를 알아야 한다.

MTA 정보 설정

PC나 스마트폰에서 전자 메일 프로그램을 사용하려면 MTA 클라이언트와 MTA 서버에 관한 초기화 설정을 해야 한다. [그림 15-6]은 MS 아웃룩을 사용할 때 설정하는 값의 예이다.

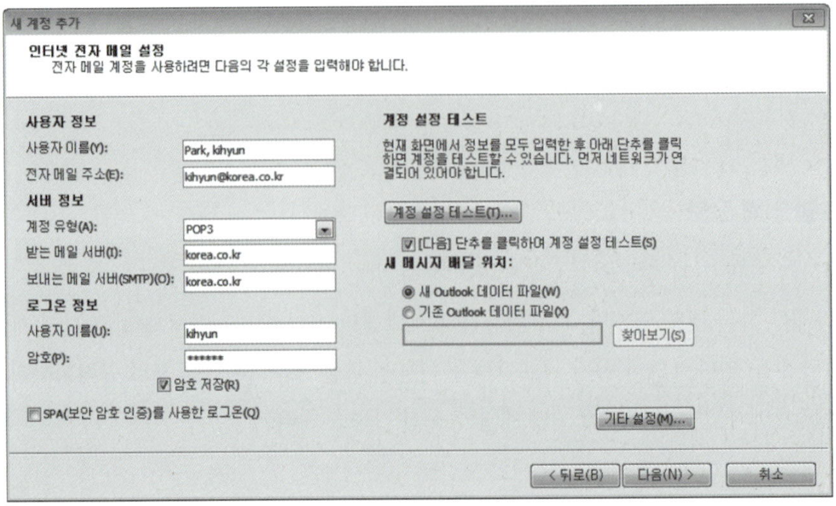

그림 15-6 MTA의 설정

먼저 MTA 서버를 지정하기 위한 '받는 메일 서버(POP3)'의 값으로 korea.co.kr이 설정되었다. 따라서 UA 사용자 프로그램의 수신자 모듈은 전자 메일 서버 korea.co.kr로부터 메일을 다운로드한다. 이때 사용하는 UA와 MTA 서버 사이의 연계 프로토콜이 POP Post Office Protocol 서비스이다. 현재 가장 많이 사용되는 POP 서비스는 버전 3이므로 POP3라 부른다.

메일을 보내기 위한 MTA 클라이언트는 '보내는 메일 서버(SMTP)'에 korea.co.kr로 지정되었다. UA 사용자 프로그램의 송신자 모듈이 메일을 전송하려면 전자 메일 서버 korea.co.kr에 전송 요청을 의뢰해야 한다. 이때 사용하는 프로토콜이 SMTP Simple Mail Transfer Protocol이다. 일반적으로 받는 메일 서버와 보내는 메일 서버는 같은 호스트를 지정하며, 자신의 전자 메일 주소인 kihyun@korea.co.kr의 호스트 이름과 동일하다.

SMTP와 POP 서비스의 관계

UA와 MTA를 연동하는 데 사용하는 SMTP와 POP 서비스 간의 관계는 [그림 15-7]과 같다. UA인 PC에서는 (b)처럼 메일 프로그램의 '받는 메일 서버(POP3)'로 설정된 POP 서버 korea.co.kr로부터 메일을 다운로드한 후에 PC에서 메일을 읽는다. 반대로 메일을 송신하려면 (a)처럼 '보내는 메일 서버(SMTP)'로 설정된 SMTP 클라이언트 korea.co.kr의 메일 송신 기능이 필요하다.

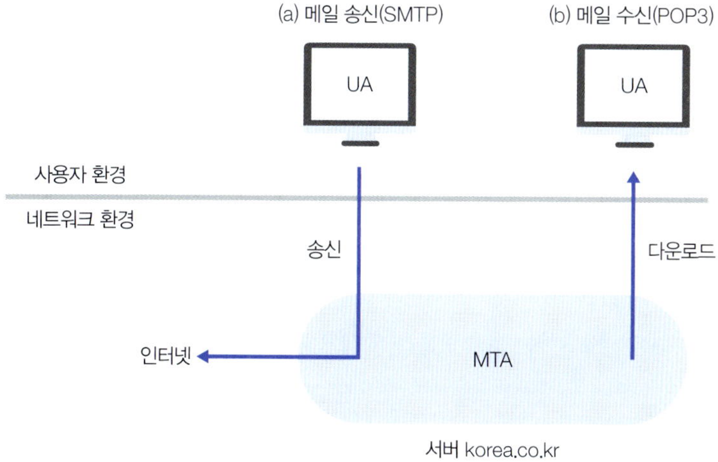

그림 15-7 SMTP와 POP 서비스의 관계

일반 환경을 기준으로 PC에서 실행되는 메일 프로그램은 송신용 UA 기능과 수신용 UA 기능이 함께 구현된다. 또한 특정인 한 사람이 사용하는 메일 프로그램이라 가정하면 설정된 서버 정보의 MTA 클라이언트와 MTA 서버도 대부분 같은 호스트이다. 메일 주소가 여러 개인 경우에도 메일 응용 프로그램에 다수의 '받는 메일 서버(POP3)'를 지정하는 기능이 제공되므로 통합하여 메일을 관리할 수 있다. 또한 여러 대의 스마트폰 혹은 PC에서 통합된 메일을 관리하고 사용하는 것도 가능하다.

03 SMTP 프로토콜

인터넷에서 전자 메일 전송은 SMTPSimple Mail Transfer Protocol를 지원하는 호스트 사이에 이루어진다. 즉, SMTP 프로토콜을 지원하는 호스트들은 SMTP 명령과 그에 따른 응답 과정을 반복해 메일을 전송한다.

메일을 보내는 과정은 절차상 3단계로 구분한다. 먼저 연결 설정 단계에서는 SMTP 클라이언트가 TCP를 이용해 SMTP 서버와 세션을 설정한다. 연결 설정이 완료되면 SMTP 서버에 메일을 보내는 데이터 전송 단계를 진행한다. 이 단계에서 송신자의 메일 주소, 수신자의 메일 주소, 메일 제목 등과 같은 헤더 정보를 포함하여 메일의 전체 내용이 순차적으로 전송된다. 마지막으로 메일 전송을 완료하면 TCP 연결을 종료하는 연결 해제 단계가 진행되고, SMTP 세션이 종료된다.

1 SMTP의 구조

SMTP는 [그림 15-8]과 같이 메일을 전송하는 SMTP 클라이언트와 메일을 수신하는 SMTP 서버 사이의 데이터 전송에 대한 규칙을 다루며, 명령과 응답의 교환 과정을 통해 메일을 전달한다. SMTP 클라이언트는 메일 수신자로 지정한 하나 이상의 SMTP 서버에 메일을 전달한다. 이를 위해 SMTP 서버에 대한 접근 가능성 확인, 서버와 연결 설정, 메일 전송이라는 단계를 순차적으로 진행한다.

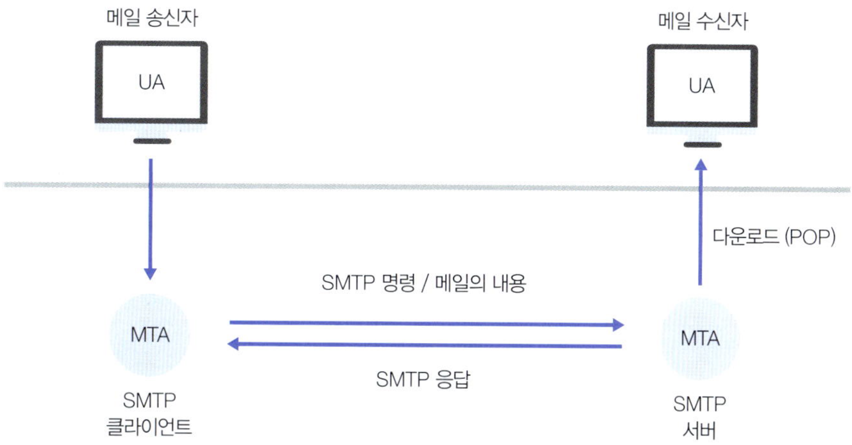

그림 15-8 SMTP의 구조

SMTP 클라이언트가 SMTP 서버와 직접 연결하는 것이 불가능할 수도 있다. 예를 들어, 서버가 다운되는 등의 상황에 의해 첫 번째 단계인 서버 접근이 불가능할 수 있다. 하지만 메일 시스템은 기본적으로 메시지를 실시간으로 처리하지 않고, 메시지 저장과 중개라는 개념에 따라 동작하기 때문에 이런 문제를 극복할 수 있다.

2 SMTP의 명령과 응답

SMTP 프로토콜의 기본 동작 원리는 SMTP 클라이언트의 명령 전송과 이에 대한 SMTP 서버의 응답으로 이루어진다. SMTP의 명령과 응답은 미리 정의된 문자 코드와 Enter 문자로 구성된다.

SMTP에서 규정한 SMTP 명령SMTP Command 중에서 주요한 8개를 요약하면 [표 15-4]와 같다. 이 중에서 메일의 송수신과 직접 관계되는 것은 앞쪽의 5개이다.

표 15-4 SMTP 명령

명령	의미
HELO + 〈송신자의 호스트 이름〉	SMTP 세션을 시작하며, 송신자의 호스트 이름을 전송하여 서버에 자신의 신분을 알려준다. SMTP 확장 버전에서는 EHLO(Extended HELLO) 명령으로 대체되었지만, HELO 명령도 인식할 수 있다.
MAIL + 〈 송신자의 메일 주소〉	송신자의 메일 주소를 서버에 통지한다.

명령	의미
RCPT + 〈수신자의 메일 주소〉	수신자의 메일 주소를 통지한다. 서버는 이 주소의 수신자가 자신의 호스트에 존재하는지 확인하여 응답한다. 만일 수신자의 메일 주소가 서버에 등록되어 있지 않으면 오류 처리 과정이 진행된다.
DATA + 〈메시지의 내용〉	메일 메시지를 서버에 송신한다. 메일 헤더와 메시지를 전송하려면 DATA 명령을 사전에 전송하여 서버로부터 응답을 받아야 한다.
QUIT	더 이상의 전송 메시지가 없음을 통지하여 SMTP 세션을 종료한다.
RSET	현재의 연결 상태가 종료되었음을 통지하고, 연결 재설정이 이루어진다.
VRFY + 〈수신자의 메일 주소〉	수신자의 주소를 조회하려고 사용한다.
NOOP	수신자의 상태를 검사하려고 사용한다.

클라이언트가 전송한 명령에 대하여 SMTP 서버는 SMTP 응답SMTP Response 기능을 수행한다. 응답 정보는 [표 15-5]와 같이 세 자리의 코드와 추가 정보로 구성된다. 코드의 첫 문자는 대부분 네트워크 응용 프로토콜에서 공통으로 정의된 2~5 값 중의 하나이다.

표 15-5 SMTP 응답

응답 코드	의미
2yz	긍정적 완료 응답. 요구된 명령이 완전한 형태로 처리되었다.
3yz	긍정적 중간 응답. 요구된 명령이 처리되었으나 추가 과정이 필요하다.
4yz	임시 부정적 완료 응답. 요구된 명령이 거절되었으나 향후에 처리될 가능성이 있다.
5yz	영구 부정적 완료 응답. 요구된 명령이 완전한 형태로 거절되었다.

3 SMTP 세션 연결

연결 설정은 SMTP 클라이언트가 SMTP 서버의 Well-known 포트인 25번 포트로 TCP 연결을 만들면서 시작된다.

명령과 응답

TCP 연결 설정이 정상적으로 이루어지면 [그림 15-9]와 같은 SMTP 세션의 연결 설정 절차가 진행된다. TCP 연결이 설정된 직후의 절차를 나타낸 것이므로 SMTP 서버에서 먼저 SMTP 응답이 이루어지는 것에 유의한다.

25번 포트에서 대기 중인 SMTP 서버는 TCP 연결 요청이 들어오면 응답 코드 220을 회신하여 메일을 수신할 준비가 되었음을 통지한다. 서비스가 준비되지 않았으면 코드 421을 전송하여 후속 작업이 진행되지 않도록 한다. 만일 SMTP 서버로부터 응답이 없으면 SMTP 세션 연결에 실패한 것이다.

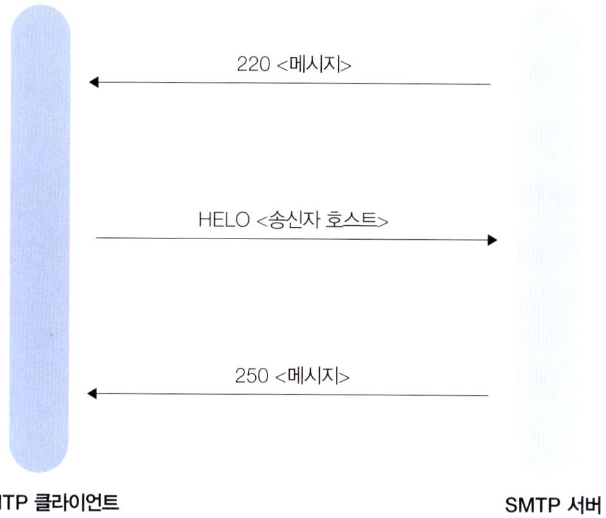

그림 15-9 SMTP의 연결 설정

응답 코드 220을 수신한 클라이언트는 HELO 명령과 함께 송신자의 호스트 이름을 전송한다. 수신자는 그에 대한 완료 코드 250을 전송함으로써 SMTP 세션 연결 절차가 완료된다. SMTP 클라이언트가 HELO 명령으로 자신의 호스트 정보를 제공하므로 경우에 따라서는 SMTP 서버의 설정 여부에 따라 특정 호스트의 접속을 거부할 수도 있다.

시뮬레이션

[그림 15-10]은 SMTP 클라이언트 기능을 대신 수행하는 텔넷 프로그램을 이용한 SMTP 세션 연결의 예이다. 텔넷이 실행되는 클라이언트의 호스트 이름은 kihyun.uu.ac.kr이고, 서버의 호스트 이름은 information.uu.ac.kr이라 가정한다. 이들은 모두 유닉스 기반의 운영체제를 지원한다.

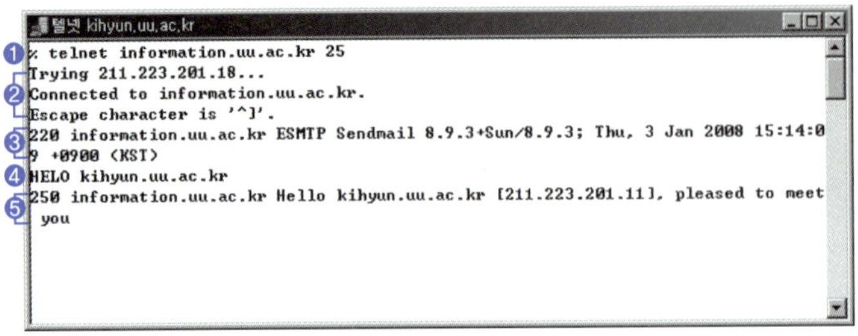

그림 15-10 SMTP 연결 설정의 시뮬레이션

먼저 클라이언트 호스트에서 'telnet information.uu.ac.kr 25' 명령을 키보드로 입력하여 information.uu.ac.kr의 25번 포트인 SMTP 서버에 연결을 시도한다(❶). 연결이 성공하면 telnet 프로그램 자체의 동작과 관련된 결과가 출력된다(❷). 이어서 SMTP 서버로부터 '220 information.uu.ac.kr ESMTP Sendmail 8.9.3 ......'의 응답 메시지를 수신하는데, 응답 코드 220을 수신하였으므로 정상적인 연결 설정 절차를 이어갈 수 있다(❸).

사용자가 키보드로 'HELO kihyun.uu.ac.kr'을 입력함으로써, SMTP 서버에 HELO 명령과 송신자의 호스트 이름을 전송한다(❹). 서버가 '250 information.uu.ac.kr Hello kihyun.uu.ac.kr ......'의 응답 메시지를 회신함으로써(❺), 사용자는 SMTP 세션이 성공적으로 이루어졌음을 알 수 있다.

텔넷 프로그램과 SMTP 서버의 연결 관계는 [그림 15-11]과 같다. 왼쪽의 텔넷 프로그램이 SMTP 클라이언트를 대신한다. 텔넷 프로그램은 키보드의 입력을 SMTP 서버에 전달하고, SMTP 서버의 결과를 회신받아 화면으로 출력하는 중개 기능만 수행한다.

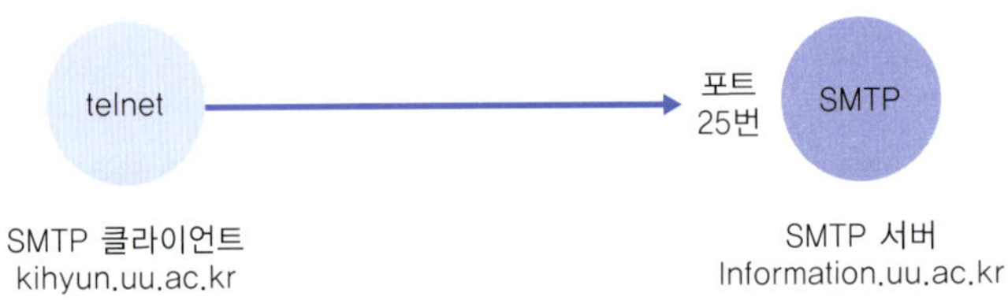

그림 15-11 텔넷 프로그램과 SMTP 서버의 연결 관계

4 데이터 전송

데이터 전송은 클라이언트가 전송하고자 하는 메일 내용을 전달하는 단계이다. 연결 설정 단계가 성공적으로 이루어져 SMTP 세션이 존재하는 경우에만 가능하다.

명령과 응답

[그림 15-12]의 데이터 전송 단계는 크게 송수신자의 메일 주소 확인(MAIL FROM 명령, RCPT TO 명령), 메일 헤더 정보의 전송(From, To, Date), 하나의 빈 줄에 이어지는 메일 메시지의 전송으로 구분한다. [그림 15-9]의 SMTP 세션 연결 설정이 이루어진 이후에 진행된다.

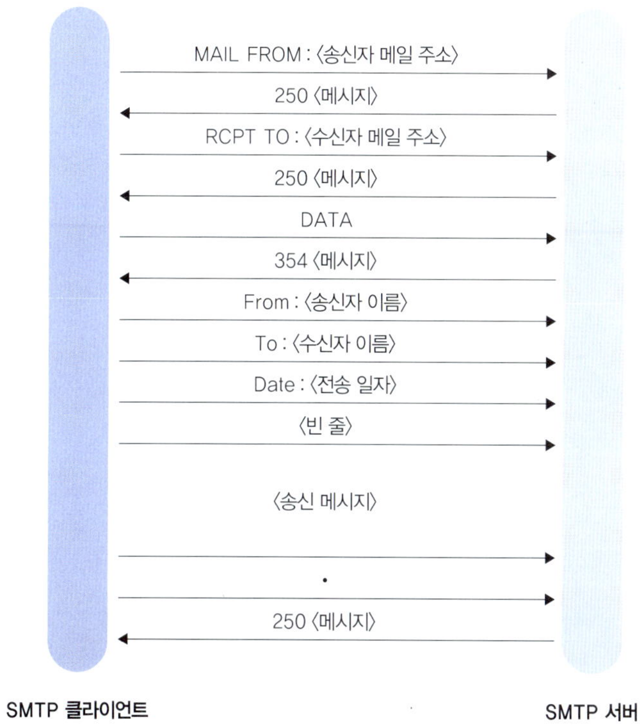

그림 15-12 SMTP의 데이터 전송

■ 메일 주소 확인

송수신자의 메일 주소 확인 과정에서 SMTP 클라이언트가 SMTP 서버에 송신자와 수신자의 메일 주소를 전달한다. 먼저 MAIL 명령을 사용해 송신자 메일 주소를 서버에 전달하는데, 서버에서 오류 상황이 발생하면 이 주소로 오류 내용을 회신받는다.

MAIL 명령이 성공적으로 처리되면 RCPT 명령을 이용해 수신자 메일 주소를 전송한다. SMTP 서버는 수신자 메일 주소가 자신의 호스트에 등록된 사용자인지 확인하여 등록된 경우에만 긍정 응답을 한다. 예를 들어, 수신자 메일 주소가 park@korea.co.kr이면 서버의 호스트 이름은 korea.co.kr이고, park이라는 사용자는 반드시 서버에 등록되어 있어야 한다. 만일 park이 korea.co.kr 서버에 등록된 사용자가 아니면 응답 코드 550을 회신하여 오류로 처리한다.

■ 메일 헤더 정보 전송

메일 헤더 정보를 전송하는 과정은 사용자의 메일 헤더를 서버에 전송하기 위한 것이며, DATA 명령에 의해 시작된다. From, To, Date 등과 같이 전송하려는 헤더 정보를 순차적으로 한 줄씩 전송하는데, 반드시 모든 헤더 정보를 보내야 하는 것은 아니다.

■ 메일 메시지 전송

메일 메시지 전송 과정은 송신자의 메일 내용을 전송하는 단계이며, 메시지를 원하는 만큼 순차적으로 전송한다. 메시지의 시작은 공백 줄로 시작하며, 더 이상 전송할 데이터가 없으면 마지막을 의미하는 점(.)을 전송해 데이터 전송을 완료한다. 올바르게 완료되면 SMTP 서버로부터 응답 코드 250을 수신한다.

시뮬레이션

[그림 15-13]은 텔넷Telnet 프로그램을 이용한 메일 전송 과정을 보여주는데, 앞서 소개한 [그림 15-10]의 연결 설정 예에 이어서 진행 과정 전체를 표기한 것이다. 송신자 메일 주소는 park@kihyun.uu.ac.kr, 수신자 메일 주소는 kihyun@information.uu.ac.kr로 가정한다.

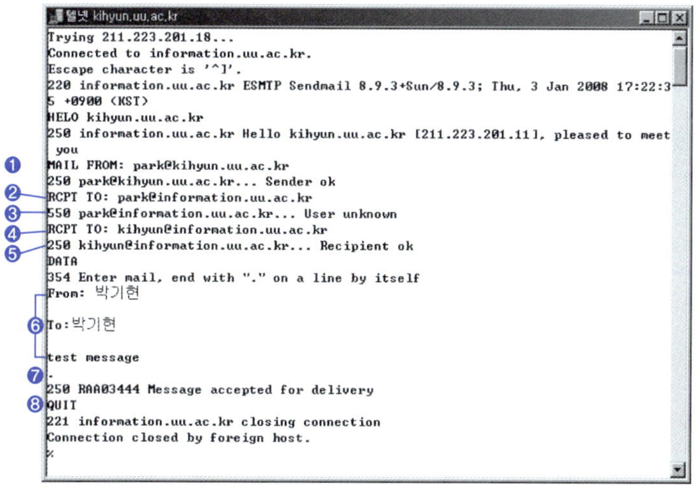

그림 15-13 SMTP 데이터 전송의 시뮬레이션

먼저 'MAIL FROM: park@kihyun.uu.ac.kr' 명령을 입력하여 송신자의 메일 주소를 서버에 통지하고(❶), 이어서 RCPT 명령으로 수신자 메일 주소를 통지한다(❷, ❹). RCPT 명령은 오류가 발생하는 경우와 그렇지 않은 경우를 모두 설명하고 있다. 일차적으로 'RCPT TO: park@information.uu.ac.kr' 명령을 입력하였는데(❷), 호스트 information.uu.ac.kr에는 park이라는 사용자가 등록되어 있지 않으므로 '550 park@information.uu.ac.kr... User unknown'이라는 오류 응답이 회신되었다(❸). 두 번째로 'RCPT TO: kihyun@information.uu.ac.kr' 명령을 전송하면(❹) kihyun이라는 사용자는 서버에 등록되어 있기 때문에 정상적으로 처리된다(❺).

이어서 DATA 명령을 전송해 메일의 헤더와 메시지를 전송할 수 있다. 예에서는 From, To의 두 가지 헤더와 공백 한 줄, 이어지는 메일 내용 'test message'를 전송하고 있다(❻). 마지막으로 점(.)을 전송해 메일 내용이 더 이상 없음을 통지하였다(❼). 맨 마지막의 QUIT 명령은 다음 절에서 소개하는 것처럼 SMPT 세션을 종료시킨다(❽).

앞의 예는 전자 메일 프로그램이 아닌 텔넷으로 메일을 송신하지만, SMTP를 이해하는 데 도움을 준다. 예의 내용이 정상적으로 처리되면 kihyun@information.uu.ac.kr을 수신자로 하는 메일이 information.uu.ac.kr 서버로 전송된다. 이를 확인하려고 [그림 15-14]와 같이 information.uu.ac.kr 서버에 kihyun으로 로그인한 후에 mailx 프로그램을 실행하여 수신된 메일을 읽어보았다(❶). mailx 프로그램에 익숙하지 않은 사용자일지라도 메일이 하나 도착하였고(②), 그 내용이 앞의 예제에서 전송한 것과 같음을 짐작할 수 있다(③). 마지막의 종료 과정에서 수신한 메일 내용이 파일 시스템의 특정 장소에 자동으로 저장된다(④).

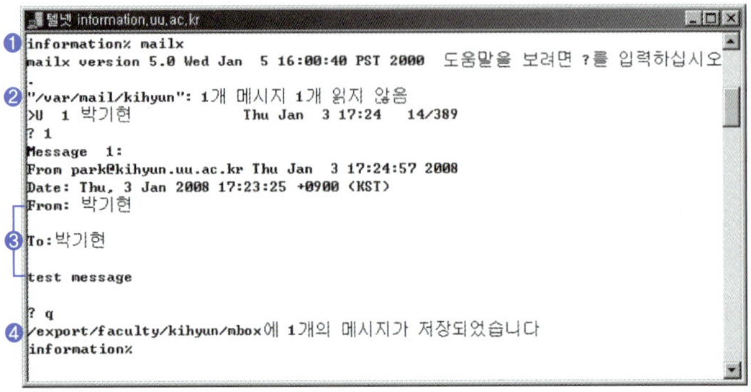

그림 15-14 mailx를 이용한 메일 확인

5 연결 해제

SMTP의 연결 해제 단계는 더 이상 전송할 메일 내용이 없을 때 진행하는데, QUIT 명령 전송으로 시작한다.

명령과 응답

[그림 15-15]는 SMTP 클라이언트가 QUIT 명령을 전송하고, 그에 따른 SMTP 서버의 응답 코드 221을 회신하는 과정을 설명한다. 이는 [그림 15-13]의 시뮬레이션에서 ❽에 해당한다.

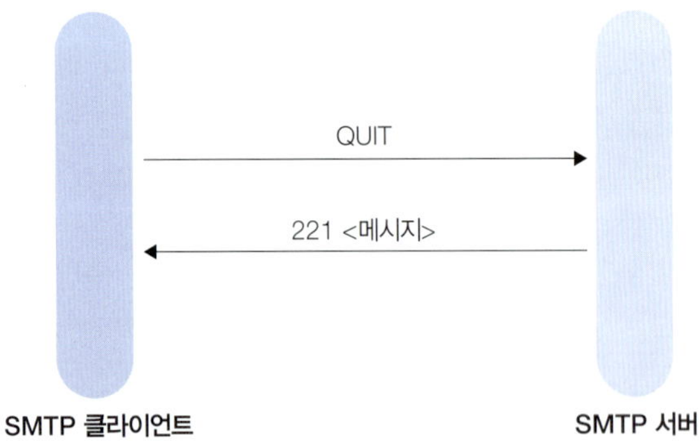

그림 15-15 SMTP의 연결 해제

04 POP 서비스

PC가 보편화되기 전 초기 메일 환경에서는 여러 사용자가 하나의 호스트에 로그인하여 메일을 작성하고 송신하는 작업을 했다. 마찬가지로 특정 서버에 도착한 메일을 읽으려면 사용자가 직접 로그인하여 메일을 읽었다. 예를 들어, park@korea.co.kr로 수신한 메일을 읽으려면 로그인 이름을 park으로 하여 korea.co.kr 호스트에 로그인해서 메일을 확인해야 했다.

PC가 보급되면서 일반 사용자는 메일 서버에 로그인하지 않고, 스마트폰이나 PC 등의 개인용 장비에서 메일을 관리하기를 원했다. POP 서비스는 이러한 환경을 지원하려고 고안된 프로토콜로서 다수의 메일 서버에 수신된 메일을 다수의 개인용 장비에서 통합하여 관리할 수 있게 한다.

1 POP과 SMTP

SMTP는 전자 메일을 송수신하는 호스트가 메일을 직접 교환할 목적으로 개발되었다. 그러나 오늘날의 메일 환경을 보면 다수의 특정 서버에 메일 주소를 개설하고, 이 주소로 수신된 메일을 PC나 스마트폰에서 다운로드하는 형식이 주를 이룬다.

POP 서비스의 필요성

호스트 사이의 메일 교환 프로토콜인 SMTP와 별도로 SMTP 서버와 PC/스마트폰을 연동하기 위해 POP^Post Office Protocol^ 서비스를 사용한다.

[그림 15-16]은 POP 서비스의 역할을 설명한다. 수신자에게 전송된 메일은 인터넷의 중개를 거쳐 우측 하단의 SMTP 서버에 도착한다. 예를 들어, 수신자의 메일 주소가 park@korea.co.kr이면 이 주소로 전송된 메일은 korea.co.kr이라는 메일 서버의 메일 박스에 저장된다.

이 메일을 읽는 방법에는 두 가지가 있다. 첫 번째는 전통적인 방식으로 SMTP 서버에 직접 로그인하는 방법이고, 두 번째는 POP 서비스를 이용하는 방식이다. POP 서비스에서는 SMTP 서버가 POP 서버로 동작하는데, PC나 스마트폰에서 메일 서버에 보관된 메일을 읽으려면 POP 프로토콜을 사용해 POP 클라이언트인 PC/스마트폰의 개인용 장비로 메일을 다운로드해야 한다. 이때 POP 서버에 보관된 메일을 삭제하거나 보관하는 옵션 기능이 있으므로 다수의 POP 클라이언트를 지원할 수 있다.

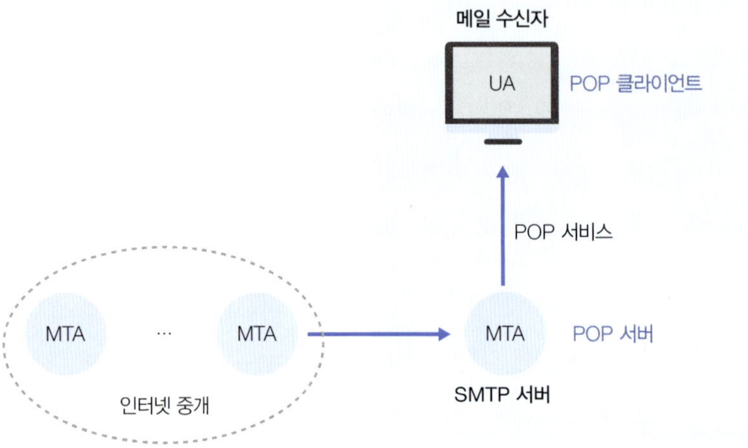

그림 15-16 POP 서비스

현재 사용하는 POP 서비스는 버전 3인 프로토콜을 사용하며, 수신된 메일이 보관된 POP 서버로부터 메일을 다운로드하는 기능을 제공한다. 메일을 다운로드한 POP 클라이언트는 대부분 그래픽 환경이 제공되는 앱을 지원하며, 사용자는 개인용 장비에서 다수의 메일 서버를 통합하여 관리한다.

POP과 SMTP의 비교

POP 서비스를 수행하는 프로토콜은 다음과 같이 기능적으로 SMTP와 동작이 유사하지만 다른 특징이 있다.

- 클라이언트와 서버 사이의 동작은 SMTP처럼 명령과 응답으로 이루어진다. POP 서버는 자신에게 할당된 Well-known 포트에서 POP 클라이언트의 TCP 연결을 기다린다. SMTP는 25번 포트를 사용하고, POP 서비스는 110번 포트를 사용한다.

- 일반적으로 메일을 송신하는 과정은 수신자로부터 사전 인증 허가를 받지 않고도 가능하다. 그러나 수신된 메일을 읽을 때는 로그인 절차에 의한 인증 과정이 반드시 필요하다. 즉, SMTP 클라이언트가 서버와 연결하는 과정에서는 인증 절차가 필요 없지만, POP 클라이언트가 POP 서버와 연결할 때는 로그인 이름과 암호를 입력하는 인증 절차를 거친다. PC에서는 [그림 15-6]의 좌측 하단처럼 인증에 필요한 로그인 이름, 암호 정보가 메일 프로그램을 설치하는 과정에서 초기화되기 때문에 이후에는 인증 절차가 자동으로 처리된다.

2 POP 명령과 응답

POP 서비스의 동작은 POP 클라이언트가 POP 서버에 전송하는 명령에 의해 시작된다. POP 서버가 명령을 실행하고, 그 결과를 응답 형식으로 만들어 클라이언트에 회신한다.

POP3 서비스에서 규정한 주요 POP 명령POP Command은 [표 15-6]과 같다. 앞의 2개는 사용자의 인증 정보를 전송하는 목적으로 사용되며, 나머지는 메일을 POP 클라이언트로 다운로드하는 관리 작업을 한다.

표 15-6 POP3 명령

명령	의미
USER + 〈POP3 서버의 로그인 이름〉	사용자 인증 절차에 필요한 정보(POP3 서버에 등록된 메일 주소의 로그인 이름)를 전송한다.
PASS + 〈POP3 서버의 로그인 암호〉	사용자 인증 절차에 필요한 정보(POP3 서버에 등록된 로그인 이름의 암호)를 전송한다.
STAT	로그인 사용자에게 POP3 서버에 보관된 메일 개수를 회신한다.
LIST + 〈일련번호〉	일련번호를 생략하면 도착한 메일 정보를 일련번호와 함께 출력하고, 일련번호가 주어지면 해당 메일의 정보만 출력한다.
RETR + 〈일련번호〉	일련번호에 해당하는 메일을 POP 서버로부터 읽어 들인다. RETR 명령이 성공하면 해당 메일이 POP 클라이언트로 복사된다. 복사가 성공해도 원래 메일은 POP 서버에 그대로 보관된다는 점에 주의한다.
DELE + 〈일련번호〉	RETR 명령으로 메일을 읽어 들인 후에, 해당 메일을 DELE 명령으로 POP 서버에서 삭제할 수 있다. PC에서 메일을 다운로드할 때 읽은 메일을 서버에 보관할지를 확인하는 옵션이 있는데, DELE 명령의 사용 여부에 따라 구현된다.
QUIT	POP 세션을 종료한다.

POP 클라이언트 명령을 요청받은 POP 서버는 결과를 POP 응답POP Response 형식으로 회신한다. SMTP는 서버의 응답이 2~5로 시작하는 세 자리의 응답 코드로 구성되지만, POP 프로토콜은 성공과 실패를 의미하는 +OK와 −ERR라는 두 가지 응답 코드만 사용한다. 그만큼 POP 서비스가 SMTP보다 간단하다는 의미이다.

표 15-7 POP3 응답

응답 코드	의미
+OK	요구한 명령을 성공적으로 처리했음을 의미한다.
−ERR	요구한 명령을 처리하는 데 실패하였음을 의미한다.

3 POP 동작 시나리오

POP 프로토콜의 동작도 SMTP처럼 POP 세션의 연결 설정 단계를 거쳐서 시작되고, 세션 연결의 해제에 의해 종료된다. 그 사이에서 STAT, LIST, RETR, DELE 등의 명령을 사용해 메일을 다운로드하거나 삭제할 수 있다.

TCP 연결의 설정과 인증

앞서 배운 POP 서비스의 명령과 응답이 실제로 어떻게 사용되는지 확인해보자. 먼저 POP 클라이언트로부터 TCP 연결 요청이 이루어지고, 이어서 [그림 15-17]의 첫 줄과 같이 POP 서버로부터 +OK의 긍정 응답이 회신되면 사용자 인증 절차에 들어간다.

인증 절차는 USER 명령으로 시작한다. 매개변수로 POP 서버에 등록된 로그인 이름을 전달하고, 서버에서는 정식으로 등록된 사용자인지 확인하여 결과를 회신한다. POP 서버에 등록된 사용자가 아니면 −ERR을 회신하고 세션의 진행이 중단된다. USER 명령을 성공적으로 처리하면 PASS 명령을 이용해 사용자의 로그인 암호를 전달한다. POP 서버는 암호가 올바른지 확인하여 성공, 실패 여부를 클라이언트에 회신한다.

두 단계의 인증 작업을 성공적으로 완료하면, STAT, LIST, RETR, DELE 등의 명령을 사용해 메일을 다운로드할 수 있다. 마지막으로 POP 세션을 종료할 때는 QUIT 명령을 사용한다.

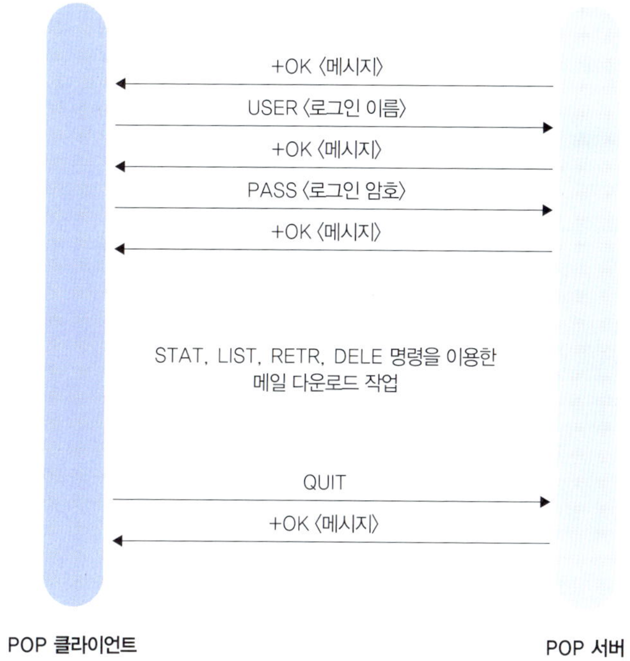

그림 15-17 POP의 동작

시뮬레이션

프로토콜의 동작 원리를 이해하기 위해 텔넷 프로그램을 이용해 시뮬레이션해보자. 메일이 보관된 POP 서버를 uu.ac.kr이라 가정하면, POP 클라이언트는 텔넷이 실행되는 kihyun.uu.ac.kr 호스트가 되고 POP 서버는 uu.ac.kr이 된다. 수신자의 메일 주소는 kihyun@uu.ac.kr, 로그인 이름은 kihyun, 로그인 암호를 kihyun0이라 가정하면 [그림 15-18]과 같은 관계가 성립한다.

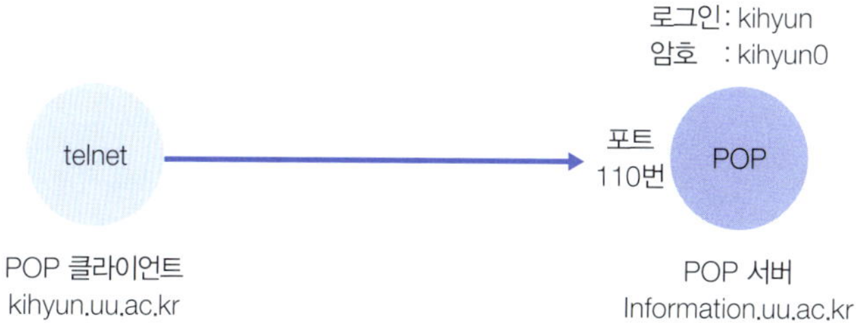

그림 15-18 텔넷 프로그램의 역할

[그림 15-19]처럼 텔넷 프로그램을 사용해 uu.ac.kr 호스트의 110번 포트에 TCP 접속을 시도함으로써 POP 서비스가 어떻게 진행되는지 알 수 있다.

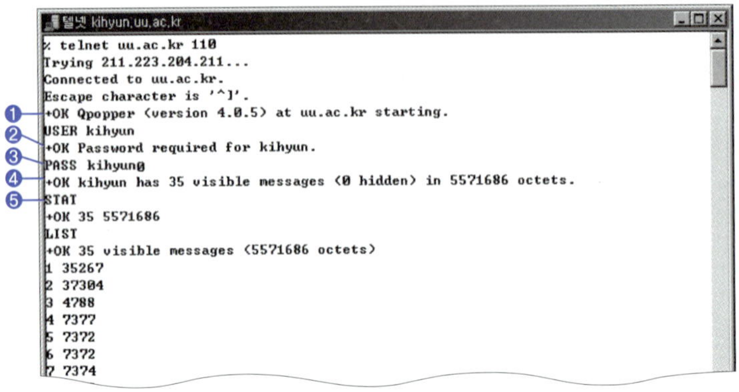

그림 15-19 POP 서비스 예의 시뮬레이션

110번 포트에서 대기하던 POP 서버는 '+OK Qpopper (version 4.0.5) ......'의 응답을 회신하여 POP 세션이 정상적으로 진행됨을 통지한다(❶). 이후 USER 명령으로 로그인 이름 'kihyun'을 전송하여 +OK 응답을 받았으며(❷), PASS 명령으로 로그인 암호 'kihyun0'을 전송하여(❸) +OK 응답을 받으면 인증 절차가 완료된다(❹). 로그인 이름이 존재하지 않거나, 로그인 암호가 틀리면 실패 응답을 받는데, 예에서는 성공적으로 인증되어 '+OK' 응답을 받았다(❹). STAT 명령으로 POP 서버에 총 35개의 메일이 있음을 알 수 있다(❺).

[그림 15-19]에서 설명되지 않았지만, 이후에 RETR, DELE 명령을 사용하여 POP 서버에 보관된 메일을 POP 클라이언트로 다운로드하는 작업을 진행할 수 있다. 다수의 POP 클라이언트를 사용할 때는 DELE 명령이 특정한 클라이언트 한곳에서만 선택적으로 이루어지도록 주의해야 한다.

요약

01 메일 주소

메일 주소는 〈로그인 이름〉@〈메일 서버 이름〉의 형식을 갖는다. 〈로그인 이름〉은 메일 서버에 등록된 사용자 이름이고, 〈메일 서버 이름〉은 이 주소의 메일을 수신하는 호스트의 이름이다. 예를 들어 메일 주소가 park@korea.co.kr이라면, 메일 서버로 korea.co.kr이라는 호스트를 사용하고 park이라는 사용자에게 부여된 메일 주소이다.

02 메일 형식

메일 내용은 ASCII 코드를 기반으로 한 텍스트 형식으로 정의된다. SMTP 프로토콜 관점으로 메일 내용은 메시지 헤더와 메시지 내용으로 구성되며, 공백 한 줄로 구분된다. 메시지 헤더는 메일 제목, 수신 날짜 등의 부가 정보이고, 메시지 내용은 첨부 파일을 포함하여 메일 사용자가 전송한 데이터이다. 메시지 헤더의 종류에는 To, CC, BCC, From, Sender, Date, Subject 등이 정의된다.

03 MIME

컴퓨터 사용 환경이 텍스트 기반에서 멀티미디어 환경으로 확대되면서, 메일 시스템도 새로운 형식의 데이터를 수용할 수 있도록 확장 작업이 이루어졌다. 7비트 형식의 ASCII 코드로 표현할 수 없는 각국의 언어와 이진 데이터 형식의 실행 파일, 영상 · 음성 등의 데이터를 전송하기 위해서 MIME 기능이 도입되었다. MIME은 기존 SMTP 프로토콜에서 사용하던 ASCII 기반의 메시지 형식을 그대로 유지하면서, 메시지 내용에 멀티미디어 데이터 인코딩 방법을 추가로 정의한다. 송신자는 메일을 전송하기 전에 비-ASCII 데이터를 ASCII 데이터로 변환해야 하며, 수신자는 원래 형식으로 ASCII 데이터를 비-ASCII 데이터로 역변환해야 한다.

04 사용자 에이전트(UA)

전자 메일 시스템은 기능에 따라 사용자 환경과 네트워크 환경으로 구분할 수 있다. 사용자 환경은 메일을 작성하고 수신하는 사용자 인터페이스 부분이고, 네트워크 환경은 사용자 환경과 인터넷을 이용해 메일을 전달하는 부분이다. 사용자 에이전트는 메일을 송수신하기 위해 이용하는 프로그램이다. 메일을 송신하려면 필요한 정보를 UA에 입력해야 하는데, 대부분 UA의 초기화 과정에서 설정된 값이 자동으로 대체된다. UA 프로그램은 이들 정보와 매일 내용을 표준화된 형식으로 규격화하여 전송함으로써 메일의 송신 기능을 처리한다.

요약

05 메일 전송 에이전트(MTA)

UA 프로그램에서 요청한 전자 메일을 실제로 수신자에게 전송하려면 MTA 클라이언트가 필요하다. 반대로 목적지 호스트에서는 메일을 수신하고 보관하는 작업을 하기 위해 MTA 서버가 실행된다. 그리고 메일 서버인 MTA 서버에 수신된 메일을 스마트폰으로 읽기 위해서는 UA 프로그램으로 다운로드하는 과정도 필요하다. 이러한 작업이 원활하게 이루어지려면 UA 프로그램이 메일 송수신을 위한 MTA 클라이언트와 MTA 서버에 관한 정보를 알아야 한다.

06 SMTP 프로토콜

인터넷에서 전자 메일 전송은 SMTP를 지원하는 호스트 사이에 이루어진다. 메일을 보내는 과정은 절차상 3단계로 구분한다. 먼저 연결 설정 단계에서는 SMTP 클라이언트가 TCP를 이용해 SMTP 서버와 세션을 설정한다. 연결 설정이 완료되면 SMTP 서버에 메일을 보내는 데이터 전송 단계를 진행한다. 이 단계에서 송신자의 메일 주소, 수신자의 메일 주소, 메일 제목 등과 같은 헤더 정보를 포함하여 메일의 전체 내용이 순차적으로 전송된다. 마지막으로 메일 전송을 완료하면 TCP 연결을 종료하는 연결 해제 단계가 진행되고, SMTP 세션이 종료된다.

07 SMTP 명령과 응답

SMTP 프로토콜의 기본 동작 원리는 SMTP 클라이언트의 명령 전송과 이에 대한 SMTP 서버의 응답으로 이루어진다. SMTP의 명령과 응답은 미리 정의된 문자 코드와 Enter 문자로 구성된다. HELO 명령은 SMTP 세션의 시작을 의미하며, MAIL, RCPT 명령은 메일 송수신자 정보를 전송한다. 이후 DATA 명령에 의하여 메일의 내용이 전송된다. 클라이언트가 전송한 명령에 대하여 SMTP 서버는 SMTP 응답 기능을 수행한다. 응답 정보는 세 자리의 코드와 추가 정보로 구성되며, 코드의 첫 문자는 인터넷에서 관례적으로 표준화된 2~5 값 중의 하나이다.

08 POP 서비스

PC가 보급되면서 일반 사용자는 메일 서버에 로그인하지 않고, 스마트폰 등에서 메일을 관리하기를 원했다. POP 서비스는 이러한 환경을 지원하려고 고안된 프로토콜로서 다수의 메일 서버에 수신된 메일을 다수의 개인용 장비에서 통합하여 관리할 수 있게 한다. POP 서비스에서는 SMTP 서버가 POP 서버로 동작하는데, PC나 스마트폰에서 메일 서버에 보관된 메일을 읽으려면 POP 프로토콜을 사용해 POP 클라이언트인 PC/스마트폰의 개인용 장비로 메일을 다운로드해야 한다.

09 POP 명령과 응답

POP 서비스의 동작은 POP 클라이언트가 POP 서버에 전송하는 명령에 의해 시작된다. POP 서버가 명령을 실행하고, 그 결과를 응답 형식으로 만들어 클라이언트에 회신한다. USER, PASS 명령은 사용자의 인증 정보를 전송하는 목적으로 사용되며, RETR 명령은 메일을 POP 클라이언트로 다운로드하는 관리 작업을 한다. 다운로드한 메일을 서버에서 삭제하고 싶으면 DELE 명령을 사용한다. POP 서비스는 상대적으로 간단하기 때문에 POP 응답 기능은 성공과 실패를 의미하는 +OK, −ERR이 정의된다.

10 POP과 SMTP

메일을 송신하는 과정은 수신자로부터 사전 인증 허가를 받지 않고도 가능하다. 그러나 수신된 메일을 읽을 때는 로그인 절차에 의한 인증 과정이 반드시 필요하다. 즉, SMTP 클라이언트가 서버와 연결하는 과정에서는 인증 절차가 필요 없지만, POP 클라이언트가 POP 서버와 연결할 때는 로그인 이름과 암호를 입력하는 인증 절차를 거친다. POP 서버는 자신에게 할당된 Well-known 포트 110번에서 POP 클라이언트의 TCP 연결을 기다리고, SMTP 서버는 25번 포트에서 SMTP 클라이언트의 TCP 연결을 기다린다.

연습문제

01 전자 메일에 대한 설명으로 잘못된 것을 모두 고르시오.

① 메일을 전송하려면 수신자의 메일 주소와 전송할 메일 내용을 작성해야 한다.

② 전자 메일 주소는 〈로그인 이름〉@〈메일 서버 이름〉의 형식으로 구성된다.

③ 메일 주소가 park@korea.co.kr이면 메일 서버로 korea.co.kr이라는 호스트를 사용하고 park이라는 사용자에게 부여된 메일 주소이다.

④ PC나 스마트폰으로 메일 서버에 보관된 메일을 다운로드하는 것은 불가능하다.

02 메일 형식에 대한 설명으로 잘못된 것을 모두 고르시오.

① 메일 내용은 ASCII 코드를 기반으로 한 텍스트 형식으로 정의된다.

② SMTP 프로토콜 관점으로 메일 내용은 메시지 헤더와 메시지 내용으로 구성되며, 공백 한 줄로 구분된다.

③ To: 메일 수신자의 전자 메일 주소이다.

④ BCC: 참조 수신자의 전자 메일 주소이며, 이 필드에 표시된 수신자 목록은 메일 수신자가 확인할 수 있다.

⑤ Sender: 메일 송신자의 이름이며, 반드시 메일 주소를 입력할 필요는 없다.

⑥ From: 메일 송신자의 전자 메일 주소이다.

03 MIME에 대한 설명으로 잘못된 것을 모두 고르시오.

① 7비트 형식의 ASCII 코드가 지원하지 않는 각국의 언어와 이진 데이터 형식의 실행 파일, 영상 · 음성 등의 데이터를 전송하려면 기능 확장이 필요하다.

② MIME은 기존에 SMTP 프로토콜에서 사용하던 ASCII 기반의 메시지 형식을 그대로 유지하면서, 메시지 내용에 멀티미디어 데이터 인코딩 방법을 추가로 정의한다.

③ 수신자는 메일을 수신하기 전에 비-ASCII 데이터를 ASCII 데이터로 변환해야 한다.

④ 송신자는 ASCII 데이터를 비-ASCII 데이터로 변환해야 한다.

⑤ 인터넷으로 전송되는 모든 메일 데이터는 ASCII 형식으로만 전송된다.

⑥ MIME에 의한 멀티미디어 데이터의 지원은 송수신자의 양 끝단에서 이루어진다.

04 SMTP 프로토콜에 대한 설명으로 잘못된 것을 모두 고르시오.

① 인터넷에서 전자 메일 전송은 SMTP를 지원하는 호스트 사이에 이루어진다.

② 연결 설정 단계에서는 SMTP 클라이언트가 UDP를 이용해 SMTP 서버와 세션을 설정한다.

③ 연결 설정이 완료되면 SMTP 서버에 메일을 보내는 데이터 전송 단계를 진행한다. 이 단계에서 송신자의 메일 주소, 수신자의 메일 주소, 메일 제목 등과 같은 헤더 정보를 포함하여 메일의 전체 내용이 순차적으로 전송된다.

④ SMTP 프로토콜을 지원하는 호스트들은 SMTP 명령과 그에 따른 응답 과정을 반복해 메일을 전송한다.

05 SMTP 명령에 대한 설명으로 잘못된 것을 모두 고르시오.

① HELO 명령은 송신자의 호스트 이름을 전송하는데, 이는 자신의 신분을 통지하는 역할이라 할 수 있다.

② MAIL 명령은 송신자의 메일 주소를 통지해준다.

③ RCPT 명령은 수신자의 메일 주소를 통지해준다.

④ DATA 명령은 메일 메시지를 서버에 송신하다.

⑤ NOOP 명령은 수신자의 상태를 검사하려고 사용된다.

06 SMTP 세션 연결에 대한 설명으로 잘못된 것을 모두 고르시오.

① 연결 설정은 SMTP 클라이언트가 SMTP 서버의 Well-known 포트인 110번 포트로 TCP 연결을 만들면서 시작된다.

② TCP 연결 설정이 정상적으로 이루어지면 SMTP 서버에서 먼저 SMTP 응답이 이루어진다.

③ SMTP 서버는 TCP 연결 요청이 들어오면 응답 코드 220을 회신하여 메일을 수신할 준비가 되었음을 통지한다.

④ 클라이언트의 HELO 명령에 대하여 서버는 그에 대한 완료 코드 250을 전송함으로써 SMTP 세션 연결 절차를 완료한다.

07 SMTP 프로토콜의 데이터 전송에 대한 설명으로 잘못된 것을 모두 고르시오.

① 먼저 MAIL 명령을 사용해 수신자 메일 주소를 서버에 전달한다.

② MAIL 명령이 성공적으로 처리되면 RCPT 명령을 이용해 송신자 메일 주소를 전송한다. SMTP 서버는 송신자 메일 주소가 자신의 호스트에 등록된 사용자인지 확인하여, 등록된 경우에만 긍정 응답을 한다.

③ 메일 헤더 정보를 전송하는 과정은 사용자의 메일 헤더를 서버에 전송하기 위한 것이며, HELO 명령에 의해 시작된다.

④ 메일 메시지 전송 과정은 공백 줄로 시작하며, 더 이상 전송할 데이터가 없으면 마지막을 의미하는 점(.)을 전송해 데이터 전송을 완료한다.

08 POP 서비스에 대한 설명으로 잘못된 것을 모두 고르시오.

① POP 서비스는 다수의 메일 서버에 수신된 메일을 다수의 개인용 장비에서 통합하여 관리할 수 있게 한다.

② POP 서비스에서는 SMTP 서버가 POP 서버로 동작하며, POP 클라이언트인 PC/스마트폰의 개인용 장비로 메일을 다운로드해야 한다.

③ POP 서버는 자신에게 할당된 Well-known 포트에서 POP 클라이언트의 TCP 연결을 기다린다. SMTP는 25번 포트를 사용하고, POP 서비스는 110번 포트를 사용한다.

④ 메일을 송신하는 과정은 수신자로부터 사전 인증 허가를 받지 않고도 가능하다. 또한 수신된 메일을 읽을 때도 로그인 절차에 의한 인증 과정이 불필요하다.

09 POP 명령에 대한 설명으로 잘못된 것을 모두 고르시오.

① USER 명령은 POP 서버에 등록된 로그인 이름을 전송해준다.

② STAT 명령은 서버에 보관된 메일의 개수를 회신해준다.

③ RETR 명령은 특정 메일을 다운로드하도록 요청한다.

④ DELE 명령은 특정 메일을 삭제하도록 요청한다.

⑤ QUIT 명령은 POP 세션을 종료한다.

10 POP 프로토콜의 동작에 대한 설명으로 잘못된 것을 모두 고르시오.

① POP 프로토콜의 동작은 POP 세션의 연결 설정 단계를 거쳐서 시작되고, 세션 연결의 해제에 의해 종료된다.

② 먼저 POP 클라이언트로부터 UDP 요청이 이루어지고, 이어서 POP 서버로부터 +OK의 긍정 응답이 회신되면 사용자 인증 절차에 들어간다.

③ 인증 절차는 USER 명령으로 시작한다. POP 서버에 등록된 사용자가 아니면 −ERR을 회신하고 세션의 진행이 중단된다.

④ USER 명령을 성공적으로 처리하면 PASS 명령을 이용해 사용자의 로그인 암호를 전달한다.

⑤ 인증 작업을 성공적으로 완료하면, STAT, LIST, RETR, DELE 등의 명령을 사용해 메일을 다운로드할 수 있다.

11 전자 메일을 지원하는 SMTP 프로토콜은 메일 정보를 메시지 헤더와 메시지 내용으로 구분한다. 사용자 헤더에서 To는 수신자의 전자 메일 주소이고, (①)는 송신자의 전자 메일 주소이고, (②)는 메일 제목을 의미한다.

12 SMTP 프로토콜을 이용해 멀티미디어 데이터를 송신하려면 (①) 기능으로 전송하려는 비-ASCII 형식의 메시지 내용을 미리 (②) 형식으로 변환한다. 메일 수신자는 반대로 (②) 형식의 데이터를 원래의 데이터 형식으로 역변환하여 사용자 화면에 보여준다.

13 SMTP 프로토콜의 기본 동작 원리는 SMTP 클라이언트의 명령 전송과 이에 대한 SMTP 서버의 응답으로 이루어진다. HELO 명령은 송신자의 호스트 이름을 전송하는 목적으로 사용되며, (①) 명령은 송신자의 메일 주소를 통지하고, (②) 명령은 수신자의 메일 주소를 통지한다.

14 클라이언트가 전송한 명령에 대하여 SMTP 서버는 SMTP 응답 기능을 수행한다. 응답 코드의 첫 문자가 (①)이면 긍정적 완료 응답이고, (②)이면 영구적인 부정적 완료 응답이다.

15 SMTP 세션 연결은 SMTP 클라이언트가 SMTP 서버의 Well-known 포트인 (①)번 포트로 (②) 연결을 만들면서 시작한다. 전송 계층의 연결이 설정되면 SMTP 서버가 220 응답 코드를 전송한다.

16 호스트 사이의 메일 교환 프로토콜인 (①)와 별도로 메일 서버와 PC/스마트폰을 연동하기 위해 (②) 서비스를 사용한다.

17 POP 서버는 자신에게 할당된 Well-known 포트에서 POP 클라이언트의 (①) 연결을 기다린다. SMTP는 25번 포트를 사용하고, POP 서비스는 (②)번 포트를 사용한다.

18 POP 서비스의 동작은 POP 클라이언트가 POP 서버에 전송하는 명령에 의해 시작된다. STAT 명령은 서버에 보관된 메일 개수를 회신하며, (①) 명령은 서버에 등록된 메일 주소의 로그인 이름을 전송하고, (②) 명령은 로그인 암호를 전송한다.

19 POP 클라이언트 명령을 요청받은 POP 서버는 결과를 POP 응답 형식으로 회신한다. 응답 코드 (①)은 성공적으로 처리했음을 의미하고, (②)는 실패했음을 의미한다.

20 다음 용어에 대하여 간단히 설명하시오.

- 전자 메일 주소의 형식
- MIME
- SMTP
- POP
- SMTP 명령의 HELO
- SMTP 명령의 RCPT
- SMTP 응답 코드
- POP 명령의 RETR
- POP 명령의 DELE
- POP 응답 코드

21 전자 메일에서 MIME 구조가 필요한 이유와 연동 구조를 설명하시오.

22 UA(사용자 에이전트), MTA(메일 전송 에이전트)의 구조와 PC에서 환경을 설정하는 방법을 설명하시오.

23 메일 시스템에서 SMTP와 POP의 관계를 설명하시오.

24 SMTP 명령의 종류를 나열하고, 각각의 기능을 설명하시오.

25 SMTP 응답 코드를 설명하시오.

26 메일 전송 과정을 SMTP 클라이언트와 서버 사이의 명령 전송과 응답 회신 과정으로 설명하시오.

27 POP 명령의 종류를 나열하고, 각각의 기능을 설명하시오.

28 POP 서비스에서 메일을 다운로드하는 방법을 POP 명령과 응답을 사용해 설명하시오.

현장의 목소리 06

시스코 면접

글 최성열_시스코시스템즈 코리아

시스코Cisco는 전통적으로 글로벌 정책에 따라 신입사원을 뽑아 본사에서 1년이라는 꿈 같은 연수 생활을 하게 하는 제도ASE, Assosiate Systems Engineer가 있다. 이를 제외하고는 경력사원을 뽑는다. ASE는 공지를 하지만, 경력 사원은 수시로 모집하고 보통 내부 직원이나 헤드헌터를 통해 채용한다.

필자는 크고 작은 회사에서 다양한 경험을 하고 국내 벤처 회사에서 6년을 보낸 경력 10년차였을 때 시스코시스템즈 코리아에서 새로운 꿈을 펼치려고 면접을 보았다. 지면을 통해 당시 필자의 시스코 면접 경험을 잠시 소개할까 한다.

어떻게 진행되나?

매니저(팀장급) 5명이 30분 정도씩 순차적으로 돌아가며 면접을 본다. 여기에는 직업 채용을 하는 팀장도 포함된다. 1:1로 진행되므로 짧은 시간에 면접관 스타일에 따라 진행된다. 면접이 끝나면 면접관들은 다른 경쟁자 면접 결과를 포함하여 논의한다. 일반적으로 한 명이라도 적극적으로 반대하면 피면접자에게 기회는 없다. 그래서 '만장일치'라고 부르기도 한다. 그러니 시간은 짧지만 면접이 제일 중요하다.

어떤 질문을 하나?

필자의 전문 분야는 L4/7 스위치라 그 분야에서 다양한 경험을 한 면접관 한 분이 포함되었다(지금 옆자리에 앉아 있다). 통상적인 질문은 모두 한다고 보면 된다.

- 어떤 일을 했는가?
- 전문 분야는?
- 회사가 요구하는 능력(경험, 기술력, 대화술, 프레젠테이션 능력 등)이 있는가?
- 시스코에 대해 아는가? (잘 답변해야 하는 중요한 질문이다. 해당 분야나 제품을 아는지, 시장은 어떤지 의견을 묻는다.)

• 상황을 하나 던져주고 어떻게 대응할 것인지 묻는다. (예를 들어 "고객이 어떤 기능을 요구했는데 우리 제품이 없다면 당신은 고객과 회사에 대해 어떻게 대응할 것인가?"와 같은 질문이다.)

항상 긍정적인 답변을 할 필요는 없다. 자신의 소신을 정확히 이야기하는 것이 중요하다. 주저리주저리 말하지 말고 정확하게 답변해야 한다.

금기시되는 질문이 있다면? 출신 학교 같은 프라이버시와 관련된 내용이다. 단, 특이한 이력이라면 물어본다. 필자의 경우 수학과를 중퇴한 후 온라인으로 학위를 취득했기 때문에 이와 관련된 질문을 받았다.

가장 어려웠던 것은 왜(Why?)를 묻는 질문이다.

• 왜 지금 회사를 떠나려 하는가?
• 살면서 어떤 일이 가장 후회스러운가? 왜 그 일이 후회스러운가?

너무 솔직히 이야기하기보다는 약간 과장할 필요도 있다. 단, 너무 비판적일 필요는 없다. 필자는 솔직히 이야기했다. "지금 다니는 회사를 사랑하고 좋은 동료가 많지만, 이러이러한 부분이 실망스러웠고, 지금이 이직할 시기라고 판단했다. 그래서 결정했다."

영어가 중요한가?

미국에 본사를 둔 글로벌 회사이기에 영어는 당연히 중요하다. 영문 이력서(2~3쪽 분량: 자기소개 1쪽, 경력 1~2쪽)를 시작으로 면접을 볼 때 5분 중 4분은 영어 테스트였다. 면접관은 "Could you introduce yourself?"로 시작해 앞에서 이야기한 어떤 상황에 대한 질문을 영어로 했다. 면접을 보기 전에 필자는 예상 질문(흔히 인터넷에서 볼 수 있는 질문들)을 영어로 준비했고, 나름대로 적중했다. 그리고 반복적으로 연습했기에 마지막에는 농담도 한마디 덧붙일 수 있었다.

Although this is a great chance for me, this is very important for you too(이번이 저에게 굉장히 중요한 기회이지만, 시스코에도 중요한 기회라고 생각합니다)." 다행히 그 면접관이 웃었고, 적중했던 것 같다(단 이런 말을 할 때는 농담이라는 티가 나야 한다. 경직된 표정으로 말하면 건방지다고 생각할 수도 있다). 상황 질문을 하신 면접관은 외국에서 살아 질문이 좀 길었는데, 질문을 듣던 중 중요한 단어 하나가 무슨 뜻인지 생각나지 않았다. 어떻게 했을까? 물었다. 그 단어가 잘 이해되지 않는데 다른 단어를 사용해줄 수 있겠느냐고.

그리고 입사를 했다. 모든 게 영어다. 처음 2~3주 동안 신규 입사자를 위한 온라인 교육이 있었는데 전부 영어다. 머리에서 쥐가 날 뻔했다. 모든 자료가 영어이고, 업무마다 조금 다르겠지만 본사나 다른 나라에 있는 팀과 일할 때도 영어로 말해야 한다. 따라서 영어, 잘하면 좋다. 더 잘나갈 수도 있다. 그래서 지금도 새벽에 열심히 공부한다.

무시무시한 피드백(?)

입사가 결정되고, 이전 회사의 상급자에게 사직서를 내려 했더니 이미 알고 있었다. 이미 시스코에 있는 지인을 통해 피드백(우리나라 말로는 평판) 조사가 왔단다. 잘 이야기해주었단다. 모든 사람과 좋은 관계를 유지해야겠다는 생각이 들었다.

파트너 회사에 인사를 하러 갔다. 그동안 고마웠고 이제 떠난다고. 그런데 이번에도 이미 알고 있었다. 시스코에서 연락이 와 잘 이야기해줬단다. 그분과는 일을 몇 번 못 했는데 참 무서운 세상이다. 다시 한 번 생각했다. 사람들에게 잘 해야겠다고.

입사 결정을 하고도 업계 평판까지 들어보는 참 무서운 곳이라는 생각도 들고 인재 하나하나가 중요한 기업에서는 그럴 수도 있겠다는 생각도 들었다. 면접에서 보여주는 모습이 전부가 아니기 때문이다. "열 길 물속은 알아도 한 길 사람 속은 모른다"라는 속담도 있지 않은가.

사전 준비만큼 중요한 건 없다

시스코는 업계에서는 누구나 알고 있는 유명한 회사이지만 필자의 경우 파트너로서 일을 하지도 않았고 더욱이 전문 분야 솔루션에 대해서는 아는 게 없었다. 하지만 면접에서는 질문을 할 것이 뻔했기 때문에 다음과 같이 준비했다.

- 홈페이지를 많이 봤다. 요즘 그 회사의 제품들은 어떤 콘셉트로 만들어지는지.
- 전문 분야 제품은 해당 내용을 출력까지 해서 나름대로 분석했다.
- 기자들 사이에 회자되는 해당 회사와 제품을 검색하여 외부에서 바라보는 시선(시장에서의 피드백)은 어떤지 나름대로 분석했다.

역시 미리 알아보길 잘했다. 준비하지 않았다면 많은 질문에 "제가 아직 그쪽은 잘…" 이런 답변을 여러 차례 하지 않았을까.

Chapter

16

파일 전송

학습목표

- FTP 프로그램의 사용법과 익명 FTP의 기능을 이해한다.
- FTP 프로토콜의 제어 채널과 데이터 채널의 필요성을 이해한다.
- FTP 명령과 응답의 동작 원리를 이해한다.
- TFTP 프로토콜의 필요성을 이해한다.
- TFTP에서의 데이터 송수신 과정을 이해한다.

Preview

FTP 프로그램은 인터넷에 연결된 호스트 간의 파일 복사 기능을 제공한다. FTP 서비스를 제공하는 호스트를 FTP 서버, 서비스를 이용하는 호스트를 FTP 클라이언트라 한다. 인터넷 초기에는 클라이언트 기능을 수행하는 FTP 프로그램에서 사용자가 키보드로 FTP 명령을 일일이 입력했지만, 이후 그래픽 기능을 지원하면서 사용법이 간단해졌다.

현재의 인터넷 환경은 원격 파일을 로컬 파일처럼 사용할 수 있는 파일 공유File Sharing, 클라우드 기능 등으로 발전되었다. 그래서 FTP 프로그램을 이전보다 덜 쓰게 되었지만, 아직도 일부 전문가 그룹에서 사용하고 있다. 특히, FTP 프로그램을 지원하는 FTP 프로토콜은 일반적인 네트워크 응용 환경과 다른 독특한 연결 개념을 사용하기 때문에 복잡한 네트워크 프로그래밍 능력을 키울 수 있다.

사용자 환경에서 파일 공유 기능이 도입되기 전까지 FTP 프로토콜은 전자 메일 시스템과 함께 가장 많이 사용되던 인터넷 서비스 중 하나였다. FTP 프로토콜은 제어 채널과 데이터 채널이 분리된 구조로 구현됨으로써, 응용 환경에서 사용하는 다양하고 복잡한 프로토콜의 동작 원리를 이해하는 데 기술적으로 많은 도움을 준다. 또한 포트의 개념과 원리를 이해하는 데도 도움이 된다.

16장에서는 FTP 프로그램의 간단한 사용 방법과 익명 FTP의 필요성에 대하여 학습한다. 이를 기초로 제어 채널과 데이터 채널을 분리하여 파일을 전송하는 FTP 프로토콜의 동작 원리에 대하여 살펴본다. 또한 FTP를 단순화한 TFTP 프로토콜의 필요성과 동작 과정에 대해서도 자세히 살펴본다.

01 FTP 응용 프로그램

일반 사용자는 PC에서 FTP 클라이언트를 실행하여 FTP 서버와 접속을 시도한다. 그리고 FTP 연결이 설정되면 FTP 클라이언트가 제공하는 사용자 명령으로 파일 송수신 기능을 수행한다. FTP 클라이언트에는 많은 명령이 존재하지만, 일반적으로 FTP 서버와 파일을 주고받는 정도의 단순 명령만 사용한다. GUI 환경을 지원하는 FTP 클라이언트는 대부분 파일을 클라이언트에서 서버로, 혹은 반대 방향으로 옮기는 정도로 사용된다.

1 FTP 로그인

FTPFile Transfer Protocol는 1970년대 초 인터넷이 보급되던 시기에 개발된 프로그램으로 네트워크 환경에서 가장 많이 이용되던 서비스 중 하나였으며, 원격 시스템과의 파일 송수신 기능을 지원한다. 원격 시스템에 접속하려면 FTP 서버에 등록된 로그인 계정과 암호가 필요하다.

FTP 클라이언트를 이용해 FTP 서버에 접속하려면 FTP 서버의 호스트 주소와 포트 번호를 알아야 한다. FTP 포트 번호는 전 세계적으로 공통인 Well-known 포트를 사용하므로 사용자가 따로 기억할 필요 없이 프로그램에서 자동으로 처리한다.

익명 FTP 로그인

앞서 언급한 것처럼 FTP 클라이언트로 파일을 송수신하려면 반드시 FTP 서버에 등록된 계정이 있어야 한다. 일반적으로 다중 사용자에게 파일 서비스를 제공하려고 불특정 다수에게 로그인 계정을 일일이 부여하는 것은 현실적으로 불가능하다. 그러나 이러한 형식으로 FTP 서비스를 제공해야 할 필요가 있는데, 이를 위한 방편으로 익명 FTPAnonymous FTP 서비스를 사용한다. 익명 FTP를 사용하려면 로그인 이름을 anonymous로 입력하고, 로그인 암호는 관례상 전자 메일 주소를 입력한다.

[그림 16-1]은 익명 FTP 서비스를 지원하는 ftp.kaist.ac.kr 서버에 접속하는 과정을 보여준다. 로그인 이름은 anonymous를, 암호는 그림에 표시되지 않았지만 자신의 메일 주소를 입력한다. 로그인이 성공하면 FTP 사용자 명령으로 파일 송수신 기능을 수행할 수 있다. 중간의 긴 안내문은 FTP 서버 관리자가 사용자에게 해당 서버를 사용할 때 주의할 점을 설명한 것이다.

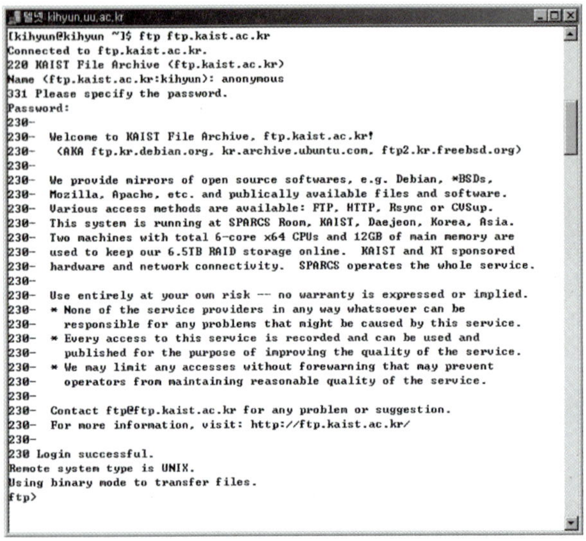

그림 16-1 익명 FTP 로그인

FTP 로그인

유닉스, 리눅스 시스템에서 FTP 서비스를 이용하는 방법은 다음과 같다. 사용자가 information.korea.co.kr의 FTP 서버와 연결을 시도하면 서버는 관련 메시지를 출력하고, 로그인 이름과 암호 입력을 요구한다. 서버에 등록된 로그인 이름인 hong과 암호를 FTP 서버에서 인증하면 FTP 로그인 절차가 완료된다. 마지막 행처럼 'ftp〉' 프롬프트가 표시되면 [표 16-1]의 명령을 사용할 수 있다.

```
% ftp information.korea.co.kr
Connected to information.korea.co.kr.
220 information FTP server (SunOS 5.7) ready.
Name (information.korea.co.kr: hong): hong
```

```
331 Password required for hong.
Password:
230 User hong logged in.
ftp>
```

2 FTP 명령어

FTP 서비스에서 지원하는 다양한 기능을 유닉스에서는 [표 16-1]과 같은 기본 명령으로 사용한다. PC 기반의 윈도우즈에서 사용하는 FTP 프로그램은 GUI 환경을 지원하므로 사용자가 표에 제시한 명령어를 몰라도 쉽게 사용할 수 있다. 원격 시스템과 로컬 시스템의 ls 명령은 기본 화면 설정으로 자동 실행되며, 다른 명령들은 마우스 클릭만으로 동작하기 때문이다.

FTP 서비스에서는 파일을 송수신하는 get과 put 명령을 주로 사용한다. get 명령은 FTP 서버에서 파일을 가져오고, put 명령은 FTP 서버로 파일을 전송한다. cd Change Directory와 lcd Local Change Directory 명령은 FTP 서버와 클라이언트에서 현재 작업 중인 디렉터리를 이동한다. bin Binary 명령은 8비트 바이너리를 전송하며, quit 명령은 FTP 연결을 종료한다.

표 16-1 FTP 명령

명령	설명
get	원격 시스템에서 파일을 수신한다.
put	원격 시스템으로 파일을 송신한다.
ls	원격 시스템의 현재 디렉터리 아래에 존재하는 파일 목록을 출력한다.
cd	원격 시스템의 현재 작업 중인 디렉터리를 이동한다.
lcd	로컬 시스템의 현재 작업 중인 디렉터리를 이동한다.
bin	8비트 송수신 기능을 지정한다.
quit	FTP 프로그램을 종료한다.

명령어 실행 예

다음은 원격 시스템 information.korea.co.kr에 있는 로그인 사용자 hong의 홈 디렉터리 내용을 보는 예이다. 원격 디렉터리 목록을 검색하는 ls 명령을 실행했다. 결과처럼 FTP 서버의 현재 디렉터리에는 README, Book, hong12.Dec00.tar.Z라는 파일 3개가 존재한다.

```
ftp> ls
200 PORT command successful.
150 ASCII data connection for /bin/ls (210.99.58.181, 32801) (0 bytes).
README
Book
hong12.Dec00.tar.Z
226 ASCII transfer complete.
34 bytes received in 0.04 seconds (0.83 Kbytes/s)
ftp>
```

원격 디렉터리에 있는 임의의 파일을 가져올 때는 get 명령을 사용하며, 복사할 파일의 이름을 인수로 입력한다. 다음 예에서는 README라는 파일을 복사하려고 get README 명령을 입력하였다. 복사된 파일은 클라이언트 호스트의 현재 디렉터리에 저장된다.

```
ftp> get README
200 PORT command successful.
150 ASCII data connection for README (210.99.58.181, 32802) (179 bytes).
226 ASCII transfer complete.
local: README remote: README
189 bytes received in 0.021 seconds (8.90 Kbytes/s)
ftp>
```

put 명령을 사용해 파일을 원격 시스템으로 전송할 수 있다. 예를 들어 클라이언트 호스트의 현재 디렉터리에 위치한 test 파일을 복사하는 경우라면 사용자가 put test 명령을 입력하여 FTP 서버의 현재 디렉터리 아래로 파일을 복사한다.

복사되는 파일의 위치를 조정하고 싶으면 cd와 lcd 명령을 사용해 디렉터리를 이동해야 한다. cd 명령은 원격 시스템에서 디렉터리를 이동할 때, lcd 명령은 로컬 시스템에서 디렉터리를 이동할 때 사용한다.

전송되는 파일이 실행 파일처럼 이진 파일 형식이면, get이나 put 명령으로 파일 전송을 하기 전에 bin 명령으로 이진 파일임을 명시적으로 지정해야 한다.

02 FTP 프로토콜

FTP는 원격 시스템과의 파일 송수신 기능을 지원한다. FTP와 함께 개발된 프로그램으로 텔넷, 전자 메일 프로그램 등이 있는데, 이들과 비교하면 FTP는 상당히 복잡한 프로토콜 구조에 속한다.

1 FTP 구조

FTP 프로토콜은 일반 응용 프로그램과 달리 클라이언트와 서버 사이에 제어 채널과 데이터 채널이라는 두 가지 연결이 사용된다. 제어 채널은 FTP 명령을 전송하고, 데이터 채널은 복사하려는 파일의 내용을 전송한다.

제어 채널과 데이터 채널

[그림 16-2]는 FTP 클라이언트와 서버 사이의 연결 설정 과정을 설명한다. [그림 16-2]에서 왼쪽의 FTP 사용자에게서 연결 요청이 들어오면 사용자 인터페이스 모듈이 로그인 이름, 암호 등을 해석하여 명령 송수신 모듈에 전달한다. 명령 송수신 모듈은 FTP 서버와 연결을 시도하여 제어 채널Control Channel을 설정한다. 이후 사용자 명령이 입력될 때마다 사용자 인터페이스를 통해 명령을 해석하고, 명령 송수신 모듈을 통해 FTP 서버에 전달된다. 사용자로부터 원격 파일을 복사하기 위한 데이터 전송 요구가 발생하면 데이터 채널Data Channel을 추가로 설정하고, 이 채널을 통해 파일 내용을 송수신한다.

[그림 16-2]에서 원으로 표시한 모듈은 별도의 프로세스가 아니다. 또한 클라이언트와 서버는 개별 프로그램으로 작성되므로 이 둘은 독립적인 프로세스로 실행된다. 그림에서 주의할 점은 데이터 채널의 경우 연결 설정 요구가 FTP 클라이언트가 아니라 FTP 서버에서 발생한다는 점이다. 즉, FTP 클라이언트가 get이나 put 명령으로 파일의 송수신을 요청하면 FTP 서버가 해당 파일을 전송하기 위한 데이터 채널을 설정한다. 이때 FTP 클라이언트는 미리 정

해진 포트에서 대기 상태로 들어가기 때문에 FTP 서버의 연결 요청을 받을 수 있다. 참고로 FTP에서 제어 채널과 데이터 채널의 연결은 다른 인터넷 응용 프로그램처럼 소켓 기능을 이용한다.

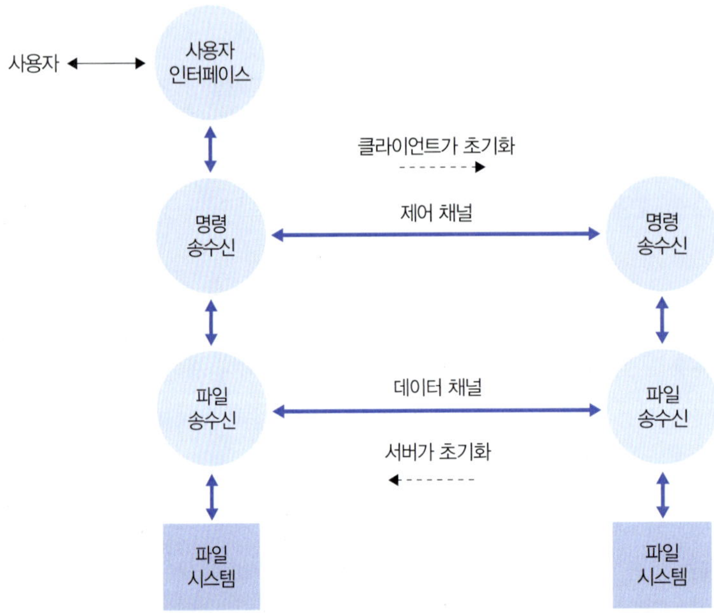

그림 16-2 FTP 구조

Well-known 포트와 관련해 FTP 서버는 클라이언트의 제어 채널 설정 요구를 받아들이기 위해 21번 포트에서 대기한다. 데이터 채널과 관련된 FTP 서버의 포트는 20번으로 고정되어 있고, 클라이언트는 자신의 데이터 채널용 포트를 생성한 후에 이 포트 번호를 제어 채널을 통해 서버에 넘겨준다. FTP 서버는 자신의 20번 포트를 통해 FTP 클라이언트가 전송한 클라이언트의 포트 번호와 데이터 채널 연결을 시도한다. 데이터 채널은 파일 송수신 요구가 발생할 때마다 새로 설정되고, 해당 파일의 송수신을 완료하면 즉시 연결을 해제한다.

데이터 채널의 설정

[그림 16-3]은 FTP 클라이언트와 서버가 어떻게 데이터 채널을 설정하고, 설정된 채널을 이

용해 파일을 전송하는지 설명한다. 사용자의 파일 송수신 명령이 입력되면 FTP 클라이언트는 데이터 채널을 위한 포트를 생성한다(❶). 생성된 포트 번호 x를 서버에 전송하려고 PORT 명령을 사용하는데, 이 과정은 제어 채널을 통해 이루어진다(❷). FTP 프로토콜의 명령은 [표 16-2]에서 정리하였다.

이후, 데이터 송수신 명령이 제어 채널을 통해 전송된다(❸). 이때 전송되는 명령은 크게 세 가지가 가능하다. 파일 송신 명령은 STOR, 파일 수신 명령은 RETR, 파일 목록 수신 명령은 LIST이며, 필요한 인수들도 함께 전송된다. FTP 클라이언트는 FTP 명령을 전송한 직후에 포트 번호 x에서 대기 상태로 들어가 FTP 서버의 연결 요청을 기다려야 한다(❹). FTP 서버는 제어 채널을 통해 수신한 포트 번호 x로 연결 설정을 시도한다(❺). 연결이 설정되면 클라이언트와 서버는 데이터 채널을 사용해 파일 데이터를 송수신한다(❻).

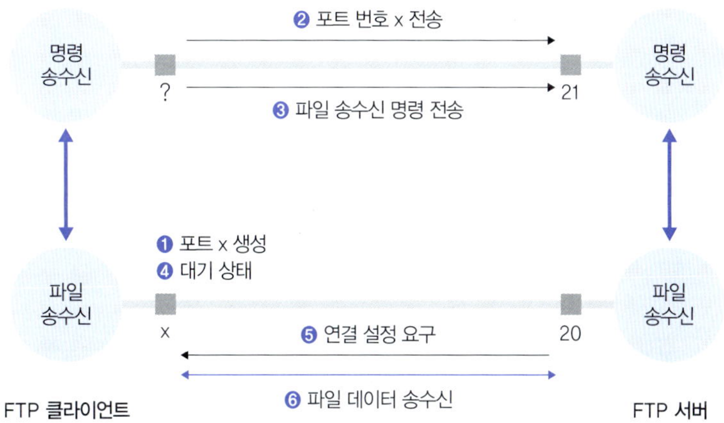

그림 16-3 데이터 채널의 설정 과정

2 FTP 명령과 응답

FTP 클라이언트와 서버는 FTP 명령을 처리하기 위해 제어 채널을 사용하며, 클라이언트가 전송한 명령에 대해 서버가 응답하는 방식으로 진행된다. [그림 16-4]는 FTP 클라이언트에서 전송되는 FTP 명령과 이에 대한 FTP 서버의 응답 관계를 설명한다. FTP 명령과 응답은 모두 제어 채널을 통해 전달된다. 앞서 설명한 것처럼 사용자가 파일 송수신 기능을 사용하지 않으면 데이터 채널은 생성되지 않는다.

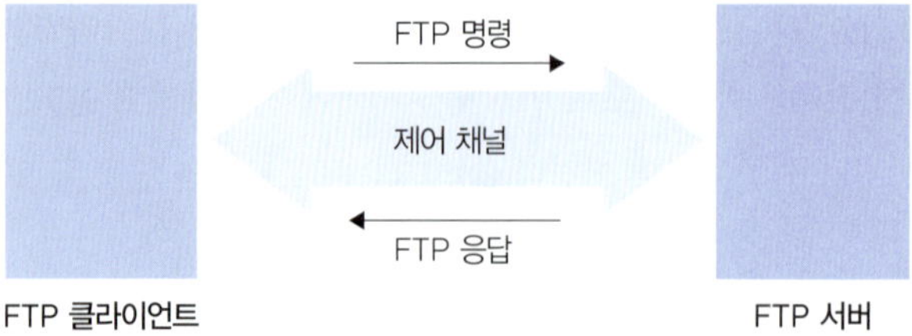

그림 16-4 FTP 명령과 응답

FTP 명령

FTP에서 사용하는 명령은 FTP 클라이언트가 서버에 원하는 작업을 요청하기 위해 전송된다. FTP 프로토콜에서 정의된 FTP 명령FTP Command은 [표 16-2]와 같다.

표 16-2 FTP 명령

명령	의미
USER 〈로그인 이름〉	FTP 서버에 등록된 사용자의 로그인 이름을 전송한다. FTP 클라이언트가 FTP 서버에 가장 먼저 전송하는 명령이다.
PASS 〈암호〉	USER 명령이 성공적으로 처리된 직후에 사용되며, 로그인 인증을 위한 암호를 전송한다.
QUIT	USER와 PASS 명령에 의해 로그인 인증을 성공하면 FTP 클라이언트와 서버 사이에 FTP 세션이 설정되어 파일 송수신 기능을 수행한다. QUIT 명령은 FTP 세션을 끝내고 로그아웃한다.
CWD 〈디렉터리〉	FTP 서버에서 현재의 작업 디렉터리를 변경한다. 명령 인수에 이동하고자 하는 디렉터리를 입력한다.
CDUP	FTP 서버에서 현재의 작업 디렉터리를 상위 디렉터리로 이동한다.
PWD	FTP 서버에서 현재의 작업 디렉터리 위치를 회신한다.
MKD 〈디렉터리〉	FTP 서버에서 현재 디렉터리 아래에 디렉터리를 새로 생성하며, 인수에 생성할 디렉터리 이름을 표시한다.
RMD 〈디렉터리〉	FTP 서버에서 특정 디렉터리를 삭제하며, 삭제할 디렉터리 이름을 인수로 준다.
DELE 〈파일〉	FTP 서버에서 디렉터리가 아닌 일반 파일을 삭제한다.
LIST 〈디렉터리〉	FTP 서버에서 인수로 지정한 디렉터리의 목록 정보를 요청한다.
TYPE 〈유형〉	전송 데이터의 유형을 의미한다. A(ASCII), E(EBCDIC), I(Image) 등의 유형을 지원한다.
RNFR 〈원래 이름〉	FTP 서버에서 파일 이름을 변경할 때 RNTO 명령과 함께 사용한다. 파일의 원래 이름은 RNFR 명령으로 지정하므로 RNTO 명령보다 먼저 전송된다.
RNTO 〈새로운 이름〉	FTP 서버에서 파일 이름을 변경할 때 RNFR 명령과 함께 사용한다. 파일의 새 이름은 RNTO 명령으로 지정하므로 RNFR 명령보다 나중에 전송된다.

명령	의미
RETR 〈파일〉	FTP 서버의 파일을 FTP 클라이언트로 복사할 때 사용하며, 인수로 주어지는 복사 파일은 FTP 서버의 현재 디렉터리에서 찾는다.
STOR 〈파일〉	FTP 클라이언트의 파일을 서버로 복사할 때 사용하며, FTP 서버의 현재 디렉터리 아래로 복사한다.

FTP 응답

다른 인터넷 응용 프로그램에서 사용하는 프로토콜처럼 FTP 응답FTP Response 내용은 세 자리의 응답 코드와 설명문으로 구성된다. 응답 코드의 첫 번째 숫자가 2인 경우는 성공을, 5인 경우는 실패를 의미한다. 첫 번째 위치의 숫자가 2나 5가 아니면 클라이언트와 서버의 연속 동작을 지원하는 데 사용된다. 두 번째, 세 번째 숫자는 부가적인 응답 정보를 제공한다. [표 16-3]은 FTP의 주요 응답 코드의 예이다.

표 16-3 FTP 응답

응답 코드	의미
125	데이터 채널이 설정되었으며, 이어서 데이터 전송을 시작할 예정이다.
200	명령 처리를 완료했다.
230	사용자 로그인을 처리했다.
250	요청한 파일 동작을 처리했다.
331	로그인 이름을 정상적으로 처리했으므로, 암호를 처리해야 한다.
425	데이터 채널의 연결이 이루어지지 않았다.
426	연결을 취소하였다.
450	파일 관련 처리를 완료하지 못했다.
451	동작 처리를 완료하지 않았다.
500	잘못된 명령이다.
501	명령의 인수가 잘못되었다.

로그인 과정

FTP 로그인은 FTP 클라이언트가 서버와 제어 채널 연결을 설정한 후에 로그인 이름과 암호를 전송하여 FTP 세션 연결을 설정하는 것이다. 클라이언트는 FTP 서버의 21번 포트와 TCP

연결 설정을 시도한다. TCP 연결이 성공적으로 이루어지면 [그림 16-5]처럼 서버로부터 FTP 서비스를 이용할 수 있음을 의미하는 응답 코드 220을 수신한다.

이후 USER 명령을 사용해 로그인 이름을 제공하고, PASS 명령으로 로그인 암호를 전송한다. 서버는 해당 사용자에 대한 인증 절차를 통해 로그인 가능 여부를 판단한다. 서버에 로그인 이름이 존재하지 않거나 암호가 올바르지 않으면 오류로 처리되지만, 정상적인 경우는 [그림 16-5]처럼 응답 코드 230을 회신하여 로그인 절차가 성공적으로 이루어졌음을 알려준다. 성공적으로 로그인하면 FTP 세션이 설정되어 다른 FTP 명령을 사용해 파일 송수신 기능 등을 수행한다.

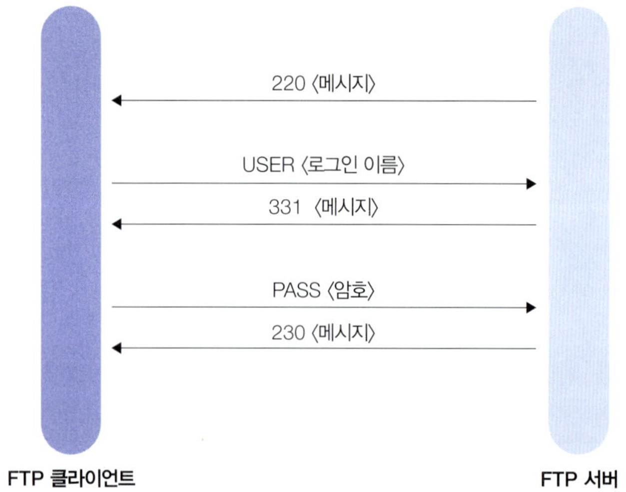

그림 16-5 FTP 로그인 과정

[그림 16-6]은 텔넷 프로그램을 이용해 FTP 로그인 과정을 시뮬레이션한 것으로, FTP 서버는 uu.ac.kr 호스트라 가정했다. 먼저 telnet uu.ac.kr 21 명령을 입력하여 TCP 21번 포트의 FTP 서버와 접속을 시도한다(❶). 이후 USER, PASS 명령을 사용해 로그인 이름 kihyun, 암호 kihyun을 전송하여 FTP 세션을 설정한다(❷). 연결이 설정된 후, 최초로 전송된 명령은 PWD로, FTP 서버의 현재 디렉터리 이름인 /export/faculty/kihyun의 메시지를 서버가 회신하고 있다(❸). 마지막으로 FTP 세션을 종료하기 위해 QUIT 명령을 입력하였다(❹).

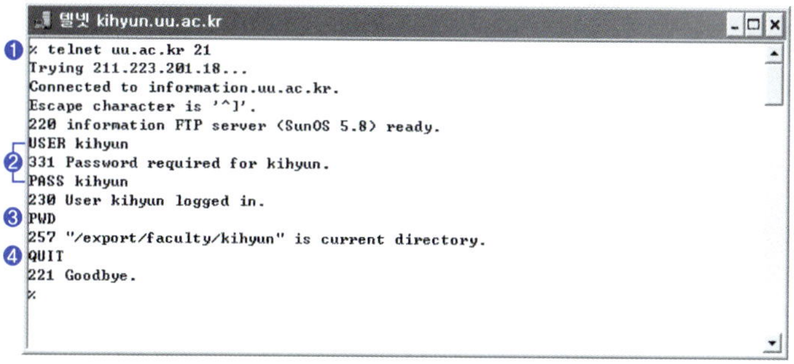

그림 16-6 FTP 로그인의 예

파일 송수신 과정

FTP의 로그인 과정이 성공적으로 이루어져 FTP 세션이 설정되면 파일 송수신 기능을 사용해 원격 파일을 복사할 수 있다. 파일을 송수신하려면 [그림 16-7]과 같이 데이터 채널이 먼저 설정되어야 한다. 데이터 채널 설정은 그림과 같이 FTP 클라이언트에서 데이터 채널용 포트를 생성하는 것으로 시작한다. 생성된 포트 번호 x는 PORT 명령에 의해 FTP 서버로 전달되며, 이후 FTP 클라이언트가 필요한 파일 송수신 명령을 서버에 전송한다. RETR 명령은 서버에서 파일을 복사해 올 때 사용하며, STOR 명령은 파일을 서버로 복사할 때 사용한다. 데이터 채널이 사용되는 또 다른 예는 LIST 명령으로, 원격 파일의 정보를 얻어준다.

이어서 FTP 서버가 자신의 Well-known 포트인 20번으로 FTP 클라이언트의 포트 번호 x에 연결 설정을 한다. 즉, FTP 서버가 FTP 클라이언트에 연결 설정을 시도하며, 이를 위해서 FTP 클라이언트가 PORT 명령으로 포트 번호 x를 미리 전송한 것이다.

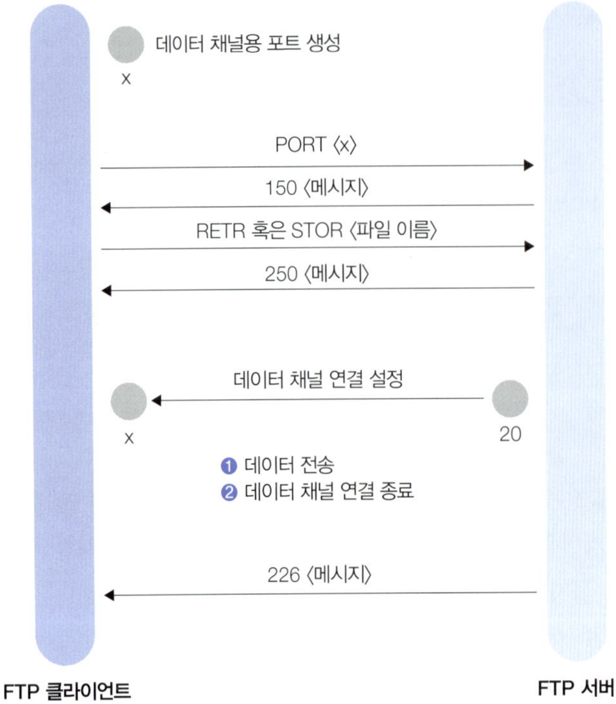

그림 16-7 파일 송수신 과정

파일 송수신 명령인 RETR/STOR/LIST가 전송되고, FTP 서버가 클라이언트와 데이터 채널 연결 설정을 시도하여 성공하면 데이터 전송이 이루어진다. 데이터 전송을 완료하면 설정된 데이터 채널의 연결은 즉시 끊기며, 제어 채널을 이용해 RETR/STOR/LIST 명령에 대한 응답 코드가 클라이언트에 회신된다. 마지막 줄의 응답 코드 226이 이에 해당한다.

03 TFTP 프로토콜

TFTPTrivial File Transfer Protocol는 임의의 시스템이 원격 시스템으로부터 부팅Booting 코드를 다운로드하는 데 사용하는 프로토콜이다. 즉, 자체적으로 하드디스크를 보유하지 못한 네트워크 터미널이 원격 서버에 저장된 부팅 이미지를 다운로드해 시스템을 초기화하는 데 사용한다. 네트워크 터미널은 원격 서버와 통신할 수 있는 TFTP를 비롯해 최소한의 소프트웨어 기능을 보유한 장치이다.

FTP는 제어 채널, 데이터 채널이라는 2개의 TCP 연결이 필요하다. 또한 원격 시스템에서 디렉터리나 파일을 생성하고 삭제하는 등의 부가 기능도 필요해 프로그램이 상대적으로 크다. 그러나 원격 부팅 기능은 서버에서 복잡한 파일 작업이 따로 필요하지 않아 전송 기능을 단순화할 수 있다. 결과적으로 TFTP가 수행하는 작업은 원격 서버에서 하나의 파일을 복사해 오는 것이라고 생각할 수 있다.

1 동작 원리

TFTP 프로토콜의 기본 기능인 파일 복사 작업은 복잡하지 않기 때문에 TCP보다 UDP를 사용하는 것이 효율적이다. TFTP는 UDP 69번 포트를 통해 데이터를 전송한다.

TFTP 메시지

TFTP는 파일 복사 작업을 위해 [표 16-4]와 같이 5개의 메시지를 제공한다. RRQ, WRQ는 데이터 송수신을 위하여 TFTP 클라이언트가 서버에 전송하는 요청 메시지이고, DATA, ACK, ERROR는 TFTP 클라이언트와 서버가 모두 전송할 수 있는 메시지이다.

표 16-4 TFTP 메시지

메시지	의미
RRQ	읽기 요청을 의미하는 RRQ는 TFTP 서버로부터 데이터를 읽기 위한 세션을 설정한다. 파일 이름과 함께 ASCII/이진 파일을 구분하는 모드가 인수로 주어진다.
WRQ	TFTP 서버에 데이터를 쓰기 위한 세션을 설정한다. 파일 이름과 모드가 인수로 주어진다.
DATA	클라이언트나 서버가 데이터 블록을 전송할 목적으로 사용한다. TFTP는 클라이언트와 서버 모두 데이터 블록을 전송할 수 있다.
ACK	DATA 메시지로 전송된 데이터 블록을 수신하였음을 응답한다. 클라이언트와 서버가 모두 사용한다.
ERROR	데이터 전송 과정에서 오류가 발생했을 때 사용한다.

TFTP 세션

UDP는 연결 기능을 제공하지 않으며, 각 데이터 블록을 독립적으로 전송한다. 따라서 TFTP는 RRQ, WRQ 등의 메시지를 이용해 TFTP 세션을 설정 및 유지하고, DATA 메시지를 이용해 데이터를 전송한다. TFTP에서 세션 연결을 해제하고 싶으면 데이터 전송의 마지막 단계에서 512바이트보다 작은 데이터 블록을 전송한다.

[그림 16-8]은 RRQ 메시지를 이용해 TFTP 서버로부터 파일을 읽어 오는 과정이다. 먼저 TFTP 클라이언트가 RRQ 메시지를 서버에 보내 세션 연결 요청을 수행한다. TFTP 서버는 요청을 검토하여 오류가 있으면 ERROR 메시지를 회신한다. 그렇지 않으면 TFTP 세션이 설정되고, DATA 메시지를 이용해 첫 번째 블록부터 전송을 시작한다. 파일 전송을 완료하면 TFTP 세션 연결을 종료한다. 연결 종료를 위한 별도의 메시지는 정의되어 있지 않으므로 512바이트보다 작은 크기의 블록을 전송하는 것으로 대신한다.

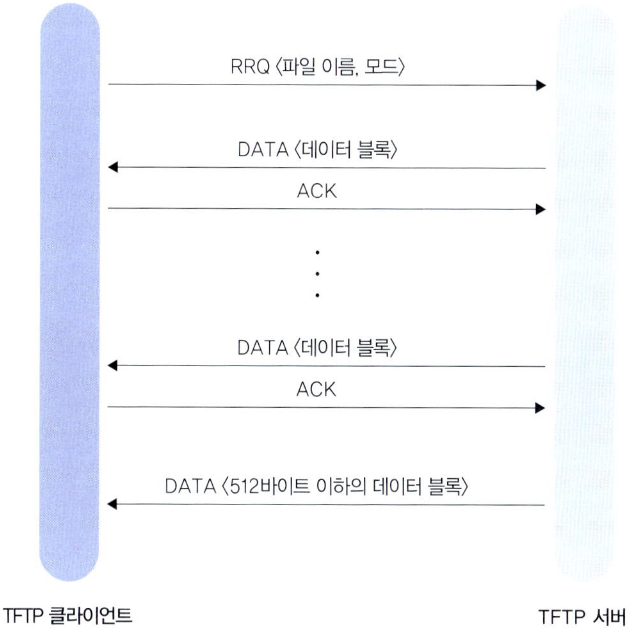

그림 16-8 TFTP의 데이터 읽기

TFTP 클라이언트가 서버에 파일을 전송하기 위해서는 [그림 16-9]처럼 WRQ 메시지를 전송해야 한다. TFTP 서버는 오류가 있으면 ERROR 메시지를 회신하고, 오류가 없으면 ACK 메시지를 전송해 데이터 파일을 수신할 수 있음을 나타낸다. 이후 새로 설정된 TFTP 세션을 사용해 데이터를 전송하는데, DATA와 ACK 명령에 의한 파일 송수신 절차와 연결 해제 과정은 읽기 기능과 동일하다. 읽기 기능과 반대로 DATA 명령은 클라이언트가 전송하고, 이에 대한 ACK 응답은 서버가 전송한다.

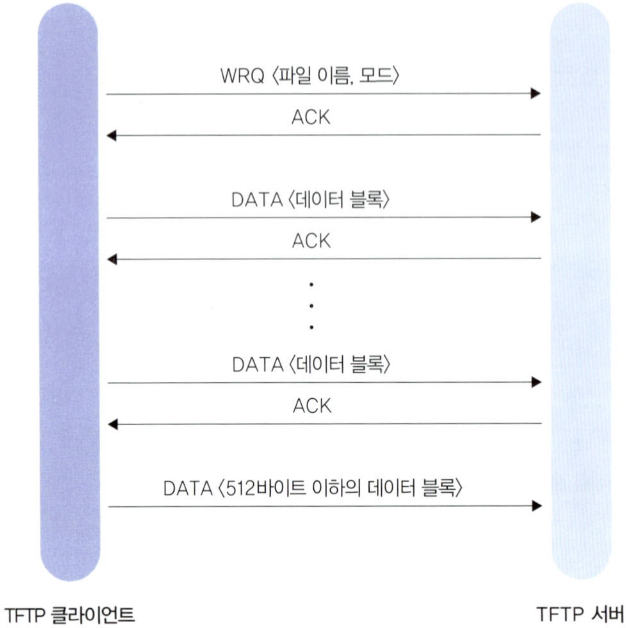

그림 16-9 TFTP의 데이터 쓰기

데이터 전송 오류의 처리

앞서 살펴본 것처럼 TFTP의 데이터 전송은 DATA와 ACK 메시지에 의해 이루어진다. TFTP가 사용하는 UDP는 데이터의 신뢰성과 순서 제어 등의 오류와 관련된 기능을 지원하지 않으므로 TFTP 자체에서 이 문제를 해결해야 한다.

먼저 데이터 도착 순서와 관련해서는 [그림 16-8]과 [그림 16-9]에서 유추할 수 있듯이, TFTP는 연속형 전송 기능을 지원하지 않으므로 하나의 DATA 메시지에 대해 ACK 메시지 처리가 순차적으로 완료되도록 설계되었다. 또한 데이터 블록 전송을 하나씩 처리하는 단순한 흐름 제어 방식을 사용하므로 UDP의 데이터 도착 순서 문제는 자연스럽게 해결된다.

데이터 분실과 관련된 오류 제어 원리도 간단하다. 모든 DATA와 ACK 메시지에 대해 송신측에서 타임아웃 기능을 작동하도록 설계되었다. 즉, DATA나 ACK 메시지를 분실하면 송신자가 타임아웃 기능을 수행한다. 타임아웃 기능을 작동한다는 것은 해당 메시지를 재전송해야 함을 의미한다.

TFTP는 부정 응답 메시지를 정의하지 않으므로 부정 응답 기능을 지원하지 않는다. 따라서 수신 데이터의 일부가 변형되는 오류가 발생하면 데이터 분실처럼 처리된다. 데이터 블록의 중복 문제는 DATA와 ACK 메시지에 정의된 블록 번호로 처리한다.

2 데이터 전송의 예

TFTP 프로토콜의 동작 과정을 이해하기 위해 [그림 16-10]과 같이 클라이언트가 서버로부터 데이터를 읽어 들이는 동작을 가정해보자. 먼저 RRQ 메시지로 세션 연결이 설정되고, 블록 번호 1번으로 지정된 첫 번째 데이터 블록이 정상 처리되었다.

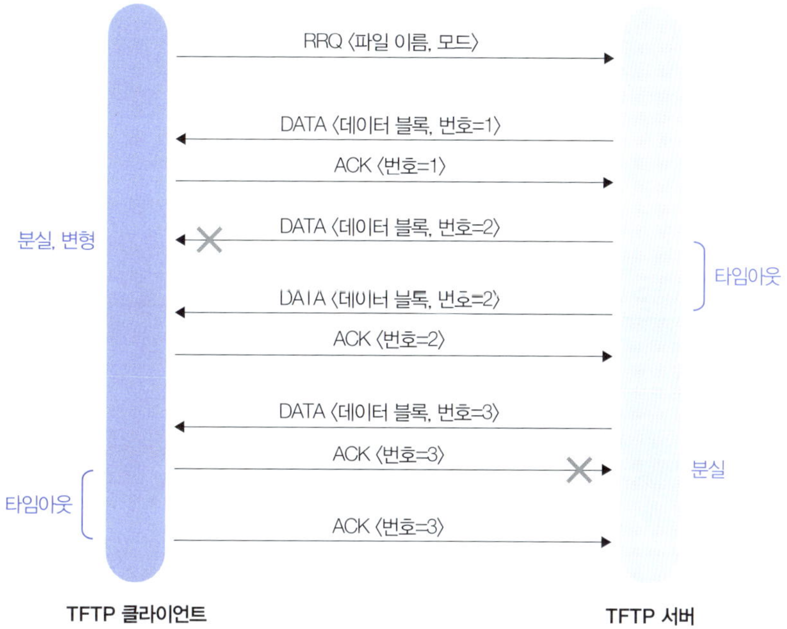

그림 16-10 TFTP 데이터 전송의 예

2번 데이터 블록은 DATA 명령에 의한 전송 과정에서 데이터 변형 혹은 분실이 발생한 경우이며, 앞서 설명한 것처럼 데이터 변형은 분실과 동일하게 처리된다. 따라서 TFTP 클라이언트는 서버로부터 어떠한 데이터 블록도 수신하지 않았기 때문에 ACK 메시지를 전송하지 않는다. 클라이언트로부터 ACK 메시지를 수신하지 못한 TFTP 서버는 타임아웃 기능을 이용해 데이터 블록을 재전송하여 전송 오류를 해결한다. TFTP는 자체적인 체크섬 기능을 이용해 데이터 변형 오류를 검출할 수 없으므로 UDP의 체크섬 기능을 이용한다.

마지막의 3번 데이터 블록은 ACK 메시지가 전송 과정에서 분실된 경우이다. TFTP 서버는 클라이언트로부터 ACK 메시지를 수신하지 않았기 때문에 다음에 전송할 데이터의 송신을 시작할 수 없다. 4번 데이터 블록이 전송되지 않으므로 TFTP 클라이언트에서 타임아웃 기능을 통해 ACK 메시지를 재전송한다.

요약

01 익명 FTP

FTP는 원격 시스템과의 파일 송수신 기능을 지원한다. 원격 시스템에 접속하려면 FTP 서버에 등록된 로그인 계정과 암호가 필요하다. 다중 사용자에게 파일 서비스를 제공하려고 불특정 다수에게 로그인 계정을 일일이 부여하는 것은 현실적으로 불가능하다. 그러나 이러한 형식으로 제공해야 할 필요가 있는데, 이를 위한 방편으로 익명 FTP 서비스를 사용한다. 익명 FTP를 사용하려면 로그인 이름을 anonymous로 입력하고, 로그인 암호는 관례상 전자 메일 주소를 입력한다.

02 FTP의 제어 채널과 데이터 채널

FTP는 일반 응용 프로그램과 달리 클라이언트와 서버 사이에 제어 채널과 데이터 채널이라는 두 가지 연결이 존재한다. 제어 채널은 FTP 명령을 전송하고, 데이터 채널은 복사하려는 파일의 내용을 전송한다. FTP 사용자로부터 연결 요청이 들어오면 로그인 이름, 암호 등을 해석하여 FTP 서버와 연결을 시도해 제어 채널을 설정한다. 이후 사용자 명령이 입력될 때마다 FTP 서버에 전달된다. 사용자로부터 원격 파일을 복사하기 위한 데이터 전송 요구가 발생하면 데이터 채널을 추가로 설정하고, 이 채널을 통해 파일 내용을 송수신한다.

03 FTP의 파일 송수신

파일을 송수신하려면 데이터 채널이 먼저 설정되어야 한다. 데이터 채널 설정은 FTP 클라이언트에서 데이터 채널용 포트를 생성하는 것으로 시작한다. 생성된 포트 번호는 PORT 명령으로 FTP 서버에 전달되며, 이후 FTP 클라이언트가 필요한 파일 송수신 명령을 서버에 전송한다. 파일 송수신 명령이 전송되고 FTP 서버가 클라이언트와 데이터 채널 연결 설정을 시도하여 성공하면 파일 전송이 이루어진다. 파일 전송이 완료되면 설정된 데이터 채널의 연결은 즉시 해제되며, 제어 채널을 이용해 파일 송수신 명령에 대한 응답 코드가 클라이언트에 회신된다.

04 TFTP

TFTP는 임의의 시스템이 원격 시스템으로부터 부팅 코드를 다운로드하는 데 사용되는 프로토콜이다. 원격 부팅 기능은 서버에서 복잡한 파일 작업이 따로 필요하지 않아 전송 기능을 단순화할 수 있다. TFTP의 기본 기능인 파일 복사 작업은 복잡하지 않기 때문에 TCP보다 UDP를 사용하는 것이 효율적이다. TFTP는 UDP 69번 포트를 통해 데이터를 전송한다.

05 TFTP의 데이터 전송

TFTP의 데이터 전송은 DATA와 ACK 메시지에 의해 이루어진다. TFTP가 사용하는 UDP는 데이터의 신뢰성과 순서 제어 등의 오류와 관련된 기능을 지원하지 않으므로 TFTP 자체에서 이 문제를 해결해야 한다. 먼저 데이터 도착 순서와 관련해서 하나의 DATA 메시지에 대해 ACK 메시지 처리가 순차적으로 완료되도록 설계되었다. 따라서 데이터 블록 전송을 하나씩 처리하는 흐름 제어 방식을 사용하므로 UDP의 데이터 도착 순서 문제는 자연스럽게 해결된다. 데이터의 분실과 관련된 오류 제어 원리도 간단하다. 모든 DATA와 ACK 메시지에 대해 송신 측에서 타임아웃 기능을 작동하도록 설계되었다.

01 FTP 프로그램의 로그인에 대한 설명으로 올바른 것을 모두 고르시오.

① FTP 서비스에서 원격 시스템에 접속하려면 FTP 서버에 등록된 로그인 계정과 암호가 필요하지 않다.

② FTP 포트 번호는 전 세계적으로 공통인 Well-known 포트를 사용하므로 사용자가 따로 기억할 필요 없이 프로그램에서 자동으로 처리한다.

③ 익명 FTP를 사용하려면 로그인 이름을 anonymous로 입력하고, 로그인 암호는 관례상 전자 메일 주소를 입력한다.

④ 로그인이 성공하면 FTP 사용자 명령으로 파일 송수신 기능을 수행할 수 있다.

02 FTP 프로그램의 명령어에 대한 설명으로 올바른 것을 모두 고르시오.

① get 명령은 FTP 서버에서 클라이언트로 파일을 복사해온다.

② put 명령은 FTP 클라이언트에서 서버로 파일을 복사해준다.

③ cd 명령은 FTP 클라이언트에서 현재 작업 디렉터리를 이동한다.

④ ls 명령은 FTP 클라이언트에서 현재 작업 디렉터리의 파일 목록을 출력한다.

03 FTP 프로토콜에 대한 설명으로 올바른 것을 모두 고르시오.

① 제어 채널은 FTP 명령을 전송하고, 데이터 채널은 복사하려는 파일의 내용을 전송한다.

② 사용자로부터 원격 파일을 복사하기 위한 데이터 전송 요구가 발생하면 데이터 채널을 추가로 설정하고, 이 채널을 통해 파일 내용을 송수신한다.

③ FTP 클라이언트가 get이나 put 명령으로 파일의 송수신을 요청하면 FTP 클라이언트가 해당 파일을 전송하기 위한 데이터 채널을 설정한다.

④ Well-known 포트와 관련해 FTP 서버는 클라이언트의 제어 채널 설정 요구를 받아들이기 위해 25번 포트에서 대기한다.

⑤ FTP 서버는 자신의 20번 포트를 통해 FTP 클라이언트가 전송한 클라이언트의 포트 번호와 데이터 채널 연결을 시도한다.

⑥ 데이터 채널은 파일 송수신 요구가 발생할 때마다 새로 설정되고, 해당 파일의 송수신이 완료되면 즉시 연결이 해제된다.

04 FTP 프로토콜의 데이터 채널에 대한 설명으로 올바른 것을 모두 고르시오.

① 사용자의 파일 송수신 명령이 입력되면 FTP 클라이언트는 제어 채널을 위한 포트를 생성한다.

② 생성된 포트 번호 x를 서버에 전송하려고 PORT 명령을 사용하는데, 이 과정은 데이터 채널을 통해 이루어진다.

③ 이후 데이터 송수신 명령이 제어 채널을 통해 전송된다. 이때 전송되는 명령은 파일 송신 명령 STOR, 파일 수신 명령 RETR, 파일 목록 수신 명령 LIST이다.

④ FTP 클라이언트는 FTP 명령을 전송한 직후에 포트 번호 x에서 대기 상태로 들어가 FTP 서버의 연결 요청을 기다려야 한다.

⑤ FTP 서버는 제어 채널을 통해 수신한 포트 번호 x로 연결 설정을 시도한다.

⑥ 연결이 설정되면 클라이언트와 서버는 제어 채널을 사용해 파일 데이터를 송수신한다.

05 FTP 프로토콜의 명령에 대한 설명으로 올바른 것으로 모두 고르시오.

① USER 명령은 FTP 서버에 등록된 사용자의 로그인 이름을 전송한다.

② CWD 명령은 FTP 서버에서 현재의 작업 디렉터리를 변경한다.

③ RMD 명령은 FTP 서버에서 특정 디렉터리를 삭제한다.

④ LIST 명령은 FTP 서버에서 디렉터리의 목록 정보를 요청한다.

⑤ RNTO 명령은 FTP 서버에서 파일 이름을 변경할 때 사용하며, 파일의 원래 이름이 인수로 지정된다.

⑥ RETR 명령은 FTP 서버로 파일을 전송한다.

06 FTP 프로토콜의 로그인 과정에 대한 설명으로 올바른 것을 모두 고르시오.

① FTP 클라이언트가 서버와 제어 채널 연결을 설정한 후에 로그인 이름과 암호를 전송하여 FTP 세션 연결을 설정하는 것이다.

② 클라이언트는 FTP 서버의 21번 포트와 UDP 연결 설정을 시도한다.

③ TCP 연결이 성공적으로 이루어지면 클라이언트는 서버로부터 FTP 서비스를 이용할 수 있음을 의미하는 응답 코드 220을 수신한다.

④ 이후 클라이언트는 USER 명령을 사용해 로그인 이름을 제공하고, PASS 명령으로 로그인 암호를 전송한다.

⑤ 서버는 해당 사용자에 대한 인증 절차를 통해 로그인 가능 여부를 판단한다. 서버에 로그인 이름이 존재하지 않거나 암호가 올바르지 않으면 오류로 처리된다.

07 FTP 프로토콜의 파일 송수신 과정에 대한 설명으로 올바른 것을 모두 고르시오.

① FTP 세션이 설정되면 파일 송수신 기능을 사용해 원격 파일을 복사할 수 있다.

② 파일을 송수신하려면 데이터 채널이 먼저 설정되어야 한다.

③ 데이터 채널을 설정하기 위해 FTP 서버가 자신의 Well-known 포트인 20번으로 FTP 클라이언트의 포트 번호 x에 연결 설정을 한다.

④ 데이터 채널을 설정하려면 FTP 서버가 PORT 명령으로 포트 번호 x를 미리 전송해야 한다.

⑤ 파일 송수신 명령인 RETR/STOR/LIST가 전송되고, FTP 서버가 클라이언트와 데이터 채널 연결을 시도하여 성공하면 데이터 전송이 이루어진다.

⑥ 데이터 전송을 완료하면 설정된 제어 채널의 연결은 즉시 끊기며, 데이터 채널을 이용해 RETR/STOR/LIST 명령에 대한 응답 코드가 클라이언트에 회신된다.

08 TFTP 프로토콜에 대한 설명으로 올바른 것을 모두 고르시오.

① TFTP 프로토콜은 TCP 69번 포트를 통해 데이터를 전송한다.

② RRQ, WRQ 명령은 데이터 송수신을 위하여 TFTP 클라이언트가 서버에 전송하는 요청 메시지이다.

③ 세션 연결을 해제하고 싶으면 데이터 전송의 마지막 단계에서 512바이트보다 작은 데이터 블록을 전송한다.

④ 클라이언트가 서버에 파일을 전송하기 위해서는 WRQ 메시지를 전송해야 한다. TFTP 서버는 오류가 있으면 ERROR 메시지를 회신하고, 오류가 없으면 ACK 메시지를 전송해 데이터 파일을 수신할 수 있음을 나타낸다.

09 TFTP 프로토콜의 데이터 전송 오류에 대한 설명으로 올바른 것을 모두 고르시오.

① TFTP가 사용하는 UDP는 데이터의 신뢰성과 순서 제어 등의 오류와 관련된 기능을 지원하지 않으므로 TFTP 자체에서 이 문제를 해결해야 한다.

② 데이터 도착 순서와 관련하여, TFTP는 연속형 전송 기능을 지원하지 않으므로 하나의 DATA 메시지에 대해 ACK 메시지 처리가 순차적으로 완료되도록 설계되었다.

③ 데이터 블록 전송을 하나씩 처리하는 단순한 흐름 제어 방식을 사용하므로 UDP의 데이터 도착 순서 문제는 해결된다.

④ DATA나 ACK 메시지를 분실하면 송신자가 타임아웃 기능을 수행한다.

⑤ TFTP는 부정 응답 기능을 지원하지 않으므로 수신 데이터의 일부가 변형되는 오류가 발생하면 데이터 분실처럼 처리된다.

⑥ 데이터 블록의 중복 문제는 DATA와 ACK 메시지의 재전송으로 처리한다.

10 FTP 클라이언트로 파일을 송수신하려면 반드시 FTP 서버에 등록된 계정이 있어야 한다. 일반적으로 다중 사용자에게 파일 서비스를 제공하려고 불특정 다수에게 로그인 계정을 일일이 부여하는 것은 현실적으로 불가능하다. 이를 위한 방편으로 (①) FTP 서비스를 사용한다. (①) FTP를 사용하려면 로그인 이름을 (②)로 입력하고, 로그인 암호는 관례상 전자 메일 주소를 입력한다.

11 FTP 프로토콜은 일반 응용 프로그램과 달리 클라이언트와 서버 사이에 (①) 채널과 (②) 채널이라는 두 가지 연결이 사용된다. (①) 채널은 FTP 명령을 전송하고, (②) 채널은 복사하려는 파일의 내용을 전송한다.

12 Well-known 포트와 관련해 FTP 서버는 클라이언트의 (①) 채널 설정 요구를 받아들이기 위해 21번 포트에서 대기한다. (②) 채널과 관련된 FTP 서버의 포트는 20번으로 고정되어 있고, 클라이언트는 자신의 (②) 채널용 포트를 생성한 후에 이 포트 번호를 (①) 채널을 통해 서버에 넘겨준다.

13 사용자의 파일 송수신 명령이 입력되면 FTP 클라이언트는 데이터 채널을 위한 포트를 생성한다. 생성된 포트 번호 x를 서버에 전송하려고 (①) 명령을 사용하는데, 이 과정은 제어 채널을 통해 이루어진다. 이후 데이터 송수신 명령이 제어 채널을 통해 전송된다. 파일 송신 명령은 STOR, 파일 수신 명령은 RETR, 파일 목록 수신 명령은 (②)이며, 필요한 인수들도 함께 전송된다.

14 FTP 클라이언트와 서버는 FTP 명령을 처리하기 위해 제어 채널을 사용하며, 클라이언트가 전송한 명령에 대해 서버가 응답하는 방식으로 진행된다. (①) 명령은 서버에 등록된 사용자의 로그인 이름을 전송하고, (②) 명령은 로그인 인증에 필요한 암호를 전송한다.

15 다른 인터넷 응용 프로그램의 프로토콜처럼 FTP 응답 내용은 세 자리의 응답 코드와 설명문으로 구성된다. 응답 코드의 첫 번째 숫자가 (①)인 경우는 성공을, (②)인 경우는 실패를 의미한다. 첫 번째 위치의 숫자가 (①)나 (②)가 아니면 클라이언트와 서버의 연속 동작을 지원하는 데 사용된다.

16 데이터 채널을 설정하기 위해 FTP 서버가 자신의 Well-known 포트인 (①)번으로 FTP 클라이언트의 포트 번호 x에 연결 설정을 한다. 즉, FTP 서버가 FTP 클라이언트에 연결 설정을 시도하며, 이를 위해서 FTP 클라이언트가 (②) 명령으로 포트 번호 x를 미리 전송한 것이다.

17 TFTP 프로토콜의 기본 기능인 파일 복사 작업은 복잡하지 않기 때문에 (①) 프로토콜을 사용하는 것이 효율적이다. TFTP는 (②)번 포트를 통해 데이터를 전송한다.

18 TFTP는 파일 복사 작업을 위해 5개의 메시지를 제공한다. (①) 메시지는 서버로부터 데이터를 읽기 위한 세션을 설정한다. (②) 메시지는 클라이언트나 서버가 데이터 블록을 전송할 목적으로 사용한다.

19 TFTP는 RRQ, WRQ 등의 메시지를 이용해 TFTP 세션을 설정 · 유지하고, (①) 메시지를 이용해 데이터를 전송한다. TFTP에서 세션 연결을 해제하고 싶으면 데이터 전송의 마지막 단계에서 (②)바이트보다 작은 데이터 블록을 전송한다.

20 TFTP 클라이언트가 서버에 파일을 전송하기 위해서는 WRQ 메시지를 전송해야 한다. TFTP 서버는 오류가 있으면 (①) 메시지를 회신하고, 오류가 없으면 (②) 메시지를 전송해 데이터 파일을 수신할 수 있음을 나타낸다.

21 TFTP 프로토콜에서 데이터 분실 오류는 모든 DATA와 ACK 메시지에 대해 송신 측에서 (①) 기능을 작동하도록 설계되었다. TFTP는 부정 응답 기능을 지원하지 않으므로 수신 데이터 변형 오류가 발생하면 데이터 분실처럼 처리된다. 데이터 블록의 중복 문제는 DATA와 ACK 메시지에 정의된 (②)로 처리한다.

22 다음 용어에 대하여 간단히 설명하시오.

- 익명 FTP
- FTP 제어 채널과 데이터 채널
- FTP의 PORT, RETR 명령
- FTP의 응답 코드
- TFTP 프로토콜
- TFTP DATA 메시지
- TFTP 흐름 제어
- TFTP 블록 번호

23 익명 FTP의 필요성을 설명하시오.

24 FTP에서 제어 채널과 데이터 채널의 차이를 설명하시오.

25 FTP에서 파일 송수신을 위한 절차(데이터 채널 설정과의 연관 관계)를 설명하시오.

26 FTP 명령의 종류를 나열하고, 각각의 기능을 설명하시오.

27 FTP의 로그인 절차를 FTP 명령과 응답 코드를 사용해 설명하시오.

28 FTP의 데이터 송수신 절차를 FTP 명령과 응답 코드를 사용해 설명하시오.

29 TFTP의 메시지 종류를 나열하고, 각각의 의미를 설명하시오.

30 TFTP에서 데이터를 수신하는 절차를 TFTP 메시지를 사용해 설명하시오.

31 TFTP에서 데이터를 송신하는 절차를 TFTP 메시지를 사용해 설명하시오.

32 TFTP에서 DATA 메시지 분실, ACK 메시지 분실 오류를 해결하는 방법을 설명하시오.

Chapter

17

암호화와 네트워크 보안

학습목표

- 암호화 원리를 바탕으로 대체 암호화와 위치 암호화를 알아본다.
- 암호화 알고리즘인 DES, RSA의 구조를 이해한다.
- 전자 서명의 필요성과 방법을 이해한다.
- 네트워크 보안의 개념과 관련 이슈를 살펴본다.
- 라우터와 프록시로 구현한 방화벽의 원리를 이해한다.

Preview

현재 컴퓨터 네트워크의 사용자 환경은 단순한 정보 검색을 넘어 개인 정보의 유통, 스마트 뱅킹 · 전자 화폐로 대표되는 경제 분야뿐 아니라, 국가 안보와 관련된 군사 · 외교 분야로 확대되었다. 이에 인터넷상의 불법 침입자가 중요한 정보에 접근할 수 없도록 차단하는 네트워크 보안Network Security의 중요성이 강조되고 있다.

보안의 필요성은 두 가지로 생각할 수 있다. 첫째, 허가받지 않은 외부 침입자에게 정보가 유출되지 않도록 하기 위함이다. 보안 데이터가 전달되는 네트워크 경로에서 데이터를 불법적으로 훔쳐내 악용하는 경우가 이에 해당한다. 둘째, 외부 침입자가 보안 데이터의 내용을 악의적으로 조작하지 않도록 보호하기 위함이다. 통신하는 사람들 간의 정상적인 데이터 통신을 조작을 통해 방해하는 경우가 이에 해당한다.

인터넷에서 정보 보호의 중요성이 커지면서 암호화 기능을 포함한 보안 프로토콜의 중요성도 강조되는 추세이다. 따라서 암호화의 원리 및 구현 알고리즘에 대한 학습을 통해 이에 대한 이해의 폭을 넓히는 것이 필요하다. 더불어 네트워크 보안과 관련된 주요 이슈를 살펴본다면 통신 프로토콜 내부에 보안과 관련된 기능이 어떻게 구현되는지 이해하기 쉽다.

17장에서는 암호화 시스템의 기본 구조와 원리에 대하여 학습한다. 이를 위하여 기본 암호화 알고리즘을 설명하고, 실제 구현된 DES, RSA, 전자 서명 알고리즘 등에 대하여 살펴본다. 이어서 네트워크 보안과 관련된 다양한 이슈에 대하여 설명하고, OSI 7계층 모델과 보안의 관계에 대하여 간략히 살펴본다.

01 암호화의 이해

외부 침입자로부터 문서를 보호하기 위해 문서 내용을 암호화하여 목적지에 전송하는 방법은 컴퓨터 네트워크가 보급되기 전부터 사용하던 방식이다. 이때 문서의 송수신자는 암호문을 작성하고 해석하는 과정에서 자신들만 아는 비밀키를 사용한다.

1 용어의 정의

컴퓨터 네트워크에서 송신자와 수신자는 중간의 전송 매체를 통해 메시지를 송수신한다. 네트워크는 기본적으로 개방형 시스템이므로 제3자가 임의로 접근할 수 있고, 전송 메시지는 외부 접근에 노출되어 있다. 특히 무선 전송의 경우, 누구든 손쉽게 데이터에 접근할 수 있다. 따라서 전송 과정에서 비권한적 접근을 시도하는 침입자Intruder로부터 메시지를 안전하게 보호해야 한다.

외부 침입자가 전송 메시지에 가하는 공격 행동은 다음의 세 가지로 나눌 수 있다.

- 메시지 읽기: 전송 선로에서 흐르는 신호를 도청하여 메시지의 내용을 읽는다. 인터넷에서 신호 도청을 차단하기는 쉽지 않으므로 암호화 기법으로 해결해야 한다. 스마트폰의 음성 통화와 같이 암호화되어 전송되는 문서는 전송 구간에서 도청해도 해독 능력이 없으면 보호된다.
- 전송 방해: 전송 메시지가 수신자에게 도착하지 못하게 함으로써 송수신자 간의 통신을 방해한다. 인터넷에서 방화벽 기능을 통해 불법 사이트에 접속하지 못하도록 차단하는 것과 무선 통신에서 교란 전파를 발사하는 것이 이에 해당한다.
- 메시지 수정: 전송되는 메시지의 내용을 수정하는 것으로, 송수신자가 교환하는 메시지의 의미를 왜곡한다.

암호화 용어

외부 침입자가 송수신자 사이에 전송되는 메시지를 불법적으로 읽거나 수정하는 등의 위해 행위를 막기 위해 컴퓨터 네트워크에서 사용하는 일반 기법은 암호화이다.

암호화는 메시지의 내용을 임의로 조작하여 원래의 의미를 알아볼 수 없도록 변형하는 작업이다. 메시지의 의미는 언어로 표현Encoding되기 때문에 송수신자만 해독할 수 있는 표현 방식을 사용해 침입자가 메시지의 내용을 알아볼 수 없게 전송해야 한다. 암호화된 문서를 원래 언어로 복구하여 수신자가 알아보기 위해서는 해독 과정이 필요하다.

[그림 17-1]은 왼쪽에서 오른쪽으로 메시지를 전송할 때 암호화Encryption와 해독Decryption 과정을 보여준다. 암호화 전의 원본 문서를 원문서Plaintext라 하며, 이를 임의의 알고리즘으로 암호화한 문서를 암호문Ciphertext이라 한다. 암호문은 미리 정해진 암호키 *k*와 알고리즘을 이용하므로 송신자가 $C=E_k(P)$의 형식으로 암호화하고, 수신자는 $P=D_k(C)$의 형식으로 해독한다.

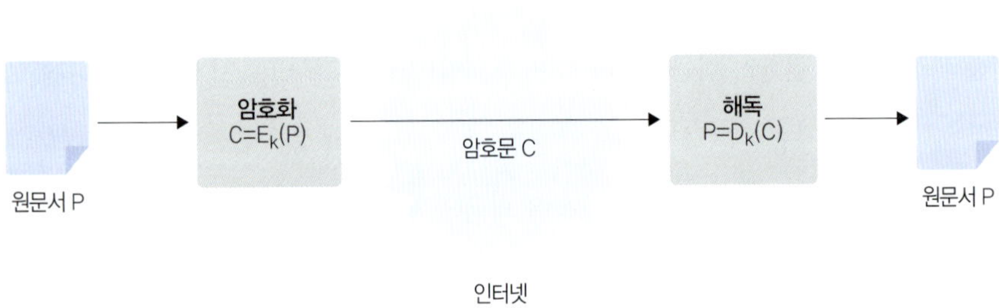

그림 17-1 암호화와 해독

암호화 과정은 송신 호스트에서 메시지를 전송하기 전에 이루어지며, 해독 과정은 수신 호스트에서 암호문을 수신하는 과정에서 처리된다. 송수신 호스트는 모두 암호키 k를 사용하여 암호화와 해독 알고리즘을 실행하면서 양방향 통신을 한다. 송수신 호스트 사이의 전송 매체에서 외부에 노출될 가능성이 있는 경우는 암호문 상태로 전송될 때이다. 따라서 외부 침입자가 암호문을 해독할 능력이 없으면 즉, 암호키와 암호화 · 해독 알고리즘을 모르면 메시지의 내용을 읽거나 수정하는 등의 위해 행동을 할 수 없다.

암호키

암호화와 해독 과정에서 키Key를 사용하는데, 키의 종류에는 암호키와 해독키가 있다. 암호키는 송신 호스트에서 암호화 알고리즘에 필요한 키이며, 해독키는 수신 호스트에서 해독 알고리즘에 필요한 키이다. [그림 17-2]의 (a)는 암호화와 해독 과정에서 동일한 하나의 키 k를 사용하는 대칭키 방식이다. (b)는 암호화 과정에서 사용하는 암호키 k_E와 해독 과정에서 사용하는 해독키 k_D가 서로 다른 비대칭키 방식이다.

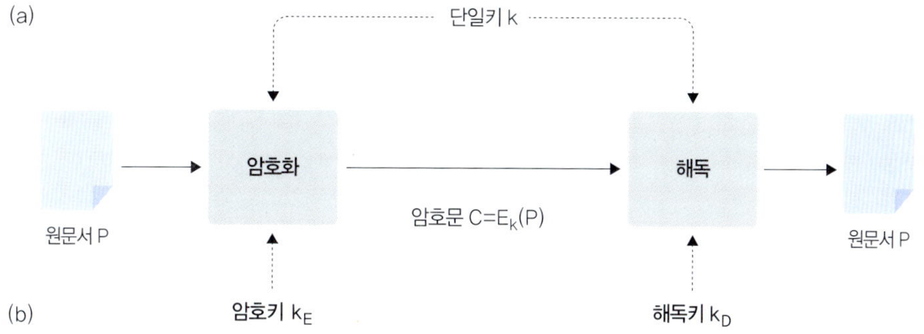

그림 17-2 키의 종류

대칭키Symmetric Key라고도 하는 단일키Single Key 방식을 사용할 때는 송수신 호스트 외의 제3자가 키값을 알지 못하도록 하는 것이 중요하다. 기본적으로 둘 이상의 호스트가 키값을 아는 환경에서는 보안을 유지하기가 쉽지 않다. 암호키의 비밀 유지를 위해서 송수신 호스트가 주기적으로 키값을 변경할 수 있는데, 이를 처리하는 과정에서 특히 외부로 유출되지 않도록 주의해야 한다.

[그림 17-2]의 (b)처럼 송수신 호스트가 서로 다른 키를 사용하는 것을 비대칭키Asymmetric Key 방식이라 한다. 이 방식에서는 보통 키 하나가 공개되므로, 공개되지 않는 나머지 키에 대해 송신 호스트나 수신 호스트 스스로 보안에 주의해야 한다.

2 대체 암호화

암호문을 작성하는 방법은 사용하는 알고리즘에 따라 다양하다. 가장 간단한 방식은 특정 문자를 다른 문자로 일대일(1:1) 대체하는 것인데, 이때는 문자와 대체 문자를 순서대로 나열한 변환표가 암호키와 해독키가 된다. 이와 같이 임의의 문자를 특정한 문자로 대체하는 암호화를 대체 암호화Substitution Cipher라 한다. 대체 암호화 방식의 예로는 시저 암호화, 키워드 암호화, 복수 개의 문자 변환표 방식 등이 있다.

시저 암호화

시저 암호화Caesar Cipher는 줄리어스 시저가 처음 사용했을 것이라는 의미에서 붙은 이름이다. 알파벳 문자를 순차적으로 세 문자씩 오른쪽으로 이동하면서 대체 문자를 사용하는 방식이다. 시저 암호화에서 암호키에 해당하는 문자 변환표는 [그림 17-3]과 같다. 편의상 원문서의 문자는 대문자로, 암호문의 문자는 소문자로 표기한다.

원문	A	B	C	D	E	F	G	H	I	J	K	L	M	N	O	P	Q	R	S	T	U	V	W	X	Y	Z
암호문	d	e	f	g	h	i	j	k	l	m	n	o	p	q	r	s	t	u	v	w	x	y	z	a	b	c

그림 17-3 시저 암호화의 암호키

이 문자 변환표를 이용해 'NETWORK TECHNOLOGY'를 암호화하면 [그림 17-4]와 같이 'qhwzrun whfkqrorjb'가 된다. 시저 암호화 방식은 가장 초보적인 알고리즘이지만 암호키를 모르고 암호문만으로 원문서의 내용을 알기가 쉽지 않다.

원문	N E T W O R K	T E C H N O L O G Y
암호문	q h w z r u n	w h f k q r o r j b

그림 17-4 시저 암호화를 이용한 암호화 예

시저 암호화 방식의 장점은 단순함이다. 특히, 세 문자 간격으로 이동된 암호키를 쉽게 기억할 수 있으므로 간단한 수작업만으로도 암호문을 작성하고 해독할 수 있다. 그러나 이런 단순함은 외부 침입자도 쉽게 해독할 수 있어 단점도 된다. 특히 암호문의 양이 많아질수록 암호키를 유추할 가능성도 커진다.

키워드 암호화

시저 암호화 방식의 단점을 부분적으로 보완한 대체 암호화로 키워드 암호화Keyword Cipher가 있다. 키워드 암호화는 키워드로 지정한 단어를 문자 변환표의 앞줄에 먼저 적고, 키워드로 사용한 문자를 뺀 나머지 문자를 알파벳 순으로 기술하는 방식이다. 예를 들어, seoul을 키워드로 사용하면 대체 문자 변환표는 [그림 17-5]와 같다.

원문	A	B	C	D	E	F	G	H	I	J	K	L	M	N	O	P	Q	R	S	T	U	V	W	X	Y	Z
암호문	s	e	o	u	l	a	b	c	d	f	g	h	i	j	k	m	n	p	q	r	t	v	w	x	y	z

키워드 (s e o u l) / s, e, o, u, l을 제외한 문자를 알파벳 순서로 배치 (a ~ z)

그림 17-5 키워드 암호화의 암호키

키워드를 모르면 시저 암호화보다 대체 문자 변환표를 추측하기가 훨씬 어렵다. 그러나 대체 문자 변환표의 오른쪽으로 갈수록 원문과 암호문의 문자가 같아질 확률이 높아 시저 암호화보다 나쁜 결과를 초래할 수도 있다. 위의 예에서도 v 문자부터 시작하여 w, x, y, z의 다섯 문자는 대체 문자가 원문자와 같다. 다행히 오른쪽에 위치한 알파벳 문자들은 일반 영어 문장에서 많이 사용되지 않는다.

복수 개의 문자 변환표

앞서 소개한 방식은 대체 문자 변환표가 하나이므로 침입자가 해독할 가능성이 높다. 이를 보완하기 위해 문자 변환표를 둘 이상 사용할 수 있다. 예를 들어, 앞서 설명한 2개의 대체 문자 변환표를 모두 활용하는 방법이 가능하다. 즉, [그림 17-6]에서 (a)는 홀수 위치에 있는 문자를 암호화하는 데 사용하고, (b)는 짝수 위치에 있는 문자를 암호화하는 데 사용한다.

원문	A	B	C	D	E	F	G	H	I	J	K	L	M	N	O	P	Q	R	S	T	U	V	W	X	Y	Z
암호문	d	e	f	g	h	i	j	k	l	m	n	o	p	q	r	s	t	u	v	w	x	y	z	a	b	c

(a) 홀수 위치에 있는 문자

원문	A	B	C	D	E	F	G	H	I	J	K	L	M	N	O	P	Q	R	S	T	U	V	W	X	Y	Z
암호문	s	e	o	u	l	a	b	c	d	f	g	h	i	j	k	m	n	p	q	r	t	v	w	x	y	z

(b) 짝수 위치에 있는 문자

그림 17-6 2개의 암호키

[그림 17-6]의 두 가지 대체 문자 변환표를 사용해 'NETWORK TECHNOLOGY'를 암호화하면 [그림 17-7]과 같이 'qlwwrpn rhokjrhrbb'가 된다. 이 방식의 장점은 원문서의 동

일 문자가 암호문에서는 다르게 암호화되므로 해독을 더 어렵게 한다는 것이다. 예를 들어 NETWORK에 있는 T는 w로 대체되고 TECHNOLOGY의 T는 r로 대체된다. 이는 문자의 짝/홀수 위치에 따라 대체되는 문자표가 다르기 때문이다.

1	2	3	4	5	6	7	8	9	10	11	12	13	14	15	16	17
N	E	T	W	O	R	K	T	E	C	H	N	O	L	O	G	Y
q	l	w	w	r	p	n	r	h	o	k	j	r	h	r	b	b

그림 17-7 2개의 문자 변환표를 이용한 암호화 예

3 위치 암호화

대체 암호화 방식은 원문서에 포함된 각 문자의 배열 순서가 일정하게 유지된다. 대신 특정 문자를 다른 문자로 대체함으로써 암호문을 해독하기 어렵게 한다.

이와 달리 문자의 배열 순서를 변경해 암호화하는 위치 암호화Transposition Cipher 방식이 있다. 위치 암호화는 각 문자의 모양은 그대로 유지한 채, 문자의 배열 위치를 임의로 변경하여 암호화한다. 위치 암호화 방식의 예로는 컬럼 암호화, 키워드 암호화 등이 있다.

컬럼 암호화

위치 암호화에서 가장 간단한 방식인 컬럼(열) 암호화Column Cipher는 전체 문장을 제한된 길이의 컬럼을 갖는 표에 작성한 후에 컬럼을 기준으로 다시 배치한다. 예를 들어 컬럼의 길이가 7인 컬럼 암호화 방식에서 [그림 17-8]의 (a)와 같은 문장을 생각해보자.

(a) 원문서 HEAVEN HELPS THOSE WHO HELP THEMSELVES

(b) 컬럼 암호화

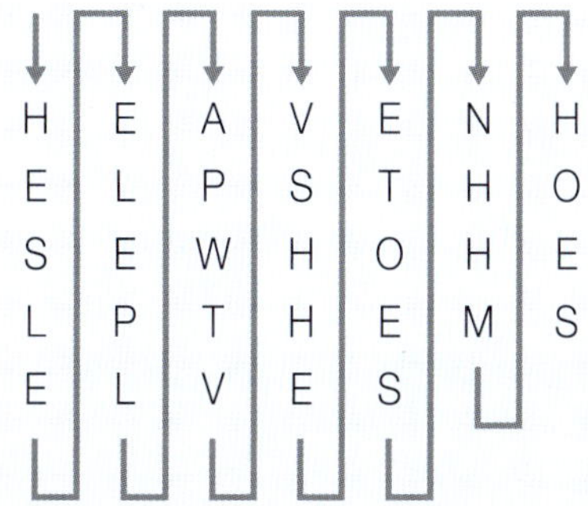

(c) 암호문1 hesle elepl apwtv vshhe etoes nhhm hoes

(d) 암호문2 hesle elepl apwtv vshhe etoes nhhmz heosz

그림 17-8 컬럼 암호화 예

이 문장을 일반적인 문장 표기 방식에 따라 한 줄씩 오른쪽으로 적으면 (b)와 같다. 단, 컬럼의 길이가 7로 제한되므로 한 줄에는 최대 7문자만 표시한다. 그런 다음, 맨 왼쪽의 첫 번째 컬럼부터 시작해 오른쪽으로 이동하면서 표기하여 암호화하면 (c)와 같다.

이 예는 (b)와 같이 6번째 컬럼과 7번째 컬럼의 마지막에는 문자가 존재하지 않는다. 일반적으로 컬럼 암호화 방식은 맨 마지막 줄에도 데이터를 채우기 때문에 빈 공간이 있으면 임의의 문자를 채워 암호화한다. 예를 들어, 공백을 채우는 문자를 Z라고 가정하면 최종 암호문은 (d)와 같다.

컬럼 암호화를 두 번 수행하는 2중 컬럼 암호화 방식은 해독을 더 어렵게 한다. 이때 첫 번째 컬럼 암호화와 두 번째 컬럼 암호화의 컬럼 길이를 다르게 하는 것이 유리하다.

키워드 암호화

일반적으로 위치 암호화 방식에서는 중복된 문자를 포함하지 않는 임의의 단어를 암호키로 제공하는 키워드 암호화Keyword Cipher가 사용된다.

예를 들어 NETWORK라는 단어를 키워드로 사용해 [그림 17-9]와 같이 위치 암호화하는 과정을 살펴보자. 먼저 키워드 NETWORK의 각 문자 N, E, T, W, O, R, K에 알파벳순으로 일련번호를 부여하고 그 아래에 (a)의 원문서 문자를 차례대로 적는다. 이 경우 컬럼의 길이는 키워드 단어의 문자 길이와 동일하므로 원문서를 배치하면 (b)와 같다.

(a) 원문서 HEAVEN HELPS THOSE WHO HELP THEMSELVES

(b) 암호화 과정

키워드	N	E	T	W	O	R	K
순서	3	1	6	7	4	5	2
	H	E	A	V	E	N	H
	E	L	P	S	T	H	O
	S	E	W	H	O	H	E
	L	P	T	H	E	M	S
	E	L	V	E	S	Z	Z

(c) 암호문 elepl hoesz hesle etoes nhhmz apwtv vshhe

그림 17-9 키워드 암호화 예

이제 맨 왼쪽 컬럼부터 시작했던 컬럼 암호화와 다르게 키워드의 알파벳순을 따라 암호화한다. 먼저 순서 번호 1인 E 문자의 열에 포함된 elepl을 얻어낸다. 다음에는 순서 번호 2인 K 문자의 열에 포함된 hoesz를 표기하고, 계속해서 순서 번호 3, 4, 5, 6, 7열에 포함된 문자를 차례로 표시하면 최종 암호문은 (c)와 같다.

02 암호화 시스템

암호문은 기본적으로 대체 암호화와 위치 암호화 방법을 적절히 조합하여 작성한다. 컴퓨터가 보급되기 전에는 대개 수작업으로 암호화하였다. 그래서 암호화 알고리즘이 간단한 대신 암호키에 문자를 많이 사용해 해독을 어렵게 했다.

최근에는 고성능 컴퓨터가 보급됨에 따라 연산 속도가 빨라져 알고리즘의 복잡도를 높이는 방식으로 암호화한다. 대표적인 예로 DES와 RSA 알고리즘이 있다.

1 DES 알고리즘

DES 알고리즘은 암호문을 작성할 때 사용하는 암호키와 암호문을 해독할 때 사용하는 해독키가 같다. 따라서 이 키는 절대로 외부에 유출되지 않도록 관리해야 하며, 비밀키Secret Key라 부른다. 또한 양쪽이 동일키를 사용한다고 해서 대칭키Symmetric Key라고도 한다. 이처럼 외부 사용자에게 노출되지 않아야 하는 암호키로 암호화하는 알고리즘을 비공개키 알고리즘이라 한다.

비공개키 방식의 DESData Encryption Standard 알고리즘은 미국 정부가 개발하여 여러 하드웨어와 소프트웨어에서 사용해왔다. 대체 암호화와 위치 암호화를 복잡하게 조합하여 개발한 DES 알고리즘은 암호화를 64비트 단위로 수행하며, 암호키의 크기는 56비트이다.

동작 방식

DES 알고리즘은 크기가 64비트인 데이터 블록을 32비트씩 둘로 나누어 독립적으로 처리한다. 32비트 블록 하나를 암호키로 암호화한 후에, 두 블록의 위치를 맞바꾸는 과정을 16번 반복하는데, 이 과정이 [그림 17-10]의 중간에 표기한 16번의 암호화 과정이다.

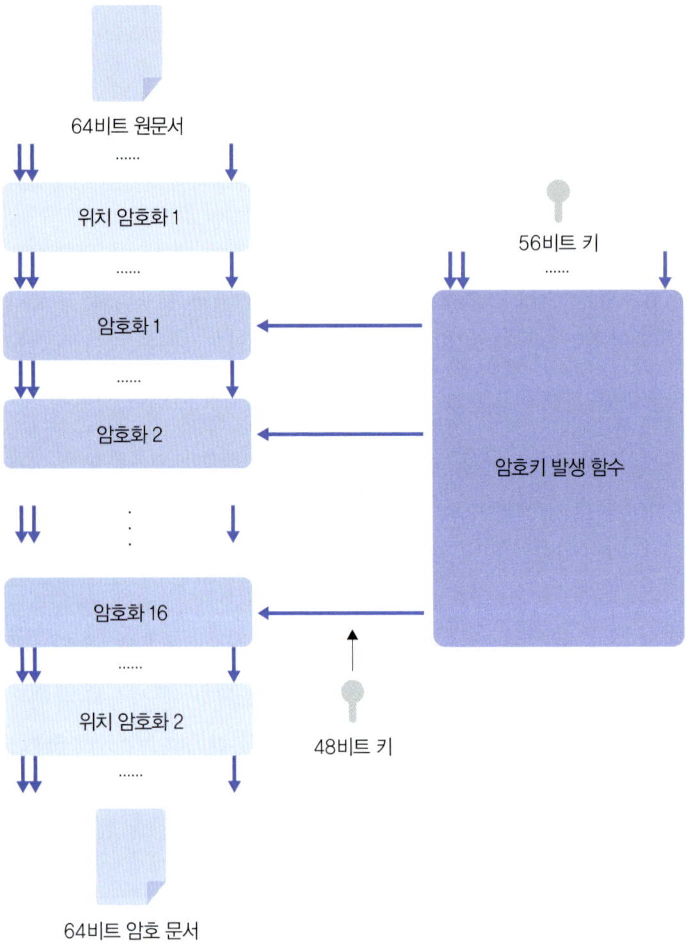

그림 17-10 DES 알고리즘 동작 과정

DES 알고리즘의 동작 과정에서 위치 암호화는 시작과 끝에서 두 번 수행된다. 즉, [그림 17-10]의 왼쪽 과정은 총 18번의 단계로 구성되며, 처음과 마지막에는 위치 암호화, 중간에는 [그림 17-11]의 암호화 과정이 16번 진행된다. 위치 암호화 1과 위치 암호화 2는 서로 반대의 위치 변환을 수행한다.

16단계의 암호화

위치 암호화의 중간 단계에는 동일한 암호화 알고리즘을 16번 반복하는데, 각 단계에서 수행하는 기능은 [그림 17-11]과 같다. 먼저 이전 단계에서 주어진 입력 데이터의 오른쪽 32비트는 아무 작업 없이 출력 데이터의 왼쪽 32비트로 바로 나가 다음 단계의 입력으로 전달된다.

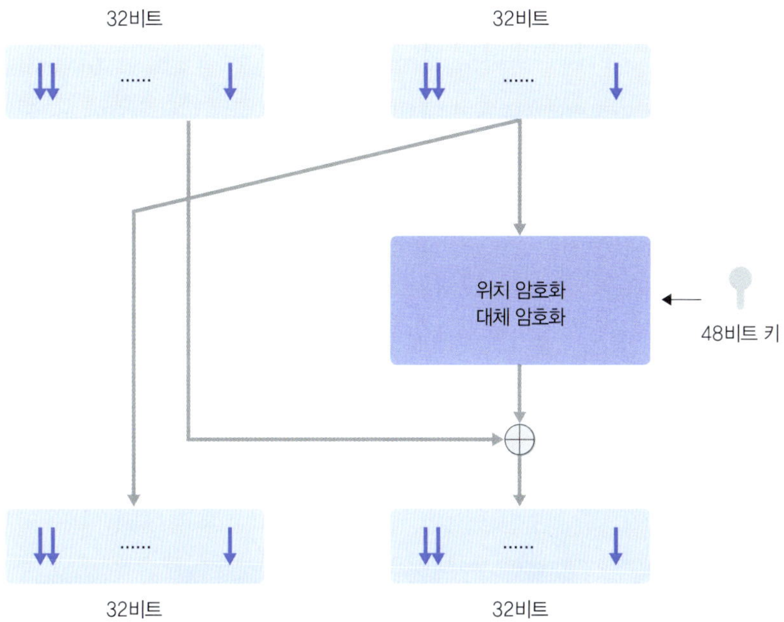

그림 17-11 [그림 17-10]의 16단계 암호화 알고리즘

오른쪽 출력의 32비트 계산은 조금 복잡하다. 암호화를 위해 48비트의 암호키와 32비트의 입력을 이용한다. 먼저 임의의 함수 F(오른쪽 32비트, 48비트 암호키)를 이용해 32비트의 결과를 얻는다. 이 값과 입력 데이터의 왼쪽 32비트를 배타적 논리합Exclusive OR으로 계산하면 오른쪽 32비트 출력을 얻는다.

[그림 17-11]의 오른쪽 중간의 (위치 암호화, 대체 암호화) 모듈에서 데이터 블록의 오른쪽 32비트는 48비트의 암호키와 연산하기 위해 48비트로 확장하는 작업을 먼저 한다. 반대로 [그림 17-10]의 오른쪽 '암호키 발생 함수' 모듈에서 암호키는 원래 56비트이므로 48비트로 축소하는 작업을 한다.

3DES 알고리즘

3DES는 암호 기능을 강화하기 위하여 세 번의 DES 알고리즘을 수행하는 3단계 DES 알고리즘이다. 기존의 DES 알고리즘은 56비트의 비교적 작은 키를 사용하므로 여러 평가에서 보안 기능에 많은 문제점이 노출되었다. 특히 고성능 컴퓨터를 이용하여 이루어지는 반복적인 공격에 대하여 취약점을 드러내고 있다.

장기적인 관점에서 AES^Advanced Encryption Standard^라는 차세대 표준 암호화 알고리즘으로 대체되는 과정이지만, 그 중간 과정으로 3DES가 임시방편으로 사용되고 있다. 3DES는 기본적으로 DES 알고리즘을 그대로 사용하기 때문에 구현하기 쉬우며, 기존 DES 시스템을 사용하던 환경에 적용하기 편리하다는 장점이 있다. 그러나 DES 알고리즘에 비하여 3배 이상 속도가 느리다는 단점이 있다.

3DES는 [그림 17-12]와 같이 3단계 절차를 거쳐 암호화가 이루어지며, 반대의 해독 과정에서도 3단계 절차가 진행된다. 매 단계에서 서로 다른 56비트의 키가 사용되므로 전체적으로 168비트의 키를 지원하여 보안 기능이 한층 강화되었다.

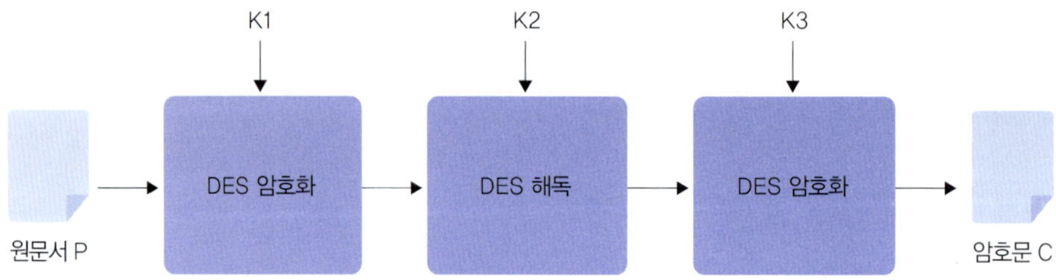

그림 17-12 3DES 알고리즘을 이용한 암호화 과정

3DES 알고리즘은 암호화 과정에서 각각 56비트 크기인 3개의 DES 암호키(K1, K2, K3)를 사용한다. 즉, 키 K1을 이용하여 DES 암호화, 키 K2를 이용하여 DES 해독, 키 K3을 이용하여 DES 암호화 기능을 수행한다.

$$C=E_{k3}(D_{k2}(E_{k1}(P)))$$

해독 과정은 암호화 과정의 반대 절차로 이루어진다. 즉, 키 K3을 이용하여 DES 해독, 키 K2를 이용하여 DES 암호화, 키 K1을 이용하여 DES 해독 기능을 수행한다.

$$P=D_{k1}(E_{k2}(D_{k3}(C)))$$

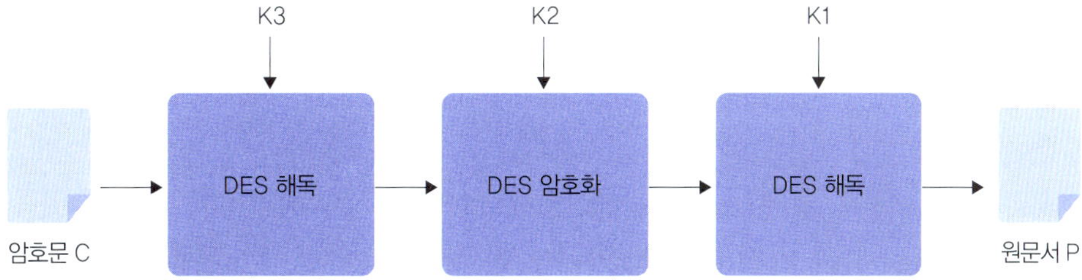

그림 17-13 3DES 알고리즘을 이용한 해독 과정

암호키 사용과 관련해서는 [표 17-1]과 같이 세 가지 옵션이 표준으로 정해져 있다. 첫 번째 옵션은 3개의 암호키가 서로 다르므로 3DES의 강화된 암호화 기능이 지원되지만, 세 번째 옵션은 DES 알고리즘이 한 번 실행되는 것과 같다.

표 17-1 3DES의 암호키 옵션

옵션	설명
3개의 키가 모두 독립적	168비트의 키가 사용되므로 보안 기능이 가장 뛰어나다.
K1과 K2는 독립적, K3과 K1은 동일(K3 = K1)	112비트의 키가 사용되므로 보안 기능이 약간 떨어진다. 그러나 단순히 DES 알고리즘을 두 번 실행하는 것보다는 강화된 기능을 지원한다.
3개의 키가 모두 동일 (K1 = K2 = K3)	56비트의 키가 사용되므로 DES 알고리즘과 동일하여 현재는 권고에서 제외되어 있다.

2 RSA 알고리즘

비공개키 알고리즘은 비밀키에 대한 보안이 절대적으로 중요하다. 따라서 허가받은 수신자에게만 비밀키를 분배하도록 관리한다. DES 알고리즘처럼 암호키와 해독키가 동일하면(혹은 하나로 다른 하나를 쉽게 유추할 수 있으면) 이 키를 분배하는 과정에서 키가 외부로 유출되지 않도록 해야 한다. 비밀키가 외부에 유출되면 보안을 유지하기가 사실상 불가능하다.

공개키 알고리즘은 암호키와 해독키가 동일하지 않도록 고안된 방식이다. 공개키 알고리즘을 이용하면, 암호문을 작성할 때 사용하는 암호키가 외부에 공개되어도 해독키를 모르면 암호문을 해독할 수 없다.

공개키 알고리즘은 사용자가 2개의 암호키(공개키, 비공개키) 조합을 사용하는데, 공개키Public Key는 원문서를 암호화하는 데 사용하므로 원칙적으로 누구에게나 공개된다. 따라서 송신 호스트는 공개키로 원문서를 암호화하여 전송한다. 수신 호스트는 암호문을 해독하기 위해 비공개키Private Key를 사용한다. 비공개키는 공개키와 다른 값을 갖는다.

예를 들어 온라인 은행 본점은 비공개키로 해독하고 이 은행에 계좌를 개설한 다수의 고객들은 공개키로 암호화한다. 은행 고객은 누구나 될 수 있기 때문에 공개키를 사용해야 하지만, 은행 계좌 번호와 비밀번호 등의 정보를 포함하는 암호문은 은행 본점만 해독할 수 있어야 하기 때문에 비공개키를 사용한다.

공개키 알고리즘의 대표적인 예는 [그림 17-14]의 RSA(알고리즘 발명자인 Rivest, Shamir, Adelman 세 사람 이름의 첫 글자) 알고리즘이다. RSA 알고리즘은 (공개키, 비공개키) 조합을 만드는 방법을 제시한다.

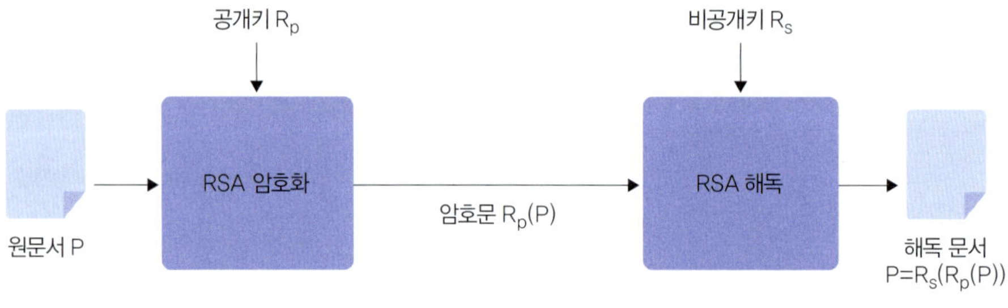

그림 17-14 RSA 알고리즘

송신 호스트는 공개키를 이용해 암호문을 작성하는데, 작성한 암호문은 비공개키로만 해독할 수 있다. 이때 RSA 알고리즘으로 얻을 수 있는 (공개키, 비공개키) 조합은 다양한데, 서로 다른 조합에 표시된 공개키를 이용해 비공개키를 유추할 수 없다.

[그림 17-14]에서 송신 호스트가 수신 호스트에 데이터를 전송할 때 수신 호스트에서 제공하는 암호 체계인 (R_p, R_s) 조합을 사용한다. 송신 호스트는 공개키 R_p로 원문서 P를 암호화하여 암호문 $R_p(P)$를 얻으며, 이 암호문을 수신 호스트에 전송한다. 수신 호스트는 비공개키 R_s로 해독문 $P = R_s(R_p(P))$를 얻는다.

3 전자 서명

전자 서명Digital Signature은 인터넷 환경에서 특정 사용자를 인증Authentication하려고 사용한다. 인증은 특정인이 진짜 그 사람인지를 확인하는 절차이다. 이와 비슷한 기능으로 권한이 있고 없음을 확인하는 권한Authorization이 있는데, 인증과 다른 특징이 있다. [그림 17-15]는 전자 서명의 원리를 설명한다.

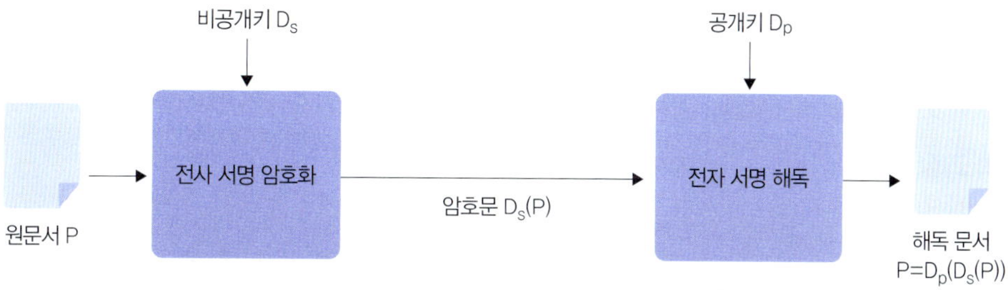

그림 17-15 전자 서명의 원리

일반적으로 전자 서명의 인증 과정은 RSA 알고리즘과는 반대 원리이며, 비공개키 알고리즘과 공개키 알고리즘의 조합을 사용한다. 전자 서명의 기능은 자신을 다수의 타인에게 증명하는 것이므로 암호화 과정에서 자신만 아는 비밀키(전자 서명)를 사용한다. 암호화한 전자 서명은 다수의 타인이 확인하므로 해독 과정에서는 공개키를 사용한다.

예를 들어 전자 서명은 신용 카드를 사용할 때 본인임을 증명하기 위해 결제 서명(사인)을 하는 것에 비유된다. 전자 서명은 본인만 해야 하므로 비공개키를 사용하고, 대신 이 사람이 거래하는 다수의 온라인 상점들은 공개키를 사용하여 암호문을 해독할 수 있다.

암호화 과정

전자 서명의 암호화는 [그림 17-16]과 같이 2단계로 이루어진다. 첫 번째는 전자 서명 알고리즘으로 자신을 인증하는 비공개키 암호화 단계이고, 두 번째는 전자 서명의 정보를 전송하기 위해 다시 RSA 알고리즘을 사용하는 공개키 암호화 단계이다.

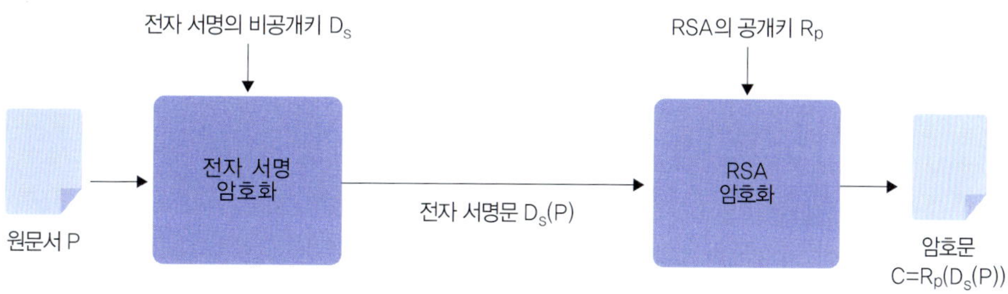

그림 17-16 전자 서명 암호화

[그림 17-16]처럼 송신 호스트는 데이터 전송 과정에서 두 번의 암호화를 수행한다. 먼저 비공개키 D_s로 표현되는 전자 서명을 사용해 원문서 P를 암호화함으로써, 전자 서명문 $D_s(P)$를 얻는다. 이 문서를 다시 공개키 알고리즘인 RSA의 공개키 R_p를 사용해 암호문 $R_p(D_s(P))$로 만들고, 이를 수신 호스트에게 전송한다.

해독 과정

[그림 17-17]은 수신 호스트가 전자 서명된 문서를 해독하는 과정이다. 먼저 수신한 문서를 RSA 알고리즘의 비공개키 R_s로 해독함으로써 전자 서명문 $D_s(P)$를 얻는다. 그리고 이 문서를 송신 호스트의 인증에 필요한 전자 서명 공개키인 D_p를 사용해 해독하여 원문서 P를 얻는다.

그림 17-17 전자 서명 해독

전자 서명 과정에서 2단계로 암호화하는 이유는 다음과 같다. 먼저 RSA 알고리즘을 사용해 암호화하는 이유는 전송 과정에서 발생할 수 있는 보안 문제를 해결하기 위함이다. 더불어 전자 서명의 기본 목적인 인증 문제를 해결해야 하므로 비공개키인 전자 서명을 사용해 암호화하는 과정도 필요하다.

03 보안 프로토콜

인터넷이 일반화되면서 네트워크 보안 문제는 중요한 이슈가 되었다. 네트워크의 기본 개념은 서로 연동하여 자원을 공유하는 것이므로 불특정 다수가 네트워크 시스템에 접근하는 것을 전제로 한다. 이런 구조에서 사용자의 접근을 제어하는 일은 쉽지 않다. 이 절에서는 보안과 관련된 다양한 프로토콜을 살펴본다.

1 보안 프로토콜의 개요

인터넷은 전 세계적으로 연결된 거대한 통신망으로, 데이터 전달 과정에서 여러 호스트와 매체를 통과한다. 이 과정에서 다양한 보안 문제에 직면할 수 있다. 특히 중간에 위치한 라우터들의 보안 등급이 낮게 설정된 경우에는 위험에 노출될 가능성이 더 높다.

이러한 위협 요소에는 전송 데이터를 중간에서 감청하거나 임의로 변경하는 경우, 원격 호스트의 데이터에 위해를 가하는 등 직접적으로 특정 시스템의 내부에 침입하는 경우, 과도한 트래픽을 발생시켜 특정 호스트의 통신을 방해하는 경우 등이 있다.

감청

감청은 허가받지 않은 자가 직간접적인 방법으로 전송 중인 데이터를 얻는 것이다. 또한 불법으로 획득한 정보를 변경한 후 이를 통신 과정에 다시 입력함으로써, 송수신 호스트의 통신 내용을 왜곡하는 것도 넓은 의미에서 감청에 포함된다.

전통적으로 감청의 가장 일반적인 형태는 유선의 통신 선로에서 이루어지는데, 인터넷의 경우 이더넷 선로에 감청 장비를 연결해 패킷을 훔쳐낸다. 예를 들어, 감청하려는 호스트의 MAC 주소와 같은 값을 설정한 장비를 연결하여 전달되는 패킷을 전부 감청할 수 있다. 이더넷 방식의 네트워크는 브로드캐스팅 방식으로 데이터를 전송하기 때문에 근본적으로 감청에 취약하다.

스마트폰의 무선 데이터는 무선 신호가 넓은 범위로 전파되기 때문에 물리적인 감청이 훨씬 용이하다. 따라서 유선 환경의 보안과 더불어, 무선 신호의 송수신 호스트는 암호화 과정을 통해 보안을 유지하는 작업이 필수적이다.

암호화

전송 선로에서 감청 위협으로부터 데이터를 안전하게 보호하는 방법에는 물리 계층에서 데이터를 송신하기 전에 암호화하는 데이터 링크 계층 암호화가 있다.

[그림 17-18]처럼 응용 계층부터 네트워크 계층까지는 암호화 기능을 수행하지 않으며, 전송 직전인 데이터 링크 계층에서 암호화하는 방식이 데이터 링크 계층 암호화이다. 수신 호스트는 암호화된 데이터를 수신하므로 데이터 링크 계층에서 해독하여 상위 계층에 전달해야 한다. 이 방식은 호스트 사이에 있는 전송 선로에서 발생할 수 있는 감청 위협으로부터 데이터를 안전하게 보호한다.

그림 17-18 데이터 링크 계층 암호화

데이터 링크 계층 암호화의 단점은 네트워크 계층에서 데이터가 암호화되지 않기 때문에 송수신 호스트 사이의 라우터에서 보안이 되지 않는다는 것이다. 즉, 네트워크 계층의 기능을 수행하는 라우터들에서 해독과 암호화가 이루어지기 때문에 라우터에서 보안 문제가 발생한다. 또한 송수신 호스트의 상위 계층에서도 암호화되지 않은 상태를 유지하고, 오직 송수신 호스트와 라우터들 사이의 전송 선로에서만 보안이 유지된다.

호스트 내부에서 보안을 지원하려면 응용 계층 암호화 방식을 사용해야 한다. 이 방식은 송수신 과정의 끝단에 위치한 응용 계층에서 암호화하는 방식으로, 형태는 [그림 17-19]와 같다.

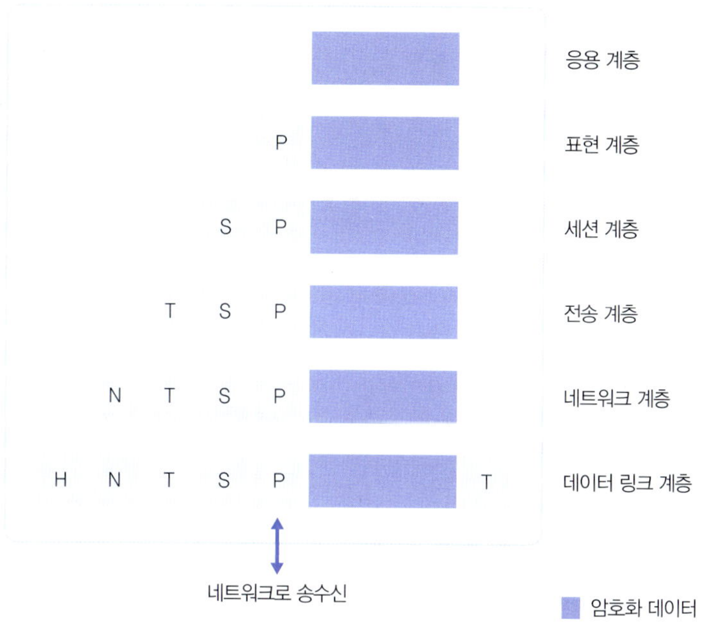

그림 17-19 응용 계층 암호화

암호문 작성이 응용 계층에서 이루어지므로 전송 경로상의 라우터에서도 암호화된 데이터를 해독할 필요가 없다. 따라서 송수신 호스트 사이의 모든 전송 과정에서 암호화된 상태를 유지할 수 있다.

트래픽 제어

특정 호스트가 누구와 통신을 많이 하는지에 대한 정보도 네트워크 보안에 포함된다. 예를 들어, 전쟁 중에 지휘 본부와 특정 부대 사이에 교신량이 많아지면 그 지역에서 모종의 군사 작전이 있을 가능성이 높다. 또 특정 회사끼리 접촉이 잦으면 모종의 상업적인 협력이 늘고 있다는 뜻이다.

외부 침입자의 통신량 분석을 방해하는 간단한 방법은 무의미한 가공의 데이터를 여러 호스트에서 주기적으로 발생시킴으로써 통계 자료에 혼선을 주는 것이다. 이러한 가상 데이터의 통신량, 송신자, 수신자 등은 랜덤하게 생성된다.

2 방화벽

인터넷이 널리 보급되면서 허가받지 않은 사용자의 불법적인 사설망 접근을 방지하는 문제가 중요한 이슈로 인식되고 있다. 따라서 개방적인 공중 인터넷망과 제한된 사용자 그룹에 허가된 사설망 사이에 보안 기능이 필요하며, 이를 방화벽Firewall이라 한다.

사설망을 외부로부터 보호하는 간단한 방법은 외부망을 끊어버리는 것이다. 그러나 사설망의 내부 사용자가 공중 인터넷망에 접속하면서 보안을 유지하려면 [그림 17-20]과 같은 방화벽 기능이 필요하다. 방화벽은 사설망과 인터넷 사이에 출입문을 두어 양쪽 모두의 출입을 통제하는 것에 비유된다.

그림 17-20 방화벽

사설망을 공중 인터넷망으로부터 보호하는 기술은 크게 두 가지이다. 첫째는 패킷 필터링 방법이다. 이 방식은 방화벽이 패킷의 헤더를 검색하거나, 필요에 따라서는 내용까지 검색하여 적절하지 못한 패킷을 배제한다. 이러한 기능은 보통 라우터에서 구현된다. 방화벽의 또 다른 기능은 해커와 같이 의심스러운 행위를 하는 사용자를 감시하는 것이다.

라우터를 이용한 방화벽 구현

인터넷에 연결된 호스트들은 외부 통신망과 연결하기 위해 반드시 라우터의 중개 과정을 거친다. 따라서 라우터를 이용해 방화벽을 구현하는 것은 간단하면서도 효과적이다.

라우터는 자신과 연결된 네트워크로부터 입력된 패킷의 정보를 분석하여 어느 네트워크로 중개할 것인지를 결정하므로, 패킷을 계속 전송할지에 대한 권한도 가진다. 예를 들어, [그림 17-21]과 같이 외부 네트워크로부터 내부 호스트의 IP 주소로 위장한 패킷이 내부 네트워크로 유입되는 것을 차단할 수 있다. 즉 211.223.201.x는 라우터 왼쪽에 위치한 내부 네트워크에서 사용하는 주소이지만 패킷 발신자가 라우터의 오른쪽에 위치한다. 이러한 패킷은 라우터가 차단한다.

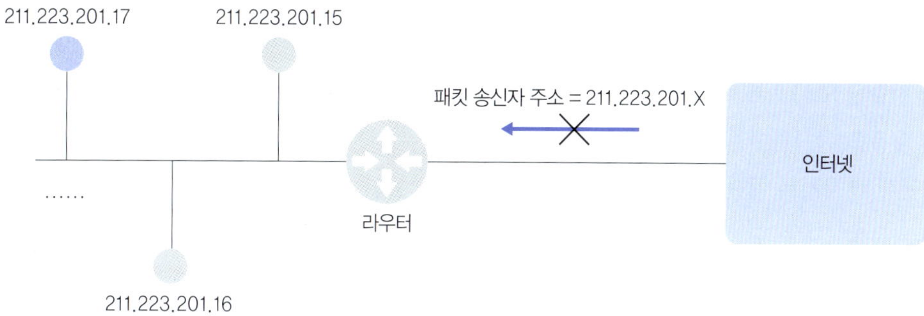

그림 17-21 위장 IP 주소의 차단

라우터의 차단 기능은 다양하게 사용할 수 있는데, 외부 네트워크의 특정 호스트가 스팸 메일을 자주 보낼 때는 이 호스트를 발신자로 하는 패킷을 차단한다. 반대로 내부 네트워크에서 외부 네트워크의 불법 도박 사이트나 유해한 게임 사이트에 접근하는 것도 차단할 수 있다. 이러한 기능은 모두 라우터가 IP 패킷의 송수신 IP 주소를 분석하는 방식으로 이루어진다.

호스트의 IP 주소뿐 아니라, 포트 번호를 이용한 응용 프로그램의 접근도 차단할 수 있다. FTP, 텔넷, 전자 메일 프로그램은 특정한 Well-Known 포트 번호를 사용하므로 이 포트 번호를 송수신 주소로 사용하는 패킷을 차단할 수 있다. 따라서 내부에서 외부로, 혹은 외부에서 내부로 특정 응용 서비스에 접근하는 것을 제어할 수 있다.

프록시를 이용한 방화벽 구현

앞에서 설명한 라우터의 방화벽 기능은 네트워크 계층과 전송 계층의 헤더 정보에 정의된 IP 주소와 포트 번호에 기초하여 이루어진다. 그러므로 메일 내용처럼 패킷 내부에 포함되는 응용 데이터는 제어할 수 없다.

프록시Proxy는 응용 환경에서 적절하게 처리할 수 있는 정보만 수신하도록 가상의 응용 프로그램을 시뮬레이션하는 방화벽이다. 프록시는 내부 네트워크의 호스트에는 외부 네트워크의 응용 프로그램처럼 보이고, 외부 네트워크에는 내부 네트워크의 응용 프로그램처럼 보인다.

예를 들어, [그림 17-22]와 같이 메일 송신자와 수신자 사이에 메일 프록시를 설치한다. 메일 수신자는 메일 프록시 내부에 있는 가상 송신자를 메일 송신자로 인식하고, 메일 송신자는 메일 프록시 내부에 있는 가상 수신자를 메일 수신자로 인식하여 SMTP 메시지를 전송한다.

중간에 있는 프록시는 메일 시스템이라는 응용 서비스 기능을 구현하기 때문에 메일 송신자가 전송한 SMTP 메시지를 해석할 수 있다. 따라서 프록시는 [그림 17-22]의 (a)와 같이 메일 내용을 판단하여 올바르게 작성된 경우에는 메일 수신자에게 전달한다. 그러나 (b)와 같이 잘못된 메시지는 차단하는데, 단순히 메일 내용이 잘못된 경우뿐만 아니라 해킹 코드가 의심되는 등의 경우에도 차단할 수 있다.

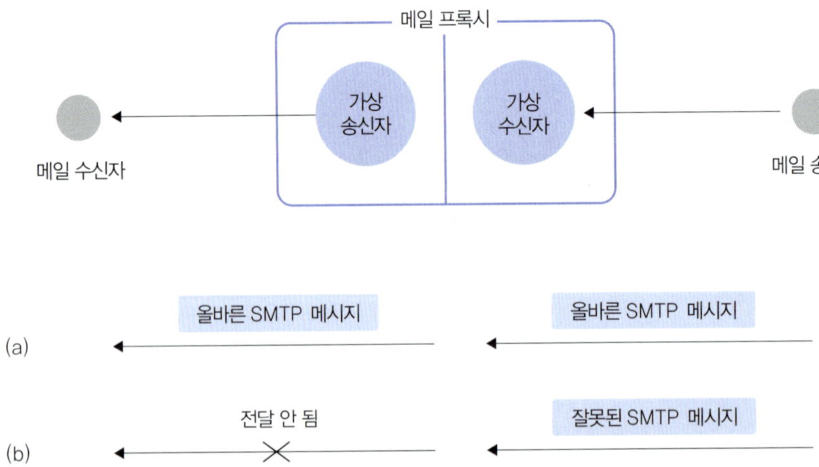

그림 17-22 메일 프록시

웹 기능이 구현된 웹 프록시의 경우를 가정하면 내부 네트워크 사용자가 어떤 웹 서버를 어느 정도 방문하는지에 대한 통계 등을 관리할 수 있다. 따라서 자주 방문하는 사이트 정보는 프록시에 저장하여 사용자에게 정보를 더 빠르게 제공할 수 있다.

요약

01 암호화 일반

컴퓨터 네트워크에서 송신자와 수신자는 중간의 전송 매체를 통해 메시지를 송수신한다. 네트워크는 기본적으로 개방형 시스템이므로 제3자가 임의로 접근할 수 있고, 전송 메시지는 외부 접근에 노출되어 있다. 따라서 전송 과정에서 비권한적 접근을 시도하는 침입자로부터 메시지를 안전하게 보호해야 한다. 암호화는 송신 호스트에서 메시지를 전송하기 전에 이루어지며, 해독 과정은 수신 호스트에서 암호문을 수신하는 과정에서 처리된다. 따라서 송수신자 사이의 전송 매체에서 외부에 노출될 가능성이 있는 경우는 암호문 상태로 전송될 때이다.

02 키

암호화와 해독 과정에서 사용하는 키의 종류에는 암호키와 해독키가 있다. 이때 암호키와 해독키가 동일한 경우와 서로 다른 경우로 구분할 수 있다. 대칭키라고도 하는 단일키 방식을 사용할 때는 송수신자 외의 제3자가 키값을 알지 못하도록 하는 것이 중요하다. 송수신자가 서로 다른 키를 사용하는 것을 비대칭키 방식이라 한다. 이 방식은 보통키 하나는 공개되므로, 공개되지 않는 나머지 키에 대해 송신자나 수신자 스스로 보안에 주의해야 한다.

03 대체 암호화

암호문을 작성하는 방법은 사용하는 알고리즘에 따라 다양하다. 가장 간단한 방식은 특정 문자를 다른 문자로 일대일 대체하는 것인데, 이때는 문자와 대체 문자를 나열한 표가 암호키와 해독키가 된다. 이와 같이 임의의 문자를 다른 문자로 대체하는 암호화를 대체 암호화라 한다. 대체 암호화 방식의 예로는 시저 암호화, 키워드 암호화, 복수 개의 문자 변환표 사용 방식 등이 있다.

04 위치 암호화

위치 암호화는 각 문자의 모양은 그대로 유지한 채, 문자의 배열을 임의로 변경하여 암호화하는 방식이다. 위치 암호화 방식의 예로는 컬럼 암호화, 키워드 암호화 등이 있다.

05 DES 알고리즘

DES 알고리즘은 암호문을 작성할 때 사용하는 암호키와 암호문을 해독할 때 사용하는 해독키가 같다. 대체 암호화와 위치 암호화를 복잡하게 조합하여 개발한 DES 알고리즘은 암호화를 64비트 단위로 수행하며, 암호키의 크기는 56비트이다.

06 3DES 알고리즘

3DES는 암호 기능을 강화하기 위하여 세 번의 DES 알고리즘을 수행하는 3단계 DES 알고리즘이다. 3DES는 3단계 절차를 거쳐서 암호화가 이루어지며, 반대의 해독 과정에서도 3단계 절차가 진행된다. 매 단계에서 서로 다른 56비트의 키가 사용되므로 전체적으로 168비트의 키를 지원하여 보안 기능이 한층 강화되었다. 3DES 알고리즘은 암호화 과정에서 각각 56비트 크기인 3개의 DES 키(K1, K2, K3)를 사용한다. 즉, 키 K1을 이용하여 DES 암호화, 키 K2를 이용하여 DES 해독, 키 K3을 이용하여 DES 암호화 기능을 수행한다. 해독 과정은 반대의 절차이며, 키 K3을 이용하여 DES 해독, 키 K2를 이용하여 DES 암호화, 키 K1을 이용하여 DES 해독 기능을 수행한다.

07 RSA 알고리즘

공개키 알고리즘은 사용자가 2개의 암호키(공개키, 비공개키) 조합을 사용하는데, 공개키는 원문서를 암호화하는 데 사용하므로 원칙적으로 누구에게나 공개된다. 수신 호스트는 암호문을 해독하기 위해 비공개키를 사용한다. 비공개키는 공개키와 다른 값을 갖는다. 공개키 알고리즘의 대표적인 예는 RSA 알고리즘이며, (공개키, 비공개키) 조합을 만드는 방법을 제시한다.

08 전자 서명

전자 서명은 인터넷 환경에서 특정 사용자를 인증하려고 사용한다. 인증은 특정인이 진짜 그 사람인지를 확인하는 절차이다. 전자 서명의 암호화는 2단계로 이루어진다. 첫 번째는 전자 서명 알고리즘으로 자신을 인증하는 비공개키 암호화 단계이고, 두 번째는 전자 서명의 정보를 전송하기 위해 다시 RSA 알고리즘을 사용하는 공개키 암호화 단계이다. 해독 과정의 첫 번째 단계에서는 수신한 문서를 RSA 알고리즘의 비공개키로 해독함으로써 전자 서명문을 얻는다. 그리고 이 문서를 송신자의 인증에 필요한 전자 서명 공개키를 사용해 해독하여 원문서를 얻는다.

09 암호화 방식

전송 선로에서 감청 위협으로부터 데이터를 안전하게 보호하는 방법에는 물리 계층에서 데이터를 송신하기 전에 암호화하는 데이터 링크 계층 암호화가 있다. 이 방식은 전송 직전인 데이터 링크 계층에서 암호화하는 방식이며, 수신 호스트는 암호화된 데이터를 수신하므로 데이터 링크 계층에서 해독하여 상위 계층에 전달한다. 데이터 링크 계층 암호화의 단점은 네트워크 계층에서 데이터가 암호화되지 않기 때문에 송수신자 사이의 라우터에서 보안이 되지 않는다는 것이다. 호스트 내부에서 보안을 지원하려면 응용 계층 암호화 방식을 사용해야 한다. 이 방식은 송수신 과정의 끝단에 위치한 응용 계층에서 암호화하는 방식이다. 암호문 작성이 송신 호스트의 응용 계층에서 이루어지므로 라우팅을 포함하여 모든 전송 과정에서 보안을 유지한다.

10 방화벽

인터넷망과 제한된 사용자 그룹에 허가된 사설망 사이의 보안 기능을 제공하는 방화벽 기술은 크게 두 가지로 나뉜다. 하나는 패킷 필터링 방식이다. 이 방식은 방화벽이 패킷의 헤더를 검색하거나, 필요에 따라서는 내용까지 검색하여 적절하지 못한 패킷을 배제하는 방법이다. 이러한 기능은 라우터에서 구현된다. 라우터는 자신과 연결된 네트워크로부터 입력된 패킷의 정보를 분석하여 어느 네트워크로 중개할 것인지를 결정하므로, 패킷을 계속 전송할지에 대한 권한도 갖는다. 다른 하나는 프록시를 이용하는 방식이다. 프록시는 응용 환경에서 적절하게 처리할 수 있는 정보만 수신하도록 가상의 응용 프로그램을 시뮬레이션하는 방화벽이다. 프록시는 내부 네트워크의 호스트에는 외부 네트워크의 응용 연결처럼 보이고, 외부 네트워크에는 내부 네트워크의 응용 연결처럼 보인다.

연습문제

01 암호화 용어에 대한 설명으로 잘못된 것을 모두 고르시오.

① 암호화는 메시지의 내용을 임의로 조작하여 원래의 의미를 알아볼 수 없도록 변형하는 작업이다.

② 암호화된 문서를 원래 언어로 복구하여 수신자가 알아보기 위해서는 해독 과정이 필요하다.

③ 암호문은 미리 정해진 암호키 k와 알고리즘을 이용하므로 송신자가 $P=D_k(c)$의 형식으로 암호화하고, 수신자는 $C=E_k(P)$의 형식으로 해독한다.

④ 암호화 과정은 송신 호스트에서 메시지를 전송하기 전에 이루어지며, 해독 과정은 수신 호스트에서 암호문을 수신하는 과정에서 처리된다.

02 암호키에 대한 설명으로 잘못된 것을 모두 고르시오.

① 암호화와 해독 과정에서 키를 사용하는데, 키의 종류에는 암호키와 해독키가 있다.

② 암호키는 송신 호스트에서 암호화 알고리즘에 필요한 키이며, 해독키는 수신 호스트에서 해독 알고리즘에 필요한 키이다.

③ 암호화와 해독 과정에서 동일한 하나의 키 k를 사용하면 대칭키 방식이다.

④ 암호화 과정에서 사용하는 암호키 K_E와 해독 과정에서 사용하는 해독키 K_D가 서로 같으면 비대칭키 방식이다.

⑤ 대칭키라고도 하는 단일키 방식을 사용할 때는 송수신 호스트 외의 제3자가 키값을 알지 못하도록 하는 것이 중요하다.

⑥ 비대칭키 방식에서는 보통 키 하나가 공개되므로, 공개되지 않는 나머지 키에 대해 송신 호스트나 수신 호스트 스스로 보안에 주의해야 한다.

03 대체 암호화에 대한 설명으로 잘못된 것을 모두 고르시오.

① 각 문자의 모양은 그대로 유지한 채, 문자의 배열 위치를 임의로 변경하여 암호화한다.

② 시저 암호화는 알파벳 문자를 순차적으로 세 문자씩 오른쪽으로 이동하면서 대체 문자를 사용하는 방식이다.

③ 키워드 암호화는 키워드로 지정한 단어를 문자 변환표의 앞줄에 먼저 적고, 키워드로 사용한 문자를 뺀 나머지 문자를 알파벳순으로 기술하는 방식이다.

④ 대체 문자 변환표가 하나이면 침입자가 해독할 가능성이 높다. 이를 보완하기 위해 문자 변환표를 둘 이상 사용할 수 있다.

04 위치 암호화에 대한 설명으로 잘못된 것을 모두 고르시오.

① 문자의 배열 순서를 변경해 암호화하는 방식이다.

② 컬럼 암호화는 전체 문장을 제한된 길이의 행(줄)을 갖는 표에 작성한 후에 행(줄)을 기준으로 다시 배치한다.

③ 컬럼 암호화를 두 번 수행하는 2중 컬럼 암호화 방식은 해독을 더 어렵게 한다. 이때 첫 번째 컬럼 암호화와 두 번째 컬럼 암호화의 컬럼 길이를 다르게 하는 것이 유리하다.

④ 위치 암호화 방식에서 중복된 문자를 포함하지 않는 임의의 단어를 암호키로 제공하는 키워드 암호화 방식이 있다.

05 DES 알고리즘에 대한 설명으로 잘못된 것을 모두 고르시오.

① DES 알고리즘은 암호문을 작성할 때 사용하는 암호키와 암호문을 해독할 때 사용하는 해독키가 다르다.

② 외부 사용자에게 노출되지 않아야 하는 암호키로 암호화하는 알고리즘을 비공개키 알고리즘이라 한다.

③ 대체 암호화와 위치 암호화를 복잡하게 조합하여 개발한 DES 알고리즘은 암호화를 32비트 단위로 수행하며, 암호키의 크기는 56비트이다.

④ 위치 암호화의 중간 단계에서는 동일한 암호화 알고리즘을 16번 반복한다.

06 3DES 알고리즘에 대한 설명으로 잘못된 것을 모두 고르시오.

① 3DES는 암호 기능을 강화하기 위하여 세 번의 DES 알고리즘을 수행하는 3단계 DES 알고리즘이다.

② 매 단계에서 서로 다른 56비트의 키가 사용되므로 전체적으로 168비트의 키를 지원하여 보안 기능이 한층 강화되었다.

③ 암호화 과정에서 각각 56비트 크기인 3개의 DES 암호키(K1, K2, K3)를 사용한다.

④ 해독 과정은 키 K3을 이용하여 DES 암호화, 키 K2를 이용하여 DES 해독, 키 K1을 이용하여 DES 암호화 기능을 수행한다.

07 RSA 알고리즘에 대한 설명으로 잘못된 것을 모두 고르시오.

① 공개키 알고리즘을 이용하면, 암호문을 작성할 때 사용하는 암호키가 외부에 공개되어도 해독키를 모르면 암호문을 해독할 수 없다.

② 공개키 알고리즘은 사용자가 2개의 암호키(공개키, 비공개키) 조합을 사용하는데, 공개키는 원문서를 암호화하는 데 사용하므로 원칙적으로 누구에게나 공개된다.

③ RSA 알고리즘으로 얻을 수 있는 (공개키, 비공개키) 조합은 다양한데, 서로 다른 조합에 표시된 공개키를 이용해 비공개키를 유추할 수 없다.

08 전자 서명에 대한 설명으로 잘못된 것을 모두 고르시오.

① 전자 서명의 인증 과정은 RSA 알고리즘과는 반대 원리이며, 비공개키 알고리즘과 공개키 알고리즘의 조합을 사용한다.

② 전자 서명의 기능은 자신을 다수의 타인에게 증명하는 것이므로, 암호화 과정에서 자신만 아는 비밀키(전자 서명)를 사용한다.

③ 암호화한 전자 서명은 다수의 타인이 확인하므로 해독 과정에서도 비공개키를 사용한다.

④ 전자 서명의 암호화에는 전자 서명 알고리즘으로 자신을 인증하는 비공개키 암호화 단계와 전자 서명의 정보를 전송하기 위한 공개키 암호화 단계가 있다.

09 보안 프로토콜에 대한 설명으로 잘못된 것을 모두 고르시오.

① 전통적으로 감청의 가장 일반적인 형태는 유선의 통신 선로에서 이루어지는데, 인터넷의 경우 이더넷 선로에 감청 장비를 연결해 패킷을 훔쳐낸다.

② 스마트폰의 무선 데이터는 무선 신호가 넓은 범위로 전파되기 때문에 물리적인 감청이 훨씬 용이하다.

③ 데이터 링크 계층 암호화는 네트워크 계층에서 데이터가 암호화되지 않기 때문에 송수신 호스트 사이의 라우터에서 보안이 가능하다.

④ 응용 계층 암호화는 암호문 작성이 응용 계층에서 이루어지므로 전송 경로상의 라우터에서도 암호화된 데이터를 해독할 필요가 없다.

⑤ 외부 침입자의 통신량 분석을 방해하는 간단한 방법은 무의미한 가공의 데이터를 여러 호스트에서 주기적으로 발생시킴으로써 통계 자료에 혼선을 주는 것이다

10 방화벽에 대한 설명으로 잘못된 것을 모두 고르시오.

① 공중 인터넷망과 제한된 사용자 그룹에 허가된 사설망 사이에 보안 기능이 필요하며, 이를 방화벽이라 한다.

② 라우터는 자신과 연결된 네트워크로부터 입력된 패킷의 정보를 분석하여 어느 네트워크로 중개할 것인지를 결정하므로, 패킷을 계속 전송할지에 대한 권한도 가진다.

③ 호스트의 IP 주소뿐 아니라, MAC 주소를 이용한 응용 프로그램의 접근도 차단할 수 있다.

④ 라우터의 방화벽 기능은 네트워크 계층과 전송 계층의 헤더 정보에 정의된 IP 주소와 포트 번호에 기초하여 이루어진다.

⑤ 프록시는 응용 환경에서 적절하게 처리할 수 있는 정보만 수신하도록 가상의 응용 프로그램을 시뮬레이션하는 방화벽이다.

11 암호화 전의 원본 문서를 원문서라 하며, 이를 임의의 알고리즘으로 암호화한 문서를 암호문이라 한다. 암호문은 미리 정해진 (①) k와 알고리즘을 이용하므로 송신자가 $C=E_k(P)$의 형식으로 암호화하고, 수신자는 $P=D_k(C)$의 형식으로 (②)한다.

12 암호화와 해독 과정에서 키를 사용하는데, 키의 종류에는 (①)와 (②)가 있다. (①)는 송신 호스트에서 암호화 알고리즘에 필요한 키이며, (②)는 수신 호스트에서 해독 알고리즘에 필요한 키이다.

13 (①)라고도 하는 단일키 방식을 사용할 때는 송수신 호스트 외의 제3자가 키값을 알지 못하도록 하는 것이 중요하다. 송수신 호스트가 서로 다른 키를 사용하는 것을 (②) 방식이라 한다. 이 방식에서는 보통 키 하나가 공개되므로, 공개되지 않는 나머지 키에 대해 송신 호스트나 수신 호스트 스스로 보안에 주의해야 한다.

14 암호문을 작성하는 방법은 사용하는 알고리즘에 따라 다양하다. 가장 간단한 방식은 특정 문자를 다른 문자로 일대일 대체하는 것인데, 이때는 문자와 대체 문자를 순서대로 나열한 변환표가 암호키와 해독키가 된다. 이와 같이 임의의 문자를 특정한 문자로 대체하는 암호화를 (①)라 한다. 이 방식의 예로는 시저 암호화, (②), 복수 개의 문자 변환표 방식 등이 있다.

15 (　①　)는 알파벳 문자를 순차적으로 세 문자씩 오른쪽으로 이동하면서 대체 문자를 사용하는 방식이다. 이 방식의 단점을 부분적으로 보완한 대체 암호화인 (　②　)는 키워드로 지정한 단어를 문자 변환표의 앞줄에 먼저 적고, 키워드로 사용한 문자를 뺀 나머지 문자를 알파벳 순으로 기술하는 방식이다.

16 문자의 배열 순서를 변경해 암호화하는 (　①　) 방식이 있다. 이 방식은 각 문자의 모양은 그대로 유지한 채, 문자의 배열 위치를 임의로 변경하여 암호화한다. 이 방식의 예로는 (　②　), 키워드 암호화 등이 있다.

17 위치 암호화에서 가장 간단한 방식인 (　①　)는 전체 문장을 제한된 길이의 컬럼(열)을 갖는 표에 작성한 후에 컬럼을 기준으로 다시 배치한다. 또 다른 방식으로는 중복된 문자를 포함하지 않는 임의의 단어를 암호키로 제공하는 (　②　)가 사용된다.

18 (　①　) 알고리즘은 암호문을 작성할 때 사용하는 암호키와 암호문을 해독할 때 사용하는 해독키가 같다. 따라서 이 키는 절대로 외부에 유출되지 않도록 관리해야 하며, 비밀키라 부른다. 이 방식은 대체 암호화와 위치 암호화를 복잡하게 조합하여 암호화를 64비트 단위로 수행하며, 암호키의 크기는 (　②　)비트이다.

19 3DES 알고리즘은 암호화 과정에서 각각 56비트 크기인 3개의 DES 암호키(K1, K2, K3)를 사용한다. 즉, 키 K1을 이용하여 DES (　①　), 키 K2를 이용하여 DES (　②　), 키 K3을 이용하여 DES (　①　) 기능을 수행한다.

20 RSA 알고리즘에서 (　①　)는 원문서를 암호화하는 데 사용하므로 원칙적으로 누구에게나 공개된다. 따라서 송신 호스트는 이 키로 원문서를 암호화하여 전송한다. 수신 호스트는 암호문을 해독하기 위해 (　②　)를 사용한다.

21 전자 서명의 기능은 자신을 다수의 타인에게 증명하는 것이므로, 암호화 과정에서 자신만 아는 (　①　)를 사용한다. 암호화한 전자 서명은 다수의 타인이 확인하므로 해독 과정에서는 (　②　)를 사용한다.

22 응용 계층부터 네트워크 계층까지는 암호화 기능을 수행하지 않으며, 전송 직전에 암호화하는 방식이 (①) 계층 암호화이다. 이 방식의 단점은 네트워크 계층에서 데이터가 암호화되지 않기 때문에 송수신 호스트 사이의 라우터에서 보안이 되지 않는다는 것이다. 이를 보완한 방식이 (②) 암호화이다.

23 사설망을 공중 인터넷망으로부터 보호하는 기술은 크게 두 가지이다. 첫째는 (①) 방법이다. 이 방식은 방화벽이 패킷의 헤더를 검색하거나, 필요에 따라서는 내용까지 검색하여 적절하지 못한 패킷을 배제한다. 이러한 기능은 보통 (②)에서 구현된다. 방화벽의 또 다른 기능은 해커와 같이 의심스러운 행위를 하는 사용자를 감시하는 것이다.

24 다음 용어에 대하여 간단히 설명하시오.

- 암호화
- 해독
- 암호키
- 대체 암호화
- 위치 암호화
- DES 알고리즘
- 3DES
- RSA
- 전자 서명
- 데이터 링크 계층 암호화
- 응용 계층 암호화
- 방화벽
- 프록시

25 암호화 과정의 필요성을 설명하시오.

26 시저 암호화의 원리와 장단점을 설명하시오.

27 대체 암호화에서 키워드 알고리즘의 원리와 장단점을 설명하시오.

28 컬럼 암호화의 원리와 장단점을 설명하시오.

29 위치 암호화 방식에서 키워드 알고리즘의 원리와 장단점을 설명하시오.

30 DES 알고리즘을 설명하시오.

31 3DES 알고리즘을 설명하시오.

32 RSA 알고리즘을 설명하시오.

33 전자 서명을 설명하시오.

34 데이터 링크 계층 암호화를 설명하시오.

35 응용 계층 암호화를 설명하시오.

36 방화벽의 필요성을 설명하시오.

37 네트워크 보안과 관련해 라우터에서 수행하는 기능을 설명하시오.

38 네트워크 보안과 관련해 프록시에서 수행하는 기능을 설명하시오.

01 Andrew S. Tanenbaum, "Computer Networks, 4Ed.", Prentice Hall, 2002.

02 Behrouz A. Forouzan, "TCP/IP 프로토콜", McGraw-Hill Education Korea, 2009.

03 Behrouz A. Forouzan, "데이터 통신과 네트워킹, 5th Edition", McGraw-Hill Education Korea, 2013.

04 C. Hedrick, "Routing Infromation Protocol", RFC 1058, 1988.

05 C. Perkins, "IP Encapsulation within IP", RFC2003, 1996.

06 C. Perkins, "IP Mobility Support", RFC2002, 1996.

07 Charles P. Pfleeger, "Secutity in Computing", Prentice Hall, 1997.

08 Douglas E. Comer, David L. Stevens, "Internetworking with TCP/IP-Client-Server Programming and Applications", Prentice Hall, 2001.

09 H. Schulzrinne, S. Casner, R. Frederick,V. Jacobson, "RTP: A Transport Protocol for Real-Time Applications", RFC 1889, 1996.

10 IEEE, "802.3: Carrier Sense Multiple Access with Collision Detection", IEEE, 1985.

11 IEEE, "802.4: Token-Passing Bus Access Method", IEEE, 1985.

12 IEEE, "802.5: Token Ring Access Method", IEEE, 1985.

13 J. Klensin, "Simple Mail Transfer Protocol", RFC 5321, 2008.

14 J. Moy, "OSPF Version 2", RFC 1583, 1994.

15 J. Myers, M. Rose, "Post Office Protocol-Version 3", RFC 1939, 1996.

16 J. Postel, "Domain Name System Structure and Delegation", RFC 1591, 1994.

17 J. Postel, J. Reynolds, "File Transfer Protocol", RFC 959, 1985.

18 J. Postel, J. Reynolds, "Telnet Protocol Specification", RFC 854, 1983.

19 James D. Solomon, "Mobile IP-The Internet Unplugged", Prentice Hall PTR, 1998.

20 James F. Kurose, Keith W. Ross, "컴퓨터 네트워킹, 제4판", 교보문고, 2007.

21 John Y. Hsu, "Computer Networks-Architecture, Protocol, and Software", Artech House, 1996.

22 Jon Postel, "Internet Control Message Protocol", RFC 792, 1981.

23 Jon Postel, "Internet Protocol", RFC 791, 1981.

24 Jon Postel, "Transmission Control Protocol", RFC 793, 1981.

25 Jon Postel, "User Datagram Protocol", RFC 768, 1980.

26 Michael Santifaller, "TCP/IP and NFS-Internetworking in a UNIX Environment", Santix software gbbh, 1991.

27 N. Freed, N. Borenstein, "Multipurpose Internet Mail Extensions(MIME) Part One: Format of Internet Message Bodies", RFC 2045, 1996.

28 Paul Ferguson, Geoff huston, "Quality of Service-Delivering QoS on the Internet and in Corporate Networks", John Wiley & Sons, 1998.

29 Pete Loshin, "TCP/IP CLearly Explained, 4Ed.", Morgan Kaufmann Publishers, 2003.

30 R. Fielding, J. Gettys, J. Mogul, H. Frystyk, L. Masinter, P. Leach, T. Berners-Lee, "Hypertext Transfer Protocol-HTTP/1.1", RFC 2616, 1999.

31 RFC 4301, Security Architecture for the Internet Protocol.

32 S. Deering, R. Hinden, "Internet Protocol, Version 6(IPv6) Specification", RFC 1883, 1996.

33 Terry Slattery, Bill Burton, "Advanced IP Routing in Cisco Networks, 2Ed.", McGraw-Hill, 2000.

34 W. Fenner, "Internet Group Management Protocol, Version 2", RFC 2236, 1997.

35 W. Richard Stevens, "TCP/IP Illustrated, Volume 1-The Protocol", Addison-Wesley Publishing Co., 1994.

36 William Stallings, "High-Speed Networks-TCP/IP and ATM Design Principles", Prentice-Hall, 1998.

37 William Stallings, "Network Security Essentials, Fourth Edition", 생능출판사, 2013.

38 William Stallings, "데이터 통신 및 컴퓨터 통신, 제10판", 성진미디어, 2015.

39 김병철, 박찬영, 심영철, 이재광, 이재훈, 홍충선, "TCP/IP 프로토콜", 미래컴, 2001.

40 박기현, "컴퓨터 네트워크-7계층 모델을 중심으로", 복두출판사, 2002.

41 박기현, "프로그래밍의 기본-UNIX와 통신", 위덕대학교 출판부, 2005.

42 안순신, 김은기, "정보통신 네트워크-데이터 통신에서 B-ISDN까지", 이한출판사, 1998.

43 윤종호, "라우터와 라우팅 프로토콜", 교학사, 2002.

숫 자

A

B C

찾아보기

찾아보기

찾아보기

찾아보기